今すぐ使えるかんたん

Imasugu Tsukaeru Kantan Series
Google Kanzen Guidebook

Google

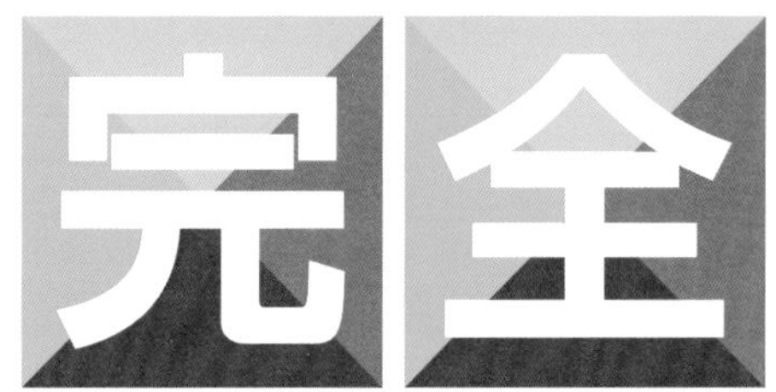
完全

ガイドブック
困った解決&便利技

[改訂第3版]

AYURA 著

JN006140

技術評論社

本書の使い方

- 本書は、Google の操作に関する質問に、Q&A 方式で回答しています。
- 目次やインデックスの分類を参考にして、知りたい操作のページに進んでください。
- 画面を使った操作の手順を追うだけで、Google の操作がわかるようになっています。

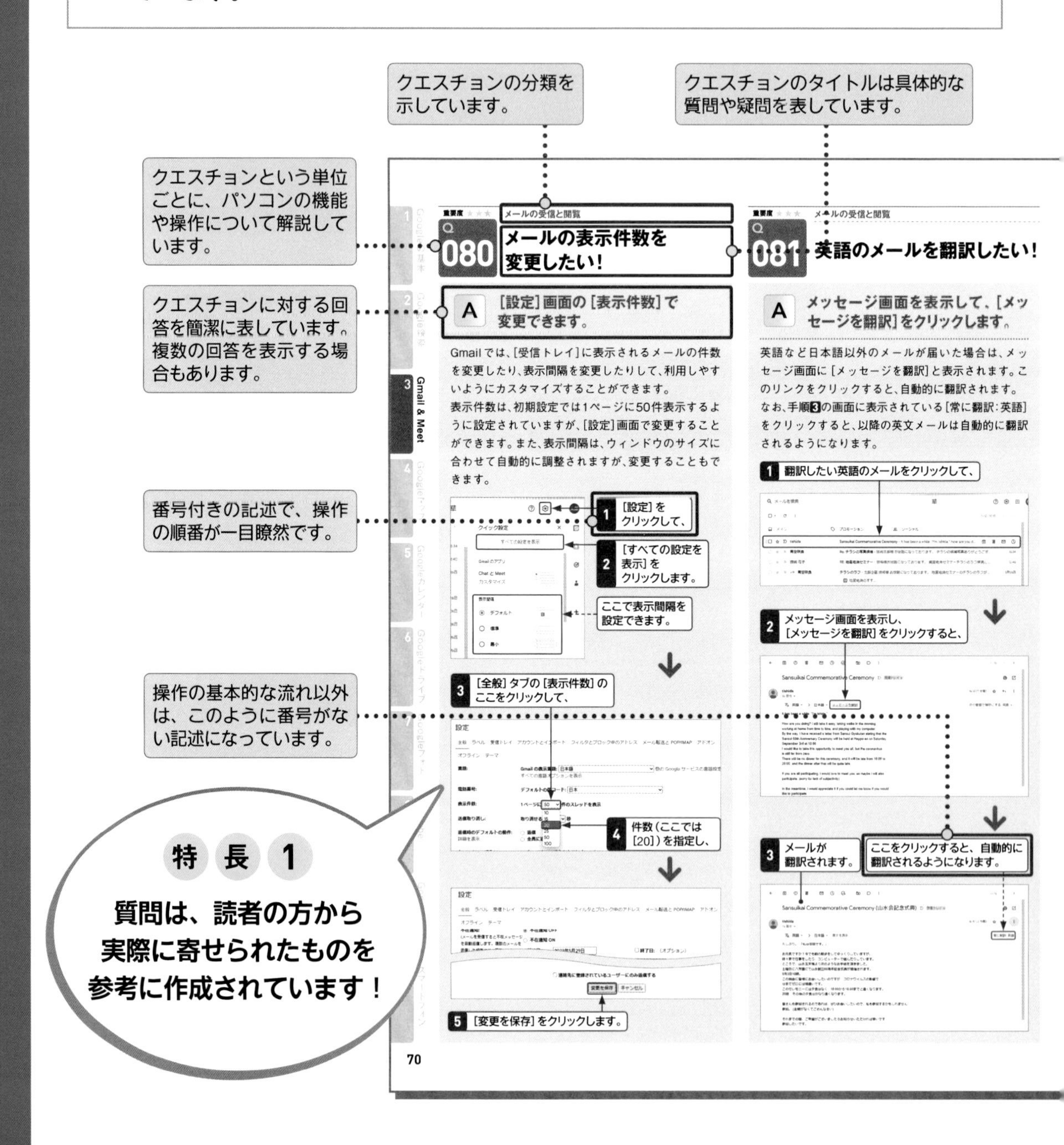

クエスチョンの分類を示しています。
クエスチョンのタイトルは具体的な質問や疑問を表しています。
クエスチョンという単位ごとに、パソコンの機能や操作について解説しています。
クエスチョンに対する回答を簡潔に表しています。複数の回答を表示する場合もあります。
番号付きの記述で、操作の順番が一目瞭然です。
操作の基本的な流れ以外は、このように番号がない記述になっています。
特長 1
質問は、読者の方から実際に寄せられたものを参考に作成されています！
メールの受信と閲覧
080 メールの表示件数を変更したい！
A [設定]画面の[表示件数]で変更できます。
Gmailでは、[受信トレイ]に表示されるメールの件数を変更したり、表示間隔を変更したりして、利用しやすいようにカスタマイズすることができます。
表示件数は、初期設定では1ページに50件表示するように設定されていますが、[設定]画面で変更することができます。また、表示間隔は、ウィンドウのサイズに合わせて自動的に調整されますが、変更することもできます。
1 [設定]をクリックして、
2 [すべての設定を表示]をクリックします。
ここで表示間隔を設定できます。
3 [全般]タブの[表示件数]のここをクリックして、
4 件数(ここでは[20])を指定し、
5 [変更を保存]をクリックします。
70
メールの受信と閲覧
081 英語のメールを翻訳したい！
A メッセージ画面を表示して、[メッセージを翻訳]をクリックします。
英語など日本語以外のメールが届いた場合は、メッセージ画面に[メッセージを翻訳]と表示されます。このリンクをクリックすると、自動的に翻訳されます。
なお、手順3の画面に表示されている[常に翻訳：英語]をクリックすると、以降の英文メールは自動的に翻訳されるようになります。
1 翻訳したい英語のメールをクリックして、
2 メッセージ画面を表示し、[メッセージを翻訳]をクリックすると、
3 メールが翻訳されます。
ここをクリックすると、自動的に翻訳されるようになります。
Gmail & Meet

特 長 2

やわらかい上質な紙を使っているので、開いたら閉じにくい書籍になっています！

『この操作を知らないと困る』という意味で、各クエスチョンで解説している操作を3段階の「重要度」で表しています。

重要度 ★★★
重要度 ★★★
重要度 ★★★

参照するQ番号を示しています。

目的の操作が探しやすいように、ページの両側にインデックス（見出し）を表示しています。

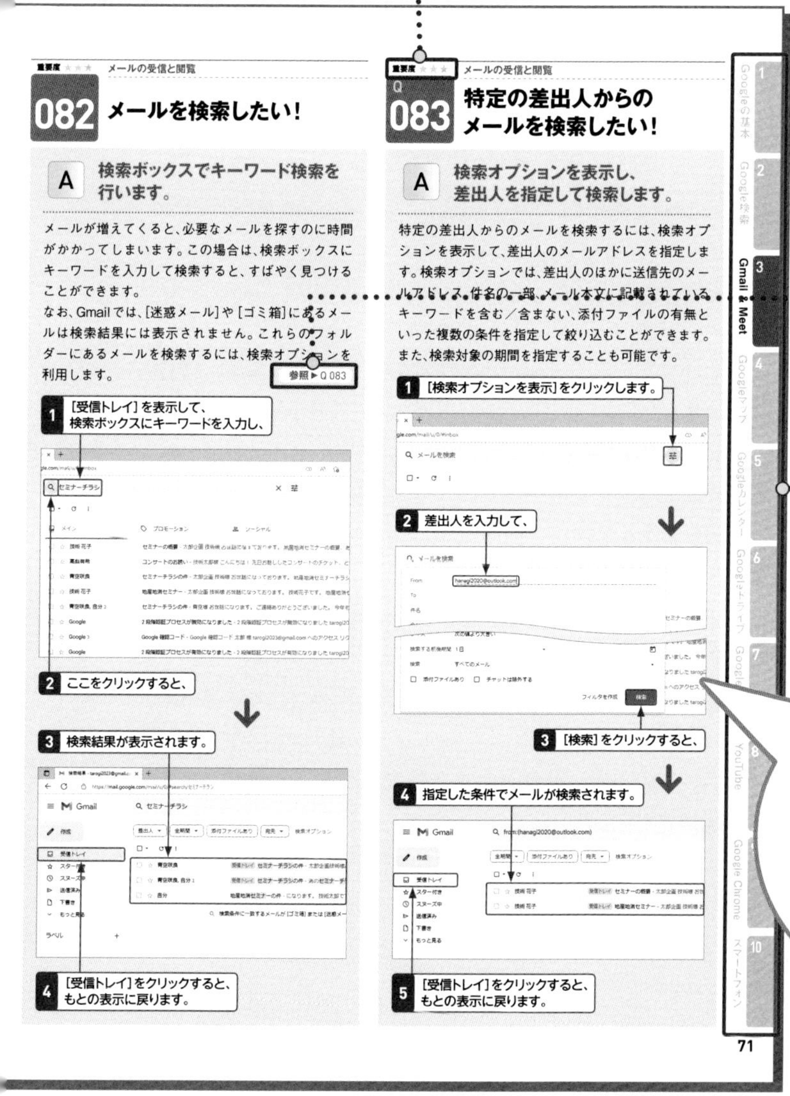

重要度 ★★★ メールの受信と閲覧

Q 082 メールを検索したい！

A 検索ボックスでキーワード検索を行います。

メールが増えてくると、必要なメールを探すのに時間がかかってしまいます。この場合は、検索ボックスにキーワードを入力して検索すると、すばやく見つけることができます。
なお、Gmailでは、[迷惑メール]や[ゴミ箱]にあるメールは検索結果には表示されません。これらのフォルダーにあるメールを検索するには、検索オプションを利用します。

参照▶Q 083

1 [受信トレイ]を表示して、検索ボックスにキーワードを入力し、
2 ここをクリックすると、
3 検索結果が表示されます。
4 [受信トレイ]をクリックすると、もとの表示に戻ります。

重要度 ★★★ メールの受信と閲覧

Q 083 特定の差出人からのメールを検索したい！

A 検索オプションを表示し、差出人を指定して検索します。

特定の差出人からのメールを検索するには、検索オプションを表示して、差出人のメールアドレスを指定します。検索オプションでは、差出人のほかに送信先のメールアドレス、件名の一部、メール本文に記載されているキーワードを含む／含まない、添付ファイルの有無といった複数の条件を指定して絞り込むことができます。
また、検索対象の期間を指定することも可能です。

1 [検索オプションを表示]をクリックします。
2 差出人を入力して、
3 [検索]をクリックすると、
4 指定した条件でメールが検索されます。
5 [受信トレイ]をクリックすると、もとの表示に戻ります。

1 Googleの基本
2 Google検索
3 Gmail & Meet
4 Googleマップ
5 Googleカレンダー
6 Googleドライブ
7 Google
8 YouTube
9 Google Chrome
10 スマートフォン

71

特 長 3

読者が抱く小さな疑問を予測して、できるだけていねいに解説しています！

Contents

第1章 Googleの基本

Googleの基本

Googleの画面

お気に入り

Googleアカウント

第2章 Google検索

キーワード検索

便利な検索機能

メールの作成と送信

メールの管理と整理

第4章 Googleマップ

Googleマップの基本

地図の検索

表示の切り替え

ストリートビュー

ルートの検索

Contents

第6章 Googleドライブ&Googleドキュメント

Googleドライブの基本

ファイルの編集

Googleドキュメント

Googleスプレッドシート

Googleスライド

ファイルの管理

ファイルの共有

第7章 Googleフォト

Contents

第9章 Google Chrome

Contents

索　引

ご注意：ご購入・ご利用の前に必ずお読みください

- 本書に記載された内容は、情報提供のみを目的としています。したがって、本書を用いた運用は、必ずお客様自身の責任と判断によって行ってください。これらの情報の運用の結果について、技術評論社および著者はいかなる責任も負いません。

- アプリに関する記述は、特に断りのない限り、2023年8月現在での最新バージョンをもとにしています。アプリはバージョンアップされる場合があり、本書の説明とは機能内容や画面図などが異なってしまうこともあり得ます。あらかじめご了承ください。

- インターネットの情報については、URLや画面などが変更されている可能性があります。ご注意ください。

- 本書では、以下のOSおよびソフトウェアを使用して動作確認を行っています。ほかのバージョンのOSおよびソフトウェアを使用した場合、本書で解説している操作を再現できない場合があります。
  Windows 11 Home
  Microsoft Edge、Google Chrome
  iPhone 13 Pro（iOS 16.5）
  Galaxy S20 5G SCG01（Android 12）

以上の注意事項をご承諾いただいた上で、本書をご利用願います。これらの注意事項をお読みいただかずに、お問い合わせいただいても、技術評論社および著者は対処しかねます。あらかじめご承知おきください。

第1章

Googleの基本

重要度 ★★★ Googleの基本

Q 001 Googleとは？

A 検索サービスの1つであり、さまざまな情報を検索できます。

Google（グーグル）は、世界中でもっとも多くのユーザーに利用されている検索サービス（検索エンジン）の1つです。インターネット上のさまざまな情報を検索できるほか、画像や動画、ニュースなどに特化した検索も行えます。 参照▶Q 002

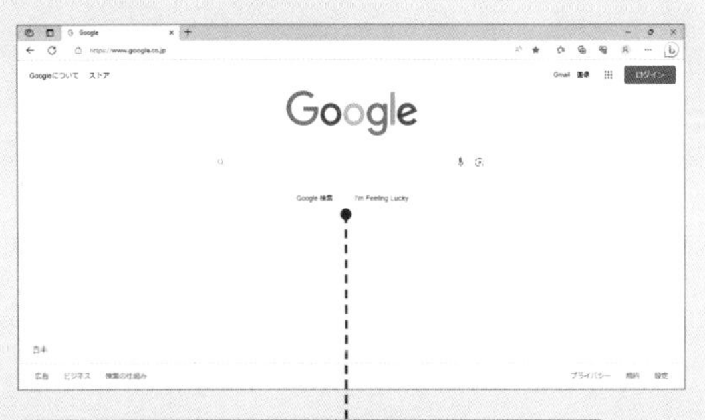
Google

Googleのトップページは、検索機能に特化したシンプルな構成になっています。

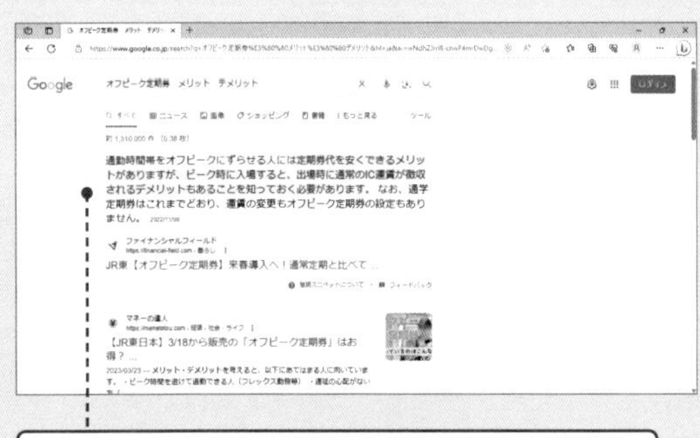

インターネット上のさまざまな情報を検索できます。

画像や動画、ニュースなどに特化した検索もできます。

重要度 ★★★ Googleの基本

Q 002 検索以外に何ができる？

A 検索だけでなく、たくさんのサービスを提供しています。

Googleでは、検索サービスだけでなく、たくさんのサービスを提供しています。Webメールサービスの Gmail、WebブラウザーのGoogle Chrome、動画が視聴できるYouTube、オンラインストレージのGoogleドライブなどを利用できます。 参照▶Q 007

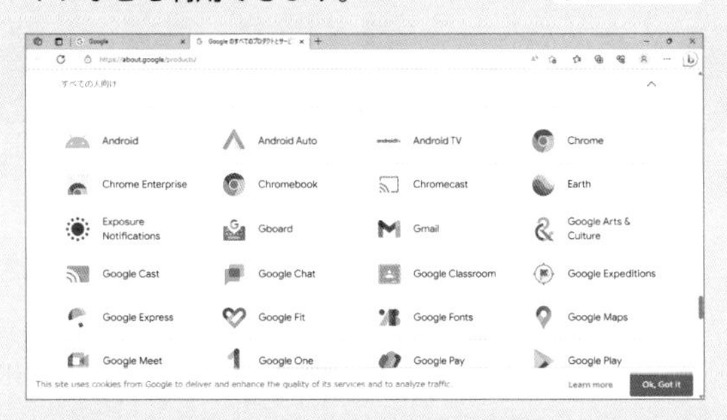
Android
Android Auto
Android TV
Chrome
Chrome Enterprise
Chromebook
Chromecast
Earth
Exposure Notifications
Gboard
Gmail
Google Arts & Culture
Google Cast
Google Chat
Google Classroom
Google Expeditions
Google Express
Google Fit
Google Fonts
Google Maps
Google Meet
Google One
Google Pay
Google Play

●Googleで利用できるおもなサービス

サービス	内　容
検索	数十億以上のWebページから情報を検索できます。
Google Chrome	Googleが提供するWebブラウザーです。
YouTube	動画を閲覧できるほか、投稿もできます。
翻訳	Googleが提供する翻訳サービスです。
ニュース	国内外の膨大な記事からニュースを検索できます。
マップ	地図のほかに、目的地までの経路や乗換案内も検索できます。
Meet	Googleが提供するビデオ会議サービスです。
Gmail	GoogleのWebメールサービスです。
ドライブ	Googleが提供するオンラインストレージサービスです。
ドキュメント	オンラインで文書の作成と編集ができます。
スプレッドシート	オンラインでスプレッドシート（表）の作成と編集ができます。
スライド	オンラインでプレゼンテーションの作成と編集ができます。
カレンダー	予定やイベントなどの情報を管理できます。
フォト	写真や動画をアップロードして保存できます。

重要度 ★★★　Googleの基本

Q 003 Googleにアクセスしたい！

A Webブラウザーを起動して、Googleのアドレスを入力します。

Google を使うには、まずWeb ブラウザーを起動します。Web ブラウザーを起動したら、アドレスバーにGoogleのアドレス（URL）を入力して、トップページを表示します。本書では、Windows 11に搭載されているMicrosoft Edgeを利用してGoogleにアクセスします。

1 Webブラウザーを起動して、Googleのアドレス（https://google.co.jp）を入力し、

新しいタブ
https://google.co.jp
千代田区 19℃ / 14℃
Web を検索

2 Enter を押すと、Googleのトップページが表示されます。

重要度 ★★★　Googleの基本

Q 004 Googleを終了したい！

A Webブラウザーの［閉じる］をクリックします。

Web ブラウザーの［閉じる］× をクリックすると、Google が終了すると同時にWeb ブラウザーが閉じます。複数のタブを表示している場合も同様です。

1 Webブラウザーの［閉じる］をクリックすると、

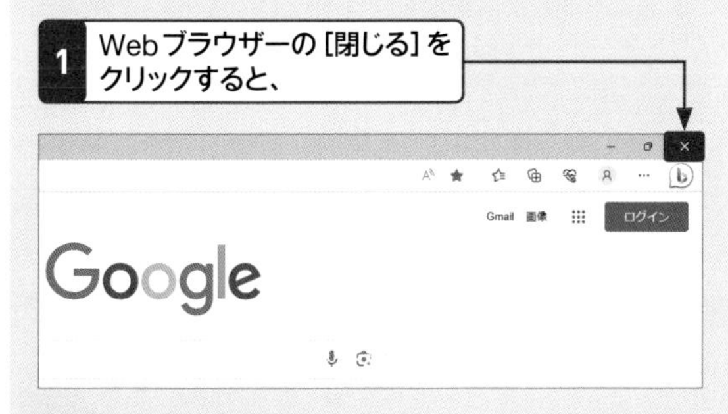

Gmail 画像
ログイン
Google

2 Googleが終了すると同時にWebブラウザーが閉じます。

重要度 ★★★　Googleの基本

Q 005 Googleをホームページとして設定したい！

A Webブラウザーの［設定など］から設定します。

Web ブラウザーを起動したときに最初に表示されるWebページをホームページといいます。Google をホームページとして設定するには、［設定など］… をクリックして［設定］をクリックし、［設定］画面で設定します。なお、画面サイズが小さくて手順**3**のメニューが表示されていない場合は、画面左上の ≡ をクリックします。

1 ［設定など］をクリックして、

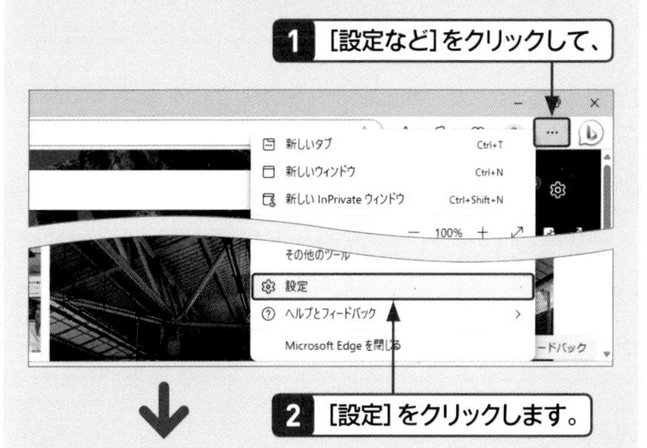

新しいタブ Ctrl+T
新しいウィンドウ Ctrl+N
新しい InPrivate ウィンドウ Ctrl+Shift+N
100%
その他のツール
設定
ヘルプとフィードバック
Microsoft Edge を閉じる

2 ［設定］をクリックします。

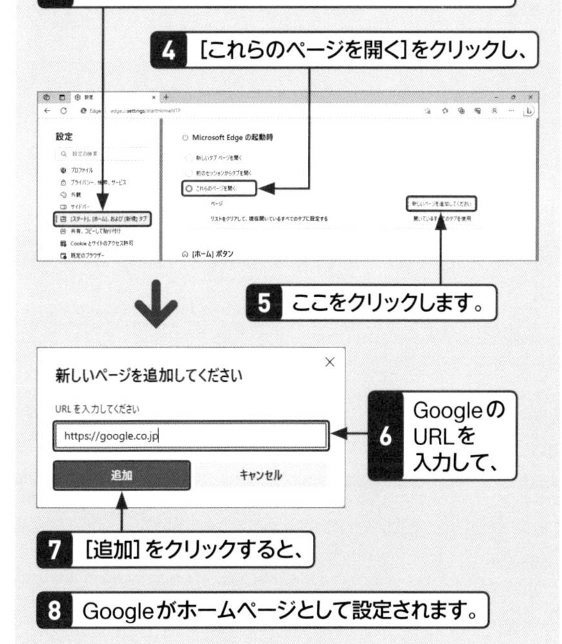

3 ［［スタート］、［ホーム］、および［新規］タブ］をクリックして、

4 ［これらのページを開く］をクリックし、

設定
Microsoft Edge の起動時
これらのページを開く
［スタート］、［ホーム］、および［新規］タブ
新しいページを追加してください
［ホーム］ボタン

5 ここをクリックします。

新しいページを追加してください
URL を入力してください
https://google.co.jp
追加
キャンセル

6 GoogleのURLを入力して、

7 ［追加］をクリックすると、

8 Googleがホームページとして設定されます。

重要度★★★ Googleの画面

Q 006 Googleのトップページの画面構成を知りたい!

A 下図で各部の名称と機能を確認しましょう。

Googleのトップページには、検索用のキーワードを入力する検索ボックスのほか、Googleのサービスをすばやく起動できる[Gmail]、[画像]、[Googleアプリ]コマンドが表示されています。
なお、Googleにログインしているか、していないかによって画面右上のアイコンの表示が異なります。

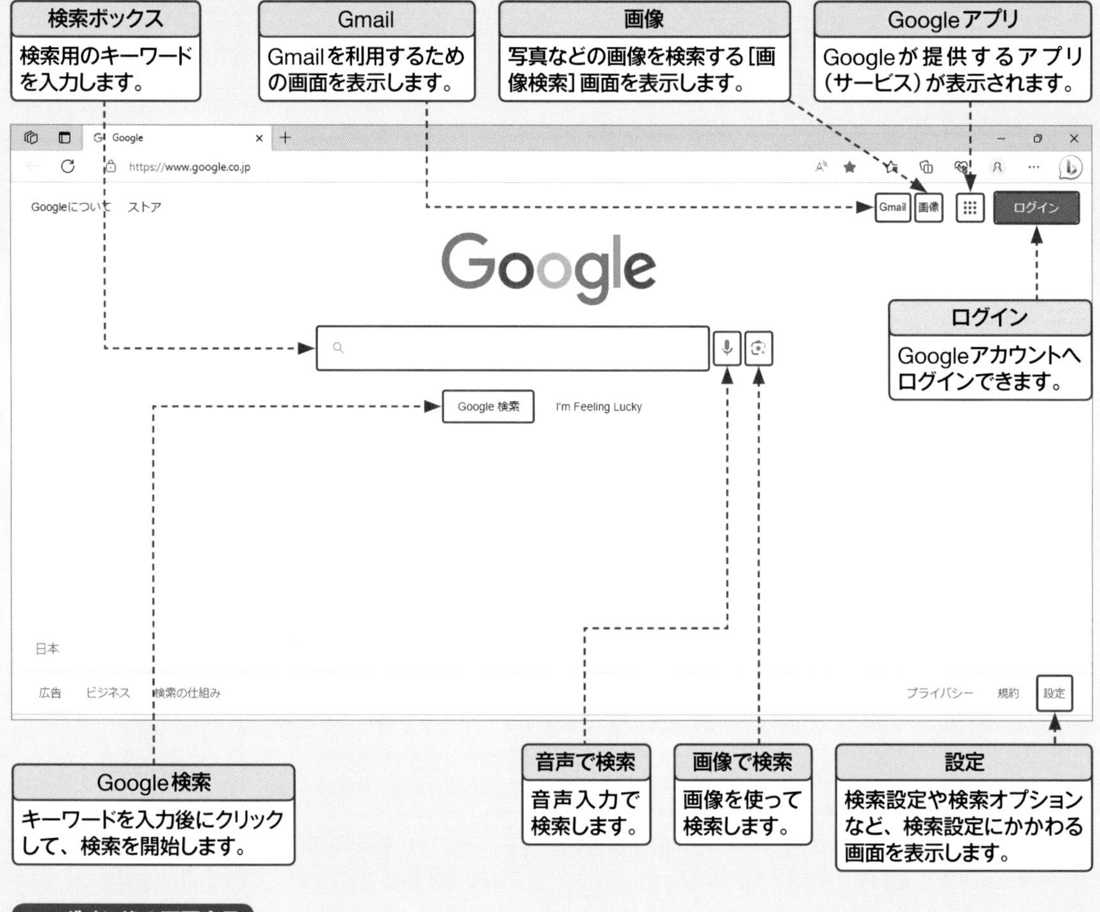

検索ボックス
検索用のキーワードを入力します。
Gmail
Gmailを利用するための画面を表示します。
画像
写真などの画像を検索する[画像検索]画面を表示します。
Googleアプリ
Googleが提供するアプリ(サービス)が表示されます。
Google
https://www.google.co.jp
Googleについて
ストア
Gmail
画像
ログイン
ログイン
Googleアカウントへログインできます。
Google 検索
I'm Feeling Lucky
日本
広告
ビジネス
検索の仕組み
プライバシー
規約
設定
音声で検索
音声入力で検索します。
画像で検索
画像を使って検索します。
設定
検索設定や検索オプションなど、検索設定にかかわる画面を表示します。
Google検索
キーワードを入力後にクリックして、検索を開始します。

● ログイン後の画面表示

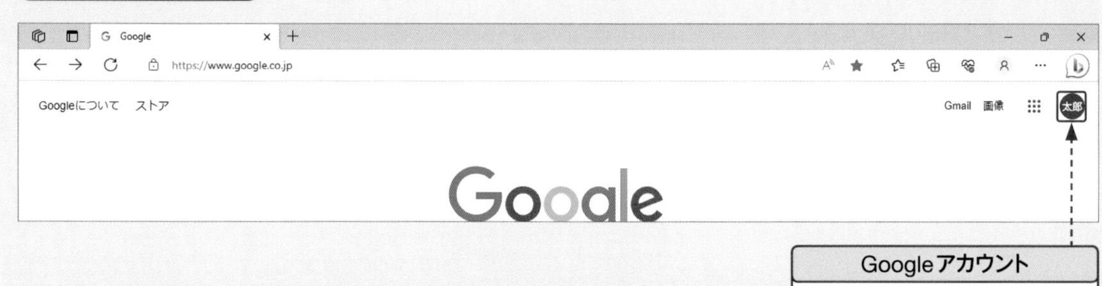

Google
https://www.google.co.jp
Googleについて
ストア
Gmail
画像
太郎
Googleアカウント
ログインしているアカウント名や設定した画像が表示されます。

重要度★★★ Googleの画面

Q 007 Googleのサービスはどこにある？

A [Googleアプリ]から表示します。

Googleのサービスは、トッページ右上にある[Googleアプリ] からアクセスできます。[Googleアプリ] をクリックすると、おもなサービスが表示されます。メニューの最下段にある[その他のソリューション]から[すべてのプロダクトを見る]をクリックすると、サービスの一覧が表示されます。なお、Googleのサービスはつねに進化しており、サービス一覧の種類や内容は変更される場合があります。

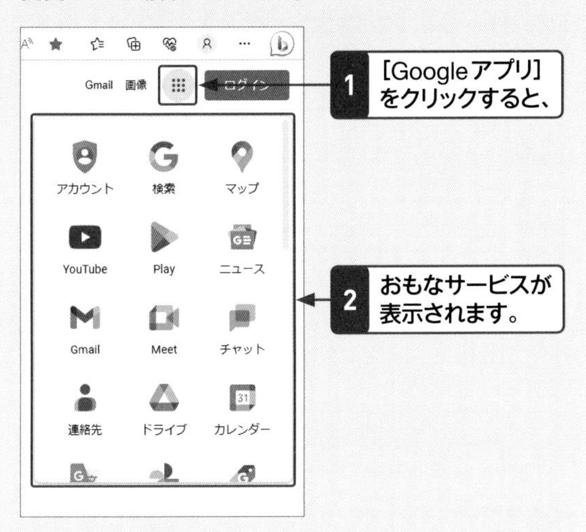

Gmail 画像
ログイン
アカウント
検索
マップ
YouTube
Play
ニュース
Gmail
Meet
チャット
連絡先
ドライブ
カレンダー
1 [Googleアプリ]をクリックすると、
2 おもなサービスが表示されます。

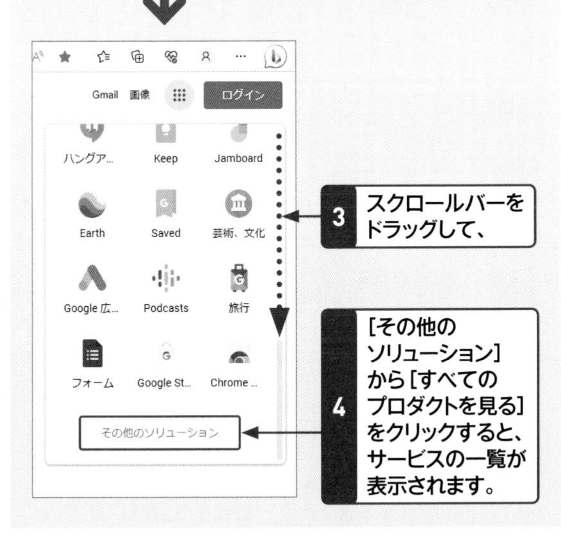

Gmail 画像
ログイン
ハングア...
Keep
Jamboard
Earth
Saved
芸術、文化
Google 広...
Podcasts
旅行
フォーム
Google St...
Chrome ...
その他のソリューション
3 スクロールバーをドラッグして、
4 [その他のソリューション]から[すべてのプロダクトを見る]をクリックすると、サービスの一覧が表示されます。

重要度★★★ Googleの画面

Q 008 Googleの画面やメニューが本書と違う?

A Googleの画面が変更になる場合があります。

Googleではつねに使いやすさを研究しており、画面表示が変更になる場合があります。基本的な検索ボックスは大きく変わることはありませんが、アプリの表示などが追加されたり、削除されたりする場合があります。変更されてアプリがどこにあるかわからなくなった場合は、検索ボックスにサービス名を入力して検索するとよいでしょう。

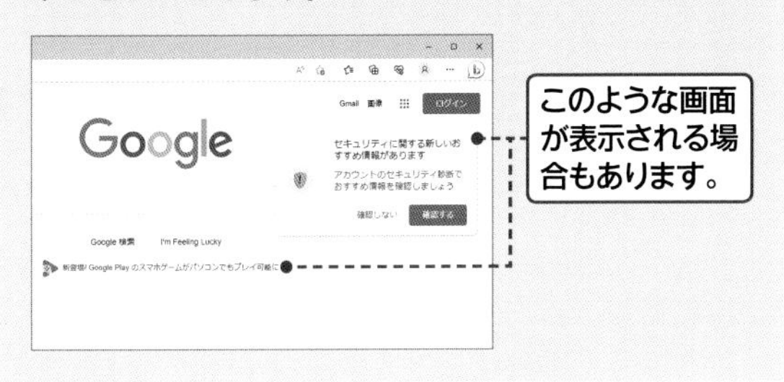

Google
Gmail 画像
ログイン
Google 検索
I'm Feeling Lucky
このような画面が表示される場合もあります。

重要度★★★ Googleの画面

Q 009 Googleのロゴ画像が何かおかしい!?

A Googleのホリデーロゴが表示される場合があります。

Googleでは、祝日や記念日、偉人の生誕などを祝うために、Googleのロゴマークをアレンジしたホリデーロゴが表示される場合があります。これをGoogleでは、Doodle(ドゥードゥル、いたずらがきの意味)と呼んでおり、ロゴをクリックすると、関連する情報が表示されます。なお、Googleのサービスは普通に使えるので安心してください。

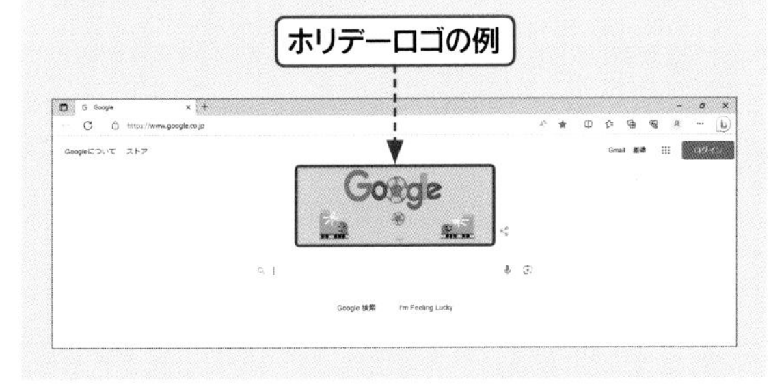

ホリデーロゴの例
Googleについて ストア
Gmail 画像
ログイン
Google 検索
I'm Feeling Lucky

重要度★★★ お気に入り

Q 010 Googleをお気に入りに登録したい！

A Googleのトップページを表示して[お気に入り]に追加します。

お気に入りは、よく見るWebページ（URL）を登録しておく場所のことです。お気に入りにGoogleのトップページを登録しておくと、お気に入りからクリックするだけで、すばやくGoogleを開くことができます。
なお、手順2の画面で［お気に入りバー］をクリックして、登録するフォルダーを変更することもできます。

1 Googleのトップページを表示して、［このページをお気に入りに追加］をクリックします。

2 お気に入りに付ける名前を必要に応じて変更し、

3 ［完了］をクリックします。

● 登録するフォルダーを変更する

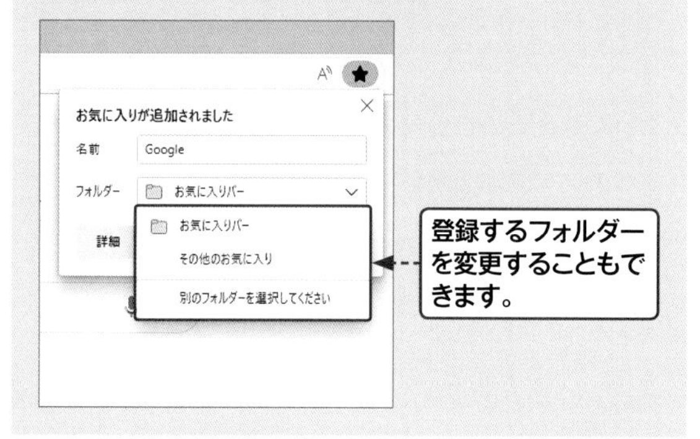
お気に入りが追加されました
名前
Google
フォルダー
お気に入りバー
詳細
その他のお気に入り
別のフォルダーを選択してください

登録するフォルダーを変更することもできます。

重要度★★★ お気に入り

Q 011 お気に入りからGoogleを表示したい！

A [お気に入り]をクリックしてGoogleをクリックします。

［お気に入り］に登録したページは、［お気に入り］をクリックすると表示されます。
不要になったお気に入りはいつでも削除できます。［お気に入り］を表示して、削除したいお気に入りを右クリックし、［削除］をクリックします。

1 Webブラウザーを起動して、［お気に入り］をクリックし、

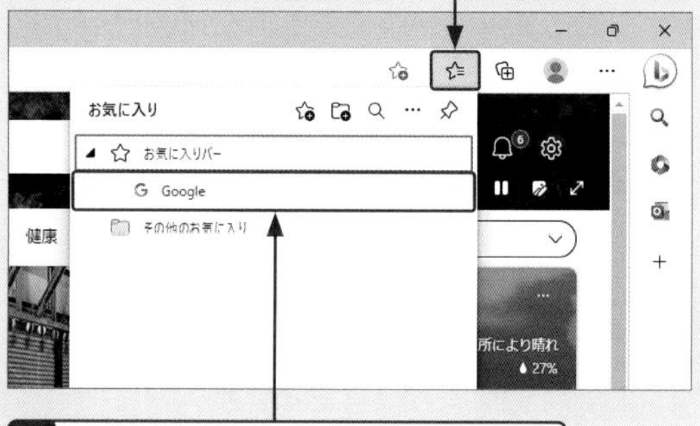
お気に入り
お気に入りバー
Google
健康

2 登録した［Google］をクリックすると、Googleのトップページが表示されます。

● お気に入りから削除する

1 ［お気に入り］をクリックして、

2 削除したいお気に入りを右クリックし、

お気に入り
お気に入りバー
新しいタブで開く
新しいウィンドウで開く
InPrivate ウィンドウで開く
切り取り
Ctrl+X
編集
名前の変更
リンクのコピー
削除
健康

3 ［削除］をクリックします。

重要度 ★★★　Googleアカウント

Q 012 Googleアカウントとは？

A Googleのサービスを利用するために必要な権利です。

Googleアカウントは、Googleのサービスにログインするための権利のことです。Googleではたくさんのサービスが提供されていますが、GmailやGoogleカレンダー、Googleドライブ、Googleフォトなどを利用する場合はGoogleアカウントが必要です。
Googleアカウントの作成方法とログイン方法については、Q 014、Q 015を参照してください。

Google
ログイン
お客様の Google アカウントを使用
tarogi2023@gmail.com
メールアドレスを忘れた場合
次へ

Gmailやカレンダーなどのサービスを利用するには、Googleアカウントでログインする必要があります。

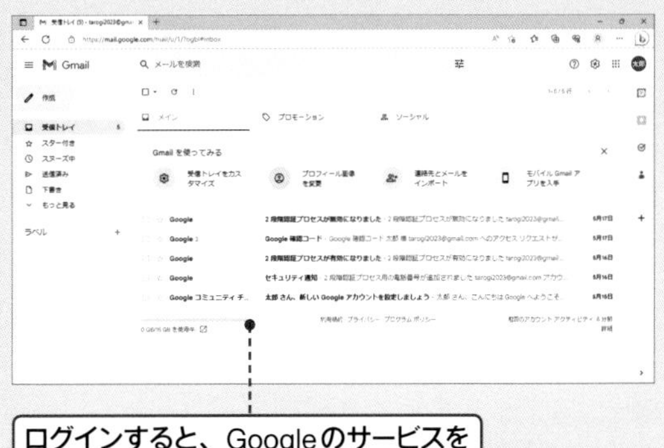
Gmail

ログインすると、Googleのサービスを利用できるようになります。

重要度 ★★★　Googleアカウント

Q 013 Googleアカウントのメリットは?

A Gmailアドレスが取得できるほか、サービス間の連携も可能です。

Googleアカウントを作成すると、Gmailのメールアドレス（ユーザー名@gmail.com）で、メールの送受信ができるようになります。また、パソコンやスマートフォンなどで同じアカウントでログインすることで、同じデータを利用することが可能です。
Googleアカウントは個人で複数持って使い分けることもできます。

参照▶Q 016, Q 068

新規メッセージ
宛先　Cc Bcc
件名
****
太郎企画株式会社
技術太郎
tarogi2023@gmail.com
〒101-0051 千代田区神田神保町1-2-3
TEL 03-1234-0000　FAX 03-1234-0001
送信

Googleアカウントを作成すると、Gmailのメールアドレスが利用できるようになります。

写真の追加
プリントを注文
コメントを追加

パソコンやスマートフォンで同じデータを利用することができます。

重要度★★★ Googleアカウント

Q 014 Googleアカウントを作成したい！

A Googleのトップページで[ログイン]をクリックして作成します。

Googleアカウントを作成するには、Googleのトップページを表示して、[ログイン]をクリックし、[アカウントを作成]から作成します。Googleアカウントは無料で取得できます。

なお、手順6で入力するユーザー名には、半角のアルファベット(a-z)、数字(0-9)、ピリオド(.)のみが使用できます。作成したアカウントは、「ユーザー名@gmail.com」のメールアドレスとして利用できます。

また、手順9、10で入力する携帯電話番号や再設定用のメールアドレスは省略可能ですが、パスワードを忘れた場合などにユーザー確認のための連絡手段として必要になります。ここで設定しておくとよいでしょう。

1 Googleのトップページを表示して、

2 [ログイン]をクリックし、

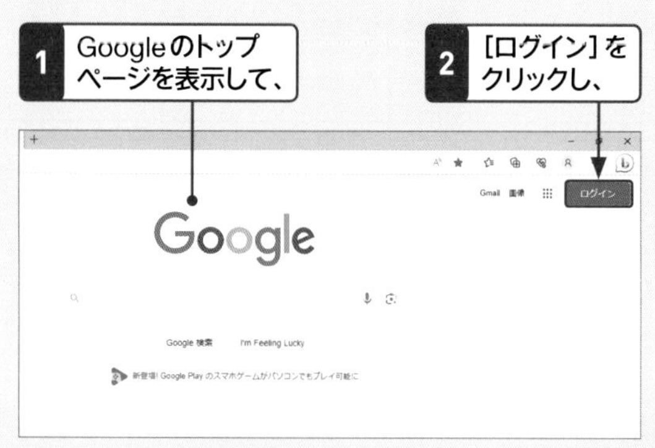
Gmail
画像
ログイン
Google
Google 検索
I'm Feeling Lucky

3 [アカウントを作成]をクリックして、

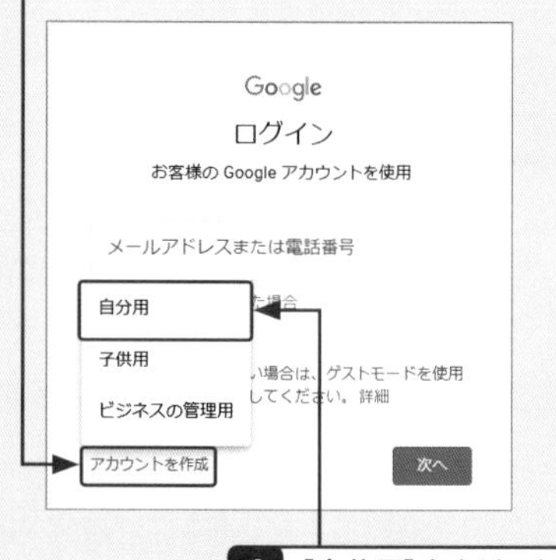
Google
ログイン
お客様の Google アカウントを使用
メールアドレスまたは電話番号
自分用
子供用
ビジネスの管理用
アカウントを作成
次へ

4 [自分用]をクリックします。

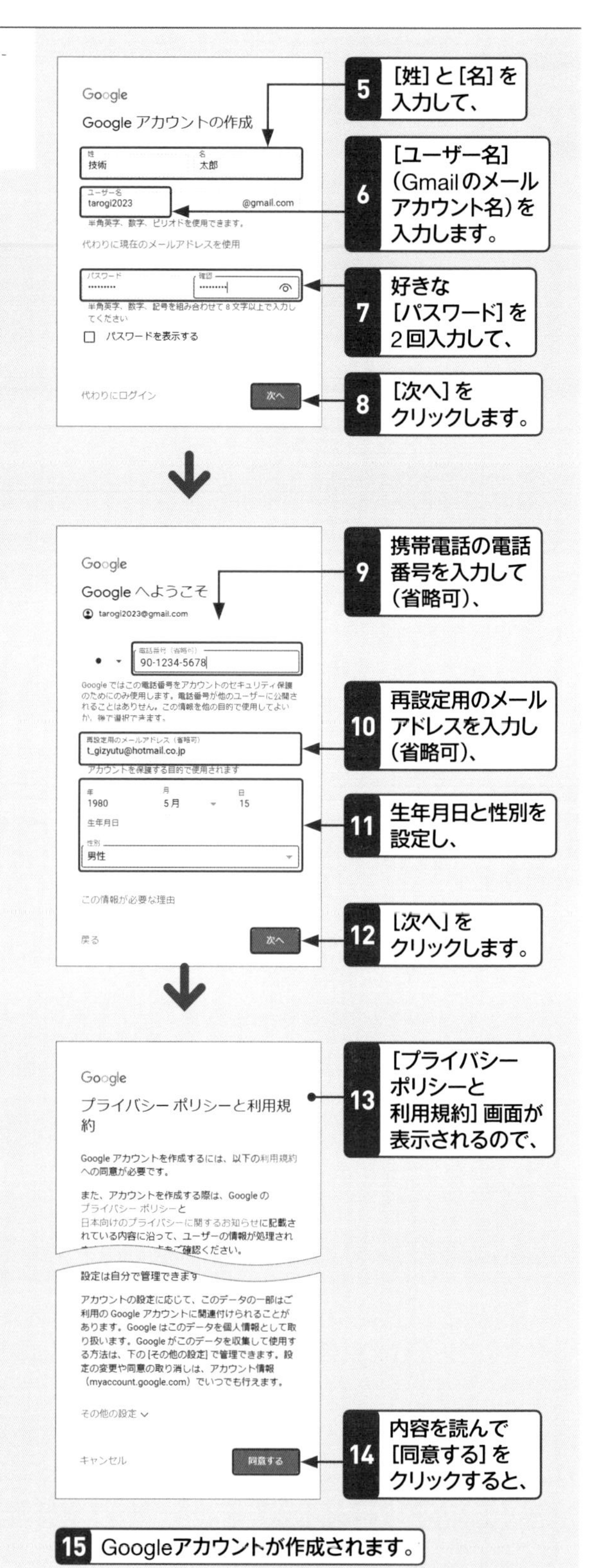
Google
Google アカウントの作成
姓
技術
名
太郎
ユーザー名
tarogi2023
@gmail.com
半角英字、数字、ピリオドを使用できます。
代わりに現在のメールアドレスを使用
パスワード
確認
半角英字、数字、記号を組み合わせて 8 文字以上で入力してください
パスワードを表示する
代わりにログイン
次へ
Google
Google へようこそ
tarogi2023@gmail.com
90-1234-5678
再設定用のメールアドレス（省略可）
t_gizyutu@hotmail.co.jp
アカウントを保護する目的で使用されます
年
1980
月
5月
日
15
生年月日
性別
男性
この情報が必要な理由
戻る
次へ
Google
プライバシー ポリシーと利用規約
Google アカウントを作成するには、以下の利用規約への同意が必要です。
設定は自分で管理できます
その他の設定
キャンセル
同意する

5 [姓]と[名]を入力して、

6 [ユーザー名](Gmailのメールアカウント名)を入力します。

7 好きな[パスワード]を2回入力して、

8 [次へ]をクリックします。

9 携帯電話の電話番号を入力して(省略可)、

10 再設定用のメールアドレスを入力し(省略可)、

11 生年月日と性別を設定し、

12 [次へ]をクリックします。

13 [プライバシーポリシーと利用規約]画面が表示されるので、

14 内容を読んで[同意する]をクリックすると、

15 Googleアカウントが作成されます。

Q 015 Googleアカウントでログインしたい！

A Googleのトップページで[ログイン]をクリックします。

Googleにログインするには、Googleのトップページで[ログイン]をクリックします。ログイン画面が表示されるので、作成したアカウントのユーザー名（メールアドレス）とパスワードを入力してログインします。

1 Googleのトップページで［ログイン］をクリックして、

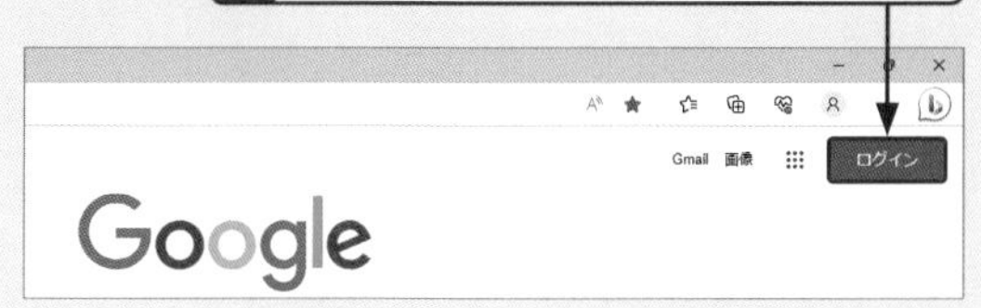

Gmail
画像
ログイン
Google

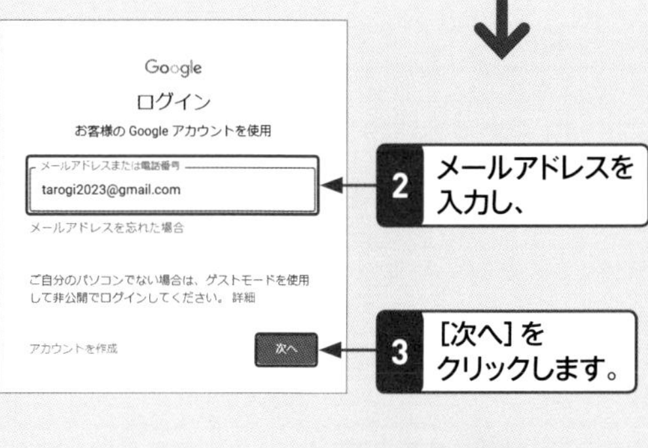

Google
ログイン
お客様の Google アカウントを使用
メールアドレスまたは電話番号
tarogi2023@gmail.com
メールアドレスを忘れた場合
ご自分のパソコンでない場合は、ゲストモードを使用して非公開でログインしてください。詳細
アカウントを作成
次へ
2 メールアドレスを入力し、
3 ［次へ］をクリックします。

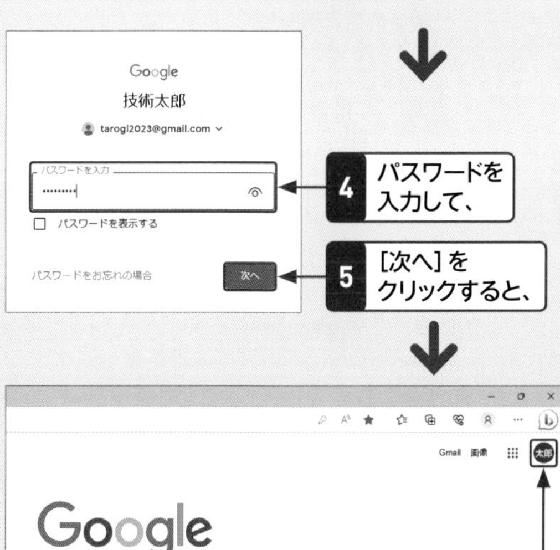

Google
技術太郎
tarogi2023@gmail.com
パスワードを入力
パスワードを表示する
パスワードをお忘れの場合
次へ
4 パスワードを入力して、
5 ［次へ］をクリックすると、
Gmail
画像
太郎
Google

6 Googleにログインされます。

Q 016 複数のアカウントを切り替えて使いたい！

A アカウントアイコンをクリックして切り替えます。

Googleアカウントは、複数持つことができます。アカウントを切り替えるには、Googleのトップページでアカウントアイコンをクリックし、表示されるアカウントから切り替えたいアカウントをクリックします。

なお、手順1の画面で［別のアカウントを追加］をクリックすると、別のアカウントを登録もしくは作成することができます。

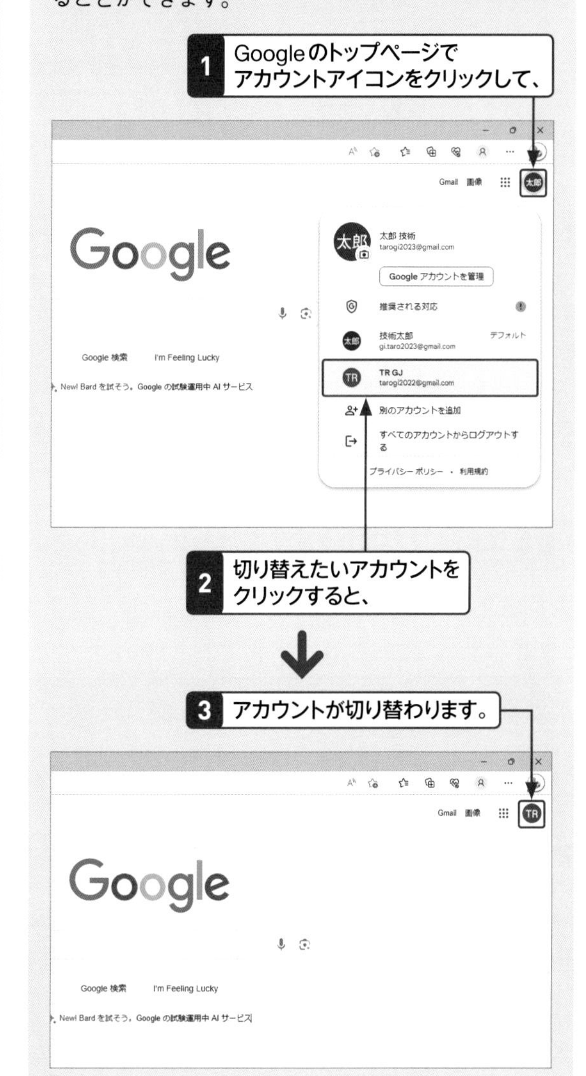

1 Googleのトップページでアカウントアイコンをクリックして、
Gmail
画像
Google
太郎 技術
tarogi2023@gmail.com
Google アカウントを管理
推奨される対応
技術太郎
gi.taro2023@gmail.com
デフォルト
TR GJ
tarogi2022@gmail.com
別のアカウントを追加
すべてのアカウントからログアウトする
プライバシー ポリシー ・ 利用規約
Google 検索
I'm Feeling Lucky
New! Bard を試そう。Google の試験運用中 AI サービス
2 切り替えたいアカウントをクリックすると、
3 アカウントが切り替わります。
Gmail
画像
TR
Google
Google 検索
I'm Feeling Lucky
New! Bard を試そう。Google の試験運用中 AI サービス

重要度 ★★★ Googleアカウント

Q 017 2段階認証でセキュリティを強化したい！

A 2段階認証プロセスを利用します。

Googleアカウントのセキュリティを強化するには、2段階認証プロセスを利用します。2段階認証プロセスとは、Googleへのログイン時にパスワードと確認コードを入力することで、本人であることを確認する方法です。ログインのたびに確認コードを入力するのは面倒ですが、不正ログインを防ぐためには有効です。
なお、確認コードは携帯電話に送られてくるので、2段階認証プロセスを利用するには、携帯電話が必要です。

1 Googleトップページでアカウントアイコンをクリックして、

Gmail 画像
Google
太郎 技術
tarogi2023@gmail.com
Google アカウントを管理
技術太郎
別のアカウントを追加
すべてのアカウントからログアウトする
プライバシー ポリシー ・ 利用規約
Google 検索
I'm Feeling Lucky

2 [Googleアカウントを管理]をクリックします。

3 [セキュリティ]をクリックして、

Google アカウント
Google アカウントを検索
ホーム
個人情報
データとプライバシー
セキュリティ
情報共有と連絡先
お支払いと定期購入
Google アカウントについて
ようこそ、技
Google で安全にロ

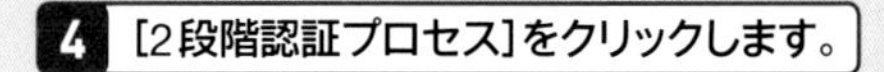
4 [2段階認証プロセス]をクリックします。

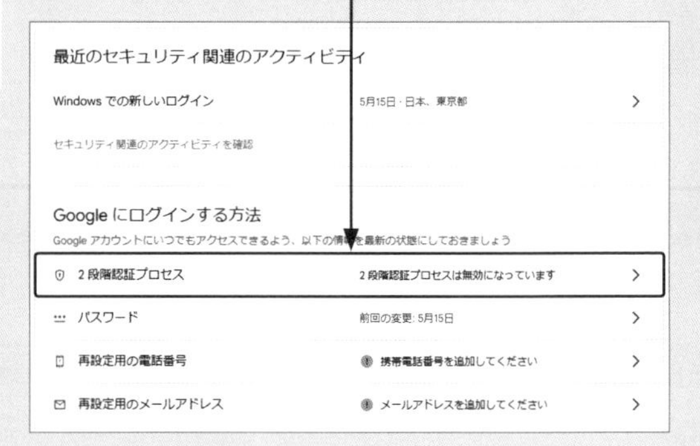
最近のセキュリティ関連のアクティビティ
Windows での新しいログイン
5月15日・日本、東京都
セキュリティ関連のアクティビティを確認
Google にログインする方法
2 段階認証プロセス
2 段階認証プロセスは無効になっています
パスワード
前回の変更: 5月15日
再設定用の電話番号
携帯電話番号を追加してください
再設定用のメールアドレス
メールアドレスを追加してください

5 [2段階認証プロセス]画面が表示されるので、

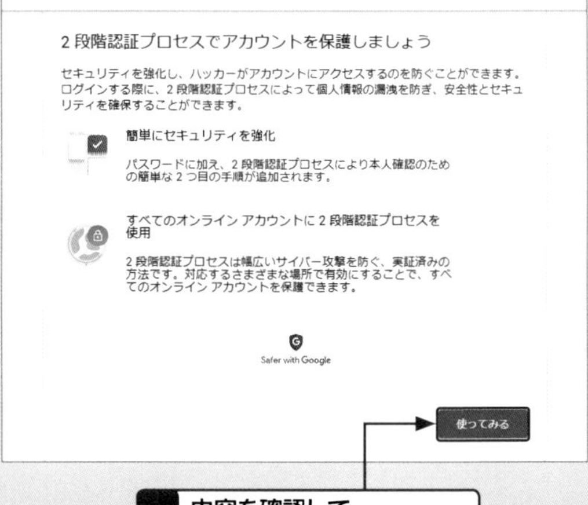
← 2 段階認証プロセス
2 段階認証プロセスでアカウントを保護しましょう
セキュリティを強化し、ハッカーがアカウントにアクセスするのを防ぐことができます。ログインする際に、2 段階認証プロセスによって個人情報の漏洩を防ぎ、安全性とセキュリティを確保することができます。
簡単にセキュリティを強化
パスワードに加え、2 段階認証プロセスにより本人確認のための簡単な 2 つ目の手順が追加されます。
すべてのオンライン アカウントに 2 段階認証プロセスを使用
2 段階認証プロセスは幅広いサイバー攻撃を防ぐ、実証済みの方法です。対応するさまざまな場所で有効にすることで、すべてのオンライン アカウントを保護できます。
Safer with Google
使ってみる

6 内容を確認して[使ってみる]をクリックし、

7 パスワードを入力して、

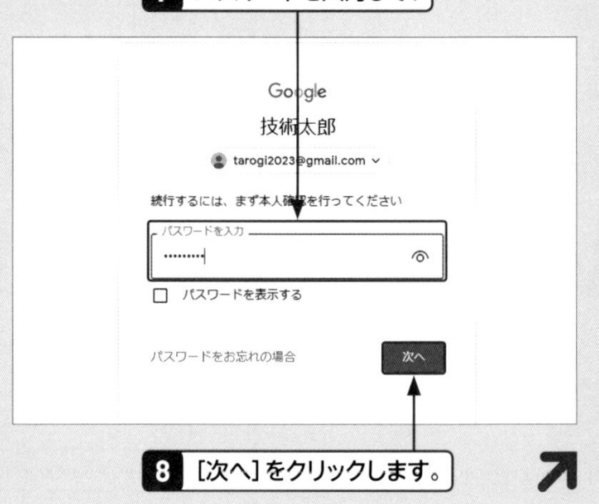
Google
技術太郎
tarogi2023@gmail.com
続行するには、まず本人確認を行ってください
パスワードを入力
パスワードを表示する
パスワードをお忘れの場合
次へ

8 [次へ]をクリックします。

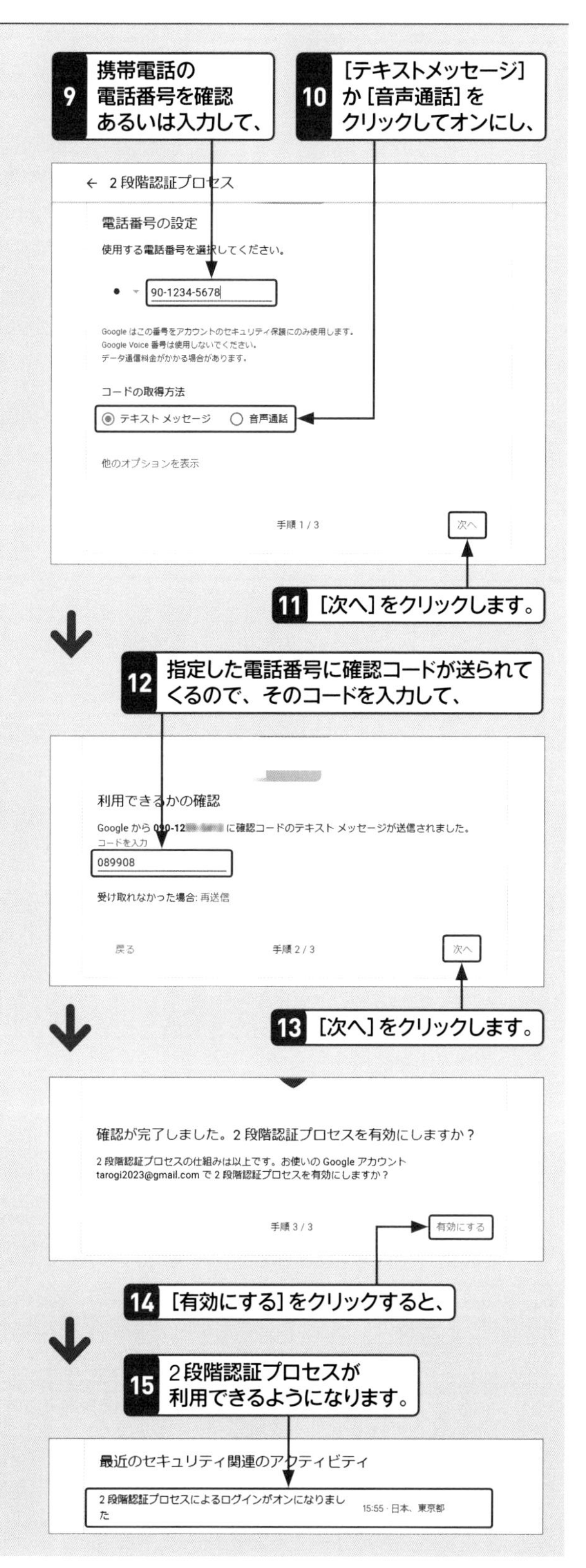
9 携帯電話の電話番号を確認あるいは入力して、
10 [テキストメッセージ]か[音声通話]をクリックしてオンにし、
← 2段階認証プロセス
電話番号の設定
使用する電話番号を選択してください。
90-1234-5678
コードの取得方法
テキスト メッセージ
音声通話
他のオプションを表示
手順 1 / 3
次へ
11 [次へ]をクリックします。
12 指定した電話番号に確認コードが送られてくるので、そのコードを入力して、
利用できるかの確認
コードを入力
089908
受け取れなかった場合: 再送信
戻る
手順 2 / 3
次へ
13 [次へ]をクリックします。
確認が完了しました。2段階認証プロセスを有効にしますか？
2段階認証プロセスの仕組みは以上です。お使いの Google アカウント tarogi2023@gmail.com で 2 段階認証プロセスを有効にしますか？
手順 3 / 3
有効にする
14 [有効にする]をクリックすると、
15 2段階認証プロセスが利用できるようになります。
最近のセキュリティ関連のアクティビティ
2段階認証プロセスによるログインがオンになりました
15:55 · 日本、東京都

重要度 ★★★ Googleアカウント

Q 018 パスワードなしでログインできるパスキーとは？

A パスワードのかわりに指紋や顔認証、PINなどを利用してログインする方法です。

パスキーとは、パスワードや2段階認証のかわりに、パソコンやスマートフォンの指紋認証、顔認証、PINなどを使用してGoogleアカウントにログインする方法です。パスキーを利用するとパスワードを入力する必要がなくなり、自分の端末のロック解除と同じ方法でGoogleアカウントにログインできます。パスキーは、Windows 10、macOS 13 Ventura以降を搭載したパソコンや、iPhone（iOS 16）、Android 9以降を搭載したスマートフォン／タブレットで使用できます。パスキーを作成するには、パスキーを作成するGoogleアカウントでログインして、「https://g.co/passkeys」にアクセスするか、[Googleアカウント画面]の[セキュリティ]で[パスキー]をクリックして、[パスキーを作成する]をクリックし、画面の指示に従って操作します。
なお、作成したパスキーを削除するには、[Googleアカウント]画面の[セキュリティ]をクリックして[パスキー]をクリックし、削除するパスキーの × をクリックします。

Google
パスキーを使って本人確認を行います
gi.taro2023@gmail.com
このデバイスで指紋認証、顔認証、画面ロックを求められます
別の方法を試す
続行
パスキーを利用すると、指紋認証、顔認証、PINなどでGoogleアカウントにログインできます。

重要度★★★ Googleアカウント

Q 019 Googleアカウントのアイコンを変更したい!

A [Googlアカウント]画面のアイコンをクリックして変更します。

Googleの初期設定では、Googleアカウントの名前がアイコンとして表示されています。アイコンは、Googleが用意したイラストやパソコン内に保存してある画像に変更することができます。Googleのトップページでアカウントアイコンをクリックして、[Googleアカウントを管理]をクリックし、表示される[Googlアカウント]画面で設定します。
なお、アイコンを初期設定に戻すには、手順1~2の操作を行って表示される画面で[削除]を、変更するには[変更]をクリックします。

1 [Googlアカウント]画面を表示して、

Google アカウント
ホーム
個人情報
データとプライバシー
セキュリティ
情報共有と連絡先
太郎
ようこそ、技術太郎 さん

2 Googleアカウントのアイコンをクリックし、

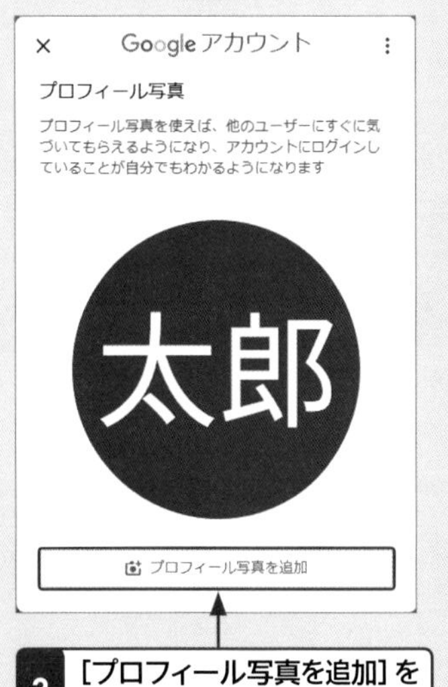
Google アカウント
プロフィール写真
プロフィール写真を使えば、他のユーザーにすぐに気づいてもらえるようになり、アカウントにログインしていることが自分でもわかるようになります
太郎
プロフィール写真を追加

3 [プロフィール写真を追加]をクリックします。

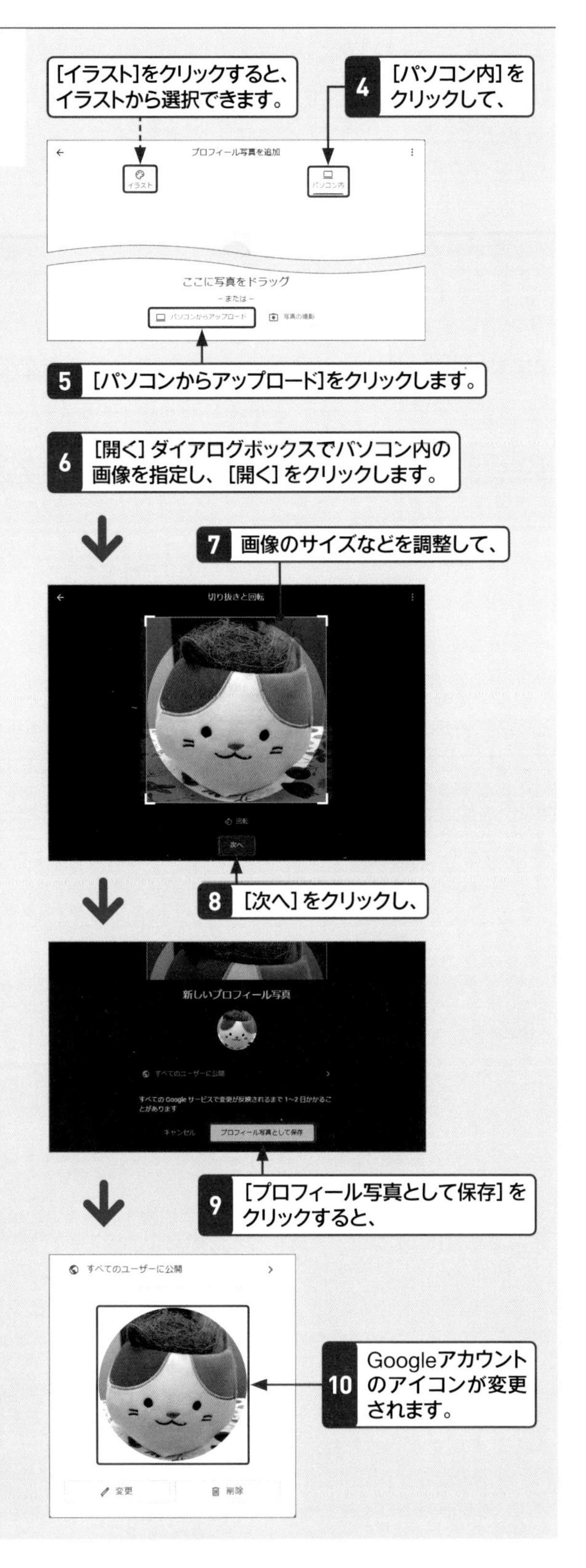
[イラスト]をクリックすると、イラストから選択できます。
4 [パソコン内]をクリックして、
プロフィール写真を追加
イラスト
パソコン内
ここに写真をドラッグ
- または -
パソコンからアップロード
5 [パソコンからアップロード]をクリックします。
6 [開く]ダイアログボックスでパソコン内の画像を指定し、[開く]をクリックします。
7 画像のサイズなどを調整して、
切り抜きと回転
次へ
8 [次へ]をクリックし、
新しいプロフィール写真
すべてのユーザーに公開
キャンセル
プロフィール写真として保存
9 [プロフィール写真として保存]をクリックすると、
すべてのユーザーに公開
変更
削除
10 Googleアカウントのアイコンが変更されます。

Q 020 Googleアカウントのパスワードを変更したい!

A [Googleアカウント]画面から変更します。

Googleアカウントのパスワードは、いつでも変更することができます。安全性のうえでも、定期的にパスワードを変更するとよいでしょう。パスワードを変更するには、[Googleアカウント]画面から設定します。
なお、パスワードを変更したあと、確認のメールが指定したメールアドレスに届きます。自分でパスワードを変更した場合は、とくに何もする必要はありません。

1 Googleのトップページでアカウントアイコンをクリックして、

Gmail
画像
Google
太郎 技術
gi.taro2017@gmail.com
Google アカウントを管理
技術太郎
デフォルト
別のアカウントを追加
すべてのアカウントからログアウトする
プライバシー ポリシー ・ 利用規約
Google 検索
I'm Feeling Lucky

2 [Googleアカウントを管理]をクリックし、

3 [セキュリティ]をクリックします。

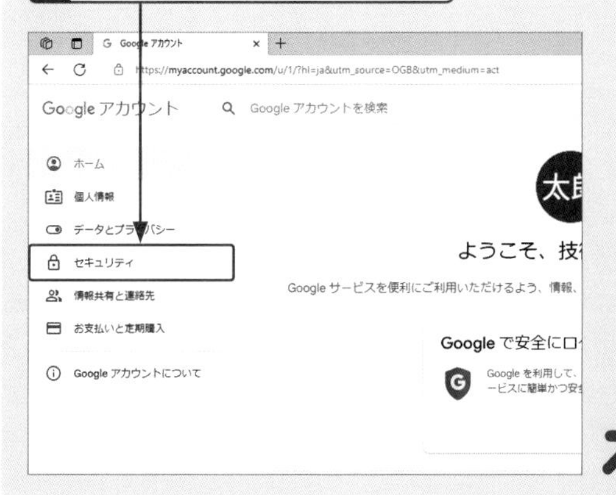
Google アカウント
Google アカウントを検索
ホーム
個人情報
データとプライバシー
セキュリティ
情報共有と連絡先
お支払いと定期購入
Google アカウントについて
ようこそ、技

4 [パスワード]をクリックして、

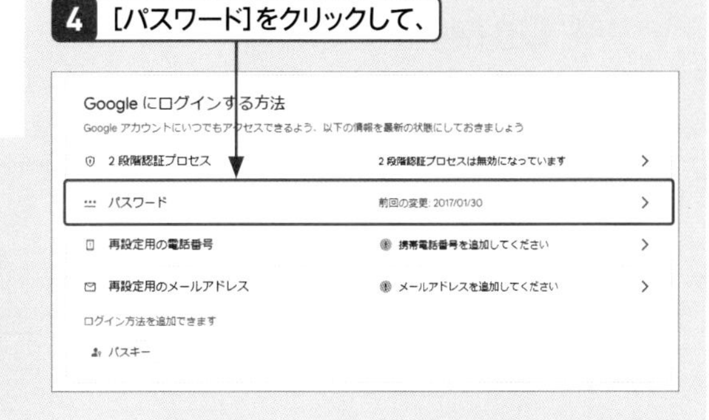
Google にログインする方法
2 段階認証プロセス
2 段階認証プロセスは無効になっています
パスワード
前回の変更: 2017/01/30
再設定用の電話番号
携帯電話番号を追加してください
再設定用のメールアドレス
メールアドレスを追加してください
ログイン方法を追加できます
パスキー

5 現在のパスワードを入力し、

6 [次へ]をクリックします。

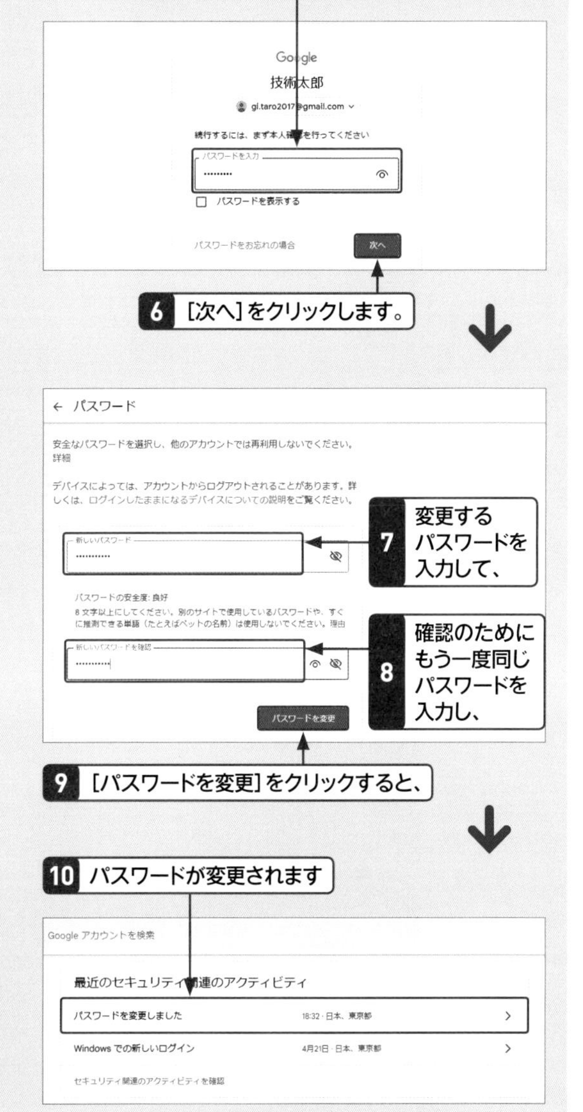
Google
技術太郎
パスワードを表示する
次へ
パスワード
安全なパスワードを選択し、他のアカウントでは再利用しないでください。
パスワードを変更

7 変更するパスワードを入力して、

8 確認のためにもう一度同じパスワードを入力し、

9 [パスワードを変更]をクリックすると、

10 パスワードが変更されます

最近のセキュリティ関連のアクティビティ
パスワードを変更しました
Windows での新しいログイン

重要度 ★★★ Googleアカウント

Q 021 Googleアカウントのパスワードを忘れてしまった!

A 新しいパスワードを設定し直します。

パスワードを忘れてしまった場合は、新しいパスワードを再設定することができます。ログイン画面で［パスワードをお忘れの場合］をクリックして、表示される画面の指示に従って操作します。

なお、パスワードを再設定するには、携帯電話や再設定用のメールアドレスの登録が必要です。Googleアカウントを作成する際に、これらを登録しておくとよいでしょう。作成時に登録しなかった場合は、あとから登録することもできます。Googleのトップページでアカウントアイコンをクリックして、［Googleアカウントを管理］をクリックし、表示される［Googleアカウント］画面の［セキュリティ］で設定します。 参照▶Q 014, Q 017

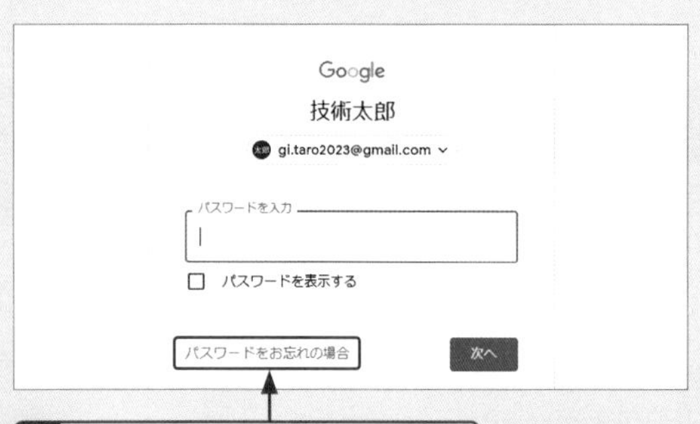
Google
技術太郎
gi.taro2023@gmail.com
パスワードを入力
パスワードを表示する
パスワードをお忘れの場合
次へ

1 ログイン画面で［パスワードをお忘れの場合］をクリックします。

2 再設定用のメールアドレスに届いた確認コードを入力して、

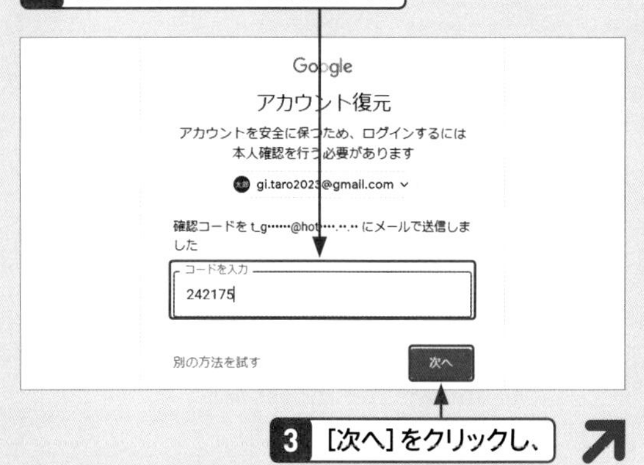
Google
アカウント復元
アカウントを安全に保つため、ログインするには本人確認を行う必要があります
gi.taro2023@gmail.com
確認コードを t_g••••••@hot••••.••.•• にメールで送信しました
コードを入力
242175
別の方法を試す
次へ

3 ［次へ］をクリックし、

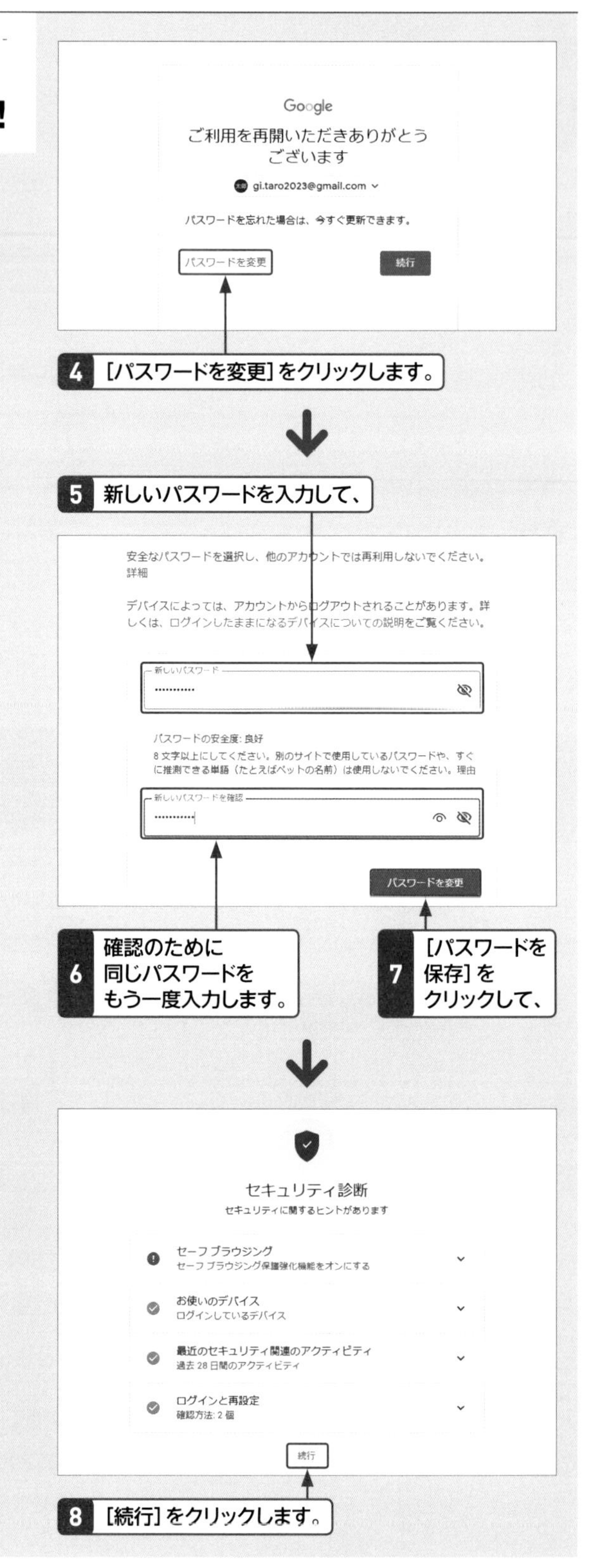
Google
ご利用を再開いただきありがとうございます
gi.taro2023@gmail.com
パスワードを忘れた場合は、今すぐ更新できます。
パスワードを変更
続行
4 ［パスワードを変更］をクリックします。
5 新しいパスワードを入力して、
安全なパスワードを選択し、他のアカウントでは再利用しないでください。詳細
デバイスによっては、アカウントからログアウトされることがあります。詳しくは、ログインしたままになるデバイスについての説明をご覧ください。
新しいパスワード
パスワードの安全度: 良好
8 文字以上にしてください。別のサイトで使用しているパスワードや、すぐに推測できる単語（たとえばペットの名前）は使用しないでください。理由
新しいパスワードを確認
パスワードを変更
6 確認のために同じパスワードをもう一度入力します。
7 ［パスワードを保存］をクリックして、
セキュリティ診断
セキュリティに関するヒントがあります
セーフ ブラウジング
セーフ ブラウジング保護強化機能をオンにする
お使いのデバイス
ログインしているデバイス
最近のセキュリティ関連のアクティビティ
過去 28 日間のアクティビティ
ログインと再設定
確認方法: 2 個
続行
8 ［続行］をクリックします。

重要度★★★ Googleアカウント

Q 022 Googleアカウントの表示名をニックネームにしたい！

A [Googleアカウント]画面の[個人情報]から設定します。

Googleマップのお店へのクチコミや、YouTubeの動画へのコメントなどに表示名を本名で表示したくない場合は、ニックネームで表示するように設定しておくことができます。Googleのトップページでアカウントアイコンをクリックして、[Googleアカウントを管理]をクリックし、表示される[Googleアカウント]画面で設定します。
なお、変更が反映されるまでに1～2日かかることがあります。

1 [Googleアカウント]画面を表示して、

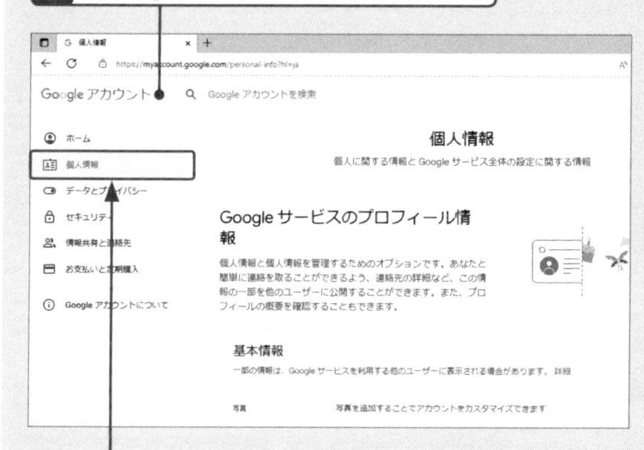

2 [個人情報]をクリックし、

3 [名前]をクリックして、

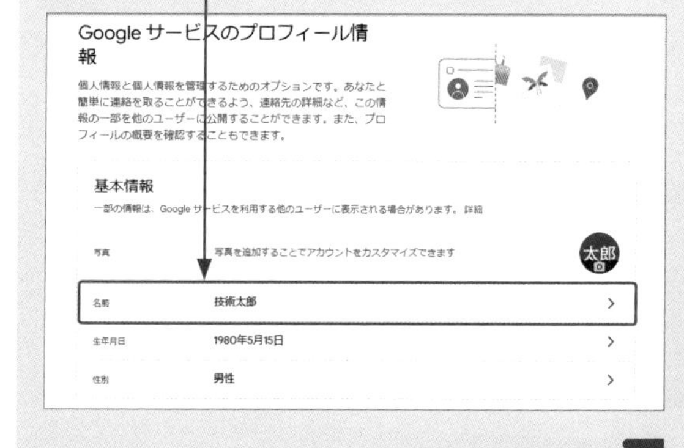

4 [名前]のここをクリックします。

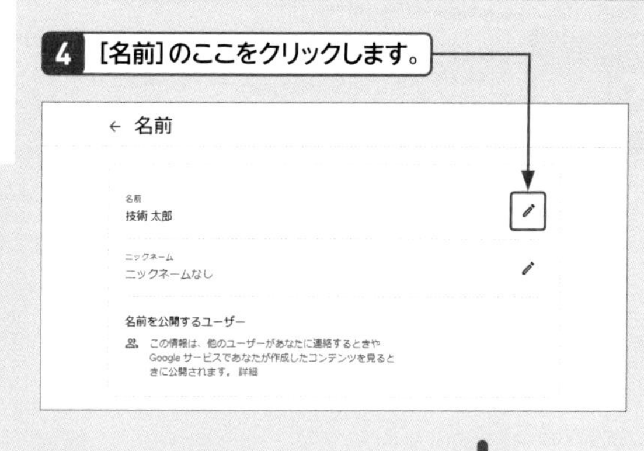

5 [名]と[姓]を入力して、

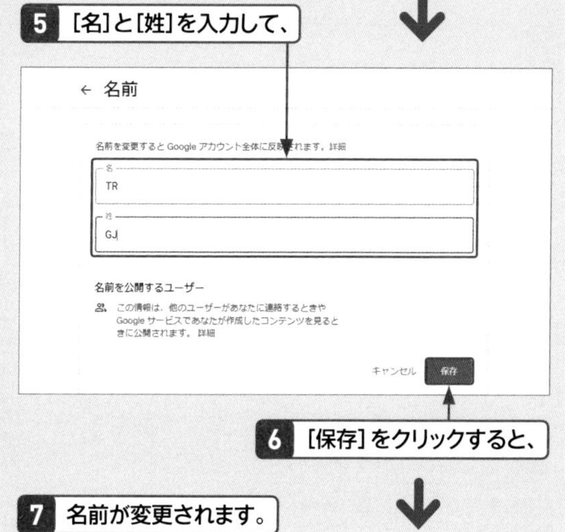

6 [保存]をクリックすると、

7 名前が変更されます。

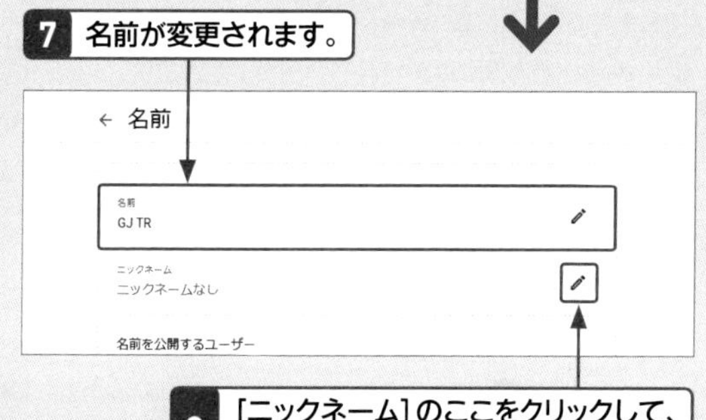

8 [ニックネーム]のここをクリックして、同様にニックネームを入力すると、

9 表示名が設定されます。

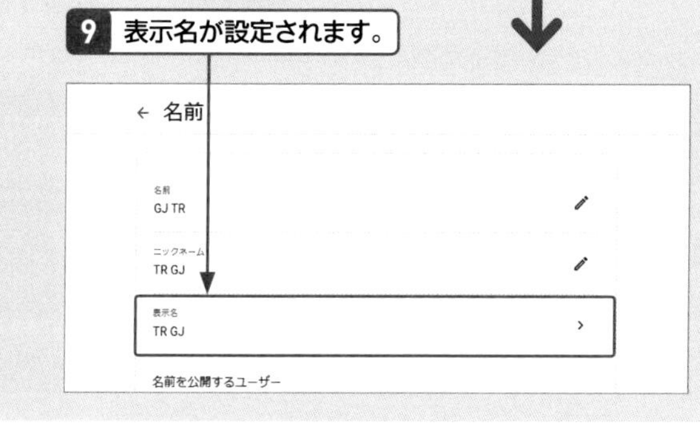

重要度★★★ Googleアカウント

Q 023 Googleアカウントを削除したい！

A [Googleアカウント]画面から削除できます。

Googleアカウントを削除するには、Googleのトップページでアカウントアイコンをクリックして、[Googleアカウントを管理]をクリックし、表示される[Googleアカウント]画面で削除します。

1 [Googleアカウント]画面を表示して、

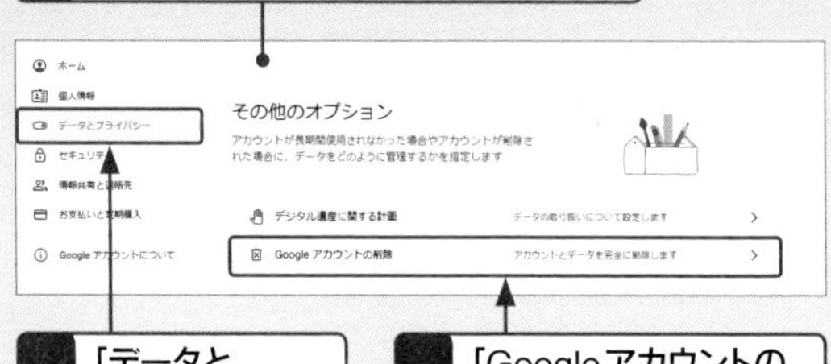

その他のオプション
Google アカウントの削除

2 [データとプライバシー]をクリックし、

3 [Googleアカウントの削除]をクリックします。

4 Googleアカウントのパスワードを入力して、[次へ]をクリックします。

5 表示される画面の内容を確認して、これらをクリックしてオンにし、

6 [アカウントを削除]をクリックすると、

← Google アカウントの削除
YouTube

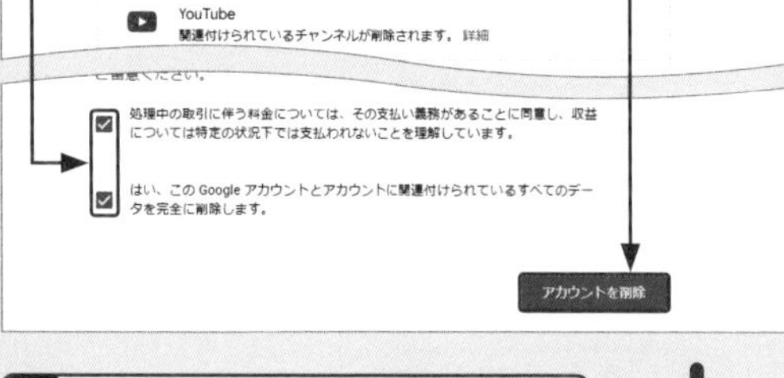

アカウントを削除

7 Googleアカウントが削除されます。

Google アカウントとそのデータをすべて削除しました

重要度★★★ Googleアカウント

Q 024 覚えがないのに「メールアドレスを追加した」というメールが届いた！

A 追加した覚えがない場合は、メールのリンクから解除します。

Googleアカウントを作成すると、再設定用のメールアドレス宛にGoogleからメールが届きます。アカウントを作成した覚えがないのにこのメールが届いた場合は、ほかの人がGoogleアカウントの作成時に再設定用のメールアドレスを間違えて指定したことが考えられます。届いたメールに表示されるリンクをクリックして、アカウントのリンクを解除します。

gi.taro2023@gmail.com があなたのメールアドレスを再設定用のメールアドレスとして登録することを求めています。

このアカウントに心当たりがない場合は、あなたのメールアドレスが誤って追加された可能性があります。メールアドレスをこのアカウントから削除できます。
メールアドレスの接続を解除する

セキュリティ関連のアクティビティも確認できます
https://myaccount.google.com/notifications

追加した覚えがない場合は、リンクをクリックして解除します。

重要度★★★ Googleアカウント

Q 025 Googleに保存したデータは削除されることはない？

A 容量を超えた場合やサービスを使っていない場合は削除されることがあります。

2023年5月よりGoogleアカウントのポリシーが変更され、2年以上ログインされていないアカウントとそのデータは削除されることになりました。複数のアカウントを使い分けている場合など、あまり使用していないアカウントがある場合は、2年に1度ログインするとよいでしょう。
また、2年以上ストレージ容量の制限を超えた状態が継続した場合、Gmail、Googleドライブ、Googleフォトのデータが削除されることがあります。
対策としては、データ全体で15GBを超えないように管理ツールで削除するか、容量を購入して増やすなどの方法があります。 参照▶Q 273, Q 274

第 2 章

Google 検索

Q 026 キーワードで検索したい！

A 検索ボックスにキーワードを入力して検索します。

Web検索の基本はキーワード検索です。Googleのトップページを表示してキーワードを入力し、[Google検索]をクリックするか、Enter を押すだけで、世界中の膨大なWebサイトの中から知りたい情報をかんたんに調べることができます。
Googleでは、単純なキーワード検索だけでなく、キーワードの入力方法を変えたり、キーワードを絞り込んだりすることで、よりすばやく必要な情報を得ることができます。ここでは、基本的なキーワード検索を行ってみましょう。

1 Googleのトップページを表示して、

Google
Google 検索
I'm Feeling Lucky

2 検索ボックスをクリックし、カーソルを移動します（このとき、検索履歴や急上昇キーワードが検索ボックスの下に表示されることがあります）。

3 キーワードを入力して、

Google
日本世界遺産
Google 検索
I'm Feeling Lucky

4 [Google検索]をクリックするか、Enter を押すと、

5 検索結果が表示されます。

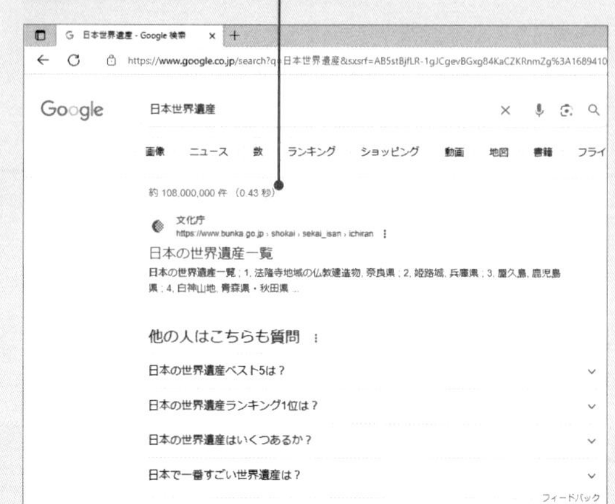
日本世界遺産
画像 ニュース 数 ランキング ショッピング 動画 地図 書籍 フライ
約 108,000,000 件 （0.43 秒）
文化庁
日本の世界遺産一覧
他の人はこちらも質問
日本の世界遺産ベスト5は？
日本の世界遺産ランキング1位は？
日本の世界遺産はいくつあるか？
日本で一番すごい世界遺産は？
フィードバック

日本世界遺産
近畿日本ツーリスト
日本の世界遺産特集
Ministry of Foreign Affairs of Japan
我が国の世界遺産一覧表記載物件｜外務省
nii.ac.jp
世界遺産 - 文化遺産オンライン
JTB
2023最新版 日本の世界遺産特集

6 見たいページをクリックすると、

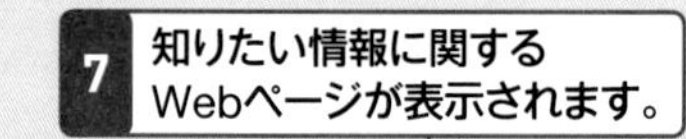

7 知りたい情報に関するWebページが表示されます。

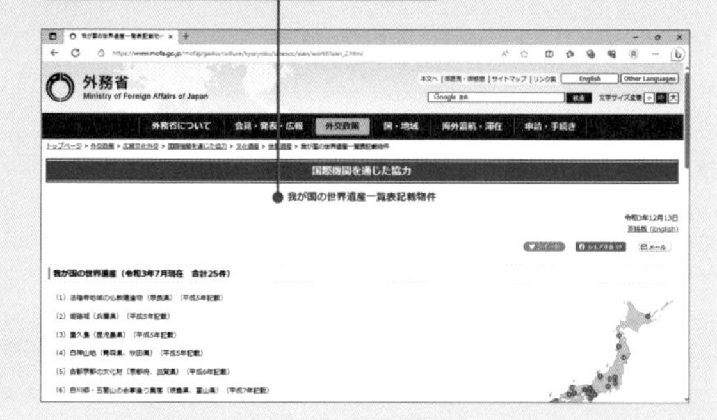
外務省
Ministry of Foreign Affairs of Japan
国際機関を通じた協力
我が国の世界遺産一覧表記載物件
我が国の世界遺産（令和3年7月現在 合計25件）

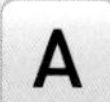

Q 027 検索結果画面の見方を知りたい!

A 下図で検索結果画面の構成と見方を確認しましょう。

検索結果画面には、入力したキーワードに関連するWebページのほかに、関連するさまざまな情報が表示されます。最初の検索結果画面では、膨大な結果が表示されます。そこから、必要な情報を探すことが重要です。結果画面でリンクされたページをたどることでも情報を得ることができます。

ここでは、基本的な検索結果画面の構成と画面に表示される情報の見方を確認しましょう。

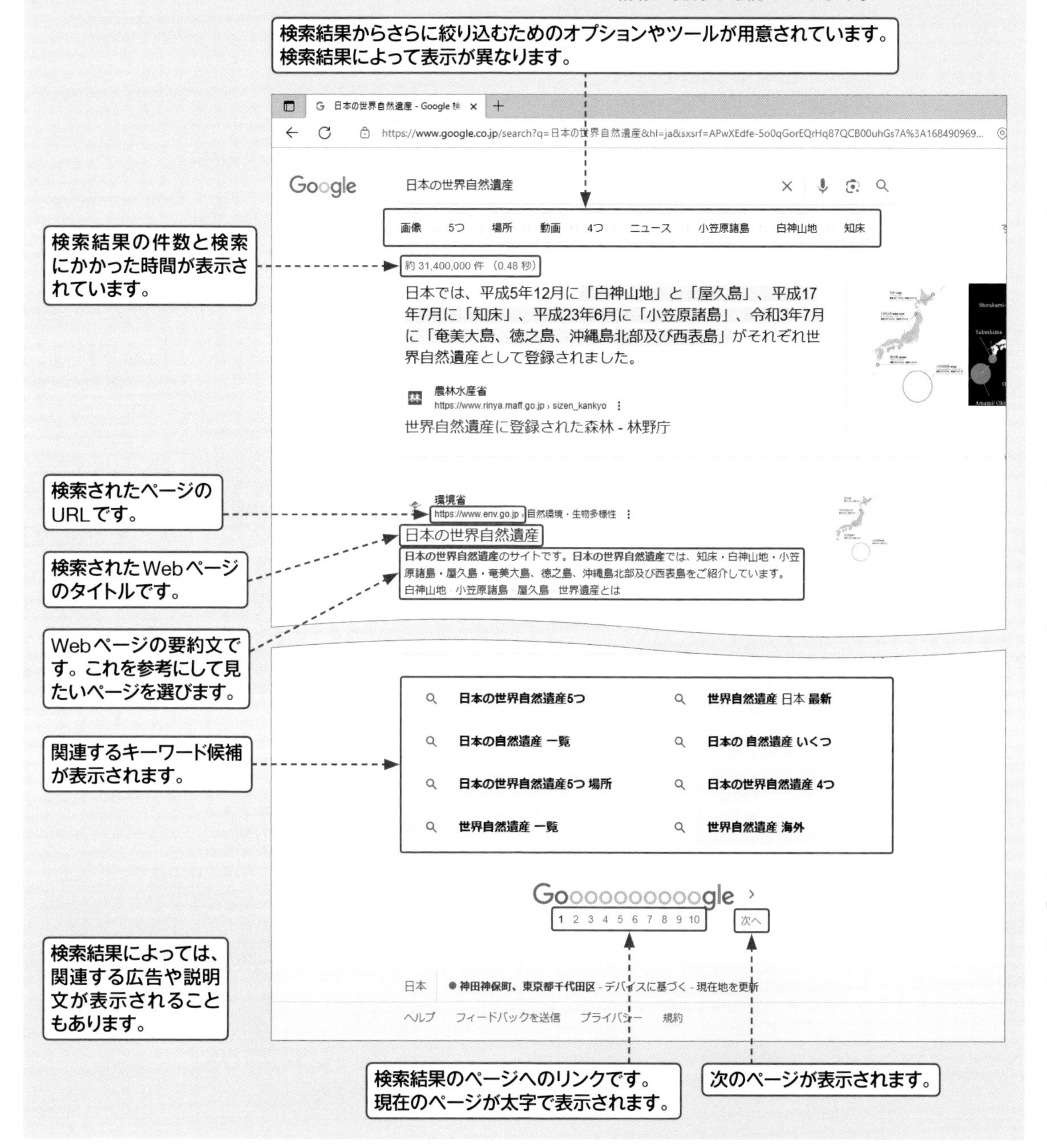

検索結果からさらに絞り込むためのオプションやツールが用意されています。検索結果によって表示が異なります。
日本の世界自然遺産 - Google 検
https://www.google.co.jp/search?q=日本の世界自然遺産&hl=ja&sxsrf=APwXEdfe-5o0qGorEQrHq87QCB00uhGs7A%3A168490969...
Google
日本の世界自然遺産
画像 5つ 場所 動画 4つ ニュース 小笠原諸島 白神山地 知床
検索結果の件数と検索にかかった時間が表示されています。
約 31,400,000 件 (0.48 秒)
日本では、平成5年12月に「白神山地」と「屋久島」、平成17年7月に「知床」、平成23年6月に「小笠原諸島」、令和3年7月に「奄美大島、徳之島、沖縄島北部及び西表島」がそれぞれ世界自然遺産として登録されました。
農林水産省
https://www.rinya.maff.go.jp › sizen_kankyo
世界自然遺産に登録された森林 - 林野庁
検索されたページのURLです。
環境省
https://www.env.go.jp › 自然環境・生物多様性
日本の世界自然遺産
検索されたWebページのタイトルです。
日本の世界自然遺産のサイトです。日本の世界自然遺産では、知床・白神山地・小笠原諸島・屋久島・奄美大島、徳之島、沖縄島北部及び西表島をご紹介しています。
白神山地 小笠原諸島 屋久島 世界遺産とは
Webページの要約文です。これを参考にして見たいページを選びます。
関連するキーワード候補が表示されます。
日本の世界自然遺産5つ
世界自然遺産 日本 最新
日本の自然遺産 一覧
日本の 自然遺産 いくつ
日本の世界自然遺産5つ 場所
日本の世界自然遺産 4つ
世界自然遺産 一覧
世界自然遺産 海外
Goooooooooooogle
1 2 3 4 5 6 7 8 9 10
次へ
検索結果によっては、関連する広告や説明文が表示されることもあります。
日本 ● 神田神保町、東京都千代田区 - デバイスに基づく - 現在地を更新
ヘルプ フィードバックを送信 プライバシー 規約
検索結果のページへのリンクです。現在のページが太字で表示されます。
次のページが表示されます。

重要度 ★★★　キーワード検索

Q 028 上手に検索するコツを知りたい！

A キーワードの入力方法で検索結果が変わります。

単純なキーワードで検索した場合、Webページの1箇所にでもそのキーワードがあれば検索結果に含まれるため、検索結果は膨大な量になります。Googleでは、単純なキーワード検索だけでなく、キーワードの入力方法によって、検索結果が変わる便利な検索テクニックを利用することができます。

たとえば、複数のキーワードを含む情報を検索する「AND検索」や、複数のキーワードのいずれかを含む情報を検索する「OR検索」、不要な情報を除外して検索する「NOT検索」（マイナス検索）、キーワードと完全に一致する情報だけを検索する「完全一致検索」など、検索テクニックを使いこなすことによって、必要な情報をより的確に得られるようになります。

参照▶Q 029, Q 030, Q 032, Q 034, Q 035

1つのキーワードで検索すると、あらゆる情報が検索されます。

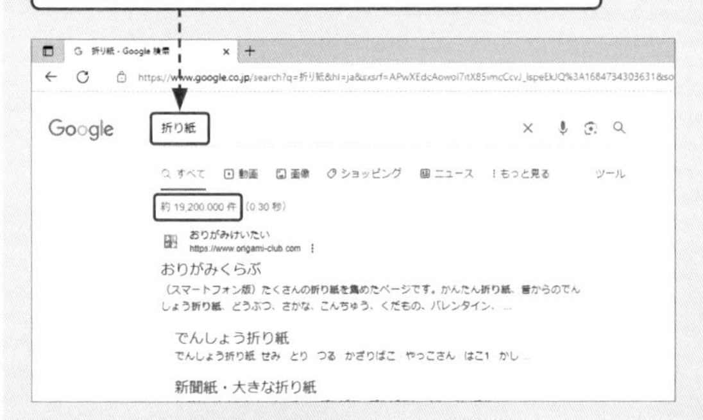
Google
折り紙
約 19,200,000 件（0.30 秒）
おりがみくらぶ
でんしょう折り紙
新聞紙・大きな折り紙

● AND検索を利用する

2つのキーワードで検索すると、両方にかかわる情報が検索されます。

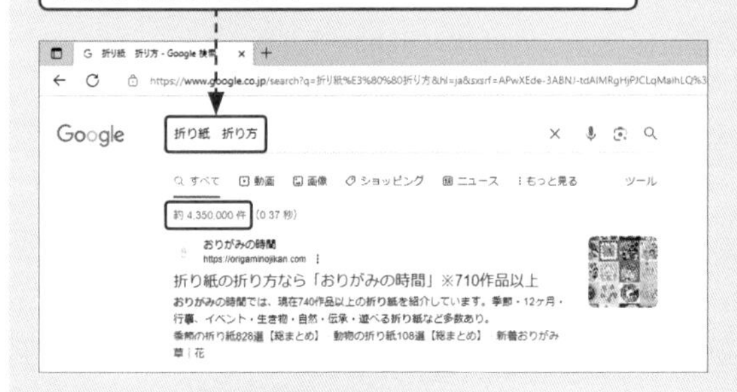
Google
折り紙　折り方
約 4,350,000 件（0.37 秒）
おりがみの時間
折り紙の折り方なら「おりがみの時間」※710作品以上

検索した結果に、さらにキーワードを追加して絞り込みます。

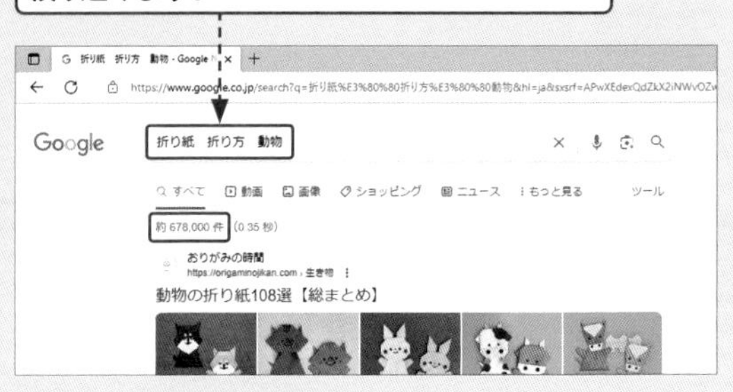
Google
折り紙　折り方　動物
約 678,000 件（0.35 秒）
おりがみの時間
動物の折り紙108選【総まとめ】

● OR検索を利用する

2つのキーワードのうち、どちらかが含まれる情報が検索されます。

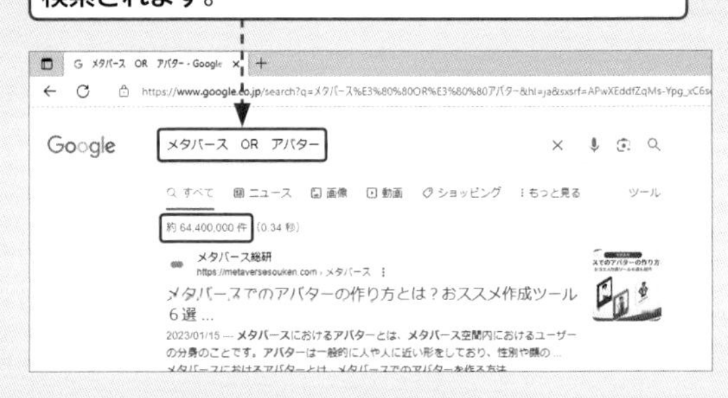
Google
メタバース　OR　アバター
約 64,400,000 件（0.34 秒）
メタバース総研
メタバースでのアバターの作り方とは？おススメ作成ツール6選 ...

● NOT（マイナス）検索を利用する

不要な情報を除外して、検索します。

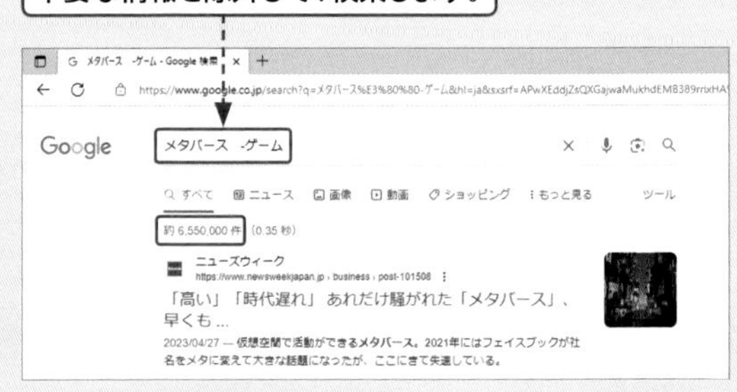
Google
メタバース　-ゲーム
約 6,550,000 件（0.35 秒）
ニューズウィーク
「高い」「時代遅れ」あれだけ騒がれた「メタバース」、早くも ...

● 完全一致検索を利用する

キーワードと完全に一致する情報のみを検索します。

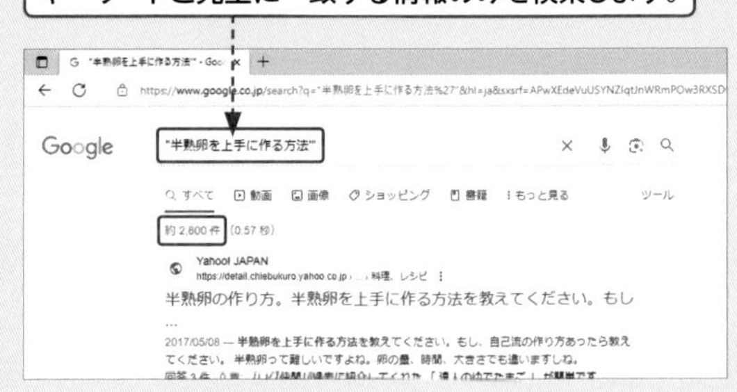
Google
"半熟卵を上手に作る方法"
約 2,800 件（0.57 秒）
Yahoo! JAPAN
半熟卵の作り方。半熟卵を上手に作る方法を教えてください。もし

Q 029 複数のキーワードで絞り込んで検索したい！

A AND検索を利用します。

複数のキーワードを利用して、すべてのキーワードを含むWebページを検索することで、検索結果を絞り込むことができます。これを「AND検索」といいます。AND検索は、キーワードの間に「スペース」を入力します。スペースは半角でも全角でもかまいません。

1 検索ボックスに1つ目のキーワードを入力します。
Google
キャンプ場
キャンプ場
キャンプ場 関東
キャンプ場関西

2 全角あるいは半角のスペースを入力して、
3 2つ目のキーワードを入力し、
Google
キャンプ場 関東
Google 検索
I'm Feeling Lucky
4 [Google検索]をクリックすると、

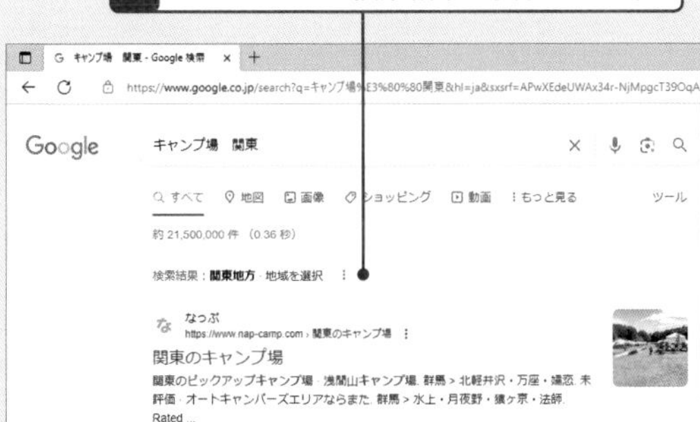
5 入力したすべてのキーワードを含むWebページの検索結果が表示されます。
Google
キャンプ場 関東
約 21,500,000 件 (0.36 秒)
検索結果：関東地方 地域を選択
関東のキャンプ場

Q 030 検索結果からさらに絞り込んで検索したい！

A 検索結果画面で検索キーワードを追加します。

目的の情報を検索結果からさらに絞り込んで検索するには、検索結果画面の検索ボックスにキーワードを追加します。検索キーワードに指定できる数は最大32個までですが、あまり多すぎると目的の情報が検索されない可能性があります。検索結果を見てから、さらに的確なキーワードを追加するとよいでしょう。

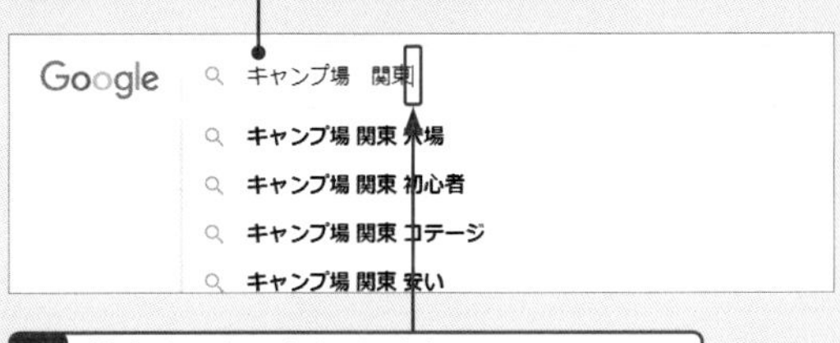
1 2つのキーワードで検索を行います。
Google
キャンプ場 関東
キャンプ場 関東 穴場
キャンプ場 関東 初心者
キャンプ場 関東 コテージ
キャンプ場 関東 安い
2 検索ボックスをクリックして、カーソルを最後の文字の右側に置きます。

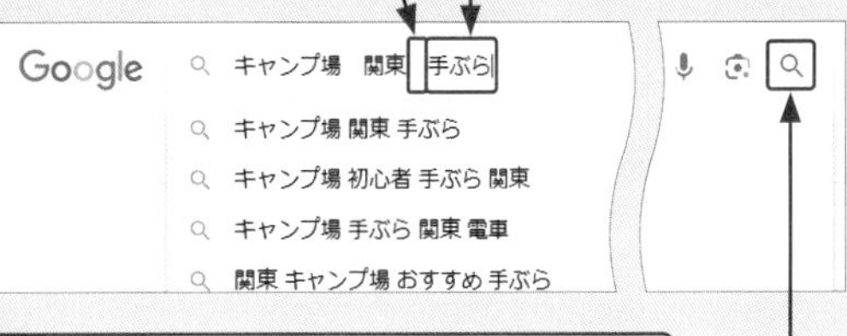
3 全角あるいは半角のスペースを入力して、
4 キーワードを追加し、
Google
キャンプ場 関東 手ぶら
キャンプ場 関東 手ぶら
キャンプ場 初心者 手ぶら 関東
キャンプ場 手ぶら 関東 電車
関東 キャンプ場 おすすめ 手ぶら
5 ここをクリックするか、Enter を押すと、

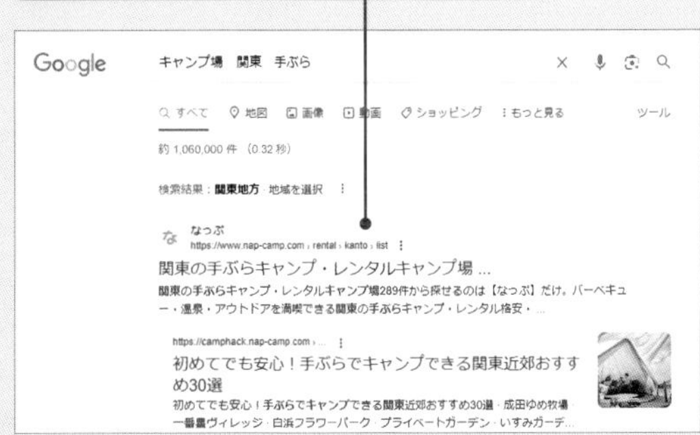
6 検索結果からさらに絞り込んだ結果が表示されます。
Google
キャンプ場 関東 手ぶら
約 1,060,000 件 (0.32 秒)
検索結果：関東地方 地域を選択
関東の手ぶらキャンプ・レンタルキャンプ場 ...
初めてでも安心！手ぶらでキャンプできる関東近郊おすすめ30選

重要度 ★★★ キーワード検索

Q 031 表示される検索候補から絞り込んで検索したい!

A オートコンプリート機能を利用して検索します。

Googleの検索ボックスにキーワードを入力したときや、検索結果を絞り込むためにキーワードを追加しようとしたとき、関連性のある検索候補が検索ボックスの下に表示されます。この機能を「オートコンプリート」あるいは「サジェスト」といいます。検索したいキーワードが候補にある場合は、そこから選択すると、入力の手間を省くことができます。

● キーワードを入力する場合

1 検索ボックスにキーワードを入力しはじめると、

2 入力した文字に該当する検索候補が表示されます。

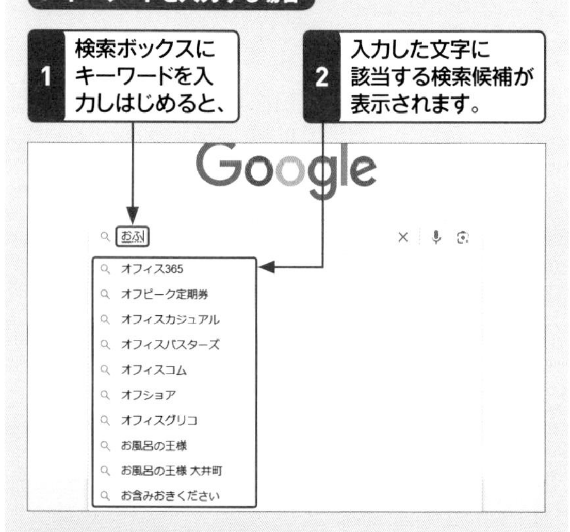
Google
おふ
オフィス365
オフピーク定期券
オフィスカジュアル
オフィスバスターズ
オフィスコム
オフショア
オフィスグリコ
お風呂の王様
お風呂の王様 大井町
お含みおきください

● キーワードを追加する場合

1 キーワードを入力して、全角あるいは半角のスペースを入力すると、

2 関連性のある検索候補が表示されます。

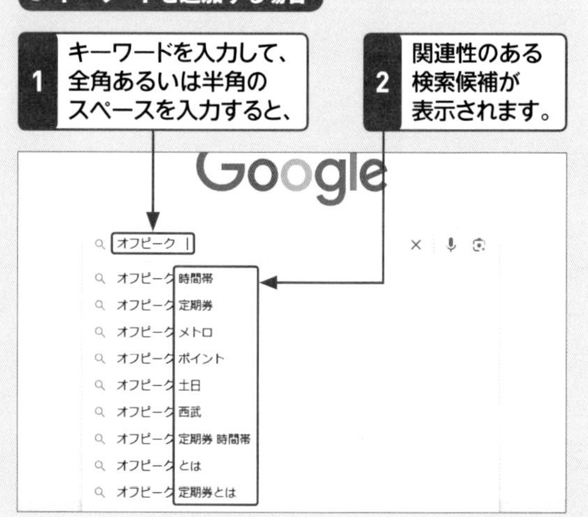
Google
オフピーク
オフピーク 時間帯
オフピーク 定期券
オフピーク メトロ
オフピーク ポイント
オフピーク 土日
オフピーク 西武
オフピーク 定期券 時間帯
オフピーク とは
オフピーク 定期券とは

重要度 ★★★ キーワード検索

Q 032 複数のキーワードのいずれかを検索したい!

A OR検索を利用します。

複数のキーワードで検索した場合、通常はすべてのキーワードを含む検索が行われます。複数のキーワードのいずれか（少なくとも1つ）を含む情報を検索したい場合は、「OR検索」を利用します。OR検索は、キーワードの間に「OR」を入力します。ORは半角の大文字で入力します。ORの前後に入力するスペースは、半角でも全角でもかまいません。

1 検索ボックスに1つ目のキーワードを入力して、

メタバース
メタバース ゲーム

2 全角あるいは半角のスペースを入力します。

3 「OR」（半角大文字）とスペースを入力して、

4 2つ目のキーワードを入力し、

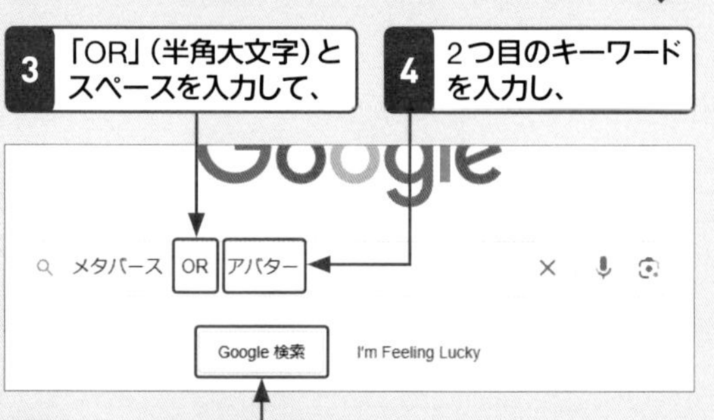
メタバース OR アバター
Google 検索
I'm Feeling Lucky

5 ［Google検索］をクリックすると、

6 キーワードのいずれかを含む情報が表示されます。

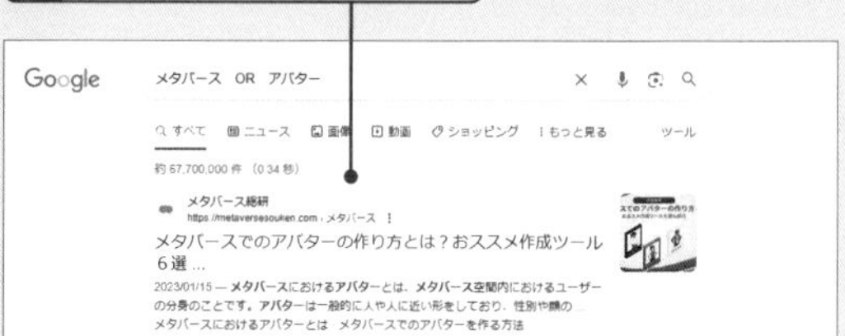
Google
メタバース OR アバター
メタバースでのアバターの作り方とは？おススメ作成ツール6選 ...
メタバースのアバターとは？ 作り方からファッションまで解説！

重要度 ★★★　キーワード検索

Q 033 不適切な検索結果を除外するには？

A ［セーフサーチ］をオンに設定します。

Googleには、ポルノやヌードなどの露骨な表現を含む画像や動画、Webサイトを検索結果から除外する「セーフサーチ」機能が用意されています。［セーフサーチ］で［フィルタ］をオンに設定すると、不適切な検索結果を除外することができます。

1 画面右下の［設定］をクリックして、

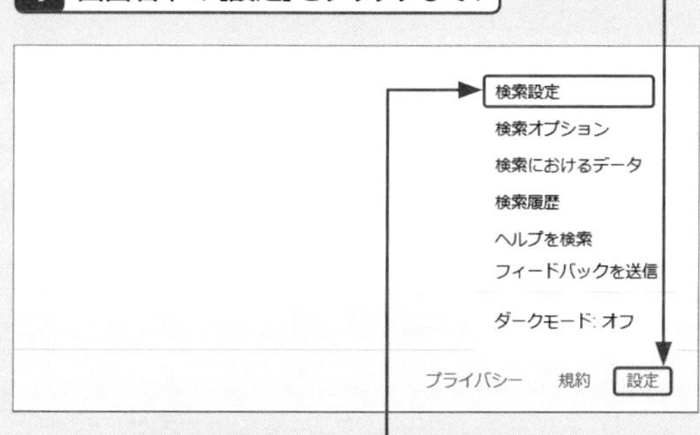

検索設定
検索オプション
検索におけるデータ
検索履歴
ヘルプを検索
フィードバックを送信
ダークモード: オフ
プライバシー
規約
設定

2 ［検索設定］をクリックします。

3 ［設定を管理］をクリックして、

検索の設定

検索結果　言語　デザイン　ヘルプ

セーフサーチ

セーフサーチは、性行為や刺激の強い暴力などの露骨な表現を含むコンテンツを検索結果に表示…を管理するのに役立ちます。設定を管理

ファミリー リンクの保護者による使用制限機能

ファミリー リンクを使用すると、お子様のアカウントの検索アクティビティを管理できます。…ら露骨な表現を含むコンテンツが除外されやすくなるように、セーフサーチなどの設定はデフォ…効になっています。

管理

4 ［フィルタ］をクリックしてオンにします。

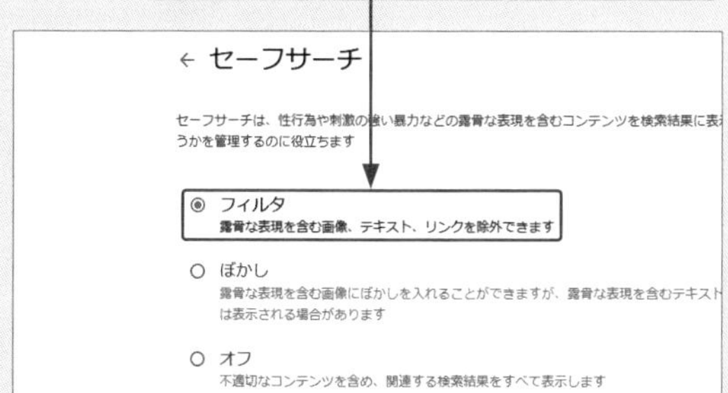

← セーフサーチ
セーフサーチは、性行為や刺激の強い暴力などの露骨な表現を含むコンテンツを検索結果に表示…うかを管理するのに役立ちます
フィルタ
露骨な表現を含む画像、テキスト、リンクを除外できます
ぼかし
露骨な表現を含む画像にぼかしを入れることができますが、露骨な表現を含むテキスト…は表示される場合があります
オフ
不適切なコンテンツを含め、関連する検索結果をすべて表示します

重要度 ★★★　キーワード検索

Q 034 キーワードに一致する情報を検索したい！

A 完全一致検索を利用します。

複数の単語からなる語句で検索した場合、通常はそれぞれの単語で検索されてしまいます。キーワードと完全に一致する情報のみを検索したい場合は、キーワードを「"」（ダブルクォーテーション）でくくって検索します。これを「完全一致検索」といいます。「"」は半角でも全角でもかまいません。

1 検索ボックスに「"」を入力して、

"
Google 検索
I'm Feeling Lucky

「"」は半角でも全角でもかまいません。

2 複数の単語からなるキーワードと「"」を入力します。

"半熟卵を上手に作る方法"
I'm Feeling Lucky

Google 検索

3 ［Google検索］をクリックすると、

4 「"」でくくったキーワードが1つの単語として検索されます。

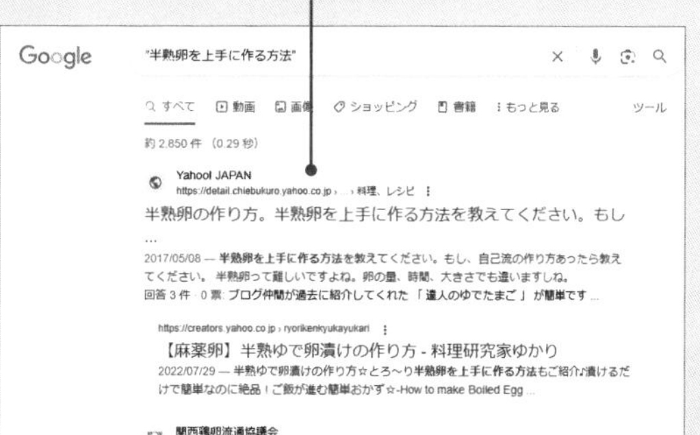

Google
"半熟卵を上手に作る方法"
すべて
動画
画像
ショッピング
書籍
もっと見る
ツール
約 2,850 件（0.29 秒）
Yahoo! JAPAN
半熟卵の作り方。半熟卵を上手に作る方法を教えてください。もし
2017/05/08 — 半熟卵を上手に作る方法を教えてください。もし、自己流の作り方あったら教えてください。半熟卵って難しいですよね。卵の量、時間、大きさでも違いますしね。
【麻薬卵】半熟ゆで卵漬けの作り方 - 料理研究家ゆかり
関西鶏卵流通協議会

重要度★★★ キーワード検索

Q 035 特定のキーワードを含まない情報を検索したい！

A NOT検索（マイナス検索）を利用します。

検索結果から特定の情報を除いて検索したい場合は、「NOT検索」(「マイナス検索」ともいいます)を利用します。NOT検索は、検索結果がたくさんありすぎて、目的の情報を探せない場合に利用すると便利です。キーワードを入力して、スペースと「-」(半角のマイナス)を入力し、除外したいキーワードを入力します。

1 検索ボックスにキーワードを入力して、

インボイスセミナー
インボイスセミナー freee

2 全角あるいは半角のスペースを入力します。

3 「-」(半角のマイナス)を入力して、除外したいキーワードを入力します。

インボイスセミナー
-有料
Google 検索
I'm Feeling Lucky

4 [Google検索]をクリックすると、

5 除外したいキーワードを除いた情報が検索されます。

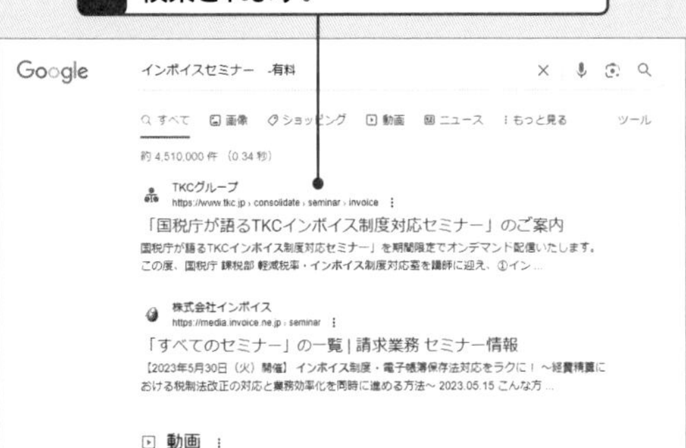
Google
インボイスセミナー -有料
すべて 画像 ショッピング 動画 ニュース もっと見る ツール
約 4,510,000 件 (0.34 秒)
TKCグループ
「国税庁が語るTKCインボイス制度対応セミナー」のご案内
株式会社インボイス
「すべてのセミナー」の一覧 | 請求業務 セミナー情報
動画

重要度★★★ キーワード検索

Q 036 検索条件をまとめて指定したい！

A [検索オプション]を利用して指定します。

AND検索やOR検索、NOT検索、完全一致検索などでは、それぞれAND、OR、半角のマイナスなどの条件の入力が必要ですが、[検索オプション]を利用すると、フォームにキーワードを入力するだけで、複数の条件を組み合わせて複雑な検索を行うことができます。

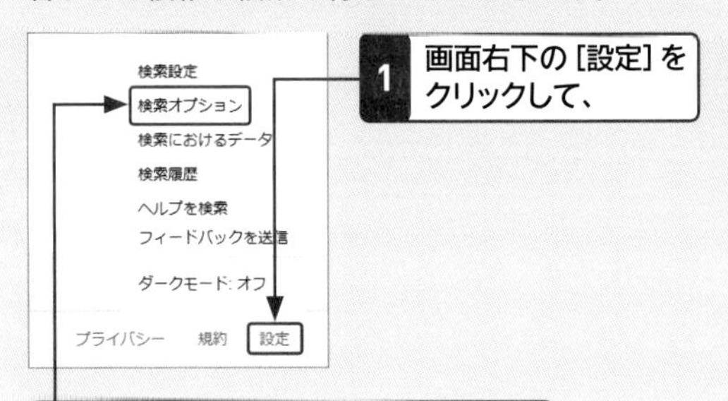
検索設定
検索オプション
検索におけるデータ
検索履歴
ヘルプを検索
フィードバックを送信
ダークモード: オフ
プライバシー
規約
設定

1 画面右下の[設定]をクリックして、

2 [検索オプション]をクリックします。

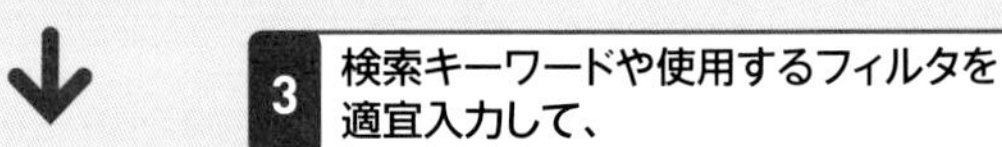

3 検索キーワードや使用するフィルタを適宜入力して、

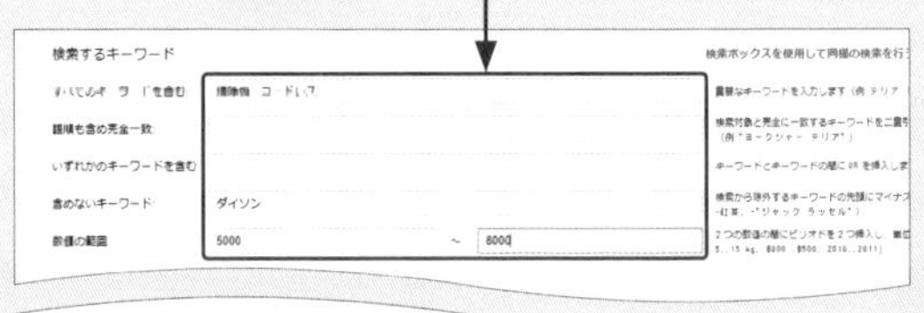
検索するキーワード
すべてのキーワードを含む
語順も含め完全一致
いずれかのキーワードを含む
含めないキーワード
数値の範囲
ダイソン
5000
8000

検索結果の絞り込み
言語
日本語
地域
すべての地域
最終更新
指定なし
サイトまたはドメイン
検索対象の範囲
ページ全体
セーフサーチ
ファイル形式
すべての形式
ライセンス
ライセンスでフィルタリングしない
詳細検索

ここでさらに絞り込みを行うこともできます。

4 [詳細検索]をクリックすると、

5 指定した条件で検索された結果が表示されます。

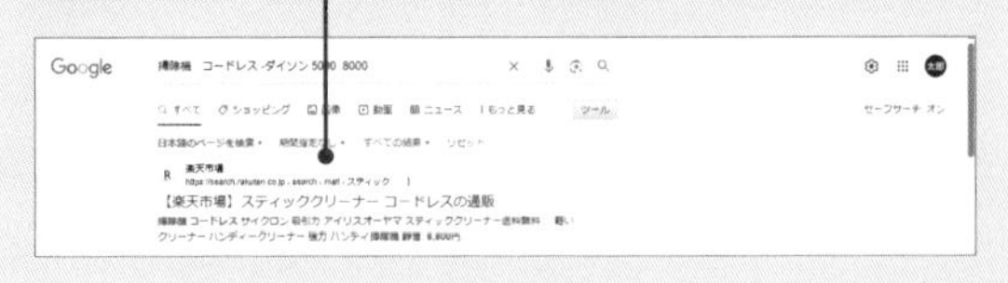
Google
【楽天市場】スティッククリーナー コードレスの通販

重要度★★★ キーワード検索

Q037 数値の範囲を指定して検索したい！

A 数値の範囲を「..」でつなぎ、単位を付けて検索します。

Googleでは、商品の価格や自動車の排気量など、数値の範囲を指定して検索することができます。キーワードと、範囲を示す2つの数値の間に「..」(ピリオド)を2つ挿入します。数値には「円」のように単位を付けると、より絞り込んで検索ができます。

1 キーワードを入力して、

Google
スマートウォッチ
スマートウォッチ おすすめ
スマートウォッチ android

2 半角スペースを入力します。

3 数値範囲を「..」(ピリオド)でつないで入力して、

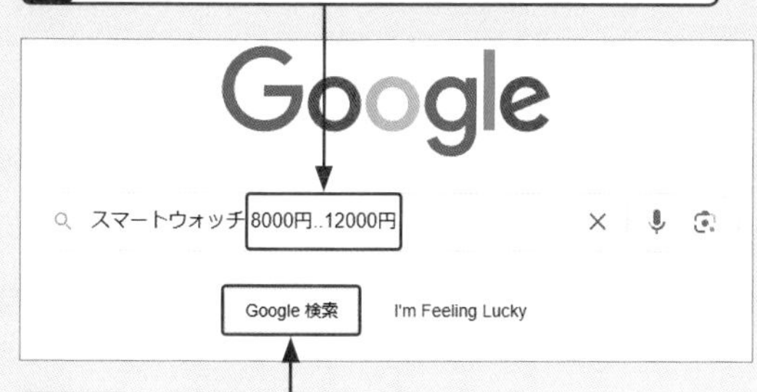

Google
スマートウォッチ 8000円..12000円
Google 検索
I'm Feeling Lucky

4 [Google検索]をクリックすると、

5 指定した範囲の結果が表示されます。

Google
スマートウォッチ 8000円..12000円
1万円以下の格安スマートウォッチおすすめ18選。安くても高 ...
1500-10000円 - スマートウォッチ / ウェアラブルデバイス

重要度★★★ キーワード検索

Q038 知らない言葉の意味を検索したい！

A 意味を調べるために使う「とは」を利用します。

言葉の意味を掲載しているWebページを重点的に探したい場合は、キーワードに「とは」を追加すると、目的の情報をすばやく検索することができます。これは、Webページで語句の意味を説明する文章のほとんどが「～とは、」という書き出しになっていることを利用しています。また、調べたい語句のあとに「?」を付けても、「この語句は何？」という意図のキーワードになり、意味を調べることができます。

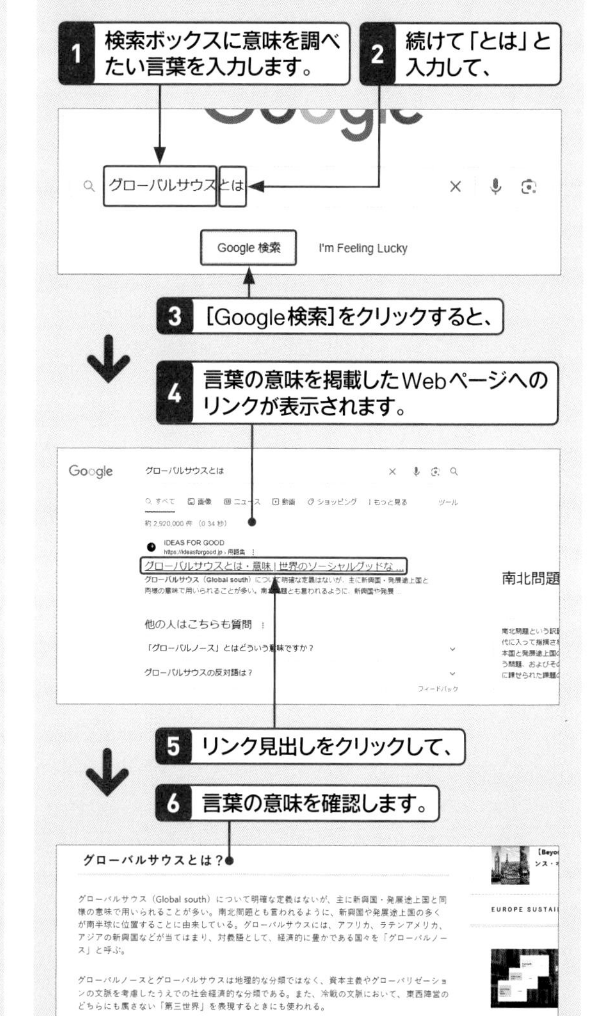

1 検索ボックスに意味を調べたい言葉を入力します。
2 続けて「とは」と入力して、
グローバルサウス とは
Google 検索
I'm Feeling Lucky
3 [Google検索]をクリックすると、
4 言葉の意味を掲載したWebページへのリンクが表示されます。
グローバルサウスとは
他の人はこちらも質問
南北問題
5 リンク見出しをクリックして、
6 言葉の意味を確認します。
グローバルサウスとは？

重要度 ★★★ キーワード検索

Q 039 略語の意味を検索したい！

A キーワードのあとに「の略」を追加します。

略語をキーワードにすると、意味の掲載されているWebページは検索できますが、略語だけが掲載されているWebページも検索されてしまいます。この場合は、キーワードのあとに「の略」を追加するとよいでしょう。なお、略語の意味を調べる際、外国語のWebページが検索されてしまうことがあります。この場合は、[検索オプション]で[検索結果の絞り込み]の言語を[日本語]にしておくとよいでしょう。 参照▶Q 036

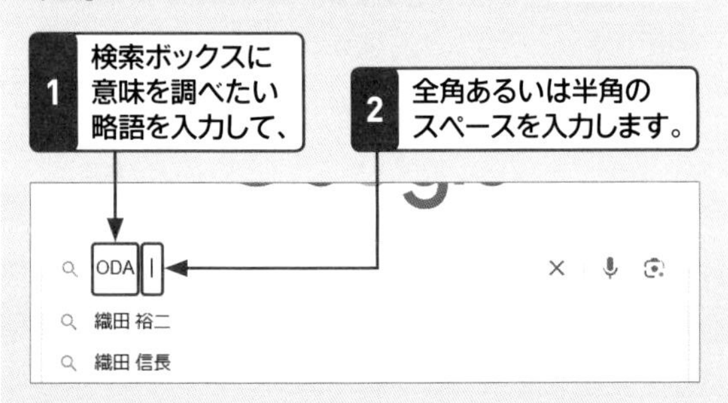
1 検索ボックスに意味を調べたい略語を入力して、
2 全角あるいは半角のスペースを入力します。
ODA
織田 裕二
織田 信長

3 「の略」と入力して、
ODA の略
Google 検索
I'm Feeling Lucky

4 [Google検索]をクリックすると、

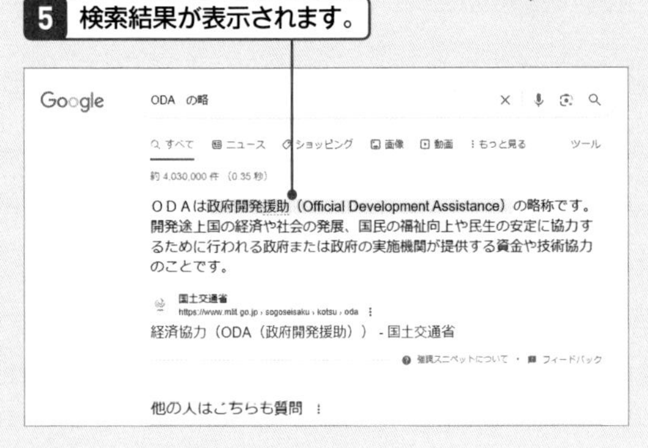
5 検索結果が表示されます。
Google
ODA の略
ODAは政府開発援助（Official Development Assistance）の略称です。開発途上国の経済や社会の発展、国民の福祉向上や民生の安定に協力するために行われる政府または政府の実施機関が提供する資金や技術協力のことです。
国土交通省
経済協力（ODA（政府開発援助））- 国土交通省
他の人はこちらも質問

重要度 ★★★ キーワード検索

Q 040 パソコンのトラブルの解決方法を検索したい！

A 表示されたエラーメッセージを検索ボックスに入力して検索します。

パソコンの操作方法やトラブルの対処方法などがわからないときは、具体的な操作やトラブルの症状をキーワードにしたり、エラーメッセージをそのまま検索ボックスに入力したりして検索すると、メーカーのホームページや同じような質問をしているWebページを見つけることができます。
なお、パソコンの機種に関するトラブルの場合は、エラーメッセージの前に、パソコンやOS、アプリ名などをキーワードとして追加しておくと、絞り込みやすくなります。

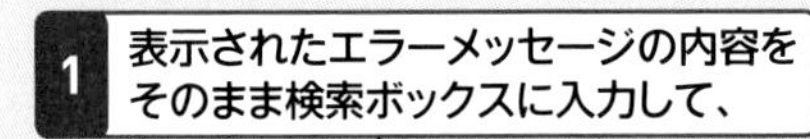
1 表示されたエラーメッセージの内容をそのまま検索ボックスに入力して、

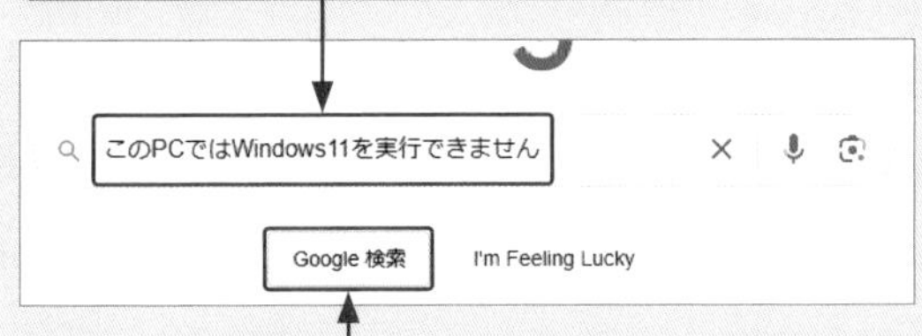
このPCではWindows11を実行できません
Google 検索
I'm Feeling Lucky

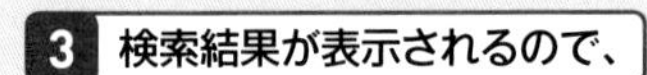
2 [Google検索]をクリックします。

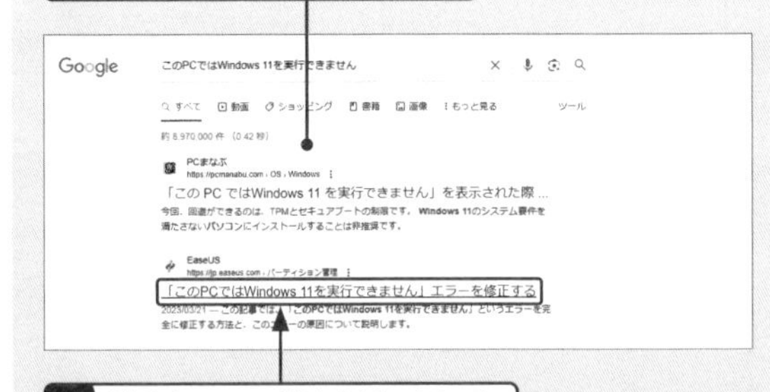
3 検索結果が表示されるので、
Google
このPCではWindows 11を実行できません
「このPCではWindows 11を実行できません」を表示された際...
「このPCではWindows 11を実行できません」エラーを修正する
4 読みたいページをクリックして、

5 解決方法を確認します。
EaseUS
データ復旧
バックアップ&クローン
パーティション管理
データ移行
「このPCではWindows 11を実行できません」エラーを修正する

重要度 ★★★　キーワード検索

Q 041 あいまいな言葉を検索したい！

A ワイルドカード検索（あいまい検索）を利用します。

検索キーワードを入力する際に、キーワードがあいまいだったり、一部を思い出せなかったりした場合は、不明な箇所に「＊」（アスタリスク）を入れて検索します。これをワイルドカード検索（あるいは「あいまい検索」）といいます。ワイルドカードは、不明な文字のかわりに代用する代替文字です。

また、英単語のスペルがあいまいな場合は、間違ったスペルを入力しても修正して検索してくれたり、カタカナ読みで入力すると、英語で候補を表示してくれたりします。

1 キーワードのわからない箇所に全角あるいは半角の「＊」（アスタリスク）を入力して、

日本*法人協会
Google 検索
I'm Feeling Lucky

2 ［Google検索］をクリックすると、

3 「＊」の部分を予測して検索結果が表示されます。

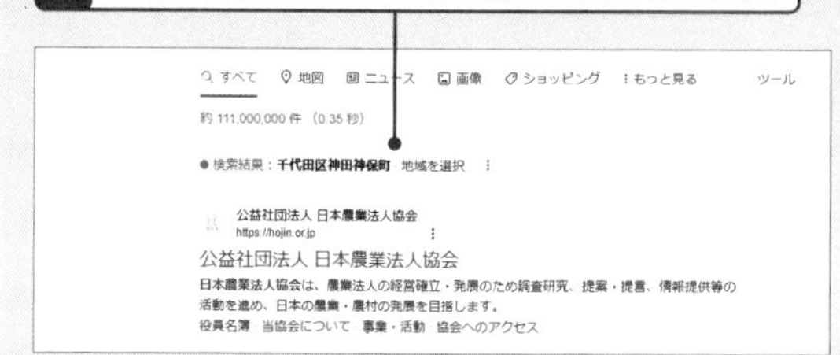

公益社団法人 日本農業法人協会

● 英単語のスペルがあいまいな場合

1 スペルを間違えた場合は、

2 修正して検索してくれます。

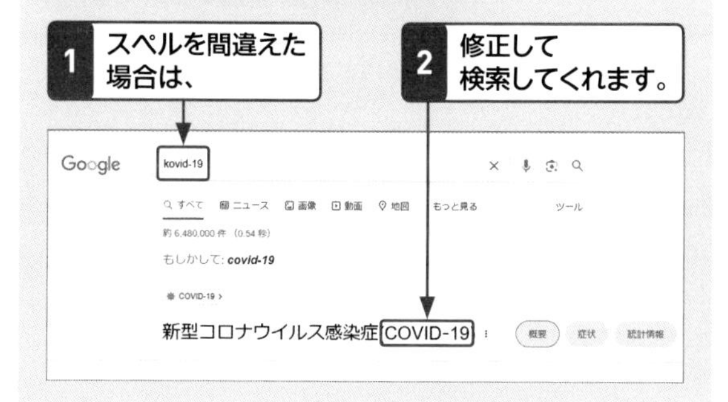

Google
kovid-19
もしかして: covid-19
新型コロナウイルス感染症 COVID-19

重要度 ★★★　キーワード検索

Q 042 海外のWebページを日本語で翻訳表示したい！

A 検索結果画面で［このページを訳す］をクリックします。

Googleでは、外国語のWebページを日本語に翻訳して閲覧することができます。検索結果に外国語で表示されたWebページがある場合は、［このページを訳す］と表示されたリンクをクリックすると、そのページが日本語に翻訳されて表示されます。

また、翻訳されたテキストにマウスポインターを合わせると、原文のテキストが表示されます。

1 キーワードで検索を行い、

2 日本語で読みたいWebサイトの［このページを訳す］をクリックすると、

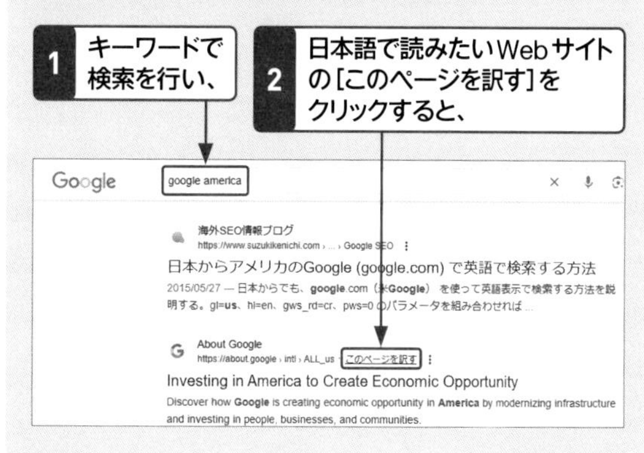

Google
google america
日本からアメリカのGoogle (google.com) で英語で検索する方法
About Google
このページを訳す
Investing in America to Create Economic Opportunity

3 外国語のWebページが日本語に翻訳されて表示されます。

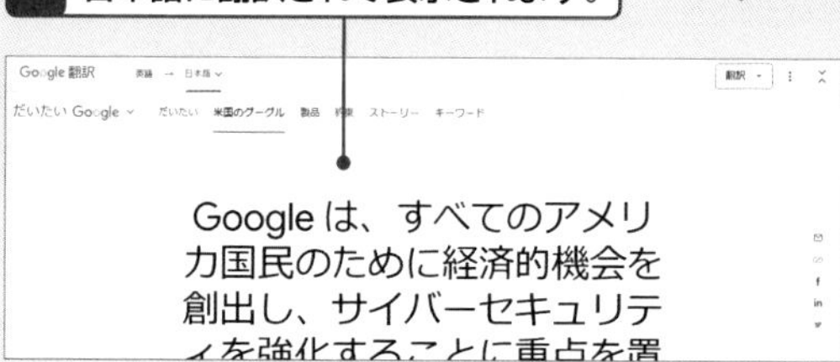

Google 翻訳
Google は、すべてのアメリカ国民のために経済的機会を創出し、サイバーセキュリティを強化することに重点を置

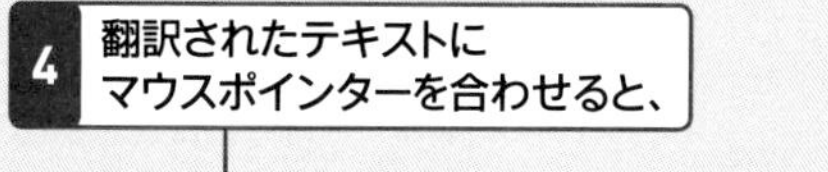

4 翻訳されたテキストにマウスポインターを合わせると、

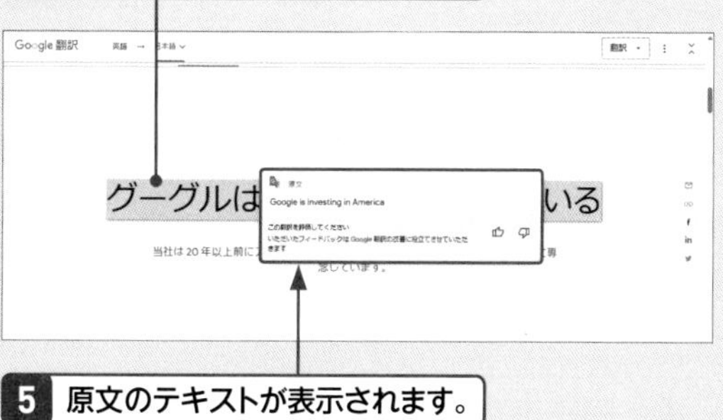

Google 翻訳
グーグルは
いる
Google is investing in America

5 原文のテキストが表示されます。

Q 043 ファイルを検索してダウンロードしたい！

A ファイルの種類を指定して検索し、ダウンロードします。

ファイルを検索してダウンロードする場合は、pdfやdocなどのファイル形式を指定して検索すると、検索結果を絞り込むことができます。キーワードに「filetype:」という文字列と、検索したいファイルのファイル形式（拡張子）を追加して検索します。filetypeは、ファイルの種類を指定するときに利用する文字列です。
指定できるファイル形式の種類には、以下のようなものがあります。

- pdf（PDFファイル）
- doc／docx（Wordファイル）
- xls／xlsx（Excelファイル）
- ppt／pptx（PowerPointファイル）
- ps（PostScriptファイル）
- rtf（リッチテキストファイル）

ここでは、doc形式のWordファイルを検索してダウンロードします。操作手順は、指定したファイル形式によって異なります。

1 検索ボックスにキーワードと半角のスペースを入力します。

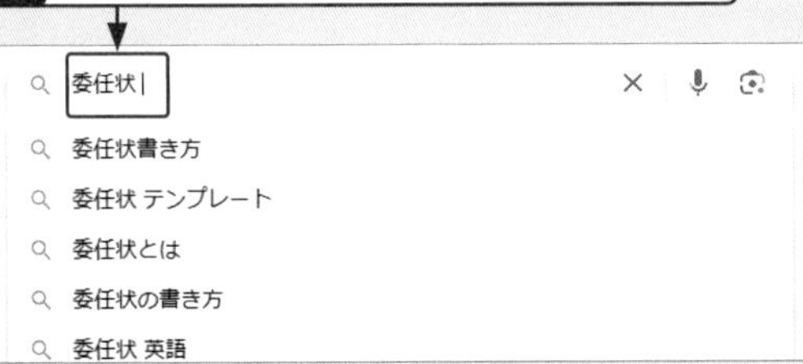
委任状
委任状書き方
委任状 テンプレート
委任状とは
委任状の書き方
委任状 英語

2 「filetype:」に続けてファイル形式（ここでは「doc」）を入力して、

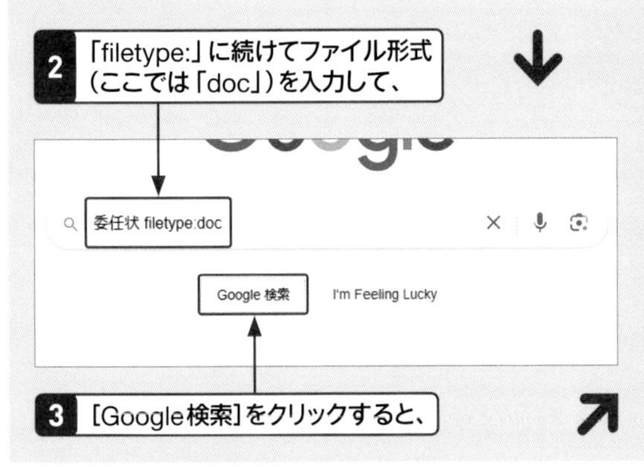
委任状 filetype:doc
Google 検索
I'm Feeling Lucky

3 ［Google検索］をクリックすると、

4 指定したファイル形式のWebページが検索されます。

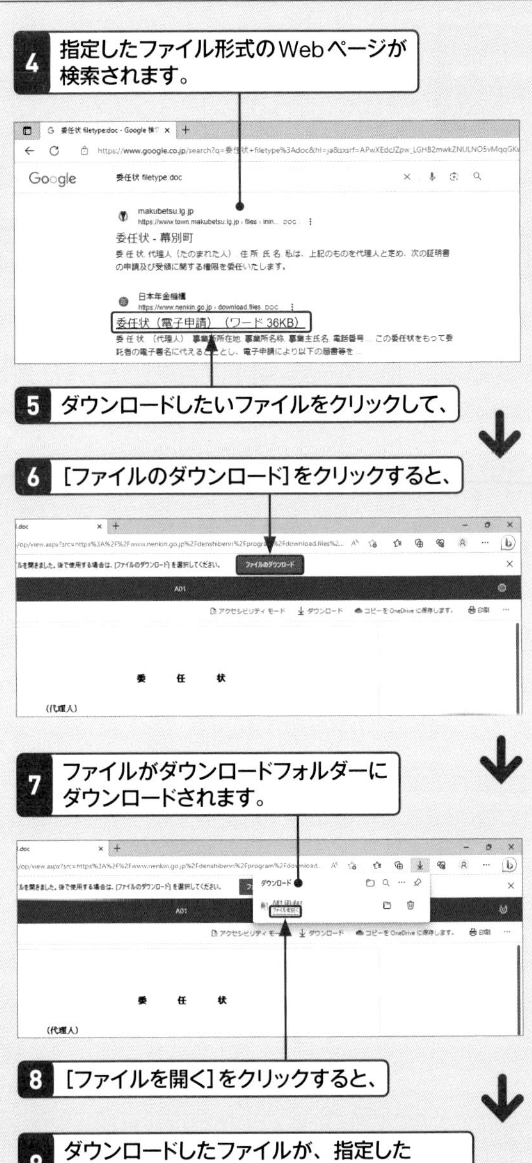
Google
委任状 filetype:doc
makubetsu.lg.jp
委任状 - 幕別町
日本年金機構
委任状（電子申請）（ワード 36KB）
ファイルのダウンロード
A01
委 任 状
(代理人)
ダウンロード

5 ダウンロードしたいファイルをクリックして、

6 ［ファイルのダウンロード］をクリックすると、

7 ファイルがダウンロードフォルダーにダウンロードされます。

8 ［ファイルを開く］をクリックすると、

9 ダウンロードしたファイルが、指定したファイル形式のアプリケーションで開きます。

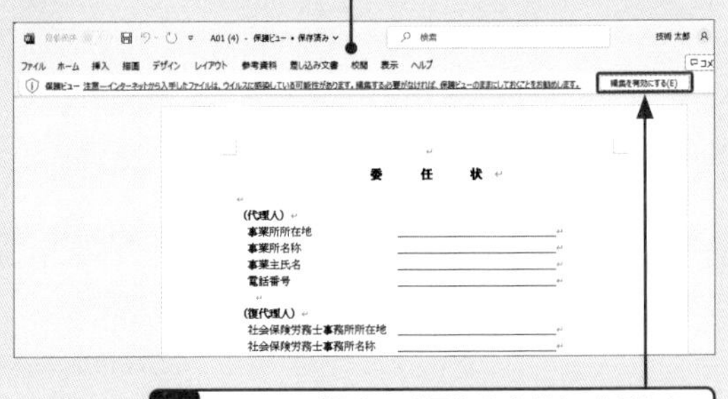
委 任 状
(代理人)
事業所所在地
事業所名称
事業主氏名
電話番号
(復代理人)
社会保険労務士事務所所在地
社会保険労務士事務所名称

10 Wordの場合、［編集を有効にする］をクリックすると、編集が可能になります。

重要度 ★★★ キーワード検索

Q 044 検索結果を新しいタブで開きたい！

A リンクを右クリックして、[リンクを新しいタブで開く]をクリックします。

検索結果のリンクをクリックすると、リンク先のWebページは通常、現在開いているタブに表示されます。もとのページと比較したり、もとのページも残しておきたい場合は、リンク先を新しいタブで表示することができます。
タブを閉じるには、タブの右側にある[タブを閉じる]☒をクリックします。

1 リンクを右クリックして、

2 [リンクを新しいタブで開く]をクリックすると、

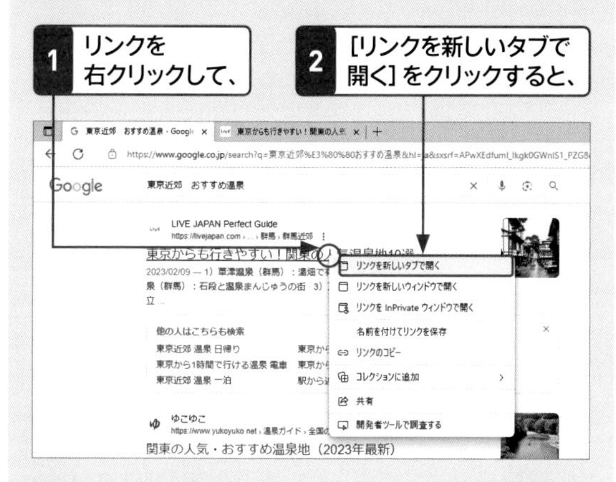
東京近郊 おすすめ温泉
LIVE JAPAN Perfect Guide
東京からも行きやすい！関東の人気温泉地10選
リンクを新しいタブで開く
リンクを新しいウィンドウで開く
リンクを InPrivate ウィンドウで開く
名前を付けてリンクを保存
リンクのコピー
コレクションに追加
共有
開発者ツールで調査する
他の人はこちらも検索
関東の人気・おすすめ温泉地（2023年最新）

3 もとのタブの右側に新しいタブが追加されます。クリックすると、

東京近郊 おすすめ温泉 - Google
東京からも行きやすい！関東の人気
https://www.google.co.jp/search?q=東京近郊%E3%80%80おすすめ温泉
Google
東京近郊 おすすめ温泉

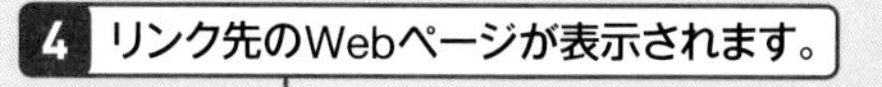
4 リンク先のWebページが表示されます。

タブをクリックすると、もとのページを表示することができます。

重要度 ★★★ キーワード検索

Q 045 1ページに表示する検索結果を増やしたい！

A [検索の設定]画面の[ページあたりの表示件数]で変更できます。

キーワードで検索した際、検索結果画面に表示される1ページの表示件数は、初期設定では10件です。たくさんの検索結果がある場合は、1ページに表示される検索結果を増やすと探しやすくなることがあります。ページあたりの表示件数は、[検索の設定]画面で変更できます。

1 画面右下の[設定]をクリックして、

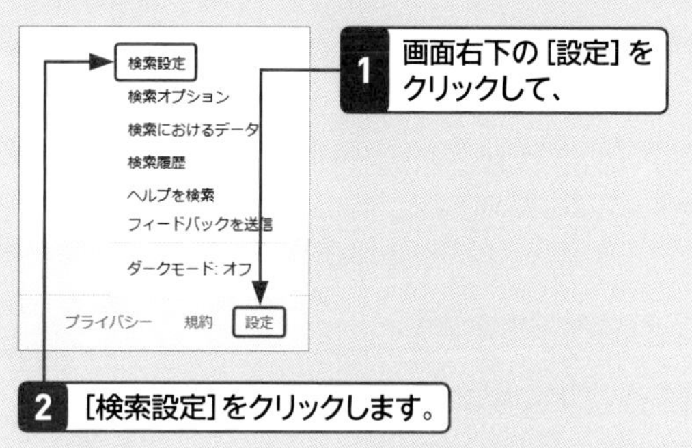
検索設定
検索オプション
検索におけるデータ
検索履歴
ヘルプを検索
フィードバックを送信
ダークモード: オフ
プライバシー
規約
設定

2 [検索設定]をクリックします。

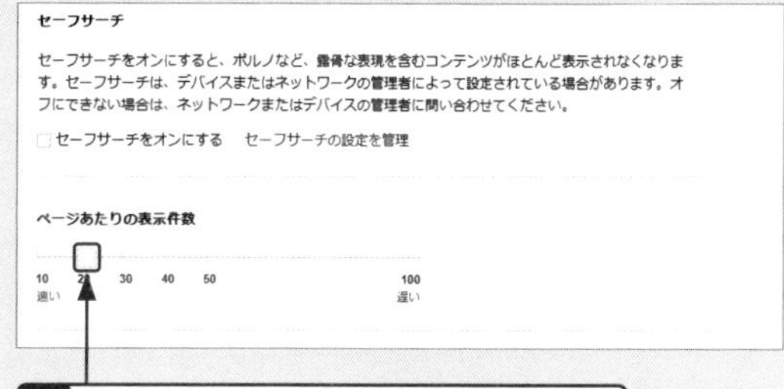
セーフサーチ
セーフサーチをオンにすると、ポルノなど、露骨な表現を含むコンテンツがほとんど表示されなくなります。セーフサーチは、デバイスまたはネットワークの管理者によって設定されている場合があります。オフにできない場合は、ネットワークまたはデバイスの管理者に問い合わせてください。
セーフサーチをオンにする
セーフサーチの設定を管理
ページあたりの表示件数
10
20
30
40
50
100
速い
遅い

3 ここをドラッグして、表示件数を指定し、

4 [保存]をクリックして、表示される画面で[OK]をクリックします。

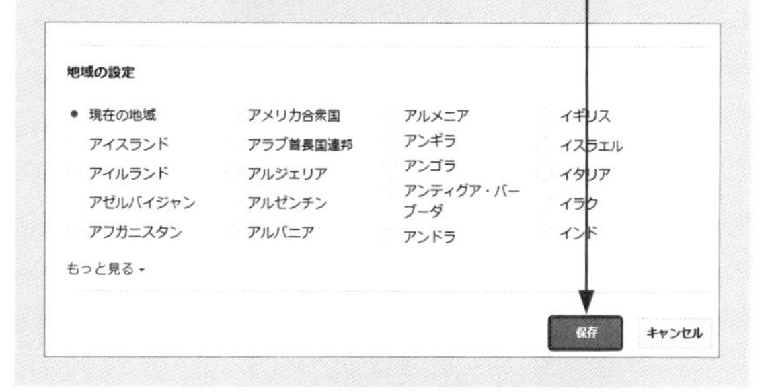
地域の設定
現在の地域
アイスランド
アイルランド
アゼルバイジャン
アフガニスタン
アメリカ合衆国
アラブ首長国連邦
アルジェリア
アルゼンチン
アルバニア
アルメニア
アンギラ
アンゴラ
アンティグア・バーブーダ
アンドラ
イギリス
イスラエル
イタリア
イラク
インド
もっと見る
保存
キャンセル

Q 046 Microsoft Edgeの検索エンジンをGoogleにしたい!

A Microsoft Edgeの［設定］画面で変更できます。

Microsoft Edgeの初期設定では、MicrosoftのBingがアドレスバーから検索する際の検索エンジンとして設定されていますが、これをGoogleに変更することもできます。［設定など］⋯をクリックして、［設定］をクリックすると表示される［設定］画面で変更します。なお、画面サイズが小さくて手順3のメニューが表示されていない場合は、画面左上の☰をクリックします。
もとのBingに戻す場合は、手順5で［Google（既定）］をクリックして、［Bing（推奨）］をクリックします。

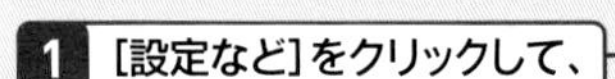

1 ［設定など］をクリックして、

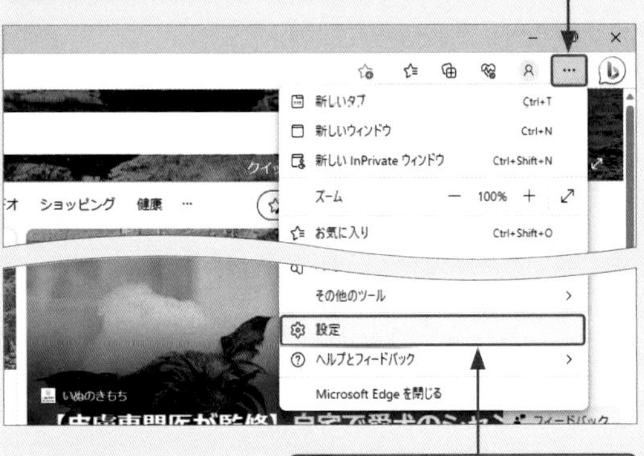

2 ［設定］をクリックします。

3 ［プライバシー、検索、サービス］をクリックして、

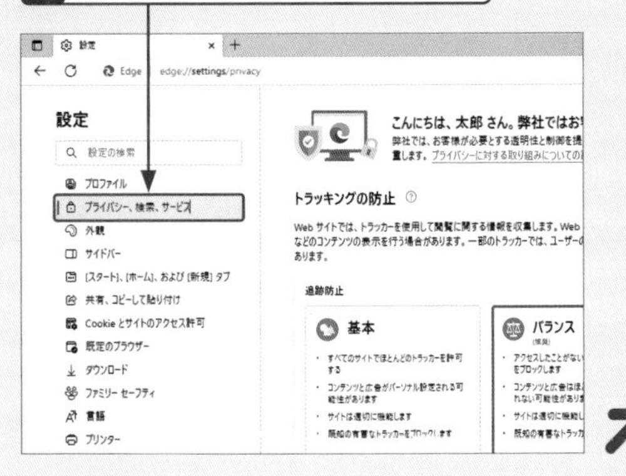

4 ［アドレスバーと検索］をクリックします。

5 ［Bing（推奨、既定値）］をクリックして、

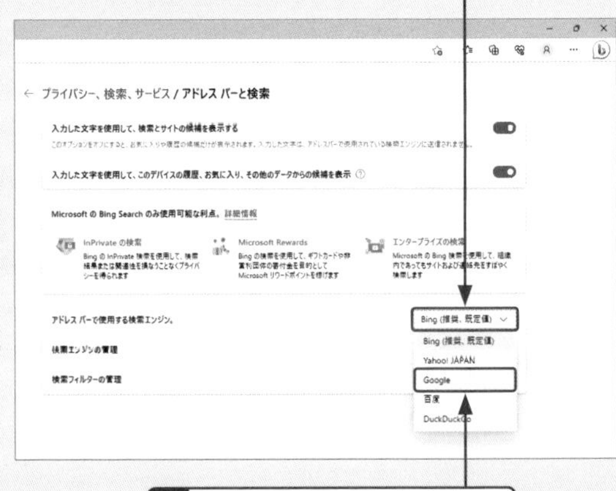

6 ［Google］をクリックすると、

7 Googleが既定の検索エンジンに設定されます。

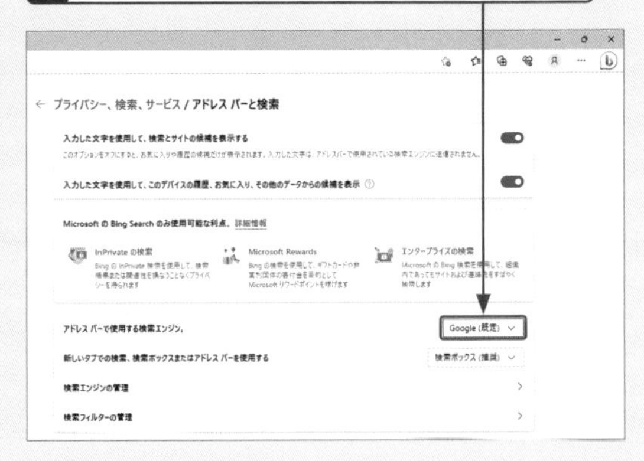

重要度★★★ 便利な検索機能

Q 047 検索結果を期間や日付で絞り込みたい!

A 検索結果画面の［ツール］から期間や日付を指定します。

Webページに公開された期間や日付を絞り込むことで、より最新、あるいは指定した期間の情報を入手することができます。期間を絞り込むには、検索結果画面で［ツール］をクリックして、［期間指定なし］をクリックし、期間を指定します。
また、［期間を指定］をクリックして、具体的な開始日と終了日を指定することもできます。

1 検索結果画面で［ツール］をクリックして、

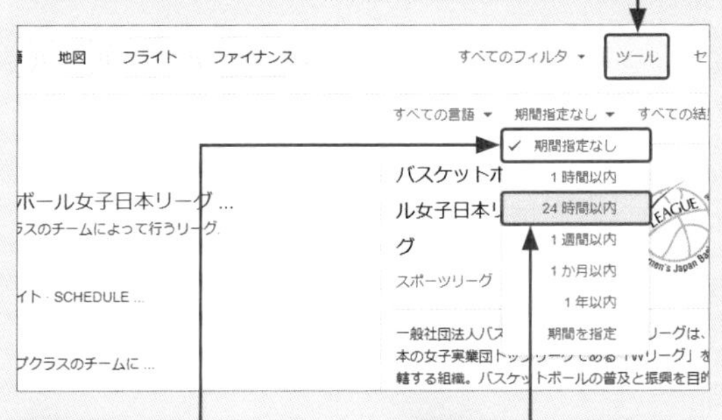

地図
フライト
ファイナンス
すべてのフィルタ
ツール
すべての言語
期間指定なし
1 時間以内
24 時間以内
1 週間以内
1 か月以内
1 年以内
期間を指定

2 ［期間指定なし］をクリックし、

3 検索したい期間をクリックすると、

4 指定した期間内の検索結果だけが表示されます。

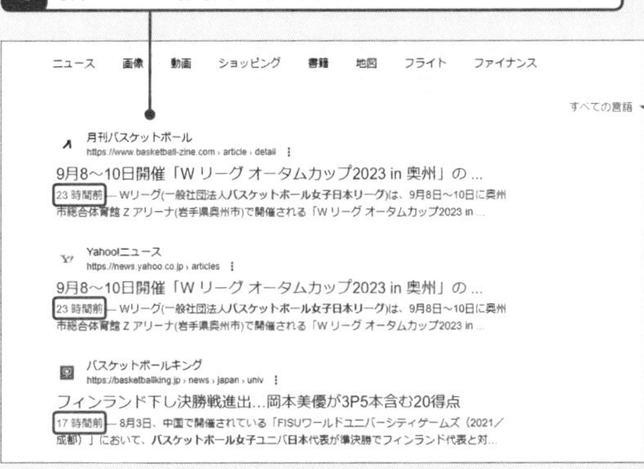

ニュース
画像
動画
ショッピング
書籍
地図
フライト
ファイナンス
9月8～10日開催「W リーグ オータムカップ2023 in 奥州」の ...
23 時間前
フィンランド下し決勝戦進出…岡本美優が3P5本含む20得点
17 時間前

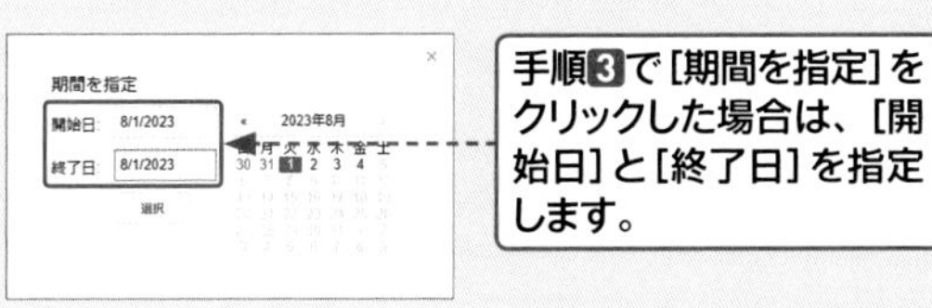

期間を指定
開始日 8/1/2023
終了日 8/1/2023
2023年8月

手順3で［期間を指定］をクリックした場合は、［開始日］と［終了日］を指定します。

重要度★★★ 便利な検索機能

Q 048 ニュースを検索したい!

A Googleニュースを利用して検索します。

最新のニュースを検索するには、Googleニュースを利用すると便利です。Googleニュースでは、世界中のニュースソースから記事の見出しを集約し、似た内容の記事をさまざまな分野にまとめて表示しています。
ニュースを検索するには、通常のキーワード検索を行った検索結果画面で［ニュース］をクリックするか、Googleのトップページで［Googleアプリ］をクリックして、［ニュース］をクリックします。 参照▶Q 007

1 読みたいニュースのキーワードで検索します。

2 ［ニュース］をクリックすると、

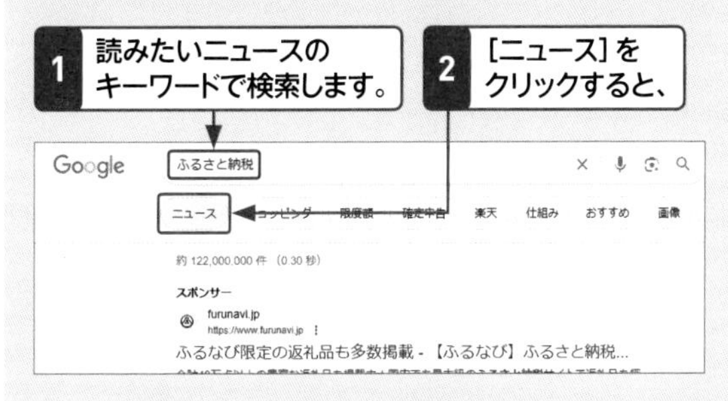

Google
ふるさと納税
ニュース

3 ニュース記事のみの検索結果が表示されます。

4 読みたいニュースの見出しをクリックすると、

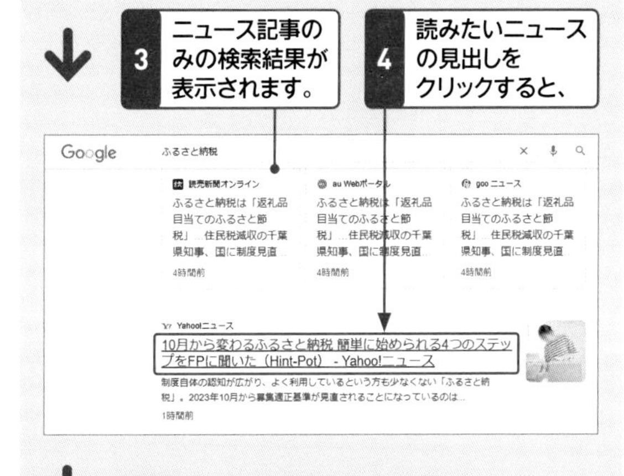

Google
ふるさと納税
10月から変わるふるさと納税 簡単に始められる4つのステップをFPに聞いた（Hint-Pot） - Yahoo!ニュース

5 ニュースを読むことができます。

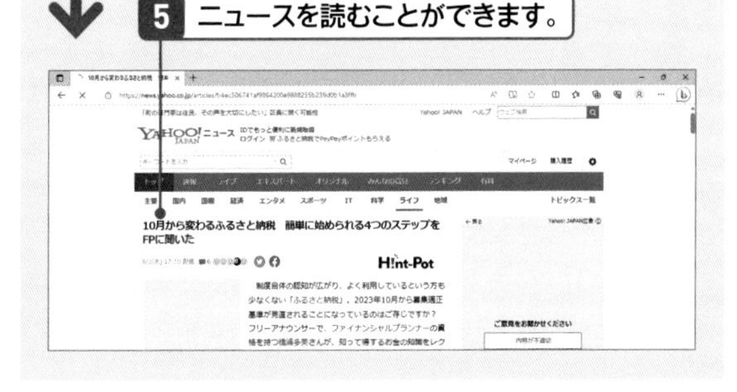

10月から変わるふるさと納税 簡単に始められる4つのステップをFPに聞いた
Hint-Pot

重要度★★★　便利な検索機能

Q 049 画像を検索したい！

A Google画像検索を利用します。

Google画像検索を利用すると、キーワードに関連した画像を検索することができます。Googleのトップページで［画像］をクリックすると、Google画像検索のトップページが表示されるので、検索ボックスにキーワードを入力して検索します。検索した画像をクリックすると、画像の詳細を確認できます。
また、通常のキーワード検索を行った検索結果画面で、［画像］をクリックしても、画像の検索結果が表示されます。

1 Googleのトップページで［画像］をクリックします。

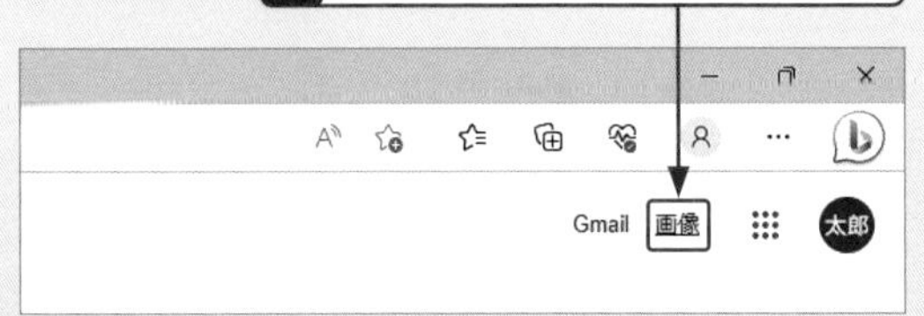
Gmail
画像
太郎

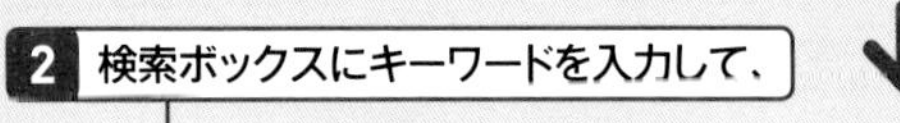
2 検索ボックスにキーワードを入力して、

Google
画像検索
マヌルネコ

3 ここをクリックすると、

4 画像の検索結果が表示されます。

Google
マヌルネコ

5 画像をクリックすると、詳細を確認できます。

重要度★★★　便利な検索機能

Q 050 自由に使用できる画像を検索したい！

A 画像の検索結果画面で［ツール］の［ライセンス］を利用します。

Google画像検索では、検索結果から自由に利用できる画像を絞り込むことができます。画像検索結果画面で［ツール］をクリックして、［ライセンス］をクリックし、［クリエイティブ・コモンズライセンス］をクリックします。画像の左下に「ライセンス可能」を示すアイコンが表示されるので、画像をクリックして、画像の下にある［認可の詳細］をクリックし、ライセンス情報を確認します。

参照▶Q 049

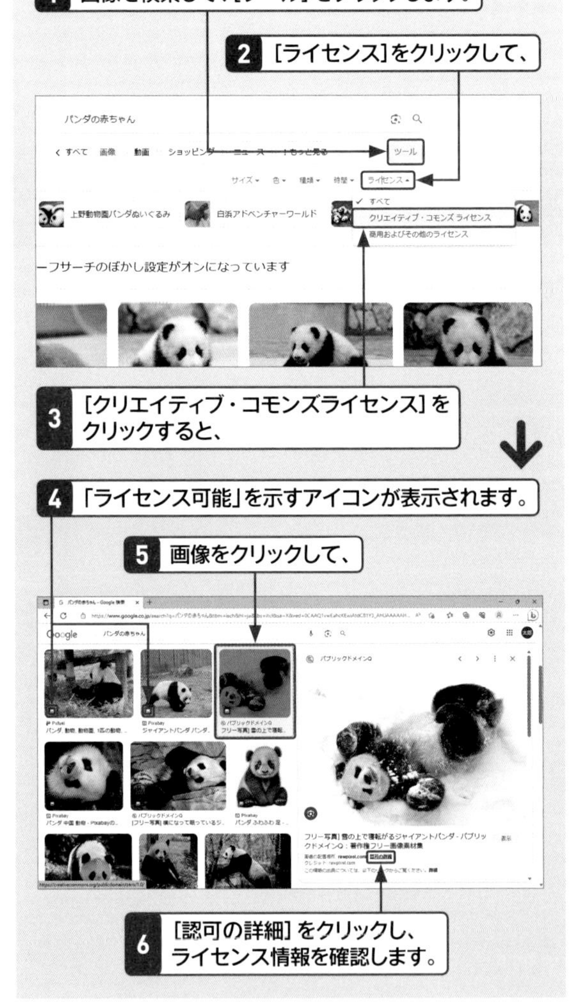
1 画像を検索して、［ツール］をクリックします。
2 ［ライセンス］をクリックして、
パンダの赤ちゃん
すべて
画像
動画
ツール
ライセンス
すべて
クリエイティブ・コモンズ ライセンス
商用およびその他のライセンス
上野動物園パンダぬいぐるみ
白浜アドベンチャーワールド
ーフサーチのぼかし設定がオンになっています
3 ［クリエイティブ・コモンズライセンス］をクリックすると、
4 「ライセンス可能」を示すアイコンが表示されます。
5 画像をクリックして、
Google
パンダの赤ちゃん
6 ［認可の詳細］をクリックし、ライセンス情報を確認します。

重要度 ★★★ 便利な検索機能

Q 051 手持ちの画像の情報を検索したい！

A Google画像検索の［画像で検索］を利用します。

Google画像検索では、手持ちの画像を使って画像の情報を調べたり、似たような画像を検索したりすることができます。Google画像検索のトップページを表示して、検索ボックスの［画像で検索］をクリックし、画像をアップロードします。 参照▶Q 049

1 Google画像検索のトップページを表示して、

画像検索

2 ［画像で検索］をクリックします。

3 ［ファイルをアップロード］をクリックして、

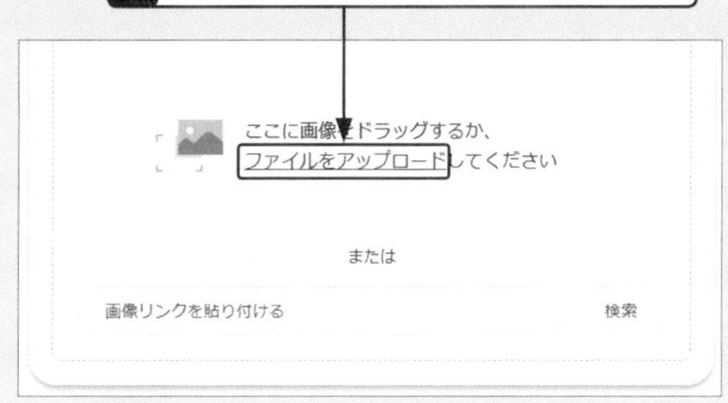
ここに画像をドラッグするか、
ファイルをアップロードしてください
または
画像リンクを貼り付ける
検索

4 ［開く］ダイアログボックスでパソコン内の画像を指定し、［開く］をクリックします。

5 アップロードした画像についての情報や似たような画像が検索されます。

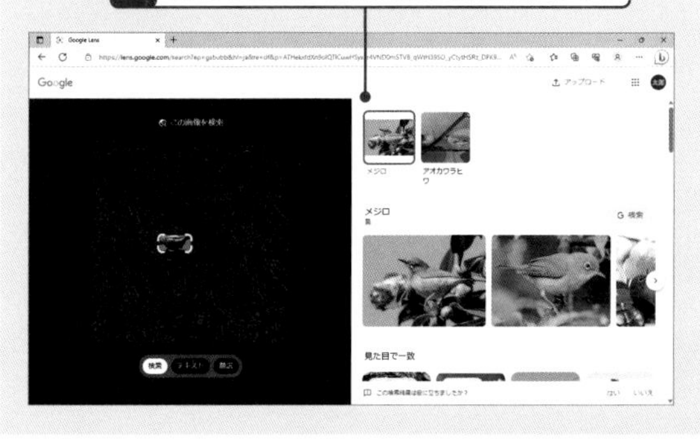
Google
メジロ
アオカワラヒワ

重要度 ★★★ 便利な検索機能

Q 052 動画を検索したい！

A 検索結果画面で［動画］をクリックします。

動画を検索するには、通常のキーワード検索を行った検索結果画面で、［動画］をクリックします。動画検索で検索されるサイトには、YouTubeやニコニコ動画などの動画サイトのほか、ニュースサイトなども含まれます。

1 動画をキーワードで入力して検索します。

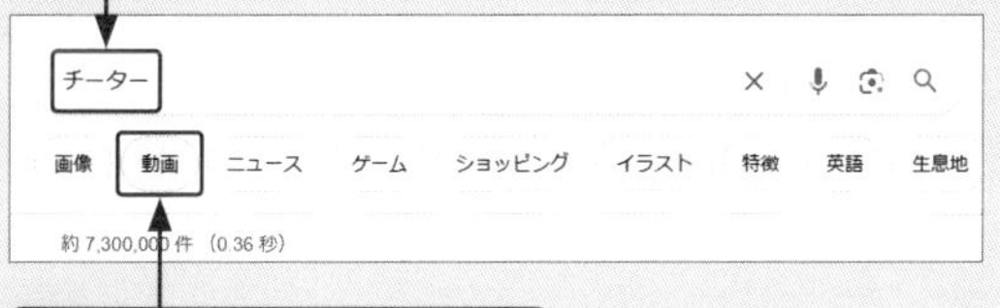
チーター
画像
動画
ニュース
ゲーム
ショッピング
イラスト
特徴
英語
生息地
約 7,300,000 件（0.36 秒）

2 ［動画］をクリックすると、

3 動画のみの検索結果が表示されます。

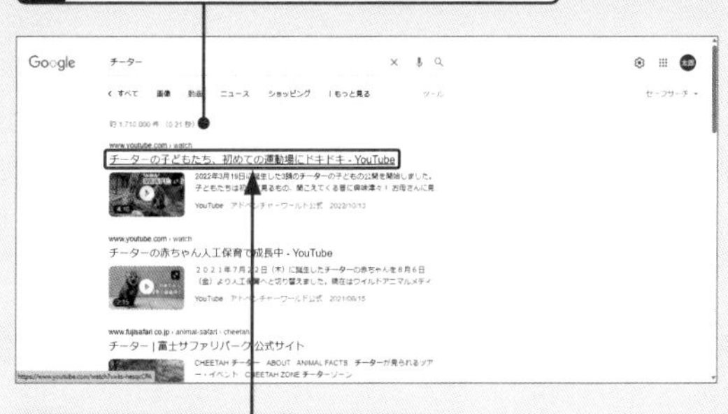
Google
チーター
チーターの子どもたち、初めての運動場にドキドキ - YouTube
チーターの赤ちゃん人工保育で成長中 - YouTube
チーター | 富士サファリパーク公式サイト

4 見たい動画をクリックすると、

5 動画再生サイトに移動して、動画が再生されます。

YouTube
チーターの子どもたち、初めての運動場にドキドキ
アドベンチャーワールド公式

Q 053 サイトを指定して検索したい！

A 「site:」のあとにURLを入力して検索します。

Googleでは、WebサイトのURL（アドレス）やURLの一部を指定して、特定のサイト内を検索したり、指定した国や組織だけを対象にして検索したりすることができます。Webサイトを指定して検索するには、「site:」という文字列のあとにURLを指定して検索します。URLの先頭の「https://」と最後の「/」は省略してもかまいません。「site:」の前やURLのあとにキーワードを入力すると、検索結果を絞り込みやすくなります。

また、公共機関の資料などを検索する場合は、「site:」のあとにドメインを指定して検索することができます。ドメインとは、インターネット上のサービスを提供するコンピューター（サーバー）を識別するための文字列のことです。日本の組織を表すおもなドメインには、右下表のようなものがあります。

● 特定のサイト内を検索する

1 検索ボックスにキーワードとスペースを入力して、

2 「site:」とWebサイトのURL（アドレス）を入力します。

少子化対策
site:www.mhlw.go.jp
Google 検索
I'm Feeling Lucky

3 [Google検索]をクリックすると、

4 指定したサイト内（ここでは厚生労働省）での検索結果が表示されます。

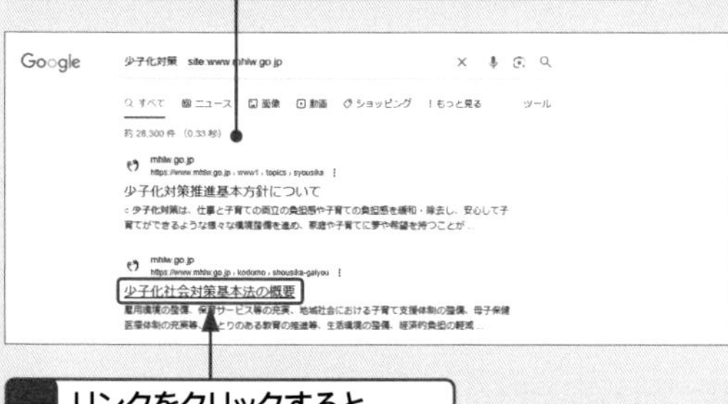
Google
少子化対策推進基本方針について
少子化社会対策基本法の概要

5 リンクをクリックすると、Webページが表示されます。

● 公共機関のドメインから公的資料を検索する

1 検索ボックスにキーワードとスペースを入力して、

Google
出生率
出生率 日本
1.34 人 (女性1人あたり) (2020年)

2 「site:」とドメイン（ここでは「go.jp」）を入力します。

Google
出生率
site:go.jp
Google 検索
I'm Feeling Lucky

3 [Google検索]をクリックすると、

4 指定した公的機関の資料が検索されます。

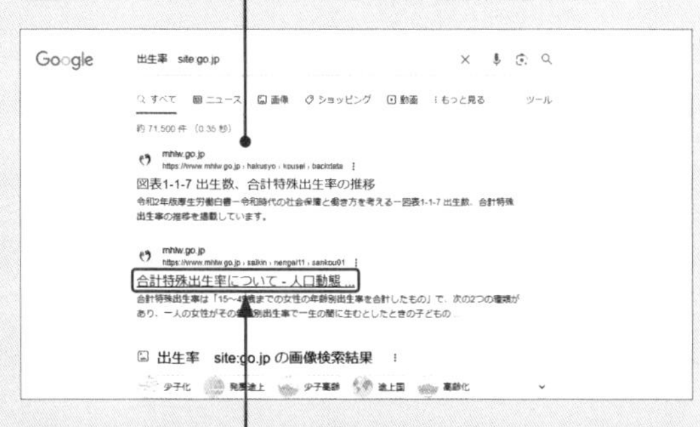
Google
図表1-1-7 出生数、合計特殊出生率の推移
合計特殊出生率について - 人口動態
出生率 site:go.jp の画像検索結果

5 リンクをクリックすると、資料を見ることができます。

● 日本の組織を表すおもなドメイン

ドメイン	機関
go.jp	政府機関
ac.jp	大学・教育機関
ed.jp	小中高校・教育機関
co.jp	企業
or.jp	企業以外の組織
ne.jp	ネットワークサービス事業者

重要度★★★ 便利な検索機能

Q 054 見られなくなったWebページを検索したい!

A キャッシュ検索を利用します。

インターネット上の情報は日々更新されるため、過去に見たWebページがなくなっている場合があります。キャッシュは、Googleが検索データを収集した時点で保存したWebページの情報です。目的のページがすでに削除されてしまった場合でも、キャッシュが残っているときは情報を見ることができます。キャッシュを見るには、「cache:」のあとに、続けてURLを入力します。また、検索結果画面から見たいWebページの ⋮ をクリックして、[キャッシュ]をクリックすることでもキャッシュを見ることができます。

1 検索ボックスに「cache:」と入力し、

cache:

2 続けてWebページのURLを入力します。

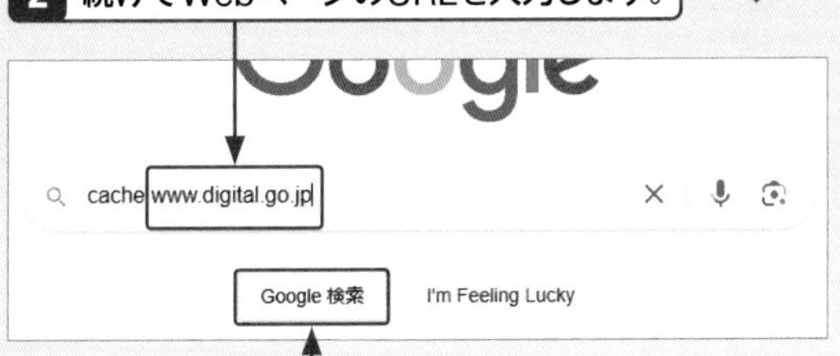

cache www.digital.go.jp
Google 検索
I'm Feeling Lucky

3 [Google検索]をクリックすると、

4 過去のWebページが表示されます。

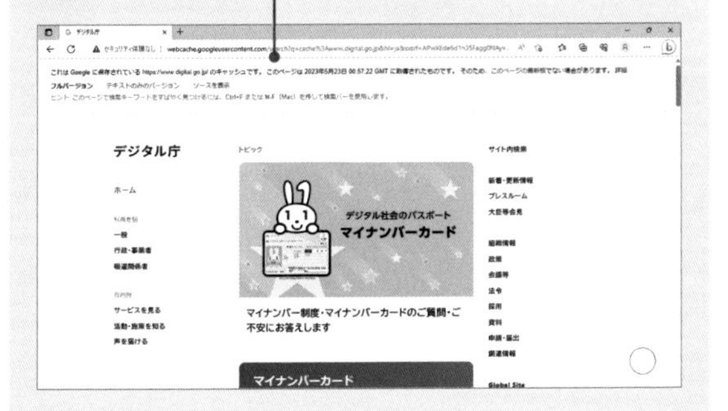

デジタル庁
デジタル社会のパスポート
マイナンバーカード
マイナンバー制度・マイナンバーカードのご質問・ご不安にお答えします
マイナンバーカード

重要度★★★ 便利な検索機能

Q 055 天気予報を検索したい!

A 「天気」と入力して検索します。

Googleには、知りたい情報が検索結果ページに直接表示される便利な検索機能があります。天気予報を調べたいときは、気象庁などのWebページを開かなくても、「天気」と入力して検索すると、現在地の天気を検索することができます。「天気　札幌」のように都市名を追加すると、特定の地域の天気を検索できます。

1 検索ボックスに「天気」と全角または半角のスペースを入力します。

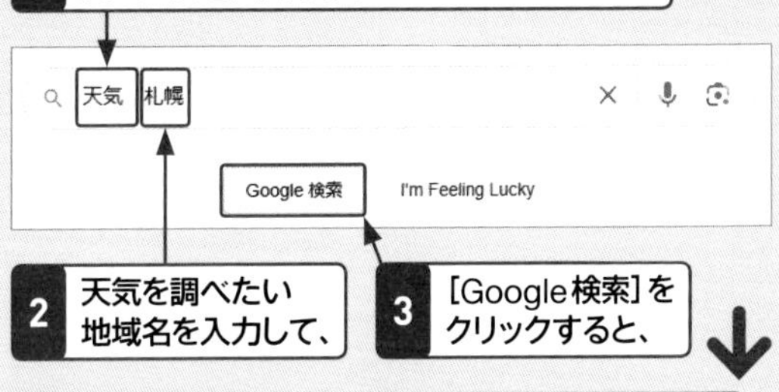

天気
札幌
Google 検索
I'm Feeling Lucky

2 天気を調べたい地域名を入力して、

3 [Google検索]をクリックすると、

4 指定した地域の今日の天気予報が表示されます。

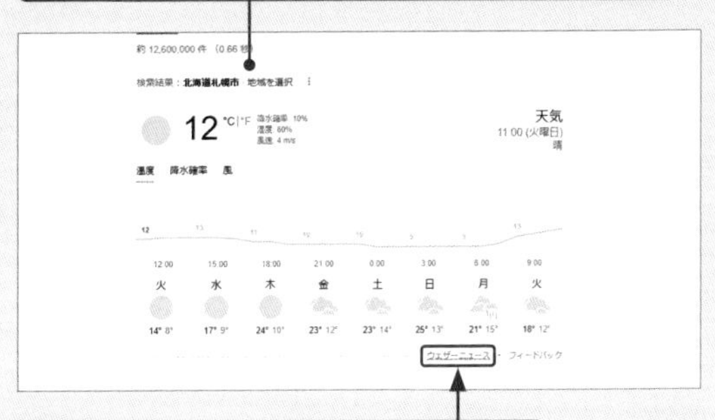

12 °C | °F
天気
火 水 木 金 土 日 月 火
ウェザーニュース

5 [ウェザーニュース]をクリックすると、

6 ウェザーニュース社のWebページが表示され、より詳細な情報を見ることができます。

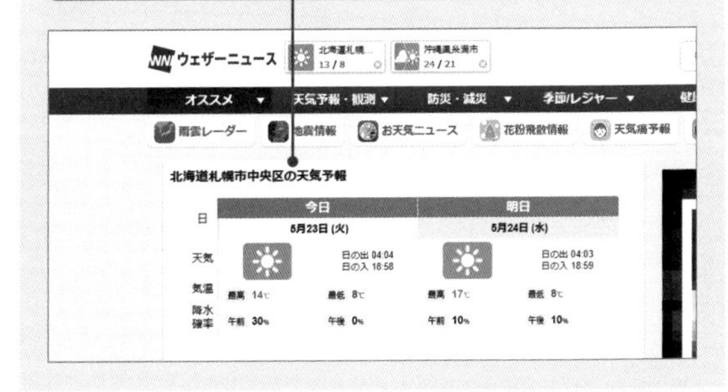

ウェザーニュース
オススメ
天気予報・観測
防災・減災
季節/レジャー
雨雲レーダー
地震情報
お天気ニュース
花粉飛散情報
天気痛予報
北海道札幌市中央区の天気予報
今日
明日
5月23日 (火)
5月24日 (水)

重要度 ★★★ 便利な検索機能

Q 056 計算式を入力して計算したい!

A 「電卓」のあとに計算式を入力して検索します。

Googleでは、電卓機能を利用して計算を行うことができます。検索ボックスに「電卓」に続けて計算式を入力して検索すると、計算結果が即座に表示されます。計算記号は、加算は「+」、減算は「-」、掛け算は「*」、割り算は「/」を使用します。四則計算のほか、関数、物理定数の値などを計算することもできます。

1 検索ボックスに「電卓」と全角または半角のスペースを入力します。

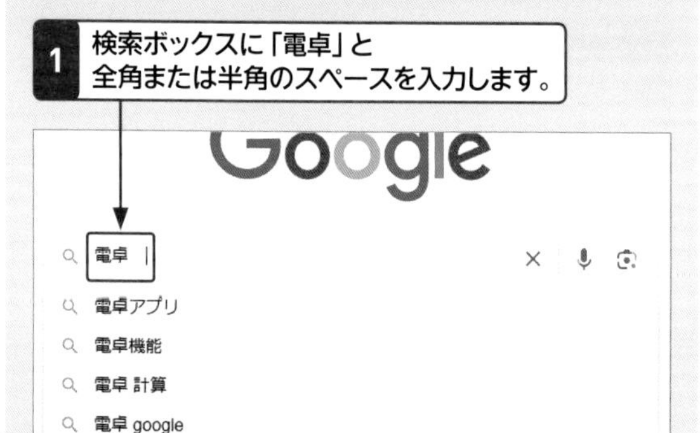
Google
電卓
電卓アプリ
電卓機能
電卓 計算
電卓 google

2 計算式を入力して、

Google
電卓 9450*2+600
Google 検索
I'm Feeling Lucky

3 [Google検索]をクリックすると、

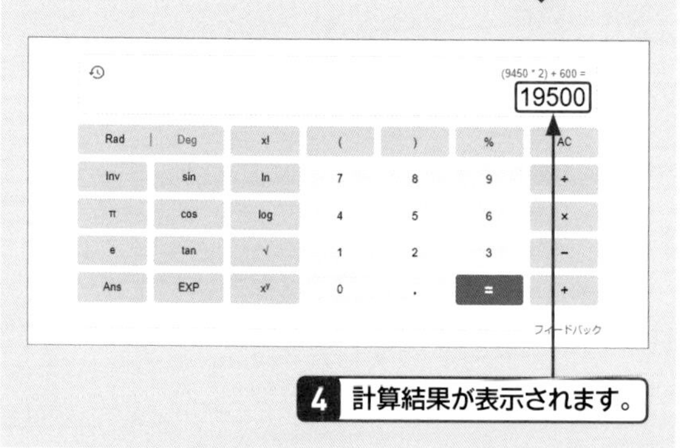
(9450 * 2) + 600 =
19500
Rad Deg x! ( ) % AC
Inv sin ln 7 8 9 ÷
π cos log 4 5 6 ×
e tan √ 1 2 3 −
Ans EXP xʸ 0 . = +
フィードバック

4 計算結果が表示されます。

重要度 ★★★ 便利な検索機能

Q 057 宅配便の配達状況を検索したい!

A 伝票番号または問い合わせ番号を入力して検索します。

宅配便の追跡は、各宅配業者のWebサイトでも提供していますが、Googleの検索ボックスに伝票番号または問い合わせ番号を入力して検索するだけで、配達状況を確認できます。利用できる宅配業者は次の3つです(2023年8月現在)。

- ヤマト運輸
- 佐川急便
- 日本郵便

1 検索ボックスに伝票番号または問い合わせ番号を入力して、

637631752715
Google 検索
I'm Feeling Lucky

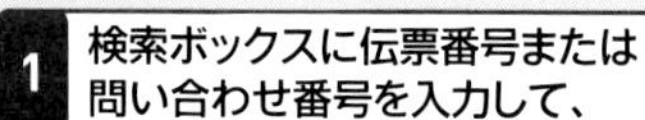

2 [Google検索]をクリックします。

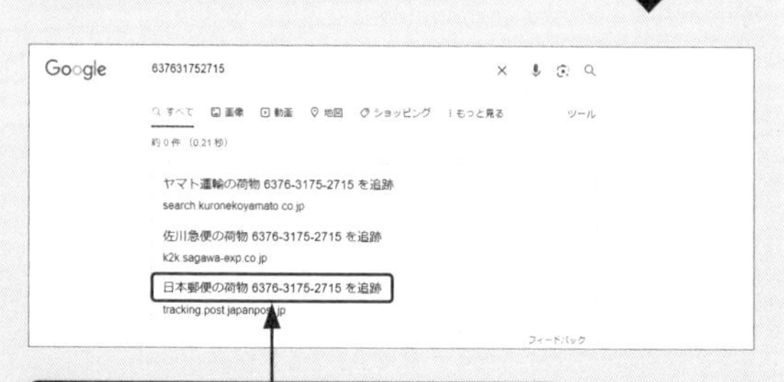
Google
637631752715
ヤマト運輸の荷物 6376-3175-2715 を追跡
search.kuronekoyamato.co.jp
佐川急便の荷物 6376-3175-2715 を追跡
k2k.sagawa-exp.co.jp
日本郵便の荷物 6376-3175-2715 を追跡
tracking.post.japanpost.jp

3 検索したいリンクをクリックすると、

4 配送状況が表示されます。

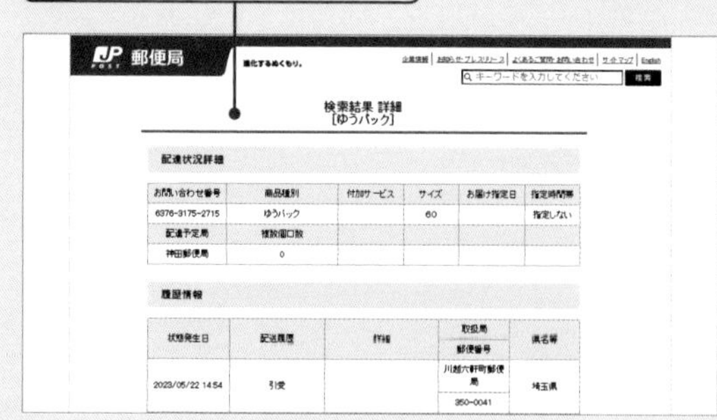
JP 郵便局
検索結果 詳細
[ゆうパック]
配達状況詳細
履歴情報

重要度 ★★★　便利な検索機能

Q 058 郵便番号を検索したい！

A 住所のあとに「郵便番号」と入力して検索します。

郵便番号を検索するには、住所に続けて「郵便番号」と入力します。住所は、7桁の郵便番号に合わせて、番地の手前の地域名まで入力します。
また、郵便番号から住所を検索することもできます。7桁の郵便番号を入力して検索すると、番地の手前までの住所が表示されます。

1 検索ボックスに郵便番号を調べたい住所と全角あるいは半角のスペースを入力します。
千代田区神田神保町
千代田区神田神保町 郵便番号
2 「郵便番号」と入力して、
千代田区神田神保町 郵便番号
Google 検索
I'm Feeling Lucky

3 [Google検索]をクリックすると、

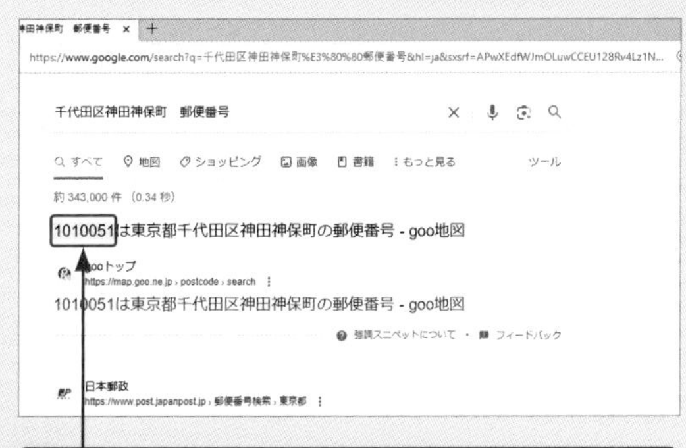

千代田区神田神保町　郵便番号
すべて
地図
ショッピング
画像
書籍
もっと見る
ツール
約 343,000 件 (0.34 秒)
1010051は東京都千代田区神田神保町の郵便番号 - goo地図
gooトップ
https://map.goo.ne.jp › postcode › search
1010051は東京都千代田区神田神保町の郵便番号 - goo地図
日本郵政
https://www.post.japanpost.jp › 郵便番号検索 › 東京都

4 入力した住所に該当する郵便番号が表示されます。

● 郵便番号から住所を検索する

1 郵便番号を入力して、

2 住所を検索することもできます。

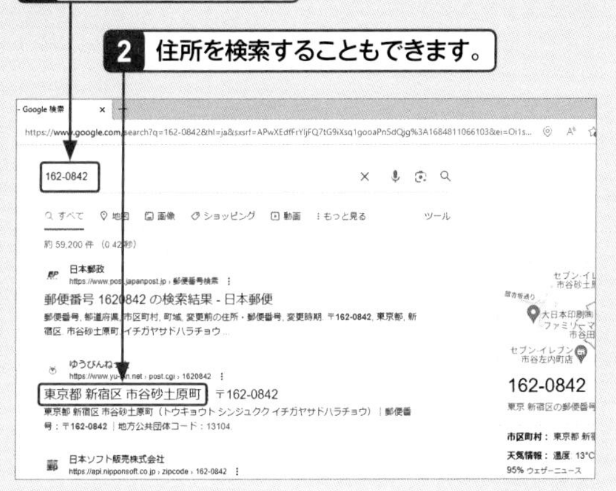

162-0842
すべて
地図
画像
ショッピング
動画
もっと見る
ツール
日本郵政
郵便番号 1620842 の検索結果 - 日本郵便
ゆうびんねっと
東京都 新宿区 市谷砂土原町
〒162-0842
162-0842
日本ソフト販売株式会社

重要度 ★★★　便利な検索機能

Q 059 単位を換算したい！

A 単位変換機能を利用します。

Googleの単位変換機能を利用すると、円をドルに、グラムをポンドといった検索がかんたんに行えます。「1000円　ドル」や「50グラム　ポンド」などのように、「(単位名を付けた数値)(単位名)」で入力します。「1000円をドルに」「50グラムをポンドに」と入力しても同様に検索できます。変換できるのは、通貨、温度、長さ、質量、速度、体積、面積、燃料消費量、時間などです。また、数値を省略して「円　ドル」、「円　ポンド」と入力して、レートを表示することもできます。

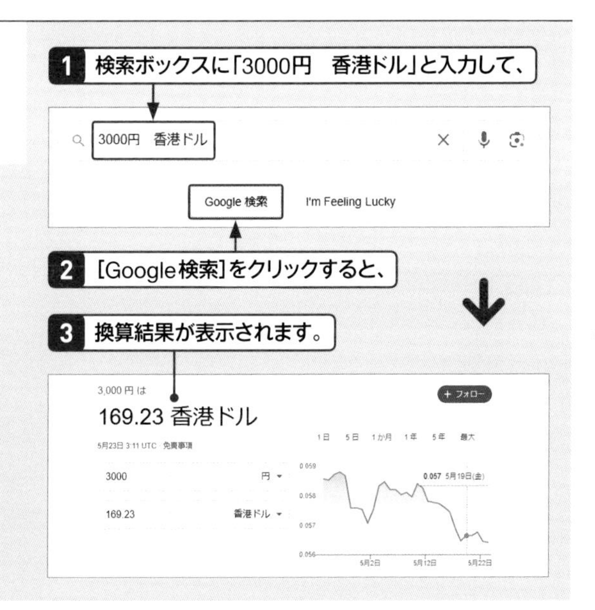

1 検索ボックスに「3000円　香港ドル」と入力して、
3000円　香港ドル
Google 検索
I'm Feeling Lucky
2 [Google検索]をクリックすると、
3 換算結果が表示されます。
3,000 円 は
169.23 香港ドル
+ フォロー
3000
円
169.23
香港ドル

重要度 ★★★ 便利な検索機能

Q 060 気になるスポーツチームの試合結果を知りたい！

A 検索ボックスにチームの名前を入力して検索します。

気になるスポーツチームなどの情報を知りたいときは、検索ボックスにチームの名前を入力して検索すると、選手の情報や試合のスケジュール、試合結果などが表示されます。
ただし、外国のスポーツチームに関する情報などはすぐに見つからない場合もあります。

1 検索ボックスに検索したいスポーツチームの名前を入力して、

Google
楽天ゴールデンイーグルス
Google 検索
I'm Feeling Lucky

2 [Google検索]をクリックすると、

3 そのスポーツチームに関する情報が表示されます。

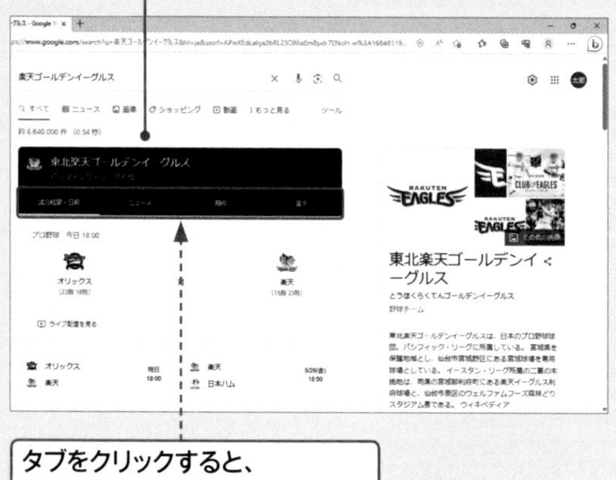
楽天ゴールデンイーグルス
東北楽天ゴールデンイーグルス
オリックス
楽天
東北楽天ゴールデンイーグルス

タブをクリックすると、それぞれの情報が表示されます。

重要度 ★★★ 便利な検索機能

Q 061 音声入力で検索したい！

A [音声で検索]をクリックして、検索したいキーワードを話します。

Googleでは、音声入力で検索することもできます。Googleのトップページを表示して、検索ボックスの[音声で検索] をクリックし、検索したいキーワードを話します。音声検索を利用するには、パソコンに内蔵もしくは外付けのマイクが必要です。

1 Googleのトップページで[音声で検索]をクリックします。

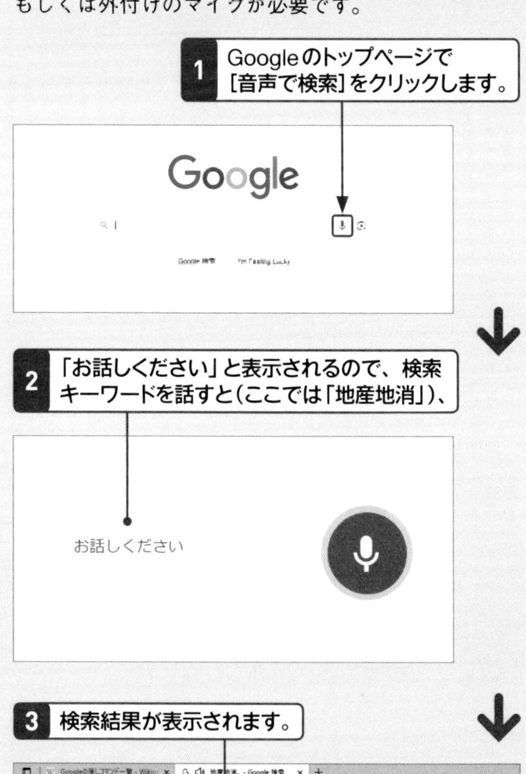
Google
お話しください

2 「お話しください」と表示されるので、検索キーワードを話すと（ここでは「地産地消」）、

3 検索結果が表示されます。

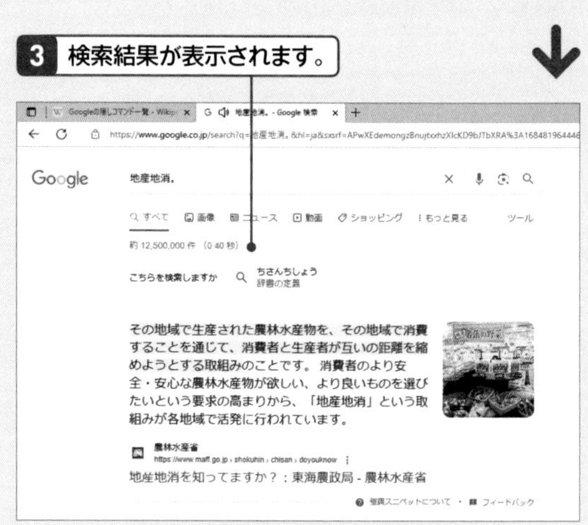
Google
地産地消。
約 12,500,000 件 （0.40 秒）
こちらを検索しますか ちさんちしょう 辞書の定義
その地域で生産された農林水産物を、その地域で消費することを通じて、消費者と生産者が互いの距離を縮めようとする取組みのことです。 消費者のより安全・安心な農林水産物が欲しい、より良いものを選びたいという要求の高まりから、「地産地消」という取組みが各地域で活発に行われています。
農林水産省
地産地消を知ってますか？：東海農政局 - 農林水産省

Q 062 外国語の単語や文章を翻訳したい！

A Google翻訳を利用して翻訳します。

Google翻訳は、Googleが提供する翻訳サービスです。世界100か国以上の言語に対応しており、単語や文章だけでなく、ドキュメントや画像内の単語、Webページ全体を翻訳して表示することもできます。また、テキストを音声で聞くことができ、コピーや保存、共有もできます。Google翻訳は、[Googleアプリ]をクリックして、[翻訳]をクリックすると表示されます。

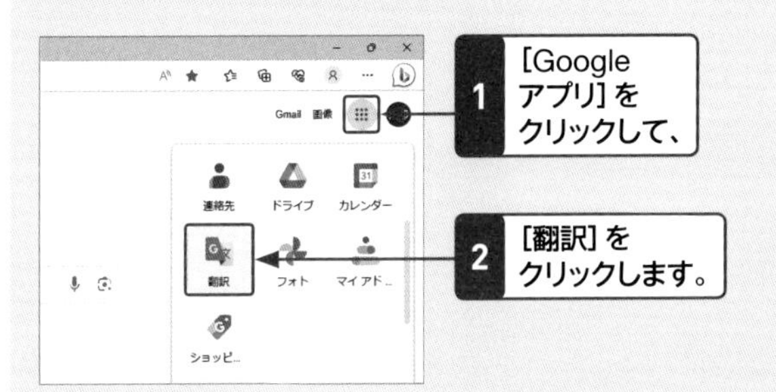

1 [Googleアプリ]をクリックして、

2 [翻訳]をクリックします。

3 左右のボックスでそれぞれ利用する言語を指定します。

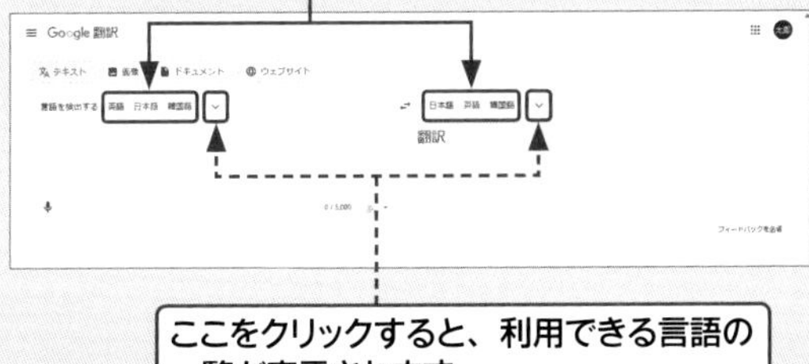

ここをクリックすると、利用できる言語の一覧が表示されます。

4 テキストを入力するか、ほかの文書からコピーして貼り付けると、

5 瞬時に文章が翻訳されます。

ここをクリックすると、音声で翻訳結果を聞くことができます。

● ドキュメントを翻訳する

1 [Google翻訳]画面を表示して、利用する言語を指定します。

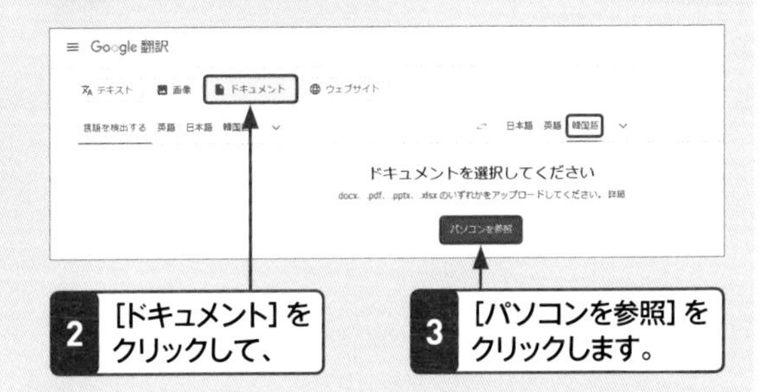

2 [ドキュメント]をクリックして、

3 [パソコンを参照]をクリックします。

4 [開く]ダイアログボックスでドキュメントを選択し、[開く]をクリックします。

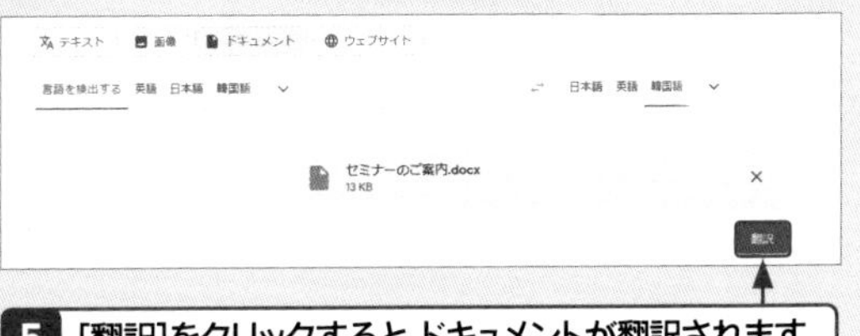

5 [翻訳]をクリックすると、ドキュメントが翻訳されます。

● Webページ全体を翻訳する

1 [Google翻訳]画面を表示して、[ウェブサイト]をクリックし、利用する言語を指定します。

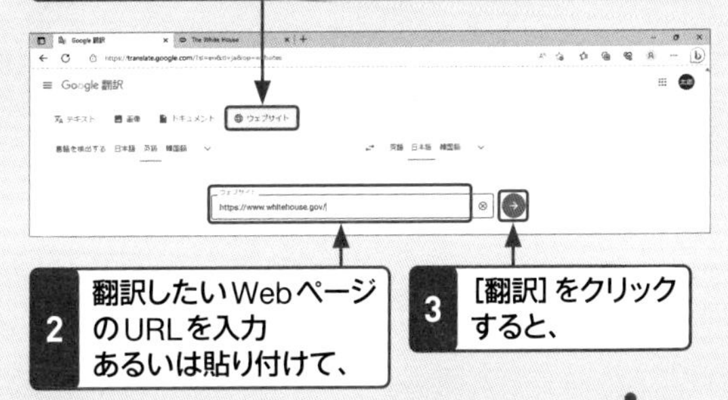

2 翻訳したいWebページのURLを入力あるいは貼り付けて、

3 [翻訳]をクリックすると、

4 Webページ全体が翻訳された状態で表示されます。

重要度★★★　Googleサービスの利用

Q 063 Google検索の隠しコマンドって何？

A 特定のキーワードで検索すると、動作するものです。

隠しコマンドは、ある特定のキーワードで検索すると動作するもので、イースターエッグとも呼ばれています。通常の検索機能ではありませんが、単純に笑えたり、Webブラウザー上でゲームを楽しめたりするものがあります。たとえば、検索ボックスに「一回転」と入力して検索すると、画面が一回転します。気づかずに検索すると、ちょっと驚きます。

「一回転」と入力して検索すると、画面が一回転します。

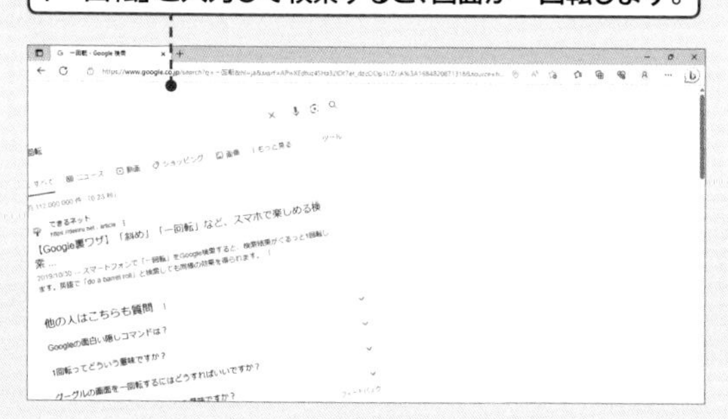

「pac man」と入力して検索すると、パックマンのゲームがプレイできます。

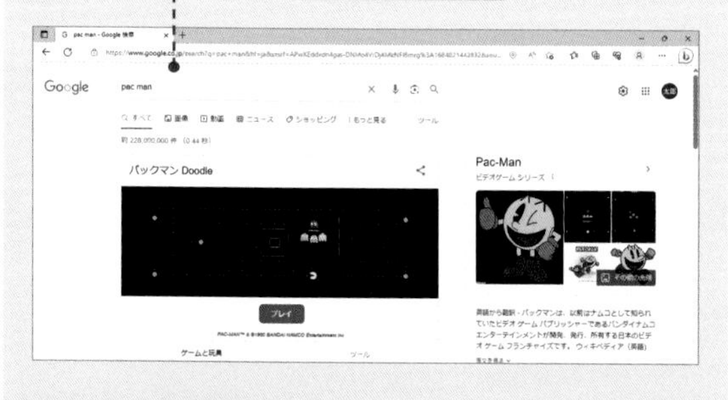
Pac-Man
パックマン Doodle
プレイ

●そのほかの隠しコマンド

検索キーワード	結　果
斜め	検索画面が傾いて表示されます。
solitaire	カードゲーム「ソリティア」がプレイできます。
三目並べ	三目並べのゲームがプレイできます。
google gravity	「google gravity」と入力して検索結果画面のいちばん上をクリックすると、画面全体が下方向に崩れ落ちます。

重要度★★★　Googleサービスの利用

Q 064 対話型AIサービスのGeminiとは？

A 質問に対してAIが回答してくれるチャットサービスです。

Geminiは、Googleが提供する対話型AI（人工知能）サービスです。人間のような知能を持ったコンピュータープログラムが、チャット（会話）をするような形で質問などに回答してくれます。

たとえば、知りたいことを自然な文章や音声で入力するだけで、AIが自動的に回答を表示してくれます。回答内容を確認して、さらに追加の質問をしたり、各種文章の作成や要約、言語の翻訳などもできます。また、ほかのGoogleサービスとの連携も可能です。

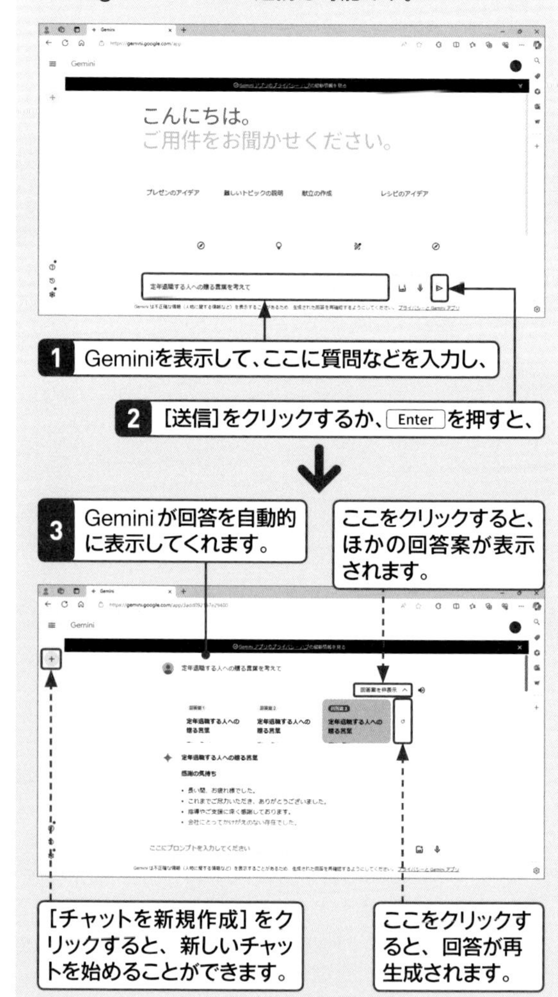
こんにちは。
ご用件をお聞かせください。
1 Geminiを表示して、ここに質問などを入力し、
2 [送信]をクリックするか、Enterを押すと、
3 Geminiが回答を自動的に表示してくれます。
ここをクリックすると、ほかの回答案が表示されます。
[チャットを新規作成]をクリックすると、新しいチャットを始めることができます。
ここをクリックすると、回答が再生成されます。

Q 065 Geminiを使ってみたい!

A 「https://gemini.google.com」にアクセスして必要な設定を行います。

Gemini を使うには、「https://gemini.google.com」にアクセスします。初めて使う場合はセットアップが必要ですが、次回以降はGeminiにアクセスすると、手順7の画面が表示されます。Gemini を使用するには、Googleアカウントでログインする必要があります。

1 アドレスバーに「https://gemini.google.com」と入力して、Enterを押します。

Gemini
創造力や生産性を高めましょう
Gemini と話そう

2 初回はこのような画面が表示されるので、[Geminiと話そう] をクリックします。

3 [利用規約とプライバシー] 画面が表示されるので確認して、

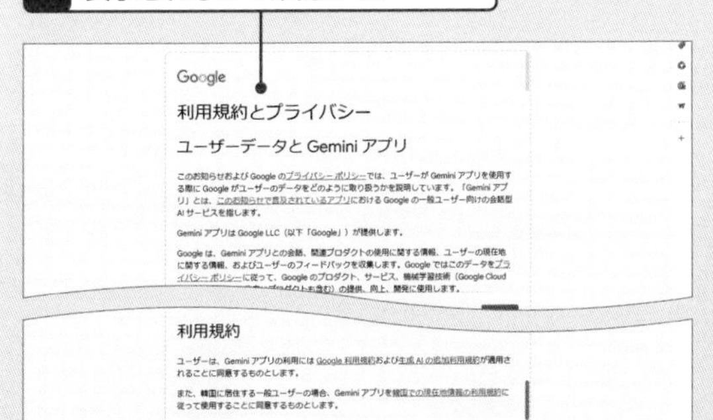
Google
利用規約とプライバシー
ユーザーデータと Gemini アプリ
利用規約

4 [同意する] をクリックします。

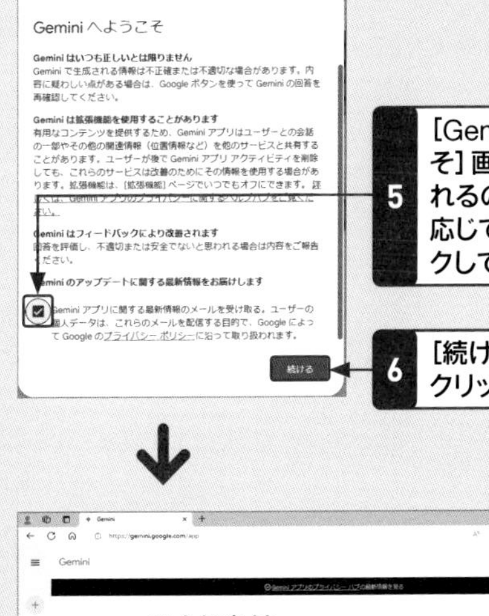
Gemini へようこそ
続ける

5 [Geminiへようこそ] 画面が表示されるので、必要に応じてここをクリックしてオンにし、

6 [続ける] をクリックします。

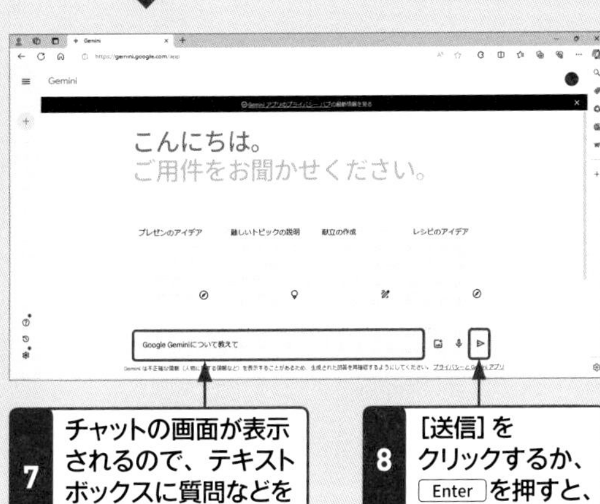
こんにちは。
ご用件をお聞かせください。
Google Geminiについて教えて

7 チャットの画面が表示されるので、テキストボックスに質問などを入力して、

8 [送信] をクリックするか、Enterを押すと、

9 Geminiが回答を自動的に表示してくれます。

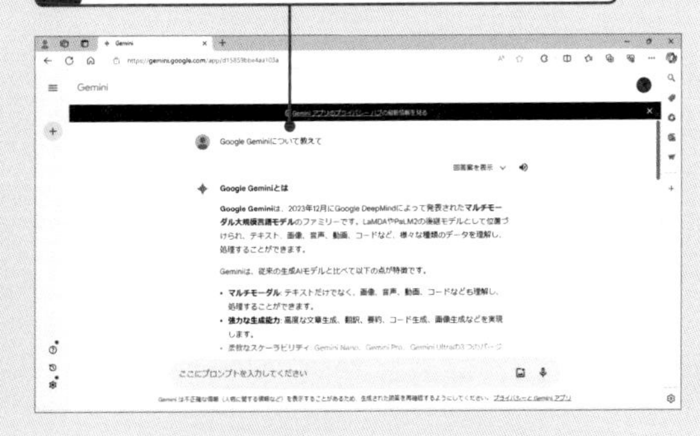
Google Geminiについて教えて
Google Geminiとは

重要度 ★★★ 検索履歴

Q 066 検索履歴を表示したい!

A [設定]から[検索履歴]をクリックして表示します。

Googleアカウントでログインしている状態で検索した記録は、検索履歴(マイアクティビティ)として残っています。過去に検索したキーワードを忘れてしまったり、過去に見たWebページをもう一度見たい場合は、履歴から再度検索結果を表示することができます。

1 画面右下の[設定]をクリックして、

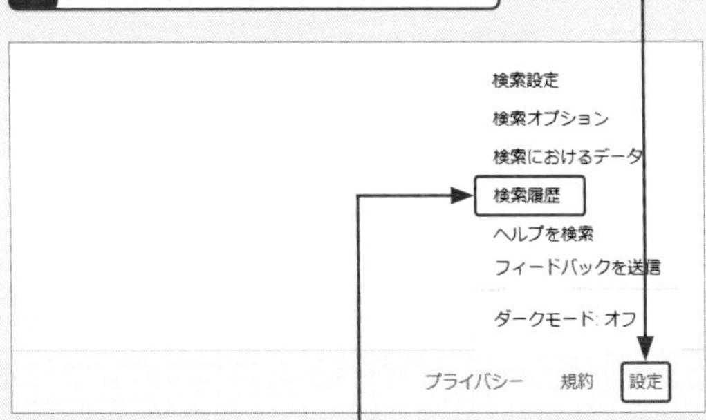
検索設定
検索オプション
検索におけるデータ
検索履歴
ヘルプを検索
フィードバックを送信
ダークモード: オフ
プライバシー
規約
設定

2 [検索履歴]をクリックすると、

3 [検索履歴]画面が表示されます。

Google
検索履歴
履歴
管理
その他
ヘルプとフィードバック
今日
「Bardとは」を検索しました
「pac man」を検索しました
Google 検索 にアクセスしました

4 ここをクリックすると、日付を指定して履歴を絞り込むことができます。

重要度 ★★★ 検索履歴

Q 067 検索履歴を削除したい!

A [検索履歴]画面を表示して、削除する履歴を選択します。

検索履歴を削除するには、[検索履歴]画面を表示して、削除する履歴を選択します。特定の項目を削除する、日付や期間を指定して削除する、すべての検索履歴を削除するなどの方法があります。 参照▶Q 066

● 検索履歴を個別に削除する

1 [検索履歴]画面を表示して、

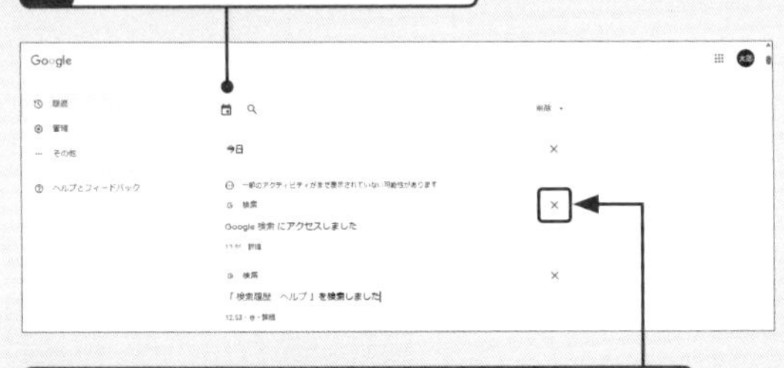

2 削除したい検索履歴のここをクリックします。

● すべての検索履歴を削除する

1 [削除]をクリックして、

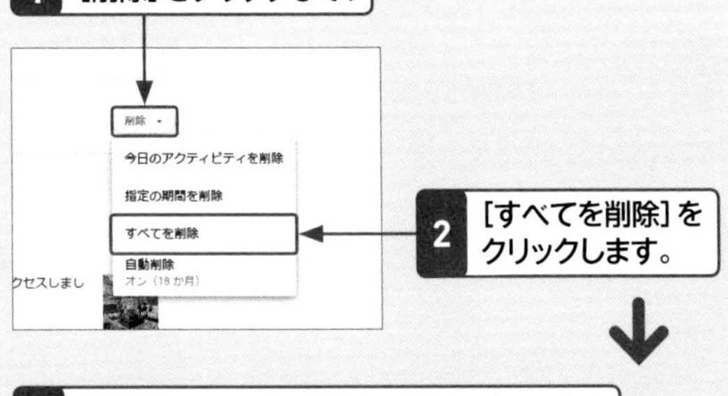
削除
今日のアクティビティを削除
指定の期間を削除
すべてを削除
自動削除
オン(18 か月)

2 [すべてを削除]をクリックします。

3 削除するサービスをクリックしてオンにし、

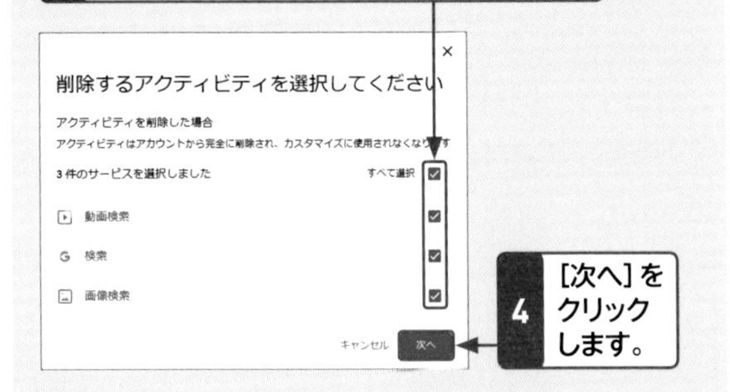
削除するアクティビティを選択してください
アクティビティを削除した場合
3 件のサービスを選択しました
すべて選択
動画検索
検索
画像検索
キャンセル
次へ

4 [次へ]をクリックします。

5 [削除]→[OK]の順にクリックします。

第3章

Gmail & Google Meet

重要度 ★★★ Gmailの基本

Q 068 Gmailとは？

A Googleが提供する無料のメールサービスです。

Gmail（ジーメール）は、Googleが提供する無料のWebメールサービスです。最大15GBの大量のメールを保存できるほか、スターやラベルを利用してメールを分類、整理したり、フィルタを利用してメールを自動で振り分けたりする便利な機能が搭載されています。また、メールの下書きが一定時間ごとに保存される自動保存機能や、迷惑メール対策機能なども充実しています。

Gmailは、Googleが提供する無料のWebメールサービスです。

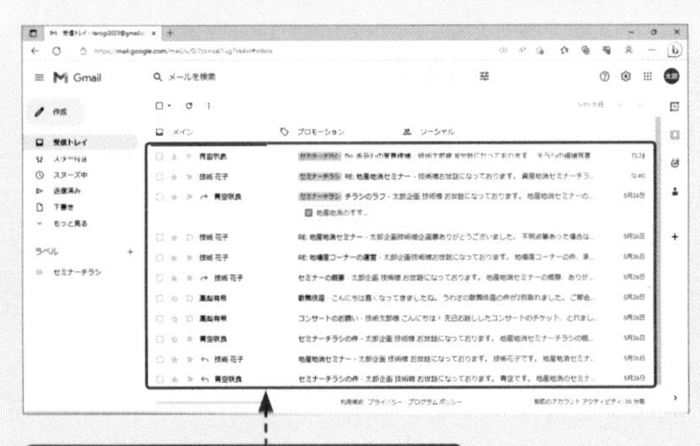

スターやラベルを利用してメールを分類、整理できます。

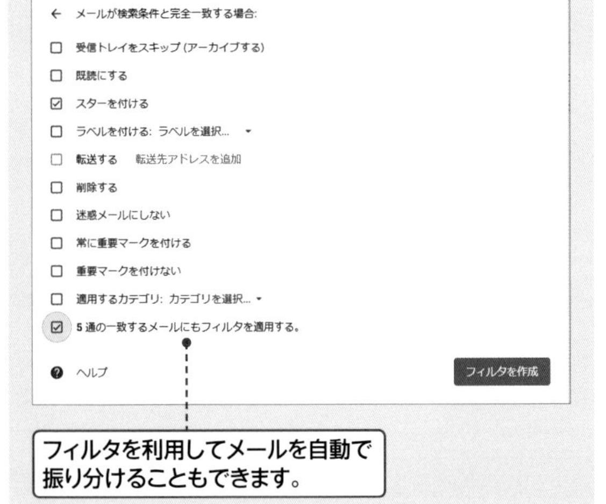
← メールが検索条件と完全一致する場合:
受信トレイをスキップ（アーカイブする）
既読にする
スターを付ける
ラベルを付ける: ラベルを選択...
転送する 転送先アドレスを追加
削除する
迷惑メールにしない
常に重要マークを付ける
重要マークを付けない
適用するカテゴリ: カテゴリを選択...
5 通の一致するメールにもフィルタを適用する。
ヘルプ
フィルタを作成

フィルタを利用してメールを自動で振り分けることもできます。

重要度 ★★★ Gmailの基本

Q 069 Gmailを使うには？

A Gmailを利用するにはGoogleアカウントが必要です。

Gmailを利用するにはGoogleアカウントが必要です。Gmailを使う前にあらかじめ作成しておきましょう。Googleアカウントを作成したら、Googleのトップページで［Gmail］をクリックし、パスワードを入力してログインすると、Gmailが表示されます。

なお、Googleにすでにログインしている場合は手順2の画面は表示されず、直接Gmailの画面が表示されます。

参照▶Q 014

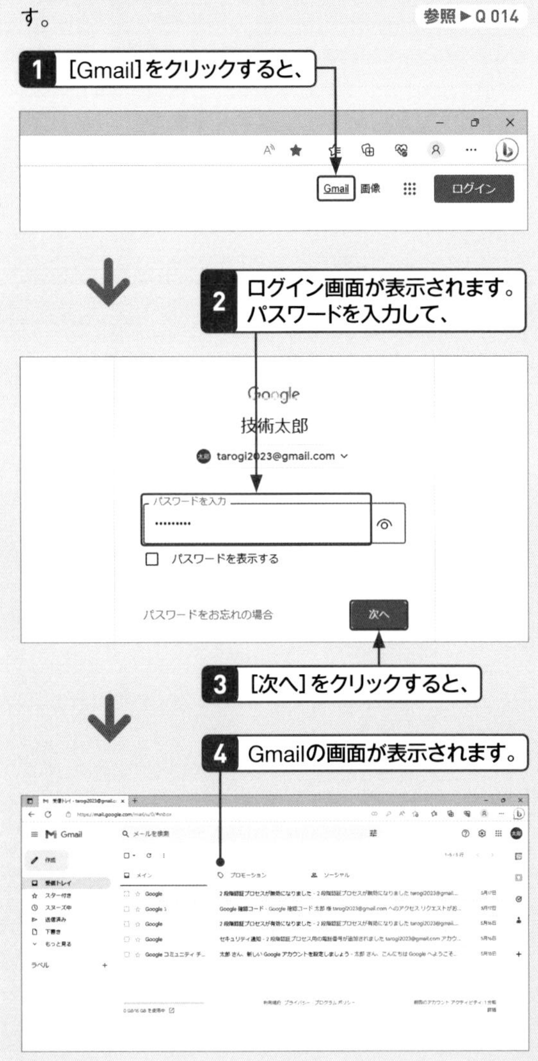
1 ［Gmail］をクリックすると、
Gmail
画像
ログイン
2 ログイン画面が表示されます。パスワードを入力して、
Google
技術太郎
tarogi2023@gmail.com
パスワードを入力
パスワードを表示する
パスワードをお忘れの場合
次へ
3 ［次へ］をクリックすると、
4 Gmailの画面が表示されます。

Q 070 Gmailの画面構成を知りたい！

A 下図で各部の名称と機能を確認しましょう。

Gmailの画面は、下図のような構成になっています。初期状態では［受信トレイ］が表示され、メールが届いた順に一覧で表示されます。画面の上部には検索ボックスとメールを操作するためのツールが表示されています。画面の左側には、新規メールを作成するためのボタンと、スター付き、送信済み、下書きなどのラベルが表示されています。

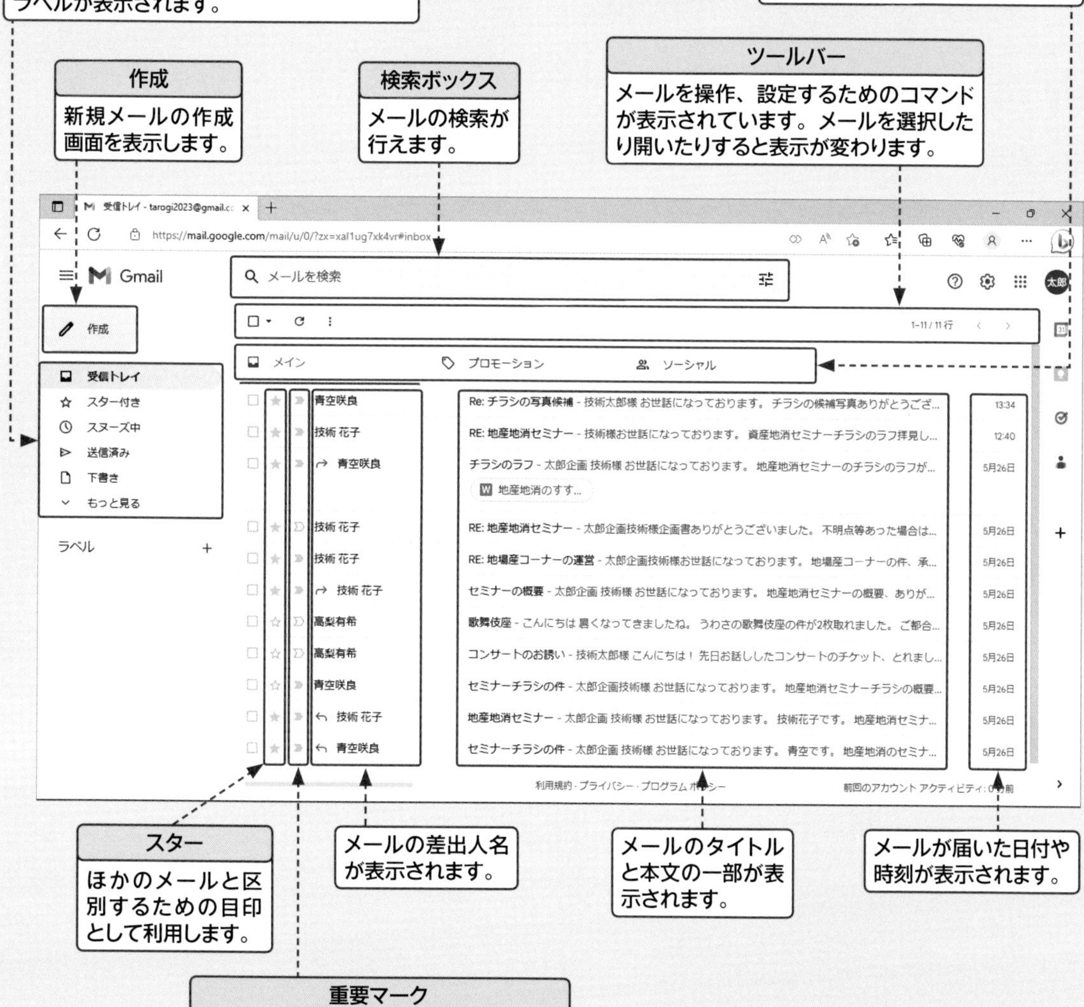

ラベル
メールを整理するためのフォルダーのような機能で、クリックすると、そのラベルの内容が右のウィンドウに表示されます。［もっと見る］をクリックすると、折りたたまれているラベルが表示されます。
タブ
［受信トレイ］のメールを分類するためのタブです。タブは表示／非表示を切り替えることができます。
作成
新規メールの作成画面を表示します。
検索ボックス
メールの検索が行えます。
ツールバー
メールを操作、設定するためのコマンドが表示されています。メールを選択したり開いたりすると表示が変わります。
スター
ほかのメールと区別するための目印として利用します。
メールの差出人名が表示されます。
メールのタイトルと本文の一部が表示されます。
メールが届いた日付や時刻が表示されます。
重要マーク
Gmailによって重要と判断されたメールに表示されます（初期設定では非表示になっています。Q 110参照）。

重要度 ★★★ メールの受信と閲覧

Q 071 メールを受信したい！

A [更新]をクリックすると、最新のメールを受信できます。

Gmailでは、メールは自動的に受信されます。画面を表示して操作している際も、新しいメールが届けば[受信トレイ]に保存されます。最新のメールを手動で受信したい場合は、[更新] をクリックします。新規に受信したメールがある場合は、[受信トレイ]の右側にメールの数が表示され、届いたメールが太字で表示されます。

1 Gmailを表示します。

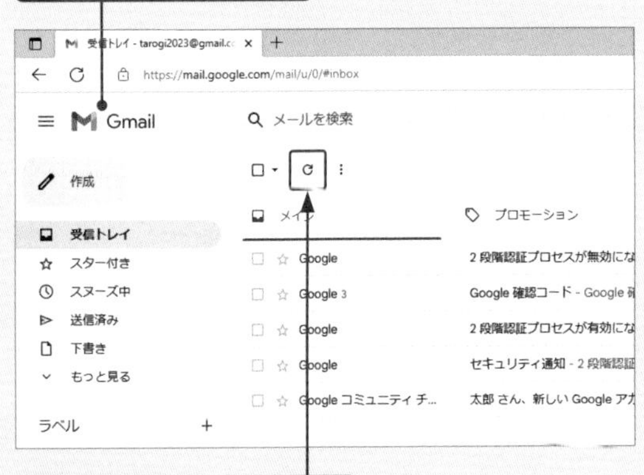
受信トレイ - tarogi2023@gmail.com
https://mail.google.com/mail/u/0/#inbox
Gmail
メールを検索
作成
受信トレイ
スター付き
スヌーズ中
送信済み
下書き
もっと見る
ラベル
メイン
プロモーション
Google
2 段階認証プロセスが無効にな
Google 3
Google 確認コード - Google 確
2 段階認証プロセスが有効にな
セキュリティ通知 - 2 段階認証
Google コミュニティ チ...
太郎 さん、新しい Google アカ

2 [更新]をクリックすると、

3 メールが受信されます。届いたメールは太字で表示されます。

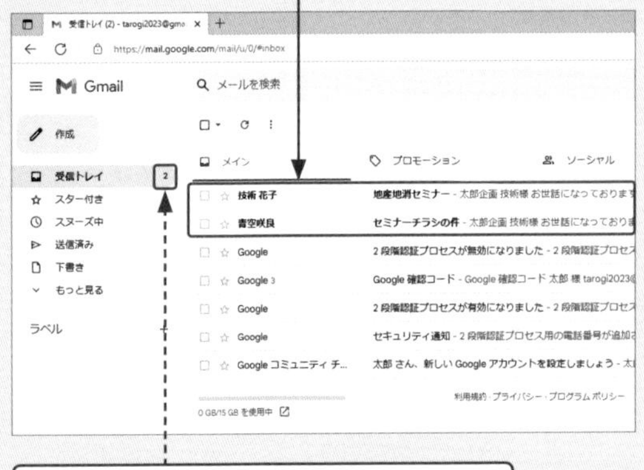
Gmail
メールを検索
作成
受信トレイ
2
スター付き
スヌーズ中
送信済み
下書き
もっと見る
ラベル
メイン
プロモーション
ソーシャル
技術 花子
地産地消セミナー
青空咲良
セミナーチラシの件
Google
利用規約 · プライバシー · プログラム ポリシー

新規に受信したメールの数が表示されます。

重要度 ★★★ メールの受信と閲覧

Q 072 メールを閲覧したい！

A [受信トレイ]で読みたいメールをクリックします。

Gmailを表示すると、[受信トレイ]が表示され、これまでに受信したメールが一覧で表示されます。読みたいメールをクリックするとメッセージ画面が表示され、内容を読むことができます。メッセージ画面の右上に表示されている[前] や[次] をクリックすると、受信したメールを次々に読むことができます。
[受信トレイ]に戻るには、[受信トレイに戻る] をクリックします。

1 読みたいメールをクリックすると、

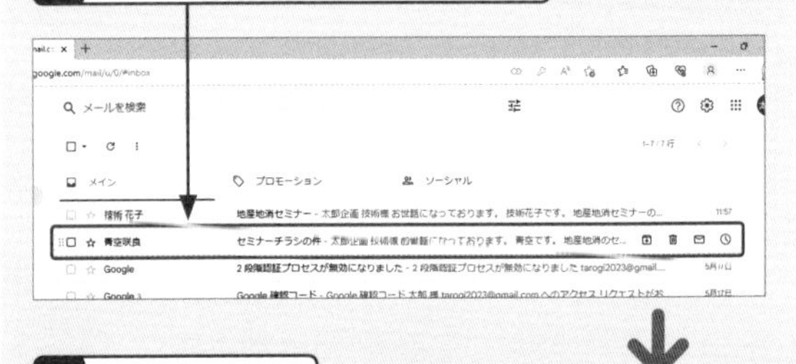

2 メールの内容が表示されます。

3 [次]をクリックすると、

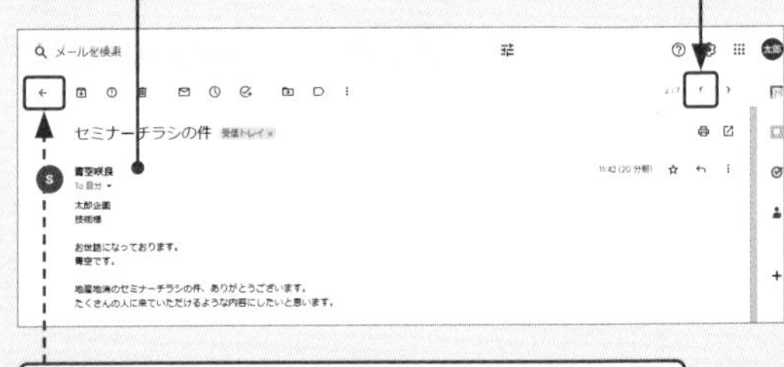
メールを検索
セミナーチラシの件
お世話になっております。
青空です。

ここをクリックすると、[受信トレイ]に戻ります。

4 次のメールの内容が表示されます。

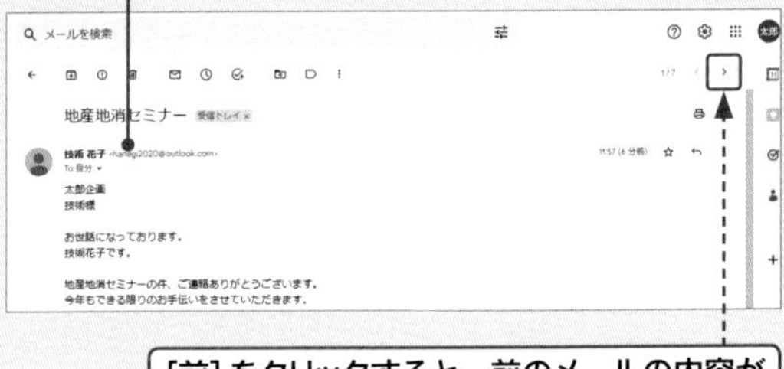
メールを検索
地産地消セミナー
お世話になっております。
技術花子です。

[前]をクリックすると、前のメールの内容が表示されます。

Q 073 タブについて知りたい！

A 受信したメールを自動的に分類、管理するためのものです。

Gmailの［受信トレイ］に表示されているタブは、メールを分類、管理するためのものです。受信したメールが自動的にそれぞれのタブに分類されるので、メールを効率よく閲覧したり、管理したりすることができます。初期設定では、通常のメールを受信する［メイン］タブのほかに、［ソーシャル］と［プロモーション］の2つのタブが表示されています。タブをクリックすることで、それぞれのタブに分類されたメールの一覧が表示されます。なお、［ソーシャル］と［プロモーション］のタブには広告が表示されることがあります。

タブは下表の5つが用意されており、追加したり、非表示にしたりすることができます。 参照▶Q 074

初期設定では、3つのタブが表示されています。

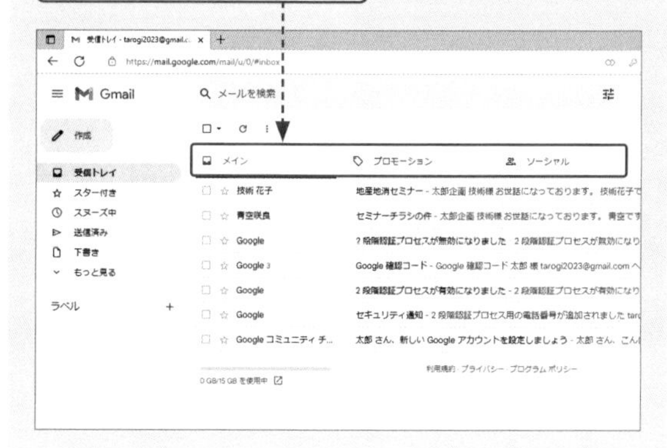

Gmail
メールを検索
作成
受信トレイ
スター付き
スヌーズ中
送信済み
下書き
もっと見る
ラベル
メイン
プロモーション
ソーシャル

● タブの種類

タブ	分類されるメール
メイン	仕事でやりとりするメールや、友人、家族からのメールとほかのタブに分類されないメール（非表示にはできません）
ソーシャル	ソーシャルネットワークやメディア共有サイトなど、ソーシャルWebサイトからのメール
プロモーション	ネットショップなどからプロモーション（販売促進）用に送られてくるメール
新着	申し込み確認や発送通知、請求書などの自分宛てのメール
フォーラム	オンライングループやメーリングリストからのメール

Q 074 タブを追加したい！

A ［設定］画面の［受信トレイ］タブで追加できます。

初期設定では、［受信トレイ］に3つのタブが表示されていますが、タブは5つ用意されています。ほかのタブを表示するには、［設定］画面の［受信トレイ］タブの［カテゴリ］で表示／非表示を切り替えます。［メイン］以外のすべてをオフにすると、［メイン］のみでメールを管理することができます。

1 ［設定］をクリックして、

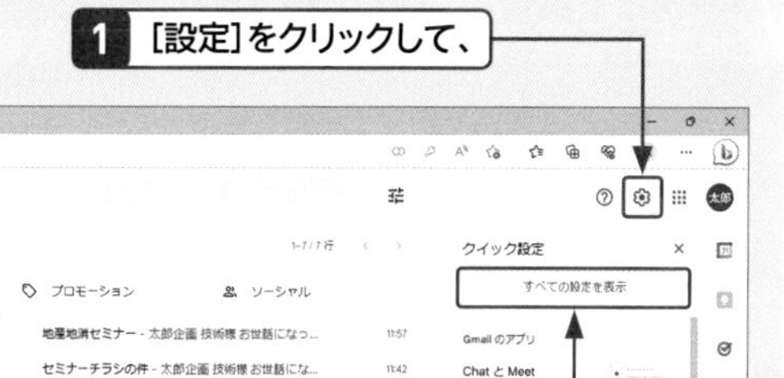

クイック設定
すべての設定を表示
プロモーション
ソーシャル

2 ［すべての設定を表示］をクリックします。

3 ［受信トレイ］をクリックして、

4 追加したいタブをクリックしてオンにし、

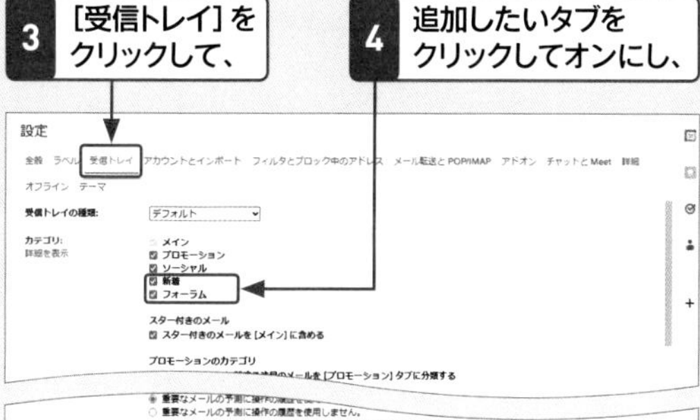

設定
受信トレイ
メイン
プロモーション
ソーシャル
新着
フォーラム

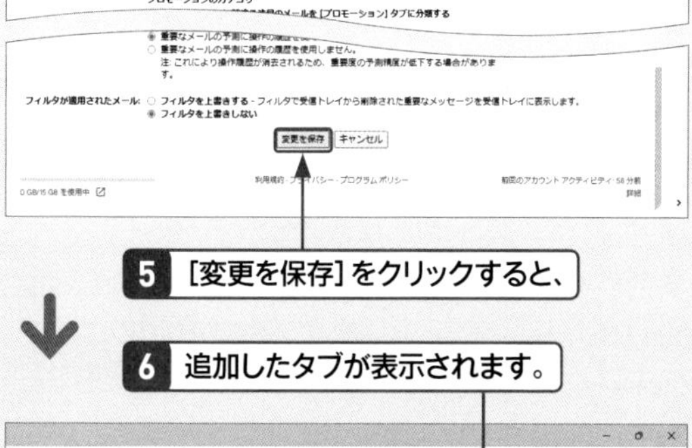

変更を保存
キャンセル

5 ［変更を保存］をクリックすると、

6 追加したタブが表示されます。

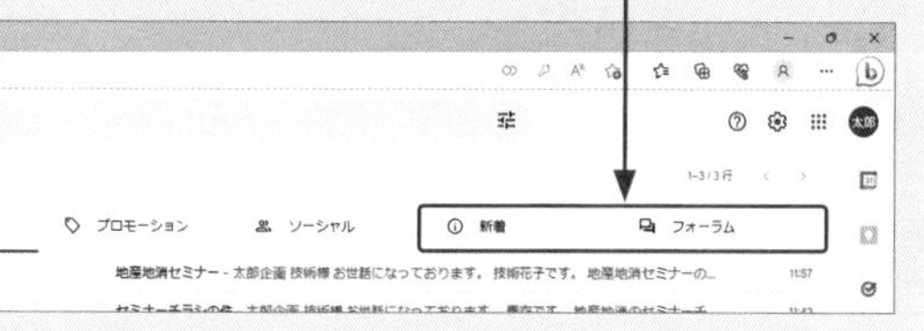

プロモーション
ソーシャル
新着
フォーラム

Q 075 メールを新しいウィンドウに表示したい！

A メッセージ画面の［新しいウィンドウで開く］をクリックします。

メールを新しいウィンドウに表示するには、メールをクリックすると表示されるメッセージ画面で［新しいウィンドウで開く］をクリックします。Webブラウザーの新しいウィンドウが起動して、メールが表示されます。また、［受信トレイ］で、閲覧したいメールをShiftを押しながらクリックしても、新しいウィンドウで表示することができます。

1 メールをクリックして、メッセージ画面を表示します。

2 ［新しいウィンドウで開く］をクリックすると、

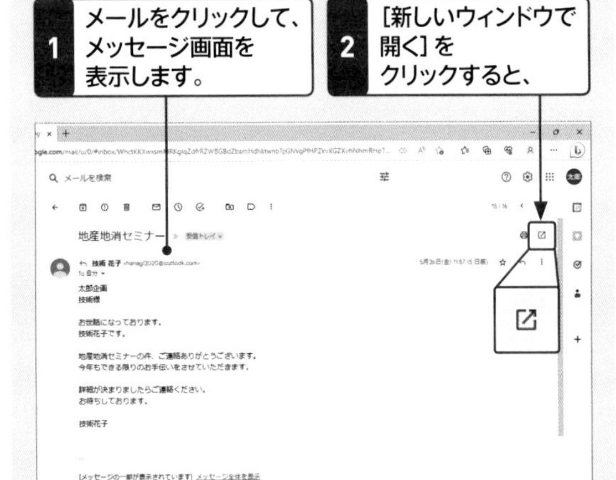

3 メールが新しいウィンドウで表示されます。

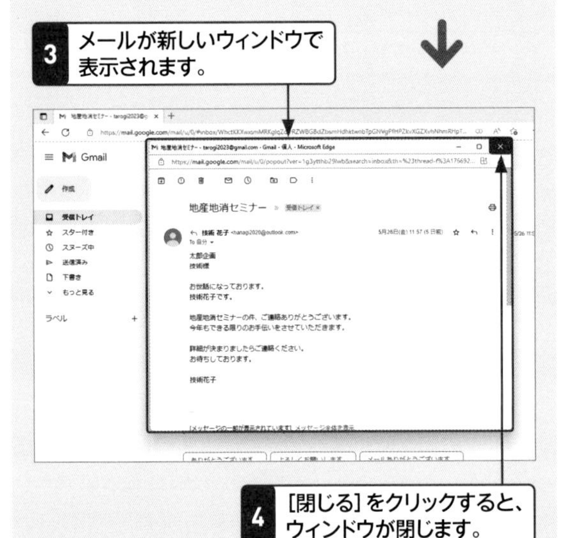

4 ［閉じる］をクリックすると、ウィンドウが閉じます。

Q 076 未読と既読って何？

A メールを読んでいるか、読んでいないかを表します。

メールを読んでいない状態のことを「未読」、メールをすでに読み終わった状態のことを「既読」といいます。未読のメールがある場合は、［受信トレイ］に件数が表示され、メールの差出人名と件名が太字で表示されます。

参照▶Q 119

未読のメールがある場合は、［受信トレイ］に数字が表示されます。

未読のメール

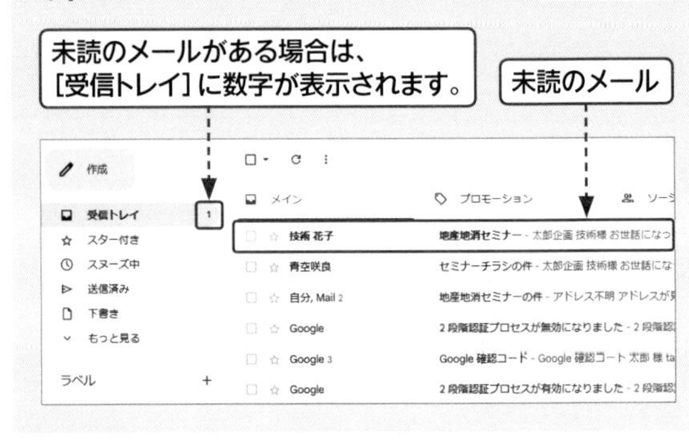

Q 077 メールヘッダーって何？

A メールの差出人や受信者、受信日付などの詳細な情報のことです。

メールヘッダーとは、差出人や受信者、受信日時、送信元などのメールの詳細な情報のことです。メールヘッダーを確認するには、メッセージ画面を表示して、受信者名の右横にある［詳細を表示］をクリックします。

［詳細を表示］をクリックすると、メールヘッダーが表示されます。

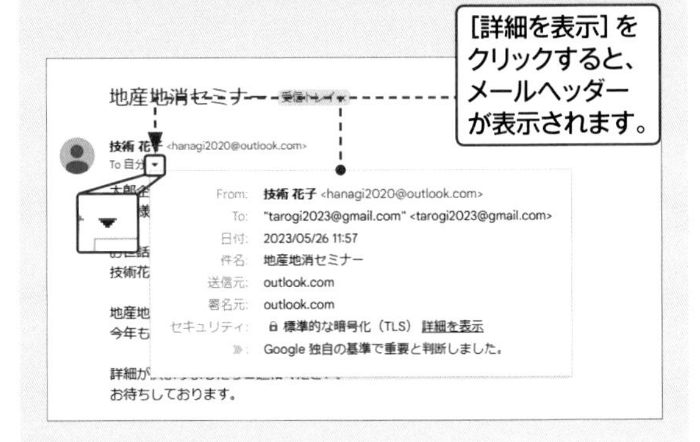
地産地消セミナー
From: 技術 花子 <hanagi2020@outlook.com>
To: "tarogi2023@gmail.com" <tarogi2023@gmail.com>
日付: 2023/05/26 11:57
件名: 地産地消セミナー
送信元: outlook.com
署名元: outlook.com
セキュリティ: 標準的な暗号化（TLS） 詳細を表示
Google 独自の基準で重要と判断しました。
お待ちしております。

重要度 ★★★　メールの受信と閲覧

Q 078 メールのやりとりがまとまっていてわかりにくい!

A スレッド表示がオンになっています。オフにすることもできます。

受信メールへの返信や、送信メールの返信などでやりとりしたメールは、1つのグループとしてまとめて表示されるようになります。これを「スレッド表示」といいます。Gmailでの初期設定では、スレッド表示がオンになっていますが、オフにすることもできます。[設定]画面の[全般]タブで切り替えます。

メールを送受信してやりとりが続いた場合、同じテーマのメールが1つにまとめられて表示されます。

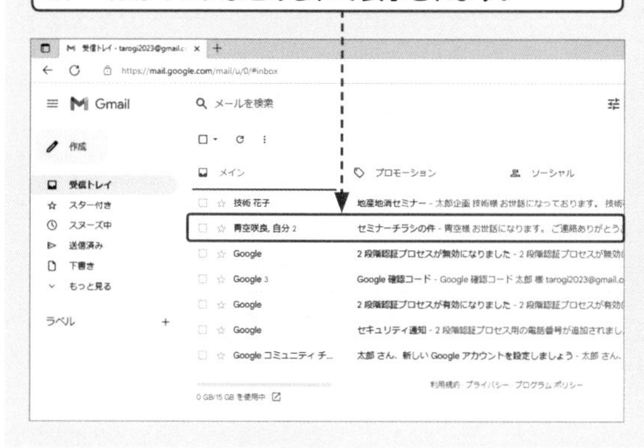

● スレッド表示をオフにする

1 [設定]を クリックして、

2 [すべての設定を表示]を クリックします。

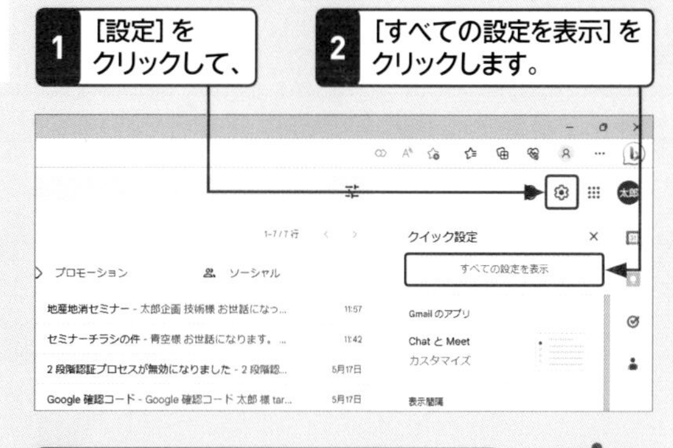

3 [全般]タブの[スレッド表示OFF]を クリックしてオンにし、

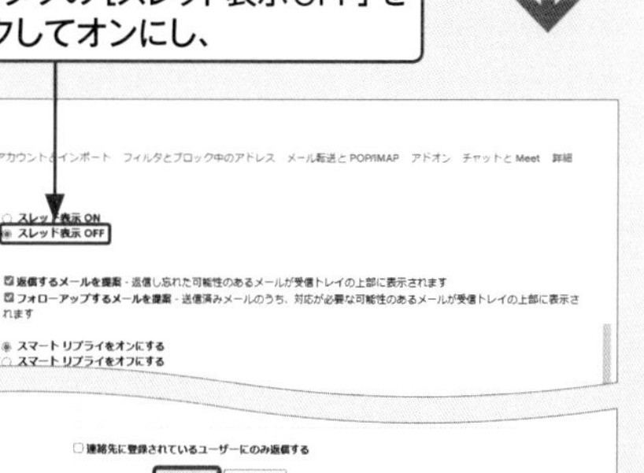

4 [変更を保存]をクリックします。

重要度 ★★★　メールの受信と閲覧

Q 079 メーリングリストに投稿したメールが表示されない?

A メーリングリストに送信したメールは[受信トレイ]には表示されません。

Gmailでは、自分が属するGoogleグループや自分のメールエイリアス宛にメールを送信しても、そのメールは[受信トレイ]には表示されないようになっています。これらのメールは、[送信済み]や[すべてのメール]でのみ確認できます。

なお、「メーリングリスト」とは、同じ内容のメールを複数の人に贈るための機能です。Gmailでメーリングリストを作成するには、Gmailにログイン後、アドレスバーに「https://groups.google.co.jp」と入力するか、Q 007を参考にGoogleサービス一覧を表示して[すべての人向け]で[Googleグループ]をクリックし、[グループを作成]をクリックして設定します。

グループ宛に送信したメールは[受信トレイ]には表示されず、[送信済み]で確認できます。

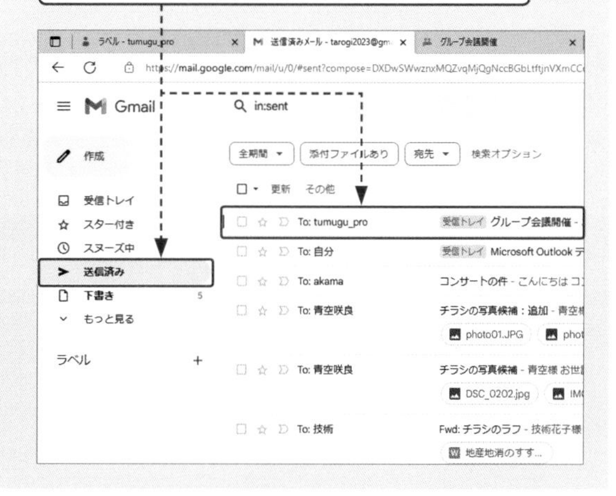

重要度 ★★★　メールの受信と閲覧

Q 080 メールの表示件数を変更したい！

A [設定]画面の[表示件数]で変更できます。

Gmailでは、[受信トレイ]に表示されるメールの件数を変更したり、表示間隔を変更したりして、利用しやすいようにカスタマイズすることができます。
表示件数は、初期設定では1ページに50件表示するように設定されていますが、[設定]画面で変更することができます。また、表示間隔は、ウィンドウのサイズに合わせて自動的に調整されますが、変更することもできます。

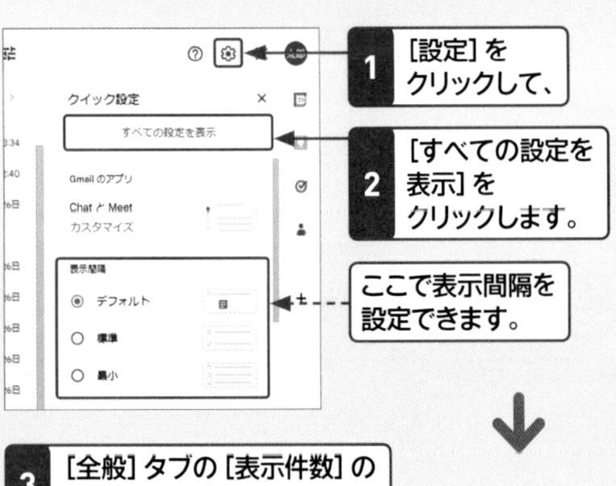
クイック設定
すべての設定を表示
Gmail のアプリ
Chat と Meet
カスタマイズ
表示間隔
デフォルト
標準
最小
1 [設定]をクリックして、
2 [すべての設定を表示]をクリックします。
ここで表示間隔を設定できます。

3 [全般]タブの[表示件数]のここをクリックして、

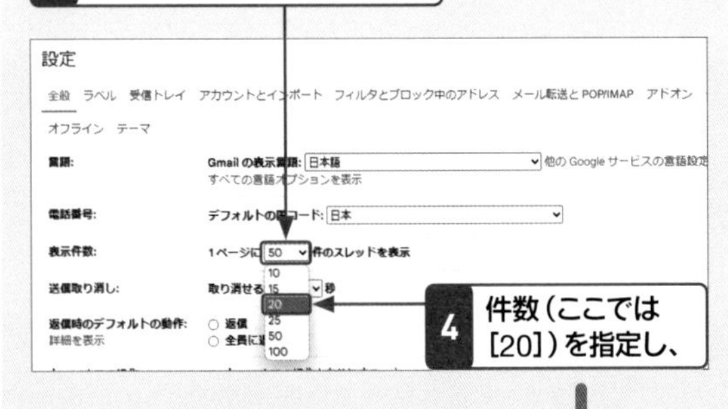
設定
全般　ラベル　受信トレイ　アカウントとインポート　フィルタとブロック中のアドレス　メール転送と POP/IMAP　アドオン
オフライン　テーマ
言語:
電話番号:
表示件数:
1ページに 50 件のスレッドを表示
10
15
20
25
50
100
4 件数（ここでは[20]）を指定し、

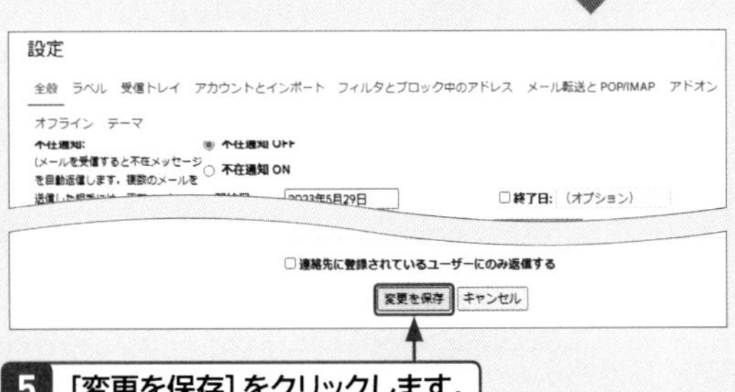
設定
全般　ラベル　受信トレイ　アカウントとインポート　フィルタとブロック中のアドレス　メール転送と POP/IMAP　アドオン
オフライン　テーマ
連絡先に登録されているユーザーにのみ返信する
変更を保存
キャンセル

5 [変更を保存]をクリックします。

重要度 ★★★　メールの受信と閲覧

Q 081 英語のメールを翻訳したい！

A メッセージ画面を表示して、[メッセージを翻訳]をクリックします。

英語など日本語以外のメールが届いた場合は、メッセージ画面に[メッセージを翻訳]と表示されます。このリンクをクリックすると、自動的に翻訳されます。
なお、手順3の画面に表示されている[常に翻訳:英語]をクリックすると、以降の英文メールは自動的に翻訳されるようになります。

1 翻訳したい英語のメールをクリックして、

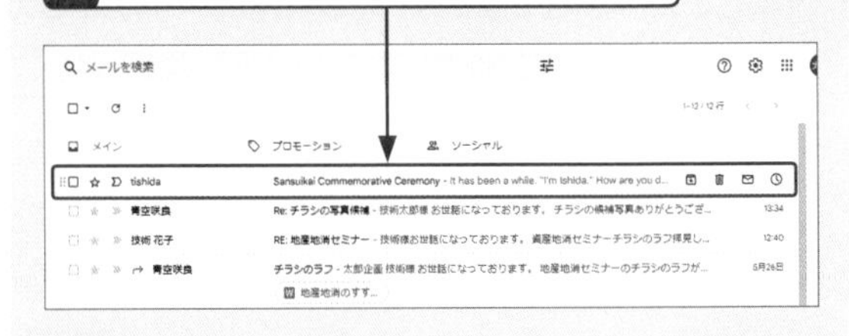
メールを検索
メイン
プロモーション
ソーシャル

2 メッセージ画面を表示し、[メッセージを翻訳]をクリックすると、

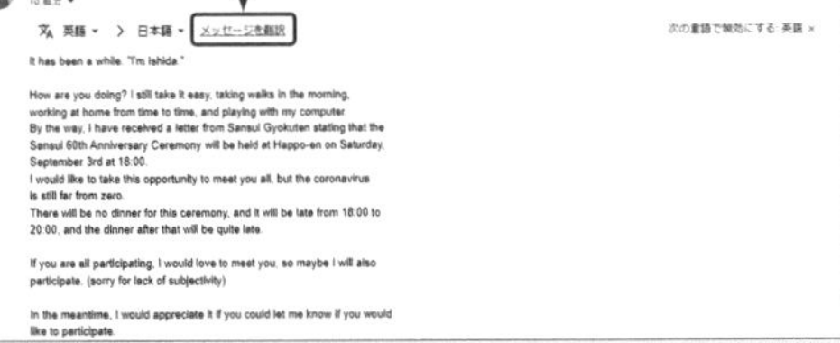
Sansuikai Commemorative Ceremony
tishida
英語 > 日本語 メッセージを翻訳

3 メールが翻訳されます。

ここをクリックすると、自動的に翻訳されるようになります。

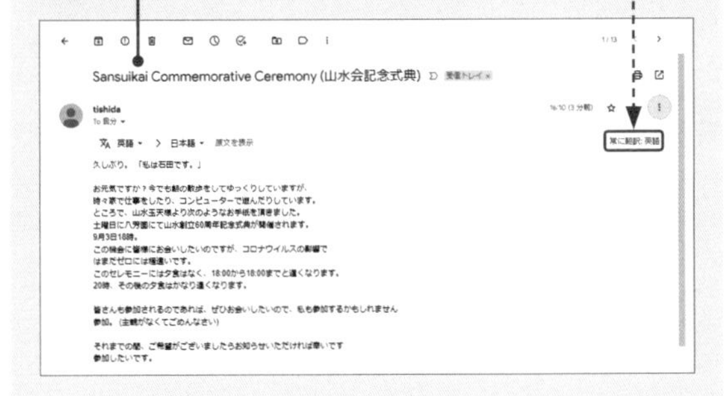
Sansuikai Commemorative Ceremony (山水会記念式典)
tishida
英語 > 日本語 原文を表示
常に翻訳: 英語

Q 082 メールを検索したい！

A 検索ボックスでキーワード検索を行います。

メールが増えてくると、必要なメールを探すのに時間がかかってしまいます。この場合は、検索ボックスにキーワードを入力して検索すると、すばやく見つけることができます。

なお、Gmailでは、[迷惑メール]や[ゴミ箱]にあるメールは検索結果には表示されません。これらのフォルダーにあるメールを検索するには、検索オプションを利用します。

参照 ▶ Q 083

1 [受信トレイ]を表示して、検索ボックスにキーワードを入力し、

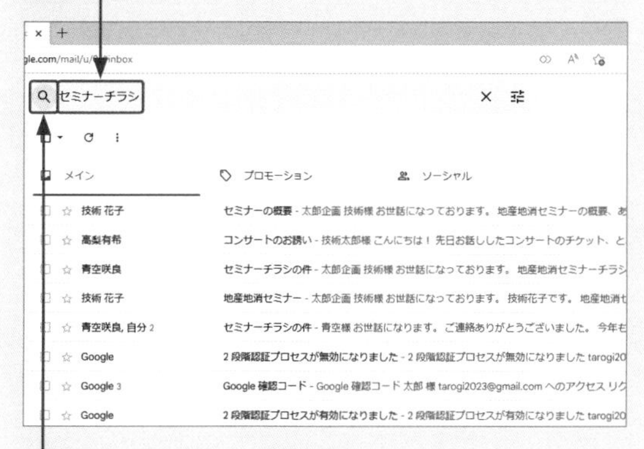

2 ここをクリックすると、

3 検索結果が表示されます。

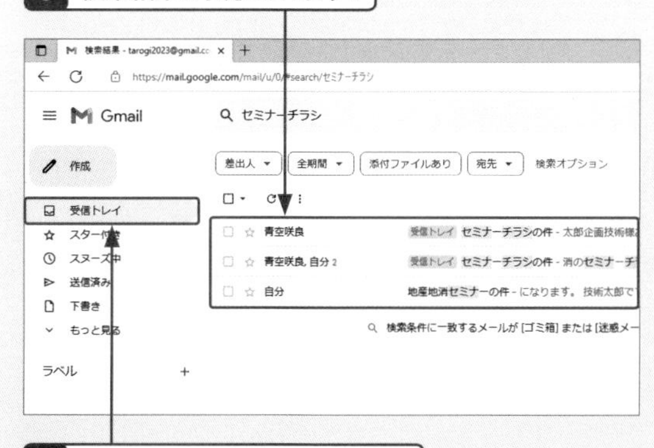

4 [受信トレイ]をクリックすると、もとの表示に戻ります。

Q 083 特定の差出人からのメールを検索したい！

A 検索オプションを表示し、差出人を指定して検索します。

特定の差出人からのメールを検索するには、検索オプションを表示して、差出人のメールアドレスを指定します。検索オプションでは、差出人のほかに送信先のメールアドレス、件名の一部、メール本文に記載されているキーワードを含む／含まない、添付ファイルの有無といった複数の条件を指定して絞り込むことができます。また、検索対象の期間を指定することも可能です。

1 [検索オプションを表示]をクリックします。

2 差出人を入力して、

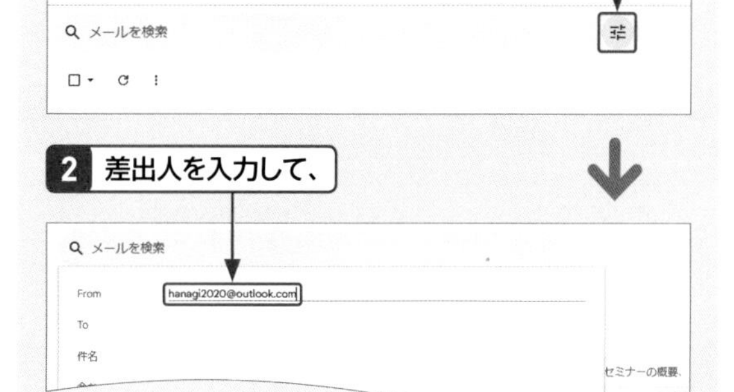

3 [検索]をクリックすると、

4 指定した条件でメールが検索されます。

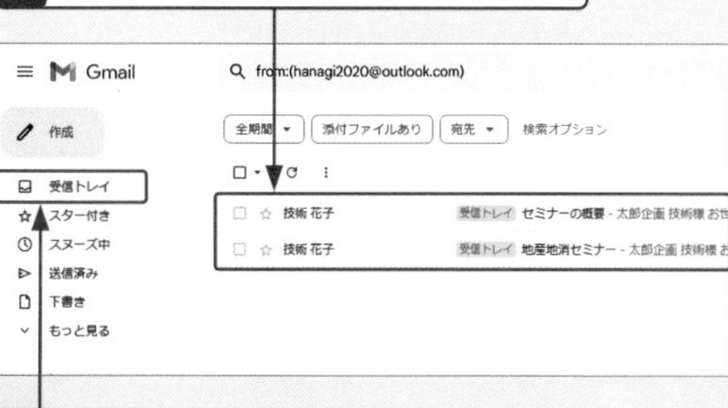

5 [受信トレイ]をクリックすると、もとの表示に戻ります。

Q 084 メールを作成したい！

A [作成]をクリックして、[新規メッセージ]画面を表示します。

メールを作成するには、[作成]をクリックして[新規メッセージ]画面を表示し、宛先、件名、本文を入力します。連絡先にメールアドレスを登録してある場合や、すでにやりとりしたことのある相手の場合は、[宛先]欄にアドレスを入力しはじめると、連絡先に一致するアドレスの候補が表示されるので、そこから選択することができます。また、連絡先を登録している場合は、[宛先]をクリックすると連絡先の選択が可能です。

参照▶Q 136

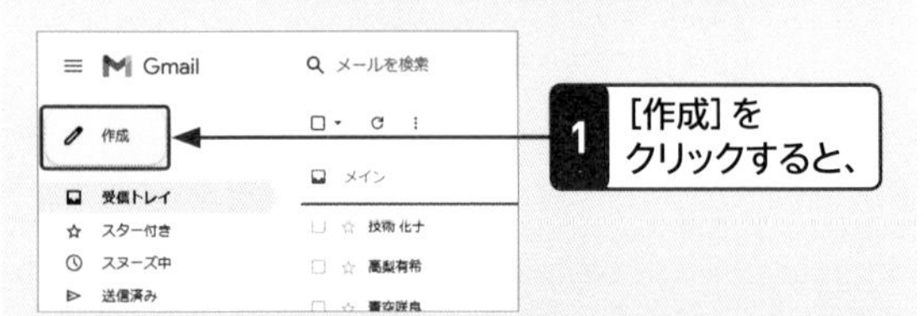

Gmail
メールを検索
作成
受信トレイ
スター付き
スヌーズ中
送信済み
メイン

1 [作成]をクリックすると、

2 [新規メッセージ]画面が表示されます。

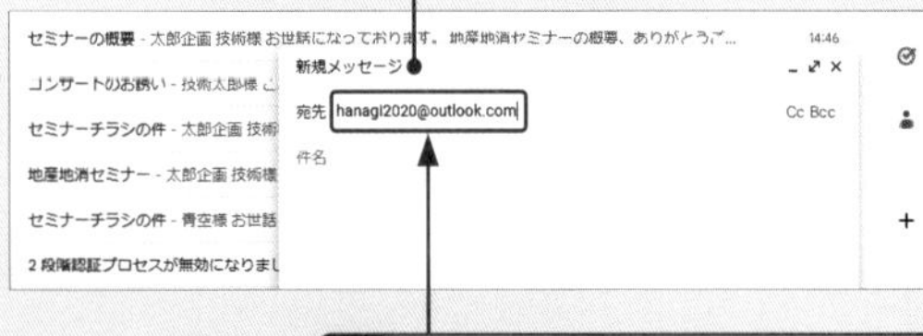

新規メッセージ
宛先
hanagi2020@outlook.com
Cc Bcc
件名

3 [宛先]欄をクリックして、相手のメールアドレスを入力し、

4 [件名]欄をクリックして、メールのタイトルを入力します。

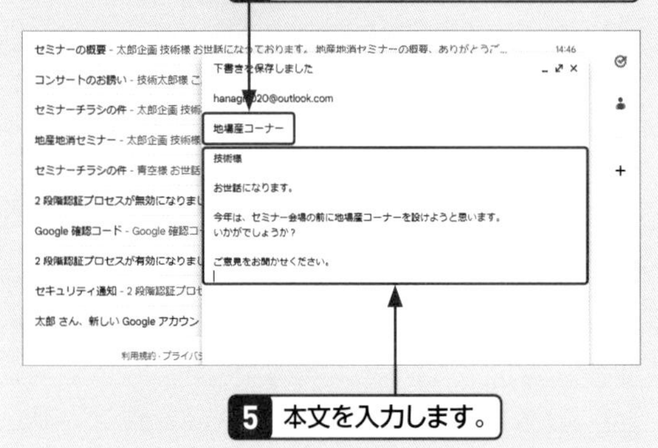

下書きを保存しました
地場屋コーナー
技術様
お世話になります。
今年は、セミナー会場の前に地場屋コーナーを設けようと思います。
いかがでしょうか？
ご意見をお聞かせください。

5 本文を入力します。

Q 085 メールの作成を中断したい！

A [新規メッセージ]画面の[保存して閉じる]をクリックします。

メールの作成を中断するには、[新規メッセージ]画面の右上にある[保存して閉じる]☒をクリックします。中断したメールは、[下書き]に保存され、いつでも再編集して送信することができます。下書きに保存したメールを破棄する場合は、メールの一覧でメールの左側のチェックボックスをクリックしてオンにし、[下書きを破棄]をクリックします。なお、Gmailには、メールの自動保存機能があり、作成中のメールは自動的に[下書き]に保存されます。

1 メールの作成を中断するには、[保存して閉じる]をクリックします。

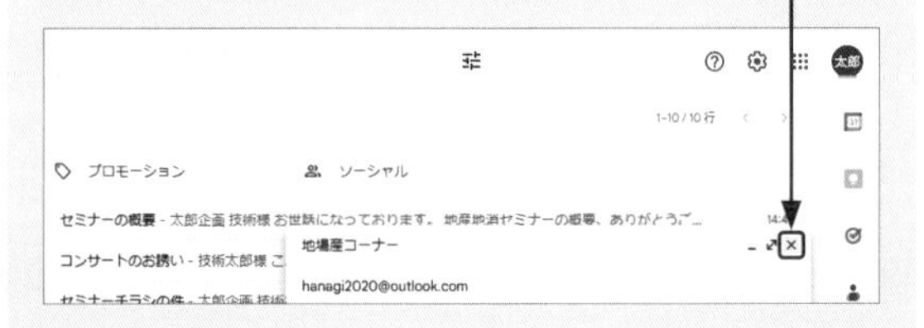

プロモーション
ソーシャル
地場屋コーナー
hanagi2020@outlook.com

2 [下書き]をクリックすると、

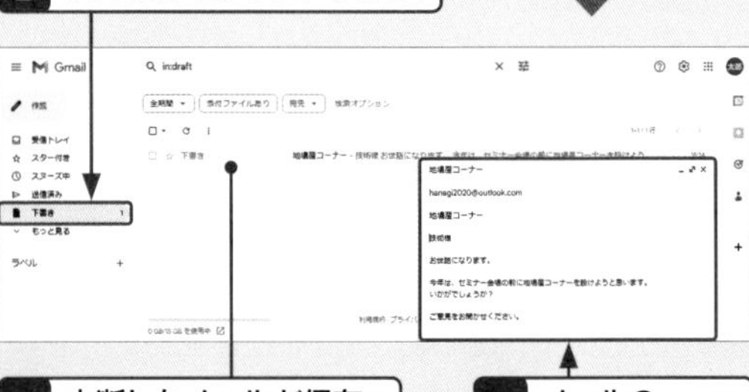

3 中断したメールが保存されているのが確認できます。クリックすると、

4 メールの作成画面が表示されます。

下書きを破棄する

1 ここをクリックしてオンにし、

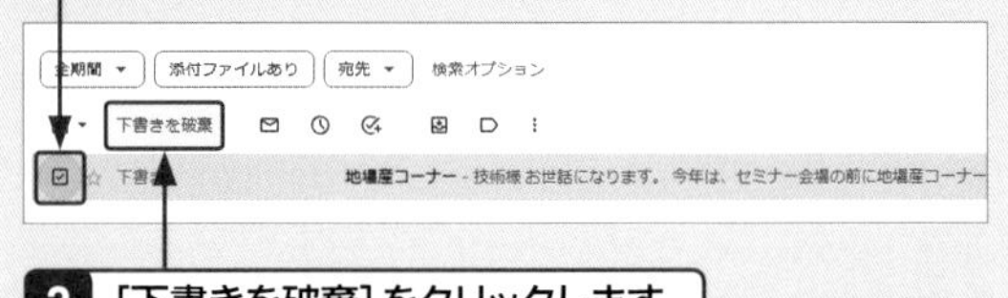

全期間
添付ファイルあり
宛先
検索オプション
下書きを破棄

2 [下書きを破棄]をクリックします。

重要度 ★★★　メールの作成と送信

Q 086 宛先に複数のアドレスを指定したい！

A メールアドレスを入力して Enter で確定し、次のメールアドレスを入力します。

同じメールを複数の人に送信する場合は、メールアドレスを入力して Enter を押して確定すると、メールアドレスが枠で囲まれます。この操作を繰り返して、複数人のメールアドレスを入力します。入力したメールアドレスを取り消すには、枠で囲まれたメールアドレスをクリックして Delete を押します。

1 [新規メッセージ] 画面を表示します。

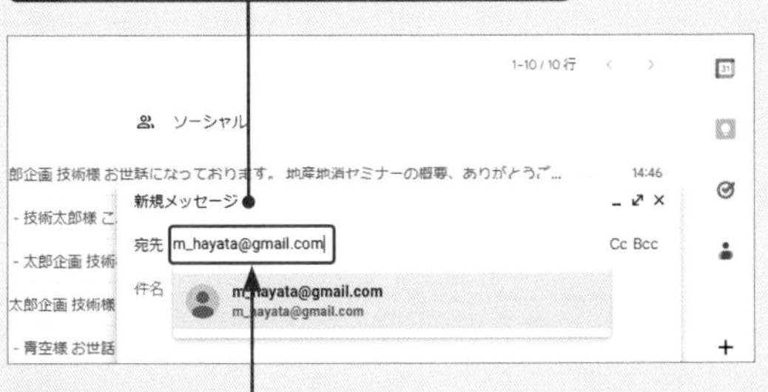
ソーシャル
新規メッセージ
宛先 m_hayata@gmail.com
Cc Bcc
件名
m_hayata@gmail.com

2 [宛先] 欄をクリックして、メールアドレスを入力し、

3 Enter を押すと、

ソーシャル
新規メッセージ
宛先 m_hayata@gmail.com
Cc Bcc
件名

4 宛先が枠で囲まれて表示されます。

5 同様にメールアドレスを入力して Enter を押します。

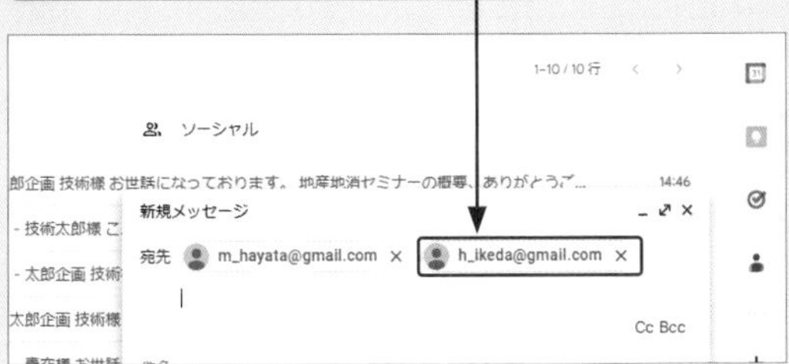
ソーシャル
新規メッセージ
宛先 m_hayata@gmail.com h_ikeda@gmail.com
Cc Bcc

重要度 ★★★　メールの作成と送信

Q 087 Ccで複数の相手にメールを送りたい！

A [Ccの宛先を追加] をクリックして、[Cc] 欄を表示します。

本来の宛先とは別に、ほかの人にも同じ内容のメールを送りたい場合は、Ccを利用します。[宛先] 欄の右にある [Ccの宛先を追加] Cc をクリックして [Cc] 欄を表示し、メールアドレスを入力します。Ccに入力した宛先は、すべての受信者に通知されます。

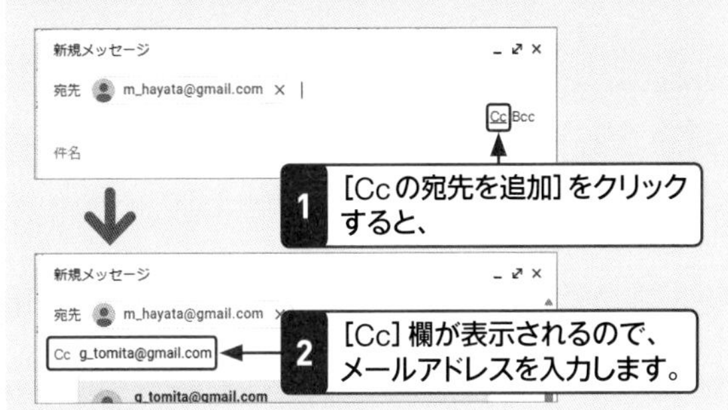
新規メッセージ
宛先 m_hayata@gmail.com
Cc Bcc
件名
1 [Ccの宛先を追加] をクリックすると、
新規メッセージ
宛先 m_hayata@gmail.com
Cc g_tomita@gmail.com
2 [Cc] 欄が表示されるので、メールアドレスを入力します。

重要度 ★★★　メールの作成と送信

Q 088 Bccで複数の相手にメールを送りたい！

A [Bccの宛先を追加] をクリックして、[Bcc] 欄を表示します。

BccはCcと同様、本来の宛先とは別に、ほかの人にも同じ内容のメールを送りたい場合に利用する機能ですが、Ccとは違い、Bccに入力した宛先はほかの人には通知されません。[宛先] 欄の右にある [Bccの宛先を追加] Bcc をクリックして、[Bcc] 欄を表示し、メールアドレスを入力します。

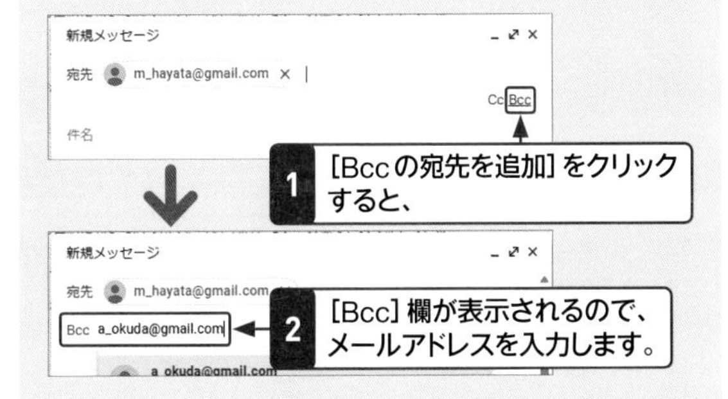
新規メッセージ
宛先 m_hayata@gmail.com
Cc Bcc
件名
1 [Bccの宛先を追加] をクリックすると、
新規メッセージ
宛先 m_hayata@gmail.com
Bcc a_okuda@gmail.com
2 [Bcc] 欄が表示されるので、メールアドレスを入力します。

重要度 ★★★　メールの作成と送信

Q 089 メールを送信したい！

A ［新規メッセージ］画面の［送信］をクリックします。

作成したメールを送信するには、［送信］をクリックします。送信したメールは、［送信済み］に保存されます。なお、手順2の［送信］横の［その他の送信オプション］をクリックして、日付を予約して送信することもできます。また、送信直後であれば、メールの送信を取り消すことも可能です。 参照▶Q 125

1 ［新規メッセージ］画面を表示して、宛先、件名、本文を入力し、内容を確認します。

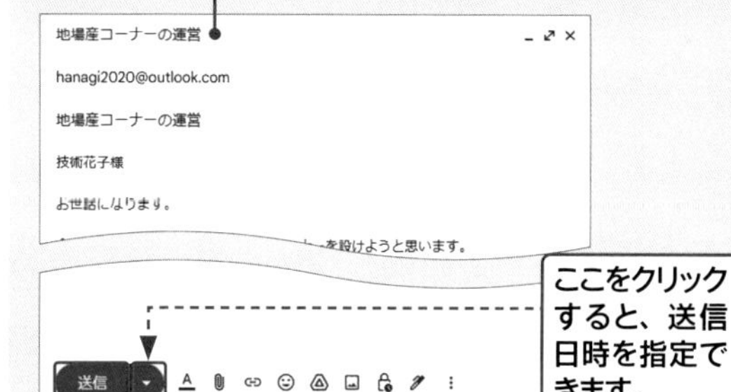
地場産コーナーの運営
hanagi2020@outlook.com
地場産コーナーの運営
技術花子様
お世話になります。

ここをクリックすると、送信日時を指定できます。

2 ［送信］をクリックすると、

3 メールが送信されます。

ラベル
メッセージを送信しました

4 ［送信済み］をクリックすると、

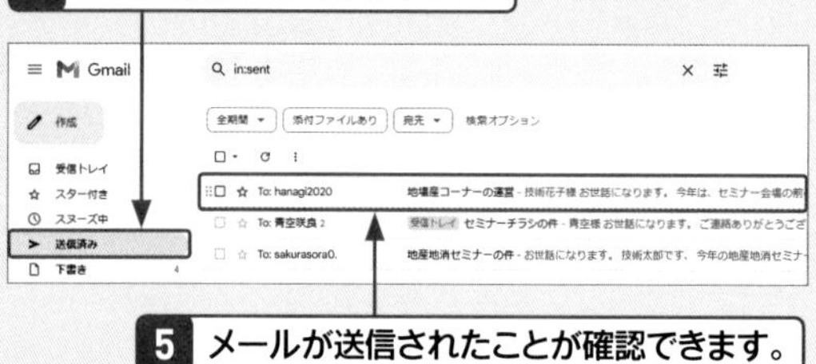
Gmail
in:sent
作成
受信トレイ
スター付き
スヌーズ中
送信済み
下書き
To: hanagi2020
地場産コーナーの運営

5 メールが送信されたことが確認できます。

重要度 ★★★　メールの作成と送信

Q 090 HTML形式とテキスト形式って何？

A メールの表示形式のことをいいます。

Gmailで送信するメールの形式には、HTML形式とプレーンテキスト形式があります。HTML形式はフォントの種類や文字サイズ、文字色を変えたり、写真や絵文字などを挿入したりして見栄えのするメールを作成することができます。プレーンテキスト形式は、通常「テキスト形式」と呼ばれ、テキスト（文字）のみで構成された形式のことです。Gmailの初期設定ではHTML形式が使用されますが、テキスト形式に変更することもできます。 参照▶Q 093

●HTML形式のメール

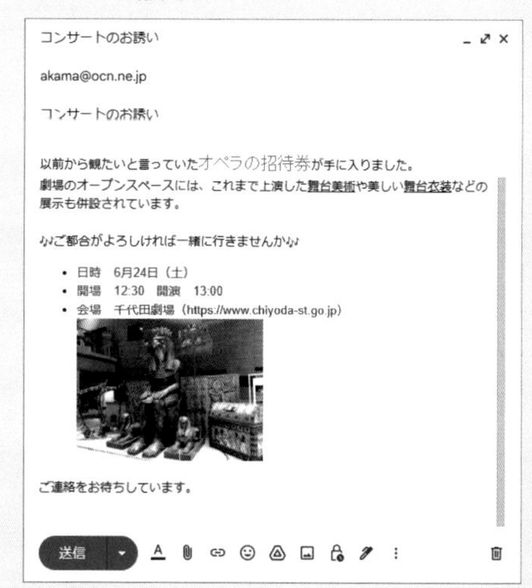
コンサートのお誘い
akama@ocn.ne.jp
コンサートのお誘い
以前から観たいと言っていたオペラの招待券が手に入りました。
劇場のオープンスペースには、これまで上演した舞台美術や美しい舞台衣装などの展示も併設されています。
ご都合がよろしければ一緒に行きませんか
日時　6月24日（土）
開場　12:30　開演　13:00
会場　千代田劇場（https://www.chiyoda-st.go.jp）
ご連絡をお待ちしています。
送信

●テキスト形式のメール

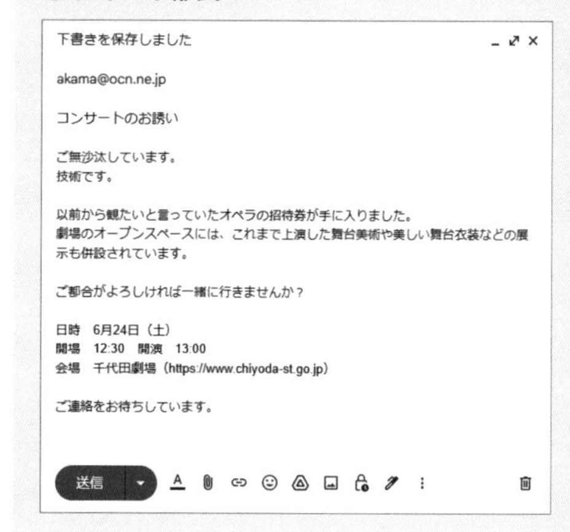
下書きを保存しました
akama@ocn.ne.jp
コンサートのお誘い
ご無沙汰しています。
技術です。
以前から観たいと言っていたオペラの招待券が手に入りました。
劇場のオープンスペースには、これまで上演した舞台美術や美しい舞台衣装などの展示も併設されています。
ご都合がよろしければ一緒に行きませんか？
日時　6月24日（土）
開場　12:30　開演　13:00
会場　千代田劇場（https://www.chiyoda-st.go.jp）
ご連絡をお待ちしています。
送信

重要度 ★★★　メールの作成と送信

Q 091 HTML形式のメールでメールを装飾したい！

A [新規メッセージ]画面のツールバーを利用して装飾します。

HTML形式のメールでは、フォントの種類や文字サイズ、文字色を変更するほかに、段落に番号を付けたり、箇条書きにしたりと、さまざまな装飾を施すことができます。メールの本文中に写真や絵文字を挿入したりすることもできます。メールの中で強調したい部分や目立たせたい部分がある場合は、適宜利用するとよいでしょう。これらの装飾を施すには、[新規メッセージ]画面のツールバーを利用します。

● 文字書式を設定する

1 メールを作成して、装飾したい文字をドラッグして選択します。

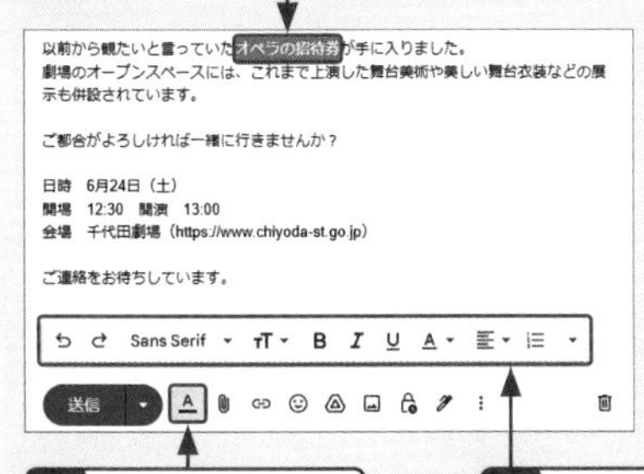
以前から観たいと言っていたオペラの招待券が手に入りました。
劇場のオープンスペースには、これまで上演した舞台美術や美しい舞台衣装などの展示も併設されています。
ご都合がよろしければ一緒に行きませんか？
日時 6月24日（土）
開場 12:30 開演 13:00
会場 千代田劇場（https://www.chiyoda-st.go.jp）
ご連絡をお待ちしています。
Sans Serif
送信

2 [書式設定オプション]をクリックすると、

3 文字書式を設定するためのツールバーが表示されます。

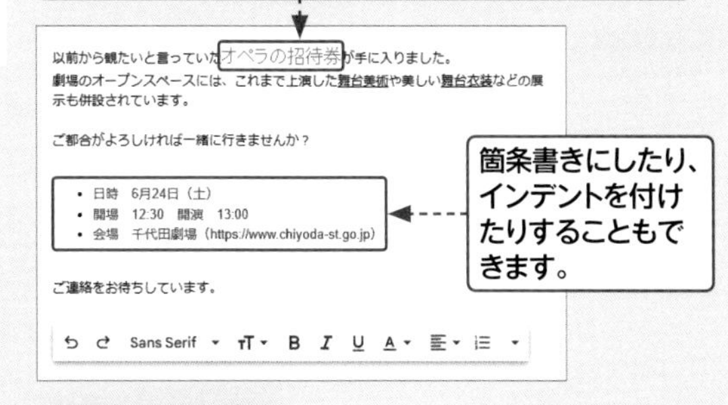
フォントの種類や文字サイズ、文字色を変更したりと、さまざまな装飾を施すことができます。
以前から観たいと言っていたオペラの招待券が手に入りました。
劇場のオープンスペースには、これまで上演した舞台美術や美しい舞台衣装などの展示も併設されています。
ご都合がよろしければ一緒に行きませんか？
日時 6月24日（土）
開場 12:30 開演 13:00
会場 千代田劇場（https://www.chiyoda-st.go.jp）
ご連絡をお待ちしています。
Sans Serif
箇条書きにしたり、インデントを付けたりすることもできます。

● 写真を挿入する

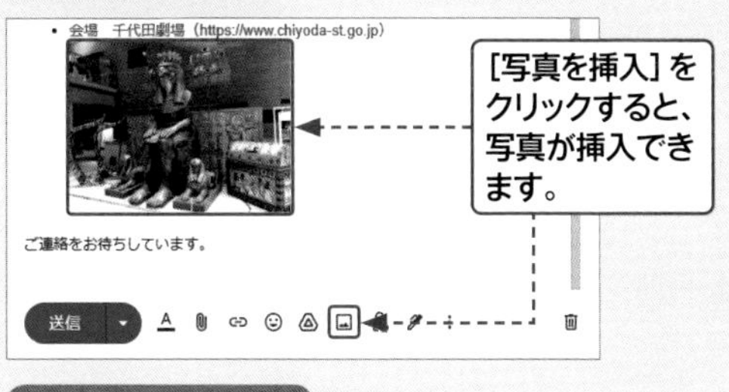
会場 千代田劇場（https://www.chiyoda-st.go.jp）
ご連絡をお待ちしています。
送信
[写真を挿入]をクリックすると、写真が挿入できます。

● 絵文字を挿入する

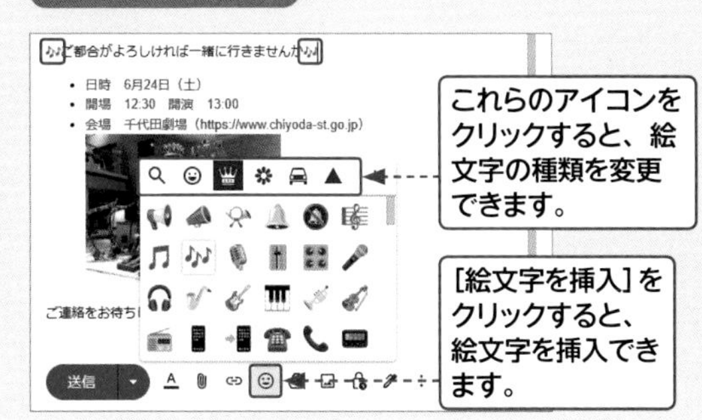
ご都合がよろしければ一緒に行きませんか
日時 6月24日（土）
開場 12:30 開演 13:00
会場 千代田劇場（https://www.chiyoda-st.go.jp）
送信
これらのアイコンをクリックすると、絵文字の種類を変更できます。
[絵文字を挿入]をクリックすると、絵文字を挿入できます。

重要度 ★★★　メールの作成と送信

Q 092 装飾した書式を取り消したい！

A 書式を設定した文字を選択して、[書式をクリア]をクリックします。

設定した文字装飾を解除するには、文字や段落を選択して[その他の書式設定オプション]▾(画面サイズが大きい場合は不要)をクリックし、[書式をクリア]をクリックします。写真や絵文字を挿入した場合は、写真や絵文字を選択して、Delete を押します。

参照▶Q 091

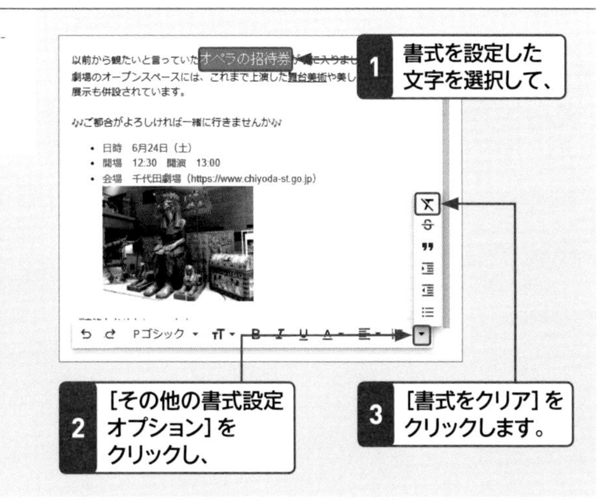
以前から観たいと言っていたオペラの招待券
劇場のオープンスペースには、これまで上演した舞台美術や美し
展示も併設されています。
ご都合がよろしければ一緒に行きませんか
日時 6月24日（土）
開場 12:30 開演 13:00
会場 千代田劇場（https://www.chiyoda-st.go.jp）
Pゴシック
1 書式を設定した文字を選択して、
2 [その他の書式設定オプション]をクリックし、
3 [書式をクリア]をクリックします。

重要度 ★★★　メールの作成と送信

Q 093 送信メールをテキスト形式にしたい！

A ［その他のオプション］から［プレーンテキストモード］を指定します。

HTML形式のメールは、メールにさまざまな装飾を施すことができる反面、受信側のメールソフトがHTML形式に対応していないと正しく表示されなかったり、迷惑メールと判断されたりする可能性があります。
テキスト形式は、HTML形式のように文字の装飾は行えませんが、受信側がどのようなメールソフトでも問題なくメールを送受信することができます。
メールの形式は、［新規メッセージ］画面で切り替えることができます。参照▶Q 090

1 ［新規メッセージ］画面を表示して、
2 ［その他のオプション］をクリックし、

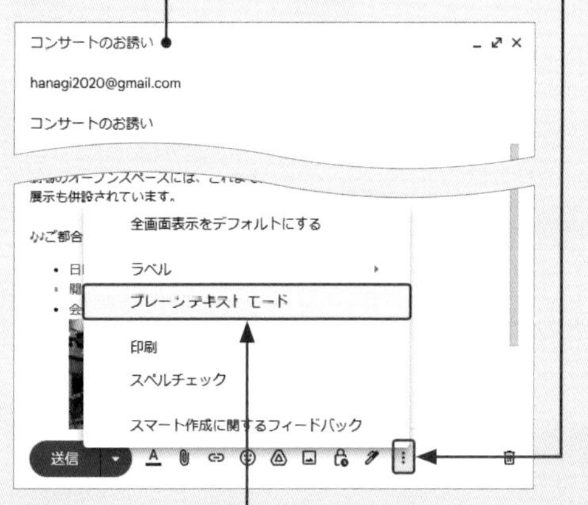
コンサートのお誘い
hanagi2020@gmail.com
コンサートのお誘い
全画面表示をデフォルトにする
ラベル
プレーンテキスト モード
印刷
スペルチェック
スマート作成に関するフィードバック
送信

3 ［プレーンテキストモード］をクリックすると、

4 メールの形式がテキスト形式に変わります。

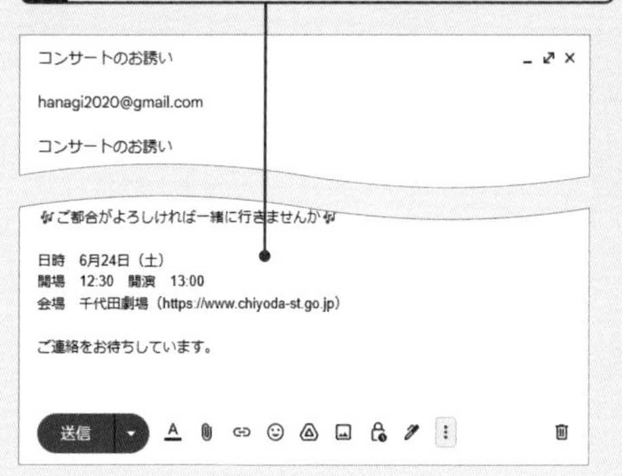
コンサートのお誘い
hanagi2020@gmail.com
コンサートのお誘い
ご都合がよろしければ一緒に行きませんか
日時　6月24日（土）
開場　12:30　開演　13:00
会場　千代田劇場（https://www.chiyoda-st.go.jp）
ご連絡をお待ちしています。
送信

重要度 ★★★　メールの作成と送信

Q 094 送信メールの既定の書式を変更するには？

A ［設定］画面の［全般］タブで変更することができます。

HTML形式の場合の送信メールの書式スタイルは、既定では以下のように設定されています。

- フォント　：Sans Serif
- サイズ　：標準
- テキストの色：黒

このスタイルは、［設定］画面の［全般］タブで変更できます。設定を取り消したいときは、［書式をクリア］をクリックすると、リセットされます。

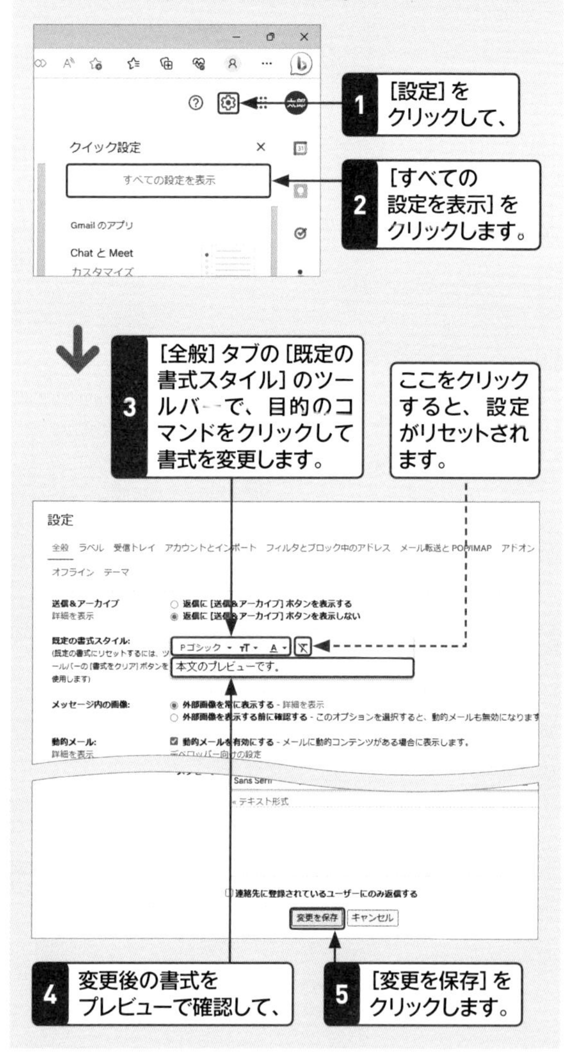
1 ［設定］をクリックして、
クイック設定
すべての設定を表示
2 ［すべての設定を表示］をクリックします。
3 ［全般］タブの［既定の書式スタイル］のツールバーで、目的のコマンドをクリックして書式を変更します。
ここをクリックすると、設定がリセットされます。
設定
全般　ラベル　受信トレイ　アカウントとインポート　フィルタとブロック中のアドレス　メール転送と POP/IMAP　アドオン
オフライン　テーマ
送信&アーカイブ
既定の書式スタイル:
本文のプレビューです。
メッセージ内の画像:
動的メール:
変更を保存　キャンセル
4 変更後の書式をプレビューで確認して、
5 ［変更を保存］をクリックします。

重要度 ★★★　メールの作成と送信

Q 095 受信したメールに返信したい！

A メッセージ画面を表示して、[返信]をクリックします。

受信したメールに返事を出すことを「返信」といいます。メールを返信するには、[受信トレイ]で返信したいメールをクリックして、メッセージ画面を表示し、[返信] をクリックします。返信用のメッセージ欄が表示されるので、通常の送信と同じように本文を入力して、[送信]をクリックします。
また、複数の宛先に送信されたメールを全員に返信する場合は、[その他] をクリックして、[全員に返信]をクリックします。

1 返信したいメールのメッセージ画面を表示して、

2 [返信]をクリックします。

3 返信用のメッセージ欄が表示されるので、本文を入力して、

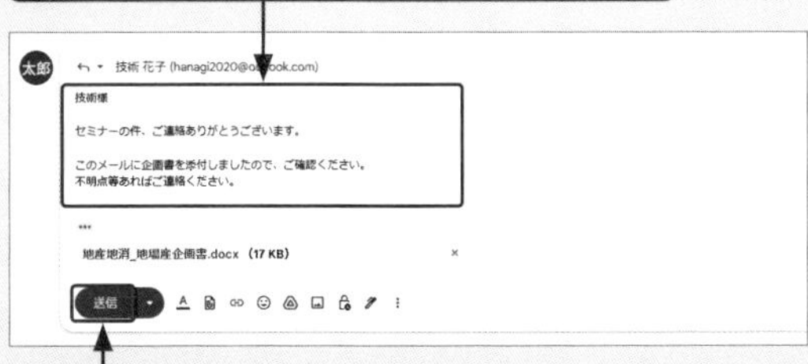

4 [送信]をクリックします。

● 全員に返信する

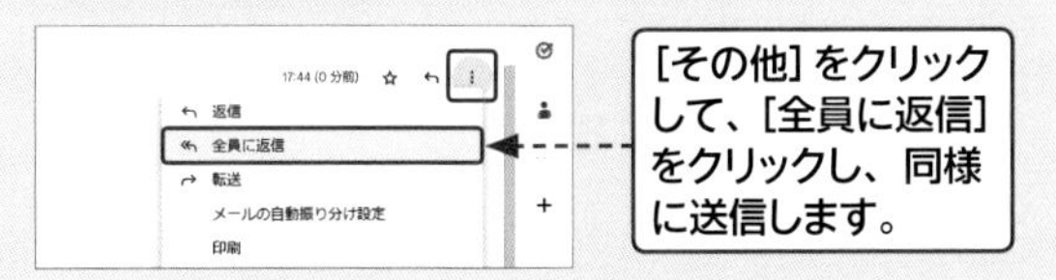
[その他]をクリックして、[全員に返信]をクリックし、同様に送信します。

重要度 ★★★　メールの作成と送信

Q 096 受信したメールを転送したい！

A メッセージ画面を表示して、[その他]から[転送]をクリックします。

受信したメールをほかの人に送ることを「転送」といいます。メールを転送するには、[受信トレイ]で転送したいメールをクリックして、メッセージ画面を表示し、[その他] をクリックして、[転送]をクリックします。転送用のメッセージ欄が表示されるので、転送先のメールアドレスを入力し、必要に応じて本文を入力して、[送信]をクリックします。

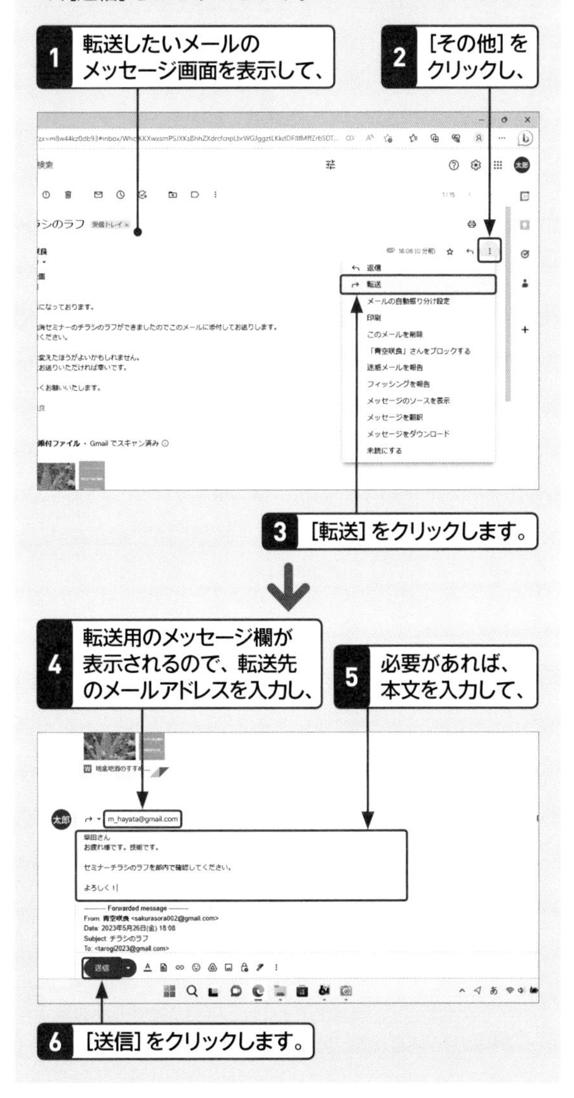
1 転送したいメールのメッセージ画面を表示して、
2 [その他]をクリックし、
3 [転送]をクリックします。
4 転送用のメッセージ欄が表示されるので、転送先のメールアドレスを入力し、
5 必要があれば、本文を入力して、
6 [送信]をクリックします。

重要度 ★★★ メールの作成と送信

Q 097 メールでファイルを送信したい!

A [新規メッセージ]画面で[ファイルを添付]をクリックします。

Gmailでは、文書や画像などのファイルをメールといっしょに送ることができます。このファイルのことを「添付ファイル」といいます。複数のファイルを添付することができますが、送受信できるメールの上限サイズは添付ファイルを含めて25MBまでです。
ただし、拡張子に「.exe」が付いたファイルなどは、ウイルスファイルと判断されるため、送受信できません。

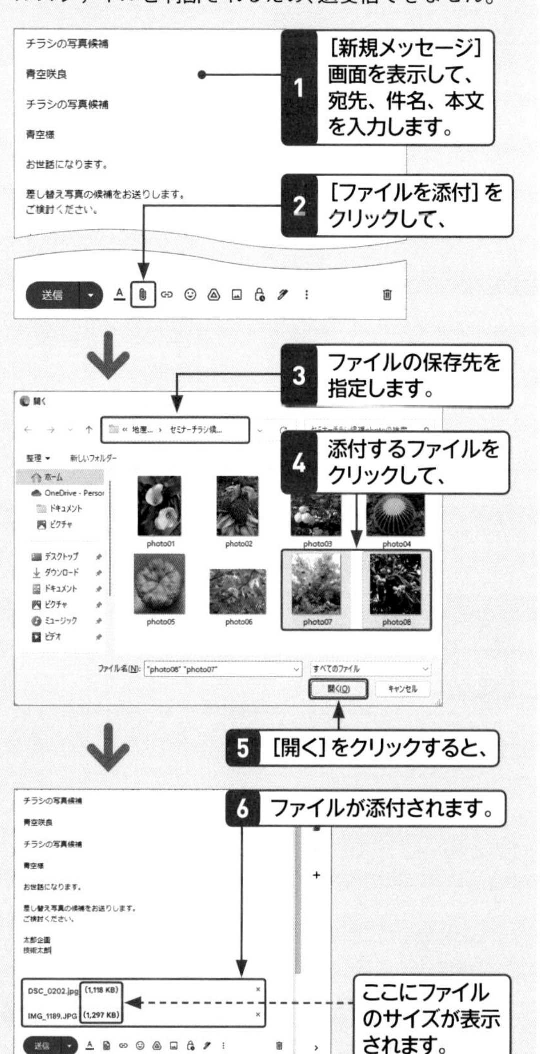
1 [新規メッセージ]画面を表示して、宛先、件名、本文を入力します。
2 [ファイルを添付]をクリックして、
3 ファイルの保存先を指定します。
4 添付するファイルをクリックして、
5 [開く]をクリックすると、
6 ファイルが添付されます。
ここにファイルのサイズが表示されます。
チラシの写真候補
青空咲良
青空様
お世話になります。
差し替え写真の候補をお送りします。
ご検討ください。
送信
photo01
photo02
photo03
photo04
photo05
photo06
photo07
photo08
開く(O)
キャンセル
DSC_0202.jpg (1,118 KB)
IMG_1189.JPG (1,297 KB)

重要度 ★★★ メールの作成と送信

Q 098 メールでフォルダーを送信したい!

A フォルダーを圧縮してから添付します。

メールに添付できるファイルは、通常の文書や写真などのファイルと圧縮ファイルです。フォルダー自体は添付できません。フォルダーごと添付したい場合は、フォルダーを圧縮して添付します。エクスプローラーで圧縮したいフォルダーをクリックして[もっと見る]…をクリックし、[ZIPファイルに圧縮する]をクリックすると、フォルダーが圧縮され1つのファイルになります。

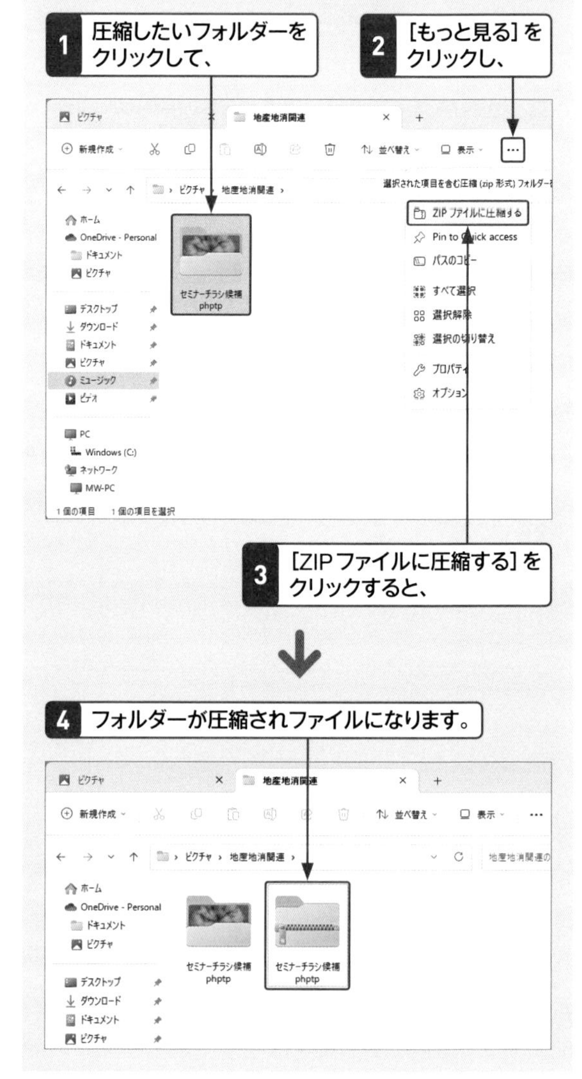
1 圧縮したいフォルダーをクリックして、
2 [もっと見る]をクリックし、
3 [ZIPファイルに圧縮する]をクリックすると、
4 フォルダーが圧縮されファイルになります。
ピクチャ
地産地消関連
新規作成
並べ替え
表示
ZIP ファイルに圧縮する
Pin to Quick access
パスのコピー
すべて選択
選択解除
選択の切り替え
プロパティ
オプション
セミナーチラシ候補 phptp

重要度★★★　メールの作成と送信

Q 099 サイズの大きいファイルを送信したい！

A Googleドライブを利用してファイルを送信します。

添付ファイルのサイズが25MBを超えた場合、あるいは25MB以内でも受信する相手側のメールボックスの容量を超えている場合には、エラーとなって戻されてしまいます。サイズの大きいファイルを送りたい場合は、Googleドライブのファイル共有機能を利用すると、ファイルをリンクとして送信することができます。なお、Googleドライブにファイルをアップロードしていない場合は、手順3の画面で［アップロード］をクリックして送信したいファイルをアップロードします。

参照▶Q 228

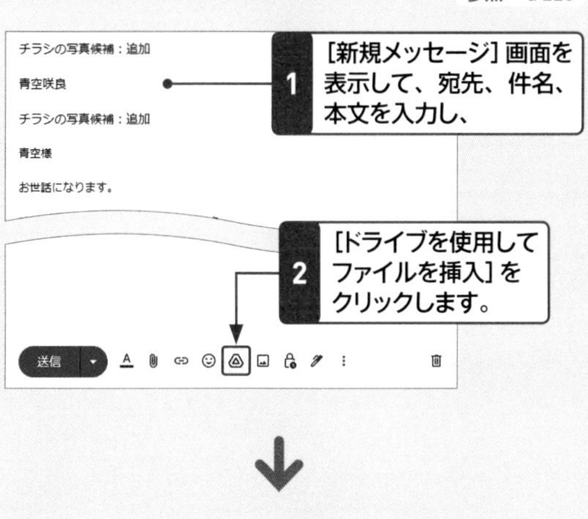

チラシの写真候補：追加
青空咲良
チラシの写真候補：追加
青空様
お世話になります。
1 ［新規メッセージ］画面を表示して、宛先、件名、本文を入力し、
2 ［ドライブを使用してファイルを挿入］をクリックします。
送信

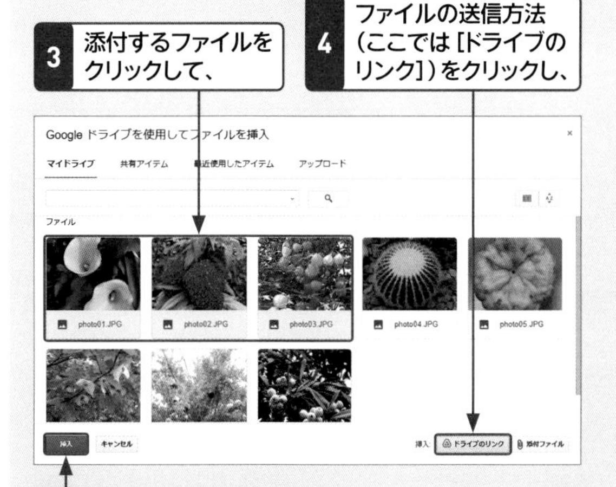

3 添付するファイルをクリックして、
4 ファイルの送信方法（ここでは［ドライブのリンク］）をクリックし、
Google ドライブを使用してファイルを挿入
マイドライブ
共有アイテム
最近使用したアイテム
アップロード
ファイル
photo01.JPG
photo02.JPG
photo03.JPG
photo04.JPG
photo05.JPG
挿入
キャンセル
ドライブのリンク
添付ファイル
5 ［挿入］をクリックします。

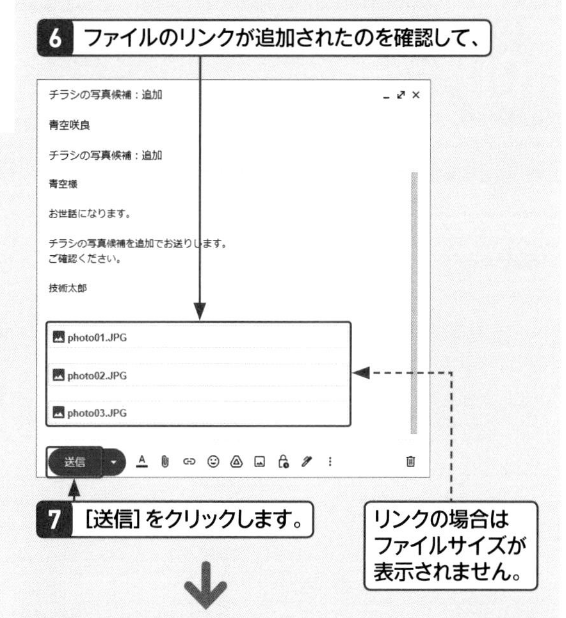

6 ファイルのリンクが追加されたのを確認して、
チラシの写真候補：追加
青空咲良
チラシの写真候補：追加
青空様
お世話になります。
チラシの写真候補を追加でお送りします。
ご確認ください。
技術太郎
photo01.JPG
photo02.JPG
photo03.JPG
送信
7 ［送信］をクリックします。
リンクの場合はファイルサイズが表示されません。

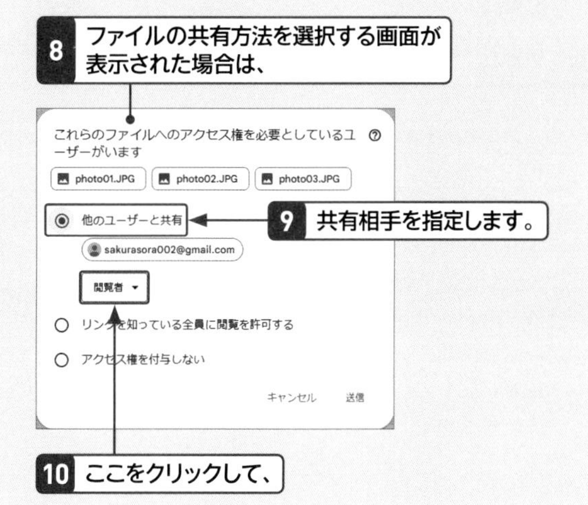

8 ファイルの共有方法を選択する画面が表示された場合は、
これらのファイルへのアクセス権を必要としているユーザーがいます
photo01.JPG
photo02.JPG
photo03.JPG
他のユーザーと共有
9 共有相手を指定します。
sakurasora002@gmail.com
閲覧者
リンクを知っている全員に閲覧を許可する
アクセス権を付与しない
キャンセル
送信
10 ここをクリックして、

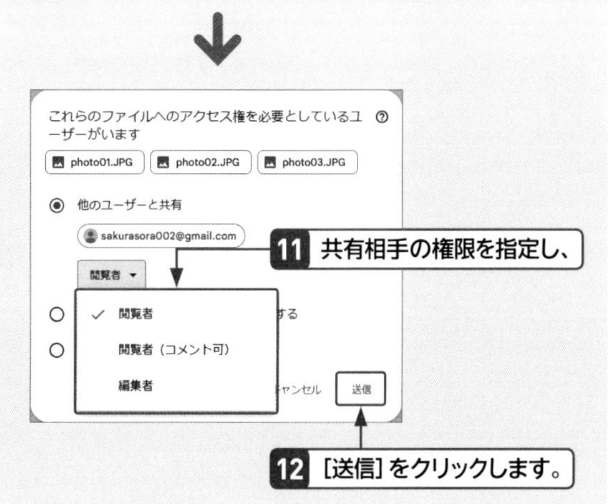

これらのファイルへのアクセス権を必要としているユーザーがいます
photo01.JPG
photo02.JPG
photo03.JPG
他のユーザーと共有
sakurasora002@gmail.com
11 共有相手の権限を指定し、
閲覧者
閲覧者（コメント可）
編集者
送信
12 ［送信］をクリックします。

重要度 ★★★ メールの作成と送信

Q 100 受信した添付ファイルを保存したい！

A 添付ファイルをダウンロードします。

受信したメールにファイルが添付されている場合は、メールのタイトルの下に添付ファイルが表示されます。添付ファイルを保存するには、ファイルが添付されたメールをクリックしてメッセージ画面を表示し、添付ファイルにマウスポインターを合わせると表示される［ダウンロード］をクリックします。ダウンロードしたファイルは、パソコンの［ダウンロード］フォルダーに保存されます。

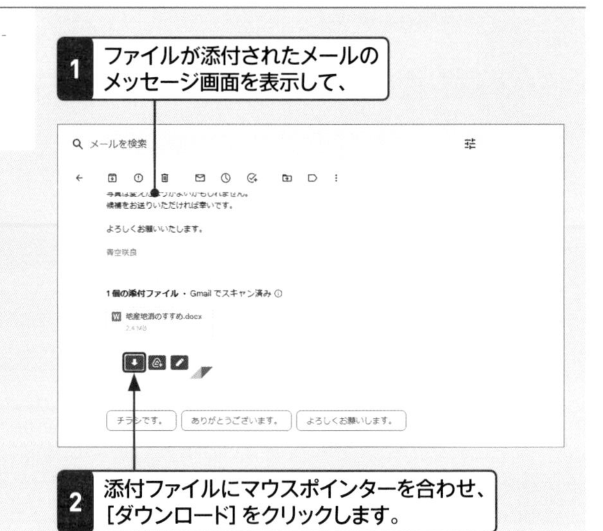
1 ファイルが添付されたメールのメッセージ画面を表示して、
メールを検索
よろしくお願いいたします。
1 個の添付ファイル・Gmail でスキャン済み
チラシです。
ありがとうございます。
よろしくお願いします。
2 添付ファイルにマウスポインターを合わせ、［ダウンロード］をクリックします。

重要度 ★★★ メールの作成と送信

Q 101 署名を作成したい！

A ［設定］画面の［全般］タブで作成します。

署名とは、メールの最後に入れる差出人の情報のことで、名前や連絡先（住所、電話、メールアドレスなど）を記載したものです。署名を設定しておくと、［新規メッセージ］画面に署名が自動的に挿入されます。署名は文字制限がなく、文字を装飾することもできますが、あまり長い署名や凝ったものは、見づらくなるので気を付けましょう。［設定］をクリックして、［すべての設定を表示］をクリックし、表示される［設定］画面で設定します。

1 ［設定］画面の［全般］タブを表示して、

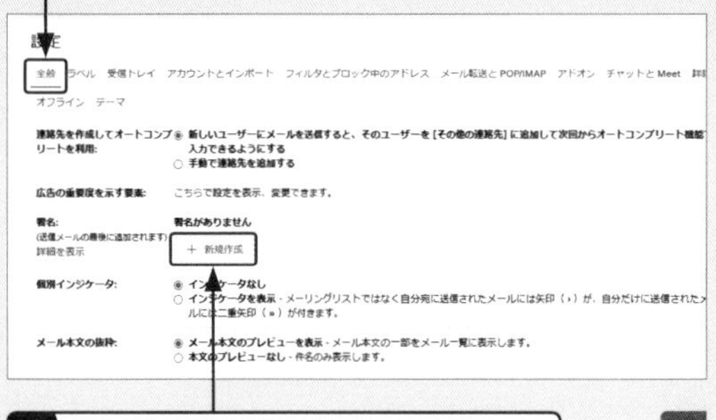
設定
全般 ラベル 受信トレイ アカウントとインポート フィルタとブロック中のアドレス メール転送と POP/IMAP アドオン チャットと Meet
オフライン テーマ
署名:
署名がありません
＋ 新規作成
個別インジケータ:
メール本文の抜粋:
2 ［署名］の［新規作成］をクリックします。

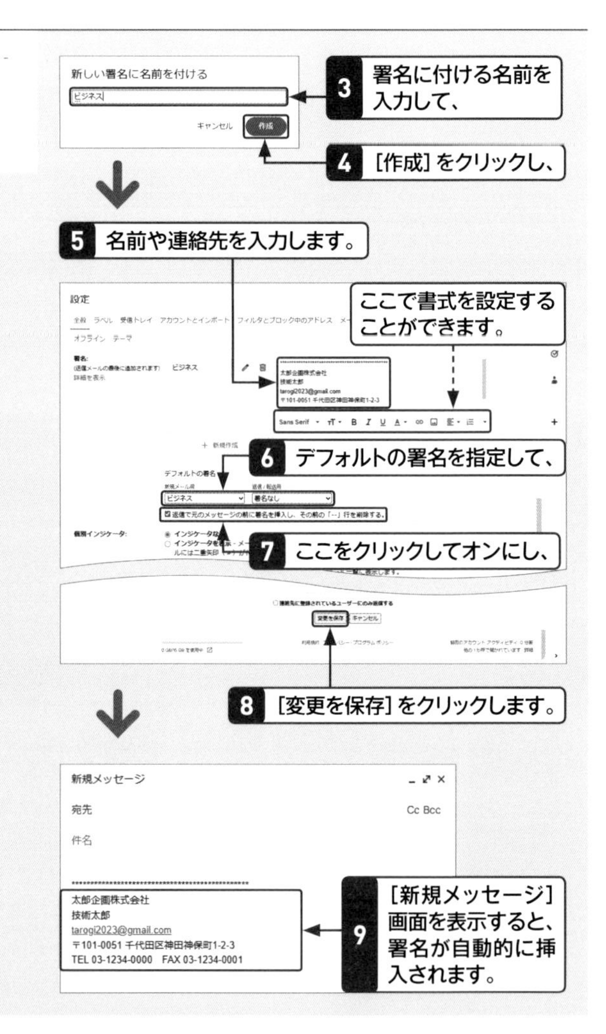
新しい署名に名前を付ける
ビジネス
キャンセル
作成
3 署名に付ける名前を入力して、
4 ［作成］をクリックし、
5 名前や連絡先を入力します。
設定
ここで書式を設定することができます。
6 デフォルトの署名を指定して、
7 ここをクリックしてオンにし、
8 ［変更を保存］をクリックします。
新規メッセージ
宛先
Cc Bcc
件名
太郎企画株式会社
技術太郎
tarogi2023@gmail.com
〒101-0051 千代田区神田神保町1-2-3
TEL 03-1234-0000 FAX 03-1234-0001
9 ［新規メッセージ］画面を表示すると、署名が自動的に挿入されます。

重要度★★★　メールの作成と送信

Q 102 複数の署名を使い分けたい！

A [新規メッセージ] 画面で切り替えることができます。

1つのメールアドレスをビジネスとプライベートの両方で利用しているような場合、署名を複数作成して、使い分けることができます。[設定] 画面の [全般] タブで [署名] の [新規作成] をクリックして、署名を追加します。[新規メッセージ] 画面で [署名を挿入] をクリックすると、登録した署名を切り替えることができます。

参照▶Q 101

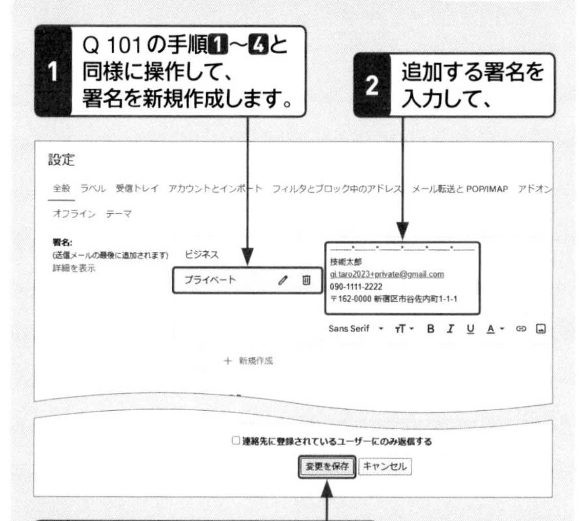
1 Q 101の手順1～4と同様に操作して、署名を新規作成します。
2 追加する署名を入力して、
設定
全般 ラベル 受信トレイ アカウントとインポート フィルタとブロック中のアドレス メール転送と POP/IMAP アドオン
オフライン テーマ
署名:
(送信メールの最後に追加されます)
詳細を表示
ビジネス
プライベート
技術太郎
gi.taro2023+private@gmail.com
090-1111-2222
〒162-0000 新宿区市谷佐内町1-1-1
Sans Serif
＋ 新規作成
連絡先に登録されているユーザーにのみ返信する
変更を保存 キャンセル
3 [変更を保存] をクリックします。

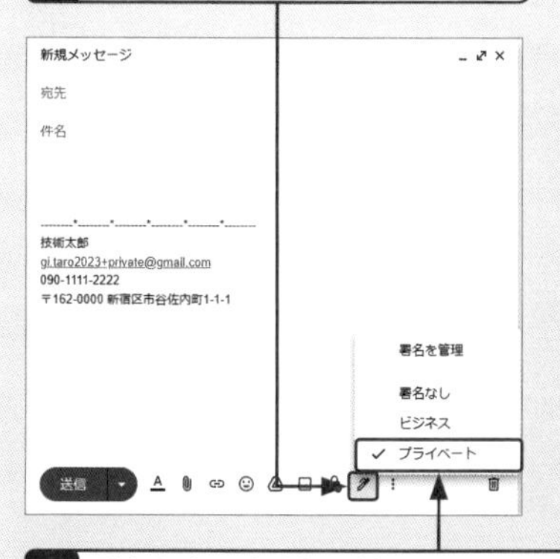
4 [新規メッセージ] 画面で [署名を挿入] をクリックすると、
新規メッセージ
宛先
件名
技術太郎
gi.taro2023+private@gmail.com
090-1111-2222
〒162-0000 新宿区市谷佐内町1-1-1
署名を管理
署名なし
ビジネス
✓ プライベート
送信
5 登録した署名を切り替えることができます。

重要度★★★　メールの作成と送信

Q 103 相手に表示される「差出人名」を変更したい！

A [設定] 画面の [アカウントとインポート] タブで変更できます。

送信メールが相手に届いたときに表示される差出人名は、通常はGoogleアカウント名が設定されています。この差出人名は変更することができます。[設定] 画面の [アカウントとインポート] タブで設定します。

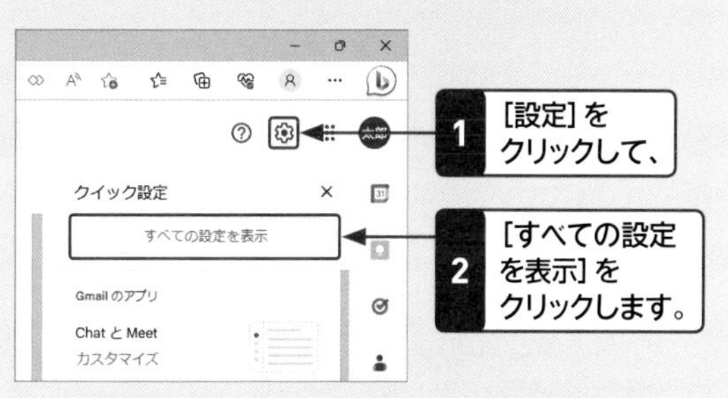
1 [設定] をクリックして、
クイック設定
すべての設定を表示
2 [すべての設定を表示] をクリックします。
Gmail のアプリ
Chat と Meet
カスタマイズ

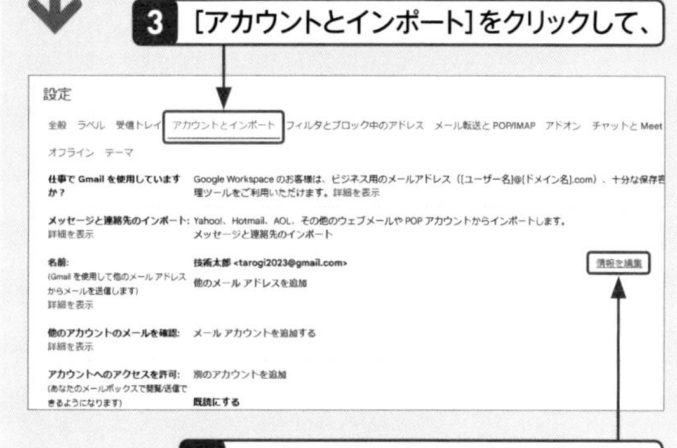
3 [アカウントとインポート] をクリックして、
設定
全般 ラベル 受信トレイ アカウントとインポート フィルタとブロック中のアドレス メール転送と POP/IMAP アドオン チャットと Meet
オフライン テーマ
仕事で Gmail を使用していますか？
メッセージと連絡先のインポート:
名前:
技術太郎 <tarogi2023@gmail.com>
他のメール アドレスを追加
情報を編集
他のアカウントのメールを確認:
メール アカウントを追加する
アカウントへのアクセスを許可:
別のアカウントを追加
既読にする
4 [名前] の右側にある [情報を編集] をクリックします。

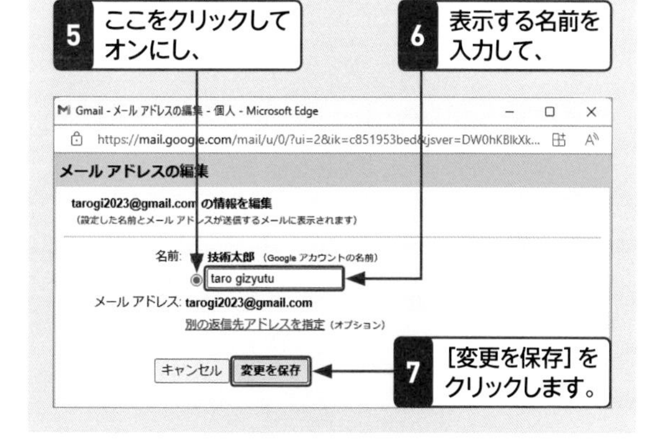
5 ここをクリックしてオンにし、
6 表示する名前を入力して、
Gmail - メール アドレスの編集 - 個人 - Microsoft Edge
https://mail.google.com/mail/u/0/?ui=2&ik=c851953bed&jsver=DW0hKBlkXk...
メール アドレスの編集
tarogi2023@gmail.com の情報を編集
(設定した名前とメール アドレスが送信するメールに表示されます)
名前:
技術太郎 (Google アカウントの名前)
taro gizyutu
メール アドレス: tarogi2023@gmail.com
別の返信先アドレスを指定 (オプション)
キャンセル 変更を保存
7 [変更を保存] をクリックします。

重要度 ★★★　メールの管理と整理

Q 104 メールの内容を印刷したい！

A メッセージ画面を表示して、[すべて印刷]をクリックします。

メールの内容を印刷するには、印刷したいメールのメッセージ画面を表示して、[すべて印刷] をクリックするか、[その他] をクリックして [印刷] をクリックします。
なお、Webブラウザーの [設定など] から [印刷] をクリックして印刷を行うと、一部しか印刷されないことがあるので注意してください。

1 印刷したいメールのメッセージ画面を表示して、

2 [すべて印刷] をクリックします。

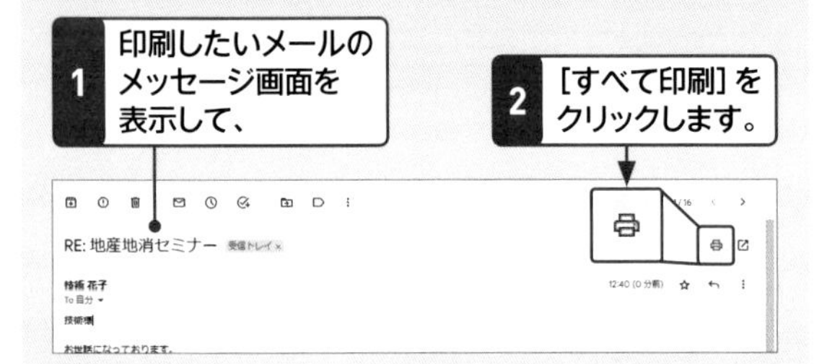

3 Webブラウザーの新しいタブに印刷ページが表示され、

4 [印刷] 画面が表示されるので、必要な項目を設定して、

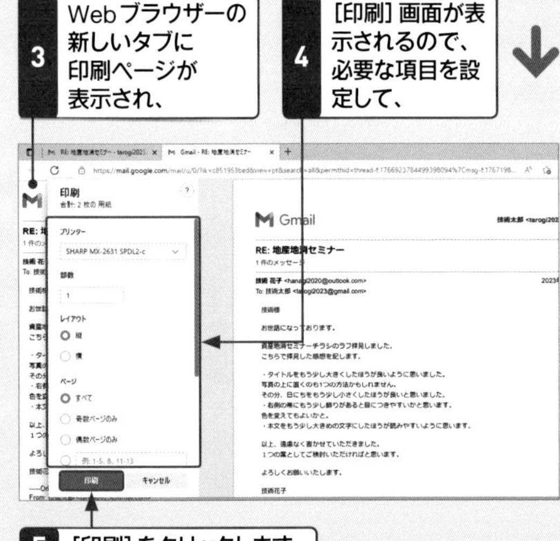

5 [印刷] をクリックします。

6 印刷が終了したら、[タブを閉じる] をクリックして、タブを閉じます。

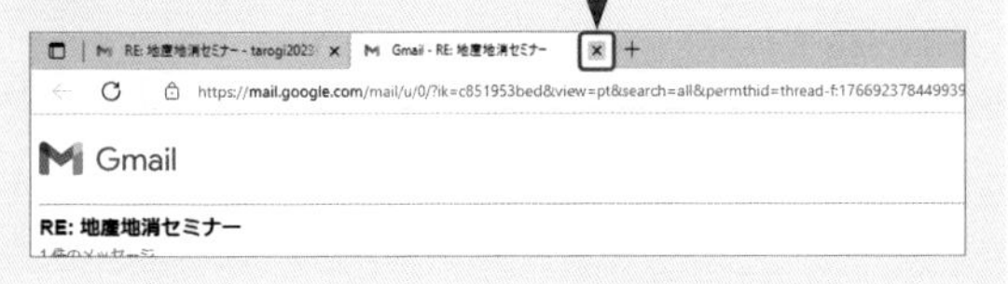

重要度 ★★★　メールの管理と整理

Q 105 メールをアーカイブしたい！

A メールを選択して[アーカイブ]をクリックします。

Gmailでいうアーカイブとは、メールを削除してしまうのではなく、[受信トレイ] からいったん見えない状態にして、必要なときに取り出すことができるようにするメールの保管機能のことです。アーカイブしたメールは、[すべてのメール] に時系列で保管されるので、かんたんに確認することができます。検索して探し出すことも可能です。

参照 ▶ Q 082

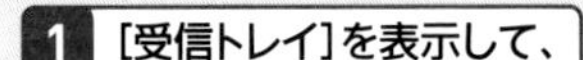

1 [受信トレイ] を表示して、

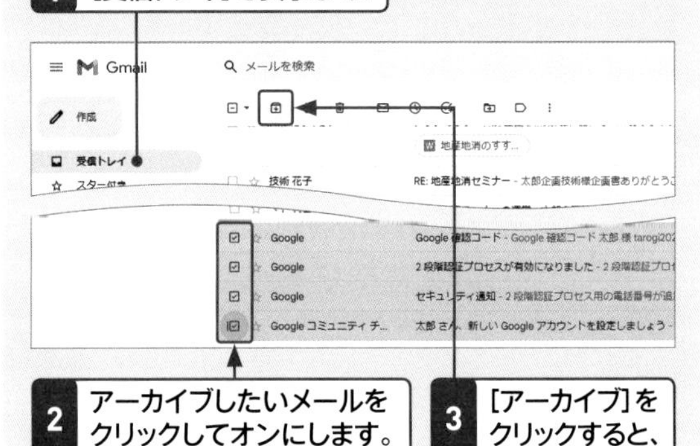

2 アーカイブしたいメールをクリックしてオンにします。

3 [アーカイブ] をクリックすると、

4 選択したメールがアーカイブされます。

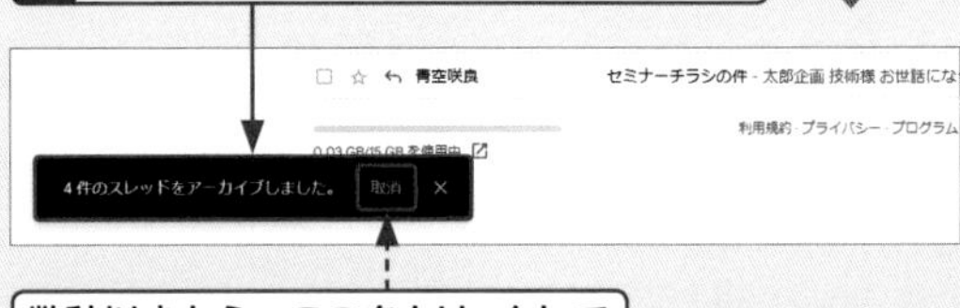

数秒以内なら、ここをクリックして取り消すことができます。

5 [もっと見る] をクリックして、[すべてのメール] をクリックすると、

6 アーカイブしたメールが確認できます。

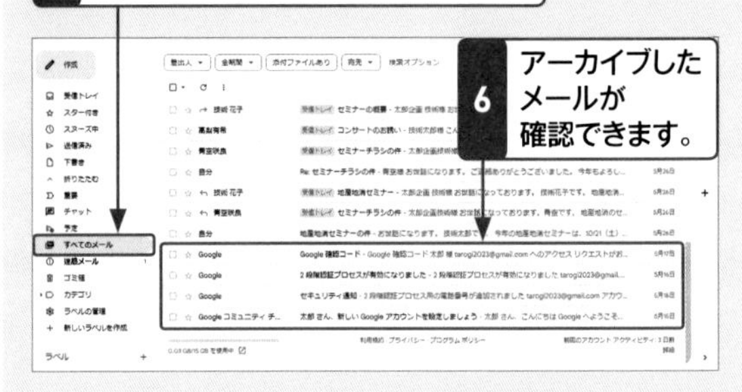

Q 106 メールを削除したい！

A メールを選択して、[削除]をクリックします。

不要なメールを削除するには、[受信トレイ]などのメールを選択し、[削除]🗑をクリックします。削除したメールはいったん[ゴミ箱]に移動し、30日後には完全に削除されます。[ゴミ箱]に移動したメールを手動で完全に削除するには、[ゴミ箱を今すぐ空にする]をクリックします。

1 削除したいメールのここをクリックしてオンにします。

2 [削除]をクリックすると、

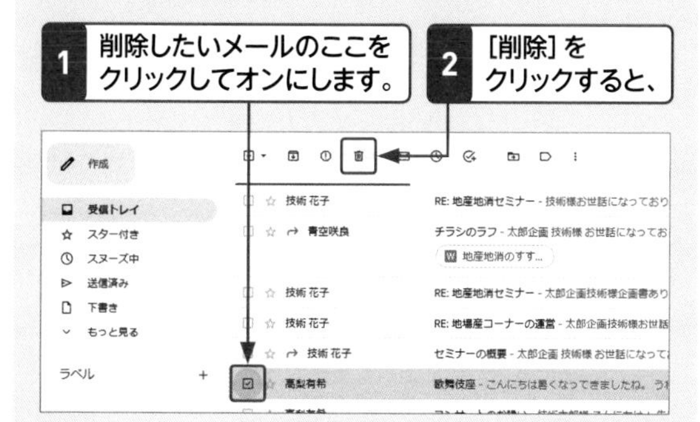

作成
受信トレイ
スター付き
スヌーズ中
送信済み
下書き
もっと見る
ラベル

3 [受信トレイ]から削除されます。

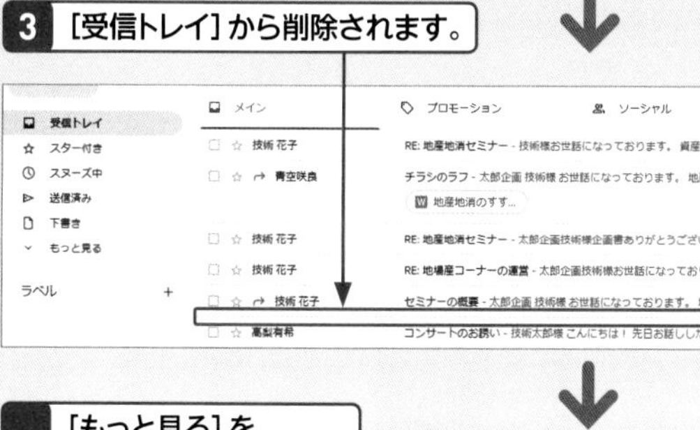

メイン
プロモーション
ソーシャル

4 [もっと見る]をクリックして、[ゴミ箱]をクリックすると、

5 削除したメールが確認できます。

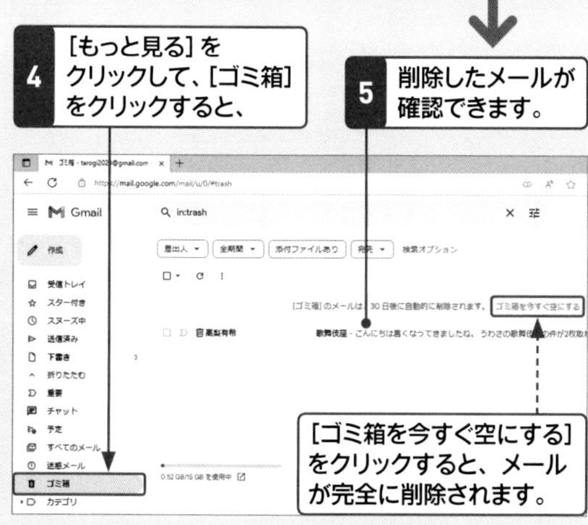

Gmail
in:trash
ゴミ箱
[ゴミ箱を今すぐ空にする]をクリックすると、メールが完全に削除されます。

Q 107 削除したメールを[受信トレイ]に戻したい！

A メールを選択して[移動]をクリックし、[受信トレイ]をクリックします。

間違ってメールを削除してしまった場合は、完全に削除される前であれば[ゴミ箱]から[受信トレイ]に戻すことができます。戻したいメールのチェックボックスをクリックしてオンにし、[移動]をクリックして、[受信トレイ]をクリックします。

1 [もっと見る]をクリックして、[ゴミ箱]をクリックします。

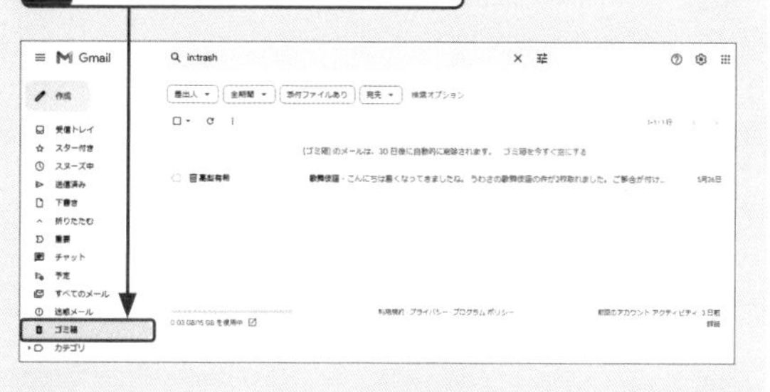

2 戻したいメールをクリックしてオンにし、

3 [移動]をクリックして、

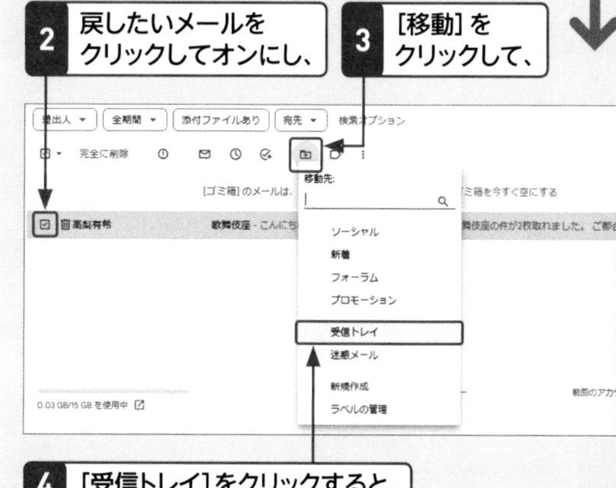

完全に削除
移動先:
ソーシャル
新着
フォーラム
プロモーション
受信トレイ
迷惑メール
新規作成
ラベルの管理

4 [受信トレイ]をクリックすると、

5 メールが[受信トレイ]に戻ります。

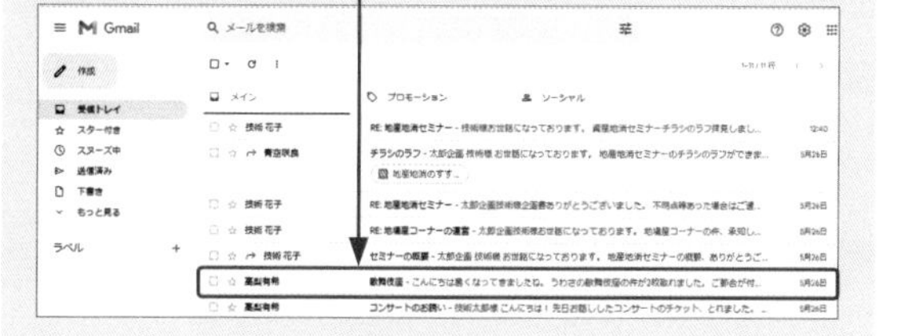

重要度 ★★★ メールの管理と整理

Q 108 スターを付けてメールを整理したい!

A メールの左側にある星印をクリックします。

メールの量が多くなると、必要なメールを探すのに時間がかかります。Gmailでは、メールにスターを付けて管理する機能が用意されています。メールにスターを付けておくと、スターを付けたメールだけを表示することができます。スターを外す場合は、スターをクリックしてオフにします。

1 スターを付けたいメールのここをクリックすると、

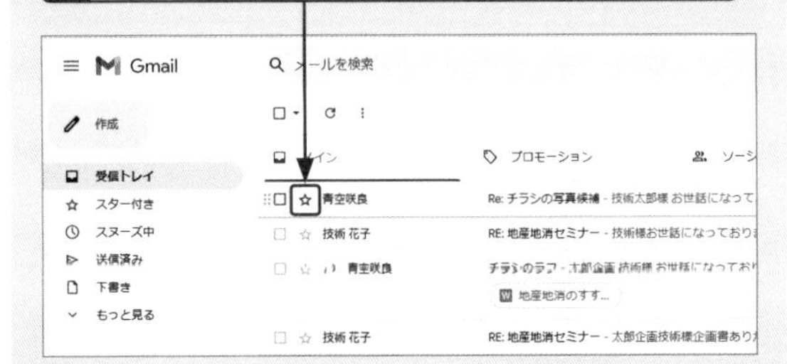

2 スターが付きます。

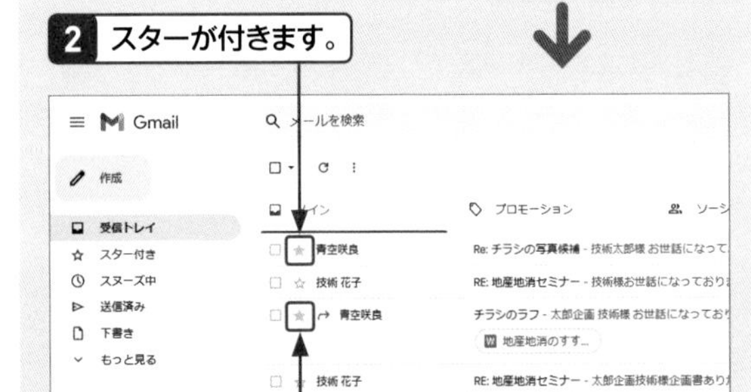

3 同様にスターを付けます。

4 [スター付き]をクリックすると、

5 スターが付いたメールだけが表示されます。

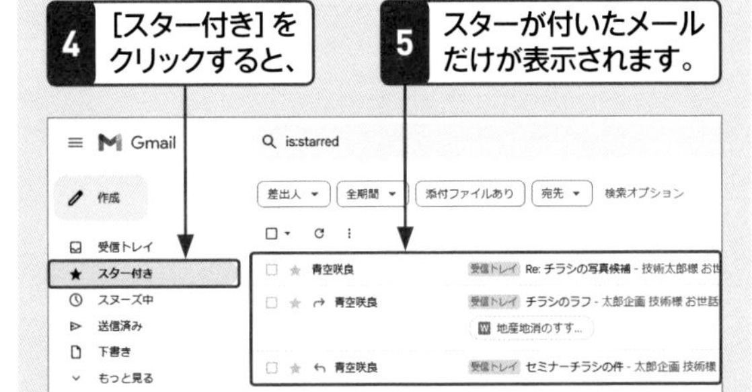

6 [受信トレイ]をクリックすると、もとの表示に戻ります。

重要度 ★★★ メールの管理と整理

Q 109 複数のスターを使い分けたい!

A [設定]画面の[全般]タブでスターの種類を増やします。

スターは初期設定では黄色1種類に設定されていますが、12種類まで増やすことができます。[設定] ⚙ をクリックして[すべての設定を表示]をクリックし、表示される[設定]画面の[全般]タブで設定します。

スターを増やした場合は、スターをクリックするごとにスターの種類が切り替わります。

1 [設定]画面の[全般]タブを表示します。

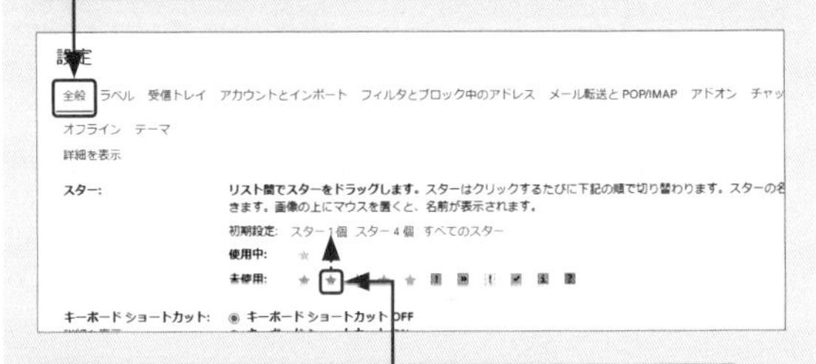

2 使用したいスターを[未使用]からドラッグして、

3 [使用中]に移動し、

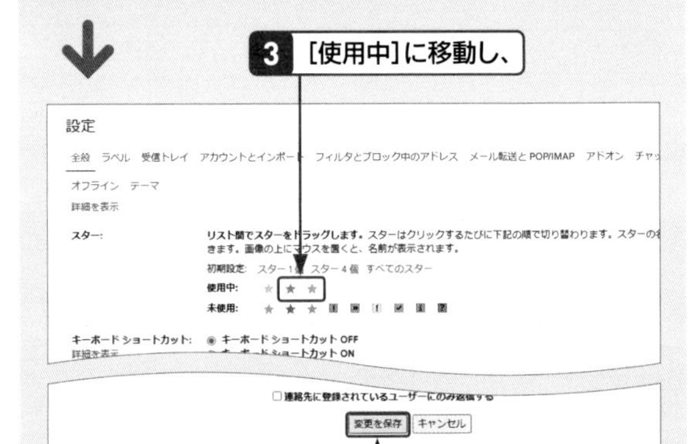

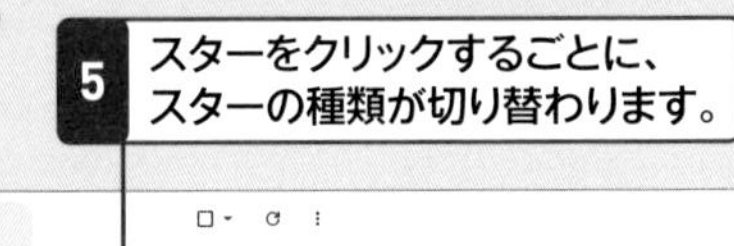

4 [変更を保存]をクリックします。

5 スターをクリックするごとに、スターの種類が切り替わります。

Q 110 重要マークを付けてメールを整理したい!

A 重要マークを表示するように設定します。

Gmailには、頻繁にメールを送信する相手や返信メール、メールに含まれるキーワードなどの情報から、重要なメールかどうかを自動的に判断してマークを付ける機能が用意されています。マークは、重要でない場合はオフにしたり、重要なメールの場合はオンにしたりすることで、Gmailの判断基準の精度が上がります。

なお、重要マークは初期設定では非表示になっています。[設定]画面の[受信トレイ]タブで[重要マーク]の[マークを表示する]をクリックしてオンにすると、表示されます。

1 [設定]をクリックして、

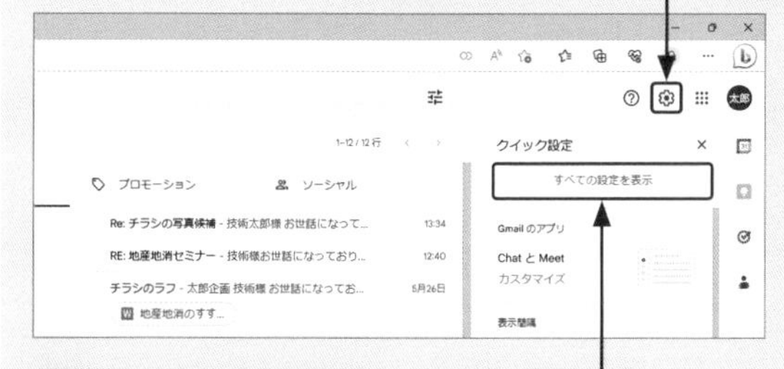

2 [すべての設定を表示]をクリックします。

3 [受信トレイ]をクリックして、

4 [重要マーク]の[マークを表示する]をクリックしてオンにし、

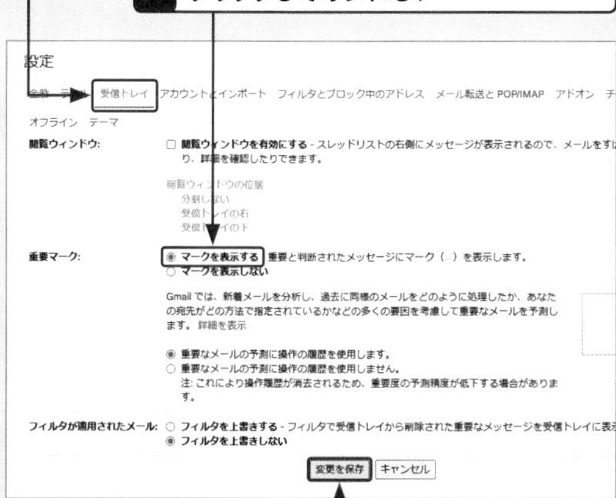

5 [変更を保存]をクリックします。

6 [受信トレイ]を表示すると、Gmailが重要と判断したメールには自動的に重要マークが付きます。

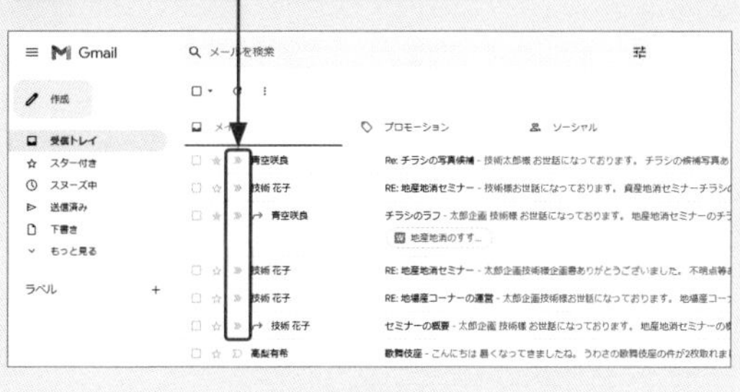

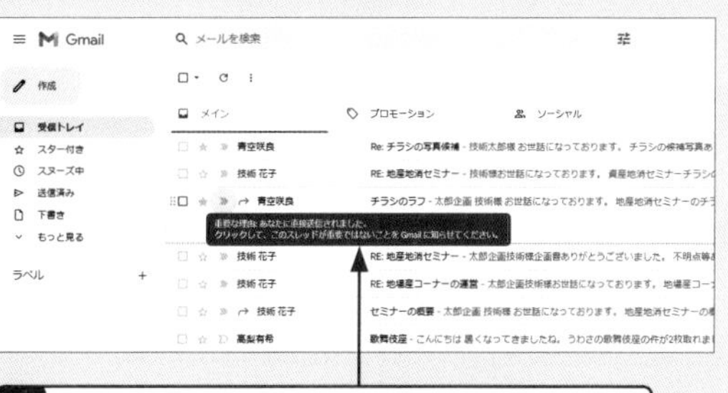

7 重要マークにマウスポインターを合わせると、マークが付いた理由が表示されます。

8 重要でないメールにマークが付いている場合はクリックすると、

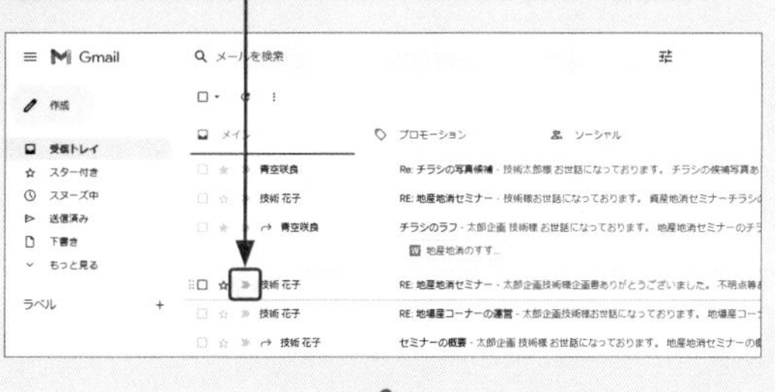

9 重要マークがオフになります。

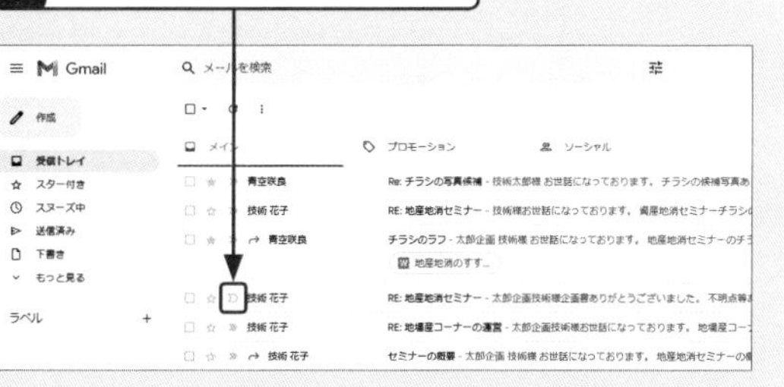

重要度 ★★★　メールの管理と整理

Q 111 重要なメールを優先的に表示させたい！

A ［受信トレイ］の種類を［重要なメールを先頭］に設定します。

［受信トレイ］には6種類の表示方法が用意されています。重要なメールを優先的に表示させたいときは、［受信トレイ］の種類を［重要なメールを先頭］に設定します。そのほかに、［未読メールを先頭］、［スター付きメールを先頭］などが用意されています。［受信トレイ］をもとの表示に戻したいときは、手順3で［デフォルト］をクリックします。

1 ［設定］画面を表示して［受信トレイ］をクリックし、

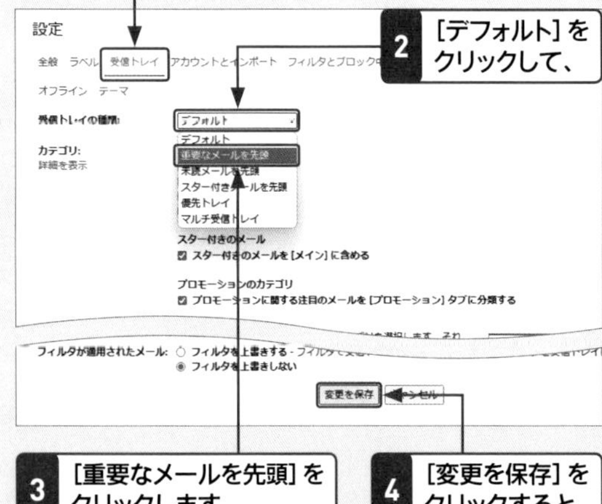
2 ［デフォルト］をクリックして、
設定
全般　ラベル　受信トレイ　アカウントとインポート　フィルタとブロック中
オフライン　テーマ
受信トレイの種類:
カテゴリ:
詳細を表示
デフォルト
デフォルト
重要なメールを先頭
未読メールを先頭
スター付きメールを先頭
優先トレイ
マルチ受信トレイ
スター付きのメール
スター付きのメールを［メイン］に含める
プロモーションのカテゴリ
プロモーションに関する注目のメールを［プロモーション］タブに分類する
フィルタが適用されたメール:
フィルタを上書きする
フィルタを上書きしない
変更を保存
キャンセル
3 ［重要なメールを先頭］をクリックします。
4 ［変更を保存］をクリックすると、

5 重要マークの付いたメールが［受信トレイ］の先頭にまとめて表示されます。

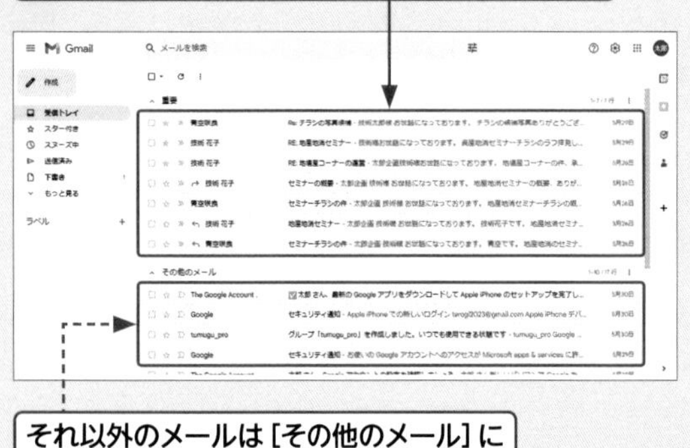
Gmail
メールを検索
作成
受信トレイ
スター付き
スヌーズ中
送信済み
下書き
もっと見る
ラベル
重要
その他のメール

それ以外のメールは［その他のメール］にまとめられます。

重要度 ★★★　メールの管理と整理

Q 112 フィルタで受信メールを振り分けたい！

A 検索オプションを表示して、フィルタの条件と処理を設定します。

フィルタとは、メールを整理する方法の1つです。メールの差出人や件名、キーワードなどで条件を指定し、指定した条件に一致するメールをアーカイブする、スターを付ける、ラベルを付ける、削除するなどの処理方法を設定して、受信したメールを自動的に振り分けることができます。

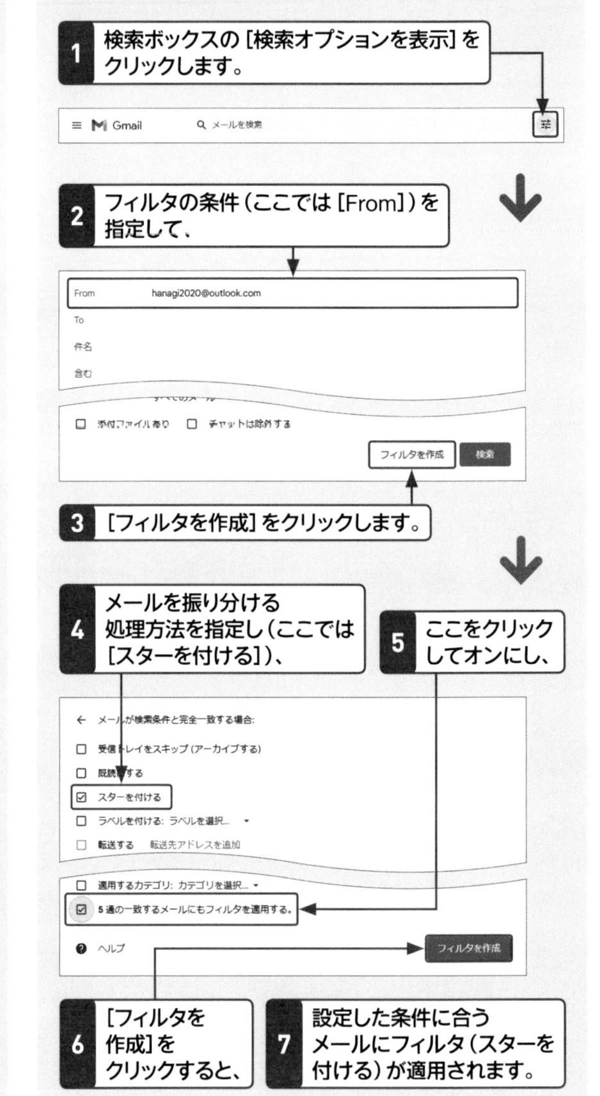
1 検索ボックスの［検索オプションを表示］をクリックします。
Gmail
メールを検索
2 フィルタの条件（ここでは［From］）を指定して、
From
hanagi2020@outlook.com
To
件名
含む
添付ファイルあり
チャットは除外する
フィルタを作成
検索
3 ［フィルタを作成］をクリックします。
4 メールを振り分ける処理方法を指定し（ここでは［スターを付ける］）、
5 ここをクリックしてオンにし、
メールが検索条件と完全一致する場合:
受信トレイをスキップ（アーカイブする）
既読にする
スターを付ける
ラベルを付ける: ラベルを選択...
転送する　転送先アドレスを追加
適用するカテゴリ: カテゴリを選択...
5 通の一致するメールにもフィルタを適用する。
ヘルプ
フィルタを作成
6 ［フィルタを作成］をクリックすると、
7 設定した条件に合うメールにフィルタ（スターを付ける）が適用されます。

重要度 ★★★ メールの管理と整理

Q 113 メールが[受信トレイ]にない!

A フィルタの設定や自動転送の設定を確認しましょう。

受信したメールが[受信トレイ]に見当たらない場合は、[ソーシャル]や[プロモーション]に入っているかもしれません。また、[迷惑メール]として振り分けられている可能性もあります。まずは、各タブや[迷惑メール]内を確認しましょう。
いずれにも入っていない場合は、フィルタの処理が[受信トレイをスキップ(アーカイブする)]に設定されているか、メールの自動転送でメールをアーカイブする、あるいはメールを削除するに設定されていることが考えられます。それぞれの設定を確認してみましょう。

参照▶Q 112, Q 114, Q 121

● フィルタを設定している場合

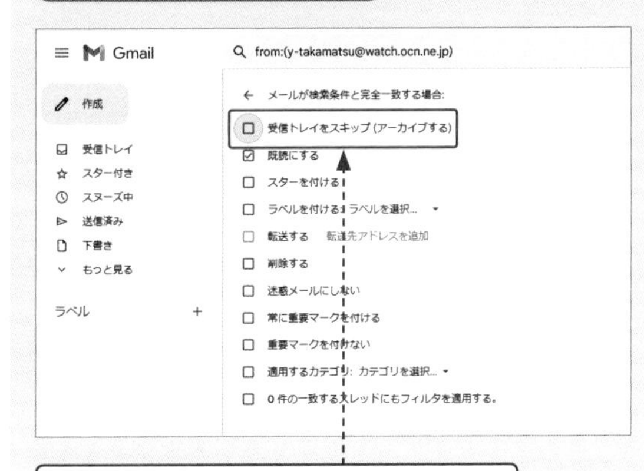
Gmail
from:(y-takamatsu@watch.ocn.ne.jp)
作成
受信トレイ
スター付き
スヌーズ中
送信済み
下書き
もっと見る
ラベル
メールが検索条件と完全一致する場合:
受信トレイをスキップ(アーカイブする)
既読にする
スターを付ける
ラベルを付ける: ラベルを選択...
転送する 転送先アドレスを追加
削除する
迷惑メールにしない
常に重要マークを付ける
重要マークを付けない
適用するカテゴリ: カテゴリを選択...
0 件の一致するスレッドにもフィルタを適用する。

[受信トレイをスキップ(アーカイブする)]をオフにします。

● 自動転送を設定している場合

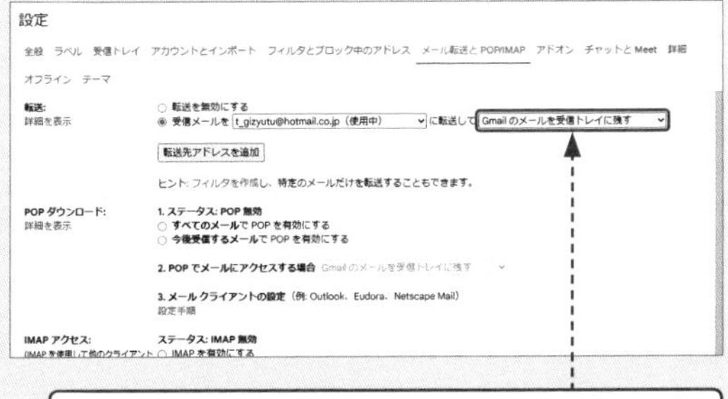
設定
全般 ラベル 受信トレイ アカウントとインポート フィルタとブロック中のアドレス メール転送と POP/IMAP アドオン チャットと Meet 詳細
オフライン テーマ
転送:
詳細を表示
転送を無効にする
受信メールを t_gizyutu@hotmail.co.jp (使用中) に転送して Gmail のメールを受信トレイに残す
転送先アドレスを追加
ヒント: フィルタを作成し、特定のメールだけを転送することもできます。
POP ダウンロード:
1. ステータス: POP 無効
すべてのメールで POP を有効にする
今後受信するメールで POP を有効にする
2. POP でメールにアクセスする場合
3. メール クライアントの設定 (例: Outlook、Eudora、Netscape Mail)
IMAP アクセス:
ステータス: IMAP 無効

[Gmailのメールを受信トレイに残す]を指定します。

重要度 ★★★ メールの管理と整理

Q 114 メールがゴミ箱に入ってしまう!

A フィルタで[削除する]を設定していると考えられます。

受信したメールが[ゴミ箱]に入ってしまう場合、フィルタが[削除する]に設定されている可能性があります。フィルタの設定画面で確認しましょう。Gmail画面の右上にある[設定]⚙をクリックして、[すべての設定を表示]をクリックし、表示される[設定]画面の[フィルタとブロック中のアドレス]で、作成したフィルタを確認します。

参照▶Q 112

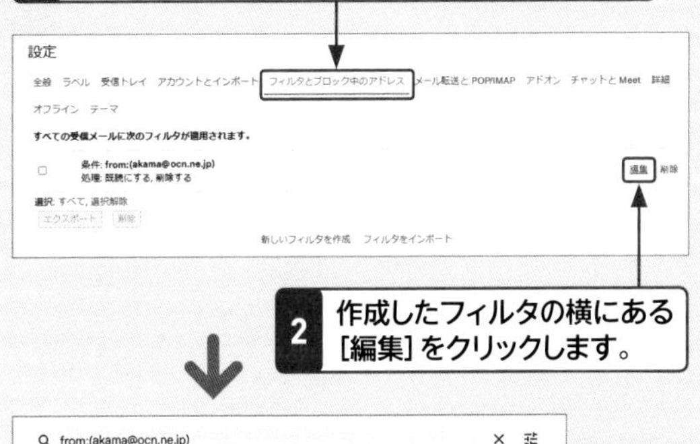
1 [設定]画面を表示して、[フィルタとブロック中のアドレス]をクリックし、
設定
全般 ラベル 受信トレイ アカウントとインポート フィルタとブロック中のアドレス メール転送と POP/IMAP アドオン チャットと Meet 詳細
オフライン テーマ
すべての受信メールに次のフィルタが適用されます。
条件: from:(akama@ocn.ne.jp)
処理: 既読にする、削除する
編集 削除
新しいフィルタを作成 フィルタをインポート
2 作成したフィルタの横にある[編集]をクリックします。
from:(akama@ocn.ne.jp)
From akama@ocn.ne.jp
To
件名
含む
含まない
サイズ 次の値より大きい
添付ファイルあり チャットは除外する
続行 検索
3 [続行]をクリックして、

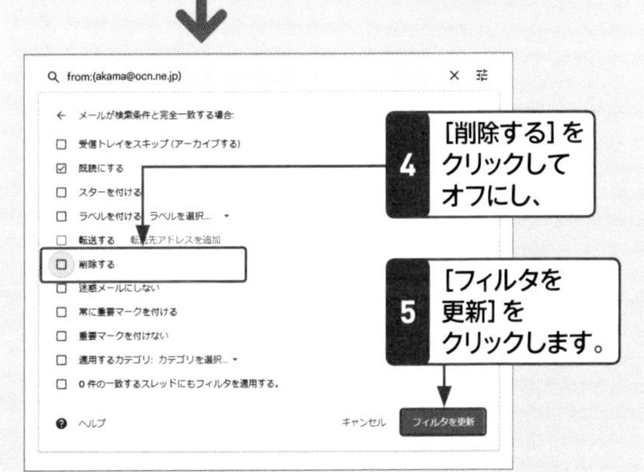
from:(akama@ocn.ne.jp)
メールが検索条件と完全一致する場合:
受信トレイをスキップ(アーカイブする)
既読にする
スターを付ける
ラベルを付ける ラベルを選択...
転送する 転送先アドレスを追加
削除する
迷惑メールにしない
常に重要マークを付ける
重要マークを付けない
適用するカテゴリ: カテゴリを選択...
0 件の一致するスレッドにもフィルタを適用する。
ヘルプ キャンセル フィルタを更新
4 [削除する]をクリックしてオフにし、
5 [フィルタを更新]をクリックします。

重要度 ★★★ メールの管理と整理

Q 115 ラベルを作成したい!

A [新しいラベルを作成]をクリックして、ラベル名を入力します。

メールを分類する場合、一般のメールソフトではフォルダーを利用しますが、Gmailにはフォルダー機能がありません。Gmailでは、フォルダーのかわりにラベルを使ってメールを分類します。フォルダーと違い、Gmailでは1つのメールに複数のラベルを付けることができます。

1 [新しいラベルを作成]をクリックします。

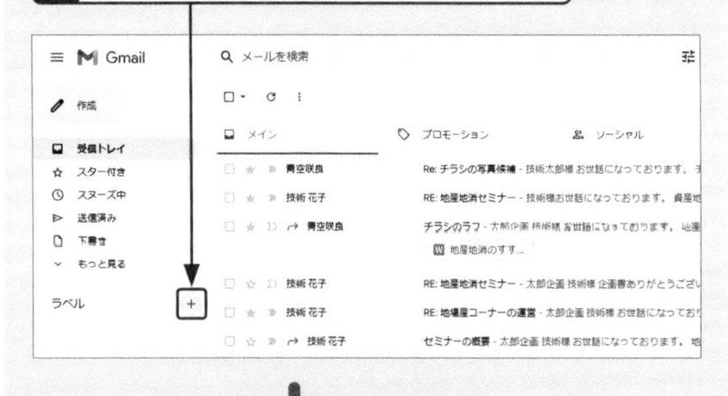

2 ラベル名を入力して、

3 [作成]をクリックすると、

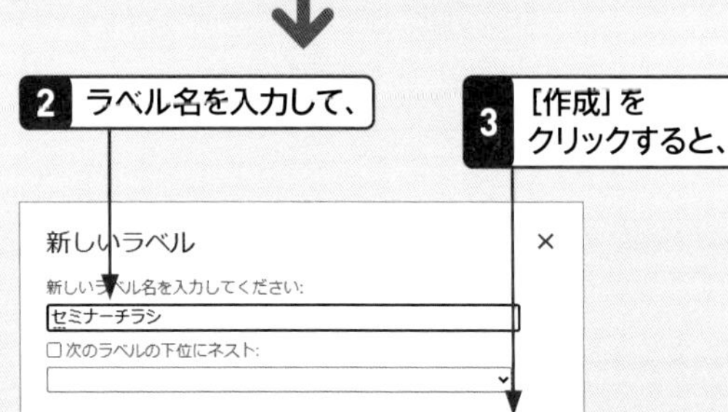
新しいラベル
新しいラベル名を入力してください:
セミナーチラシ
次のラベルの下位にネスト:
キャンセル
作成

4 ラベルが追加されます。

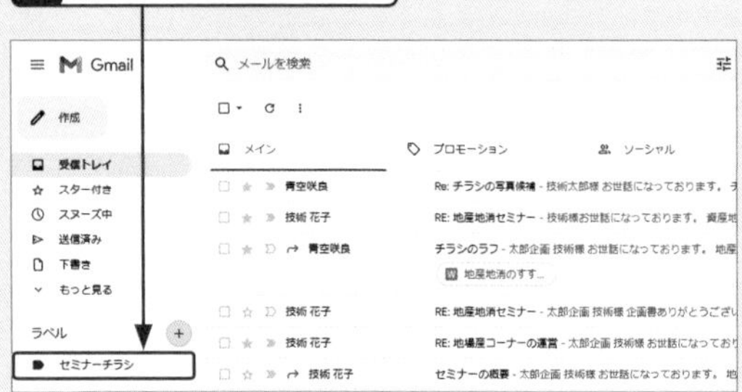

重要度 ★★★ メールの管理と整理

Q 116 メールにラベルを付けたい!

A メールを選択して[ラベル]をクリックし、ラベルを指定します。

メールにラベルを付けるには、メールを選択して[ラベル] をクリックし、ラベル名をクリックします。同じメールに複数のラベルを付ける場合は、目的のラベルをクリックしてオンにし、[適用]をクリックします。ラベルを削除するには、ラベル名にマウスポインターを合わせると表示される をクリックして、[ラベルを削除]をクリックし、[削除]をクリックします。

参照▶Q 115

1 ラベルを付けたいメールをクリックしてオンにします。

2 [ラベル]をクリックして、

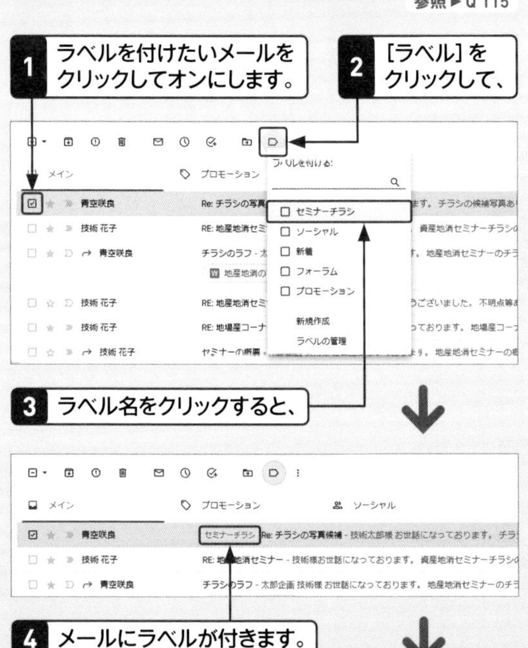
セミナーチラシ
ソーシャル
新着
フォーラム
プロモーション
新規作成
ラベルの管理

3 ラベル名をクリックすると、

4 メールにラベルが付きます。

5 ラベル名をクリックすると、

6 ラベルの付いたメールのみが表示されます。

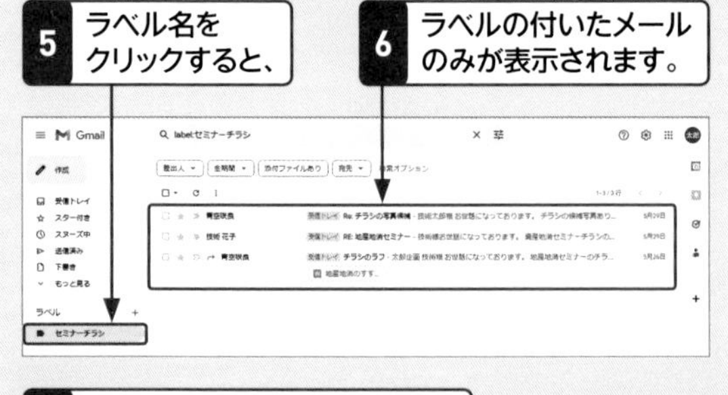

7 [受信トレイ]をクリックすると、もとの表示に戻ります。

Q 117 ラベルの色を変更したい！

A ラベルメニューを表示して、[ラベルの色]から色を指定します。

ラベルの色は変更することができます。ラベルのカテゴリ別に色を変更すると、メールの分類がひと目で判断でき、管理しやすくなります。変更したいラベル名にマウスポインターを合わせると表示される ⋮ をクリックして、[ラベルの色]にマウスポインターを合わせ、色を指定します。

1 変更したいラベル名にマウスポインターを合わせ、ここをクリックします。

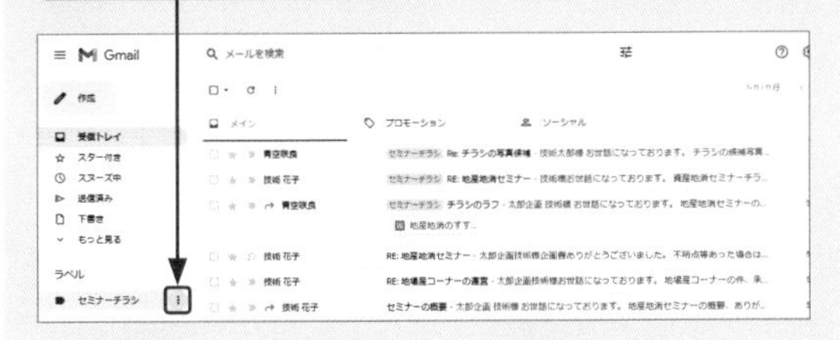

Gmail
作成
受信トレイ
スター付き
スヌーズ中
送信済み
下書き
もっと見る
ラベル
セミナーチラシ

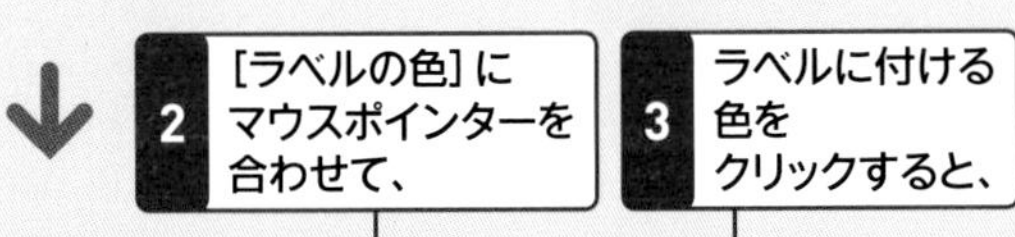

2 [ラベルの色]にマウスポインターを合わせて、

3 ラベルに付ける色をクリックすると、

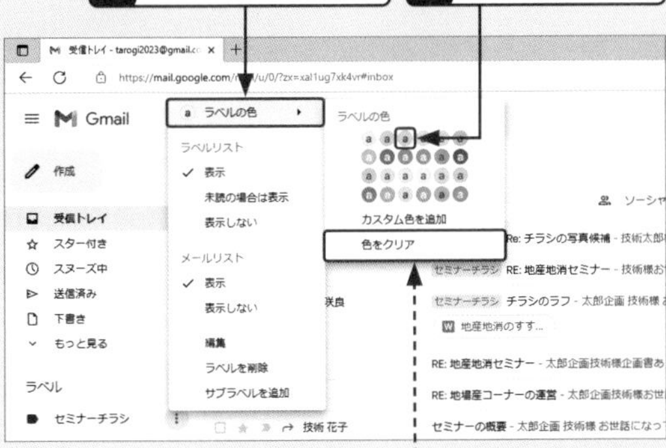

Gmail
ラベルの色
ラベルリスト
表示
未読の場合は表示
表示しない
メールリスト
編集
ラベルを削除
サブラベルを追加
カスタム色を追加
色をクリア
セミナーチラシ

ここをクリックすると、色が解除できます。

4 ラベルの色が変わります。

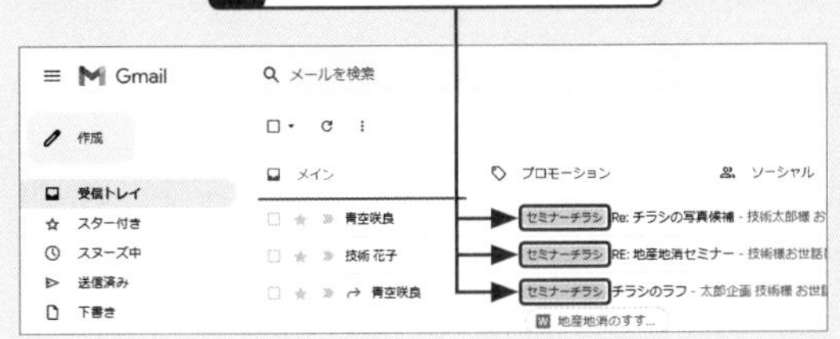

Gmail
メールを検索
作成
受信トレイ
スター付き
スヌーズ中
送信済み
下書き
メイン
プロモーション
ソーシャル
セミナーチラシ

Q 118 迷惑メールを管理したい！

A [迷惑メールを報告]、[迷惑メールではない]を必要に応じて設定します。

Gmailには、迷惑メールを自動で振り分ける機能があり、迷惑メールと判断されたメールは、自動的に[迷惑メール]に移動されます。迷惑メールに振り分けられなかったメールは、メールを選択して、[迷惑メールを報告]をクリックすると、迷惑メールとして報告され、[迷惑メール]に移動されます。以降、同じようなメールが来ても[受信トレイ]には表示されなくなります。
また、誤って[迷惑メール]に振り分けられた場合は、[迷惑メールではない]をクリックして、迷惑メールを解除します。

● 迷惑メールを報告する

1 [受信トレイ]にある迷惑メールをクリックしてオンにし、

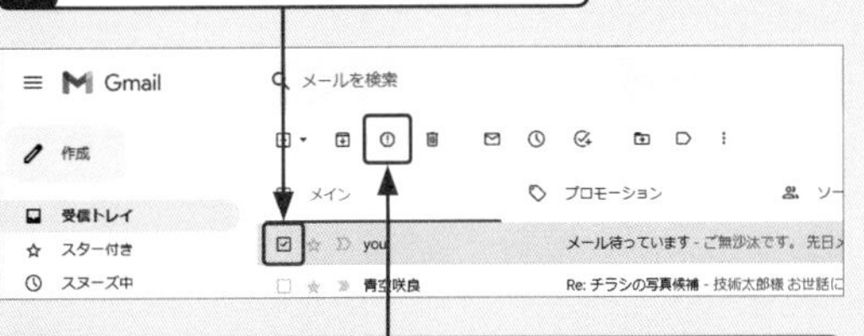

Gmail
メールを検索
作成
受信トレイ
スター付き
スヌーズ中
メイン
プロモーション

2 [迷惑メールを報告]をクリックすると、迷惑メールとして報告され、[迷惑メール]に移動されます。

● 迷惑メールを解除する

1 [もっと見る]をクリックして、[迷惑メール]をクリックします。

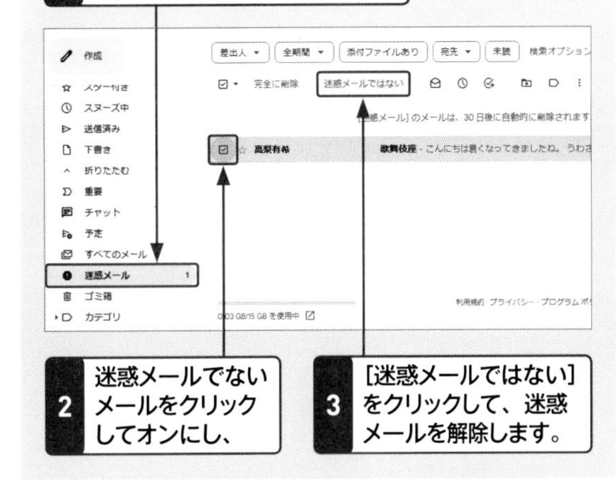

作成
差出人
全期間
添付ファイルあり
宛先
未読
検索オプション
完全に削除
迷惑メールではない
スヌーズ中
送信済み
下書き
折りたたむ
重要
チャット
予定
すべてのメール
迷惑メール
ゴミ箱
カテゴリ

2 迷惑メールでないメールをクリックしてオンにし、

3 [迷惑メールではない]をクリックして、迷惑メールを解除します。

重要度 ★★★ メールの管理と整理

Q 119 メールの既読／未読を管理したい！

A 未読／既読は必要に応じて切り替えることができます。

メールを読んでいない状態のことを「未読」、メールをすでに読み終わった状態のことを「既読」といいますが、この未読／既読は任意に切り替えることができます。あとでもう一度読みたいメールを未読にしたり、読む必要のないメールを既読にするなど、必要に応じて切り替えるとよいでしょう。

● メールを未読にする

1 [受信トレイ]で未読にしたいメールをクリックしてオンにします。

2 [その他]をクリックして、

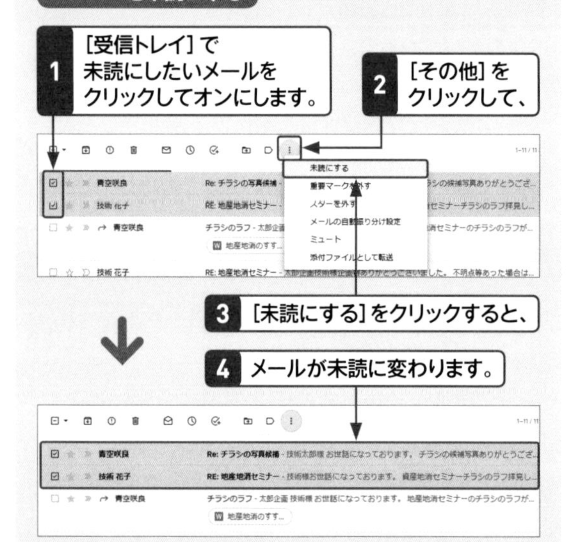
未読にする
重要マークを外す
スターを外す
メールの自動振り分け設定
ミュート
添付ファイルとして転送

3 [未読にする]をクリックすると、

4 メールが未読に変わります。

● メールを既読にする

1 既読にしたいメールをクリックしてオンにします。

2 [その他]をクリックして、

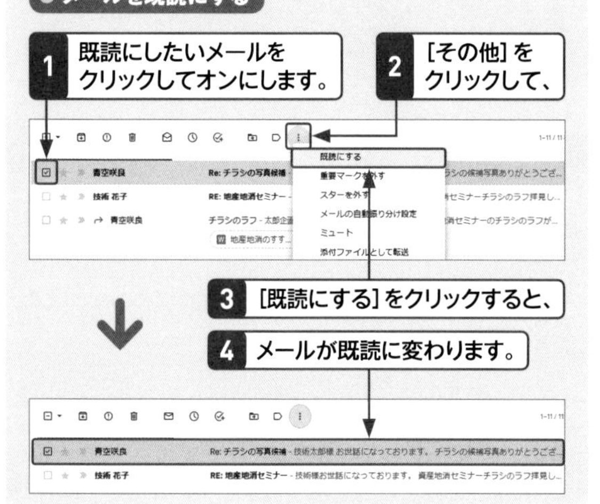
既読にする
重要マークを外す
スターを外す
メールの自動振り分け設定
ミュート
添付ファイルとして転送

3 [既読にする]をクリックすると、

4 メールが既読に変わります。

重要度 ★★★ メールの管理と整理

Q 120 メールを効率よく管理するコツを知りたい！

A アーカイブなどを利用して[受信トレイ]を整理します。

メールのやりとりが多くなると、[受信トレイ]のメールが大量になり、管理がたいへんになります。読み終えたメールはすぐにアーカイブする、不要なメールは削除する、重要なメールにはスターを付けるなどの習慣を付けておくと、[受信トレイ]がすっきりし、大事なメールが確認しやすくなります。また、ラベルやフィルタ機能を使ってメールを自動で振り分けるようにすると、手動で移動させる手間が省けます。

参照 ▶ Q 105, Q 108, Q 112, Q 115

1 読み終えた重要でないメールは、クリックしてオンにし、

2 [アーカイブ]をクリックして、

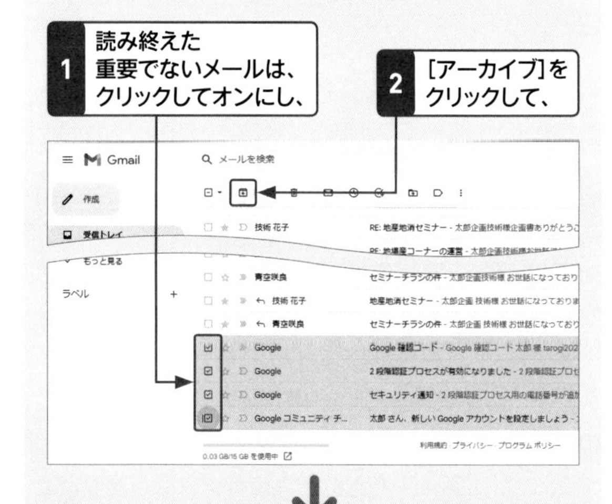
Gmail
メールを検索
作成
受信トレイ
もっと見る
ラベル

3 [受信トレイ]に表示されるメールを極力少なくします。

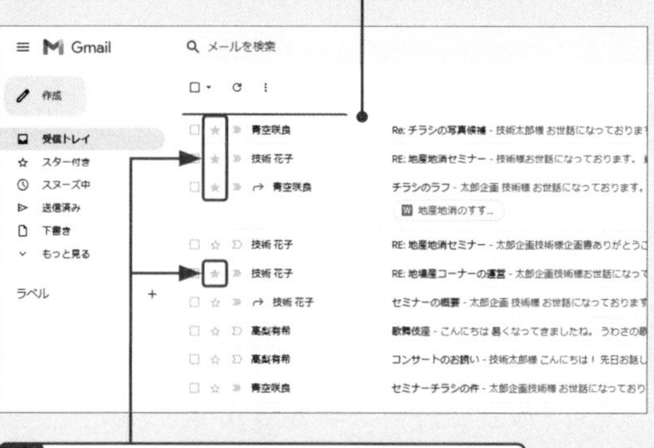
Gmail
メールを検索
作成
受信トレイ
スター付き
スヌーズ中
送信済み
下書き
もっと見る
ラベル

4 重要なメールにはスターを付けておくとひと目で確認できます。

Q 121 すべてのメールを自動で転送したい!

A [設定]画面の[メール転送とPOP/IMAP]タブで設定します。

Gmailでは、受信したすべてのメールを別のメールアドレスに自動で転送することができます。Gmailをサブのメールアドレスとして使用している場合に利用すると便利です。[設定]画面の[メール転送とPOP/IMAP]タブで設定します。
なお、設定を解除する場合は、手順11の画面で、[転送を無効にする]をオンにします。

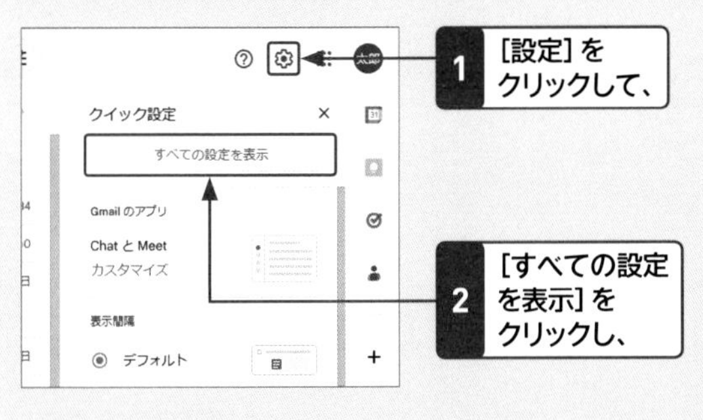
クイック設定
すべての設定を表示
Gmail のアプリ
Chat と Meet
カスタマイズ
表示間隔
デフォルト

1 [設定]をクリックして、

2 [すべての設定を表示]をクリックし、

3 [メール転送とPOP/IMAP]をクリックして、

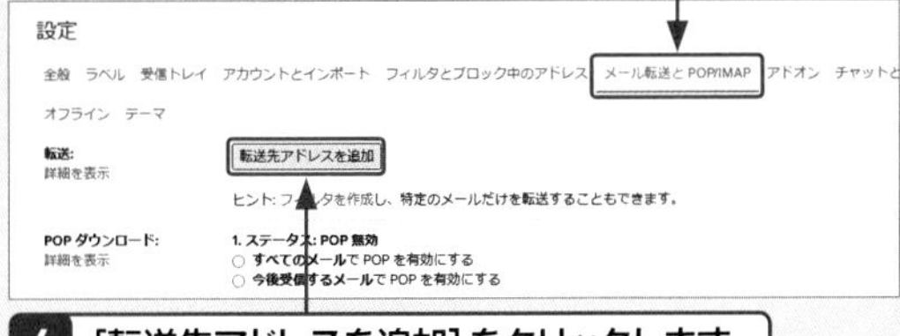
設定
全般 ラベル 受信トレイ アカウントとインポート フィルタとブロック中のアドレス メール転送と POP/IMAP アドオン チャットと
オフライン テーマ
転送:
詳細を表示
転送先アドレスを追加
POP ダウンロード:
1. ステータス: POP 無効
すべてのメールで POP を有効にする
今後受信するメールで POP を有効にする

4 [転送先アドレスを追加]をクリックします。

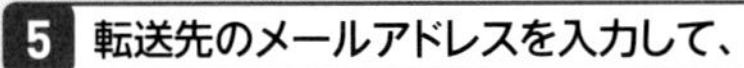

5 転送先のメールアドレスを入力して、

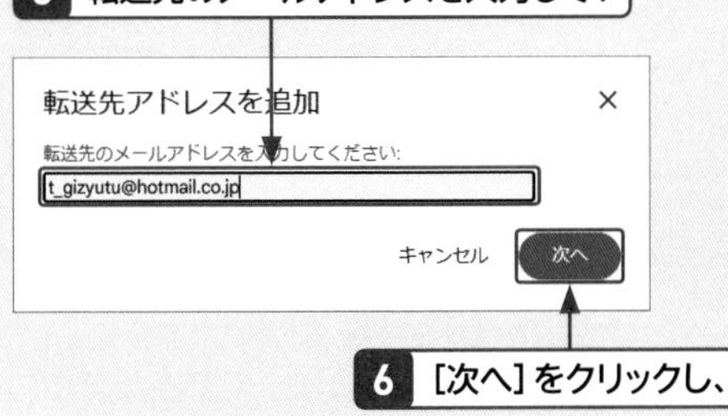
転送先アドレスを追加
転送先のメールアドレスを入力してください:
t_gizyutu@hotmail.co.jp
キャンセル
次へ

6 [次へ]をクリックし、

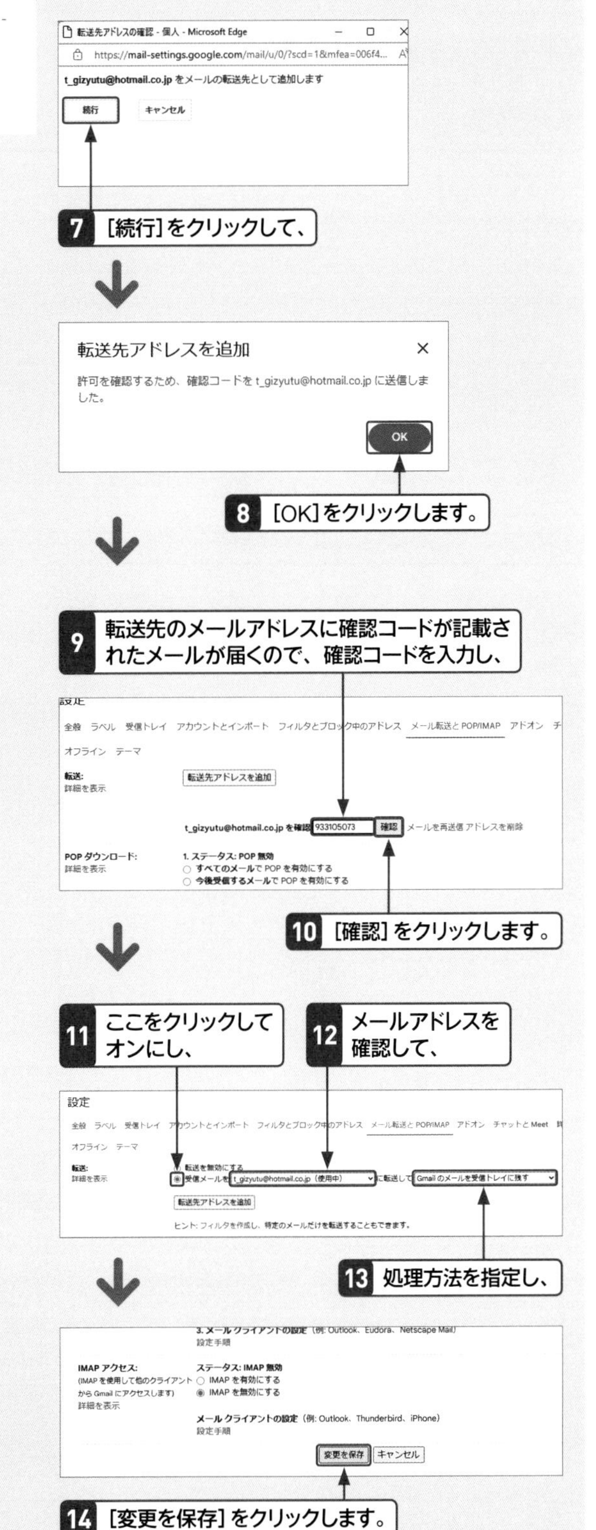
転送先アドレスの確認 - 個人 - Microsoft Edge
t_gizyutu@hotmail.co.jp をメールの転送先として追加します
続行
キャンセル
転送先アドレスを追加
許可を確認するため、確認コードを t_gizyutu@hotmail.co.jp に送信しました。
OK
転送先アドレスを追加
t_gizyutu@hotmail.co.jp を確認 933105073 確認
転送を無効にする
受信メールを t_gizyutu@hotmail.co.jp (使用中) に転送して Gmail のメールを受信トレイに残す
IMAP アクセス:
ステータス: IMAP 無効
IMAP を有効にする
IMAP を無効にする
変更を保存
キャンセル

7 [続行]をクリックして、

8 [OK]をクリックします。

9 転送先のメールアドレスに確認コードが記載されたメールが届くので、確認コードを入力し、

10 [確認]をクリックします。

11 ここをクリックしてオンにし、

12 メールアドレスを確認して、

13 処理方法を指定し、

14 [変更を保存]をクリックします。

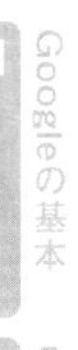

重要度 ★★★　メールの設定

Q 122 特定のメールを自動で転送したい！

A フィルタ機能を利用して条件に合うメールを自動で転送します。

Gmailでは、受信したすべてのメールを自動で転送することができますが、フィルタ機能を利用すると、特定の条件に一致するメールだけを自動で転送することもできます。[設定]画面の[フィルタとブロック中のアドレス]タブで設定します。

参照▶Q 121

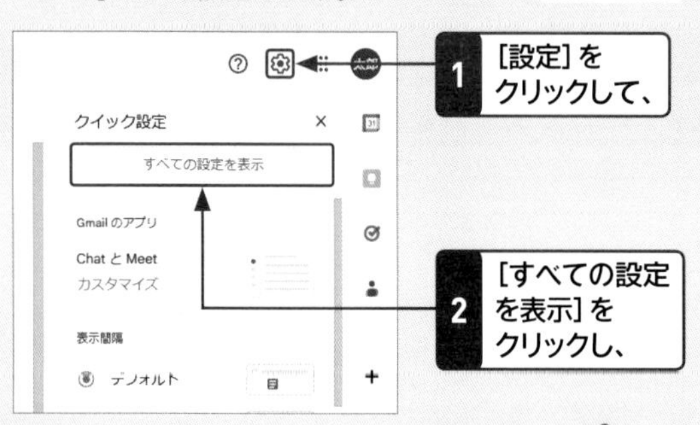
クイック設定
すべての設定を表示
Gmail のアプリ
Chat と Meet
カスタマイズ
表示間隔
デフォルト

1 [設定]をクリックして、

2 [すべての設定を表示]をクリックし、

3 [フィルタとブロック中のアドレス]をクリックして、

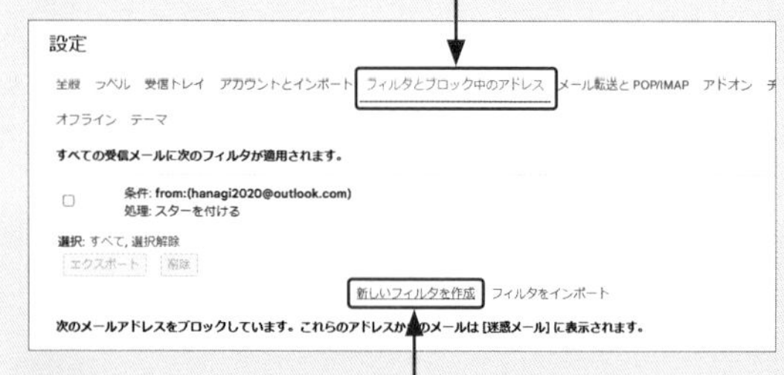
設定
全般　ラベル　受信トレイ　アカウントとインポート　フィルタとブロック中のアドレス　メール転送と POP/IMAP　アドオン
オフライン　テーマ
すべての受信メールに次のフィルタが適用されます。
条件: from:(hanagi2020@outlook.com)
処理: スターを付ける
選択: すべて, 選択解除
エクスポート　削除
新しいフィルタを作成　フィルタをインポート
次のメールアドレスをブロックしています。これらのアドレスからのメールは [迷惑メール] に表示されます。

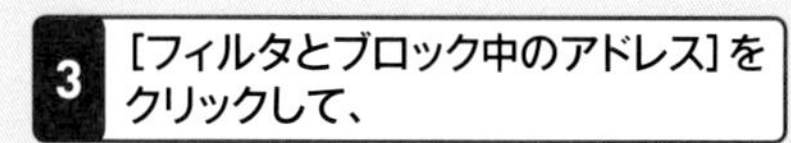

4 [新しいフィルタを作成]をクリックします。

5 フィルタの条件を指定して（ここでは[From]に送信元メールアドレス）、

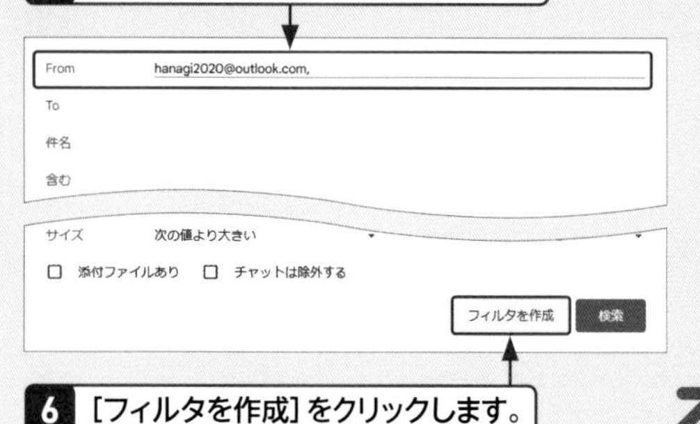
From　hanagi2020@outlook.com,
To
件名
含む
サイズ　次の値より大きい
添付ファイルあり　チャットは除外する
フィルタを作成　検索

6 [フィルタを作成]をクリックします。

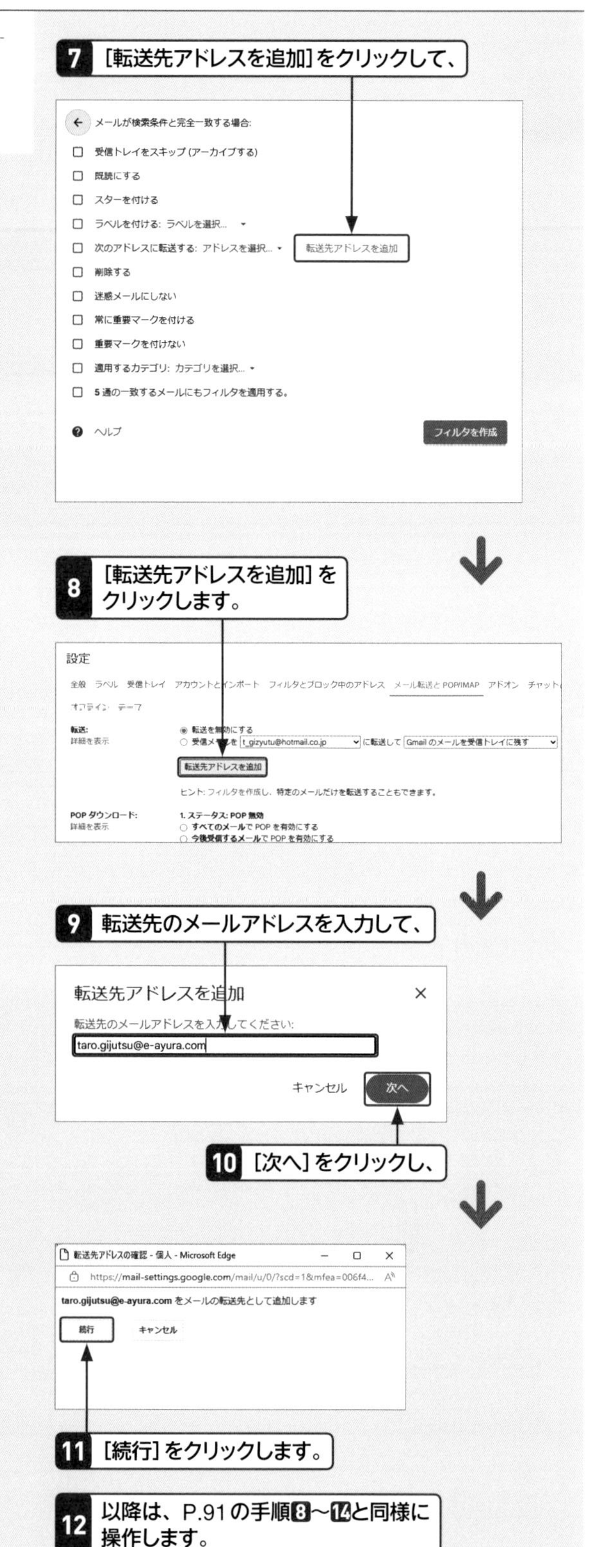
メールが検索条件と完全一致する場合:
受信トレイをスキップ (アーカイブする)
既読にする
スターを付ける
ラベルを付ける: ラベルを選択...
次のアドレスに転送する: アドレスを選択...
転送先アドレスを追加
削除する
迷惑メールにしない
常に重要マークを付ける
重要マークを付けない
適用するカテゴリ: カテゴリを選択...
5 通の一致するメールにもフィルタを適用する。
ヘルプ
フィルタを作成
設定
転送先アドレスを追加
ヒント: フィルタを作成し、特定のメールだけを転送することもできます。
POP ダウンロード:
1. ステータス: POP 無効
すべてのメールで POP を有効にする
今後受信するメールで POP を有効にする
転送先アドレスを追加
転送先のメールアドレスを入力してください:
taro.gijutsu@e-ayura.com
キャンセル
次へ
転送先アドレスの確認 - 個人 - Microsoft Edge
https://mail-settings.google.com/mail/u/0/?scd=1&mfea=006f4...
taro.gijutsu@e-ayura.com をメールの転送先として追加します
続行
キャンセル

7 [転送先アドレスを追加]をクリックして、

8 [転送先アドレスを追加]をクリックします。

9 転送先のメールアドレスを入力して、

10 [次へ]をクリックし、

11 [続行]をクリックします。

12 以降は、P.91の手順8〜14と同様に操作します。

重要度 ★★★　メールの設定

Q 123 別のメールアドレスでメールを送信したい!

A [設定]画面の[アカウントとインポート]タブで設定します。

Gmailでは、別のメールアドレスを追加して、そのアドレスからメールを送信することができます。仕事用のメールアドレスやプライベート用のメールアドレスを追加して、用途に応じて使い分けるとよいでしょう。[設定]画面の[アカウントとインポート]タブで設定します。

なお、ここで追加するメールアドレスは、メールの送信のみしか行えず、受信は行えません。メールの受信も行いたい場合は、Q 126を参照してください。

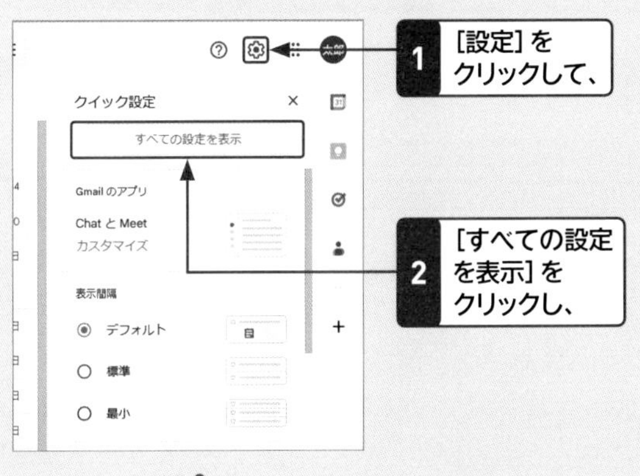

1 [設定]をクリックして、
2 [すべての設定を表示]をクリックし、
クイック設定
すべての設定を表示
Gmail のアプリ
Chat と Meet
カスタマイズ
表示間隔
デフォルト
標準
最小

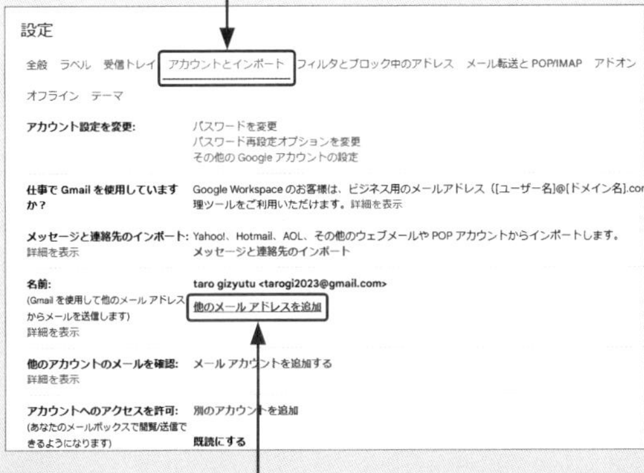

3 [アカウントとインポート]をクリックして、
設定
全般 ラベル 受信トレイ アカウントとインポート フィルタとブロック中のアドレス メール転送と POP/IMAP アドオン
オフライン テーマ
アカウント設定を変更:
パスワードを変更
パスワード再設定オプションを変更
その他の Google アカウントの設定
仕事で Gmail を使用していますか?
メッセージと連絡先のインポート:
名前:
taro gizyutu <tarogi2023@gmail.com>
他のメール アドレスを追加
他のアカウントのメールを確認:
メール アカウントを追加する
アカウントへのアクセスを許可:
別のアカウントを追加
既読にする
4 [他のメールアドレスを追加]をクリックします。

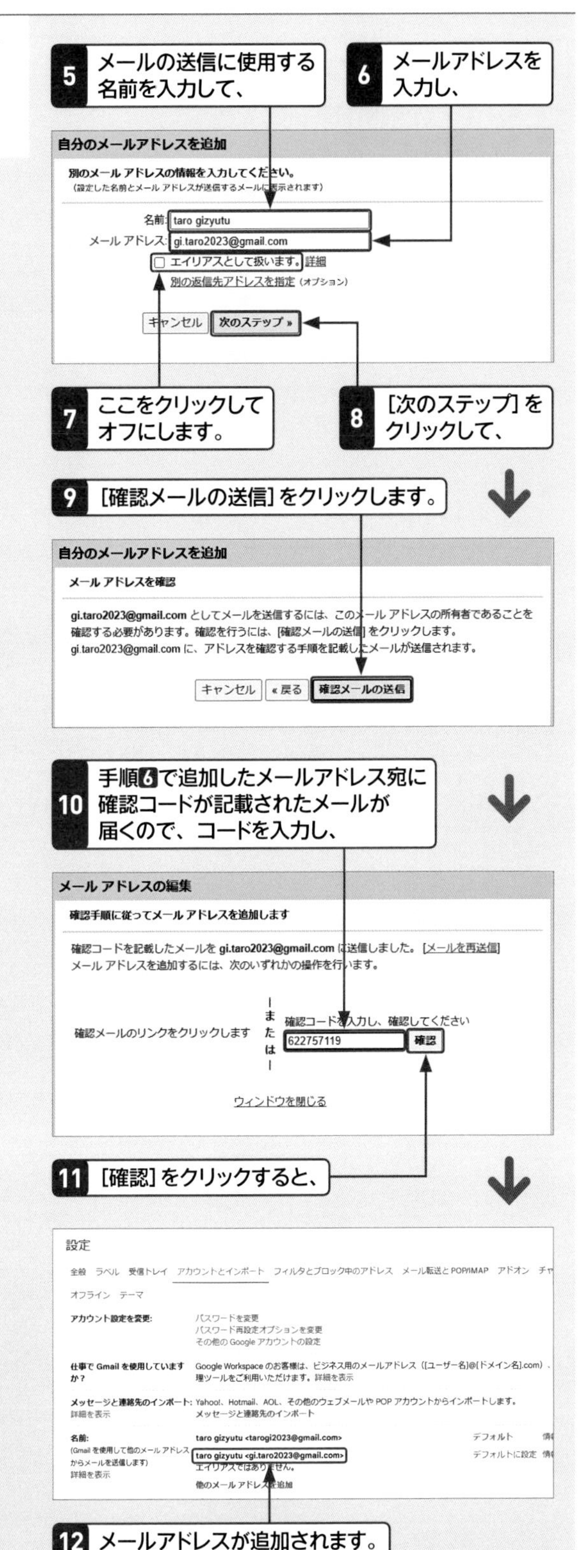

5 メールの送信に使用する名前を入力して、
6 メールアドレスを入力し、
自分のメールアドレスを追加
別のメール アドレスの情報を入力してください。
名前: taro gizyutu
メール アドレス: gi.taro2023@gmail.com
エイリアスとして扱います。詳細
別の返信先アドレスを指定 (オプション)
キャンセル
次のステップ »
7 ここをクリックしてオフにします。
8 [次のステップ]をクリックして、
9 [確認メールの送信]をクリックします。
自分のメールアドレスを追加
メール アドレスを確認
gi.taro2023@gmail.com としてメールを送信するには、このメール アドレスの所有者であることを確認する必要があります。確認を行うには、[確認メールの送信] をクリックします。
gi.taro2023@gmail.com に、アドレスを確認する手順を記載したメールが送信されます。
キャンセル
« 戻る
確認メールの送信
10 手順6で追加したメールアドレス宛に確認コードが記載されたメールが届くので、コードを入力し、
メール アドレスの編集
確認手順に従ってメール アドレスを追加します
確認コードを記載したメールを gi.taro2023@gmail.com に送信しました。[メールを再送信]
メール アドレスを追加するには、次のいずれかの操作を行います。
確認メールのリンクをクリックします
または
確認コードを入力し、確認してください
622757119
確認
ウィンドウを閉じる
11 [確認]をクリックすると、
設定
taro gizyutu <tarogi2023@gmail.com>
taro gizyutu <gi.taro2023@gmail.com>
エイリアスではありません。
他のメール アドレスを追加
デフォルト
デフォルトに設定
12 メールアドレスが追加されます。

重要度 ★★★ メールの設定

Q 124 パソコンのメールソフトでGmailを使いたい！

A ［設定］画面の［メール転送とPOP/IMAP］タブで設定します。

Gmailのメールは、IMAPに対応したパソコンのメールソフトでも使用することができます。パソコンのメールソフトでGmailを使いたい場合は、まずGmail側でIMAPを有効にする必要があります。そのあと、利用するメールソフト側でGmailを閲覧するための設定を行います。IMAPとは、メールサーバーにメールを置いたまま、メールボックスの一覧だけをパソコンに表示する方式の通信規約です。ここでは、Officeに搭載されているOutlookを使用して、Gmailを閲覧できるように設定する方法を紹介します。

● IMAPを有効にする

1 ［設定］画面を表示して、［メール転送とPOP/IMAP］をクリックします。

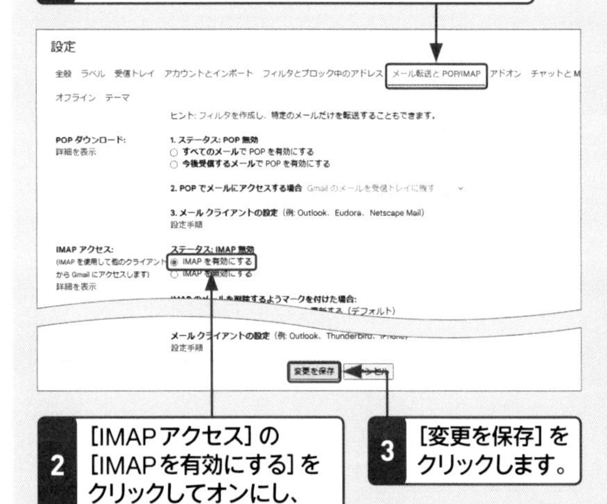
設定
メール転送と POP/IMAP
IMAP アクセス:
IMAP を有効にする
変更を保存
2 ［IMAPアクセス］の［IMAPを有効にする］をクリックしてオンにし、
3 ［変更を保存］をクリックします。

● OutlookでGmailを設定する

1 Outlookを起動して、［ファイル］タブをクリックし、

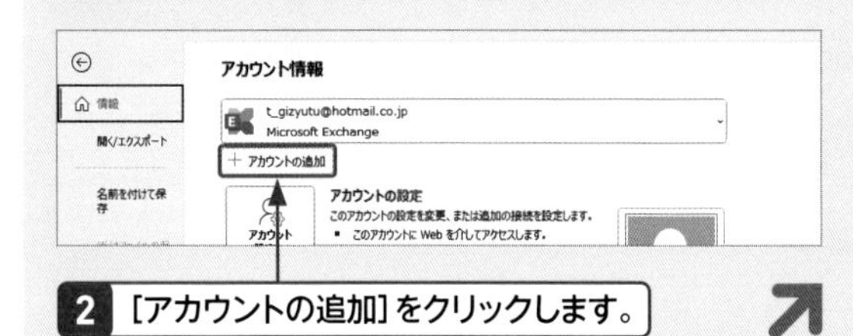
アカウント情報
t_gizyutu@hotmail.co.jp
Microsoft Exchange
アカウントの追加
アカウントの設定
2 ［アカウントの追加］をクリックします。

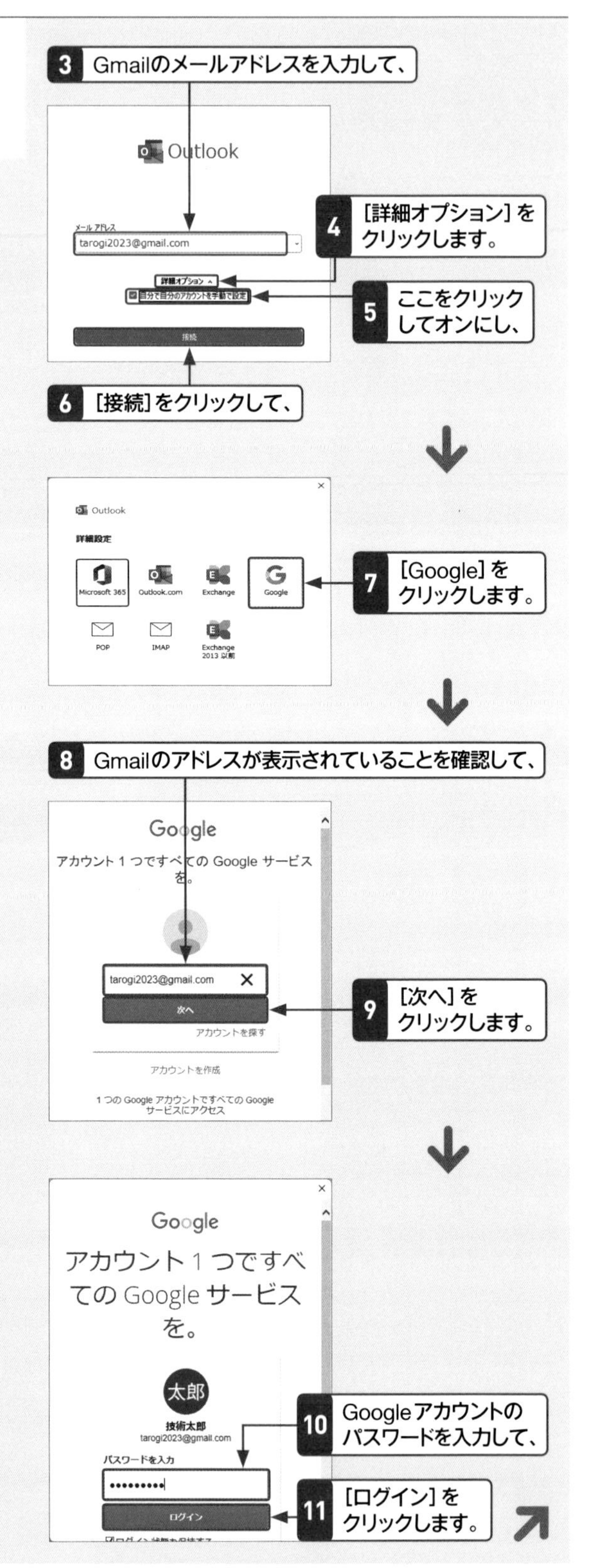
3 Gmailのメールアドレスを入力して、
Outlook
tarogi2023@gmail.com
4 ［詳細オプション］をクリックします。
5 ここをクリックしてオンにし、
6 ［接続］をクリックして、
Outlook
詳細設定
Microsoft 365
Outlook.com
Exchange
Google
POP
IMAP
7 ［Google］をクリックします。
8 Gmailのアドレスが表示されていることを確認して、
Google
アカウント 1 つですべての Google サービスを。
tarogi2023@gmail.com
次へ
アカウントを作成
9 ［次へ］をクリックします。
Google
アカウント 1 つですべての Google サービスを。
太郎
技術太郎
tarogi2023@gmail.com
パスワードを入力
ログイン
10 Googleアカウントのパスワードを入力して、
11 ［ログイン］をクリックします。

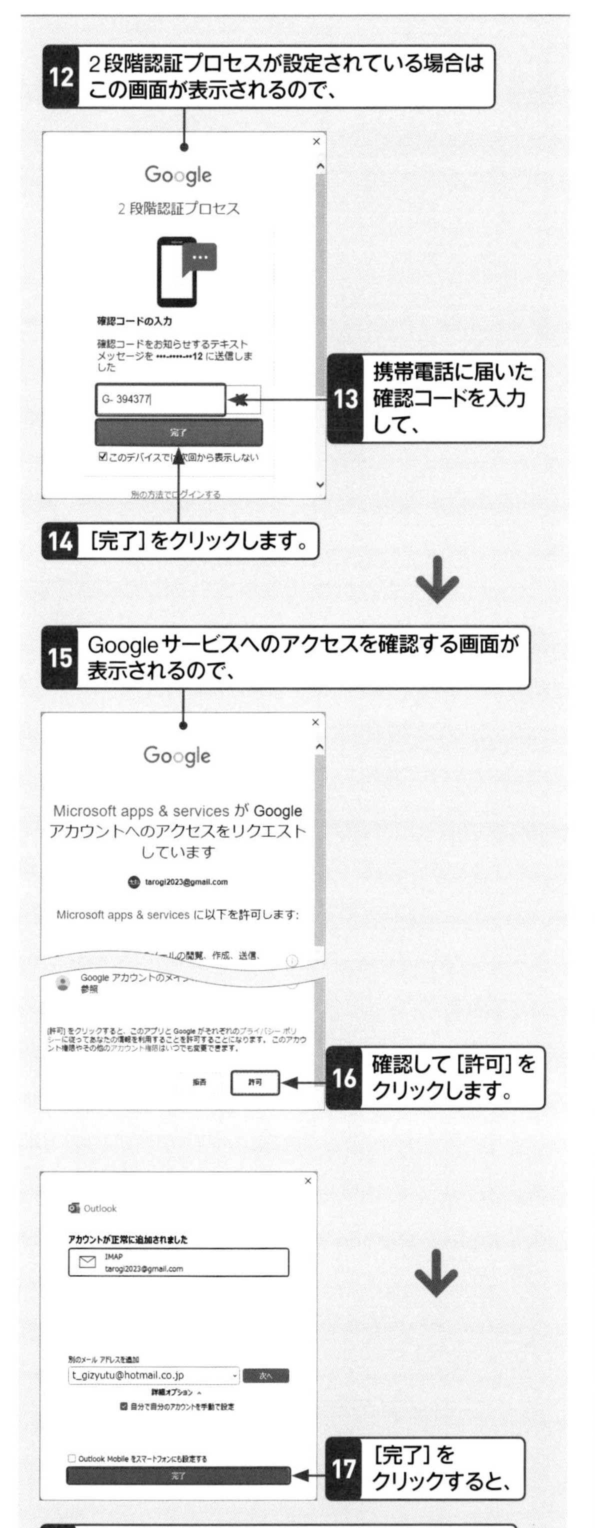
12 2段階認証プロセスが設定されている場合はこの画面が表示されるので、
Google
2段階認証プロセス
確認コードの入力
確認コードをお知らせするテキストメッセージを •••-•••••-••12 に送信しました
G- 394377
完了
このデバイスで次回から表示しない
13 携帯電話に届いた確認コードを入力して、
14 [完了]をクリックします。
15 Googleサービスへのアクセスを確認する画面が表示されるので、
Google
Microsoft apps & services が Google アカウントへのアクセスをリクエストしています
tarogi2023@gmail.com
Microsoft apps & services に以下を許可します:
拒否
許可
16 確認して[許可]をクリックします。
Outlook
アカウントが正常に追加されました
IMAP
tarogi2023@gmail.com
別のメール アドレスを追加
t_gizyutu@hotmail.co.jp
次へ
詳細オプション
自分で自分のアカウントを手動で設定
Outlook Mobile をスマートフォンにも設定する
完了
17 [完了]をクリックすると、
18 OutlookでGmailが利用できるようになります。

重要度 ★★★ メールの設定

Q 125 誤って送信したメールを取り消したい!

A 送信直後であれば取り消すことができます。

宛先を間違って送信してしまったり、メールの作成途中で送信してしまったりしても慌てることはありません。Gmailでは、メールの送信を取り消す機能が用意されています。初期設定では、取り消し可能な時間は5秒に設定されていますが、[設定]画面の[全般]タブで変更することができます(最大30秒以内)。

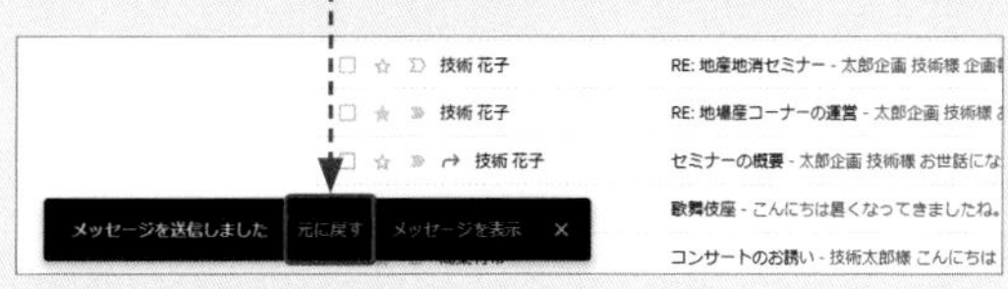
メールを送信すると[元に戻す]が表示されます。クリックすると送信を取り消すことができます。
メッセージを送信しました
元に戻す
メッセージを表示

● 取り消せる時間を設定する

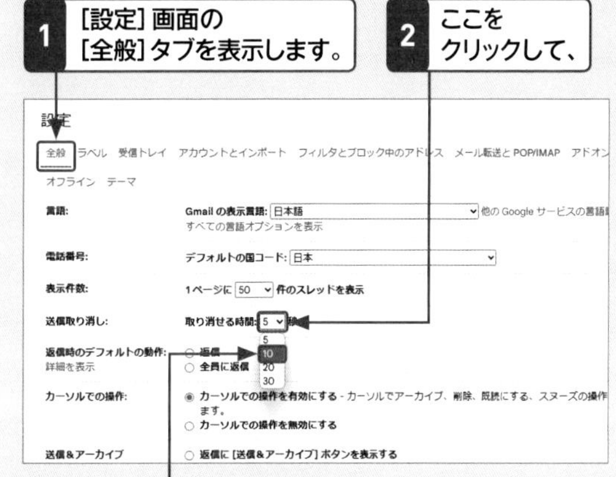
1 [設定]画面の[全般]タブを表示します。
2 ここをクリックして、
設定
全般
ラベル
受信トレイ
アカウントとインポート
フィルタとブロック中のアドレス
メール転送と POP/IMAP
オフライン
テーマ
言語:
Gmail の表示言語: 日本語
電話番号:
デフォルトの国コード: 日本
表示件数:
1ページに 50 件のスレッドを表示
送信取り消し:
取り消せる時間: 5 秒
返信時のデフォルトの動作:
カーソルでの操作:
送信&アーカイブ
3 取り消し可能な時間を指定し、

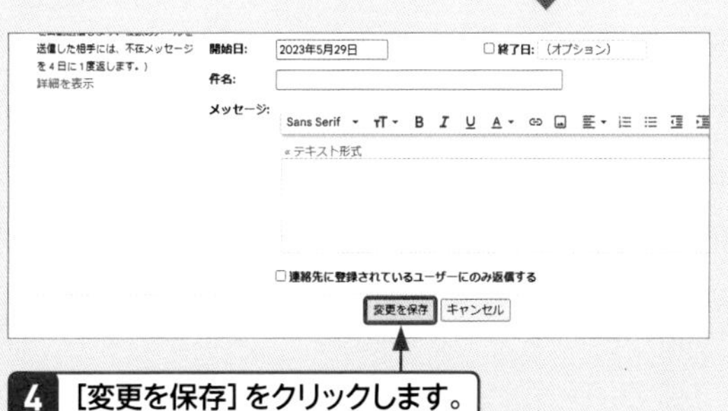
開始日:
2023年5月29日
終了日:
件名:
メッセージ:
連絡先に登録されているユーザーにのみ返信する
変更を保存
キャンセル
4 [変更を保存]をクリックします。

Q 126 プロバイダーのメールをGmailで送受信したい！

A ［設定］画面の［アカウントとインポート］タブで設定します。

プロバイダーのメールを利用している場合は、そのメールアカウントをGmailに追加して、メールを送受信することができます。メールの送受信を行うには、そのメールアカウントがPOPに対応している必要があります。

POPとは、メールサーバーに届いたメールをユーザーが自分のパソコンにダウンロードする際に使用する通信規約です。POPサーバーやポートの設定は、プロバイダーの契約時に届く書類に記載されています。

なお、受信したメールはGmailと同じ［受信トレイ］で管理されます。区別したい場合は、手順11でラベルを設定しておくとよいでしょう。

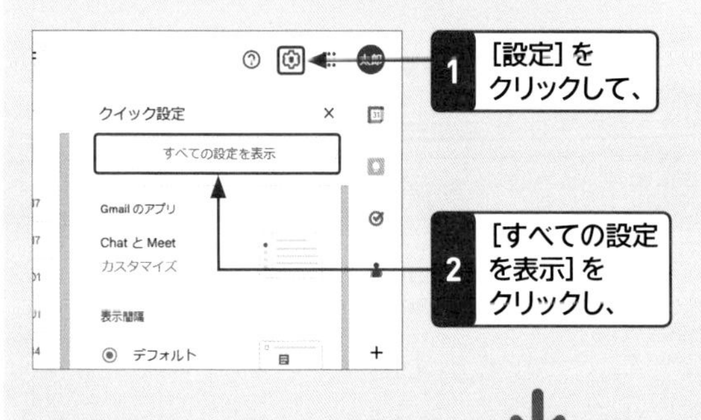

1 ［設定］をクリックして、
2 ［すべての設定を表示］をクリックし、
クイック設定
すべての設定を表示
Gmail のアプリ
Chat と Meet
カスタマイズ
表示間隔
デフォルト

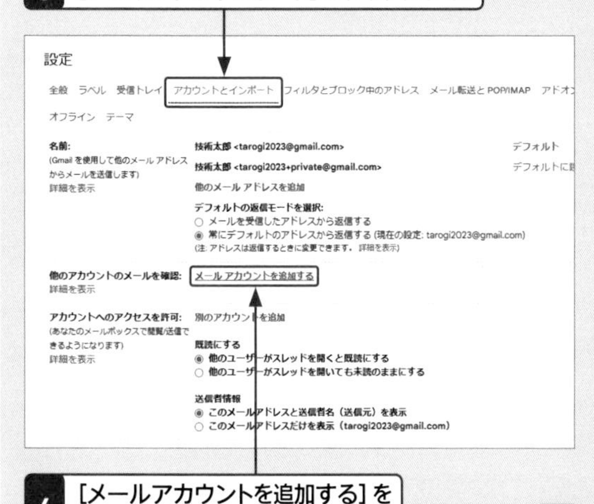

3 ［アカウントとインポート］をクリックして、
設定
全般 ラベル 受信トレイ アカウントとインポート フィルタとブロック中のアドレス メール転送と POP/IMAP
オフライン テーマ
名前:
技術太郎 <tarogi2023@gmail.com>
技術太郎 <tarogi2023+private@gmail.com>
他のメール アドレスを追加
デフォルトの返信モードを選択:
メールを受信したアドレスから返信する
常にデフォルトのアドレスから返信する (現在の設定: tarogi2023@gmail.com)
他のアカウントのメールを確認:
メール アカウントを追加する
アカウントへのアクセスを許可:
別のアカウントを追加
既読にする
他のユーザーがスレッドを開くと既読にする
他のユーザーがスレッドを開いても未読のままにする
送信者情報
このメールアドレスと送信者名（送信元）を表示
このメールアドレスだけを表示（tarogi2023@gmail.com）
4 ［メールアカウントを追加する］をクリックします。

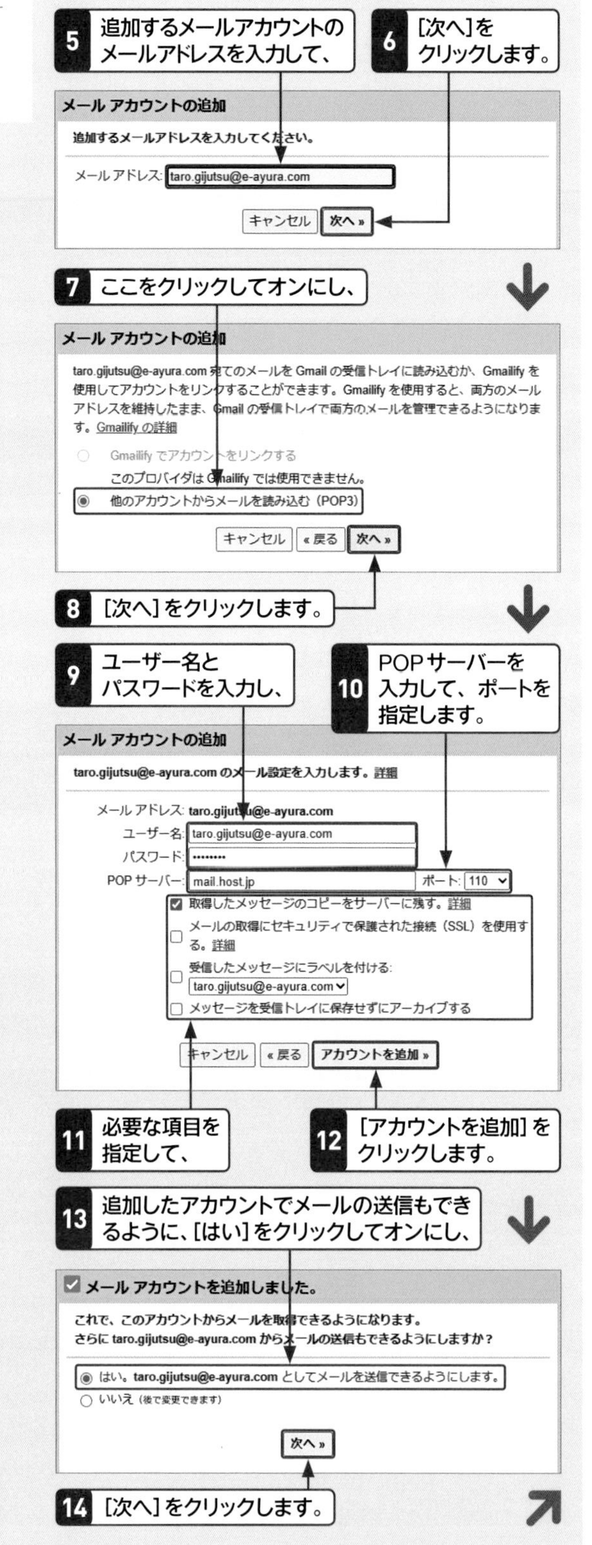

5 追加するメールアカウントのメールアドレスを入力して、
6 ［次へ］をクリックします。
メール アカウントの追加
追加するメールアドレスを入力してください。
メール アドレス: taro.gijutsu@e-ayura.com
キャンセル 次へ »
7 ここをクリックしてオンにし、
メール アカウントの追加
taro.gijutsu@e-ayura.com 宛てのメールを Gmail の受信トレイに読み込むか、Gmailify を使用してアカウントをリンクすることができます。Gmailify を使用すると、両方のメールアドレスを維持したまま、Gmail の受信トレイで両方のメールを管理できるようになります。Gmailify の詳細
Gmailify でアカウントをリンクする
このプロバイダは Gmailify では使用できません。
他のアカウントからメールを読み込む（POP3）
キャンセル « 戻る 次へ »
8 ［次へ］をクリックします。
9 ユーザー名とパスワードを入力し、
10 POPサーバーを入力して、ポートを指定します。
メール アカウントの追加
taro.gijutsu@e-ayura.com のメール設定を入力します。詳細
メール アドレス: taro.gijutsu@e-ayura.com
ユーザー名: taro.gijutsu@e-ayura.com
パスワード:
POP サーバー: mail.host.jp
ポート: 110
取得したメッセージのコピーをサーバーに残す。詳細
メールの取得にセキュリティで保護された接続（SSL）を使用する。詳細
受信したメッセージにラベルを付ける:
taro.gijutsu@e-ayura.com
メッセージを受信トレイに保存せずにアーカイブする
キャンセル « 戻る アカウントを追加 »
11 必要な項目を指定して、
12 ［アカウントを追加］をクリックします。
13 追加したアカウントでメールの送信もできるように、［はい］をクリックしてオンにし、
メール アカウントを追加しました。
これで、このアカウントからメールを取得できるようになります。
さらに taro.gijutsu@e-ayura.com からメールの送信もできるようにしますか？
はい。taro.gijutsu@e-ayura.com としてメールを送信できるようにします。
いいえ（後で変更できます）
次へ »
14 ［次へ］をクリックします。

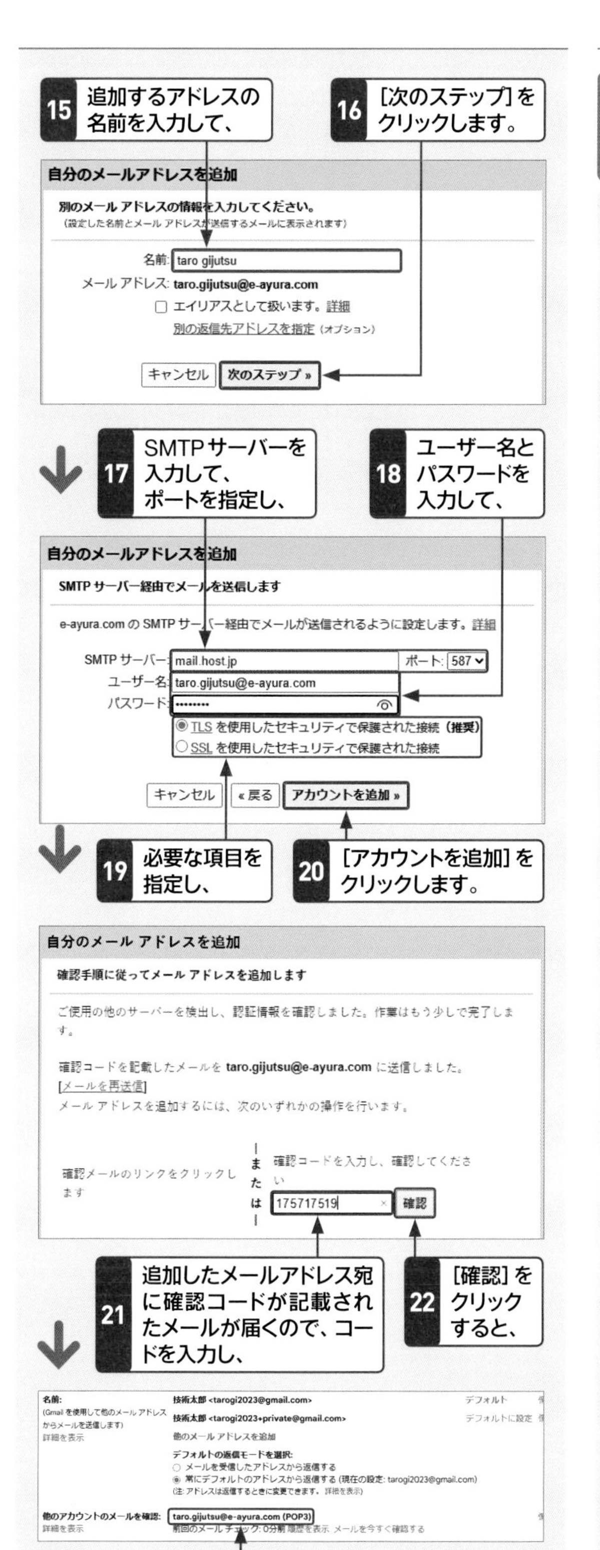
15 追加するアドレスの名前を入力して、
16 [次のステップ]をクリックします。
自分のメールアドレスを追加
別のメール アドレスの情報を入力してください。
名前: taro gijutsu
メール アドレス: taro.gijutsu@e-ayura.com
エイリアスとして扱います。詳細
キャンセル
次のステップ »
17 SMTPサーバーを入力して、ポートを指定し、
18 ユーザー名とパスワードを入力して、
SMTP サーバー経由でメールを送信します
SMTP サーバー: mail.host.jp
ポート: 587
ユーザー名: taro.gijutsu@e-ayura.com
TLS を使用したセキュリティで保護された接続（推奨）
SSL を使用したセキュリティで保護された接続
« 戻る
アカウントを追加 »
19 必要な項目を指定し、
20 [アカウントを追加]をクリックします。
自分のメール アドレスを追加
確認手順に従ってメール アドレスを追加します
確認コードを記載したメールを taro.gijutsu@e-ayura.com に送信しました。
[メールを再送信]
175717519
確認
21 追加したメールアドレス宛に確認コードが記載されたメールが届くので、コードを入力し、
22 [確認]をクリックすると、
他のアカウントのメールを確認:
taro.gijutsu@e-ayura.com (POP3)
23 プロバイダーのメールアカウントが追加されます。

重要度 ★★★

Q 127 ツールバーのアイコンをテキスト表示にしたい！

A [設定]画面で[ボタンのラベル]を[テキスト]に設定します。

Gmailの画面に表示されているツールバーのコマンドはアイコン表示になっています。コマンドの名称は、マウスポインターを合わせると表示されますが、使いづらい場合は、アイコンをテキストで表示させることができます。[設定]画面の[全般]タブで変更します。

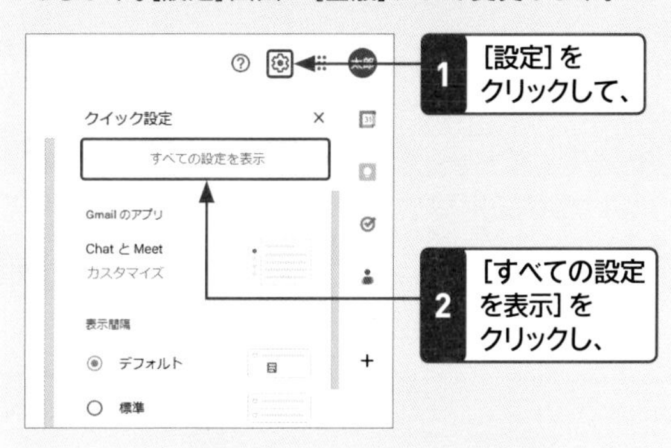
1 [設定]をクリックして、
クイック設定
すべての設定を表示
2 [すべての設定を表示]をクリックし、

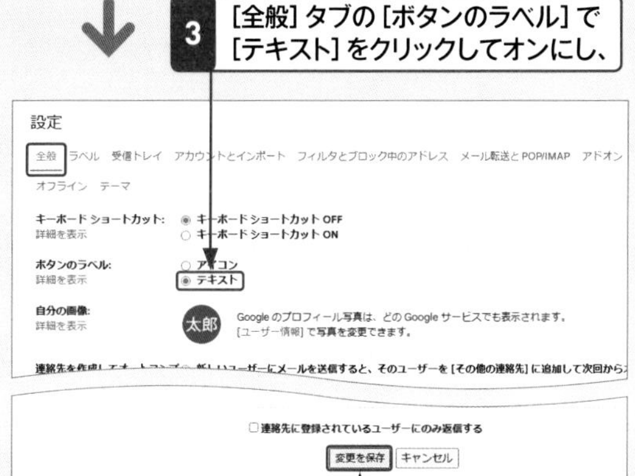
3 [全般]タブの[ボタンのラベル]で[テキスト]をクリックしてオンにし、
設定
全般
ボタンのラベル:
アイコン
テキスト

変更を保存
キャンセル
4 [変更を保存]をクリックすると、

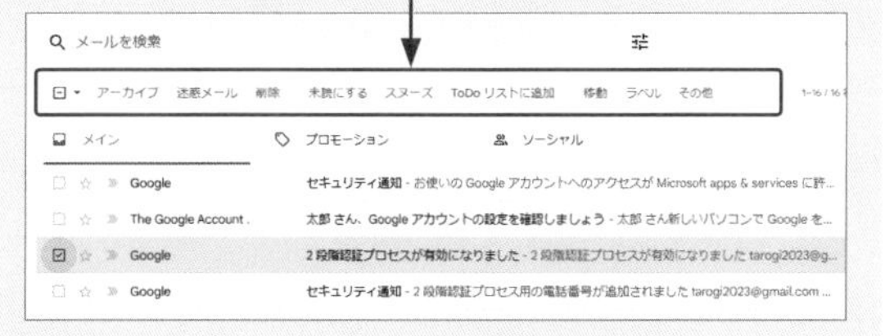
5 ツールバーのアイコンがテキスト表示に変わります。
メールを検索
アーカイブ
迷惑メール
削除
未読にする
スヌーズ
ToDo リストに追加
移動
ラベル
その他

Q 128 1つのアカウントで複数のメールアドレスを使いたい！

A エイリアス機能を利用します。

Gmailのエイリアス機能を利用すると、1つのアカウントで複数のメールアドレスを作成することができます。エイリアスとは、別名という意味です。通常のメールアドレス（ユーザー名@gmail.com）の「ユーザー名」と「@gmail.com」の間に「＋任意の文字列」を追加することで、複数のアドレスを設定し、使い分けることができます。Webサービスの登録用に別のメールアドレスを使いたい場合などに便利です。なお、届いたメールはもとのメールアドレスと同じ［受信トレイ］に届きます。［設定］画面の［アカウントとインポート］タブで設定します。

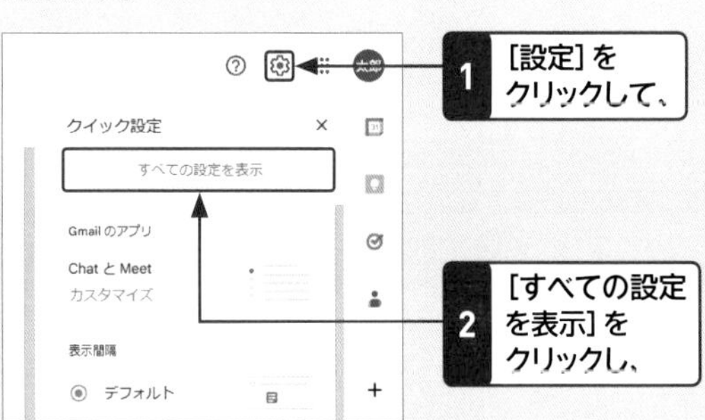
クイック設定
すべての設定を表示
Gmail のアプリ
Chat と Meet
カスタマイズ
表示間隔
デフォルト

1 ［設定］をクリックして、

2 ［すべての設定を表示］をクリックし、

3 ［アカウントとインポート］をクリックして、

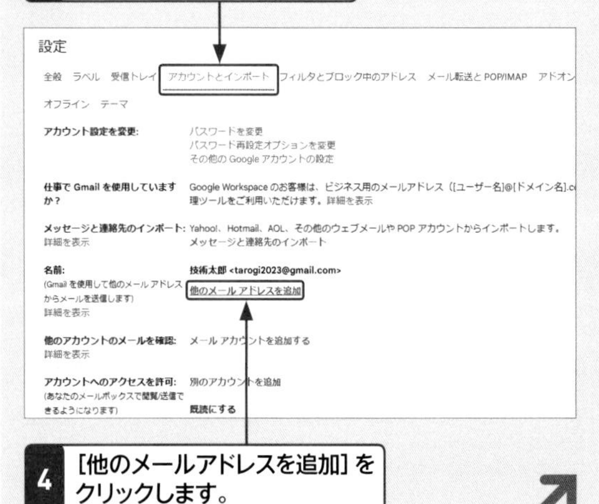
設定
全般 ラベル 受信トレイ アカウントとインポート フィルタとブロック中のアドレス メール転送と POP/IMAP アドオン
オフライン テーマ
アカウント設定を変更:
仕事で Gmail を使用していますか？
メッセージと連絡先のインポート:
名前:
技術太郎 <tarogi2023@gmail.com>
他のメール アドレスを追加
他のアカウントのメールを確認:
アカウントへのアクセスを許可:

4 ［他のメールアドレスを追加］をクリックします。

5 メールアドレスを入力して、

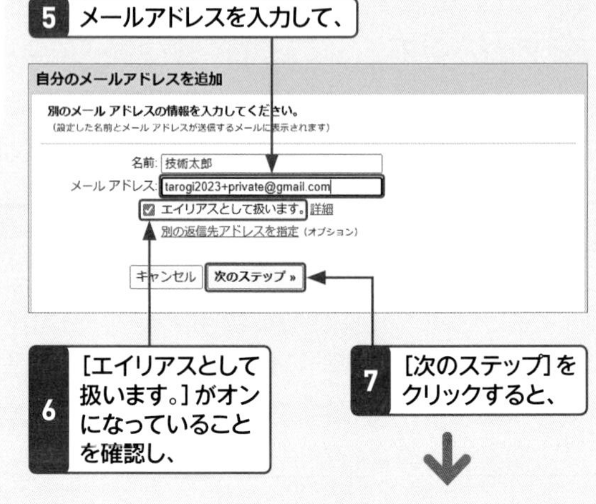
自分のメールアドレスを追加
別のメール アドレスの情報を入力してください。
名前: 技術太郎
メール アドレス: tarogi2023+private@gmail.com
エイリアスとして扱います。詳細
別の返信先アドレスを指定（オプション）
キャンセル
次のステップ »

6 ［エイリアスとして扱います。］がオンになっていることを確認し、

7 ［次のステップ］をクリックすると、

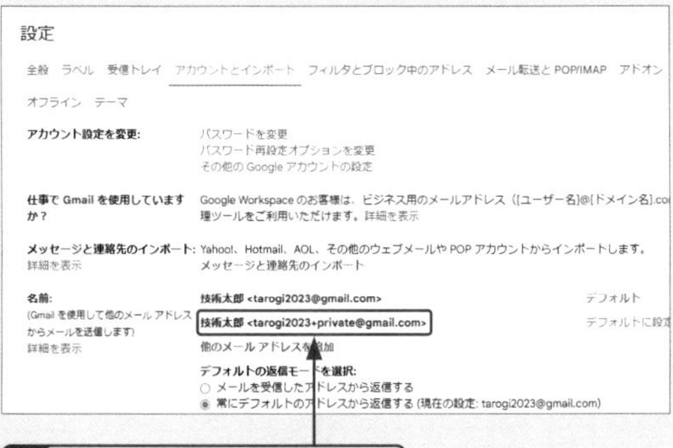
設定
全般 ラベル 受信トレイ アカウントとインポート フィルタとブロック中のアドレス メール転送と POP/IMAP アドオン
オフライン テーマ
名前:
技術太郎 <tarogi2023@gmail.com>
技術太郎 <tarogi2023+private@gmail.com>
他のメール アドレスを追加
デフォルトの返信モードを選択:

8 エイリアスが作成されます。

● エイリアスのメールアドレスを利用する

1 ［新規メッセージ］画面を表示して、

2 ここをクリックし、

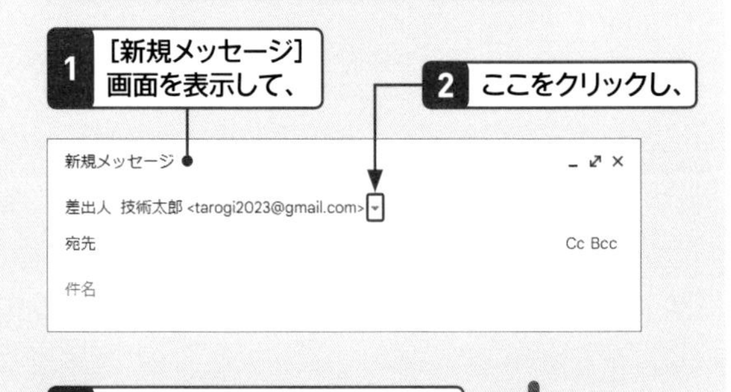
新規メッセージ
差出人 技術太郎 <tarogi2023@gmail.com>
宛先
Cc Bcc
件名

3 エイリアスのメールアドレスをクリックします。

新規メッセージ
差出人 技術太郎 <tarogi2023@gmail.com>
宛先
技術太郎 <tarogi2023@gmail.com>
件名
技術太郎 <tarogi2023+private@gmail.com>
Cc Bcc
太郎企画株式会社
技術太郎

重要度 ★★★ 連絡先

Q 129 連絡先とは？

A Googleアカウントで利用できる連絡先管理ツールです。

Google連絡先（Googleコンタクト）は、メールアドレスなどを管理するオンラインのアドレス帳です。パソコンだけでなく、スマートフォンやタブレットなど、同じGoogleアカウントを利用する端末で連絡先を共有することができます。登録した情報は、GmailやGoogleカレンダー、Googleドライブなどと連携します。

連絡先
検索
名前
メール
電話番号
富田蒲生
技術 花子
早田聖人
生田颯斗
花木真史
青空咲良

連絡先は、メールアドレスなどを管理するオンラインのアドレス帳です。

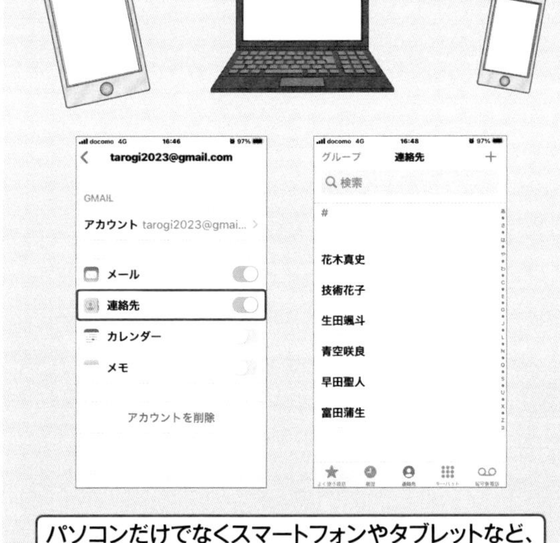

tarogi2023@gmail.com
GMAIL
アカウント tarogi2023@gmai...
メール
連絡先
カレンダー
メモ
アカウントを削除
グループ
連絡先
検索
花木真史
技術花子
生田颯斗
青空咲良
早田聖人
富田蒲生

パソコンだけでなくスマートフォンやタブレットなど、同じGoogleアカウントを利用する端末で共有することができます。

重要度 ★★★ 連絡先

Q 130 連絡先を使うには？

A [Googleアプリ]から[連絡先]をクリックします。

連絡先を表示するには、Googleのトップページで[Googleアプリ]をクリックして、[連絡先]をクリックします。連絡先を使用するには、Googleアカウントでログインする必要があります。ログインせずに[連絡先]をクリックすると、ログイン画面が表示されるので、パスワードを入力して[次へ]をクリックします。

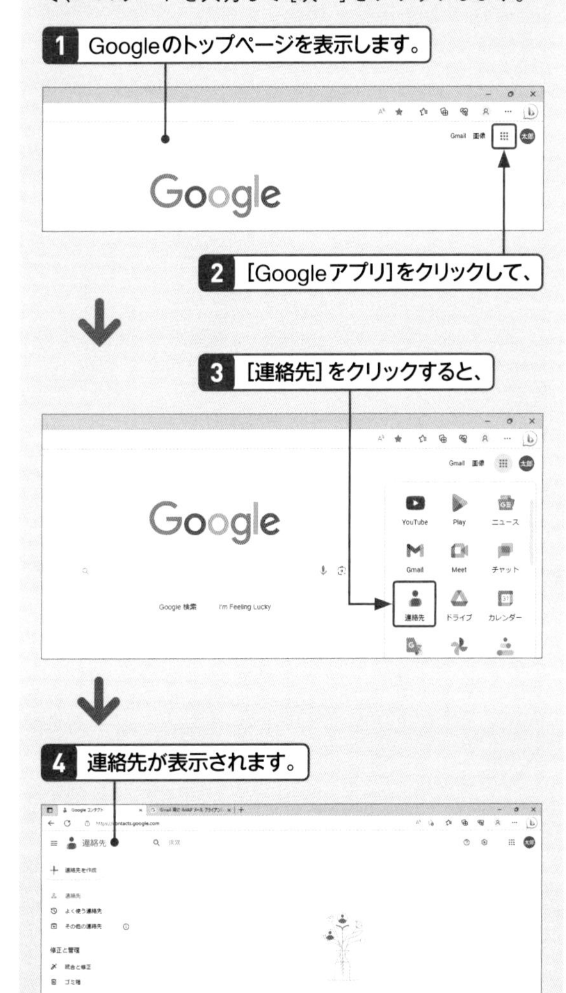

1 Googleのトップページを表示します。
Google
2 [Googleアプリ]をクリックして、
3 [連絡先]をクリックすると、
YouTube
Play
ニュース
Gmail
Meet
チャット
連絡先
ドライブ
カレンダー
4 連絡先が表示されます。
連絡先

重要度 ★★★ 連絡先

Q 131 連絡先の画面構成を知りたい！

A 下図で各部の名称と機能を確認しましょう。

連絡先の画面は、下図のような構成になっています。画面の左側には連絡先を登録するためのコマンドと、連絡先を切り替えたり、連絡先をグループにまとめたりするコマンドが表示されています。登録した連絡先は、画面の右側に一覧で表示されます。

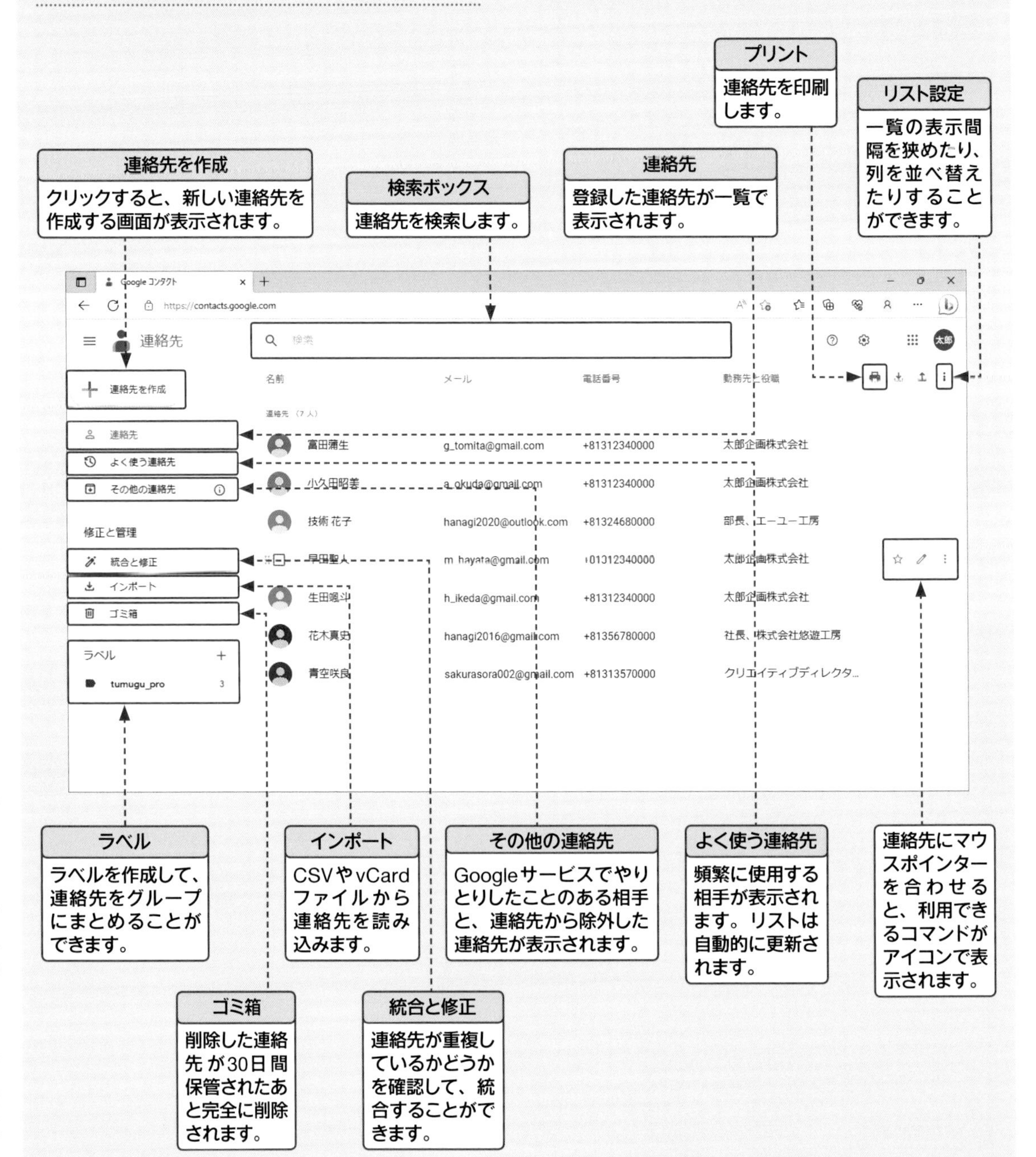
プリント
連絡先を印刷します。
リスト設定
一覧の表示間隔を狭めたり、列を並べ替えたりすることができます。
連絡先を作成
クリックすると、新しい連絡先を作成する画面が表示されます。
検索ボックス
連絡先を検索します。
連絡先
登録した連絡先が一覧で表示されます。
連絡先
連絡先を作成
よく使う連絡先
その他の連絡先
修正と管理
統合と修正
インポート
ゴミ箱
ラベル
tumugu_pro
名前
メール
電話番号
勤務先と役職
富田蒲生
g_tomita@gmail.com
+81312340000
太郎企画株式会社
技術 花子
hanagi2020@outlook.com
+81324680000
部長、エーユー工房
生田颯斗
h_ikeda@gmail.com
花木真史
hanagi2016@gmail.com
+81356780000
社長、株式会社悠遊工房
青空咲良
sakurasora002@gmail.com
+81313570000
クリエイティブディレクタ...
ラベル
ラベルを作成して、連絡先をグループにまとめることができます。
インポート
CSVやvCardファイルから連絡先を読み込みます。
その他の連絡先
Googleサービスでやりとりしたことのある相手と、連絡先から除外した連絡先が表示されます。
よく使う連絡先
頻繁に使用する相手が表示されます。リストは自動的に更新されます。
連絡先にマウスポインターを合わせると、利用できるコマンドがアイコンで表示されます。
ゴミ箱
削除した連絡先が30日間保管されたあと完全に削除されます。
統合と修正
連絡先が重複しているかどうかを確認して、統合することができます。

Q 132 連絡先を登録したい！

A 連絡先の［連絡先を作成］をクリックします。

Google連絡先に連絡先を登録しておくと、メールを送信するときにメールアドレスを入力する手間が省けて便利です。連絡先を登録するには、連絡先を表示して、［連絡先を作成］から［連絡を作成］をクリックし、必要な情報を入力して保存します。また、受信メールからメールの差出人を連絡先に登録することもできます。

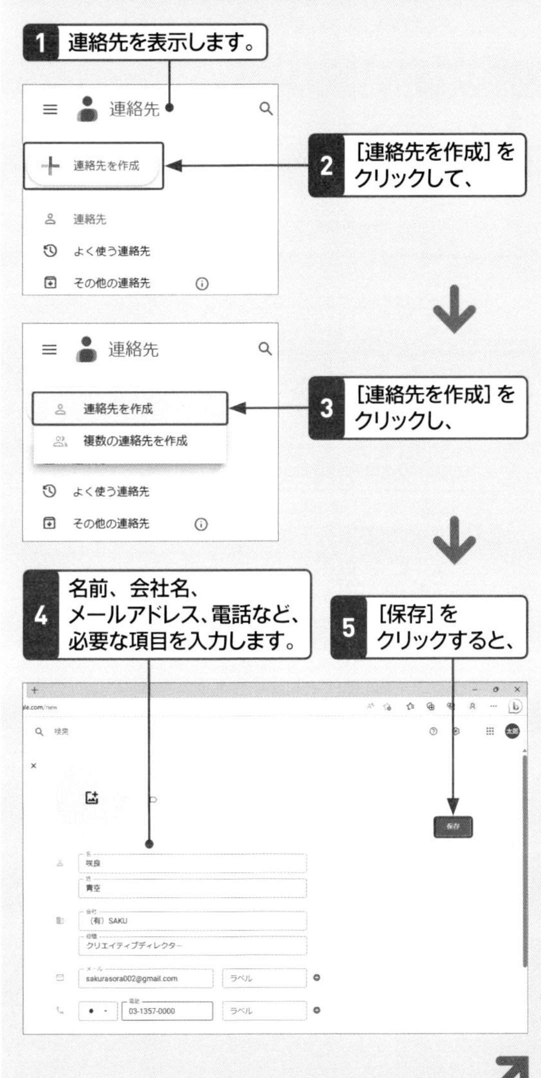
1 連絡先を表示します。
連絡先
連絡先を作成
2 ［連絡先を作成］をクリックして、
連絡先
よく使う連絡先
その他の連絡先
3 ［連絡先を作成］をクリックし、
複数の連絡先を作成
4 名前、会社名、メールアドレス、電話など、必要な項目を入力します。
5 ［保存］をクリックすると、
保存
咲良
青空
（有）SAKU
クリエイティブディレクター
sakurasora002@gmail.com
ラベル
03-1357-0000

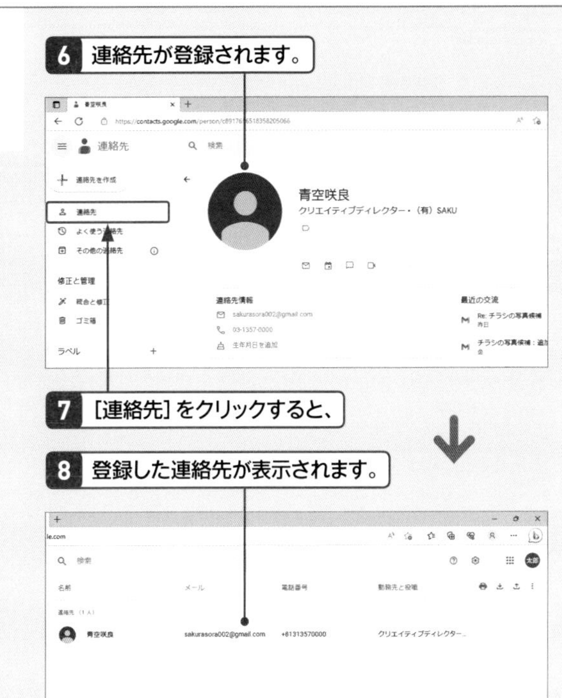
6 連絡先が登録されます。
連絡先
連絡先を作成
青空咲良
クリエイティブディレクター・（有）SAKU
連絡先情報
sakurasora002@gmail.com
03-1357-0000
最近の交流
7 ［連絡先］をクリックすると、

8 登録した連絡先が表示されます。

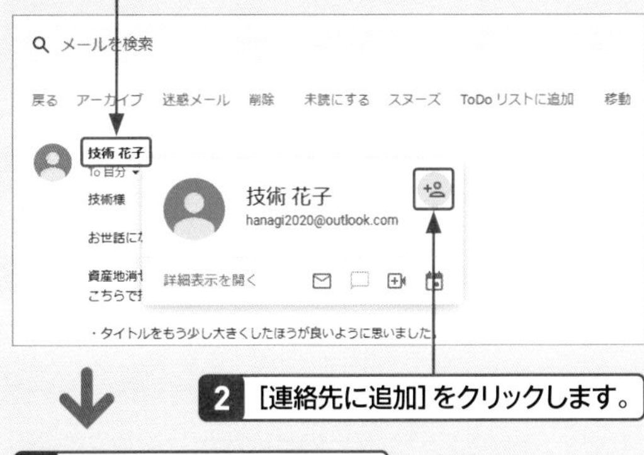
青空咲良
sakurasora002@gmail.com
+81313570000
クリエイティブディレクター

● 受信メールから登録する

1 連絡先に登録したい差出人からのメッセージ画面を表示して、差出人にマウスポインターを合わせ、
メールを検索
戻る アーカイブ 迷惑メール 削除 未読にする スヌーズ ToDo リストに追加 移動
技術 花子
hanagi2020@outlook.com
詳細表示を開く
・タイトルをもう少し大きくしたほうが良いように思いました。
2 ［連絡先に追加］をクリックします。
3 ［連絡先］をクリックすると、

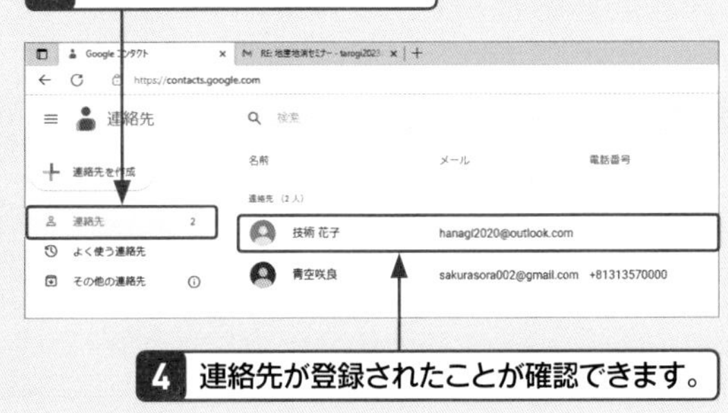
連絡先
連絡先を作成
よく使う連絡先
その他の連絡先
技術 花子
hanagi2020@outlook.com
青空咲良
sakurasora002@gmail.com
+81313570000
4 連絡先が登録されたことが確認できます。

重要度 ★★★ 連絡先

Q 133 連絡先を編集したい！

A 連絡先から[連絡先を編集]をクリックして編集します。

連絡先に登録した情報を編集するには、編集したい連絡先にマウスポインターを移動すると表示される[連絡先を編集]をクリックします。連絡先を編集する画面が表示されるので、必要な項目を編集して保存します。

1 連絡先を表示します。

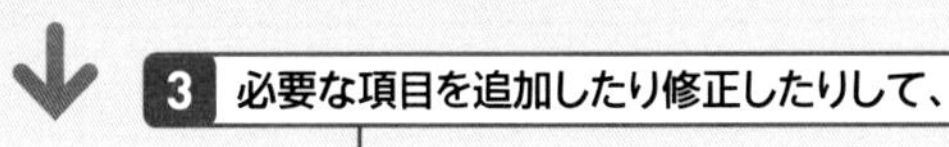
2 編集したい連絡先にマウスポインターを移動して、[連絡先を編集]をクリックします。

3 必要な項目を追加したり修正したりして、

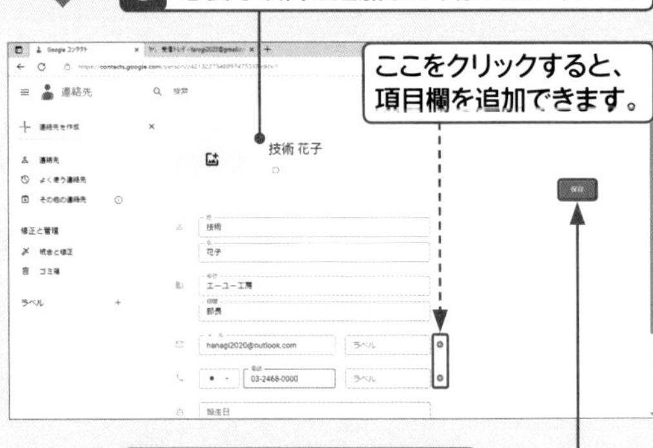
ここをクリックすると、項目欄を追加できます。
技術 花子

4 [保存]をクリックします。

5 変更されたことを確認して、[戻る]をクリックします。

技術 花子
部長・エーユー工房

重要度 ★★★ 連絡先

Q 134 連絡先を削除したい！

A 連絡先の[その他の操作]から[削除]をクリックします。

登録した連絡先が不要になったときは、連絡先を削除します。削除したい連絡先にマウスポインターを移動すると表示される[その他の操作]をクリックして、[連絡先から除外]をクリックするか、[削除]をクリックします。[連絡先から除外]をクリックした場合は、[その他の連絡先]に残りますが、[削除]をクリックした場合は、連絡先から完全に削除されます。

なお、連絡先は、Googleアカウントで共有されています。ほかのサービスで利用する場合があるので、削除するときは注意が必要です。

1 連絡先を表示して、

2 削除したい連絡先にマウスポインターを移動し、[その他の操作]をクリックして、

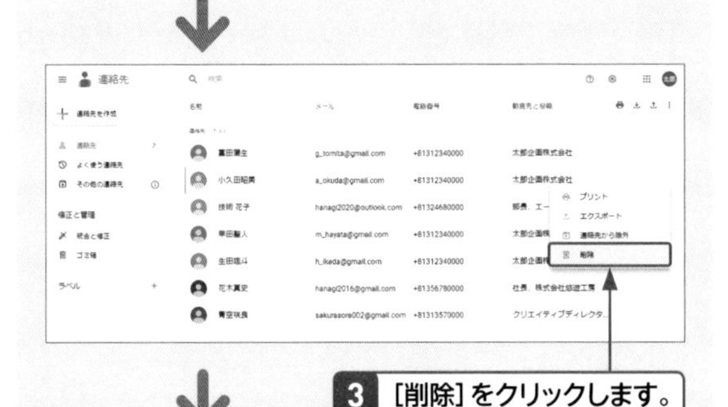

3 [削除]をクリックします。

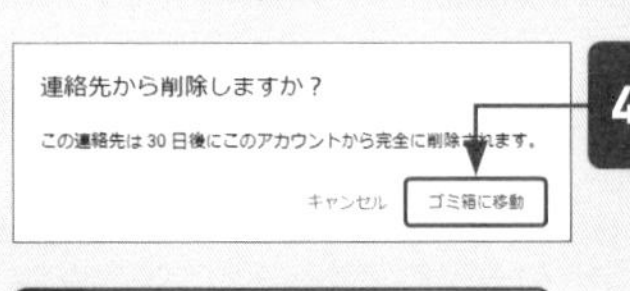
連絡先から削除しますか？
キャンセル
ゴミ箱に移動

4 [ゴミ箱に移動]をクリックすると、

5 連絡先が削除されます。

重要度 ★★★ 連絡先

Q 135 連絡先を検索したい!

A 検索ボックスにキーワードを入力して検索します。

連絡先を検索するには、連絡先の検索ボックスにメールアドレスや名前などをキーワードにして検索します。キーワードは、名前やメールアドレスの一部でもかまいません。なお、手順2でキーワードを入力しはじめると、予測される候補が表示されます。該当する連絡先をクリックすると、連絡先情報が表示されます。

1 連絡先を表示して、検索ボックスをクリックし、

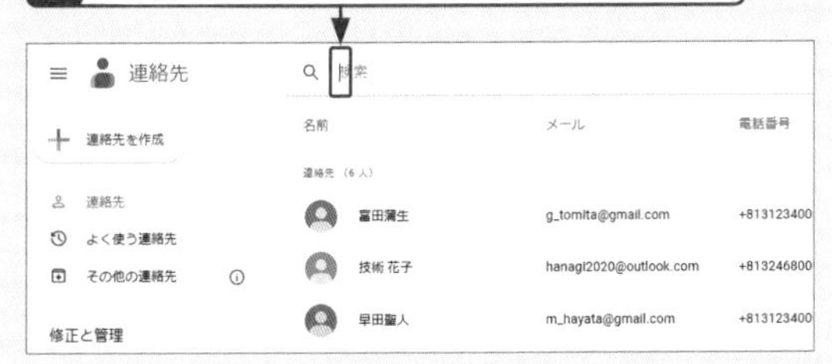

2 キーワードを入力して Enter を押すと、

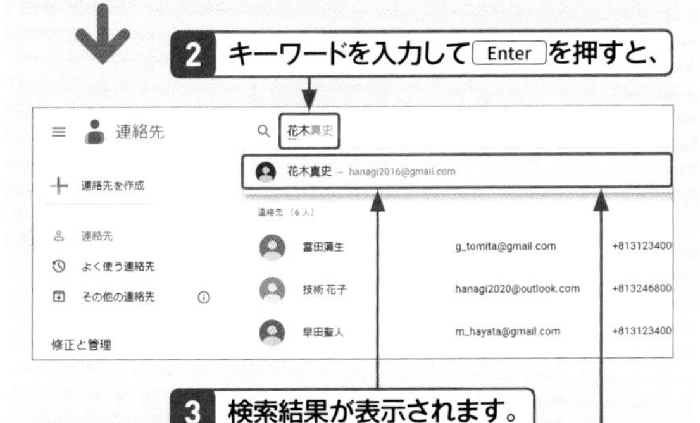

3 検索結果が表示されます。

4 検索された連絡先をクリックすると、

5 連絡先が表示されます。

重要度 ★★★ 連絡先

Q 136 連絡先を使ってメールを送信したい!

A [新規メッセージ]画面の[宛先]から連絡先を選択します。

連絡先を登録すると、メールアドレスを毎回入力しなくても、連絡先からアドレスを選択してメールを送信することができます。[新規メッセージ]画面を表示して[宛先]をクリックし、メールを送信したい連絡先をクリックして、[挿入]をクリックします。同じメールを複数の人に送る場合は、手順3で送り先全員の連絡先をクリックします。

1 [新規メッセージ]画面を表示して、

2 [宛先]をクリックします。

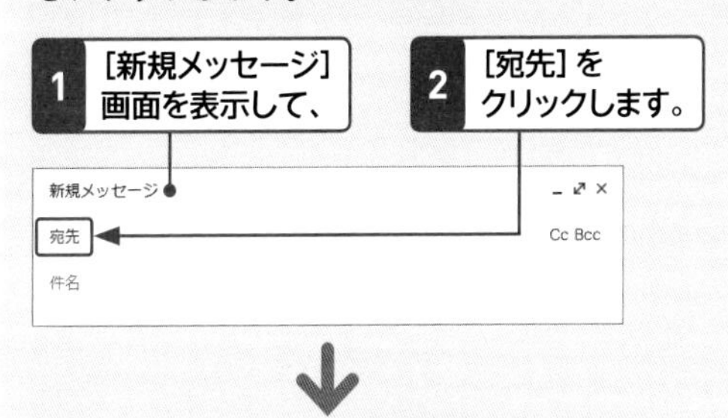

3 メールを送信したい連絡先をクリックして、

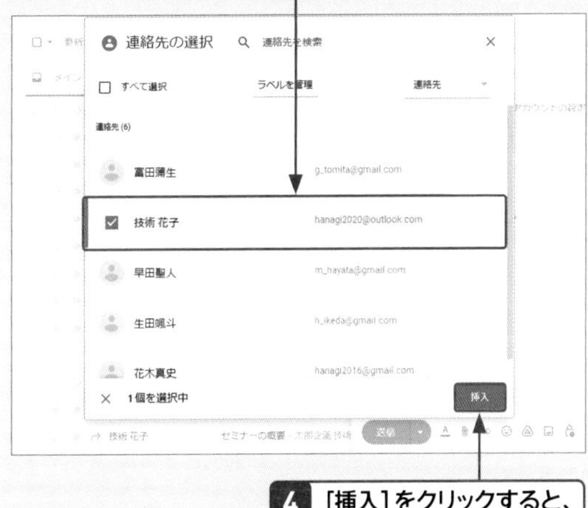

4 [挿入]をクリックすると、

5 連絡先が挿入されます。

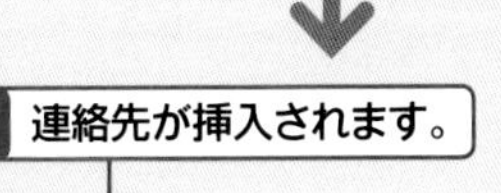

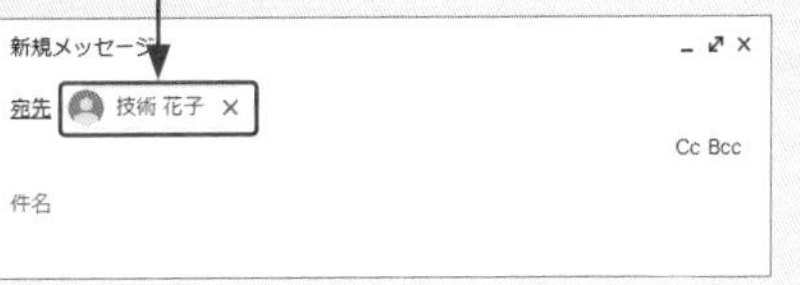

重要度 ★★★ 連絡先

Q 137 連絡先をグループにまとめたい！

A グループにまとめたい連絡先を選択してラベルを作成します。

連絡先では、グループを作成して、連絡先をグループにまとめることができます。プロジェクトのメンバーや勉強会の仲間などをグループにまとめておくと、グループのメンバー全員に一括でメールを送信することができます。

また、グループが不要になった場合は、グループを削除することもできます。グループを削除しても、メンバーの連絡先が削除されることはありません。

参照 ▶ Q 138, Q 139

1 連絡先を表示して、

2 グループにまとめたい連絡先にマウスポインターを移動し、ここをクリックしてオンにします。

3 メンバーをすべて選択したら、[ラベルを管理] をクリックして、

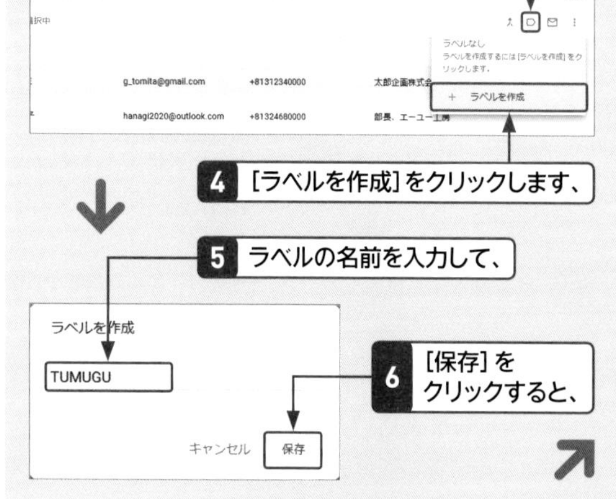

4 [ラベルを作成] をクリックします、

5 ラベルの名前を入力して、

6 [保存] をクリックすると、

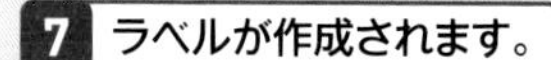

7 ラベルが作成されます。

8 ラベルをクリックすると、

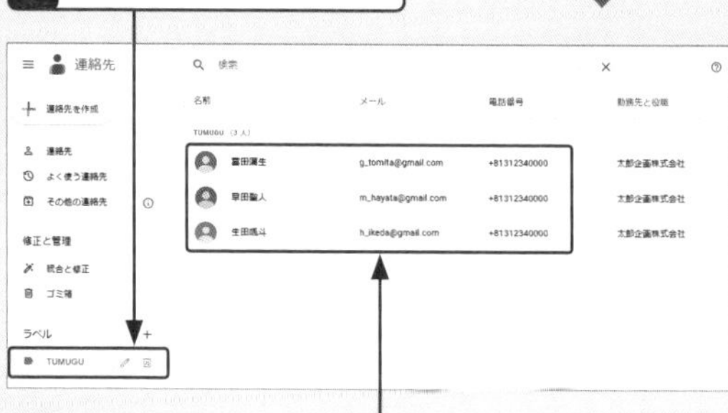

9 選択したメンバーが登録されていることが確認できます。

● グループを削除する

1 ラベルのグループ名をクリックして、

2 [ラベルを削除] をクリックします。

3 ラベルの削除方法を指定して、

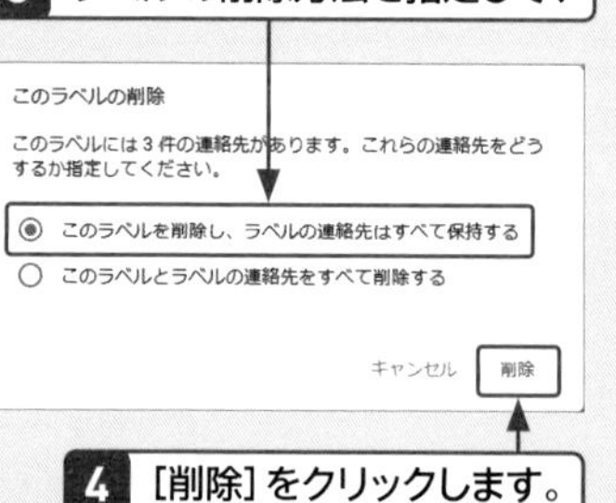
このラベルの削除
このラベルには 3 件の連絡先があります。これらの連絡先をどうするか指定してください。
このラベルを削除し、ラベルの連絡先はすべて保持する
このラベルとラベルの連絡先をすべて削除する
キャンセル
削除

4 [削除] をクリックします。

Q 138 連絡先のグループを編集したい！

A 連絡先でグループ名を指定して編集します。

作成したグループは、必要に応じて編集することができます。ここでは、グループ名を変更して、メンバーを追加したり削除したりしてみましょう。 参照 ▶ Q 137

● グループ名を変更する

1 連絡先を表示して、

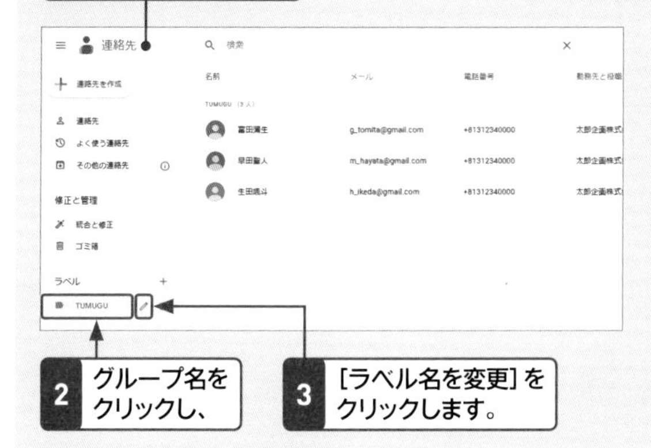
連絡先
TUMUGU

2 グループ名をクリックし、

3 ［ラベル名を変更］をクリックします。

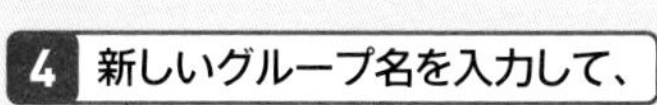
4 新しいグループ名を入力して、

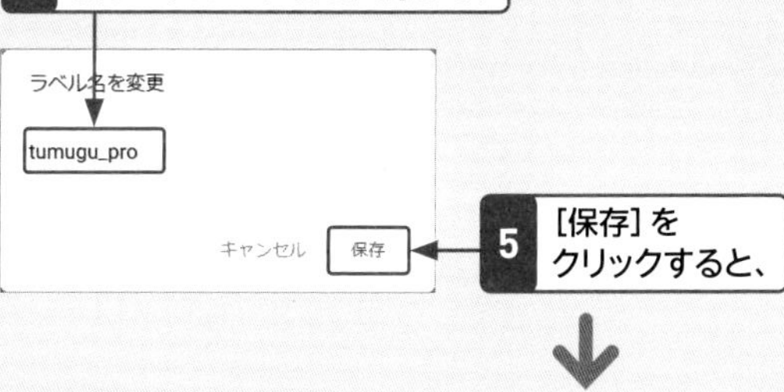
ラベル名を変更
tumugu_pro
キャンセル
保存

5 ［保存］をクリックすると、

連絡先
tumugu_pro

6 グループ名が変更されます。

● グループにメンバーを追加する

1 ［連絡先］をクリックして、

2 グループに追加したいメンバーをクリックしてオンにします。

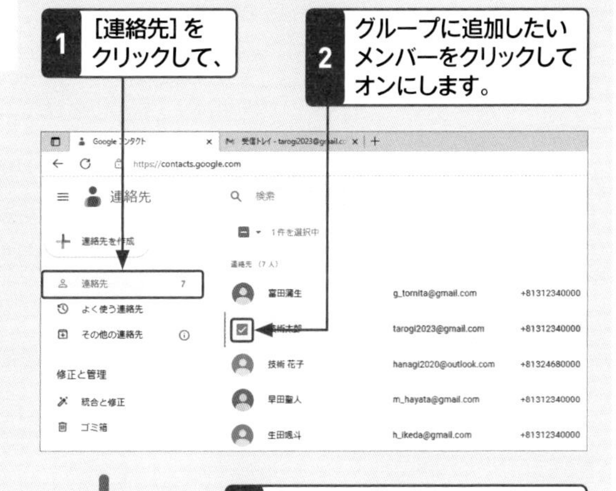
連絡先
https://contacts.google.com

3 ［ラベルを管理］をクリックして、

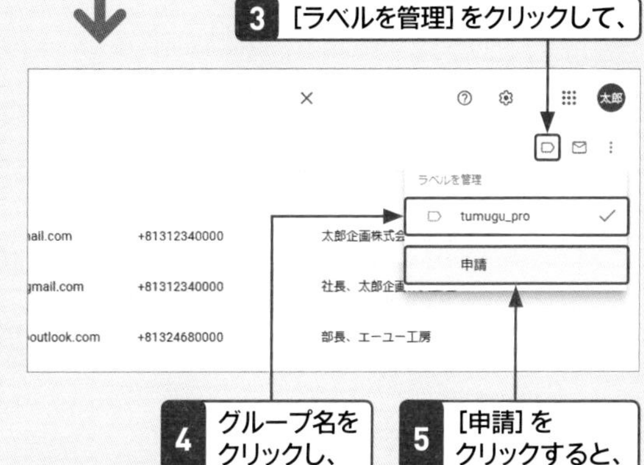
ラベルを管理
tumugu_pro
申請

4 グループ名をクリックし、

5 ［申請］をクリックすると、

6 選択したメンバーがグループに追加されます。

● グループからメンバーを削除する

1 グループ名をクリックして、

2 グループから削除したいメンバーをクリックしてオンにし、

3 ［その他の操作］をクリックして、

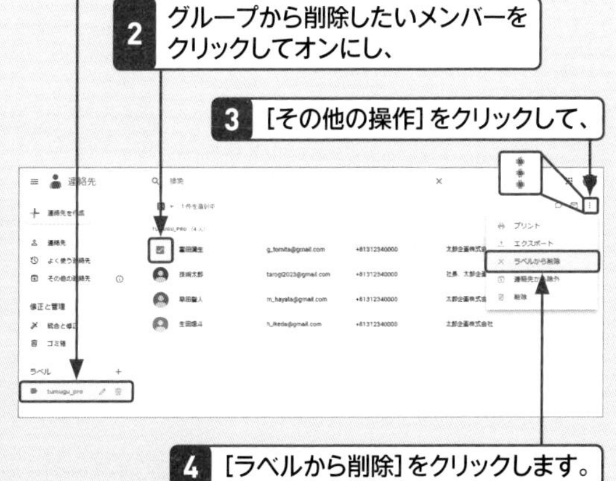

4 ［ラベルから削除］をクリックします。

重要度 ★★★ 連絡先

Q 139 グループのメンバーにメールを送信したい!

A [新規メッセージ]画面の[宛先]からグループ名を選択します。

連絡先グループを作成すると、グループに登録されているメンバー全員に一括でメールを送信することができます。[新規メッセージ]画面を表示して[宛先]をクリックし、[連絡先]をクリックして、メールを送信したいグループ名をクリックします。

なお、メンバーの一部の人に送信したい場合は、手順5で送信するメンバーをクリックしてオンにします。

参照▶Q 137

1 [新規メッセージ]画面を表示して、
2 [宛先]をクリックします。

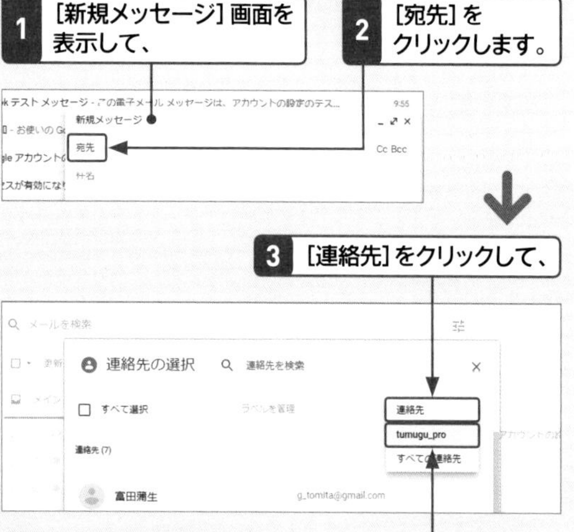
新規メッセージ
宛先
件名
Cc Bcc
連絡先の選択
連絡先を検索
すべて選択
ラベルを管理
連絡先 (7)
連絡先
tumugu_pro
すべての連絡先
富田瑚生
g_tomita@gmail.com

3 [連絡先]をクリックして、
4 メールを送信したいグループ名をクリックします。
5 [すべて選択]をクリックしてオンにし、

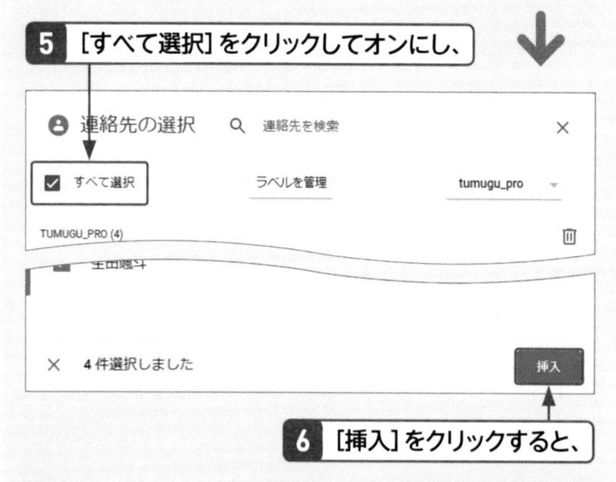
連絡先の選択
連絡先を検索
すべて選択
ラベルを管理
tumugu_pro
TUMUGU_PRO (4)
4 件選択しました
挿入

6 [挿入]をクリックすると、
7 [宛先]にグループのメンバーが挿入されます。

重要度 ★★★ Google Meet

Q 140 Google Meetとは?

A Googleが提供するビデオ会議サービスです。

Google Meetは、Googleが提供する無料のビデオ会議サービスです。Googleアカウントがあれば、100人まで参加できるビデオ会議を作成して、最長60分間の会議を開催することができます。Google Meetを利用するには、パソコンに内蔵のマイクとカメラ、またはヘッドセットと外付けのカメラが必要です。

● GoogleのトップページからGoogle Meetを表示する

1 Googleのトップページを表示して、[Googleアプリ]をクリックし、

Google
アカウント
検索
マップ
YouTube
Play
ニュース
Gmail
Meet
チャット

2 [Meet]をクリックすると、
3 Google Meetが表示されます。

● GmailからGoogle Meetを表示する

1 Gmailの[設定]画面の[チャットとMeet]タブで、[メインメニューに[会議]セクションを表示する]をクリックしてオンにし、

メールを検索
設定
チャットとMeet
チャット:
Google Chat
オフ
Meet:
メインメニューに[会議]セクションを表示する
メインメニューに[会議]セクションを表示しない
変更を保存
キャンセル

2 [変更を保存]をクリックします。

3 メインメニューが表示されるので、[Meet]をクリックすると、Google Meetが表示されます。

Gmail
メールを検索
作成
受信トレイ
スター付き
Meet
メイン
プロモーション
ソーシャル

重要度 ★★★ Google Meet

Q 141 Google Meetでビデオ会議を開催したい!

A Google Meetを表示して、[新しい会議を作成] をクリックします。

ビデオ会議を開催するには、Google Meet を表示して[新しい会議を作成] をクリックし、[会議を今すぐ開始] をクリックします。マイクとカメラへの使用許可を求める画面が表示された場合は、[許可] をクリックして、[ユーザーの追加] をクリックし、会議に参加するユーザーを招待します。また、手順4の画面に表示されているURLをコピーし、メールに貼り付けて招待状を送信することもできます。

参照▶Q 140

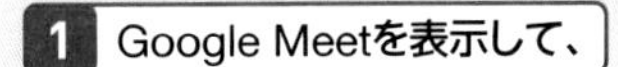
1 Google Meetを表示して、

Google Meet
プレミアムなビデオ会議。
今なら誰でも無料でご利用いただけます。
Meet のプレミアム機能をご覧ください
2 [新しい会議を作成] をクリックし、

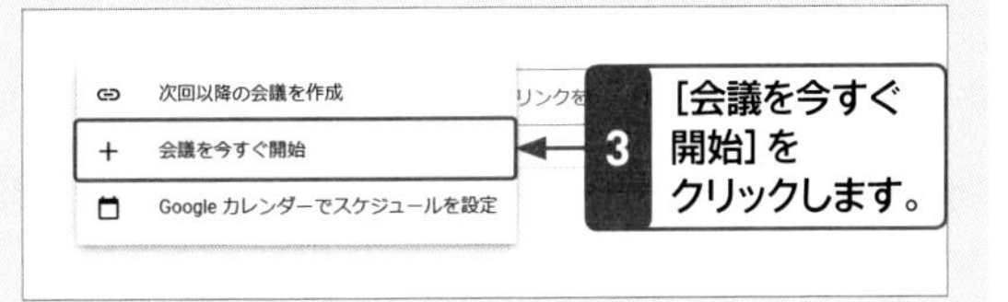
次回以降の会議を作成
会議を今すぐ開始
Google カレンダーでスケジュールを設定
3 [会議を今すぐ開始] をクリックします。

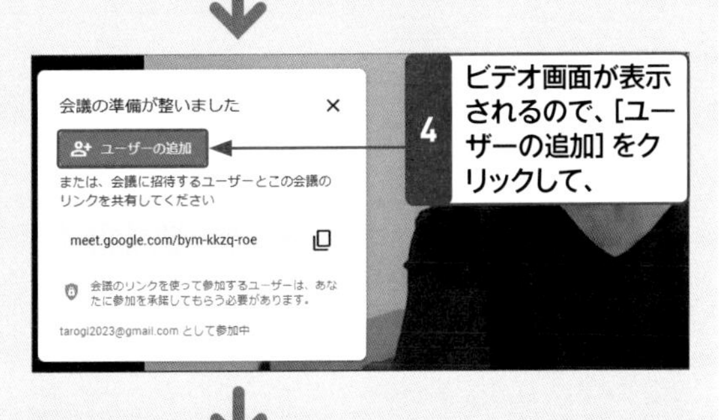
会議の準備が整いました
ユーザーの追加
または、会議に招待するユーザーとこの会議のリンクを共有してください
meet.google.com/bym-kkzq-roe
tarogi2023@gmail.com として参加中
4 ビデオ画面が表示されるので、[ユーザーの追加] をクリックして、

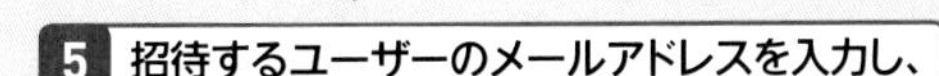
5 招待するユーザーのメールアドレスを入力し、

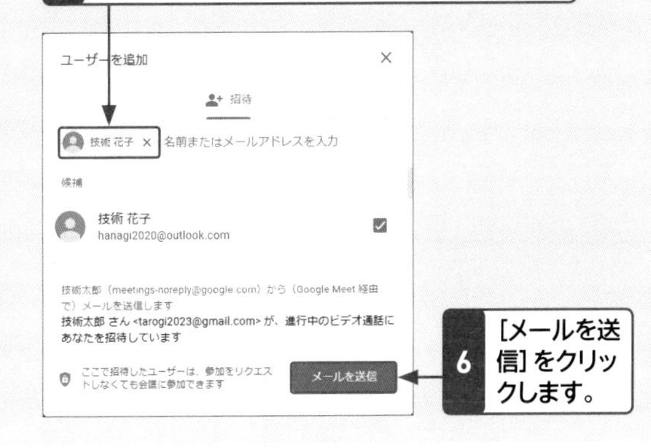
ユーザーを追加
招待
技術 花子
名前またはメールアドレスを入力
技術 花子
hanagi2020@outlook.com
メールを送信
6 [メールを送信] をクリックします。

重要度 ★★★ Google Meet

Q 142 招待されたビデオ会議に参加したい!

A 招待メールを表示して [通話に参加]、あるいはURLをクリックします。

ビデオ会議に招待されるとメールが届くので、メールを表示して[通話に参加] あるいはURLをクリックします。マイクとカメラの使用許可を求める画面が表示された場合は [許可] をクリックして、[参加をリクエスト] をクリックします。

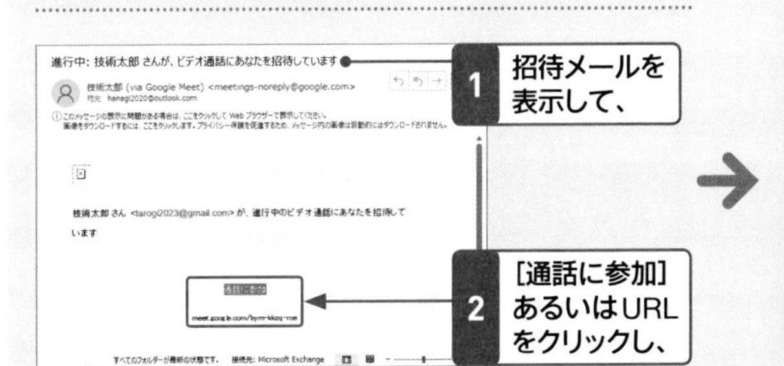
進行中: 技術太郎 さんが、ビデオ通話にあなたを招待しています
1 招待メールを表示して、
meet.google.com/bym-kkzq-roe
2 [通話に参加] あるいはURLをクリックし、

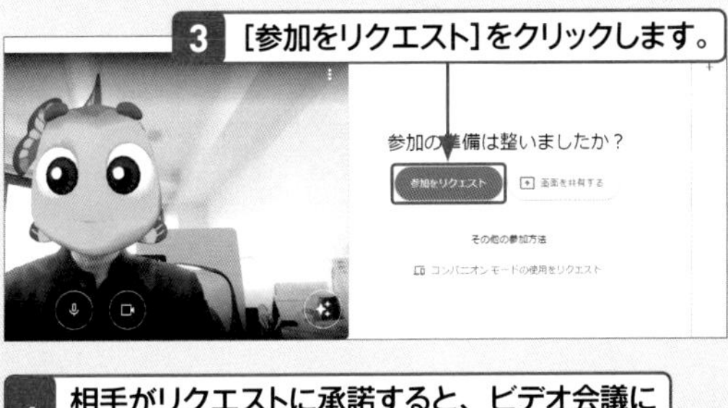
3 [参加をリクエスト] をクリックします。
参加の準備は整いましたか?
参加をリクエスト
その他の参加方法

4 相手がリクエストに承諾すると、ビデオ会議に参加できます。

重要度 ★★★ Google Meet

Q 143 ビデオ会議中にチャットでメッセージを送りたい！

A [全員とチャット] をクリックして、メッセージを送信します。

Google Meet では、参加者どうしでチャットでメッセージを送信することができます。画面右下の [全員とチャット] をクリックしてメッセージを入力し、[メッセージを送信] をクリックします。メッセージは会議に参加中のユーザーだけに表示され、会議が終了すると削除されます。

1 [全員とチャット] をクリックします。

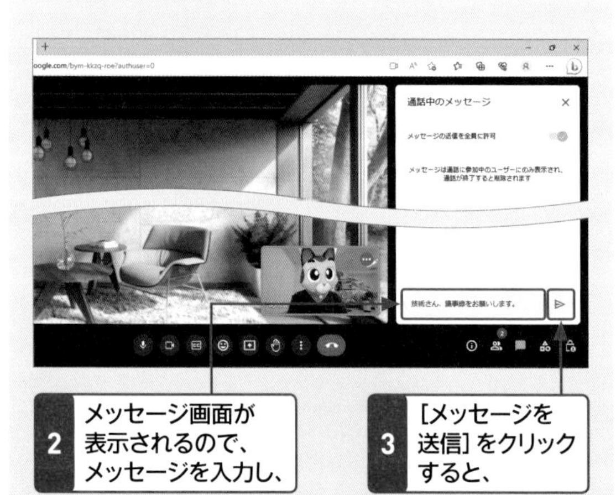
通話中のメッセージ

2 メッセージ画面が表示されるので、メッセージを入力し、

3 [メッセージを送信] をクリックすると、

4 メッセージが送信されます。

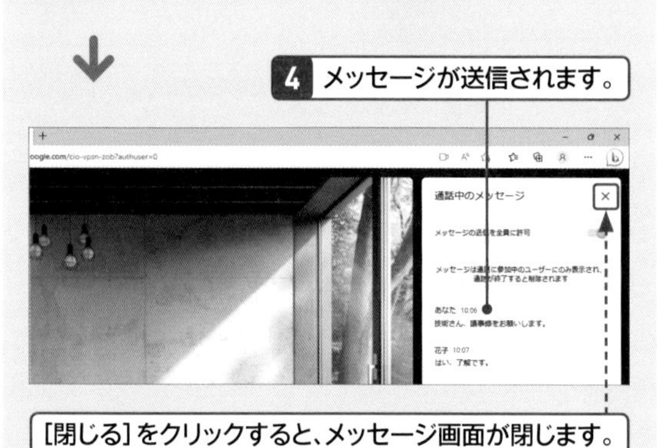
通話中のメッセージ

[閉じる] をクリックすると、メッセージ画面が閉じます。

重要度 ★★★ Google Meet

Q 144 ビデオ会議中にマイクやカメラをオン／オフしたい！

A マイクやカメラのアイコンをクリックします。

Google Meet では、ビデオ会議中にマイクやカメラのオン／オフを切り替えることができます。ビデオ画面の下に表示されている [マイクをオフにする] や [カメラをオフにする] をクリックして、オン／オフを切り替えます。

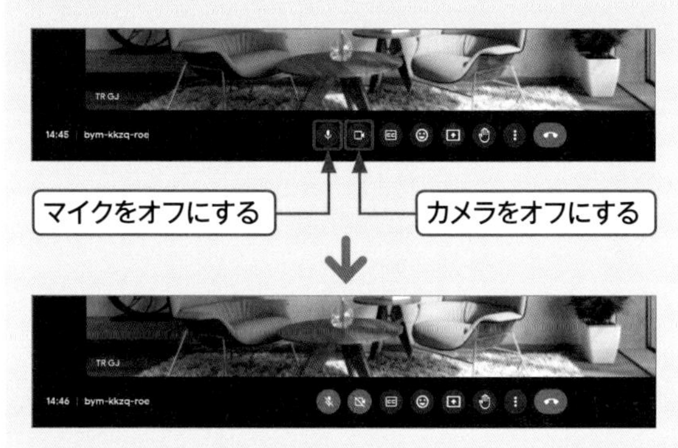
14:45 bym-kkzq-roe
14:46 bym-kkzq-roe

マイクをオフにする

カメラをオフにする

重要度 ★★★ Google Meet

Q 145 ビデオ会議を終了／退出したい！

A [通話から退出] をクリックします。

ビデオ会議から中座する、あるいは退出する必要がある場合は、[通話から退出]  をクリックしてビデオ画面を閉じます。会議を終了したときも同様に [通話から退出] をクリックします。

14:50 bym-kkzq-roe

[通話から退出] をクリックすると、ビデオ会議を終了／退出できます。

第4章

Google マップ

重要度 ★★★ Googleマップの基本

Q 146 Googleマップとは？

A 無料のオンライン地図サービスです。

Googleマップは、世界中の地図を見ることができる無料のオンライン地図サービスです。キーワードを入力して地図を検索したり、目的地までの最短ルートを検索したり、目的地や現在地周辺の施設や店舗などの情報を調べたりすることができます。また、ストリートビューで実際に歩いているような感覚で周囲を見渡しながら道を進むこともできます。

地図を検索したり、周辺の施設や店舗などの情報を調べたりすることができます。

ストリートビューで周囲を見渡しながら道を進むことができます。

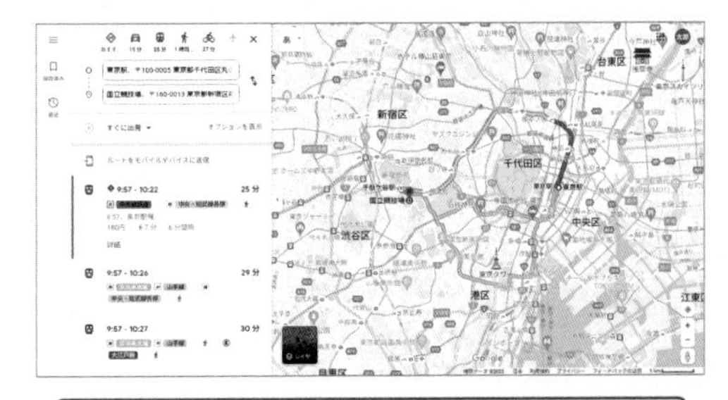

移動手段を指定して、目的地までの最短ルートを検索できます。

重要度 ★★★ Googleマップの基本

Q 147 Googleマップを使うには？

A [Googleアプリ]から[マップ]をクリックします。

Googleマップを表示するには、Googleのトップページで[Googleアプリ] をクリックして、[マップ]をクリックします。Googleマップは、Googleアカウントでログインしなくても利用することはできますが、ログインすると、自宅や職場の住所を保存したり、お気に入りの場所を保存したりして、ルートをよりかんたんに検索することができます。

Googleマップにログインするには、画面右上に表示されている[ログイン]をクリックして、パスワードを入力し、[次へ]をクリックします。

1 Googleのトップページを表示します。
2 [Googleアプリ]をクリックして、
Gmail
画像
ログイン
アカウント
検索
マップ
3 [マップ]をクリックすると、
4 Googleマップ画面が表示されます。
ホテル
アクティビティ
美術館、博物館
交通機関
ログイン
5 [ログイン]をクリックし、パスワードを入力して[次へ]をクリックすると、
6 Googleマップにログインされます。
足立区
葛飾区
荒川区
太郎

Q 148 Googleマップの画面構成を知りたい！

A 下図で各部の名称と機能を確認しましょう。

Googleマップは、通常の地図表示のほかに、航空写真表示に切り替えたり、交通状況や路線図、地形などを地図上に表示したりすることができます。また、地図検索やルート検索、ストリートビューの利用によっても表示が変わります。
ここでは、Googleマップを表示した直後の基本的な画面の構成を確認しておきましょう。

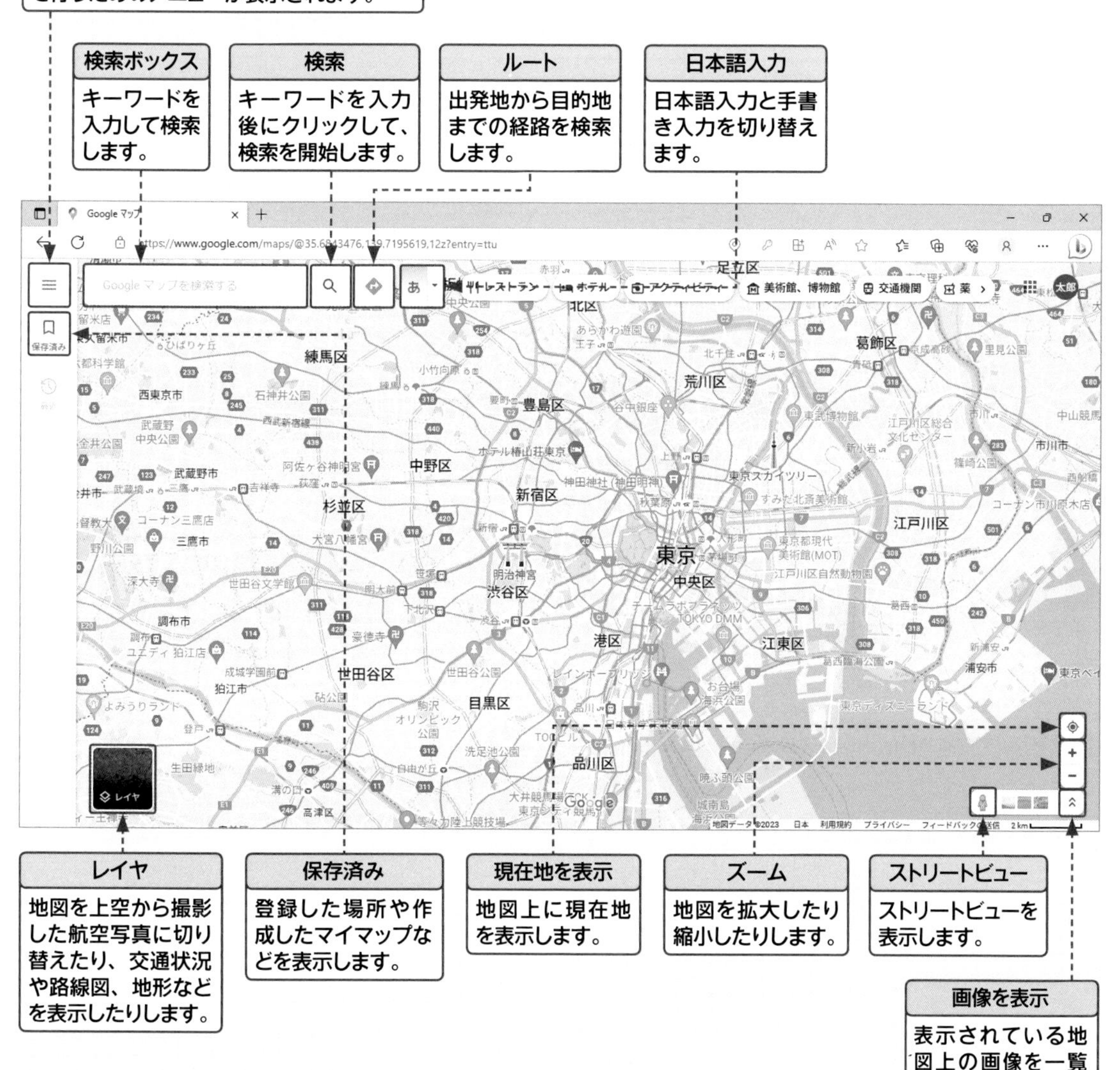

メニュー
サイドバーの表示／非表示を切り替えたり、マイマップの表示や地図の共有、印刷などを行うためのメニューが表示されます。
検索ボックス
キーワードを入力して検索します。
検索
キーワードを入力後にクリックして、検索を開始します。
ルート
出発地から目的地までの経路を検索します。
日本語入力
日本語入力と手書き入力を切り替えます。
レイヤ
地図を上空から撮影した航空写真に切り替えたり、交通状況や路線図、地形などを表示したりします。
保存済み
登録した場所や作成したマイマップなどを表示します。
現在地を表示
地図上に現在地を表示します。
ズーム
地図を拡大したり縮小したりします。
ストリートビュー
ストリートビューを表示します。
画像を表示
表示されている地図上の画像を一覧表示します。

重要度 ★★★ Googleマップの基本

Q 149 パソコンで位置情報を利用するには？

A Windowsの［設定］画面で、位置情報サービスをオンにします。

Googleマップでは、ユーザーの位置情報を利用して現在地を特定したり、現在地に関する情報を表示したりすることができます。Googleアプリが自分の位置情報を使うことを許可するかどうかを設定するには、Windowsの［設定］画面の［プライバシーとセキュリティ］をクリックして、［位置情報］で設定します。

1 ［スタート］をクリックして、［設定］をクリックします。

2 ［プライバシーとセキュリティ］をクリックして、

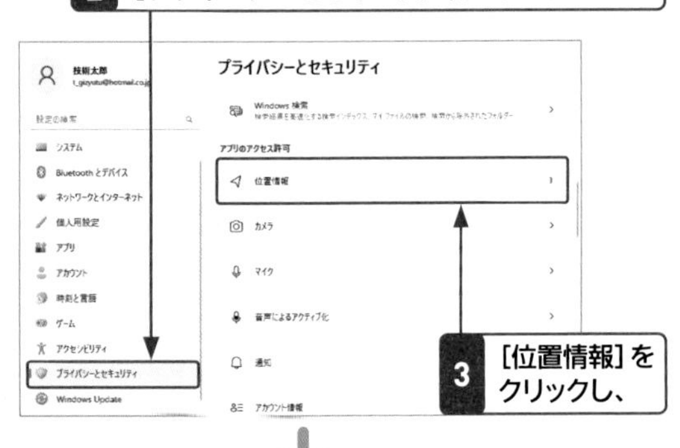
プライバシーとセキュリティ
アプリのアクセス許可
位置情報
カメラ
マイク
プライバシーとセキュリティ
Windows Update

3 ［位置情報］をクリックし、

4 位置情報がオンになっていることを確認します。オフになっている場合は、クリックしてオンにします。

5 画面をスクロールし、［マップ］をクリックしてオンにします。

重要度 ★★★ Googleマップの基本

Q 150 現在地を表示したい！

A Googleマップの［現在地を表示］をクリックします。

Googleマップでは、ユーザーの位置情報を利用して地図上に現在地を表示します。地図上に現在地を表示するには、Googleマップの右下にある［現在地を表示］をクリックします。現在地を表示するには、Windowsで位置情報を使うことを許可する必要があります。なお、パソコンではネットワークの情報をもとに位置情報を取得しているので、実際の位置とは異なる場合もあります。

参照▶Q 149

1 ［現在地を表示］をクリックします。

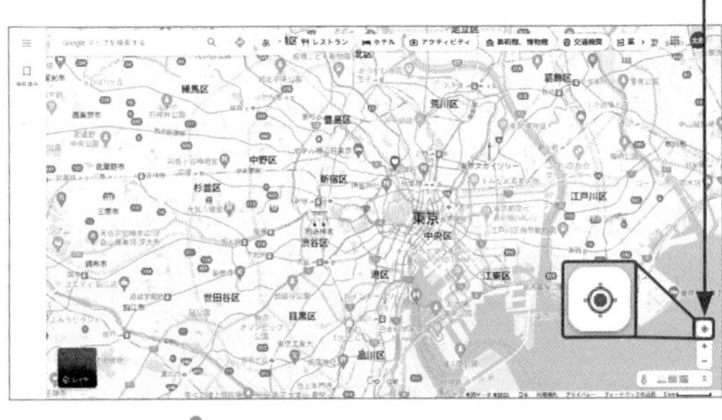

2 現在地情報の使用許可を求める画面が表示された場合は、［許可］をクリックすると、

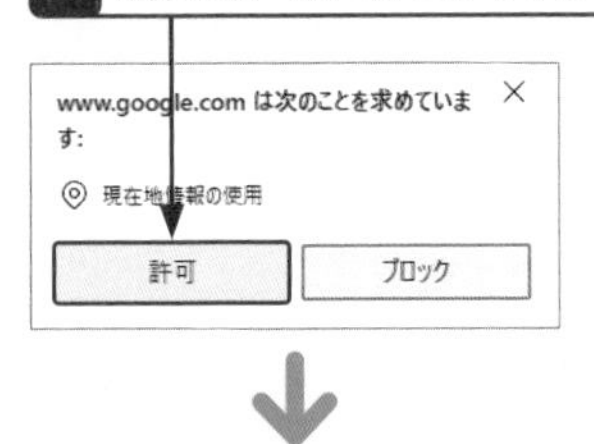
www.google.com は次のことを求めています:
現在地情報の使用
許可
ブロック

3 地図上に現在地を示す青い丸が表示されます。

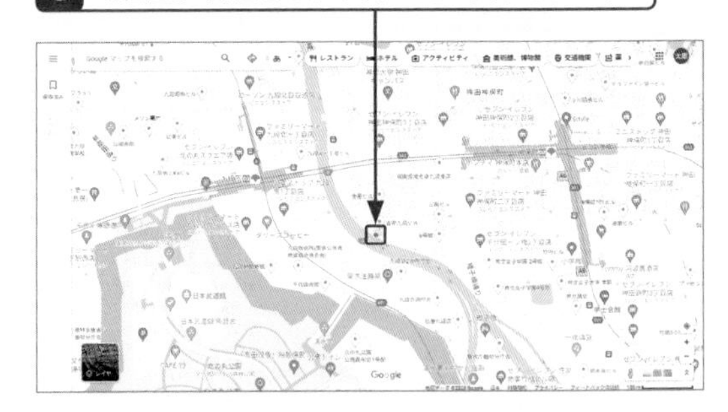

重要度 ★★★　地図の検索

Q 151 目的地の地図を表示したい！

A 検索ボックスに目的地を入力して検索します。

目的地の地図を検索するには、検索ボックスにキーワードを入力します。キーワードには、住所や施設名、店名、電話番号、郵便番号などを利用できます。キーワードを入力して［検索］をクリックするか、Enter を押すと、検索結果画面と目的地周辺の地図が表示されます。検索結果画面には、検索場所の詳細な情報と写真、クチコミなどが表示されています。目的地には、ピン が表示されます。

1 検索ボックスをクリックして、キーワードを入力し、

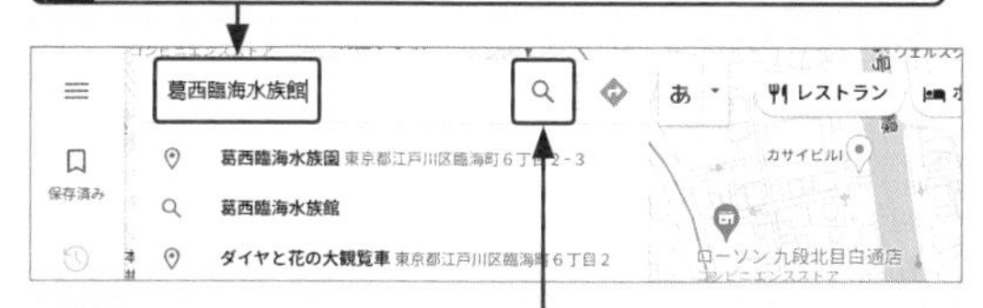

葛西臨海水族館
あ
レストラン
保存済み
葛西臨海水族園 東京都江戸川区臨海町６丁目２-３
葛西臨海水族館
ダイヤと花の大観覧車 東京都江戸川区臨海町６丁目２
ローソン 九段北目白通店

2 ［検索］をクリックするか、Enter を押すと、

3 検索結果画面と周辺の地図が表示されます。

葛西臨海水族園
目的地にはピンが表示されます。

4 ここをクリックすると、

5 検索結果画面が折りたたまれます。

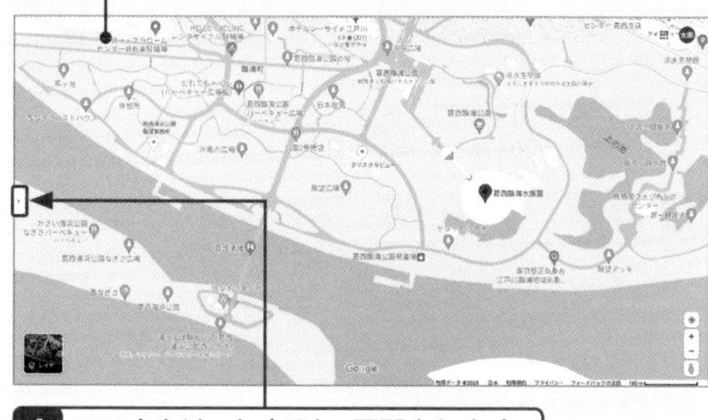

6 ここをクリックすると、展開されます。

重要度 ★★★　地図の検索

Q 152 地図を移動したい！

A 地図上でマウスを上下左右にドラッグします。

地図を移動させるには、地図上にマウスポインターを合わせて、上下左右にドラッグします。

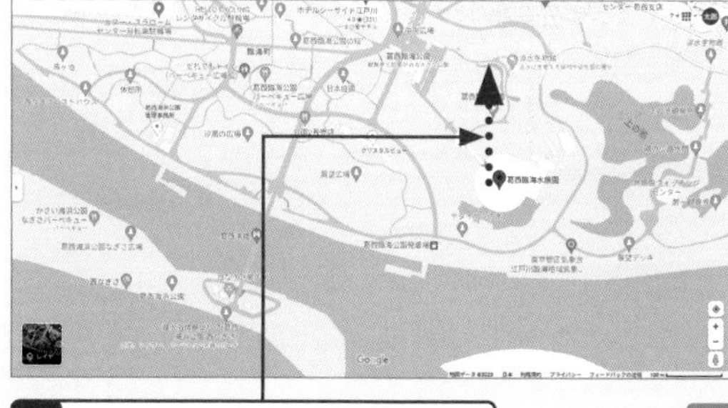

1 地図を上方向にドラッグすると、

2 地図の下のほうが表示されます。

3 左方向にドラッグすると、

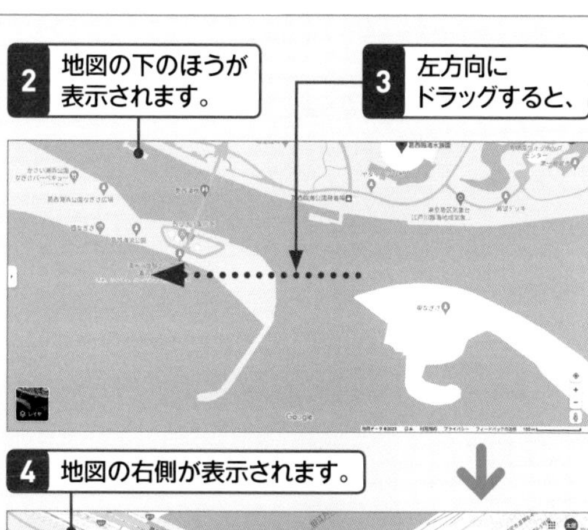

4 地図の右側が表示されます。

Q 153 地図を拡大／縮小したい！

A ズームを利用するか、マウスのホイールを利用します。

地図を拡大／縮小するには、画面右下に表示されているズームを利用します。[+]をクリックすると拡大され、[-]をクリックすると縮小されます。マウスのホイールを上下に動かすことでも拡大／縮小ができます。
また、[ズーム]の境界にマウスポインターを合わせて、[スライダを表示]をクリックするとスライダが表示されます。このスライダをドラッグして拡大／縮小することもできます。

● 拡大／縮小を利用する

1 [拡大]をクリックすると、

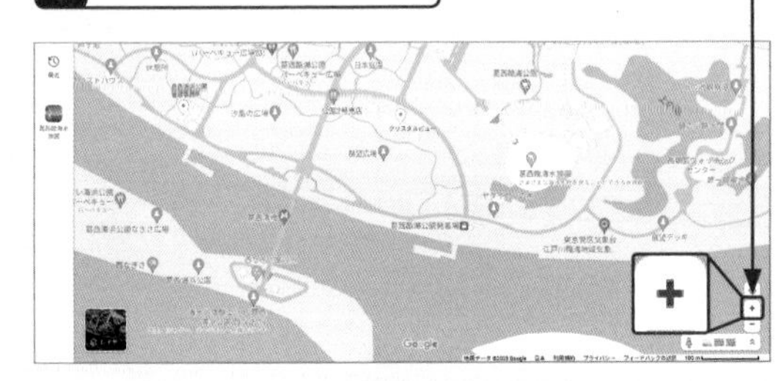

2 地図が拡大表示されます。

3 [縮小]をクリックすると、

4 地図が縮小表示されます。

● ズームスライダを利用する

1 [ズーム]の境界にマウスポインターを合わせて、

2 [スライダを表示]をクリックすると、

3 スライダが表示されます。

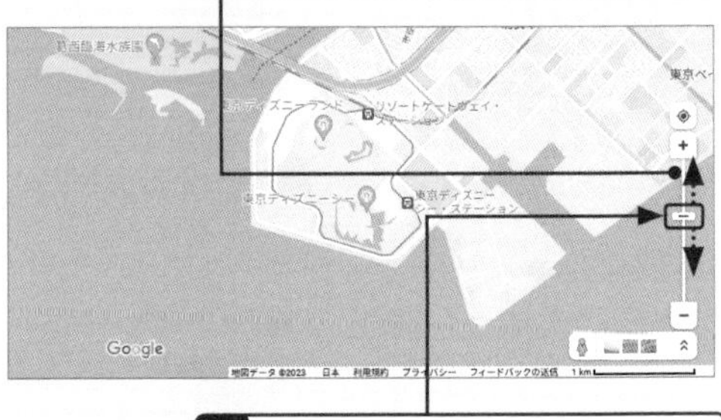

4 スライダを上下にドラッグすると、拡大／縮小されます。

5 [ズーム]の境界にマウスポインターを合わせ、

6 [スライダを隠す]をクリックすると、

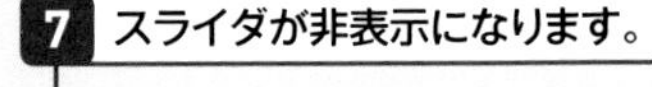

7 スライダが非表示になります。

重要度★★★ 地図の検索

Q 154 表示されている施設の情報を見たい！

A ピンをクリックすると情報が表示されます。

地図上に表示されている施設の情報を見たいときは、目的の施設のピンをクリックすると、検索結果画面に詳細な情報が表示されます。

東京都台東区浅草7丁目4-1 待乳山
待乳山 本龍院（待乳山聖天）
4.3 ★★★★★ (1,175)
仏教寺院
概要
クチコミ
基本情報
ルート・乗換
保存
付近を検索
モバイルデバイスに送信
共有
緑豊かな丘にある、何世紀もの歴史を持つ仏教寺院。和合を象徴する大根のモチーフで知られる。
〒111-0032 東京都台東区浅草7丁目4-1
今戸神社
待乳山 本龍院（待乳山聖天）
ピンをクリックすると、
その施設の情報が
表示されます。

重要度★★★ 地図の検索

Q 155 表示されていない施設の情報を見たい！

A 地図上で目的の場所をクリックすると情報が表示されます。

ピンが表示されていない場所の情報を知りたいときは、目的の場所を地図上でクリックします。クリックした場所によっては、地図の下に住所が表示されたり、検索結果画面が表示されて、住所や電話番号などが表示されたりします。

市ヶ谷フィッシュセンター、〒162-08
レストラン
ホテル
アクティビティ
交通機関
市ヶ谷フィッシュセンター
4.0 ★★★★★ (876)
釣り堀
概要
クチコミ
基本情報
鯉や金魚が泳ぐ釣り堀がある施設。水槽と関連用品、鑑賞用の魚を販売するショップも併設。
〒162-0843 東京都新宿区市谷田町1丁目1
営業中・営業終了: 19:00
海の日（振替休日）は時間が異なる場合があります
ichigaya-fc.com
03-3260-1324
場所をクリックすると、
住所や電話番号などが
表示されます。

重要度★★★ 地図の検索

Q 156 検索結果の場所の情報をすばやく見たい！

A 検索結果の一覧で見たい場所をクリックします。

施設やサービスを検索すると、検索結果画面と該当する付近の地図が表示されます。複数の候補がある場合は、検索結果画面に候補が一覧で表示されます。いずれかをクリックすると、その場所の住所やURL、電話番号、クチコミなどの詳細情報が表示されます。

1 検索結果の一覧で候補にマウスポインターを合わせると、

2 地図上にピンが表示され、位置を確認できます。

千代田区スポーツジム
jump one Akihabara
Personalstudio Halle 四ツ谷店
Forzaフィットネススタジオ 神田
豊島区
台東区
新宿区
千代田区
東京
中央区

3 詳しく見たい候補をクリックすると、

千代田区スポーツジム
Apple GYM（アップルジム）神田店
ジムセントラル24 神田
エニタイムフィットネス 千代田岩本町
豊島区
新宿区
台東区
千代田区
東京

4 クリックした候補の詳細情報が表示されます。

千代田区スポーツジム
Apple GYM（アップルジム）神田店
ジムセントラル24 神田
エニタイムフィットネス 千代田岩本町
ジムセントラル24 神田
フィットネス クラブ
概要
クチコミ
基本情報
台東区
千代田区
東京

5 ここをクリックすると、もとの一覧に戻ります。

重要度 ★★★ 地図の検索

Q 157 目的地の地図を共有したい!

A 検索結果画面で[共有]をクリックします。

Googleマップでは、目的地の地図やルートの検索結果などをほかの人と共有することができます。目的地を検索して、検索結果画面に表示されている[共有]をクリックします。検索した場所のURLが表示されるので、URLをコピーして、メールなどで送信します。
送信された相手がURLをクリックすると、Googleマップで目的地が表示されます。

1 目的地を検索して、

2 [共有]をクリックします。

KITTE丸の内

3 検索した場所のURLが表示されるので、

共有
リンクを送信する
地図を埋め込む
KITTE丸の内
〒100-0005 東京都千代田区丸の内2丁目7-2
共有リンク
https://goo.gl/maps/oZwzruvYr3T6H7DA6
リンクをコピー

4 [リンクをコピー]をクリックします。

5 メールの送信画面にURLを貼り付けて送信すると、地図を共有することができます。

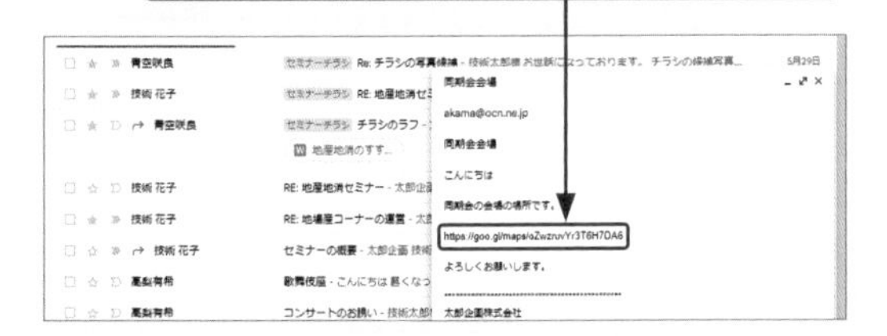
akama@ocn.ne.jp
https://goo.gl/maps/oZwzruvYr3T6H7DA6
よろしくお願いします。

重要度 ★★★ 地図の検索

Q 158 地図上の施設や風景の写真を表示したい!

A 画面右下にある[画像を表示]をクリックします。

Googleマップでは、指定した場所の周辺の写真を見ることができます。施設付近の地図を表示して、画面右下にある[画像を表示]をクリックすると、写真が一覧で表示されます。クリックすると、拡大して見ることができます。

1 施設付近の地図を表示して、

2 [画像を表示]をクリックすると、

3 写真が一覧で表示されます。

4 見たい写真をクリックすると、

5 写真が拡大して表示されます。

ここをクリックすると、もとの画面に戻ります。

重要度 ★★★ 地図の検索

Q 159 地図の検索履歴を表示したい！

A ［メニュー］から［マップのアクティビティ］をクリックします。

地図の検索履歴を表示するには、［メニュー］☰ をクリックして［マップのアクティビティ］をクリックします。［マップのマイアクティビティ］画面が表示され、マップでの検索履歴が表示されます。なお、履歴の利用には、Googleアカウントでログインしておく必要があります。

1 ［メニュー］☰ をクリックして、

2 ［マップのアクティビティ］をクリックすると、

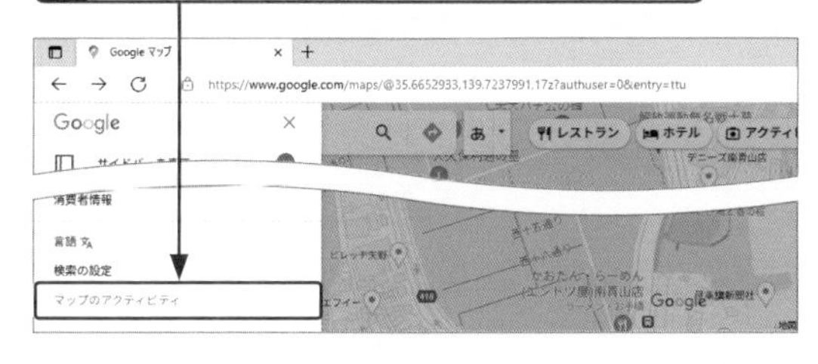
Google マップ
Google
消費者情報
言語
検索の設定
マップのアクティビティ

3 マップの検索履歴が表示されます。クリックすると、地図上に表示されます。

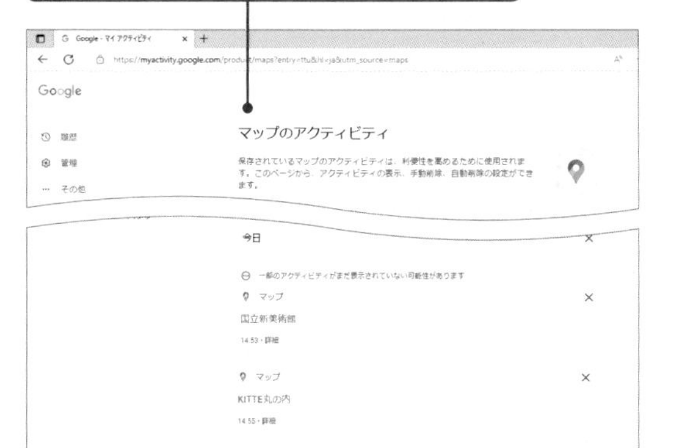
Google
マップのアクティビティ
今日
国立新美術館
KITTE丸の内

重要度 ★★★ 地図の検索

Q 160 地図の検索履歴を削除したい！

A ［メニュー］から［マップのアクティビティ］をクリックして削除します。

地図の検索履歴を削除するには、［メニュー］☰ をクリックして［マップのアクティビティ］をクリックします。［マップのアクティビティ］画面が表示されるので、［削除］をクリックして、履歴を削除する期間を指定します。期間を指定して自動的に削除することもできます。

1 ［マップのアクティビティ］画面を表示して、

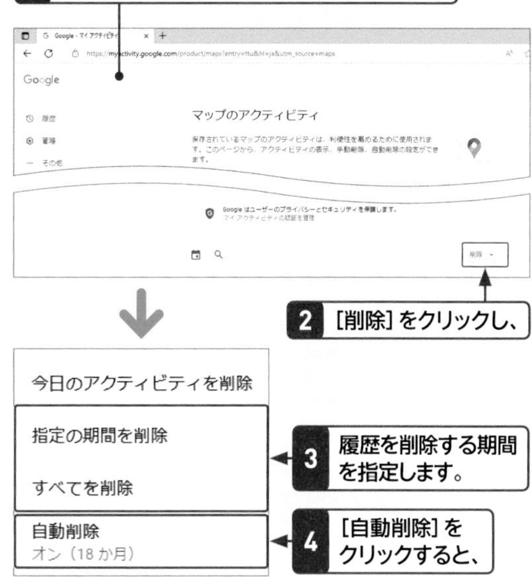
Google
マップのアクティビティ
今日のアクティビティを削除
指定の期間を削除
すべてを削除
自動削除
オン（18 か月）

2 ［削除］をクリックし、

3 履歴を削除する期間を指定します。

4 ［自動削除］をクリックすると、

5 履歴を自動で削除する期間を指定することもできます。

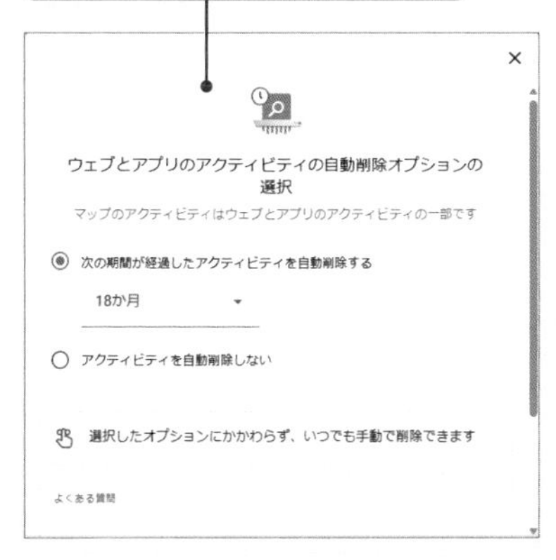
ウェブとアプリのアクティビティの自動削除オプションの選択
マップのアクティビティはウェブとアプリのアクティビティの一部です
次の期間が経過したアクティビティを自動削除する
18か月
アクティビティを自動削除しない
選択したオプションにかかわらず、いつでも手動で削除できます
よくある質問

重要度 ★★★ 地図の検索

Q 161 地図を印刷したい！

A Googleマップの［メニュー］から［印刷］をクリックします。

検索した地図を印刷するには、検索結果画面で［メニュー］≡をクリックして［印刷］をクリックします。印刷専用の画面が表示され、メモ欄が表示されるので、待ち合わせの日時や場所などをメモとして入力しておくと、地図といっしょに印刷されます。
地図上を右クリックして、［印刷］をクリックしても同様に印刷が行えます。

1 目的地を検索して、［メニュー］≡をクリックし、

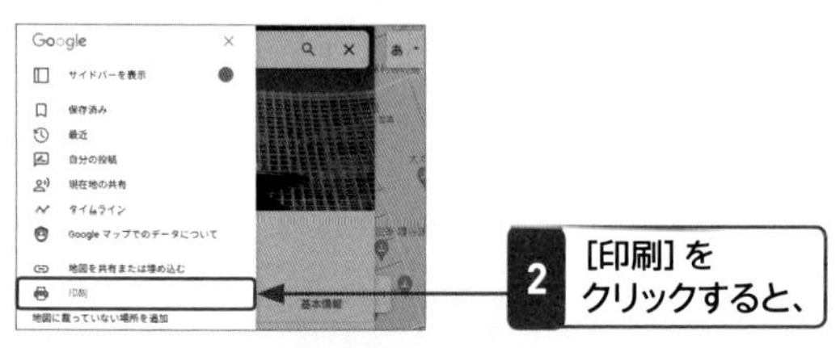

2 ［印刷］をクリックすると、

3 印刷用の画面が表示されます。

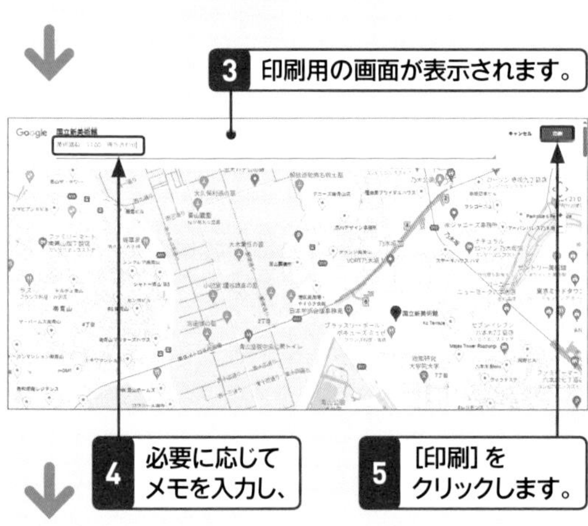

4 必要に応じてメモを入力し、

5 ［印刷］をクリックします。

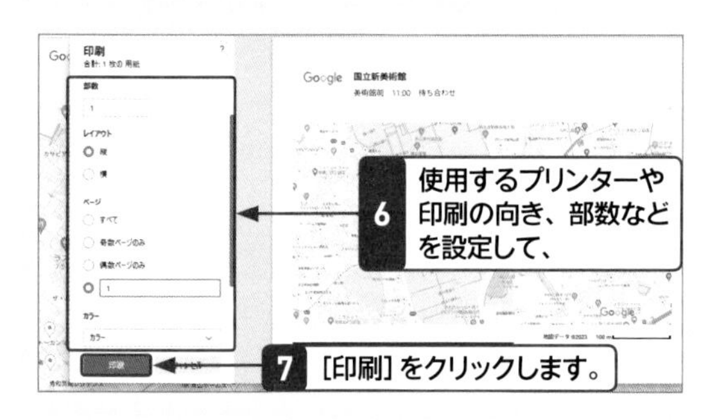

6 使用するプリンターや印刷の向き、部数などを設定して、

7 ［印刷］をクリックします。

重要度 ★★★ 表示の切り替え

Q 162 交通状況を表示したい！

A ［レイヤ］から［交通状況］をクリックします。

Googleマップでは、現在の交通状況を表示することができます。画面左下の［レイヤ］にマウスポインターを合わせて、［交通状況］をクリックします。交通状況は色分けされており、緑はスムーズな流れ（渋滞していません）、黄はやや渋滞、赤は渋滞を示します。曜日と時間帯を指定して交通状況を確認することもできます。
再度［交通状況］をクリックすると、もとの地図表示に戻ります。

1 ［レイヤ］にマウスポインターを合わせて、

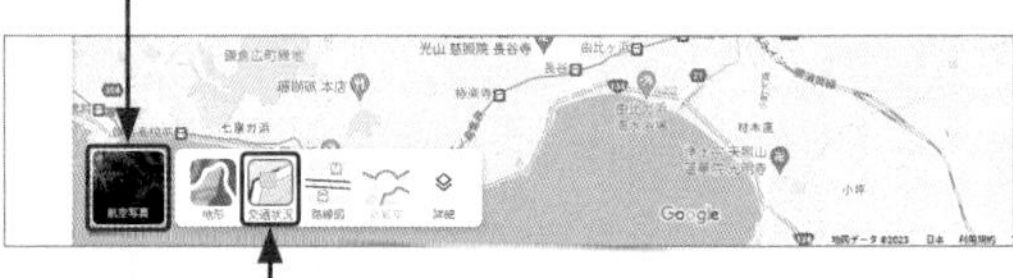

2 ［交通状況］をクリックすると、

3 現在の交通状況が色分けで表示されます。

4 ［ライブ交通情報］をクリックして、

5 ［曜日と時刻別の交通状況］をクリックすると、

6 曜日と時間帯を指定して交通状況の予測を確認することができます。

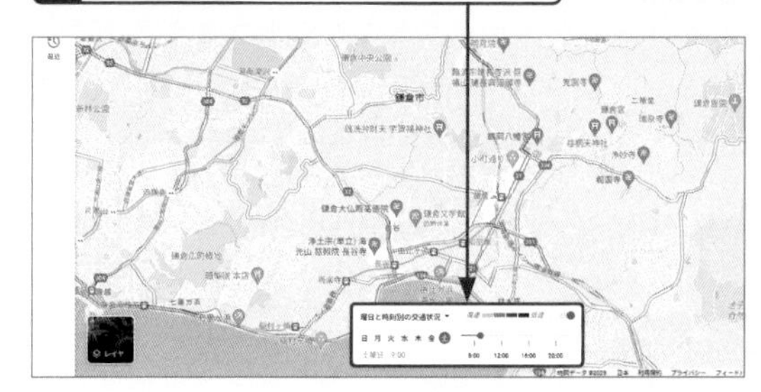

重要度★★★ 表示の切り替え

Q 163 路線図を表示したい!

A [レイヤ]から[路線図]をクリックします。

Googleマップでは、電車や地下鉄の路線を色分けして地図上に表示することができます。画面左下の[レイヤ]にマウスポインターを合わせて、[路線図]をクリックします。表示される路線は、通常、各交通機関の実際の路線の色で表示されます。駅のアイコンにマウスポインターを合わせると運行している路線が、クリックすると詳細な情報が確認できます。ただし、地域によっては、[路線図]が有効にならない場合があります。
再度[路線図]をクリックすると、もとの地図表示に戻ります。

1 [レイヤ]にマウスポインターを合わせて、

2 [路線図]をクリックすると、

3 路線が色分けして表示されます。

4 駅にマウスポインターを合わせると、

九段下駅

5 運行している路線が表示されます。

6 駅をクリックすると、詳細情報が表示されます。

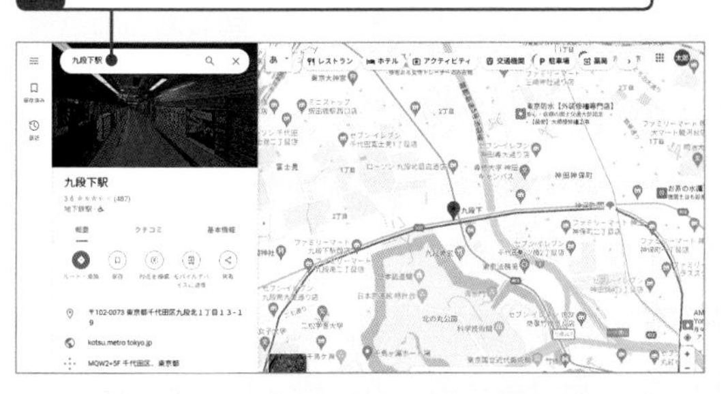
九段下駅
kotsu.metro.tokyo.jp

重要度★★★ 表示の切り替え

Q 164 地形図を表示したい!

A [レイヤ]から[地形]をクリックします。

Googleマップでは、地形の標高を表示することができます。画面左下の[レイヤ]にマウスポインターを合わせて、[地形]をクリックします。地形を表示すると、山や谷などの地形の標高を確認できます。等高線がグレーで表示され、標高の数字が表示されます。
再度[地形]をクリックすると、もとの地図表示に戻ります。

1 目的地の地図を表示します。

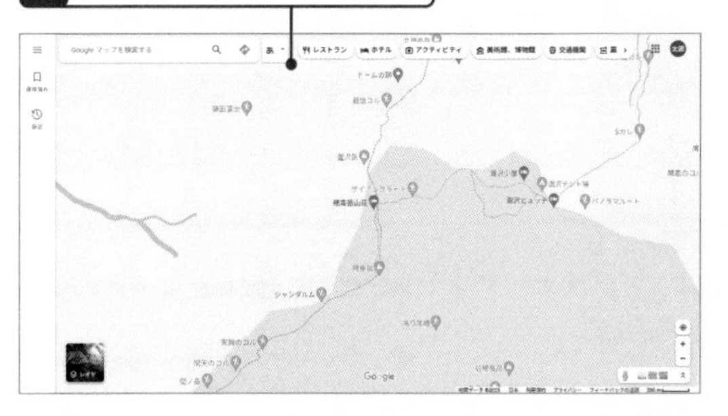

2 [レイヤ]にマウスポインターを合わせて、

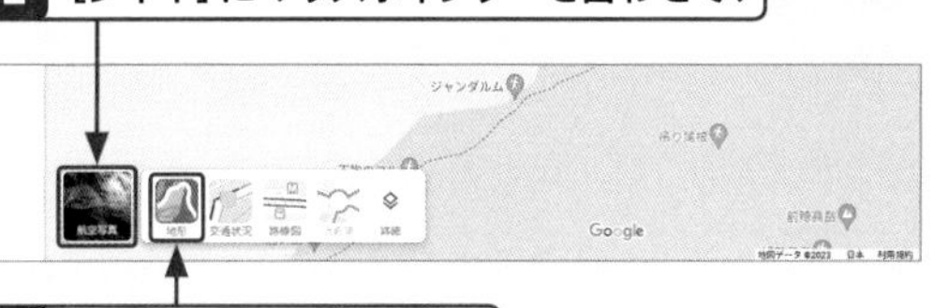

3 [地形]をクリックすると、

4 地形の表示に切り替わります。

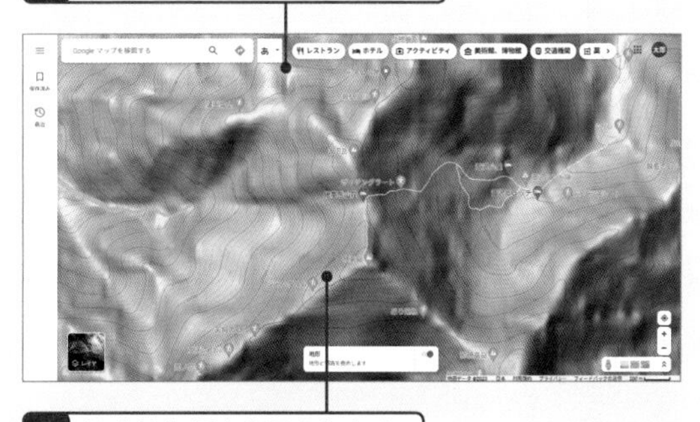

5 等高線と標高が示されます。

重要度 ★★★　表示の切り替え

Q 165 航空写真を表示したい!

Googleマップの表示は、通常は地図ですが、上空から見た航空写真に切り替えることができます。画面左下の[レイヤ]をクリックします。

A 地図を表示して[レイヤ]をクリックします。

1 目的地を表示して、

2 [レイヤ]を クリックすると、

3 航空写真の表示に切り替わります。

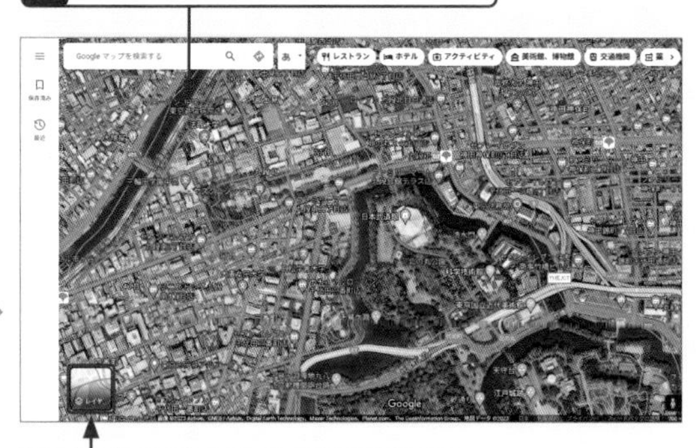

4 再度[レイヤ]をクリックすると、地図の表示に戻ります。

重要度 ★★★　表示の切り替え

Q 166 月や火星を探索してみたい!

A [地球表示]をオンにして航空写真に切り替え、ズームアウトします。

Googleマップでは、地球のほかに、月や火星などを表示することもできます。初めに、画面左下の[レイヤ]にマウスポインターを合わせて[詳細]をクリックし、[地球表示]をクリックしてオンにします。続いて、[レイヤ]をクリックして、航空写真に切り替えます。さらにマウスのホイールを下に動かしてズームアウトし、[宇宙空間]で見たい星をクリックします。

1 [レイヤ]にマウスポインターを合わせて、

2 [詳細]をクリックし、

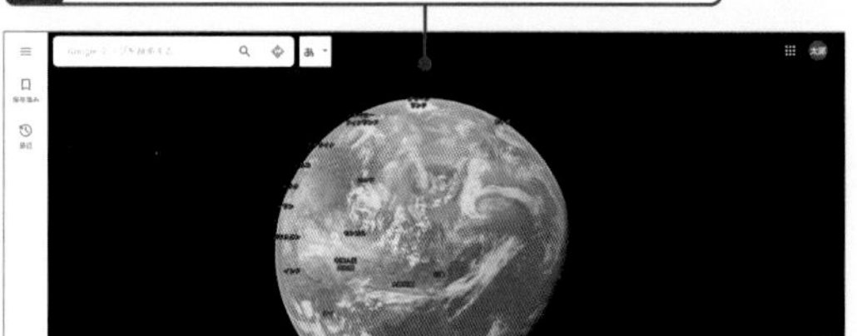

3 [地球表示]をクリックしてオンにします。

4 画面を航空写真表示に切り替えてズームアウトすると、地球が表示されます。

5 さらにズームアウトして、見たい星をクリックします。

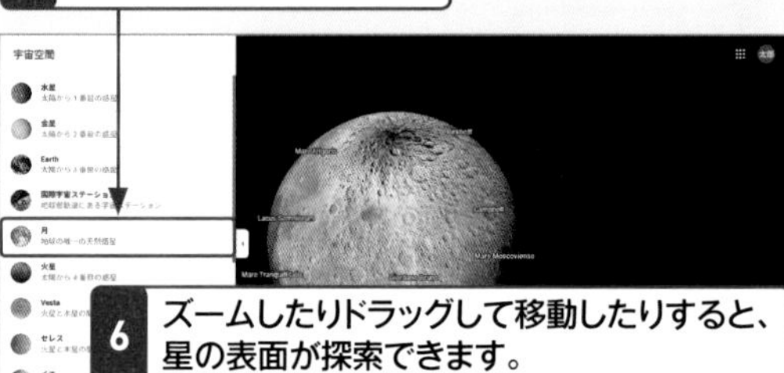

6 ズームしたりドラッグして移動したりすると、星の表面が探索できます。

Q 167 地図を3Dで表示したい！

A [地球表示]をオンにして航空写真に切り替え、[3D]をクリックします。

Googleマップでは、地図を3D表示にすることができます。初めに、画面左下の[レイヤ]にマウスポインターを合わせて[詳細]をクリックし、[地球表示]をクリックしてオンにします。続いて、[レイヤ]をクリックして、航空写真に切り替えます。

さらに、画面右下の[3D]クリックすると、ビューが傾斜します。Ctrlを押しながら上下にドラッグすると、角度を自由に変えることができます。画面右下の[平面]をクリックすると、平面の表示に戻ります。

なお、使用しているパソコンによっては、3D表示ができない場合があります。

1 目的地を表示します。

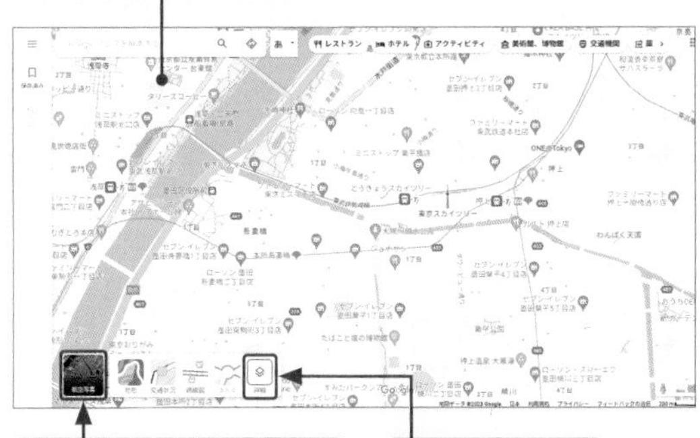

2 [レイヤ]にマウスポインターを合わせて、

3 [詳細]をクリックし、

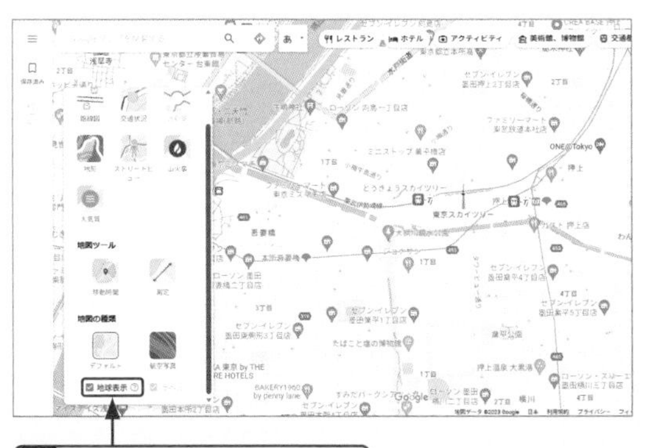

4 [地球表示]をクリックしてオンにします。

5 [レイヤ]をクリックして、航空写真に切り替え、

6 [3D]をクリックすると、

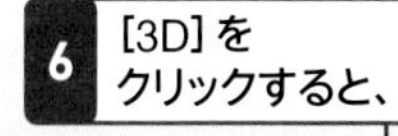

3D

7 ビューが傾斜します。さらにCtrlを押しながら上下にドラッグすると、

8 角度を自由に変えることができます。

9 [平面]をクリックすると、

Ctrlを押しながら左右にドラッグするか、コンパスの左右にある矢印をクリックすると、ビューを回転させることができます。

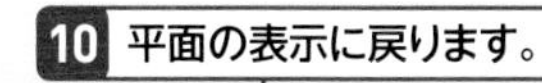

10 平面の表示に戻ります。

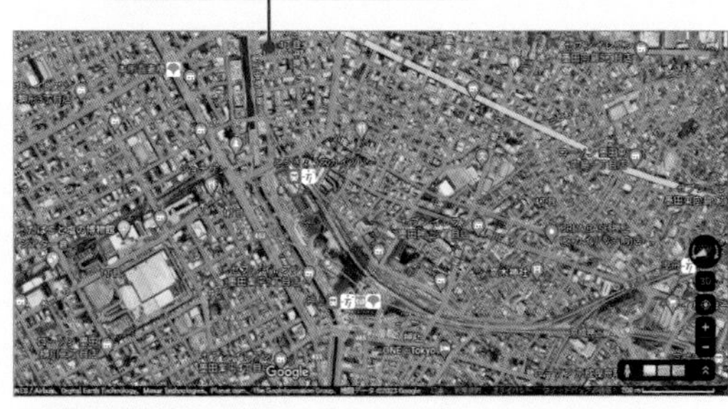

Q 168 ストリートビューを表示したい!

A 人物アイコン(ペグマン)をクリックして、青線上をクリックします。

Googleマップでは、実際に歩いているような感覚で周囲を360度見渡しながら道を進むことができるストリートビューを利用できます。目的地を表示して、人物アイコン(ペグマン)をクリックすると、ストリートビューに対応した道路やスポットが青色で表示されます。

青線上をクリックすると、ストリートビューが表示されます。画面上にマウスポインターを合わせると、進行方向の矢印が表示されるので、クリックしながら道を進みます。画面の左下には、現在の位置が地図で表示されます。

1 目的地を表示して、

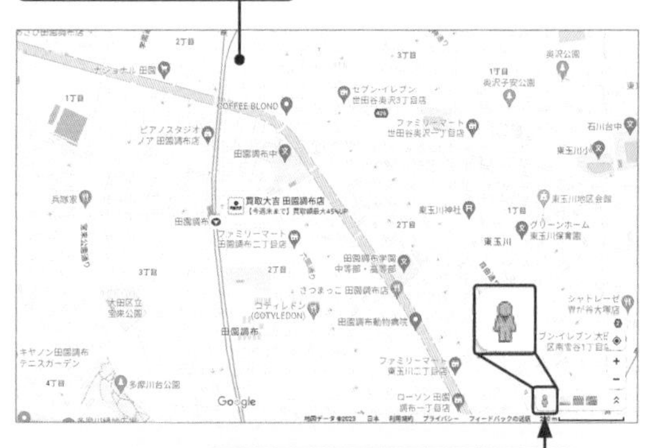

2 ペグマンをクリックすると、

3 ストリートビュー表示になります。

4 青い線上をクリックすると、

5 ストリートビュー画像が表示されます。

6 画面上にマウスポインターを合わせると、進行方向の矢印が表示されるので、

7 進みたい方向をクリックすると、

地図上の位置がここに表示されます。

8 先に進みます。

マウスでドラッグすると、周囲を見渡すことができます。

9 ここをクリックして、

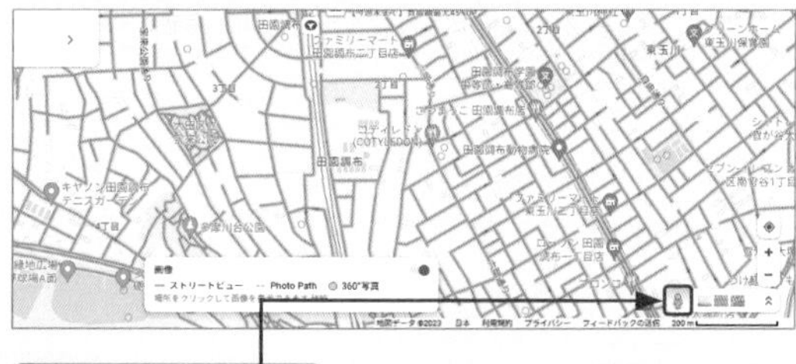

10 ペグマンをクリックすると、

11 地図表示に戻ります。

重要度 ★★★ ストリートビュー

Q 169 建物の内部の画像を見たい！

A 写真の［ストリートビューと360°ビュー］を利用します。

建物によっては、Googleのチームやユーザーが撮影した360度画像を見ることができます。建物を検索して、検索結果画面に表示される写真の［ストリートビューと360°ビュー］をクリックします。見たい写真をクリックしてドラッグするか、コンパスの左右にある矢印をクリックすると、建物の内部を360度方向見渡すことができます。

1 建物を検索します。

2 下方にある写真を表示して、［ストリートビューと360°ビュー］をクリックします。

3 見たい写真をクリックすると、

4 写真が拡大して表示されます。

5 ドラッグするか、コンパスの左右にある矢印をクリックすると、ビューが回転します。

重要度 ★★★ ストリートビュー

Q 170 ストリートビューの違反報告をしたい！

A ［問題の報告］をクリックして、問題がある箇所を指定します。

ストリートビューの映像に問題がある場合は、Googleに報告します。問題とは、掲載されては困るような個人が特定できる映像、車のナンバープレート、住居表札などが写っている場合や、そのほか不適切な映像を指します。このような場合は、［問題の報告］をクリックして、問題のある箇所を指定し、理由を選択して送信します。

参照▶Q 168

1 ストリートビューの映像に問題がある場合は、ここをクリックして、

ここをクリックしても同様です。

問題の報告

2 ［問題の報告］をクリックします。

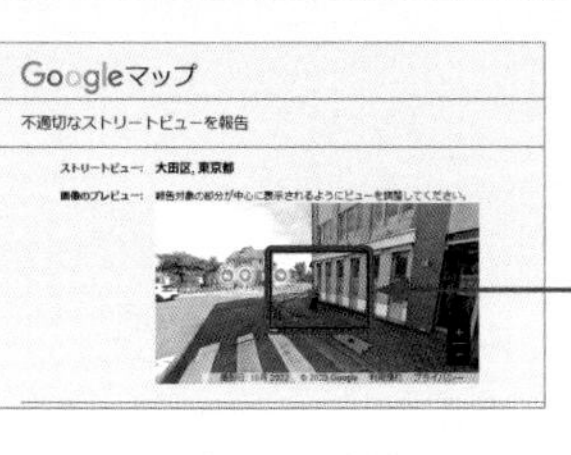
Googleマップ
不適切なストリートビューを報告

3 問題がある箇所を指定して、

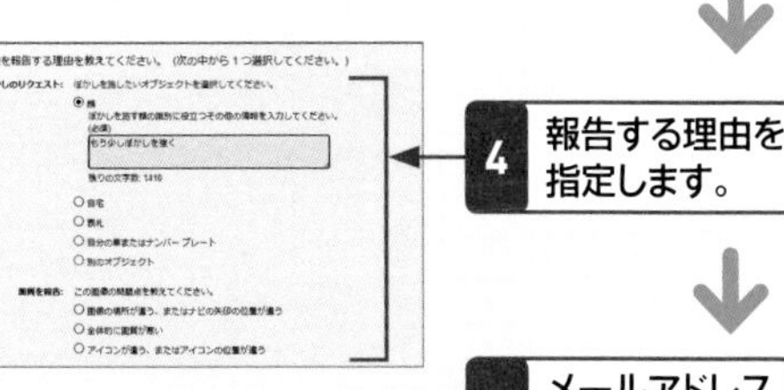

4 報告する理由を指定します。

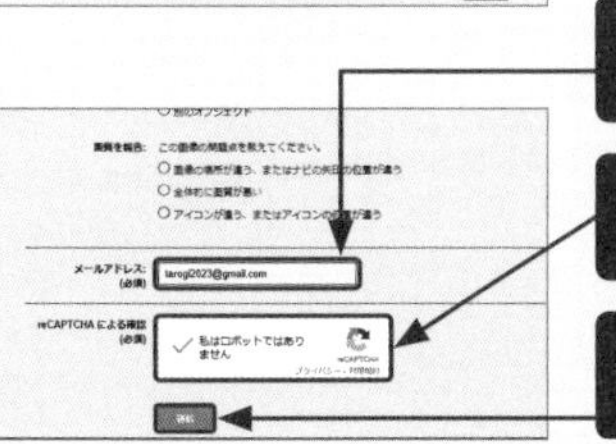

5 メールアドレスを入力し、

6 クリックして、オンにし、

7 ［送信］をクリックします。

Q 171 ルートを検索したい！

A [ルート]をクリックして、出発地と目的地を入力します。

Googleマップを利用すると、出発地から目的地までの最適なルートを検索することができます。Googleマップの[ルート]◈をクリックして、出発地と目的地を入力、あるいは地図上をクリックして指定し、移動手段を指定すると、最適なルートの候補が表示されます。ルートには移動時間や運賃なども表示されます。詳細を見たいルートをクリックすると、ルートの詳細が表示されます。移動手段は、車、電車とバス、徒歩、自転車、飛行機が選択できます。

1 Googleマップで[ルート]をクリックして、

Google マップを検索する
レストラン
保存済み
田園調布
大田区立宝来公園
シャトレーゼ 雪が谷大塚店
ファミリーマート 東玉川二丁目店

2 出発地を入力するか、地図上をクリックします。

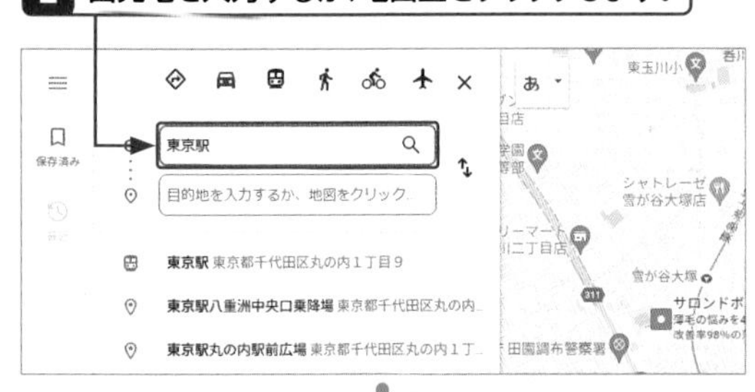
東京駅
目的地を入力するか、地図をクリック
保存済み
東京駅 東京都千代田区丸の内1丁目9
東京駅八重洲中央口乗降場 東京都千代田区丸の内
東京駅丸の内駅前広場 東京都千代田区丸の内1丁
シャトレーゼ 雪が谷大塚店

3 目的地を入力するか、地図上をクリックします。

東京駅
国立競技場
保存済み
最近
国立競技場 東京都新宿区霞ヶ丘町10-1
国立競技場駅 東京都渋谷区千駄ケ谷1丁目34
国立競技場前広場 東京都新宿区霞ヶ丘町10
シャトレーゼ 雪が谷大塚店

4 移動手段をクリックすると、

5 ルートが検索され、

新宿区
千代田区
渋谷区
中央区
台東区

6 地図上にルートが表示されます。

7 詳細を見たい候補をクリックして、

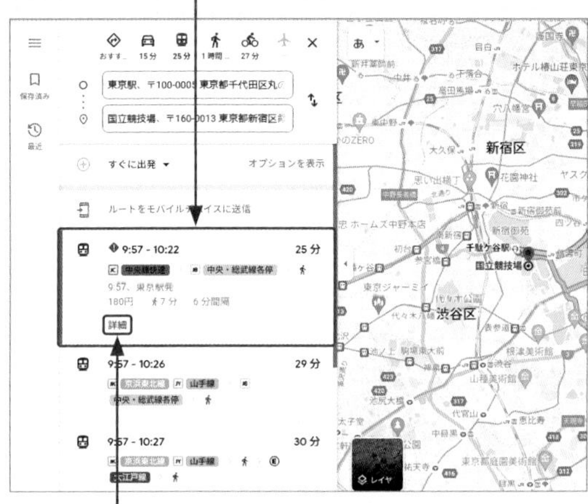
東京駅、〒100-0005 東京都千代田区丸の
国立競技場、〒160-0013 東京都新宿区
すぐに出発
オプションを表示
ルートをモバイルデバイスに送信
9:57 - 10:22
25 分
中央・総武線各停
9:57、東京駅発
180円
6 分間隔
詳細
9:57 - 10:26
29 分
山手線
中央・総武線各停
9:57 - 10:27
30 分
新宿区
渋谷区
千駄ケ谷駅
国立競技場

8 [詳細]をクリックすると、

ここをクリックすると、候補の一覧に戻ります。

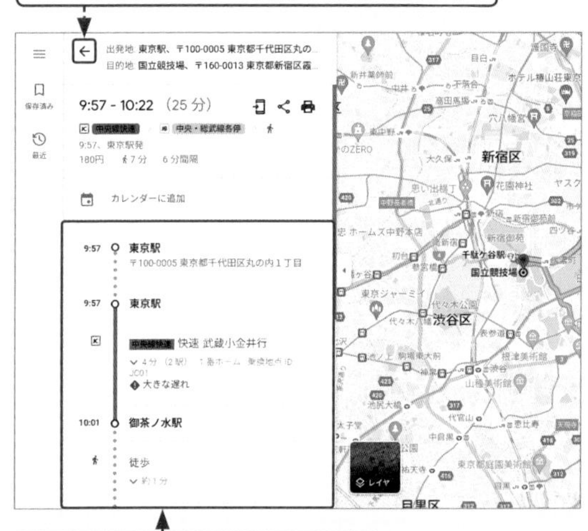
出発地 東京駅、〒100-0005 東京都千代田区丸の
目的地 国立競技場、〒160-0013 東京都新宿区霞
9:57 - 10:22 (25 分)
中央・総武線各停
9:57、東京駅発
180円
6 分間隔
カレンダーに追加
9:57 東京駅
〒100-0005 東京都千代田区丸の内1丁目
9:57 東京駅
快速 武蔵小金井行
大きな遅れ
10:01 御茶ノ水駅
徒歩
新宿区
渋谷区
国立競技場

9 詳細なルートが表示されます。

重要度★★★ ルートの検索

Q 172

条件を変えてルートを再検索したい!

A **検索結果画面で[オプションを表示]をクリックして変更します。**

ルートを検索したあとでも移動手段を変更したり、乗り換えが少ない、徒歩が少ない、高速道路や有料道路は使用しないなどの条件を指定して、再検索することができます。検索結果画面で[オプションを表示]をクリックして、条件を指定します。オプションで指定できる条件は、選択した移動手段によって異なります。また、出発地と目的地を入れ替えることもできます。

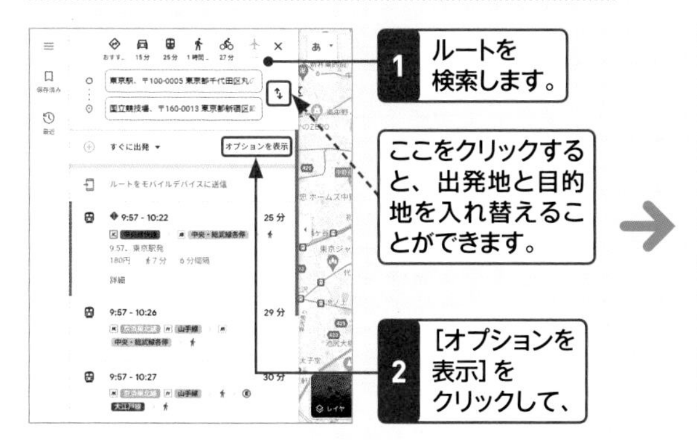

1 ルートを検索します。
ここをクリックすると、出発地と目的地を入れ替えることができます。
2 [オプションを表示]をクリックして、

3 指定する条件をクリックしてオンにすると、
[閉じる]をクリックすると、[ルートのオプション]が閉じます。
4 ルートが再検索されます。

重要度★★★ ルートの検索

Q 173

時刻を指定してルート検索したい!

A **検索結果画面で[すぐに出発]をクリックして時刻を指定します。**

ルートを検索すると、検索した時間をもとに出発時刻が表示されます。日時を指定して検索したい場合は、検索結果画面で[すぐに出発]をクリックして日時を指定します。出発時刻や到着時刻を指定したり、日にちを指定することができます。また、電車の終電を検索することもできます。

1 ルートを検索します。
2 [すぐに出発]をクリックして、
3 [出発時刻](または[到着時刻])をクリックします。

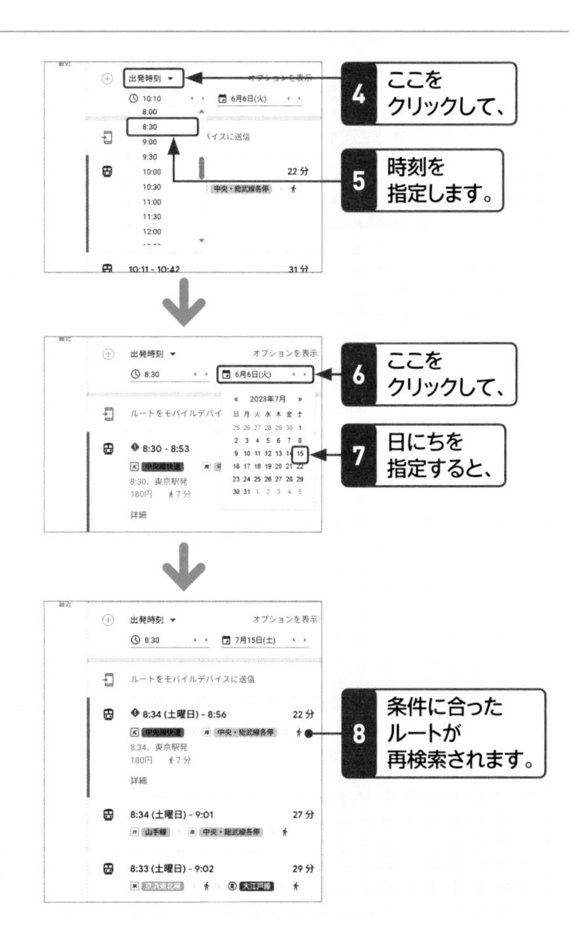

4 ここをクリックして、
5 時刻を指定します。
6 ここをクリックして、
7 日にちを指定すると、
8 条件に合ったルートが再検索されます。

重要度 ★★★　ルートの検索

Q 174 ルートの経由地を変更したい！

A ルートをドラッグするか、目的地を追加します。

ルートを検索したあとで経由地を変更したり、目的地を追加したりすることができます。ルートをマウスでドラッグするか、[目的地を追加]をクリックして目的地を追加します。ただし、移動手段に電車などの公共交通機関と飛行機を選択した場合は、変更できません。

1 ルートを検索します。ここでは、移動手段に車を指定しています。

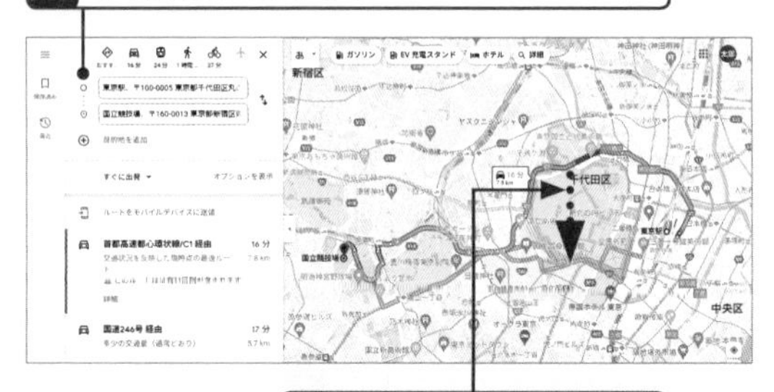

2 ルートをドラッグすると、

3 ルートが変更されます。

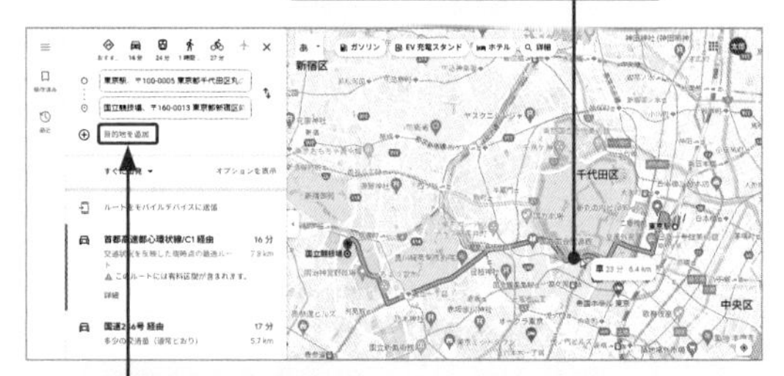

4 [目的地を追加]をクリックして、

5 目的地を追加すると、

この部分をドラッグして目的地と経由地を入れ替えることができます。

6 ルートが追加されます。

重要度 ★★★　ルートの検索

Q 175 パソコンで検索したルートをスマートフォンに送るには？

A 検索結果画面で[ルートをモバイルデバイスに送信]をクリックします。

検索したルートをスマートフォンやタブレットに送信することができます。検索結果画面で、[ルートをモバイルデバイスに送信]をクリックし、送信先をクリックします。なお、この機能を利用するには、パソコンとスマートフォンやタブレットで同じGoogleアカウントでログインしておく必要があります。

1 ルートを検索して、

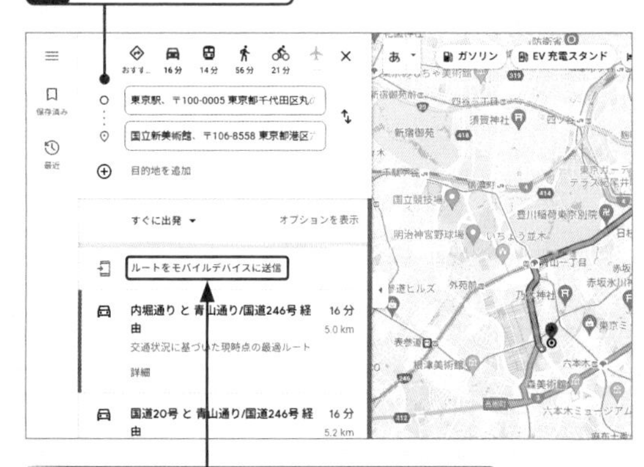
ガソリン
EV 充電スタンド
16分
14分
56分
21分
東京駅、〒100-0005 東京都千代田区丸
国立新美術館、〒106-8558 東京都港区
目的地を追加
すぐに出発
オプションを表示
ルートをモバイルデバイスに送信
内堀通り と 青山通り/国道246号 経由
16 分
5.0 km
交通状況に基づいた現時点の最適ルート
詳細
国道20号 と 青山通り/国道246号 経由
16 分
5.2 km

2 [ルートをモバイルデバイスに送信]をクリックします。

3 送信先を指定すると、

スマートフォンに送信
tarogi2023@gmail.com にメール送信
デバイスが表示されない場合は詳細

4 ルートが送信されます。

港区
東京タワー
メールを tarogi2023@gmail.com に送信しました。

重要度★★★ ルートの検索

Q 176 検索したルートを印刷したい！

A ルートの詳細を表示して、プリンターのアイコンをクリックします。

ルートを印刷したい場合は、検索結果の候補から印刷したいルートを表示して、🖶をクリックし、[地図を含めて印刷]または[テキストのみ印刷]をクリックします。[地図を含めて印刷]は、地図の下にルートが表示された状態で印刷されます。[テキストのみ印刷]は、ルートのテキストのみが印刷されます。 参照▶Q 171

1 印刷したいルートを表示して、

2 [詳細]をクリックします。

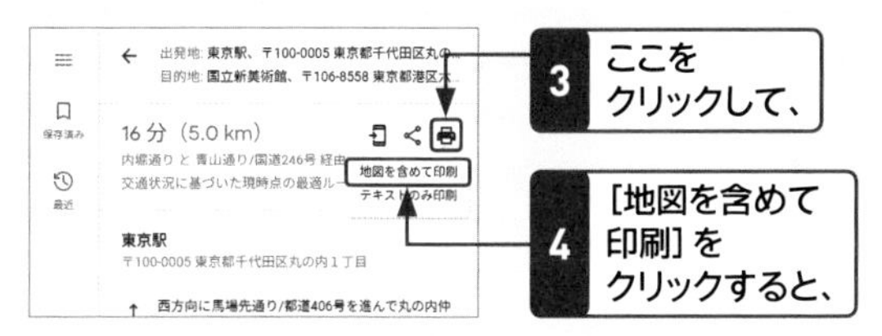

3 ここをクリックして、

4 [地図を含めて印刷]をクリックすると、

5 印刷用の画面が表示されます。

6 必要に応じてメモを入力し、

7 [印刷]をクリックします。

8 使用するプリンターや印刷の向き、部数などを設定して、印刷を行います。

重要度★★★ ルートの検索

Q 177 目的地までの直線距離を測定したい！

A 起点で右クリックして[距離を測定]をクリックし、目的地をクリックします。

Googleマップでは、起点と目的地をクリックして、その間の直線距離を測定することができます。初めに起点を右クリックして[距離を測定]をクリックします。続いて、目的地をクリックすると、距離が測定されます。2点間の距離を測定したあとに別の場所をクリックして、続けて距離を測定することもできます。

1 起点を右クリックして、

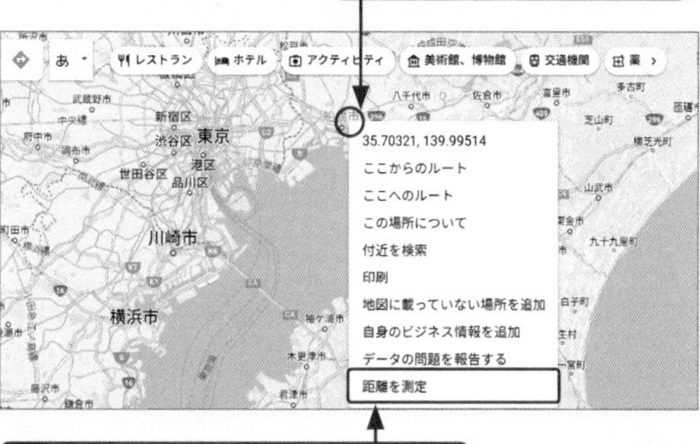

2 [距離を測定]をクリックします。

3 目的地をクリックすると、

4 直線距離が測定されます。

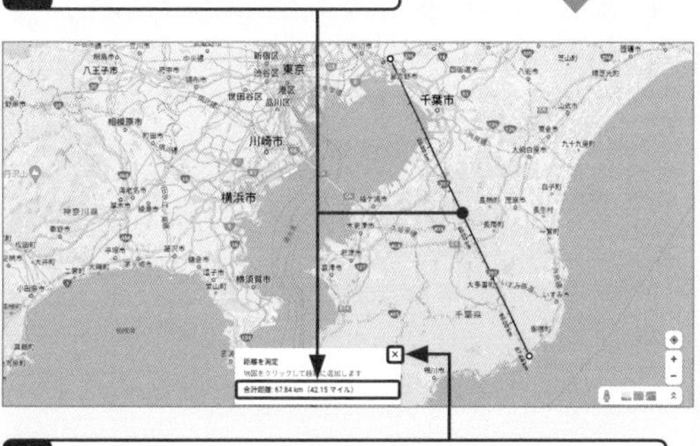

5 [閉じる]をクリックすると、測定が解除されます。

重要度★★★ 周辺情報

Q 178 付近のお店や施設を検索したい!

A [付近を検索]をクリックして検索します。

目的地を検索して地図を表示したあと、付近のお店や施設を検索することができます。検索結果から[付近を検索]をクリックして、施設や業態をキーワードにして[検索]をクリックするか、Enter を押します。
また、地図の上部に表示されている[レストラン]、[ホテル]などの項目をクリックしても検索できます。

1 目的地を検索して、
ここから検索することもできます。
2 [付近を検索]をクリックします。
逗子海岸海水浴場

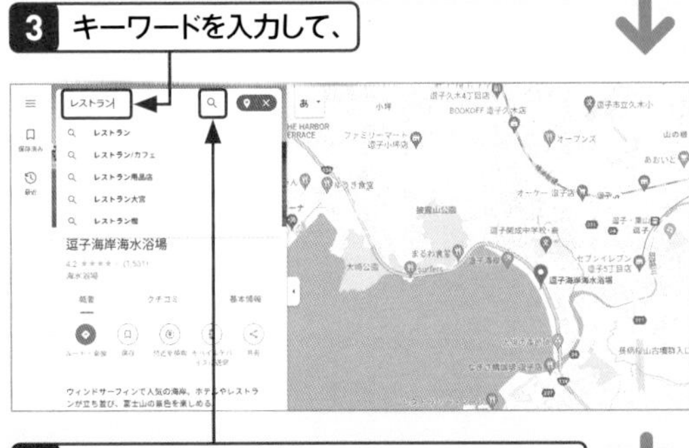
3 キーワードを入力して、
レストラン
逗子海岸海水浴場
4 [検索]をクリックするか、Enter を押すと、

5 検索結果が表示され、
6 地図上の該当する場所に赤いアイコンが表示されます。
シーサイドイタリアン カンティーナ
レッドロブスター 逗子店

重要度★★★ 周辺情報

Q 179 お店の情報を調べたい!

A お店を検索して、調べたいお店をクリックします。

目的地付近のお店を検索したり、地域と業態をキーワードにお店を検索したりすると、画面の左側に検索結果が一覧で表示され、地図上の該当する場所に赤いアイコンが表示されます。お店の詳しい情報を調べたいときは、検索結果の一覧で目的のお店をクリックするか、地図上のアイコンをクリックします。

1 お店を検索します。
2 詳しい情報を見たいお店をクリックするか、
3 地図上のアイコンをクリックすると、
シーサイドイタリアン カンティーナ
レッドロブスター 逗子店
ラ・オハナ 逗子海岸店

4 お店の詳細な情報が表示されます。
レッドロブスター 逗子店
ここをクリックすると、詳細情報画面が閉じます。

レッドロブスター 逗子店
5 画面をスクロールして情報を表示します。

重要度 ★★★ 周辺情報

Q 180 お店のクチコミを読みたい!

A 検索結果画面で[クチコミ]をクリックします。

お店の場所を検索すると、クチコミがある場合は、店名の下に[クチコミ]タブが表示されます。[クチコミ]タブをクリックすると、クチコミが表示されます。[並べ替え]をクリックして、評価の高い順、評価の低い順などで並べ替えることもできます。

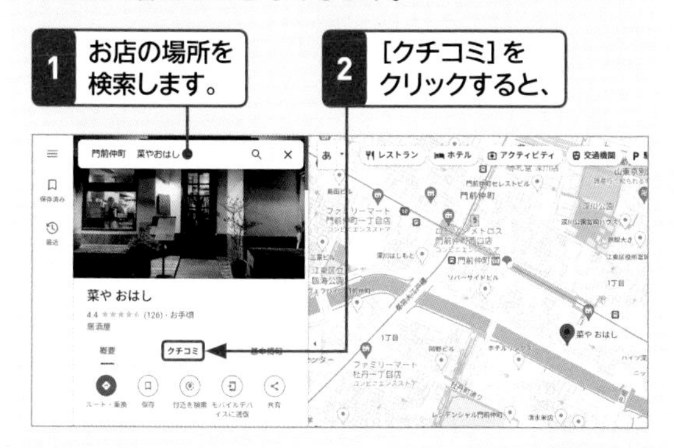

1 お店の場所を検索します。
2 [クチコミ]をクリックすると、
菜や おはし
クチコミ

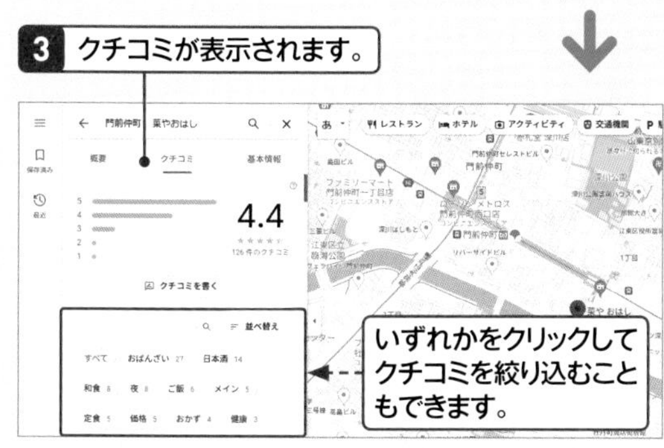

3 クチコミが表示されます。
4.4
クチコミを書く
並べ替え
いずれかをクリックしてクチコミを絞り込むこともできます。

4 画面をスクロールすると、クチコミが表示されます。
+35

重要度 ★★★ 周辺情報

Q 181 お店のクチコミを書き込みたい!

A 検索結果画面で[クチコミを書く]をクリックします。

Googleマップでは、行ったことのある場所のクチコミを投稿することができます。投稿したクチコミは一般公開され、誰でも見ることができます。クチコミを書くには、Googleアカウントでログインしていることが必要です。また、匿名での書き込みはできません。
お店の検索結果画面で[クチコミを書く]をクリックして、評価の度合いやコメントを入力します。クチコミを書き込む際は、差別的な表現や個人情報、誹謗中傷などに気を付けましょう。

1 お店の場所を検索して、[クチコミ]をクリックし、
4.4
クチコミを書く
2 [クチコミを書く]をクリックします。

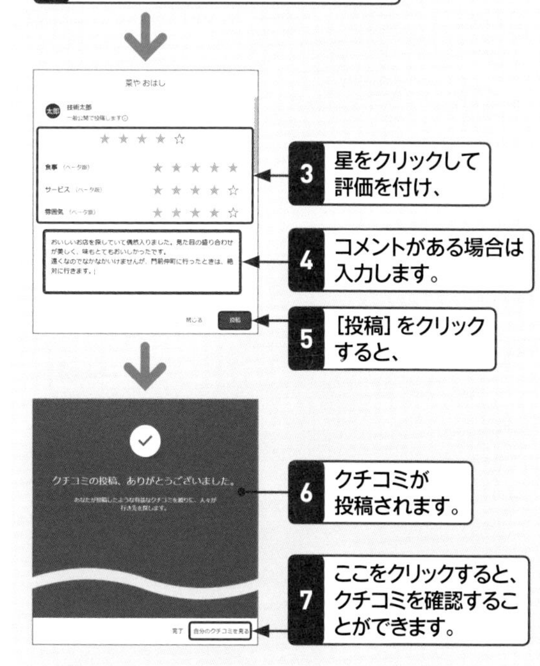

菜や おはし
3 星をクリックして評価を付け、
4 コメントがある場合は入力します。
5 [投稿]をクリックすると、
クチコミの投稿、ありがとうございました。
6 クチコミが投稿されます。
7 ここをクリックすると、クチコミを確認することができます。

重要度 ★★★ 周辺情報

Q 182 お店の写真を見たい!

A お店の場所を検索して、写真をクリックします。

お店の場所を検索すると、検索結果画面にお店のオーナーやユーザーが撮影した写真が「最新」「メニュー」「オーナー提供」などに分類されて表示されます。見たい分類をクリックすると写真が一覧で表示され、クリックすると右側に拡大表示されます。拡大表示された写真の をクリックすると、写真を順に見ることができます。

1 お店の場所を検索します。

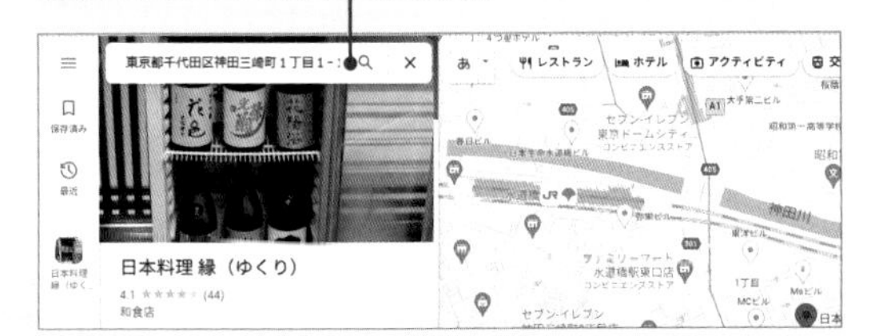
東京都千代田区神田三崎町1丁目1-
レストラン
ホテル
アクティビティ
日本料理 縁（ゆくり）
和食店

2 画面をスクロールして、写真の分類（ここでは［オーナー提供］）をクリックします。

日本料理 縁
写真
寿司
オーナー提供
ストリートビュー と 360° ビュー
写真を追加
質問と回答
12月10日ランチコースは空きがありま

3 写真をクリックすると、

4 写真が拡大表示されます。

日本料理 縁（ゆくり）

5 これらをクリックすると、次の写真や前の写真が表示されます。

6 ここをクリックすると、もとの画面に戻ります。

重要度 ★★★ 周辺情報

Q 183 お店の混雑する時間帯を確認したい!

A お店の場所を検索して、検索結果画面で確認します。

お店の混雑する時間帯は、検索結果画面で確認できます（お店によっては表示されない場合もあります）。検索結果画面を下方向にスクロールすると、［混雑する時間帯］が棒グラフで表示されます。曜日をクリックすると、確認したい曜日を指定することができます。

1 お店の場所を検索して、

東京都新宿区神楽坂3丁目1 神楽坂
レストラン
ホテル
神楽坂 茶寮 本店
カフェ・喫茶
概要
クチコミ
基本情報

2 画面をスクロールすると、混雑する時間帯が棒グラフで表示されます。

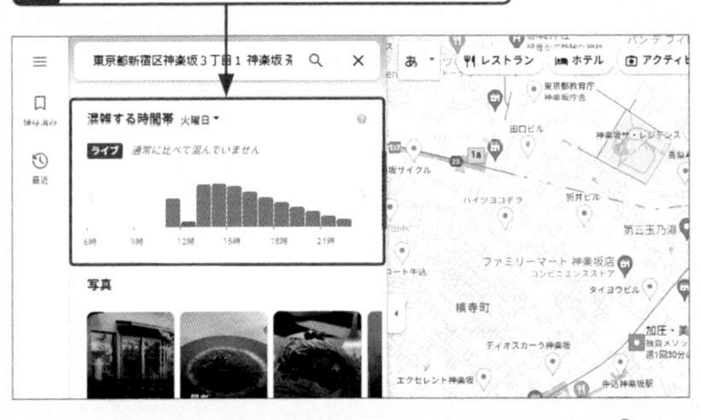
混雑する時間帯 火曜日
ライブ 通常に比べて混んでいません
写真

3 ここをクリックすると、

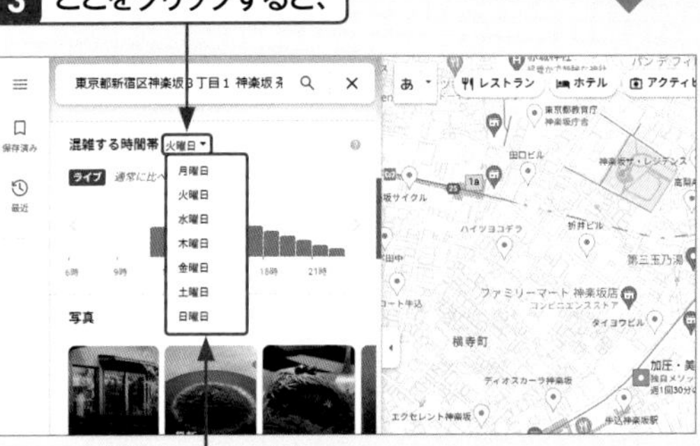
混雑する時間帯 火曜日
月曜日
火曜日
水曜日
木曜日
金曜日
土曜日
日曜日
写真

4 曜日を指定することができます。

重要度 ★★★　カスタマイズ

Q 184 自宅や会社の場所を登録したい！

A 検索ボックスに「自宅」や「職場」と入力して［場所を設定］から登録します。

Googleマップでは、自宅や職場の場所を登録しておくことができます。場所を登録すると、ルート検索の際に住所を入力する手間が省けるので便利です。検索ボックスに「自宅」あるいは「職場」と入力して、［場所を設定］をクリックし、住所を入力して［保存］をクリックします。ここでは、職場を登録してみましょう。
なお、登録した場所を削除する場合は、［保存済み］から［ラベル付き］をクリックして削除します。

1 検索ボックスに「職場」と入力して、

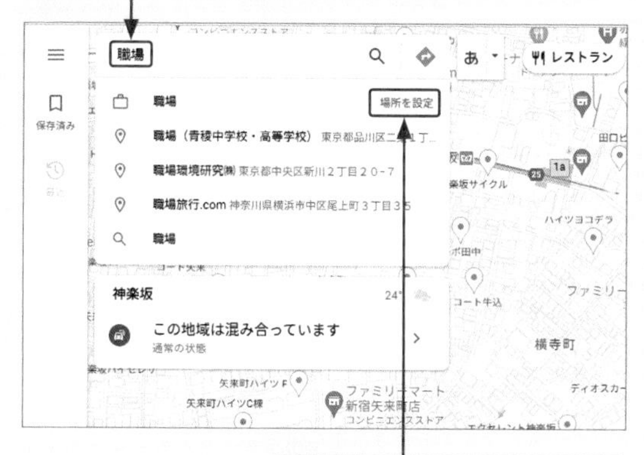

職場
場所を設定
保存済み
職場（青稜中学校・高等学校）
職場環境研究㈱
職場旅行.com
神楽坂
この地域は混み合っています
通常の状態

2 ［場所を設定］をクリックし、

3 住所を入力して、

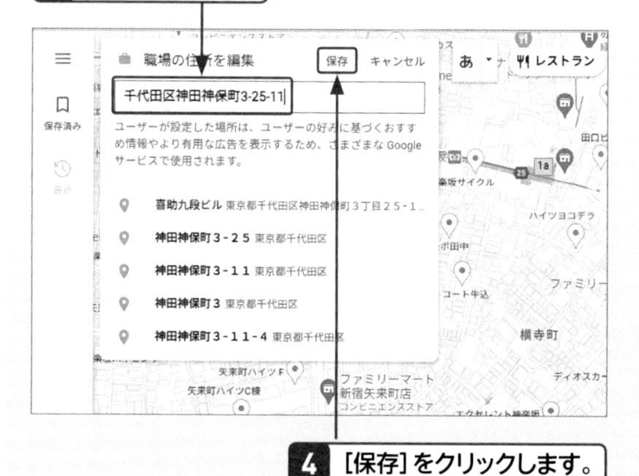

職場の住所を編集
保存
キャンセル
千代田区神田神保町3-25-11
ユーザーが設定した場所は、ユーザーの好みに基づくおすすめ情報やより有用な広告を表示するため、さまざまなGoogleサービスで使用されます。
喜助九段ビル
神田神保町３-２５
神田神保町３-１１
神田神保町３
神田神保町３-１１-４

4 ［保存］をクリックします。

登録した場所を確認する

1 「職場」と入力して、

2 ［検索］をクリックするか、Enter を押すと、

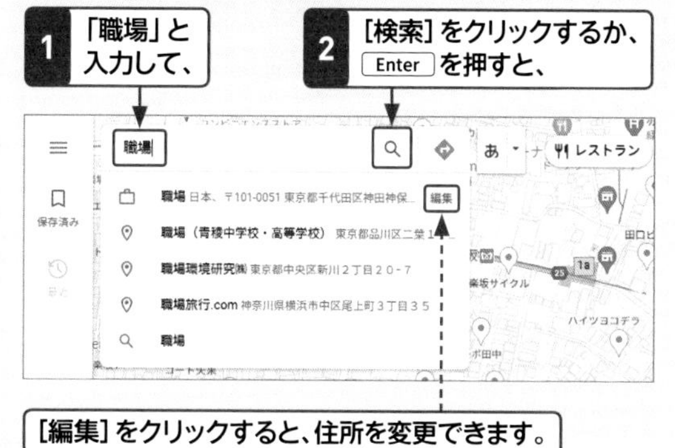

職場
編集
職場（青稜中学校・高等学校）
職場環境研究㈱
職場旅行.com

［編集］をクリックすると、住所を変更できます。

3 職場付近の地図が表示されます。

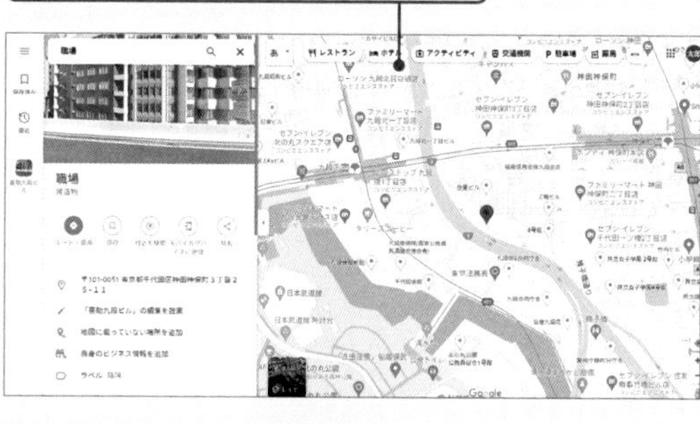

登録した場所を削除する

1 ［保存済み］をクリックして、

2 ［ラベル付き］をクリックします。

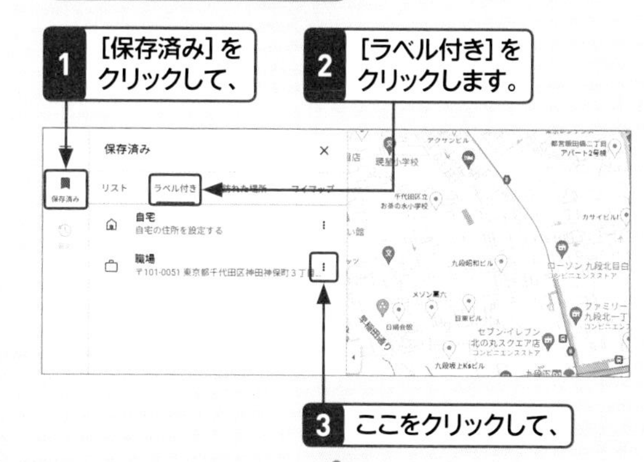

保存済み
リスト
ラベル付き
自宅
自宅の住所を設定する
職場

3 ここをクリックして、

4 ［住所を削除したい］をクリックします。

重要度 ★★★ カスタマイズ

Q 185 マイマップを作成したい!

A [保存済み]の[マイマップ]から作成します。

Googleマップでは、自分の好きな場所や行きたい場所などを地図上にまとめた「マイマップ」を作成することができます。マイマップを作成するには、Googleアカウントにログインする必要があります。初めに、[保存済み]→[マイマップ]→[地図を作成]→[無題の地図]の順にクリックして、地図のタイトルと説明文を入力し、マップを作成します。地図上に表示されるアイコンの色やスタイルは変更することができます。なお、作成したマイマップを削除する場合は、Googleドライブからマイマップのファイルを削除します。

参照▶Q 241

● マイマップを作成する

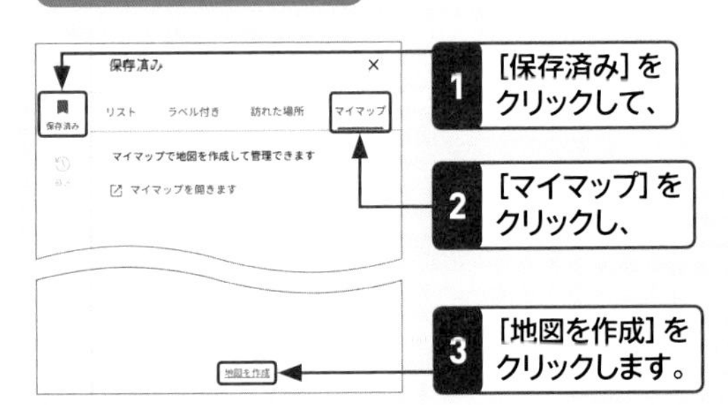
保存済み
リスト
ラベル付き
訪れた場所
マイマップ
マイマップで地図を作成して管理できます
マイマップを開きます
地図を作成
1 [保存済み]をクリックして、
2 [マイマップ]をクリックし、
3 [地図を作成]をクリックします。

4 [無題の地図]をクリックして、
無題の地図
レイヤを追加
共有
プレビュー
無題のレイヤ
インポート
基本地図
北朝鮮
大韓民国
日本

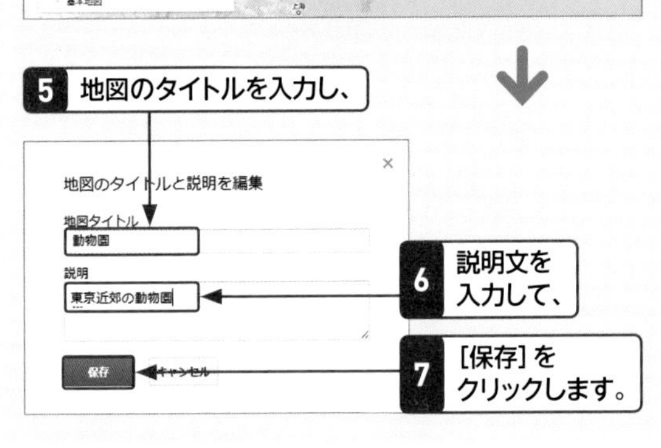
5 地図のタイトルを入力し、
地図のタイトルと説明を編集
地図タイトル
動物園
説明
東京近郊の動物園
保存
キャンセル
6 説明文を入力して、
7 [保存]をクリックします。

● マイマップに場所を追加する

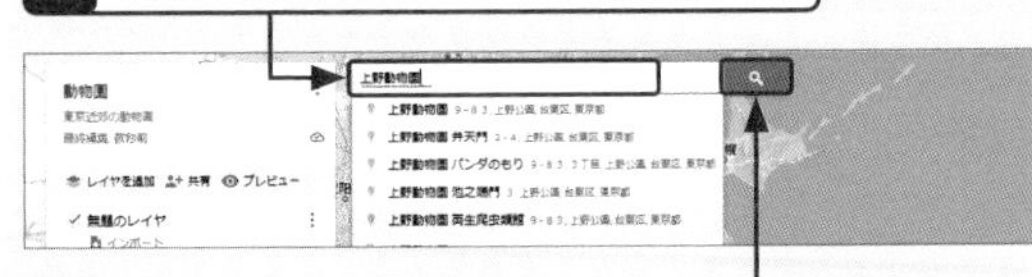
1 検索ボックスにキーワードを入力して、
上野動物園
動物園
東京近郊の動物園
レイヤを追加
共有
プレビュー
無題のレイヤ

2 [検索]をクリックするか、Enterを押します。

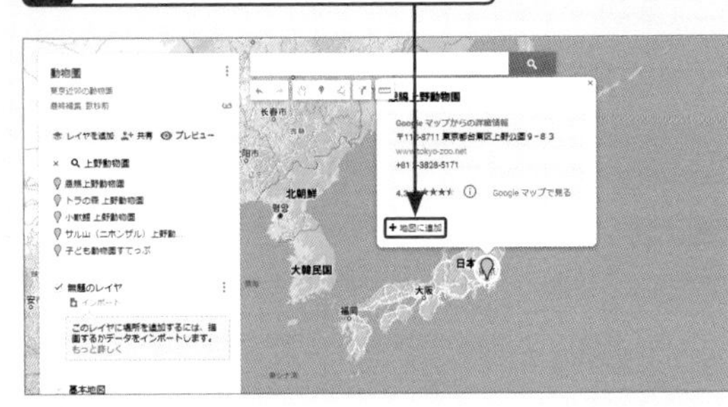
3 場所が検索されるので、[地図に追加]をクリックすると、
上野動物園
Google マップからの詳細情報
地図に追加
北朝鮮
大韓民国
日本

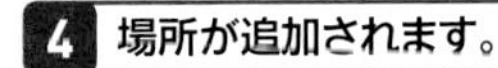

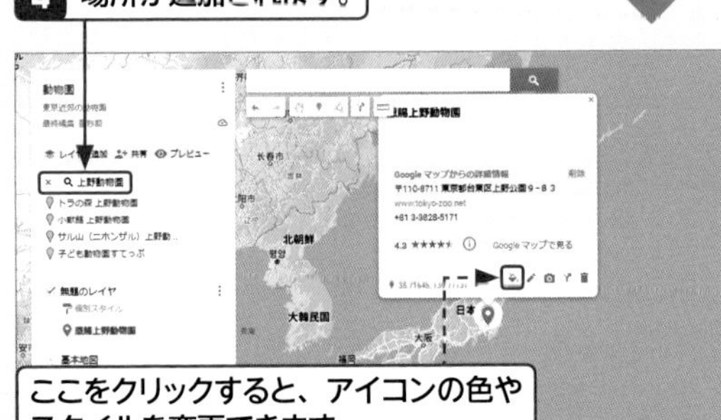
4 場所が追加されます。
上野動物園
ここをクリックすると、アイコンの色やスタイルを変更できます。

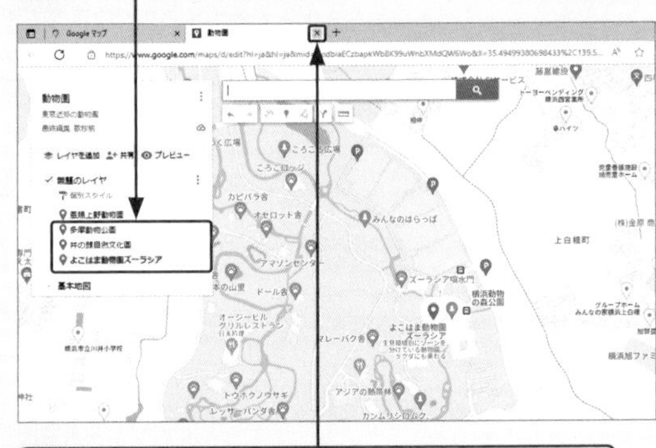
5 手順1~3を繰り返して、目的の場所を追加します。
動物園
多摩動物公園
井の頭自然文化園
よこはま動物園ズーラシア
6 登録が済んだら[タブを閉じる]をクリックして、マップを閉じます。

マイマップを開く

1 [保存済み]をクリックして、

2 [マイマップ]をクリックし、

3 作成したマップをクリックします。

4 [マイマップで開く]をクリックすると、

5 マイマップが表示されます。

Q 186 マイマップを共有したい！

A マイマップを開いて、[共有]をクリックします。

作成したマイマップは、ほかの人と共有することができます。共有したいマイマップを表示して[共有]をクリックすると、[地図の共有]画面が表示されるので、共有方法を指定します。ここでは、リンクをコピーしてメールに貼り付けて送信します。 参照▶Q 185

1 Q 185の「マイマップを開く」を参照して、共有したいマイマップを表示します。

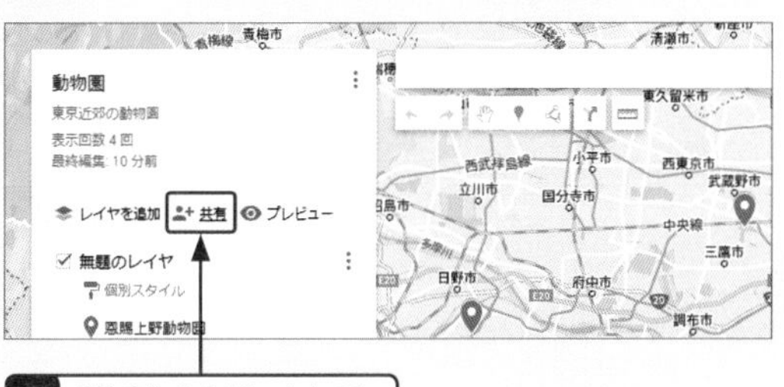

2 [共有]をクリックして、

3 共有方法を指定します。

4 ここをクリックして、リンクをコピーし、

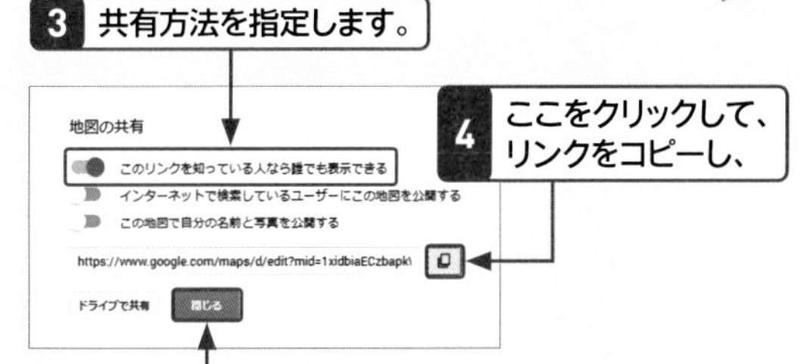

5 [閉じる]をクリックします。

6 メールにリンクを貼り付けて送信します。

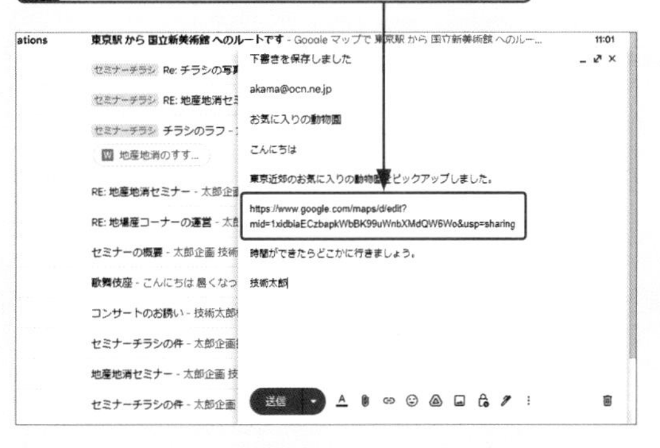

重要度 ★★★ カスタマイズ

Q 187 お気に入りの場所を登録したい!

A 場所を検索して、[保存]をクリックします。

Googleマップでは、自宅や職場以外に、お気に入りの場所や施設、お店などを登録しておくこともできます。登録したい場所を検索して[保存]をクリックし、保存するリストを指定すると、その場所が登録されます。

1 登録したい場所を検索して、

2 [保存]をクリックします。

3 保存するリスト(ここでは[お気に入り])をクリックすると、

京王百草園
リストに保存
お気に入り
行ってみたい
旅行プラン
スター付き
新しいリスト

4 場所が[お気に入り]に保存されます。

京王百草園
「お気に入り」に保存しました

重要度 ★★★ カスタマイズ

Q 188 お気に入りに登録した場所を見たい!

A [保存済み]の[リスト]で確認できます。

Googleマップで保存したお気に入りの場所や施設、お店などの場所は、[保存済み]の[リスト]で確認することができます。[保存済み]をクリックして、保存先のリストをクリックすると、保存した場所が表示されます。

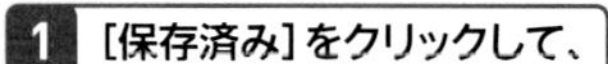

1 [保存済み]をクリックして、

保存済み
リスト
ラベル付き
訪れた場所
マイマップ
自分のリスト
新しいリスト
お気に入り
非公開
旅行プラン
非公開
行ってみたい
非公開

2 保存先のリストをクリックすると、

3 保存した場所が表示されます。

お気に入り
京王百草園
小石川後楽園

4 クリックすると、

5 その場所の地図が表示されます。

小石川後楽園

第5章

Googleカレンダー

重要度★★★ Googleカレンダーの基本

Q 189 Googleカレンダーとは？

A Googleが提供するスケジュール管理サービスです。

Googleカレンダーは、Googleが提供するスケジュール管理サービスです。仕事用やプライベート用など、複数のカレンダーを作成して、用途に応じて使い分けることができます。また、Gmailから予定を登録したり、ほかの人と予定を共有したり、予定を事前に通知したりなど、便利な機能がたくさん用意されています。

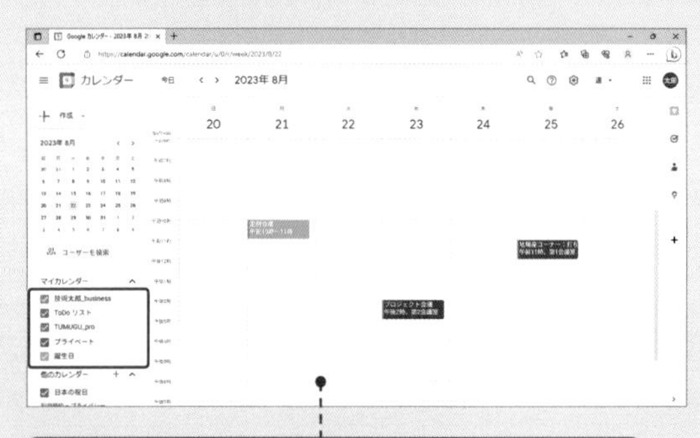

仕事用やプライベート用など、複数のカレンダーを使い分けることができます。

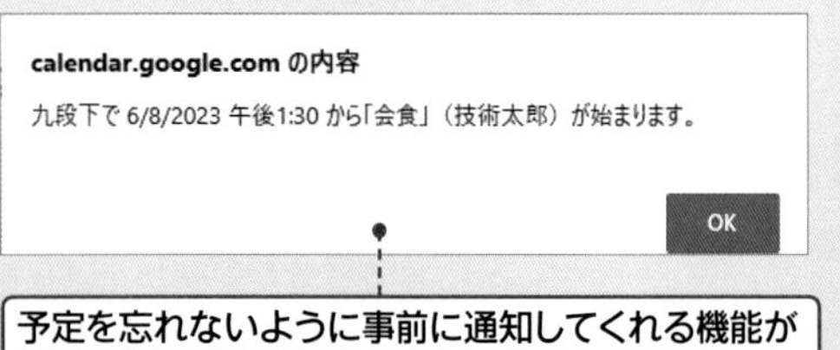
calendar.google.com の内容
九段下で 6/8/2023 午後1:30 から「会食」（技術太郎）が始まります。
OK

予定を忘れないように事前に通知してくれる機能が搭載されています。

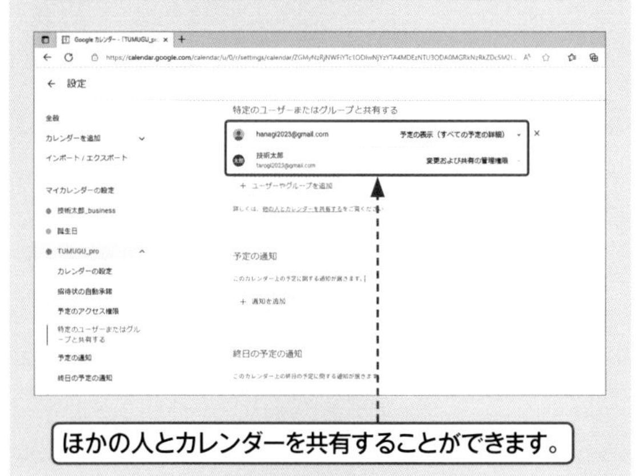

ほかの人とカレンダーを共有することができます。

重要度★★★ Googleカレンダーの基本

Q 190 Googleカレンダーを使うには？

A [Googleアプリ]から[カレンダー]をクリックします。

Googleカレンダーを表示するには、Googleのトップページで[Googleアプリ]をクリックして、[カレンダー]をクリックします。Googleカレンダーを使用するには、Googleアカウントでログインする必要があります。ログインせずに[カレンダー]をクリックすると、ログイン画面が表示されるので、パスワードを入力して、[次へ]をクリックします。

1 Googleのトップページを表示します。

2 [Googleアプリ]をクリックして、

3 [カレンダー]をクリックすると、

4 Googleカレンダーが表示されます。

重要度 ★★★ Googleカレンダーの基本

Q 191 Googleカレンダーの画面構成を知りたい！

A 下図で各部の名称と機能を確認しましょう。

Googleのカレンダーは、下図のような構成になっています。カレンダーの表示は初期設定の週単位のほか、日、月、年、4日単位などの形式が用意されており、必要に応じて切り替えて使用することができます。画面左には、1か月分のミニカレンダーと、登録しているカレンダーが表示されています。中央のカレンダーの左上にある左右の矢印で表示する週や日、月を移動したり、ミニカレンダーで月単位に移動したりできます。

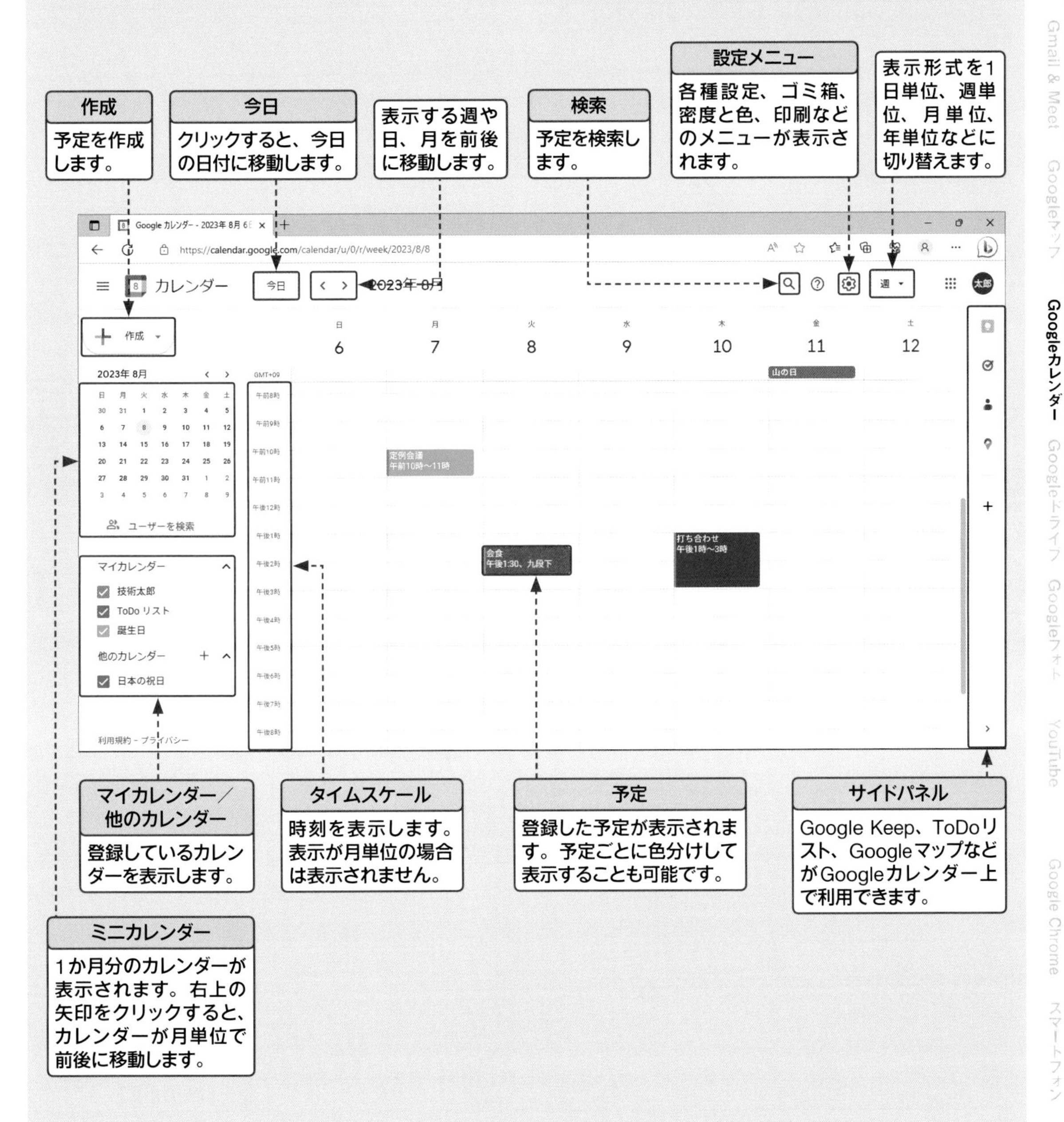

作成
予定を作成します。
今日
クリックすると、今日の日付に移動します。
表示する週や日、月を前後に移動します。
検索
予定を検索します。
設定メニュー
各種設定、ゴミ箱、密度と色、印刷などのメニューが表示されます。
表示形式を1日単位、週単位、月単位、年単位などに切り替えます。
マイカレンダー／他のカレンダー
登録しているカレンダーを表示します。
タイムスケール
時刻を表示します。表示が月単位の場合は表示されません。
予定
登録した予定が表示されます。予定ごとに色分けして表示することも可能です。
サイドパネル
Google Keep、ToDoリスト、Googleマップなどが Googleカレンダー上で利用できます。
ミニカレンダー
1か月分のカレンダーが表示されます。右上の矢印をクリックすると、カレンダーが月単位で前後に移動します。
カレンダー
今日
2023年 8月
作成
定例会議
午前10時～11時
会食
午後1:30、九段下
打ち合わせ
午後1時～3時
山の日
マイカレンダー
技術太郎
ToDo リスト
誕生日
他のカレンダー
日本の祝日
ユーザーを検索

重要度 ★★★ Googleカレンダーの基本

Q 192 カレンダーの表示形式を変更したい！

A カレンダー右上のコマンドをクリックして切り替えます。

カレンダーの表示形式は、[日][週][月][年][4日]のほかに、登録している予定と祝日が一覧で表示される[スケジュール]が用意されています。表示形式を切り替えるには、カレンダー右上に表示されているコマンドをクリックします。目的に応じて使い分けるとよいでしょう。

初期設定では、週単位で表示されています。

1 ここをクリックして、

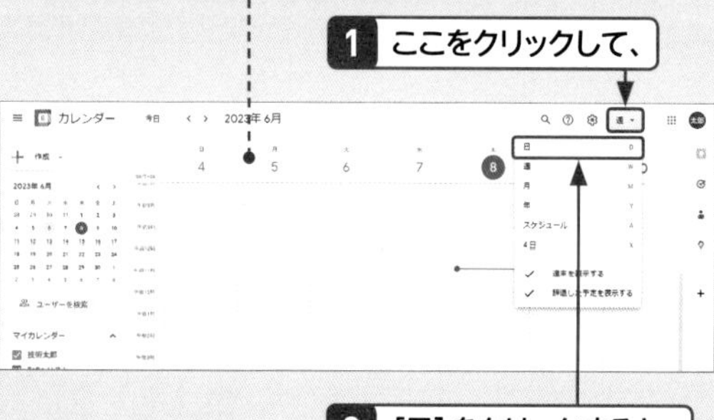

2 [日]をクリックすると、

3 カレンダーが1日単位で表示されます。

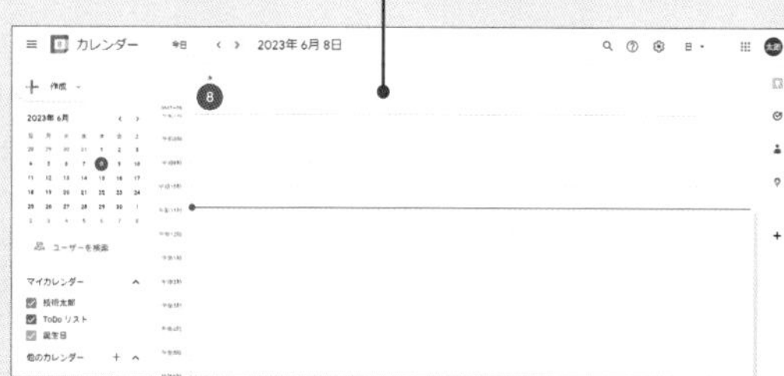

4 手順2で[月]をクリックすると、

5 月単位で表示されます。

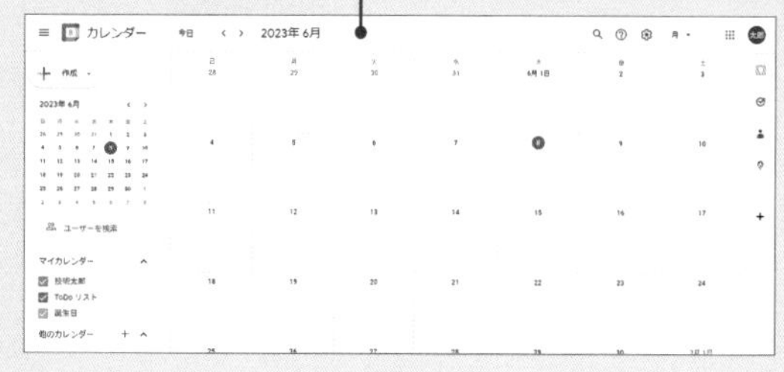

重要度 ★★★ Googleカレンダーの基本

Q 193 カレンダーの表示期間を切り替えたい！

A カレンダー左上の左右の矢印や、ミニカレンダーを利用します。

カレンダーの表示期間を切り替えるには、カレンダーの左上にある < や > をクリックします。また、ミニカレンダーの右上にある左右の矢印をクリックすると、1か月単位で表示が切り替わります。切り替わったミニカレンダーの日付をクリックすると、予定表の日付も切り替わります。[今日]をクリックすると、今日の日付にすばやく戻ることができます。

週単位で表示されています。

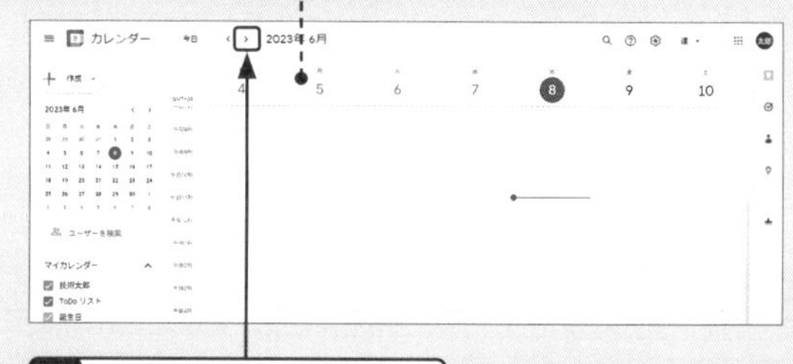

1 [翌週]をクリックすると、

2 次の週が表示されます。

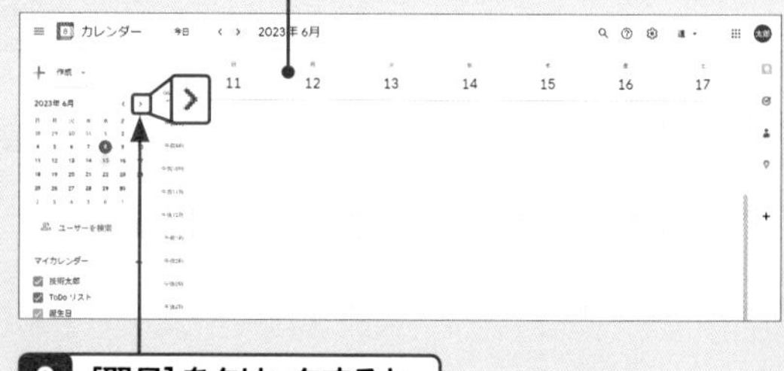

3 [翌月]をクリックすると、

4 次の月が表示されます。

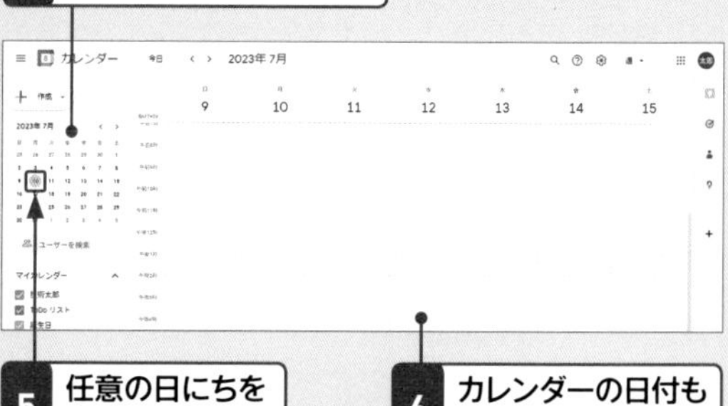

5 任意の日にちをクリックすると、

6 カレンダーの日付も替わります。

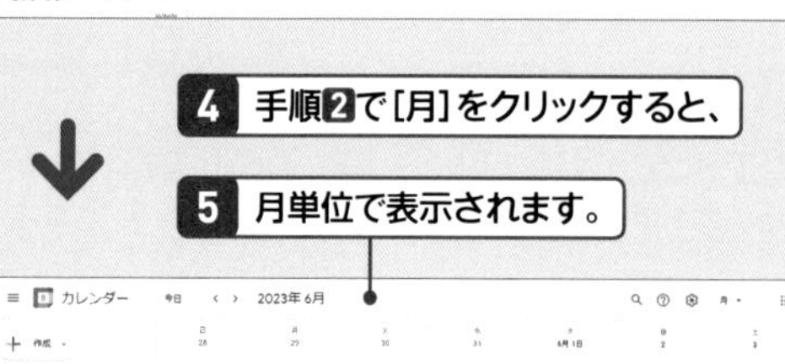

重要度 ★★★ Googleカレンダーの基本

Q 194 日本の祝日を表示したい！

A ［設定］画面の［地域限定の祝日］で設定します。

カレンダーに日本の祝日が表示されていない場合は、カレンダー画面の左側にある［他のカレンダー］の⊞をクリックして、［関心のあるカレンダーを探す］をクリックします。［設定］画面が表示されるので、［地域限定の祝日］をクリックして、［日本の祝日］をクリックしてオンにします。

1 ［他のカレンダー］の⊞をクリックして、

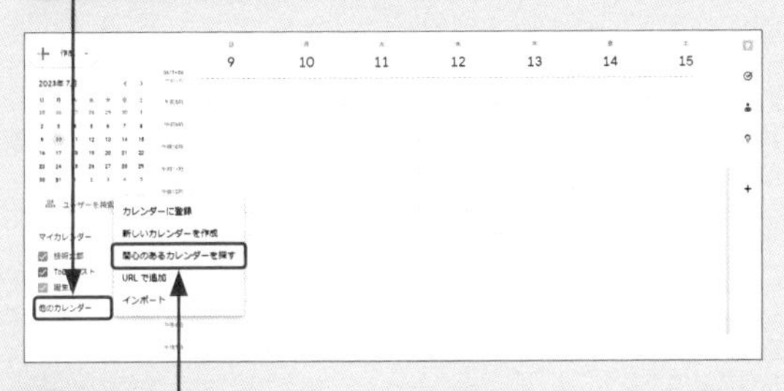

2 ［関心のあるカレンダーを探す］をクリックします。

3 ［地域限定の祝日］の［すべて表示］をクリックして、

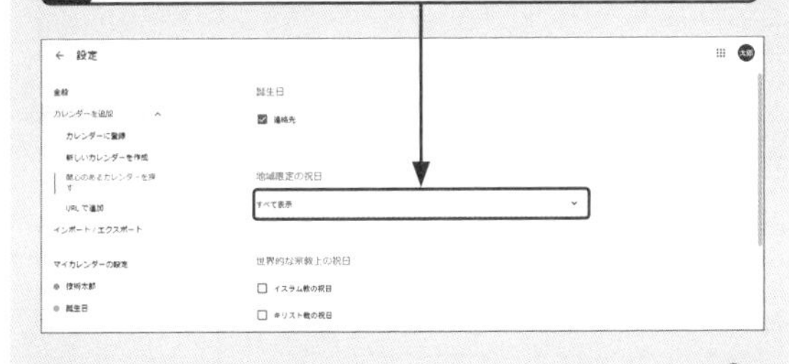

4 ［日本の祝日］をクリックしてオンにします。

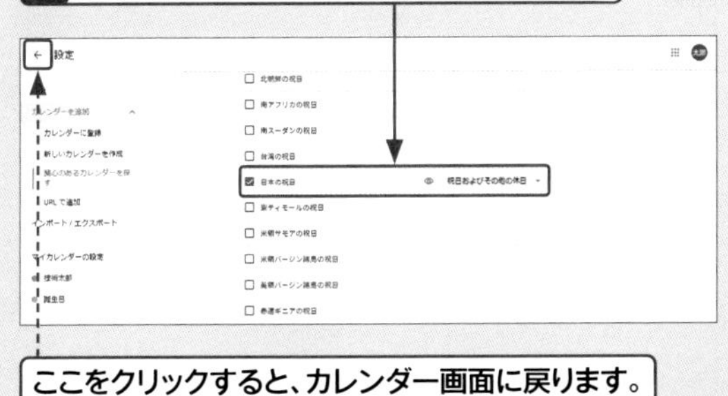

ここをクリックすると、カレンダー画面に戻ります。

重要度 ★★★ 予定の登録

Q 195 予定をすばやく登録したい！

A カレンダー上で日付と時刻をクリックします。

予定をすばやく登録するには、カレンダー上で予定を登録する日付と時刻をクリックします。予定の作成画面が表示されるので、予定のタイトルを入力して［保存］をクリックします。なお、手順2で時間帯を上下方向にドラッグすると、ドラッグした範囲の時間で登録することができます。

1 予定を登録する日付をクリックして、

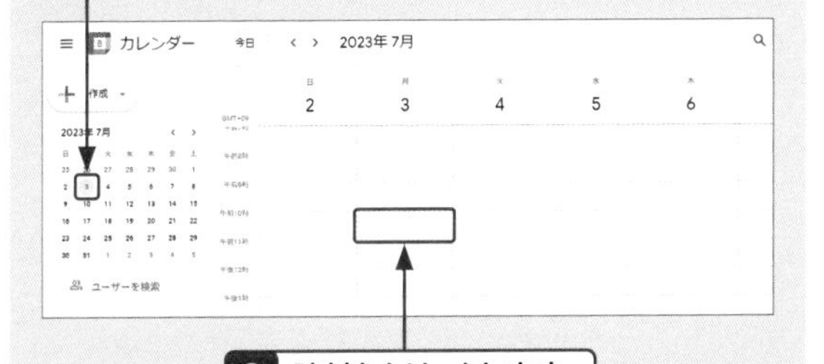
カレンダー
2023年 7月

2 時刻をクリックします。

3 タイトルを入力して、

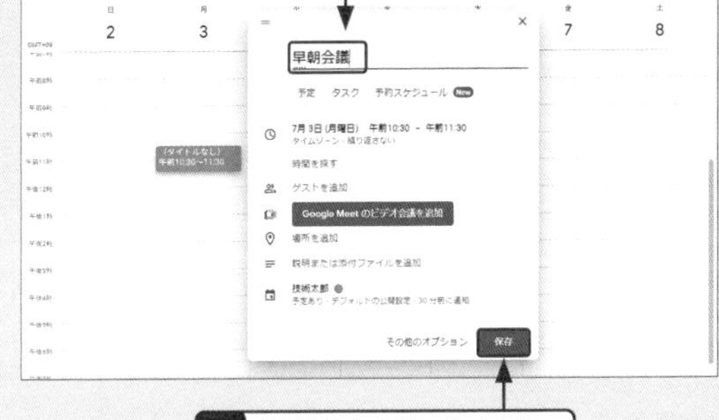
早朝会議
保存

4 ［保存］をクリックすると、

5 予定が登録されます。

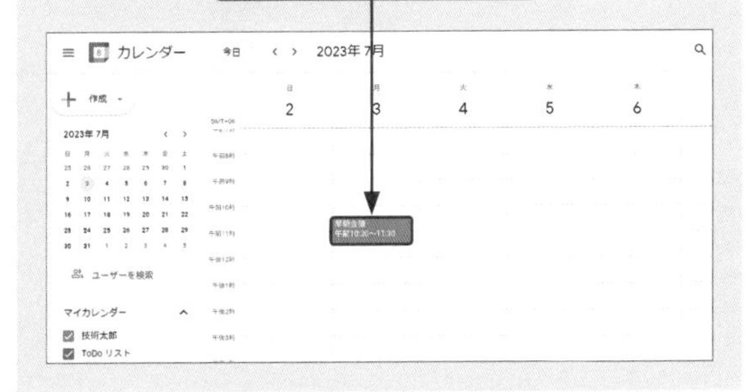
カレンダー
2023年 7月

1 Googleの基本
2 Google検索
3 Gmail & Meet
4 Googleマップ

Q 196 予定を詳細に登録したい！

A カレンダーの［作成］から［予定］をクリックして登録します。

予定の内容を詳細に登録したい場合は、カレンダーの左上にある［作成］をクリックして、［予定］をクリックします。予定の作成画面が表示されるので、タイトル、日付、開始時刻や終了時刻、場所や説明など、より詳細な内容を登録します。

5 Googleカレンダー

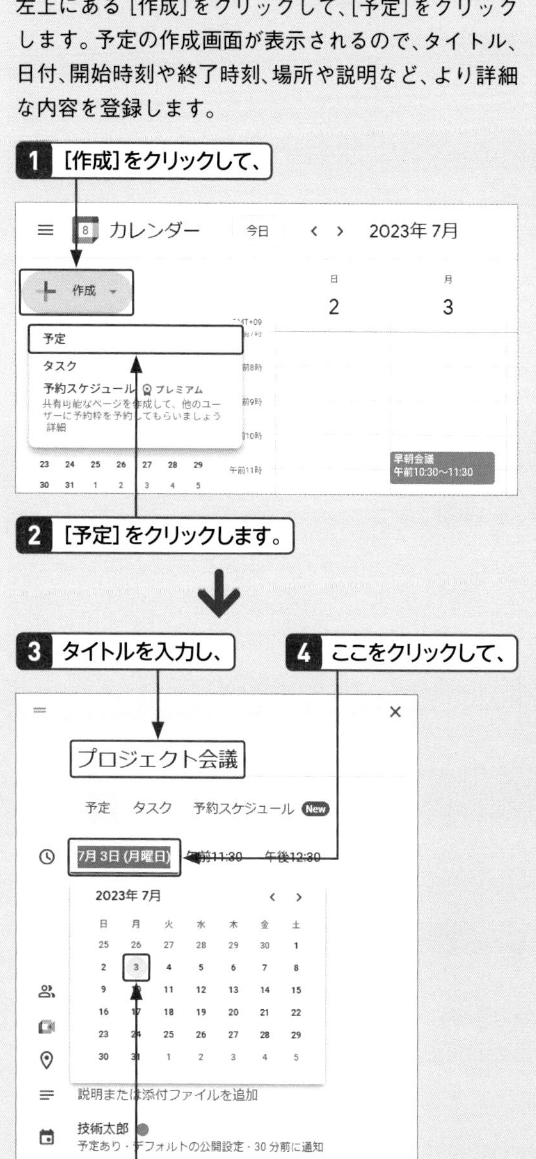

1 ［作成］をクリックして、
カレンダー
今日
2023年 7月
作成
予定
タスク
予約スケジュール
プレミアム
早朝会議
午前10:30～11:30
2 ［予定］をクリックします。
3 タイトルを入力し、
4 ここをクリックして、
プロジェクト会議
予定 タスク 予約スケジュール New
7月 3日 (月曜日)
2023年 7月
説明または添付ファイルを追加
技術太郎
5 日付を指定します。

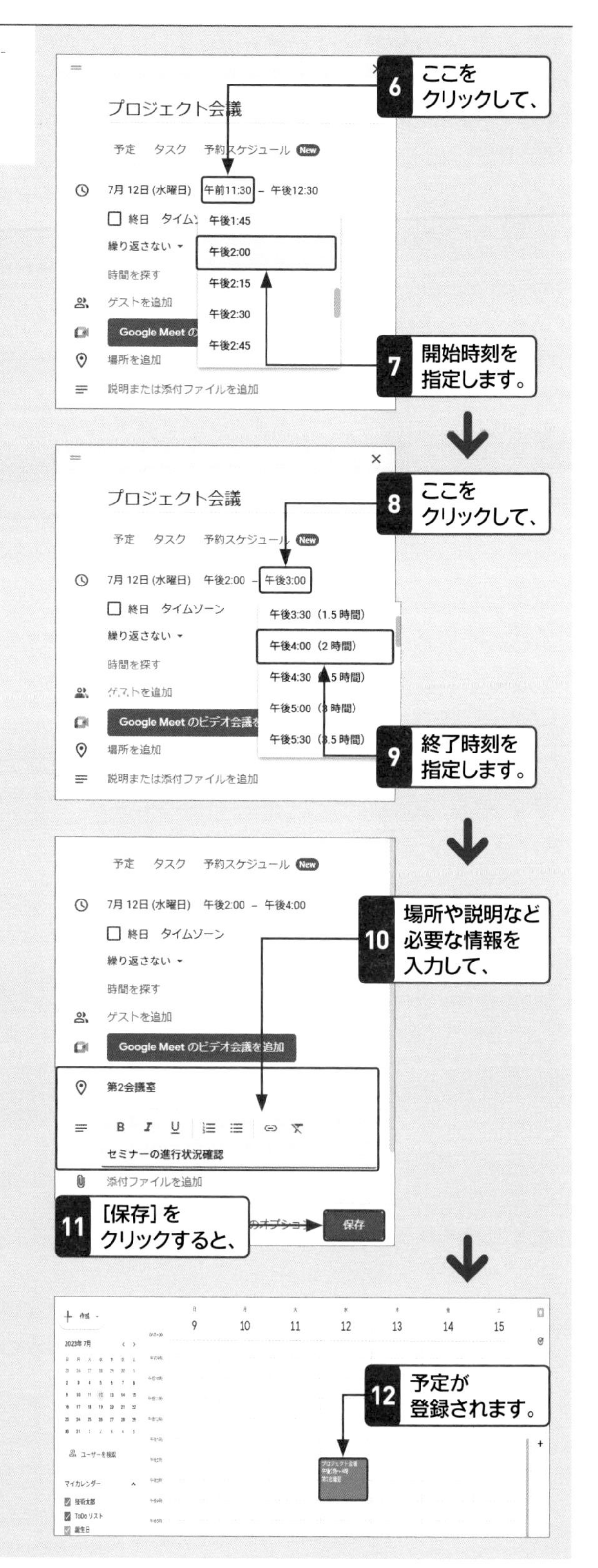

6 ここをクリックして、
プロジェクト会議
予定 タスク 予約スケジュール New
7月 12日 (水曜日) 午前11:30 – 午後12:30
終日
繰り返さない
時間を探す
ゲストを追加
場所を追加
説明または添付ファイルを追加
午後1:45
午後2:00
午後2:15
午後2:30
午後2:45
7 開始時刻を指定します。
8 ここをクリックして、
7月 12日 (水曜日) 午後2:00 – 午後3:00
午後3:30 (1.5 時間)
午後4:00 (2 時間)
9 終了時刻を指定します。
7月 12日 (水曜日) 午後2:00 – 午後4:00
10 場所や説明など必要な情報を入力して、
Google Meet のビデオ会議を追加
第2会議室
セミナーの進行状況確認
添付ファイルを追加
11 ［保存］をクリックすると、
保存
12 予定が登録されます。

重要度 ★★★ 予定の登録

Q 197 数日や長期にまたがる予定を登録したい!

A 月単位の表示に切り替え、日にちをドラッグして指定します。

出張や旅行などの長期にまたがる予定や、数日間取り組む業務の予定などを登録するには、カレンダーを月単位の表示に切り替え、ドラッグして日にちを指定します。予定の作成画面が表示されるので、タイトルを入力して[保存]をクリックします。終日の予定として登録されるので、詳細な時刻を指定する場合は、[時間を追加]をクリックして、開始時刻、終了時刻などを登録します。

1 月単位の表示に切り替えます。

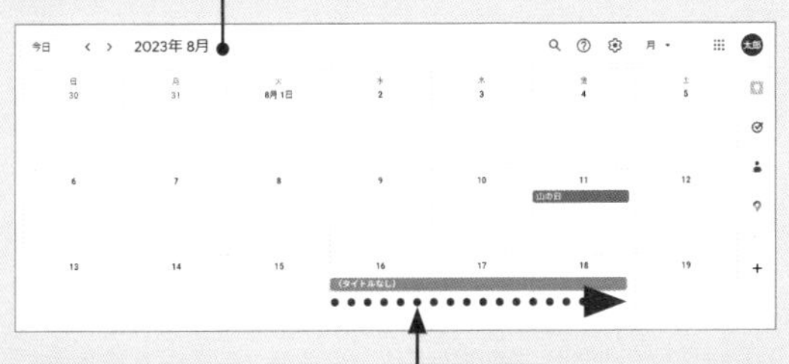

2 予定の期間をドラッグして選択し、

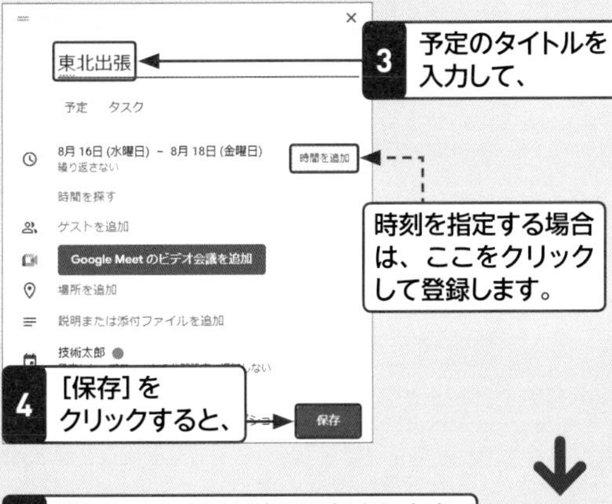
東北出張
予定 タスク
8月16日 (水曜日) – 8月18日 (金曜日)
繰り返さない
時間を追加
時間を探す
ゲストを追加
Google Meet のビデオ会議を追加
場所を追加
説明または添付ファイルを追加
技術太郎
保存

3 予定のタイトルを入力して、

時刻を指定する場合は、ここをクリックして登録します。

4 [保存]をクリックすると、

5 数日にまたがる予定が登録されます。

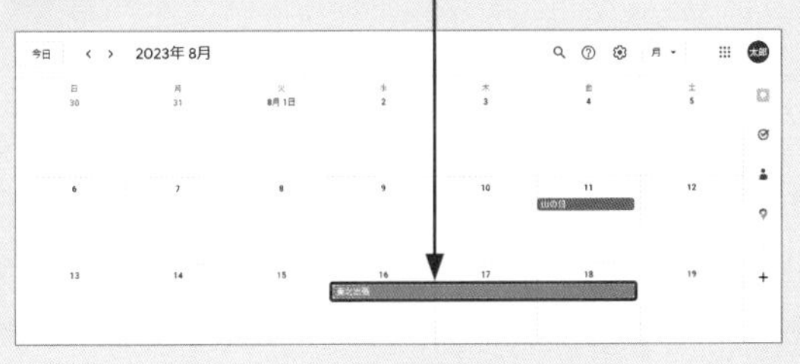

重要度 ★★★ 予定の登録

Q 198 毎週行う定期的な予定を登録したい!

A [繰り返さない]をクリックして繰り返しの間隔を指定します。

毎週同じ曜日の同じ時刻に会議を行うなど、同じパターンで繰り返す予定を毎回入力するのは面倒です。Googleカレンダーでは、定期的な予定を登録する機能が用意されています。カレンダー画面の[作成]から[予定]をクリックすると表示される予定の作成画面で、繰り返しの間隔を指定します。

1 [作成]から[予定]をクリックします。

2 予定のタイトル、日付、時間を指定して、

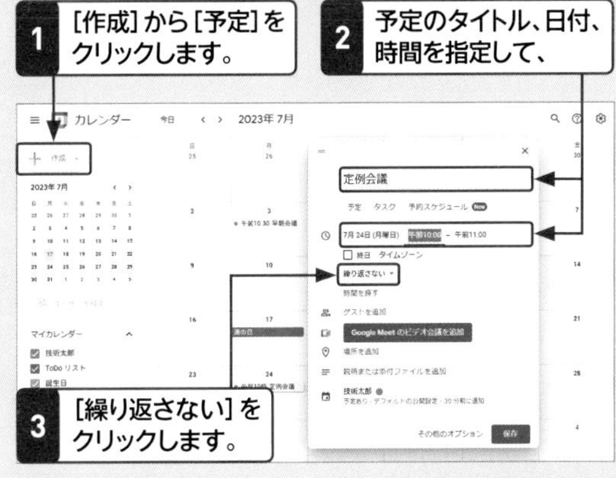

3 [繰り返さない]をクリックします。

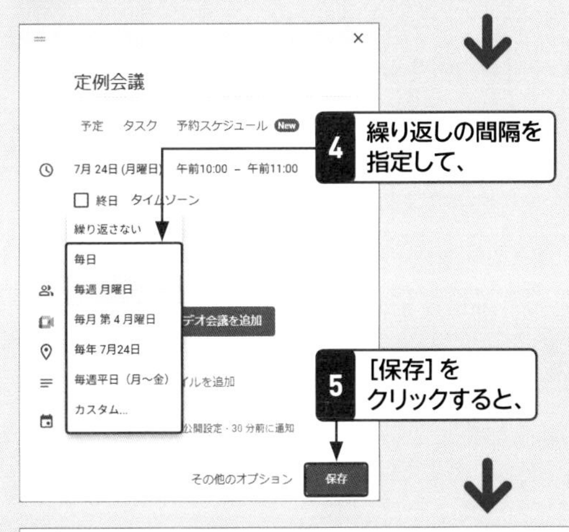
定例会議
予定 タスク 予約スケジュール New
7月24日 (月曜日) 午前10:00 – 午前11:00
終日 タイムゾーン
繰り返さない
毎日
毎週 月曜日
毎月 第4月曜日
毎年 7月24日
毎週平日 (月～金)
カスタム...
その他のオプション
保存

4 繰り返しの間隔を指定して、

5 [保存]をクリックすると、

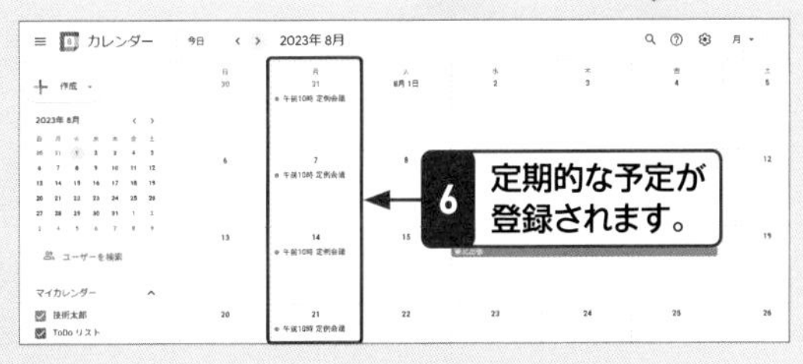

6 定期的な予定が登録されます。

重要度★★★ 予定の登録

Q 199 登録した予定を変更したい！

A 予定の詳細画面で変更できます。

登録した予定を変更するには、カレンダーで変更したい予定をクリックして、[編集] をクリックするか、予定をダブルクリックします。予定の詳細画面が表示されるので、必要な項目を変更して、[保存] をクリックします。

1 登録した予定をクリックして、

2 [編集] をクリックします。

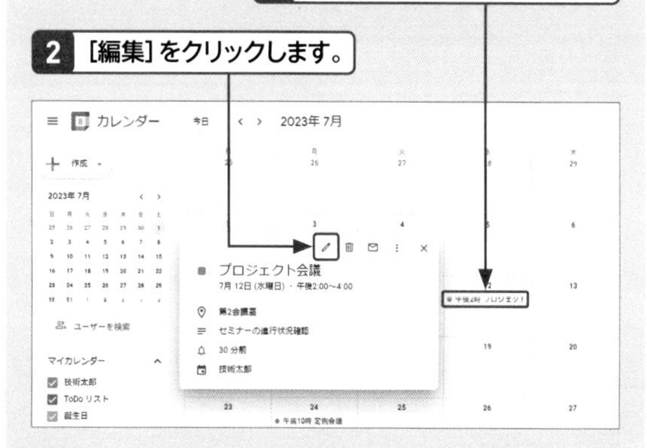
カレンダー
今日
2023年 7月
作成
プロジェクト会議
7月 12日 (水曜日) ・ 午後2:00～4:00
第2会議室
セミナーの進行状況確認
30 分前
技術太郎
ユーザーを検索
マイカレンダー
技術太郎
ToDo リスト
誕生日

3 予定の詳細画面で必要な項目（ここでは日付）を変更して、

プロジェクト会議
保存
その他の操
2023年 7月 11日
午後2:00
午後4:00
終日
繰り返さない
予定の詳細
時間を探す
ゲスト

4 [保存] をクリックすると、

5 予定が変更されます。

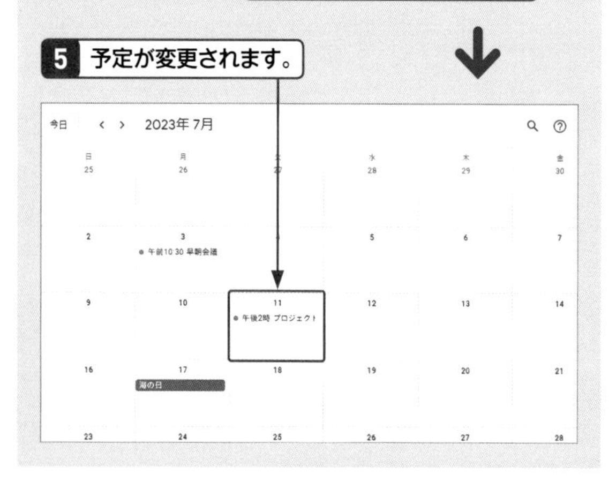
今日
2023年 7月
午前10:30 早朝会議
午後2時 プロジェクト
海の日

重要度★★★ 予定の登録

Q 200 登録した予定の時刻だけを変更したい！

A 時刻の枠をドラッグして変更します。

設定した予定の内容はそのままで、時刻だけを変更したい場合は、カレンダーの表示形式を日、週、4日のいずれかにして、予定の下枠をドラッグします。時刻は15分刻みで表示されます。また、予定の下枠以外をドラッグして日時を変更することも可能です。

1 カレンダーの表示形式を日、週、4日のいずれかにします。

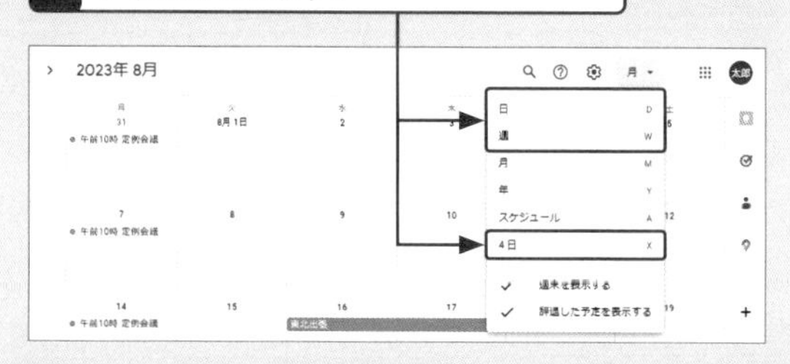
2023年 8月
日
週
月
年
スケジュール
4日
午前10時 定例会議

2 予定の下枠にマウスポインターを合わせて、

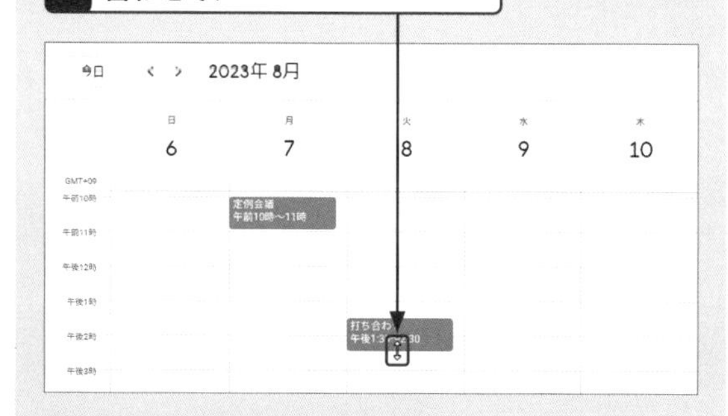
今日
2023年 8月
定例会議
午前10時～11時
打ち合わせ

3 目的の時刻までドラッグします。

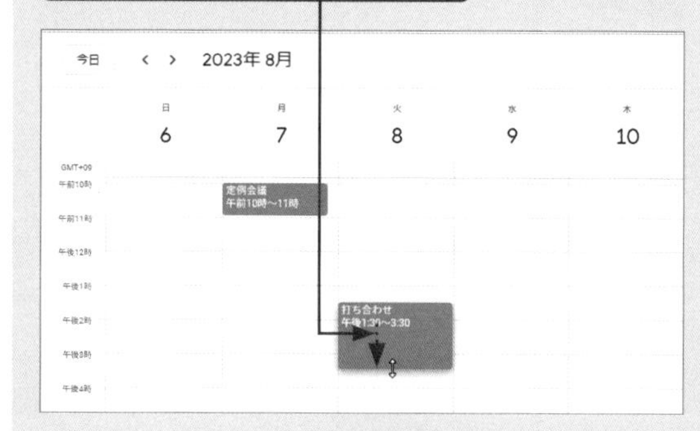
今日
2023年 8月
定例会議
午前10時～11時
打ち合わせ

重要度 ★★★ 予定の登録

Q 201 変更した予定を取り消したい！

A 編集をキャンセルするか、変更をもとに戻します。

予定の詳細画面で変更した内容を取り消す場合は、[予定の編集をキャンセル] ☒ をクリックします。
また、[保存] をクリックしたあとで取り消したい場合は、「予定を保存しました。」というメッセージが表示されている間に [元に戻す] をクリックします。

● 変更を破棄する

1 予定の詳細画面で内容を変更したあと、

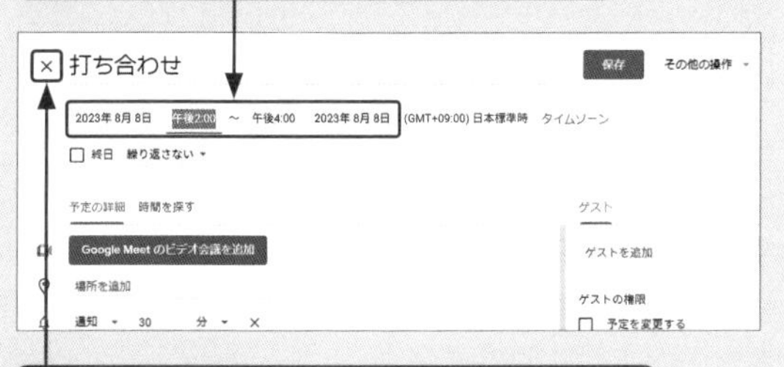

打ち合わせ
保存
その他の操作
予定の詳細
時間を探す
ゲスト
Google Meet のビデオ会議を追加
場所を追加
ゲストを追加
ゲストの権限
予定を変更する

2 [予定の編集をキャンセル] をクリックして、

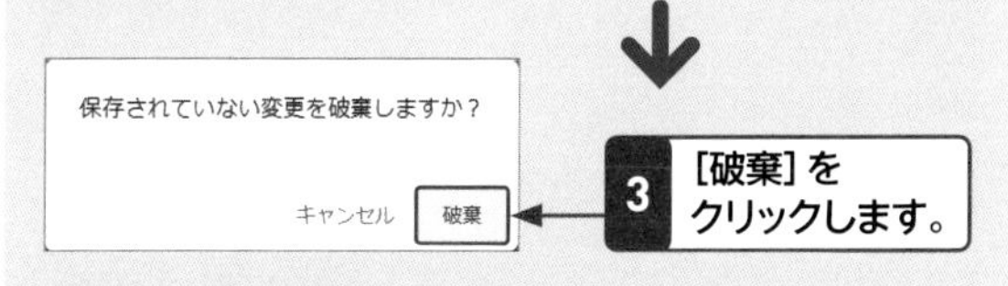

保存されていない変更を破棄しますか？
キャンセル
破棄

3 [破棄] をクリックします。

● 変更を取り消す

1 予定の詳細画面で内容を変更し、[保存] をクリックします。

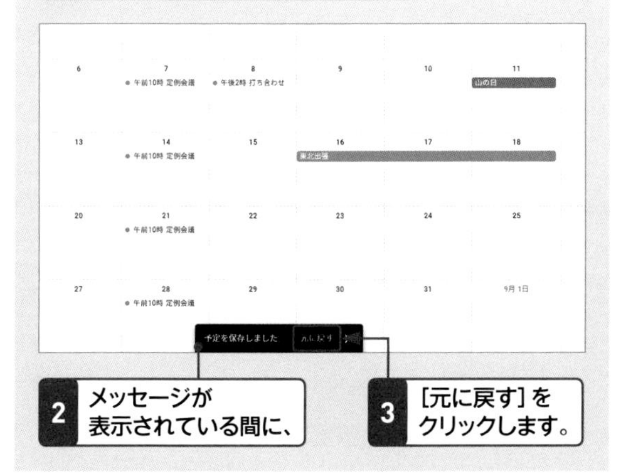

2 メッセージが表示されている間に、

3 [元に戻す] をクリックします。

重要度 ★★★ 予定の登録

Q 202 登録した予定を削除したい！

A 予定を右クリックして [削除] をクリックします。

登録した予定を削除するには、予定を右クリックして、[削除] をクリックします。なお、定期的な予定を削除する場合は、今回の予定のみか、今回と以降の予定すべてか、定期的な予定そのものを削除するかの確認の画面が表示されます。

1 削除したい予定を右クリックして、

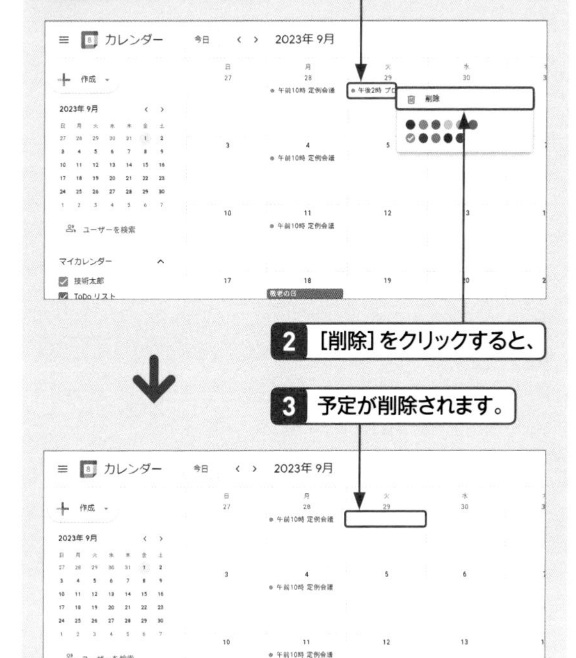

カレンダー
今日
2023年 9月
作成
削除
ユーザーを検索
マイカレンダー

2 [削除] をクリックすると、

3 予定が削除されます。

● 定期的な予定を削除する場合

定期的な予定を削除する場合は、削除方法を選択します。

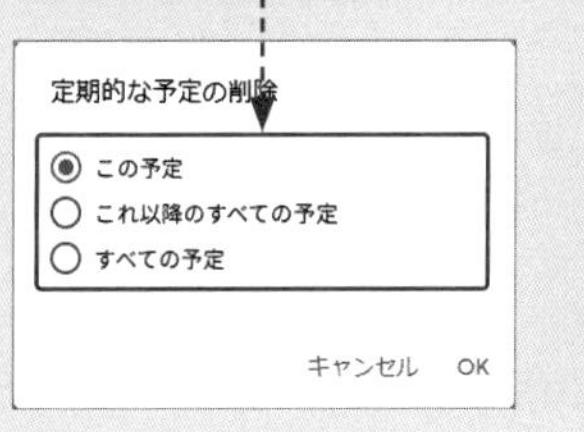

定期的な予定の削除
この予定
これ以降のすべての予定
すべての予定
キャンセル
OK

重要度 ★★★ 予定の登録

Q 203 Gmailから予定を登録したい！

A メッセージ画面で［その他］から［予定を作成］をクリックします。

Gmailに届いたイベントの案内や会議の予定などをそのままGoogleカレンダーに登録することができます。Gmailで予定を登録したいメールのメッセージ画面を表示して、［その他］⋮をクリックし、［予定を作成］をクリックします。Googleカレンダーの予定の詳細画面に切り替わり、メールの件名がタイトルに、本文が［説明］欄に表示されるので、日時や場所などを設定して保存します。

1 Gmailを起動して、予定を登録したいメールのメッセージ画面を表示します。

2 ［その他］をクリックして、

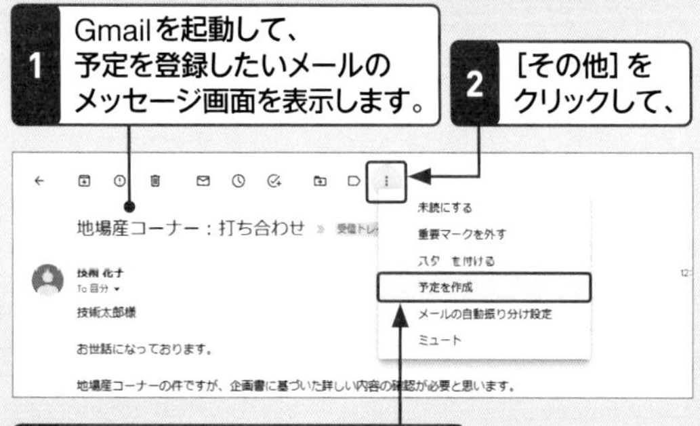
地場産コーナー：打ち合わせ
未読にする
重要マークを外す
予定を作成
メールの自動振り分け設定
ミュート
技術太郎様
お世話になっております。
地場産コーナーの件ですが、企画書に基づいた詳しい内容の確認が必要と思います。

3 ［予定を作成］をクリックすると、

4 Googleカレンダーの予定の詳細画面に切り替わり、メールの件名がタイトルに、本文が［説明］欄に表示されます。

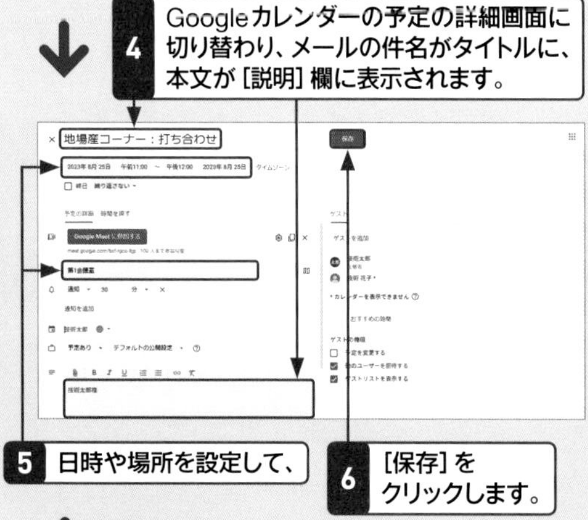
地場産コーナー：打ち合わせ
保存

5 日時や場所を設定して、

6 ［保存］をクリックします。

7 招待メールを送信するかどうかの画面が表示されるので、［送信しない］をクリックします。

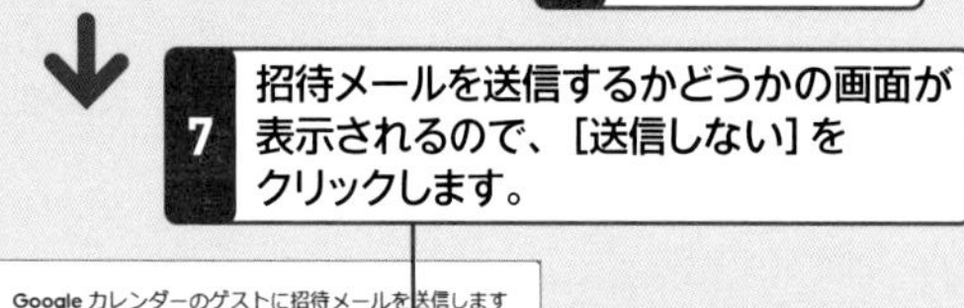
Google カレンダーのゲストに招待メールを送信しますか？
編集に戻る
送信しない
送信

重要度 ★★★ 予定の通知

Q 204 予定の通知を設定したい！

A 予定の詳細画面の［通知］で設定します。

Googleカレンダーには、登録した予定を忘れないように事前に通知をしてくれる機能が用意されています。通知の方法はメール（Gmail）で受け取るか、ポップアップで受け取るかを選択できます。予定の通知時刻は、初期設定では開始時刻の30分前になっていますが、通知時刻は変更することができます。また、時間や日、週で通知を設定することもできます。

1 通知を設定したい予定をクリックして、

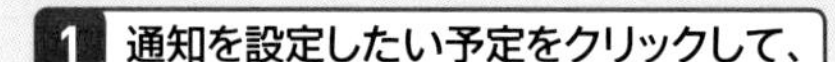

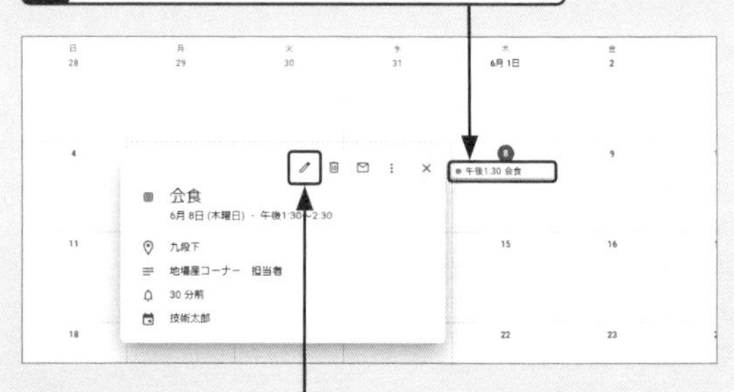
会食
6月8日（木曜日）・午後1:30～2:30
九段下
地場産コーナー 担当者
30 分前
技術太郎

2 ［編集］をクリックします。

3 ［通知］をクリックして、［通知］か［メール］を選択し、

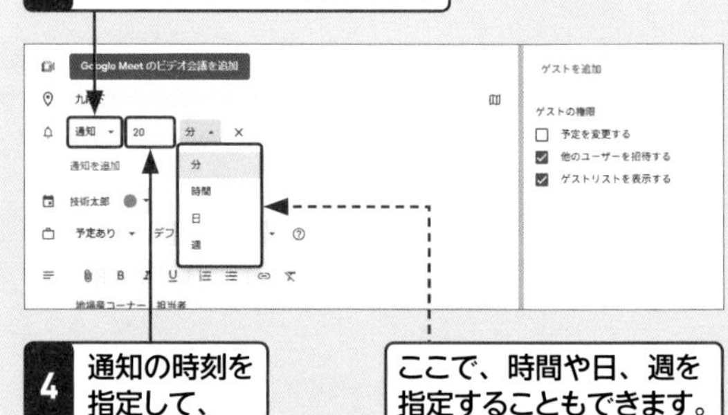
Google Meet のビデオ会議を追加
九段下
通知
20
分
時間
日
週
ゲストを追加
ゲストの権限
予定を変更する
他のユーザーを招待する
ゲストリストを表示する

4 通知の時刻を指定して、

ここで、時間や日、週を指定することもできます。

5 ［保存］をクリックします。

会食
保存
その他の操作
2023年 6月 8日 午後1:30 ～ 午後2:30 2023年 6月 8日 (GMT+09:00) 日本標準時 タイムゾーン
終日 繰り返さない
予定の詳細 時間を探す
Google Meet のビデオ会議を追加
九段下
通知 20 分
ゲスト
ゲストを追加
ゲストの権限
予定を変更する
他のユーザーを招待する

紙面版

電脳会議

DENNOUKAIGI

一切無料

今が旬の書籍情報を満載してお送りします！

『電脳会議』は、年6回刊行の無料情報誌です。2023年10月発行のVol.221より**リニューアル**し、**A4判・32頁カラー**と**ボリュームアップ**。弊社発行の新刊・近刊書籍や、注目の書籍を担当編集者自らが紹介しています。今後は図書目録はなくなり、『電脳会議』上で弊社書籍ラインナップや最新情報などをご紹介していきます。新しくなった『電脳会議』にご期待下さい。

大幅増ページでボリュームアップ！

分水嶺の謎 峠は海から生まれた
素数って偏ってるの？
初めてのAndroidスマートフォンにこの1冊！
スマートフォン超入門 Android対応版
OPPO Reno9 A／7 A スマートガイド
ドコモ Xperia 10 V SO-52D スマートガイド
大学数学入門
大きな字でわかりやすい LINEライン入門
au Xperia 1 V／10 V SOG10／SOG11 スマートガイド
Google Pixel 7a スマートガイド
大学の微分積分
理解するほどおもしろい！ パソコンのしくみがよくわかる本

重要度 ★★★ 予定の通知

Q 205 通知はどのように表示される？

A Gmailに届くか、画面上にポップアップで表示されます。

予定の通知は、Gmailにメールで届くか、Googleカレンダーあるいはデスクトップ上にポップアップで表示されます。ポップアップは、Googleカレンダーを表示している場合のみ表示されます。予定の何分前に、どの方法で受け取るかは、予定の詳細画面の［通知］で設定します。

参照▶Q 204

● Gmailで通知を受け取る

1 Gmailの［受信トレイ］にGoogleカレンダーからメールが届きます。

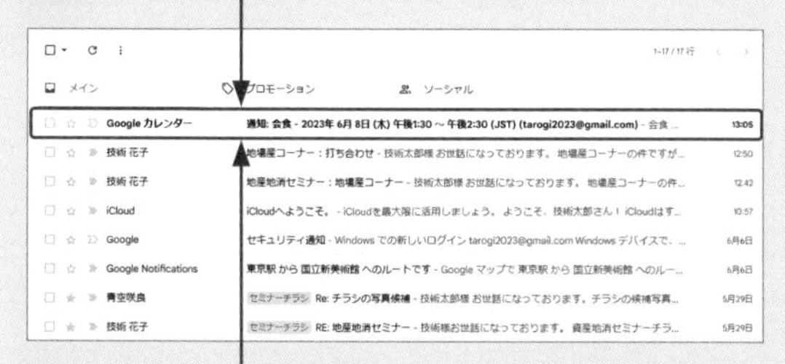

2 メールをクリックすると、

3 通知の内容が表示されます。

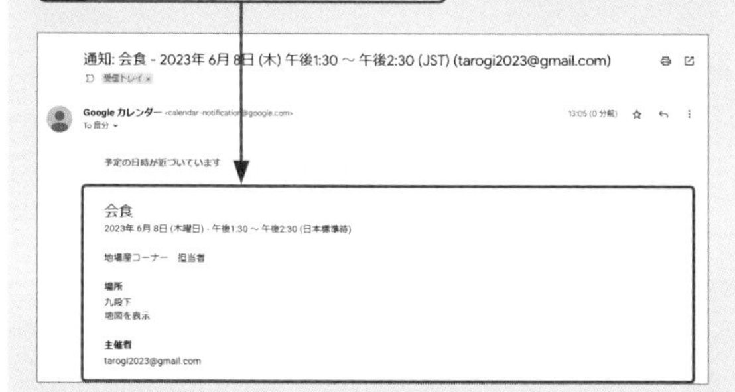

● ポップアップで通知を受け取る

1 画面上にメッセージが表示されます。

2 確認して［OK］をクリックします。

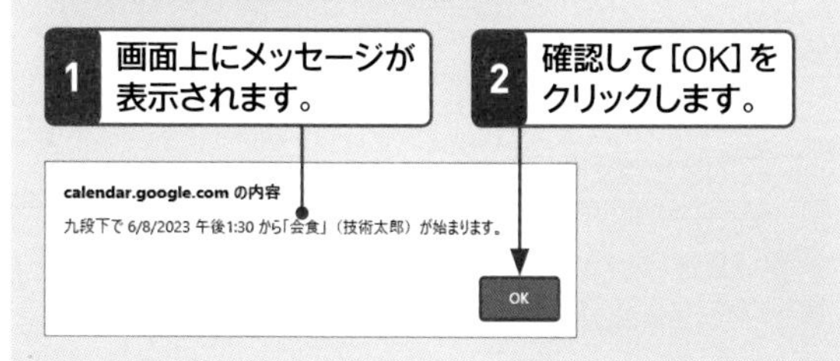
calendar.google.com の内容
九段下で 6/8/2023 午後1:30 から「会食」（技術太郎）が始まります。
OK

重要度 ★★★ 予定の通知

Q 206 予定の通知が表示されない！

A GoogleカレンダーとWebブラウザーの通知設定を確認します。

Googleカレンダーで予定の通知を設定しても通知が表示されない場合は、Googleカレンダーの通知設定がOFFになっているか、WebブラウザーでGoogleカレンダーの通知が許可されていないことが考えられます。それぞれの設定を確認してください。

なお、［デスクトップ通知］ではデスクトップの右下に通知が表示され、［アラート］はGoogleカレンダー上に通知が表示されます。

● Googleカレンダーの通知設定を確認する

1 Googleカレンダーの［設定メニュー］⚙→［設定］→［全般］→［通知設定］の順にクリックします。

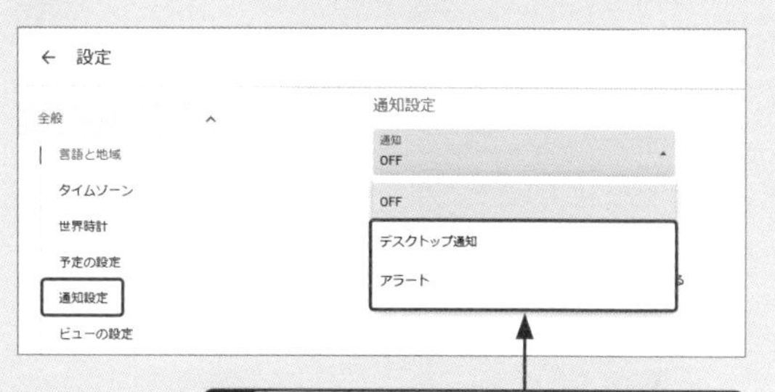
設定
全般
言語と地域
タイムゾーン
世界時計
予定の設定
通知設定
ビューの設定
通知設定
通知
OFF
OFF
デスクトップ通知
アラート

2 通知がOFFになっている場合は、クリックして通知方法を指定します。

● Webブラウザーの通知設定を確認する

1 Webブラウザー（ここではMicrosoft Edge）の［設定など］…→［設定］→［Cookieとサイトのアクセス許可］→［通知］の順にクリックします。

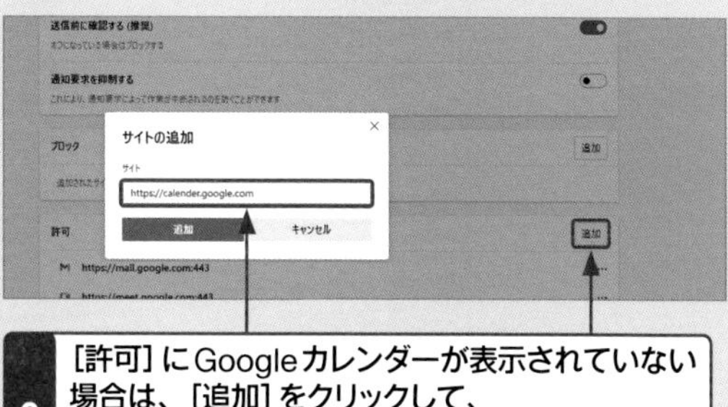
サイトの追加
https://calender.google.com
追加
キャンセル
許可
追加

2 ［許可］にGoogleカレンダーが表示されていない場合は、［追加］をクリックして、「https://calendar.google.com」と入力し、［追加］をクリックします。

重要度 ★★★ 予定の通知

Q 207 通知を削除したい!

A [通知]の右にある[通知を削除]をクリックします。

設定した通知を削除するには、予定の詳細画面を表示して、[通知]の右側にある[通知を削除]× をクリックします。すべての通知を削除した場合は、[通知を追加]をクリックすると、通知の設定欄が再び表示されます。

1 削除したい通知の[通知を削除]をクリックすると、

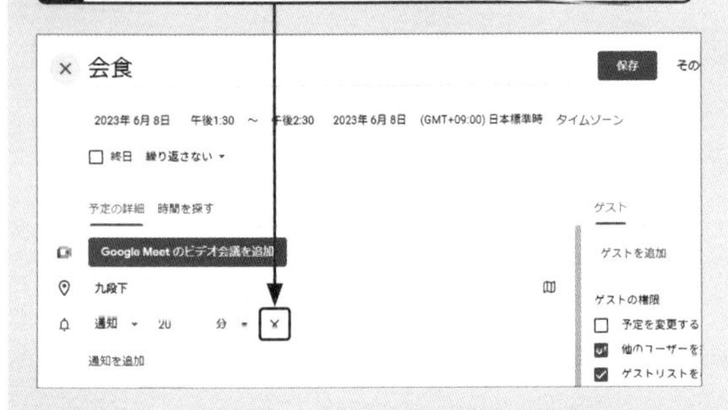
会食
保存
2023年 6月 8日 午後1:30 ~ 午後2:30 2023年 6月 8日 (GMT+09:00) 日本標準時 タイムゾーン
終日 繰り返さない
予定の詳細 時間を探す
ゲスト
Google Meet のビデオ会議を追加
ゲストを追加
九段下
ゲストの権限
予定を変更する
通知 20 分
通知を追加

2 通知が削除されます。

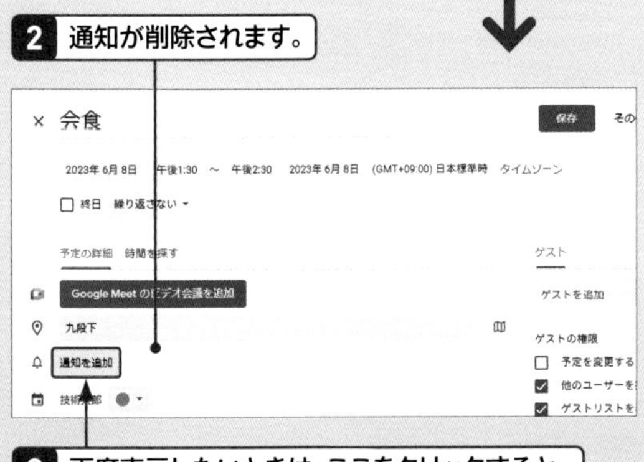
会食
保存
2023年 6月 8日 午後1:30 ~ 午後2:30 2023年 6月 8日 (GMT+09:00) 日本標準時 タイムゾーン
予定の詳細 時間を探す
Google Meet のビデオ会議を追加
九段下
通知を追加
ゲストを追加
ゲストの権限
予定を変更する

3 再度表示したいときは、ここをクリックすると、

4 通知が表示されます。

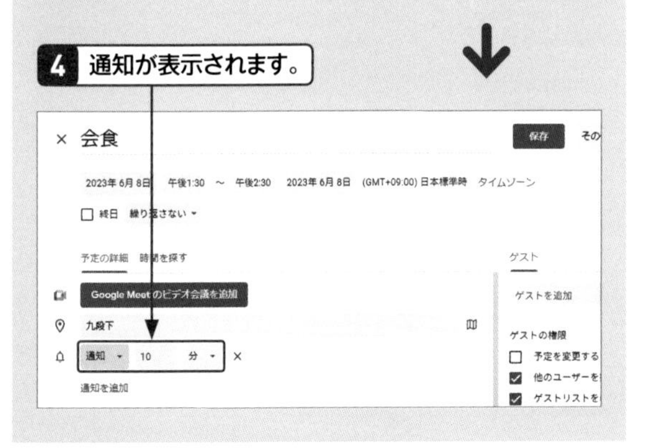
会食
保存
2023年 6月 8日 午後1:30 ~ 午後2:30 2023年 6月 8日 (GMT+09:00) 日本標準時 タイムゾーン
予定の詳細 時間を探す
Google Meet のビデオ会議を追加
九段下
通知 10 分
通知を追加
ゲストを追加
ゲストの権限
予定を変更する

重要度 ★★★ 予定の管理

Q 208 予定の一覧を確認したい!

A [スケジュール]を表示すると確認できます。

Googleカレンダーの表示形式を[スケジュール]にすると、登録されている予定と祝日が一覧で表示されます。リストには、日付と時間、予定のタイトルが表示されますが、予定をクリックすると、設定されているそのほかの情報が表示されます。

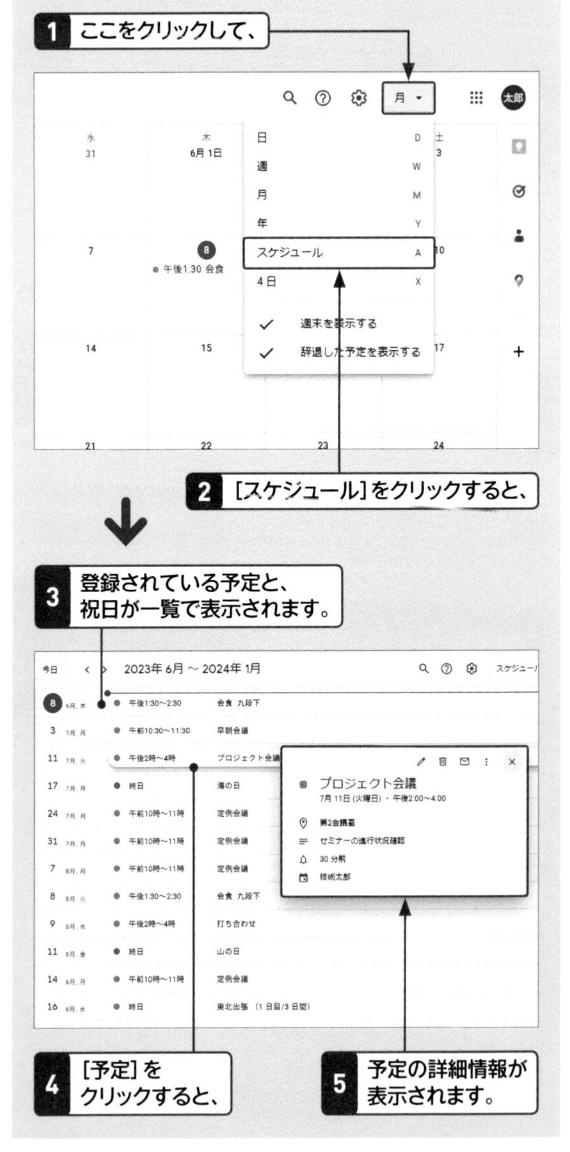
1 ここをクリックして、
月
日
週
年
スケジュール
4日
週末を表示する
辞退した予定を表示する
午後1:30 会食
2 [スケジュール]をクリックすると、
3 登録されている予定と、祝日が一覧で表示されます。
今日
2023年 6月 ~ 2024年 1月
午後1:30~2:30 会食 九段下
午前10:30~11:30 早朝会議
午後2時~4時 プロジェクト会議
終日 海の日
午前10時~11時 定例会議
午後2時~4時 打ち合わせ
終日 山の日
終日 東北出張 (1日目/3日間)
プロジェクト会議
7月 11日 (火曜日) ・ 午後2:00~4:00
第2会議室
セミナーの進行状況確認
30 分前
技術太郎
4 [予定]をクリックすると、
5 予定の詳細情報が表示されます。

重要度 ★★★ 予定の管理

Q 209 予定を検索したい！

A 検索ボックスにキーワードを入力して検索します。

登録した予定が増えてくると、予定を探すのが難しくなります。この場合は、キーワードを使って検索するとよいでしょう。検索ボックスに検索したい予定をキーワードで入力すると、該当する予定が表示されます。場所や参加者、日付などで検索条件を絞り込むこともできます。

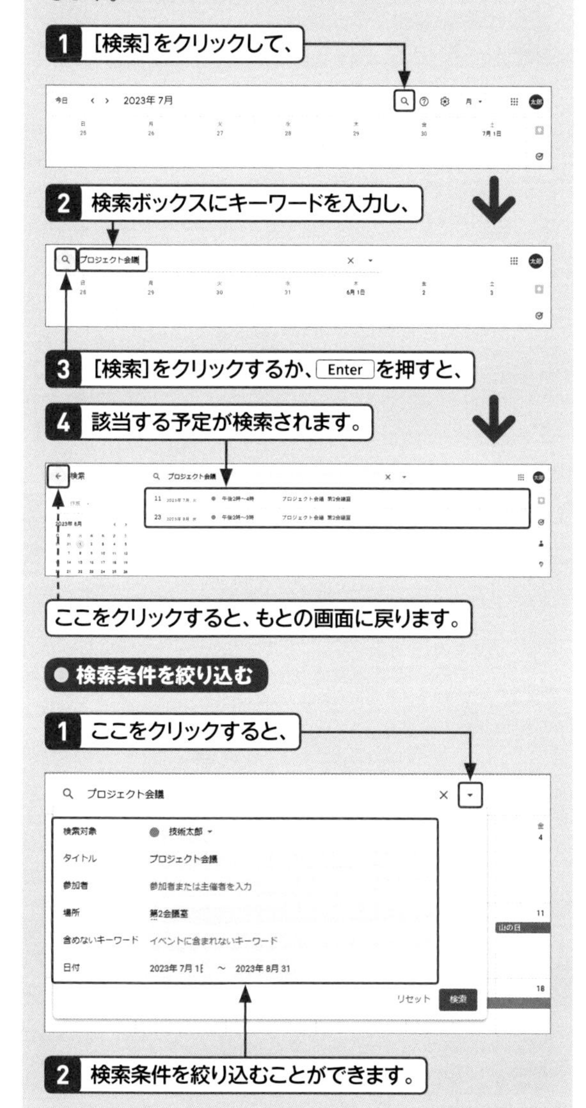

1 [検索]をクリックして、
2 検索ボックスにキーワードを入力し、
3 [検索]をクリックするか、Enterを押すと、
4 該当する予定が検索されます。
ここをクリックすると、もとの画面に戻ります。
● 検索条件を絞り込む
1 ここをクリックすると、
プロジェクト会議
検索対象
技術太郎
タイトル
参加者
参加者または主催者を入力
場所
第2会議室
含めないキーワード
イベントに含まれないキーワード
日付
2023年 7月 1日 〜 2023年 8月 31
リセット
検索
2 検索条件を絞り込むことができます。

重要度 ★★★ 予定の管理

Q 210 予定ごとに色を付けてわかりやすくしたい！

A 予定を右クリックして色を指定します。

初期設定では、登録した予定はすべて同じ色で表示されるので、予定が増えてくると、見づらくなります。予定は色分けすることができるので、仕事の予定やイベントの予定、プライベートの予定など、内容別に色分けしておくとよいでしょう。ここでは、色がわかりやすいように、カレンダーの表示形式を週単位にしています。

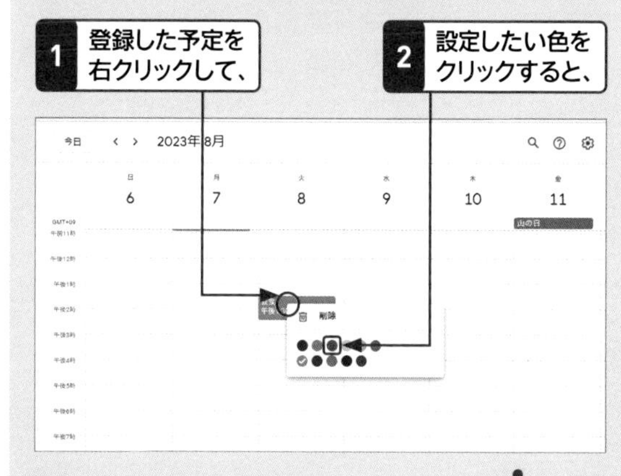

1 登録した予定を右クリックして、
2 設定したい色をクリックすると、
今日
2023年 8月
削除

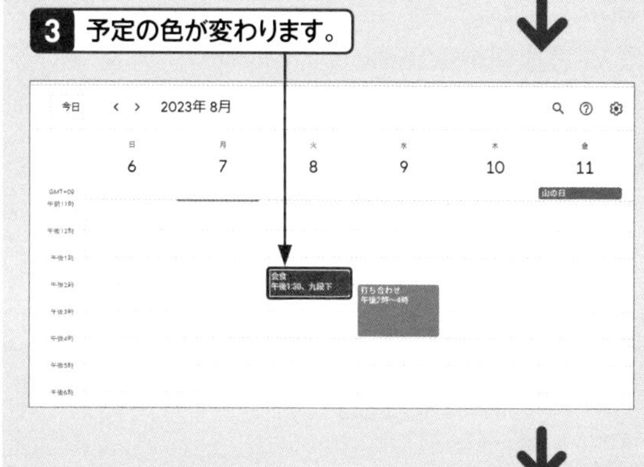

3 予定の色が変わります。
今日
2023年 8月
会食
午後1:30、九段下
打ち合わせ
午後2時〜4時

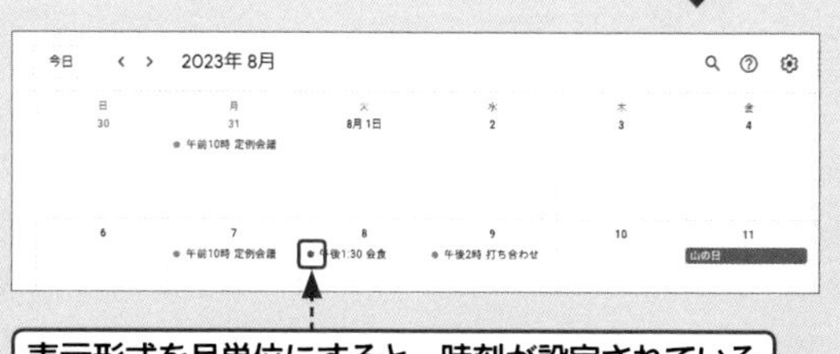

今日
2023年 8月
表示形式を月単位にすると、時刻が設定されている予定の場合は、ここに色が表示されます。

Q 211 ビデオ会議の予定を登録したい!

A 予定を作成して、[Google Meetのビデオ会議を追加] をクリックします。

Googleカレンダーでビデオ会議の予定を登録するには、予定を作成して、[Google Meetのビデオ会議を追加] をクリックします。続いて、会議に招待するゲストを追加し、招待メールを送信します。ゲストは複数人指定できます。
ビデオ会議に参加するには、登録した予定をクリックして、[Google Meetに参加する] をクリックします。

1 会議の予定を登録する日付をクリックして、

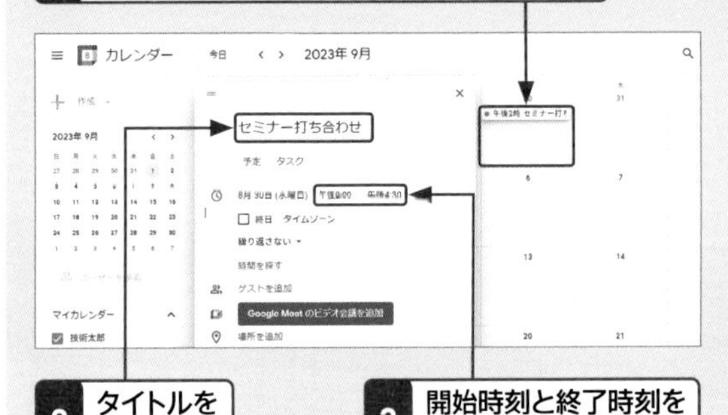

2 タイトルを入力し、

3 開始時刻と終了時刻を設定します。

4 場所や説明など必要な情報を入力して、

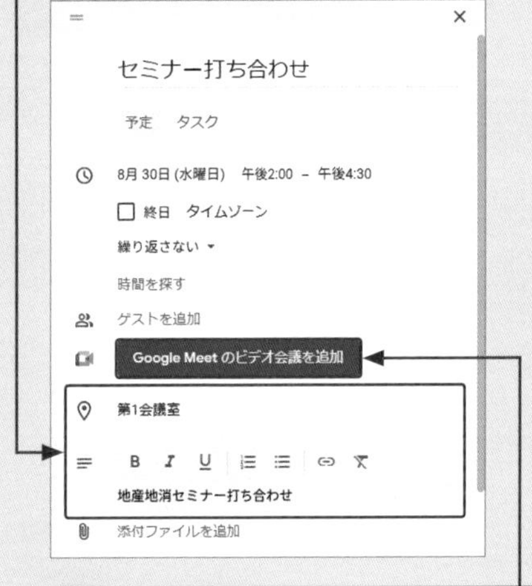

セミナー打ち合わせ
予定 タスク
8月30日 (水曜日) 午後2:00 – 午後4:30
終日 タイムゾーン
繰り返さない
時間を探す
ゲストを追加
Google Meet のビデオ会議を追加
第1会議室
地産地消セミナー打ち合わせ
添付ファイルを追加

5 [Google Meetのビデオ会議を追加] をクリックします。

6 [ゲストを追加] をクリックして、

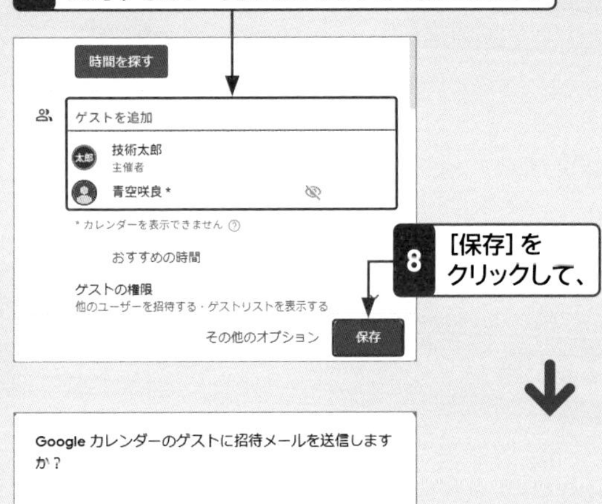

時間を探す
ゲストを追加
技術太郎
主催者
青空咲良 *
* カレンダーを表示できません
おすすめの時間
ゲストの権限
他のユーザーを招待する・ゲストリストを表示する
その他のオプション
保存

7 会議に招待するユーザーのメールアドレスを入力するか、一覧からクリックして指定します。

8 [保存] をクリックして、

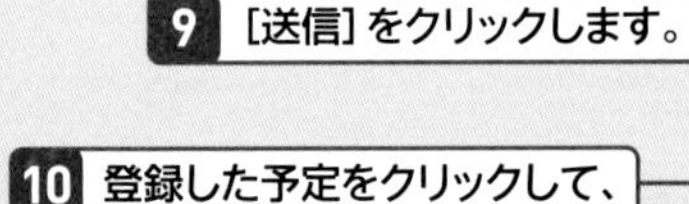

Google カレンダーのゲストに招待メールを送信しますか？
編集に戻る
送信しない
送信

9 [送信] をクリックします。

10 登録した予定をクリックして、

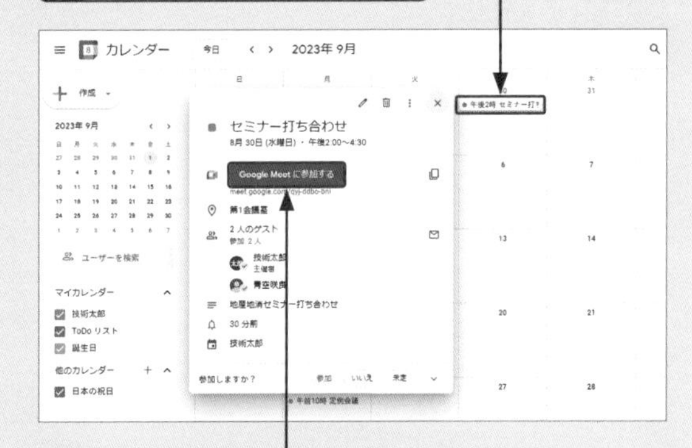

11 [Google Meetに参加する] をクリックすると、ビデオ会議に参加できます。

重要度 ★★★　予定の管理

Q 212 予定に場所と地図を入力したい！

A 予定を登録するときに場所を入力します。

予定を登録するときに住所や駅名、店名などの場所を入力しておくと、カレンダーで予定をクリックすると表示される画面に、登録した場所が表示されます。その場所をクリックすると、Googleマップがサイドパネルで開いて、登録した場所の詳細と付近の地図が表示されます。なお、サイドパネルとは、Googleの複数のサービスを同じ画面上で利用できる機能です。Googleカレンダーでは、Google Keep、ToDoリスト、連絡先、Googleマップが利用できます。

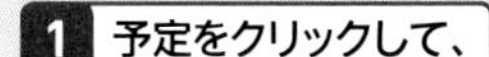

1 予定をクリックして、

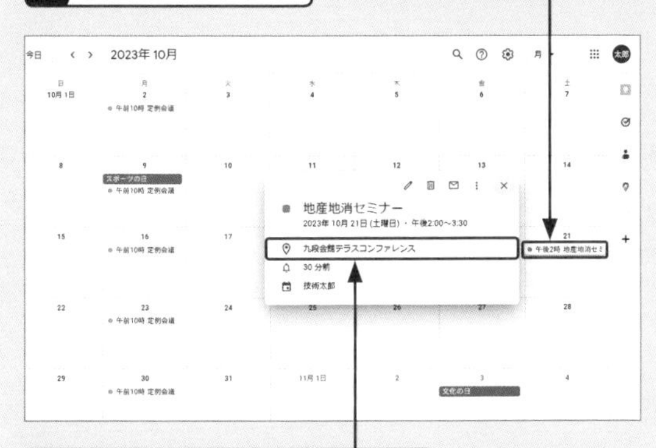

2 登録した場所をクリックすると、

3 Googleマップがサイドパネルで開き、場所の詳細と付近の地図が表示されます。

4 ここをクリックすると、サイドパネルが閉じます。

重要度 ★★★　カレンダーの編集

Q 213 新しいカレンダーを追加したい！

A ［他のカレンダー］から［新しいカレンダーを作成］をクリックします。

Googleカレンダーでは、仕事用やプライベート用など、用途別にカレンダーを作成して、予定を管理することができます。作成したカレンダーは［マイカレンダー］に追加されます。新しいカレンダーを追加するには、［他のカレンダー］の＋をクリックして、［新しいカレンダーを作成］をクリックします。

1 ［他のカレンダー］の＋をクリックして、

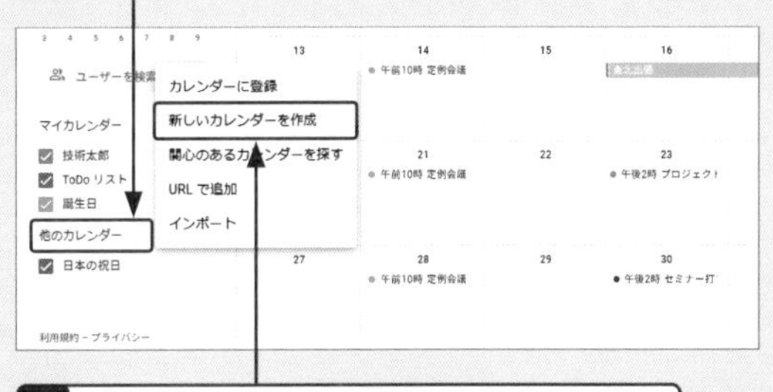

2 ［新しいカレンダーを作成］をクリックします。

3 カレンダー名を入力して、

4 必要であれば［説明］を入力し、

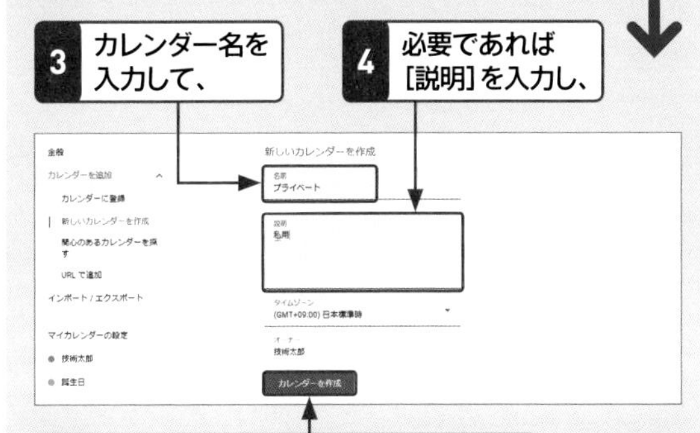

5 ［カレンダーを作成］をクリックすると、

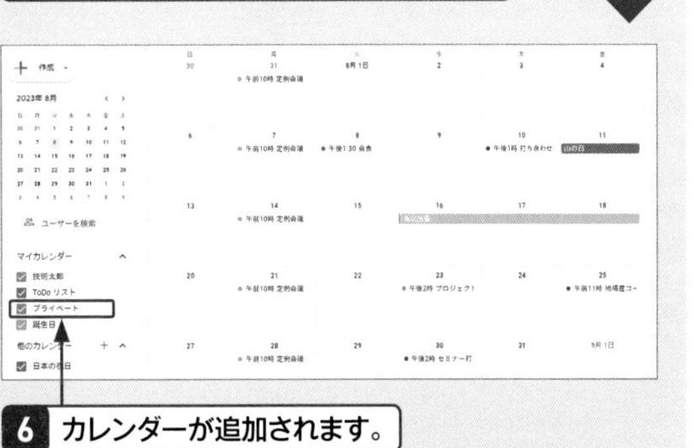

6 カレンダーが追加されます。

重要度 ★★★ カレンダーの編集

Q 214 カレンダーを削除したい!

A 削除したいカレンダーの ☒ をクリックします。

作成したカレンダーが不要になった場合は、削除することができます。削除したいカレンダーにマウスポインターを合わせて、[「○○」の登録を解除] ☒ をクリックし、[リストからカレンダーを削除] をクリックします。

1 削除したいカレンダーにマウスポインターを合わせて、

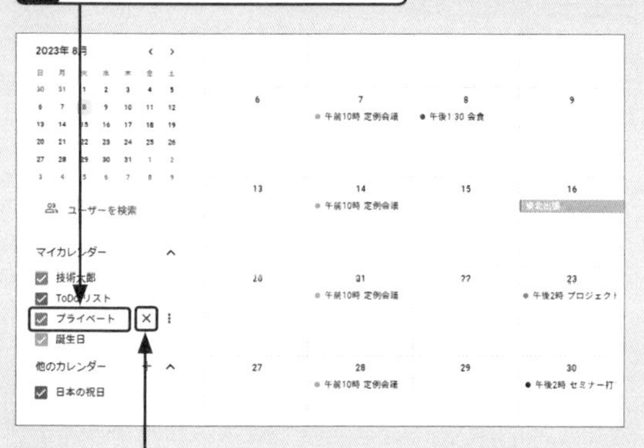
2023年 8月
ユーザーを検索
マイカレンダー
技術太郎
ToDoリスト
プライベート
誕生日
他のカレンダー
日本の祝日
午前10時 定例会議
午後1:30 会食
午後2時 プロジェクト
午後2時 セミナー打

2 ここをクリックします。

3 [リストからカレンダーを削除] をクリックすると、

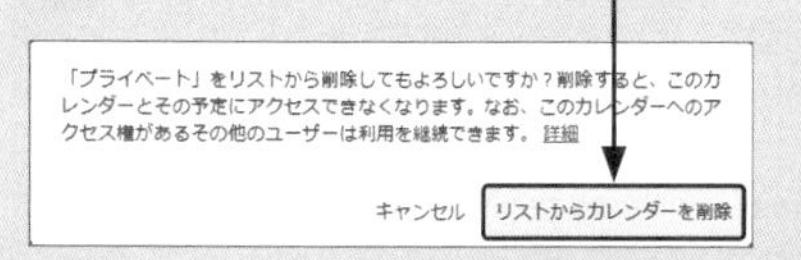
「プライベート」をリストから削除してもよろしいですか？削除すると、このカレンダーとその予定にアクセスできなくなります。なお、このカレンダーへのアクセス権があるその他のユーザーは利用を継続できます。 詳細
キャンセル
リストからカレンダーを削除

4 カレンダーが削除されます。

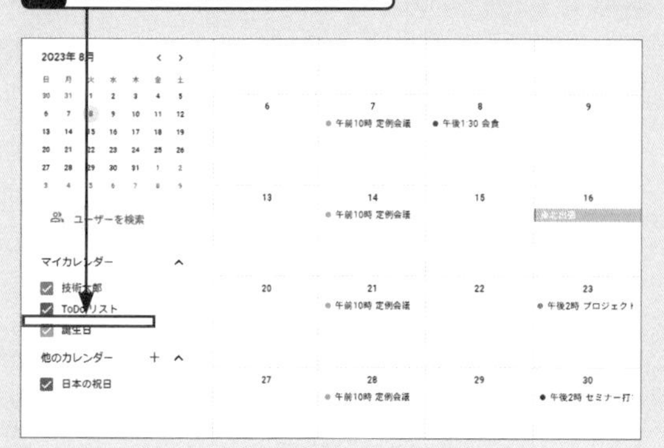
2023年 8月
ユーザーを検索
マイカレンダー
技術太郎
ToDoリスト
誕生日
他のカレンダー
日本の祝日
午前10時 定例会議
午後1:30 会食

重要度 ★★★ カレンダーの編集

Q 215 複数のカレンダーを管理したい!

A カレンダーを指定して予定を登録します。

Googleカレンダーでは、複数のカレンダーを1つにまとめて、予定を一括で管理することができます。この場合は、どのカレンダーに予定を登録するかを指定することで、カレンダー別に登録することができます。それぞれのカレンダーの色は異なるので、予定の色を見ると、どのカレンダーの予定なのかを判断できます。カレンダーの色は、変更することもできます。

1 予定を登録する日時をクリックして、

2 タイトルを入力します。

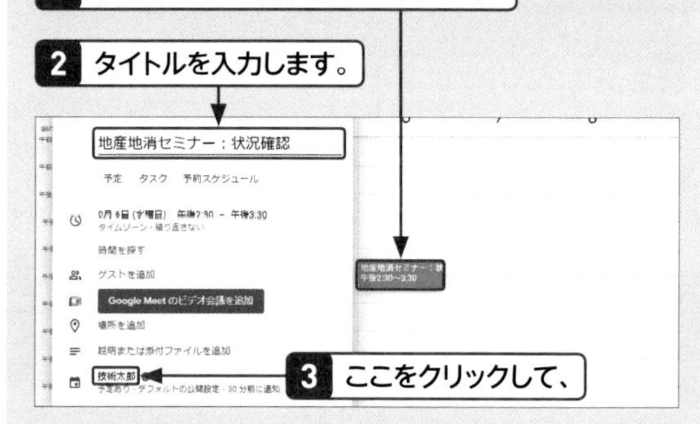
地産地消セミナー：状況確認
予定
タスク
予約スケジュール
ゲストを追加
Google Meet のビデオ会議を追加
場所を追加
説明または添付ファイルを追加
技術太郎

3 ここをクリックして、

4 登録するカレンダーをクリックします。

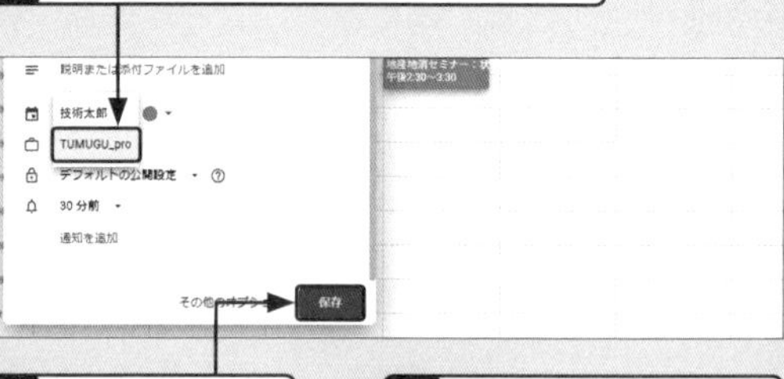
説明または添付ファイルを追加
技術太郎
TUMUGU_pro
デフォルトの公開設定
30 分前
通知を追加
保存

5 [保存] をクリックすると、

6 指定したカレンダーに予定が登録されます。

● カレンダーの色を変更する

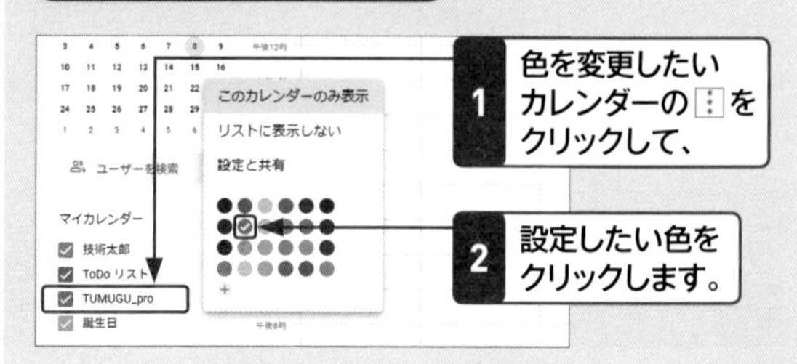
このカレンダーのみ表示
リストに表示しない
設定と共有
ユーザーを検索
マイカレンダー
技術太郎
ToDo リスト
TUMUGU_pro
誕生日

1 色を変更したいカレンダーの ⋮ をクリックして、

2 設定したい色をクリックします。

重要度★★★ カレンダーの編集

Q216 カレンダーの表示／非表示を切り替えたい!

A カレンダー名をクリックして切り替えます。

カレンダーは複数同時に表示することができます。それぞれの表示を切り替えるには、[マイカレンダー]に表示されているカレンダー名をクリックします。クリックするたびにカレンダーの表示／非表示を切り替えることができます。また、特定のカレンダーの予定のみを表示したいときは、カレンダーの⋮をクリックして、[このカレンダーのみ表示]をクリックします。

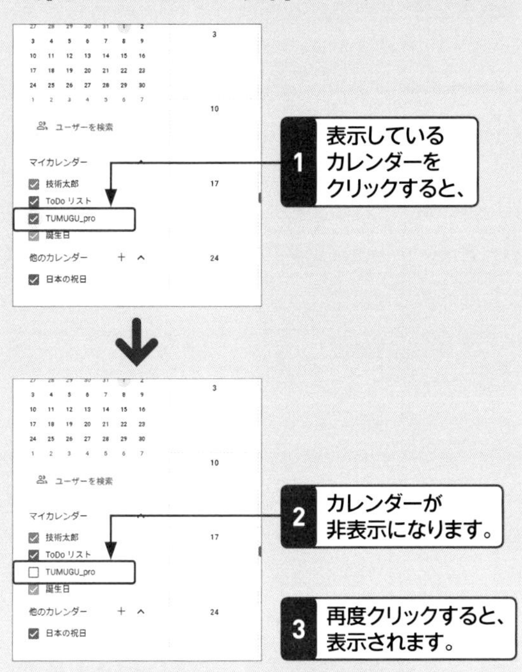

ユーザーを検索
マイカレンダー
技術太郎
ToDo リスト
TUMUGU_pro
誕生日
他のカレンダー
日本の祝日
1 表示しているカレンダーをクリックすると、
2 カレンダーが非表示になります。
3 再度クリックすると、表示されます。

● 特定のカレンダーの予定のみを表示する

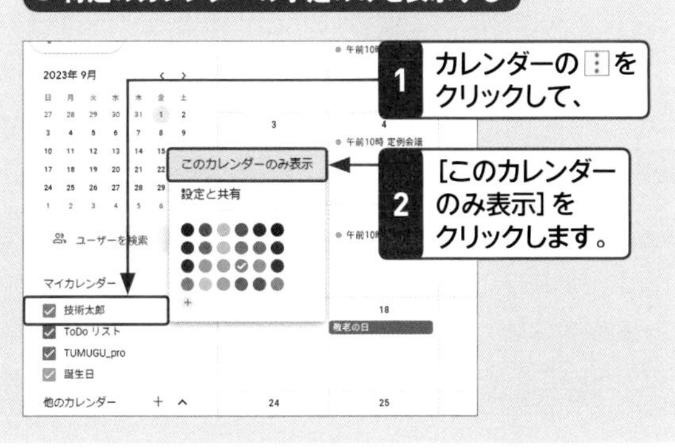

2023年 9月
このカレンダーのみ表示
設定と共有
マイカレンダー
技術太郎
ToDo リスト
TUMUGU_pro
誕生日
他のカレンダー
敬老の日
1 カレンダーの⋮をクリックして、
2 [このカレンダーのみ表示]をクリックします。

重要度★★★ カレンダーの編集

Q217 カレンダーを印刷したい!

A [設定メニュー]をクリックして[印刷]をクリックします。

予定を用紙で確認したり、持ち歩きたいときは、カレンダーを印刷します。印刷したい表示形式でカレンダーを表示し、[設定メニュー]⚙をクリックして、[印刷]をクリックします。カレンダーの印刷プレビューが表示されるので、印刷範囲を指定して、フォントサイズ、印刷の向き、色とスタイルなどを必要に応じて設定し、[印刷]をクリックします。

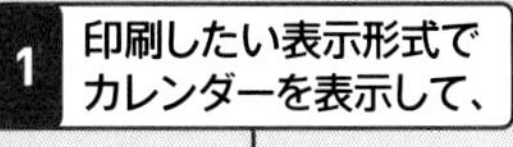

1 印刷したい表示形式でカレンダーを表示して、

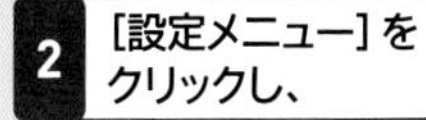

2 [設定メニュー]をクリックし、

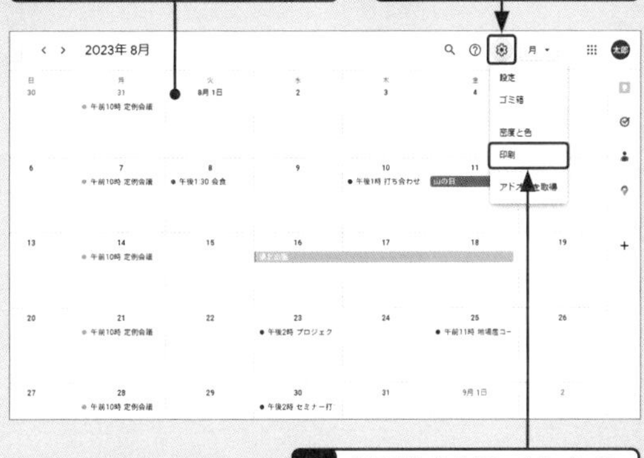

2023年 8月
設定
ゴミ箱
密度と色
印刷

3 [印刷]をクリックします。

4 印刷範囲、フォントサイズ、印刷の向きなどを必要に応じて設定し、

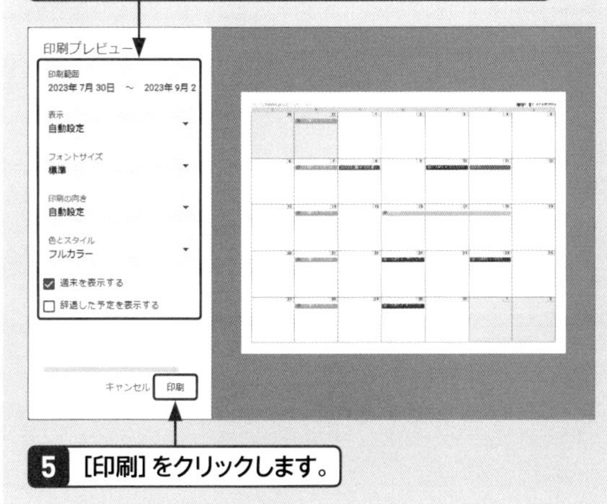

印刷プレビュー
印刷範囲
2023年 7月 30日 ～ 2023年 9月 2
表示
自動設定
フォントサイズ
標準
印刷の向き
自動設定
色とスタイル
フルカラー
週末を表示する
辞退した予定を表示する
キャンセル
印刷

5 [印刷]をクリックします。

Q 218 カレンダーを共有したい！

A カレンダーをクリックして、[設定と共有] をクリックします。

Google カレンダーは、自分の予定を管理するだけでなく、会社内や家族、仲間どうしで共有することもできます。カレンダーを共有することで、予定を確認しあったり、権限の設定によっては、予定を変更することもできるようになります。Google カレンダーを使用していない人を共有相手に設定した場合は、Google カレンダーに招待するように促すメッセージが表示されます。

1 共有するカレンダーの ⋮ をクリックして、

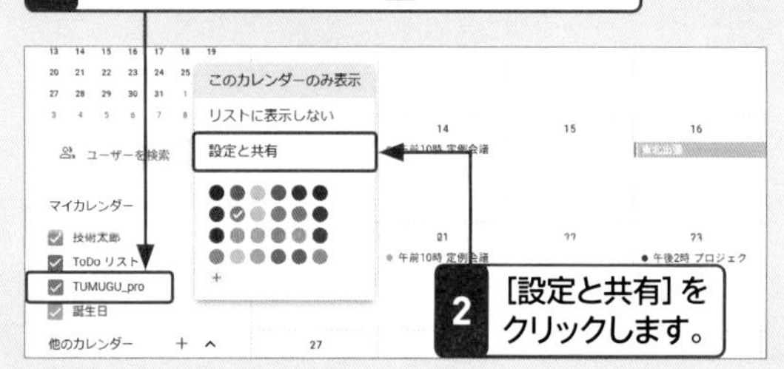

2 [設定と共有] をクリックします。

3 [特定のユーザーまたはグループと共有する] をクリックして、

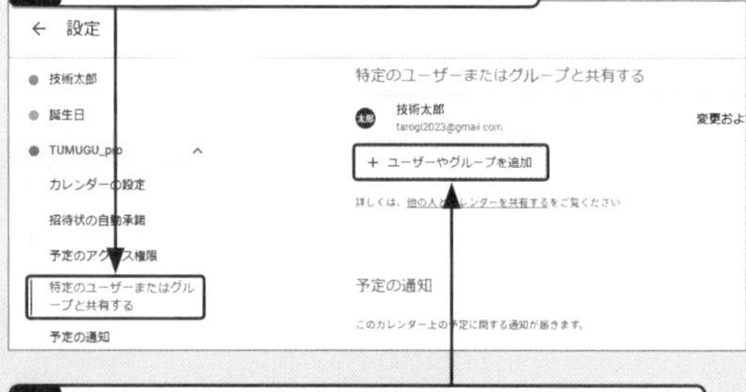

4 [ユーザーやグループを追加] をクリックします。

5 共有する相手を入力し、

6 ここをクリックして権限を指定し、

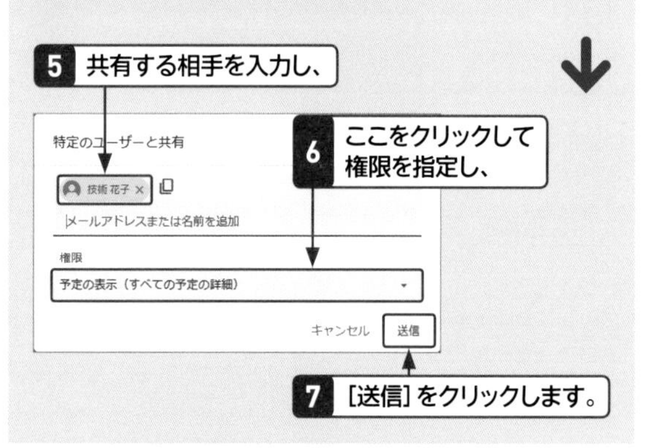

7 [送信] をクリックします。

Q 219 共有されたカレンダーを確認したい！

A メールを表示して、[このカレンダーを追加します。] をクリックします。

カレンダーを共有すると、相手にメールが送信されます。送信されたメールに表示されている [このカレンダーを追加します。] をクリックして、[追加] をクリックすると、共有されたカレンダーが [他のカレンダー] に表示されます。

1 カレンダーが共有されると、メールが届きます。

2 [このカレンダーを追加します。] をクリックして、

3 [追加] をクリックすると、

4 共有されたカレンダーが [他のカレンダー] に表示されます。

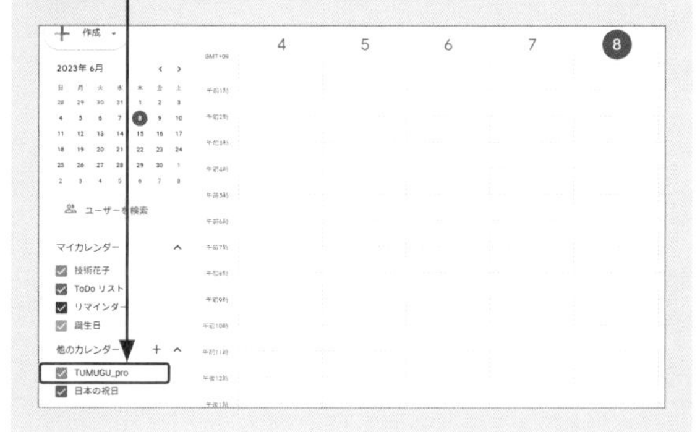

重要度 ★★★　カレンダーの編集

Q 220 カレンダーを共有した相手の権限を変更したい!

A [設定]画面の[予定のアクセス権限]で変更します。

カレンダーを共有したときに設定した権限は、あとから変更することができます。共有カレンダーの ⋮ をクリックして、[設定と共有]をクリックし、[設定]画面の[予定のアクセス権限]で変更します。

1 共有カレンダーの ⋮ をクリックして、[設定と共有]をクリックします。

技術太郎
誕生日
TUMUGU_pro
カレンダーの設定
招待状の自動承諾
予定のアクセス権限
予定の通知
終日の予定の通知
その他の通知
カレンダーの統合
カレンダーの削除
一般公開して誰でも利用できるようにする
共有可能なリンクを取得
特定のユーザーまたはグループと共有する
hanagi2023@gmail.com
予定の表示（すべての予定の詳細）
技術太郎
変更および共有の管理権限
＋ ユーザーやグループを追加
予定の通知

2 [予定のアクセス権限]をクリックして、

3 ここをクリックします。

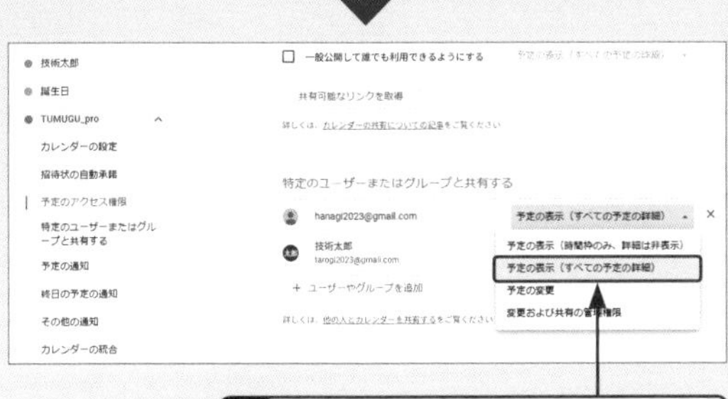

技術太郎
誕生日
TUMUGU_pro
カレンダーの設定
招待状の自動承諾
予定のアクセス権限
予定の通知
終日の予定の通知
その他の通知
カレンダーの統合
一般公開して誰でも利用できるようにする
共有可能なリンクを取得
特定のユーザーまたはグループと共有する
hanagi2023@gmail.com
予定の表示（すべての予定の詳細）
技術太郎
＋ ユーザーやグループを追加
予定の表示（時間枠のみ、詳細は非表示）
予定の表示（すべての予定の詳細）
予定の変更
変更および共有の管理権限

4 変更したい権限をクリックすると、

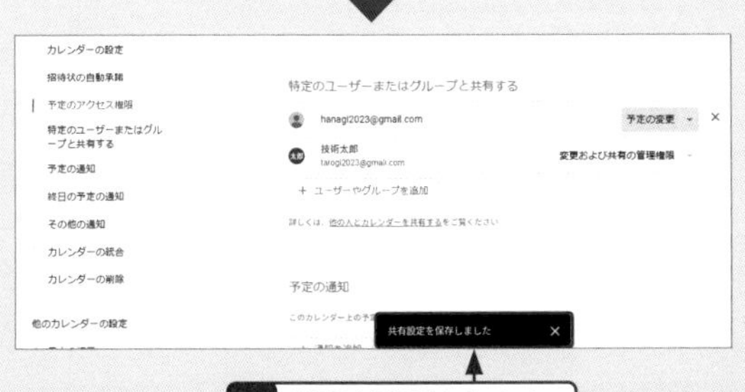

カレンダーの設定
招待状の自動承諾
予定のアクセス権限
予定の通知
終日の予定の通知
その他の通知
カレンダーの統合
カレンダーの削除
他のカレンダーの設定
特定のユーザーまたはグループと共有する
hanagi2023@gmail.com
予定の変更
技術太郎
変更および共有の管理権限
＋ ユーザーやグループを追加
予定の通知
共有設定を保存しました

5 設定が変更されます。

重要度 ★★★　カレンダーの編集

Q 221 カレンダー名を変更したい!

A [設定]画面の[カレンダーの設定]で変更します。

Googleカレンダーの名前は、自由に変更することができます。必要に応じて変更するとよいでしょう。

1 名前を変更したいカレンダーの ⋮ をクリックして、

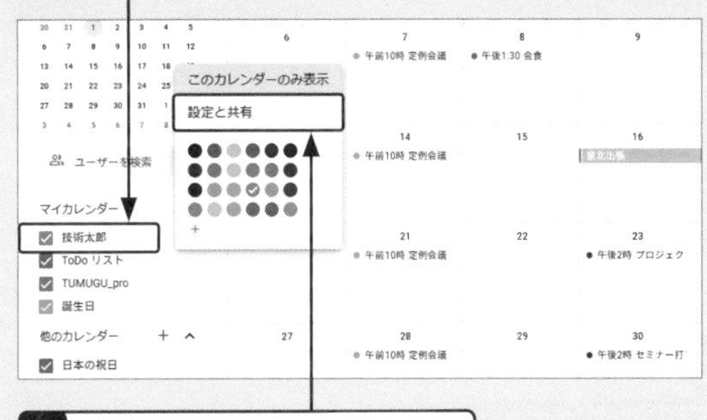

このカレンダーのみ表示
設定と共有
ユーザーを検索
マイカレンダー
技術太郎
ToDo リスト
TUMUGU_pro
誕生日
他のカレンダー
日本の祝日

2 [設定と共有]をクリックします。

3 [カレンダーの設定]で名前を変更し、

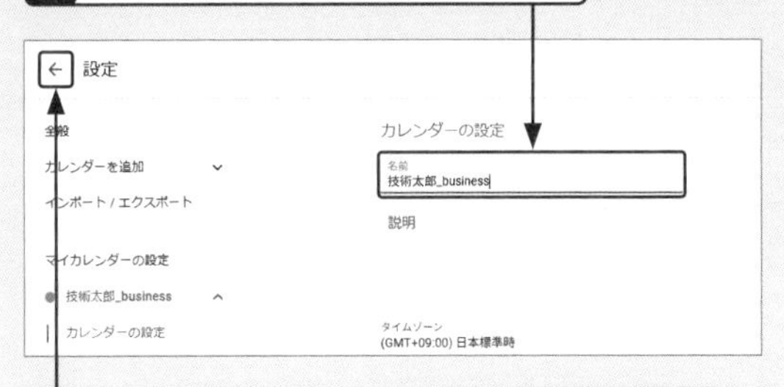

設定
全般
カレンダーを追加
インポート / エクスポート
マイカレンダーの設定
技術太郎_business
カレンダーの設定
名前
技術太郎_business
説明
タイムゾーン
(GMT+09:00) 日本標準時

4 ここをクリックして、カレンダー画面に戻ります。

5 設定が保存され、カレンダー名が変更されます。

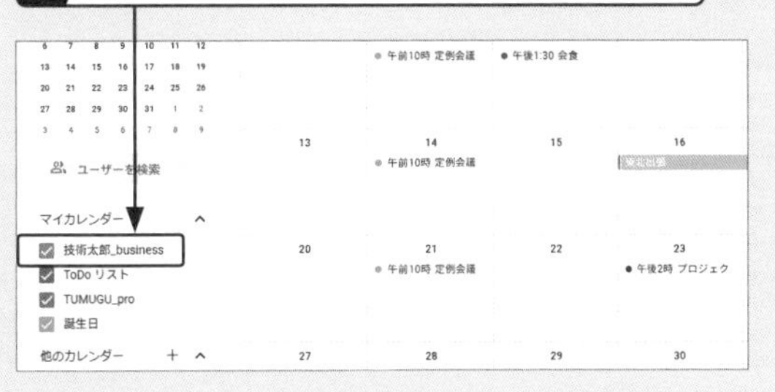

ユーザーを検索
マイカレンダー
技術太郎_business
ToDo リスト
TUMUGU_pro
誕生日
他のカレンダー

重要度 ★★★ カレンダーの編集

Q 222 週の開始日を変更したい!

A [設定]画面の[ビューの設定]で変更します。

Googleカレンダーの初期設定では、週の開始日は「日曜日」に設定されています。開始日は、ほかに「月曜日」と「土曜日」が用意されています。使い勝手に応じて変更するとよいでしょう。[設定]画面の[ビューの設定]で変更します。

1 [設定メニュー]をクリックして、

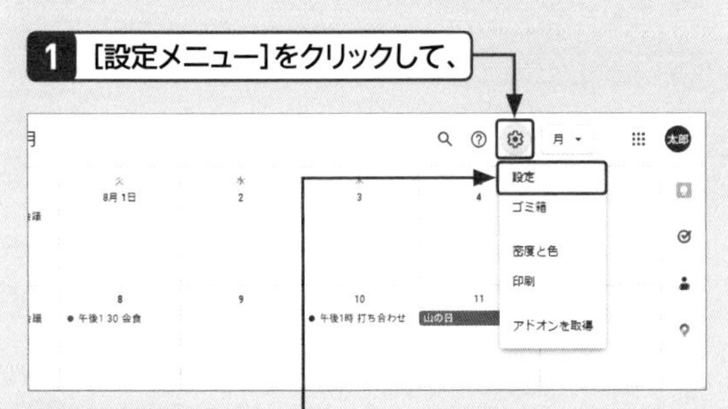

2 [設定]をクリックします。

3 [ビューの設定]をクリックして、

4 [週の始まり]をクリックし、

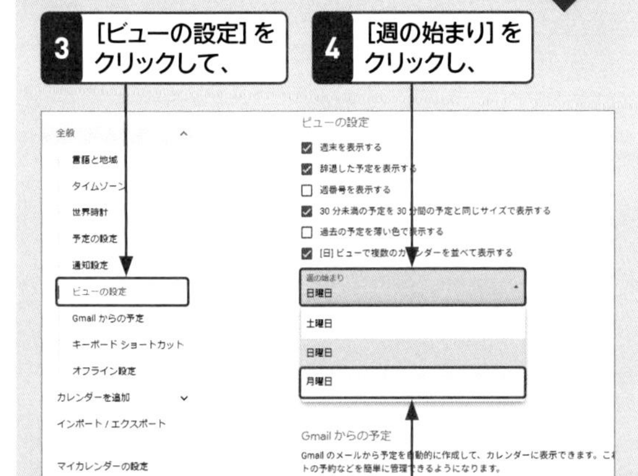

5 設定したい開始日(ここでは[月曜日])をクリックします。

6 設定が保存され、週の開始日が月曜日に変更されます。

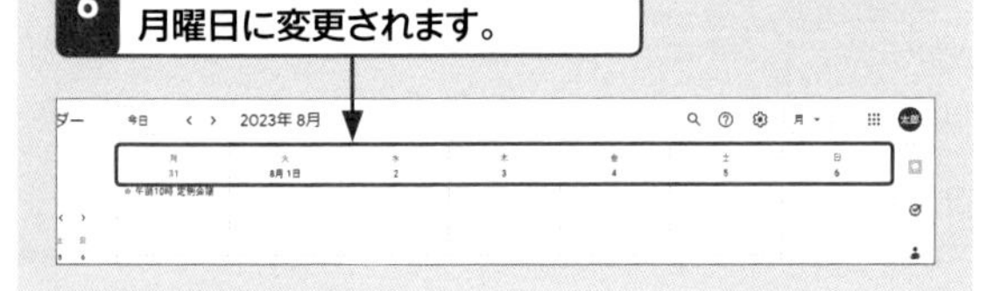

重要度 ★★★ カレンダーの編集

Q 223 カレンダーの週末を非表示にしたい!

A [設定]画面の[ビューの設定]で変更します。

Googleカレンダーでは、週末を非表示にして、月曜日から金曜日だけを表示することができます。[設定]画面の[ビューの設定]で変更します。

1 [設定メニュー]をクリックして、

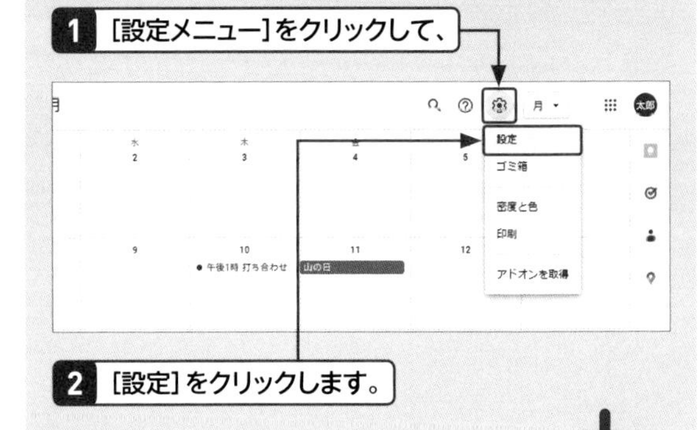

2 [設定]をクリックします。

3 [ビューの設定]をクリックして、

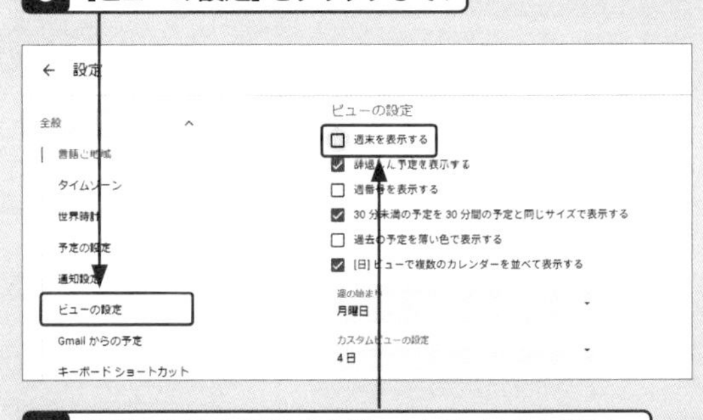

4 [週末を表示する]をクリックしてオフにすると、

5 設定が保存され、カレンダーの週末が非表示になります。

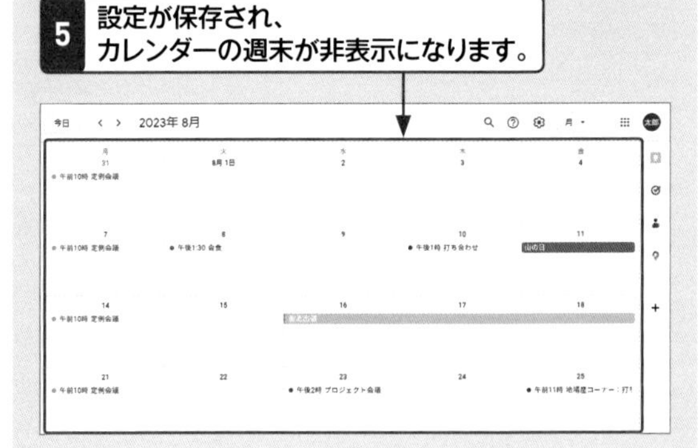

重要度 ★★★　カレンダーの編集

Q 224 カレンダーに世界時計を表示したい!

A [設定]画面の[世界時計]で設定します。

Googleカレンダーでは、さまざまな国のタイムゾーンを表示することができます。[設定]画面の[世界時計]をクリックして、[世界時計を表示する]をクリックしてオンにし、タイムゾーンを選択します。

1 [設定メニュー]をクリックして、

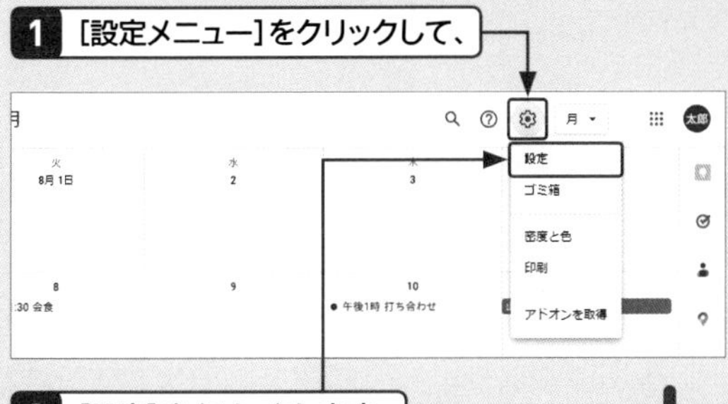

2 [設定]をクリックします。

3 [世界時計]をクリックして、

4 [世界時計を表示する]をクリックしてオンにし、

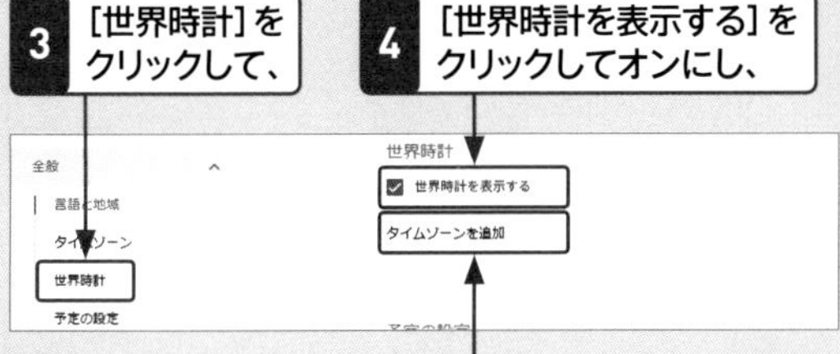

5 [タイムゾーンを追加]をクリックします。

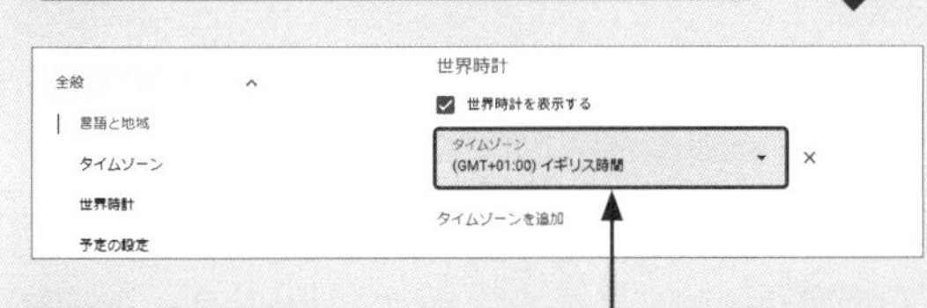

6 クリックして、表示させるタイムゾーンを選択します。

7 設定が保存され、指定したタイムゾーンが表示されます。

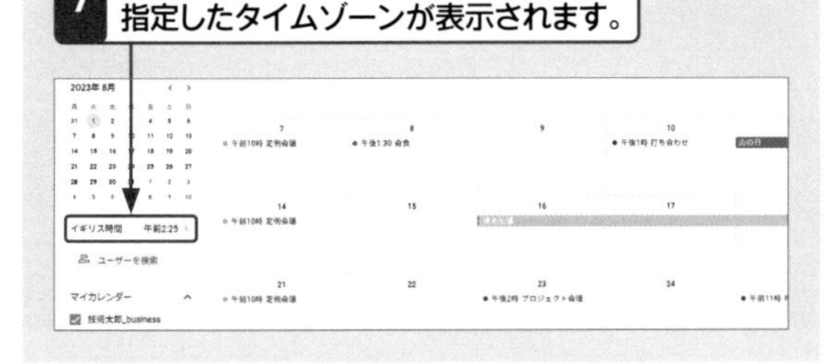

重要度 ★★★　カレンダーの編集

Q 225 便利なカレンダーを追加したい!

A [他のカレンダー]から[関心のあるカレンダーを探す]で追加します。

Googleカレンダーでは、自動的に追加される誕生日や日本の祝日のほかに、世界的な宗教上の祝日、スポーツチームの試合スケジュール、月の位相など、関心のあるカレンダーを追加することができます。ここでは、月の位相(月の満ち欠け)を追加してみましょう。

1 [他のカレンダー]の＋をクリックして、

2 [関心のあるカレンダーを探す]をクリックし、

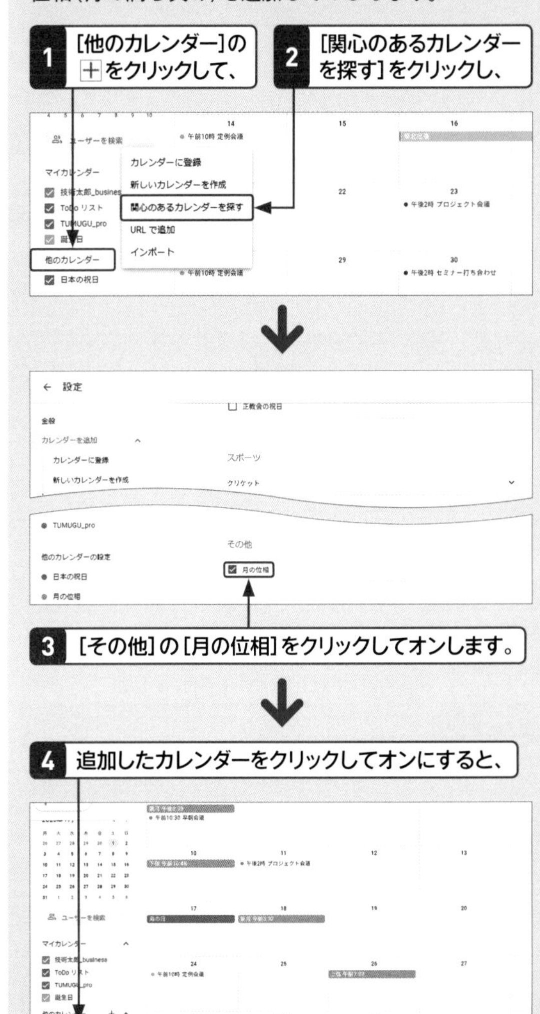

3 [その他]の[月の位相]をクリックしてオンします。

4 追加したカレンダーをクリックしてオンにすると、

5 月の位相がカレンダーに追加されます。

重要度 ★★★　タスク

Q 226 タスクを作成したい！

A 登録する日にちをクリックして、[タスク]をクリックします。

タスクは、期限までに行うべき仕事(タスク)のことです。Googleカレンダーに日時とともにタスクを登録しておくと、設定した時間に通知が表示されます。タスクを作成すると、[マイカレンダー]の[ToDoリスト]に登録されます。

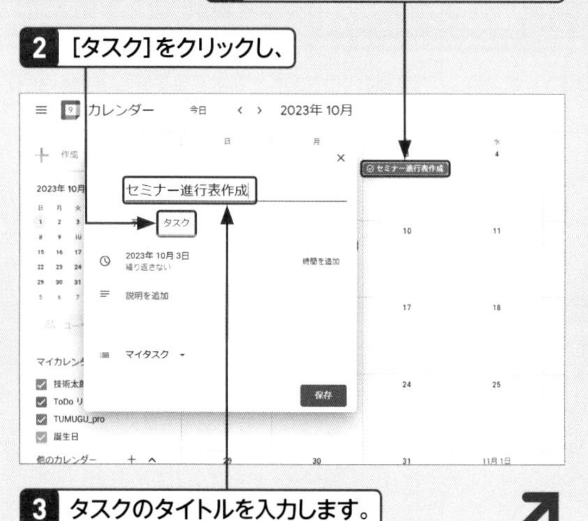
1 登録する日にちをクリックして、
2 [タスク]をクリックし、
3 タスクのタイトルを入力します。
カレンダー
今日
2023年 10月
セミナー進行表作成
タスク
2023年 10月 3日
繰り返さない
時間を追加
説明を追加
マイタスク
保存
マイカレンダー
技術太郎
ToDo リ
TUMUGU_pro
誕生日
他のカレンダー

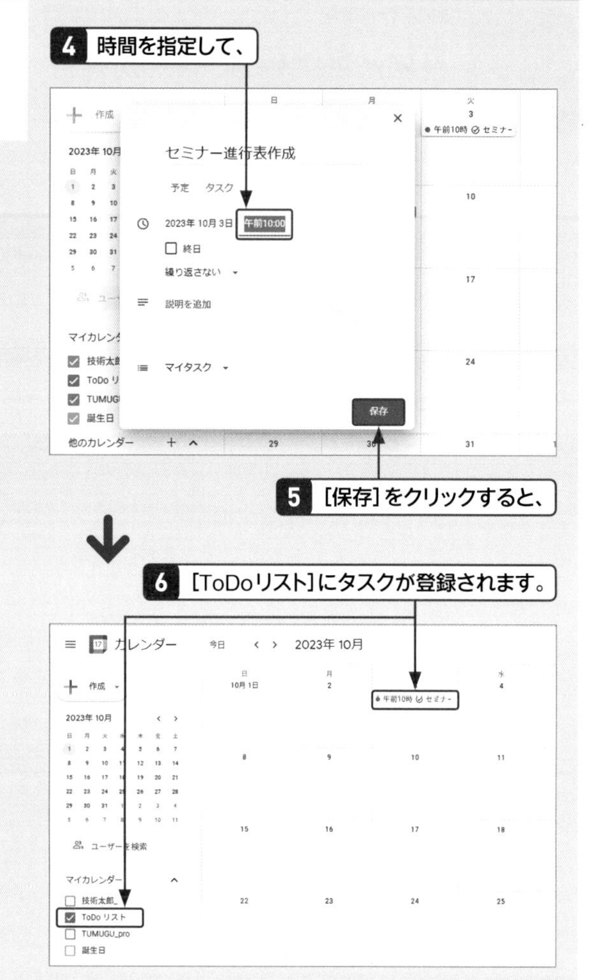
4 時間を指定して、
セミナー進行表作成
予定
タスク
2023年 10月 3日
午前10:00
終日
繰り返さない
説明を追加
マイタスク
保存
午前10時 セミナー
5 [保存]をクリックすると、
6 [ToDoリスト]にタスクが登録されます。
カレンダー
今日
2023年 10月
作成
ユーザーを検索
マイカレンダー
技術太郎
ToDo リスト
TUMUGU_pro
誕生日

重要度 ★★★　タスク

Q 227 タスクを完了したい！

A タスクをクリックして[完了とする]をクリックします。

タスクを完了するには、タスクをクリックして[完了とする]をクリックします。タスクには取り消し線が引かれた状態になり、通知も表示されなくなります。

タスクは、何を行ったのかがわかるよう削除せずに、完了したままの状態にしておくとよいでしょう。

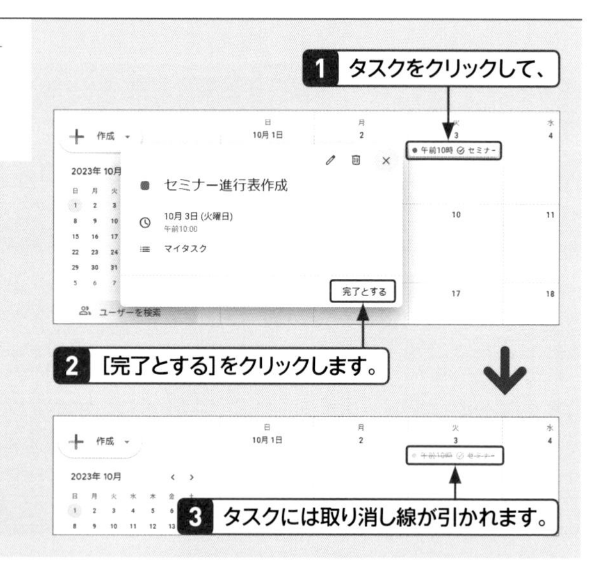
1 タスクをクリックして、
作成
2023年 10月
セミナー進行表作成
10月 3日 (火曜日)
午前10:00
マイタスク
完了とする
ユーザーを検索
午前10時 セミナー
2 [完了とする]をクリックします。
3 タスクには取り消し線が引かれます。

第6章

Google ドライブ&Google ドキュメント

重要度★★★ Googleドライブの基本

Q 228 Googleドライブとは？

A Googleが提供するオンラインストレージサービスです。

Googleドライブは、Googleが提供するオンラインストレージサービスです。無料で最大15GBまでの容量を利用できるので、文書や画像ファイル、音楽、動画など、さまざまなファイルを保存しておくことができます。保存するだけでなく、ドキュメントやスプレッドシート、スライドなどを新規に作成したり、編集したりできるほか、ファイルを複数人で共有することも可能です。また、パソコンだけでなく、タブレットやスマートフォンを使って、どこからでもファイルを閲覧したり、編集したりすることができます。

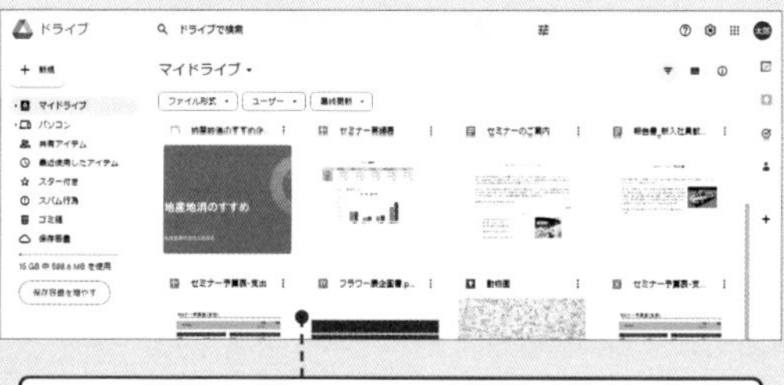

Googleドライブは、Googleが提供するオンラインストレージサービスです。

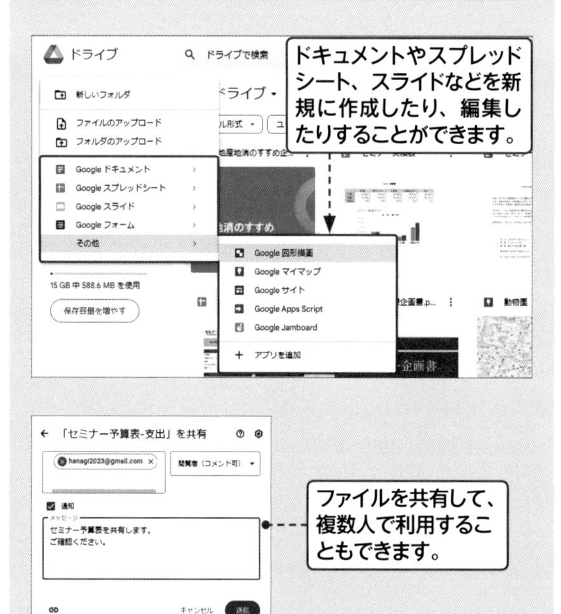
ドキュメントやスプレッドシート、スライドなどを新規に作成したり、編集したりすることができます。
ファイルを共有して、複数人で利用することもできます。

重要度★★★ Googleドライブの基本

Q 229 Googleドライブを使うには？

A [Googleアプリ]から[ドライブ]をクリックします。

Googleドライブを表示するには、Googleのトップページで[Googleアプリ] をクリックして、[ドライブ]をクリックします。Googleドライブを使用するには、Googleアカウントでログインする必要があります。ログインせずに[ドライブ]をクリックすると、ログイン画面が表示されるので、パスワードを入力して、[次へ]をクリックします。

1 Googleのトップページを表示します。

2 [Googleアプリ]をクリックして、

3 [ドライブ]をクリックすると、

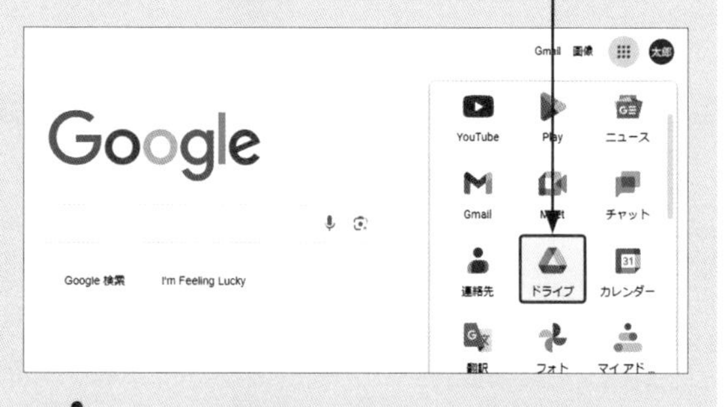

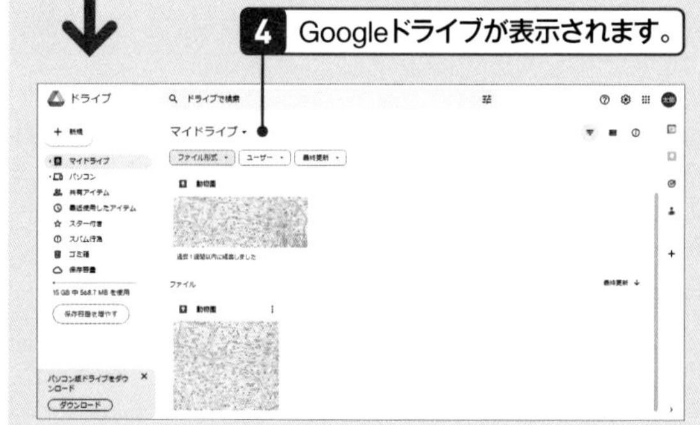
4 Googleドライブが表示されます。

重要度 ★★★ Googleドライブの基本

Q 230 Googleドライブの画面構成を知りたい!

A 下図で各部の名称と機能を確認しましょう。

Google ドライブの画面は、下図のような構成になっています。画面の左上にはファイルやフォルダーのアップロードのほか、各種ファイルを作成できる［新規］コマンドが表示されており、画面左側の［マイドライブ］をクリックすると、Google ドライブ内のファイルが画面右側に表示されます。ファイルをクリックして選択すると、ファイルを操作するための各種ツールが表示されます。

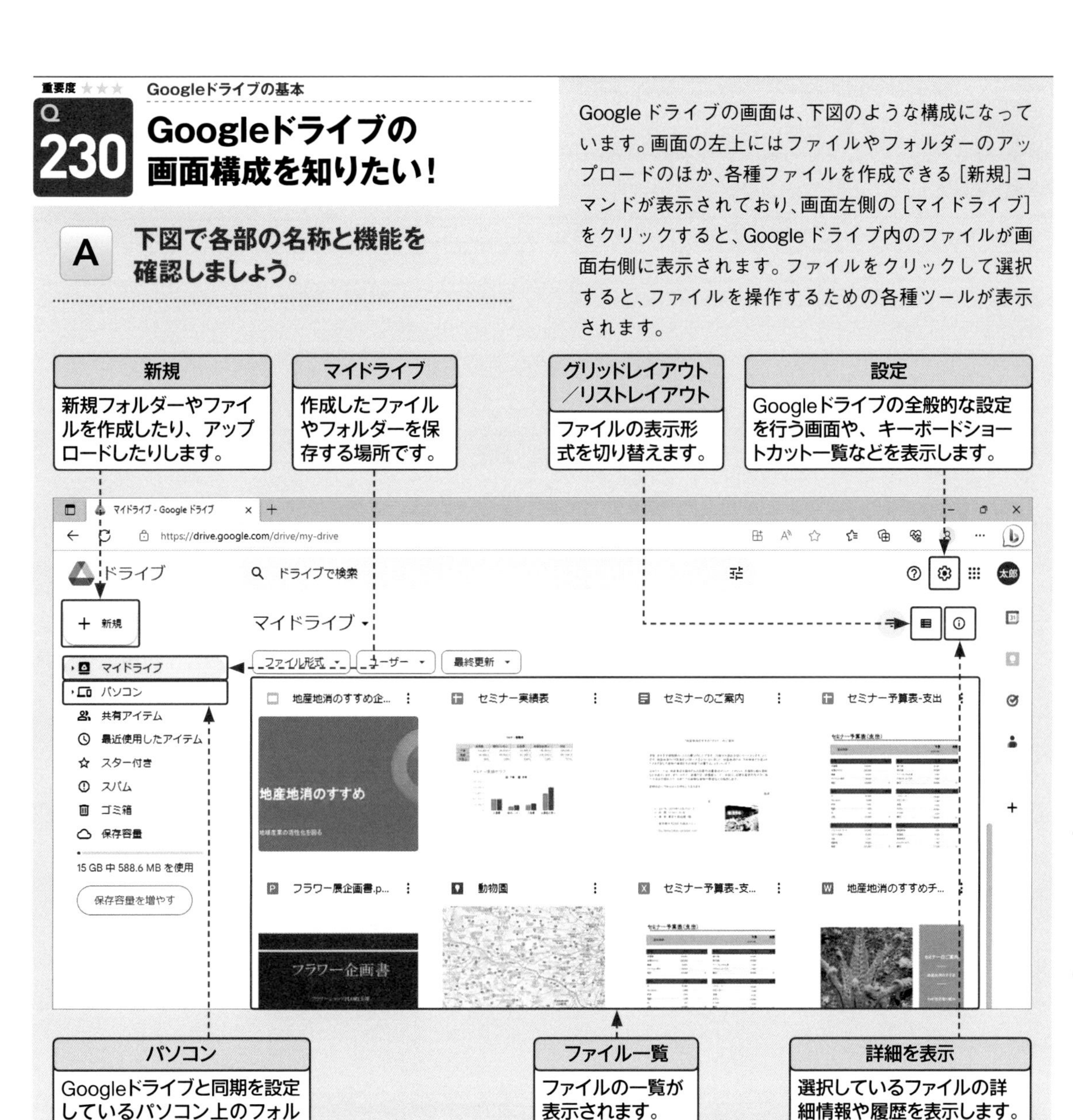

新規
新規フォルダーやファイルを作成したり、アップロードしたりします。
マイドライブ
作成したファイルやフォルダーを保存する場所です。
グリッドレイアウト／リストレイアウト
ファイルの表示形式を切り替えます。
設定
Googleドライブの全般的な設定を行う画面や、キーボードショートカット一覧などを表示します。
マイドライブ - Google ドライブ
https://drive.google.com/drive/my-drive
ドライブ
ドライブで検索
新規
マイドライブ
ファイル形式
ユーザー
最終更新
マイドライブ
パソコン
共有アイテム
最近使用したアイテム
スター付き
スパム
ゴミ箱
保存容量
15 GB 中 588.6 MB を使用
保存容量を増やす
地産地消のすすめ企...
セミナー実績表
セミナーのご案内
セミナー予算表-支出
地産地消のすすめ
フラワー展企画書.p...
動物園
セミナー予算表-支...
地産地消のすすめチ...
フラワー企画書
パソコン
Googleドライブと同期を設定しているパソコン上のフォルダーが表示されます。
ファイル一覧
ファイルの一覧が表示されます。
詳細を表示
選択しているファイルの詳細情報や履歴を表示します。

● ファイルを選択した際の表示

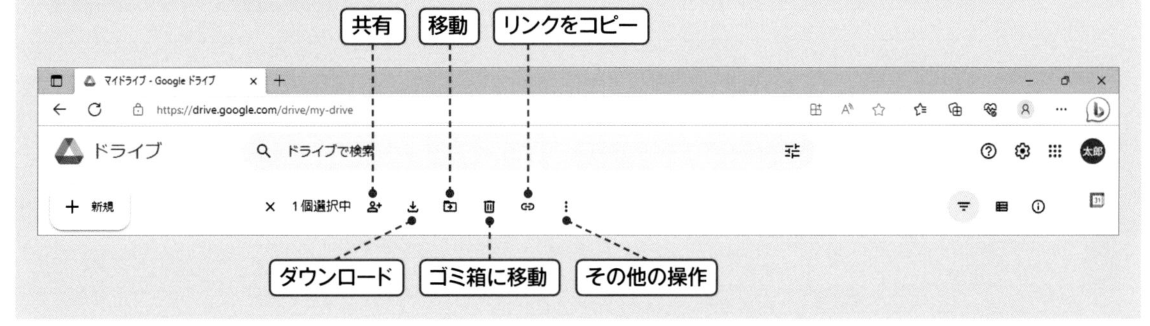

共有
移動
リンクをコピー
マイドライブ - Google ドライブ
https://drive.google.com/drive/my-drive
ドライブ
ドライブで検索
新規
1個選択中
ダウンロード
ゴミ箱に移動
その他の操作

重要度 ★★★ Googleドライブの基本

Q 231 ファイルをアップロードしたい！

A [新規]から[ファイルのアップロード]をクリックします。

アップロードとは、パソコン内のファイルをGoogle ドライブに保存することです。Google ドライブにファイルをアップロードすると、別のパソコンからファイルを閲覧したり、ほかの人とファイルを共有したりすることができます。また、ファイルのバックアップとしても利用できます。ファイルをアップロードするには、[新規]をクリックして、[ファイルのアップロード]をクリックするか、エクスプローラーからファイルを[マイドライブ]にドラッグ&ドロップします。

1 Googleドライブを表示します。

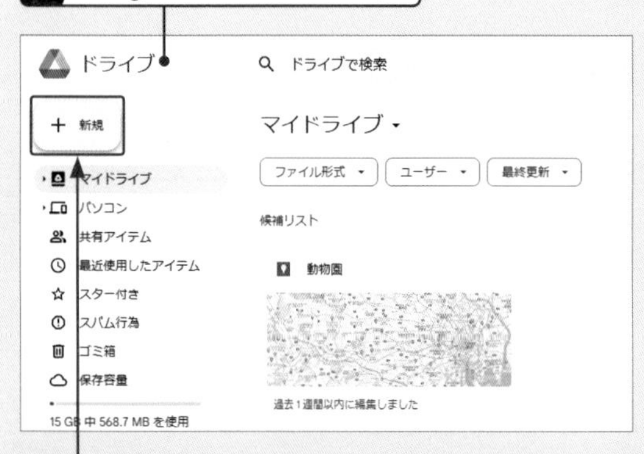
ドライブ
ドライブで検索
新規
マイドライブ
ファイル形式
ユーザー
最終更新
マイドライブ
パソコン
共有アイテム
最近使用したアイテム
スター付き
スパム行為
ゴミ箱
保存容量
候補リスト
動物園
過去1週間以内に編集しました
15 GB 中 568.7 MB を使用

2 [新規]をクリックして、

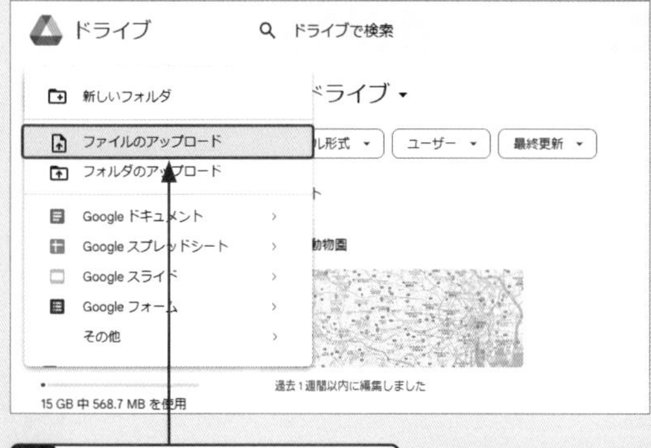
ドライブ
ドライブで検索
新しいフォルダ
ファイルのアップロード
フォルダのアップロード
Google ドキュメント
Google スプレッドシート
Google スライド
Google フォーム
その他
ユーザー
最終更新
動物園
過去1週間以内に編集しました
15 GB 中 568.7 MB を使用

3 [ファイルのアップロード]をクリックします。

4 アップロードするファイルをクリックして、

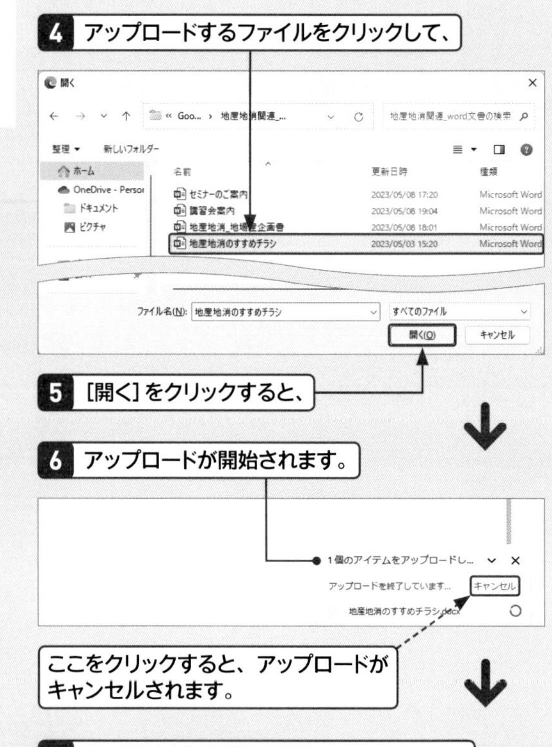
開く
整理
新しいフォルダー
ホーム
OneDrive - Persor
ドキュメント
ピクチャ
名前
更新日時
種類
セミナーのご案内
講習会案内
地産地消_地場産企画書
地産地消のすすめチラシ
2023/05/08 17:20
2023/05/08 19:04
2023/05/08 18:01
2023/05/03 15:20
Microsoft Word
ファイル名(N):
すべてのファイル
開く(O)
キャンセル

5 [開く]をクリックすると、

6 アップロードが開始されます。

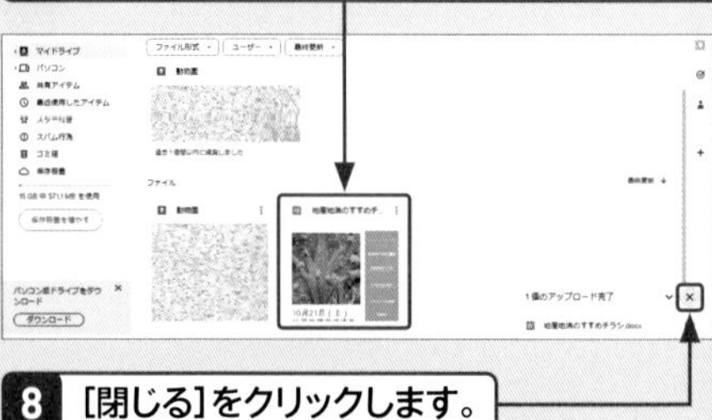
1個のアイテムをアップロードし...
アップロードを終了しています...
キャンセル
地産地消のすすめチラシ.docx

ここをクリックすると、アップロードがキャンセルされます。

7 アップロードが完了すると、[マイドライブ]にファイルが表示されます。

8 [閉じる]をクリックします。

● ドラッグ操作でアップロードする

1 エクスプローラーなどからファイルを[マイドライブ]にドラッグ&ドロップすると、

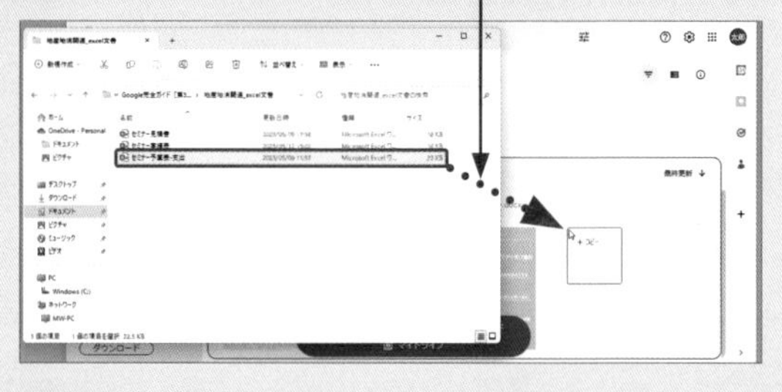

2 ファイルがアップロードされます。

重要度 ★★★ Googleドライブの基本

Q 232 ファイルを ダウンロードしたい！

A [その他の操作]から [ダウンロード]をクリックします。

Google ドライブ内のファイルをパソコンに保存することをダウンロードといいます。ファイルをダウンロードするには、ファイルをクリックして、[その他の操作] ⋮ をクリックし、[ダウンロード]をクリックします。ダウンロードしたファイルは、パソコン内の [ダウンロード] フォルダーに保存されます。

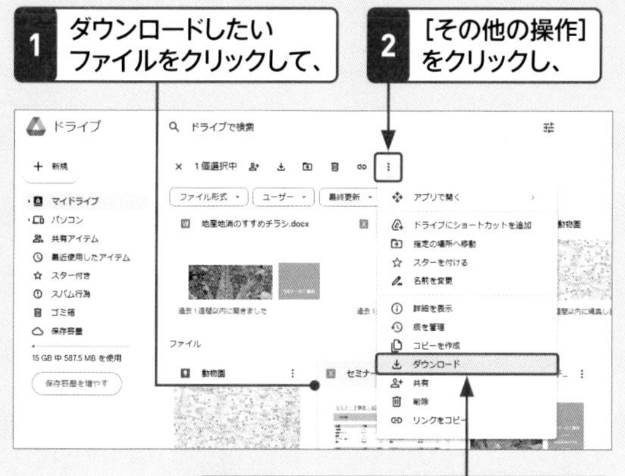

1 ダウンロードしたいファイルをクリックして、
2 [その他の操作]をクリックし、
3 [ダウンロード]をクリックすると、

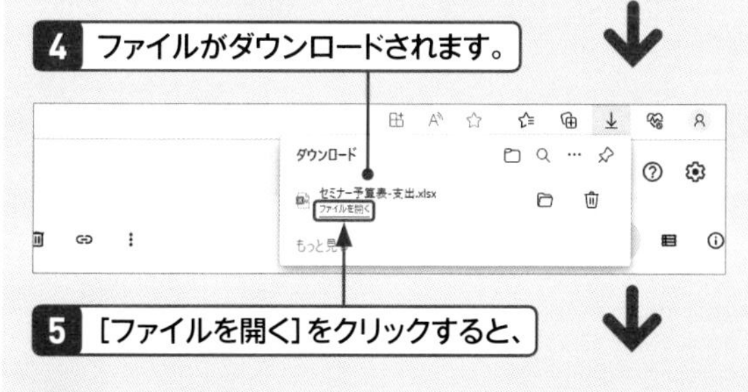

4 ファイルがダウンロードされます。
5 [ファイルを開く]をクリックすると、

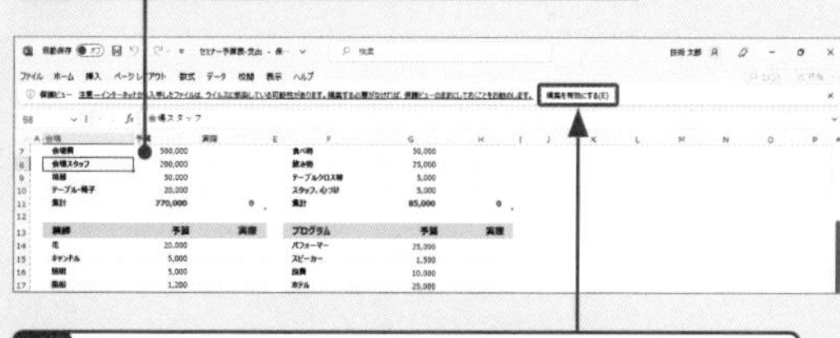

6 アプリが起動して、ダウンロードしたファイルが表示されます。
7 Officeファイルの場合は[編集を有効にする]をクリックすると、編集が可能になります。

重要度 ★★★ Googleドライブの基本

Q 233 ファイルを閲覧したい！

A ファイルをダブルクリックします。

Google ドライブ内のファイルを閲覧するには、ファイルをダブルクリックして開きます。また、閲覧したいファイルを右クリックして [プレビュー] をクリックすることで、ファイルを開かずにプレビューすることもできます。

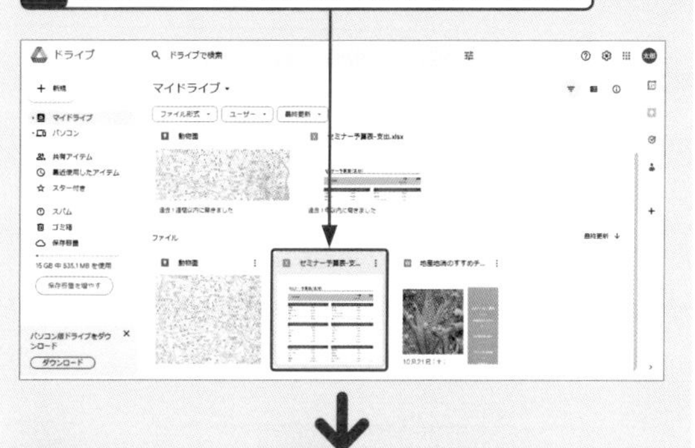

1 閲覧したいファイルをダブルクリックすると、

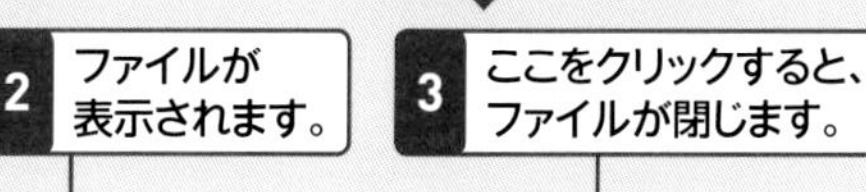

2 ファイルが表示されます。
3 ここをクリックすると、ファイルが閉じます。

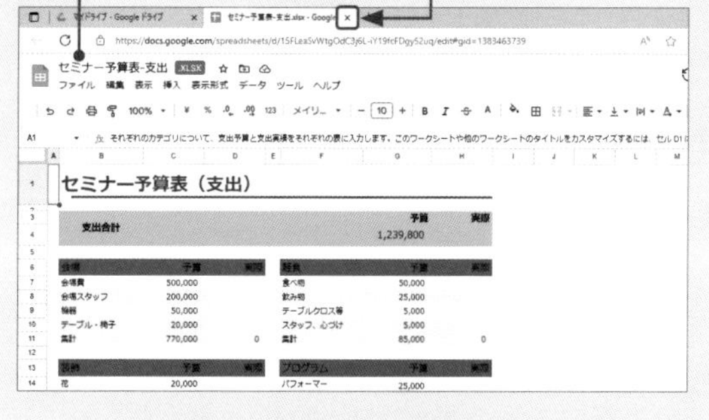

ファイルを開かずにプレビューすることもできます。
ここをクリックすると、もとの画面に戻ります。

Q 234 Googleドライブをパソコン上で利用したい！

A 「パソコン版ドライブ」をインストールします。

Google ドライブはWebブラウザー上のアプリですが、「パソコン版ドライブ」をインストールすると、エクスプローラーからも利用できるようになります。Google ドライブの［設定］⚙をクリックして、［パソコン版ドライブをダウンロード］をクリックし、インストールします。

参照▶Q 285

1 ［設定］をクリックして、

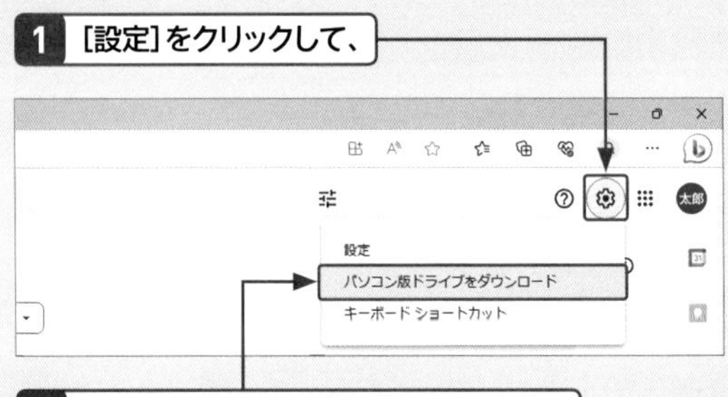
設定
パソコン版ドライブをダウンロード
キーボード ショートカット

2 ［パソコン版ドライブをダウンロード］をクリックし、

Google ドライブ
ファイルを安全に保存して、どのデバイスからでもアクセス
パソコン版ドライブをダウンロード

3 ［パソコン版ドライブをダウンロード］をクリックします。

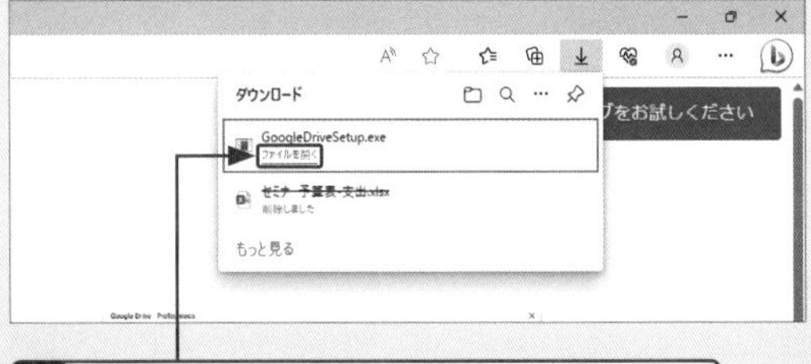
ダウンロード
GoogleDriveSetup.exe
ファイルを開く
もっと見る

4 ダウンロードが終了したら、［ファイルを開く］をクリックして、

5 必要な項目をクリックしてオンにし、

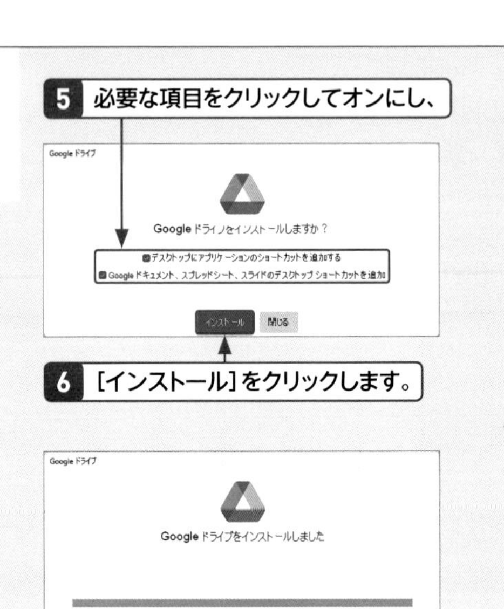
Google ドライブ
Google ドライブをインストールしますか？
デスクトップにアプリケーションのショートカットを追加する
Google ドキュメント、スプレッドシート、スライドのデスクトップ ショートカットを追加
インストール
閉じる
Google ドライブをインストールしました

6 ［インストール］をクリックします。

7 インストールが完了したら、［閉じる］をクリックします。

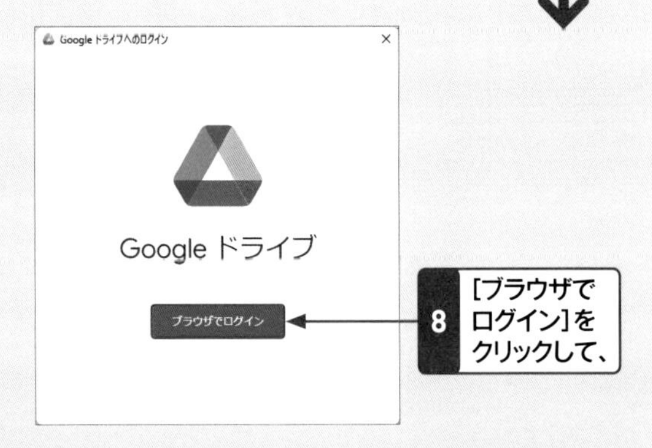
Google ドライブへのログイン
Google ドライブ
ブラウザでログイン

8 ［ブラウザでログイン］をクリックして、

9 利用するGoogleアカウントをクリックします。

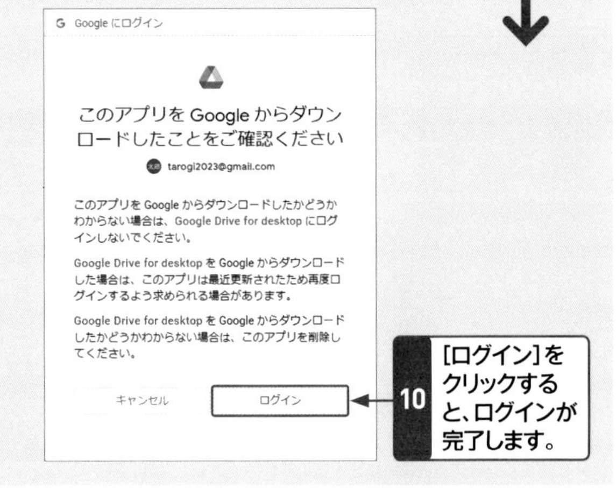
Google にログイン
このアプリを Google からダウンロードしたことをご確認ください
tarogi2023@gmail.com
このアプリを Google からダウンロードしたかどうかわからない場合は、Google Drive for desktop にログインしないでください。
Google Drive for desktop を Google からダウンロードした場合は、このアプリは最近更新されたため再度ログインするよう求められる場合があります。
Google Drive for desktop を Google からダウンロードしたかどうかわからない場合は、このアプリを削除してください。
キャンセル
ログイン

10 ［ログイン］をクリックすると、ログインが完了します。

重要度 ★★★ Googleドライブの基本

Q 235 エクスプローラーでGoogleドライブのファイルを操作したい!

A パソコンの通常のフォルダーと同様に利用できます。

「パソコン版ドライブ」をパソコンにインストールすると、エクスプローラーからGoogleドライブのファイルを操作することができます。

インストールの際にデスクトップにショートカットを追加した場合は、そのアイコンをダブルクリックします。ショートカットを追加しなかった場合は、エクスプローラーで[PC]を表示して、[Google Drive]をダブルクリックします。

ファイルの保存や編集、削除など、パソコン上のGoogleドライブに加えた操作は、Webブラウザー上のGoogleドライブにも反映されます。 参照▶Q 234

1 デスクトップ上の[Google Drive]をダブルクリックすると、

2 エクスプローラーで[Google Drive]が表示されます。

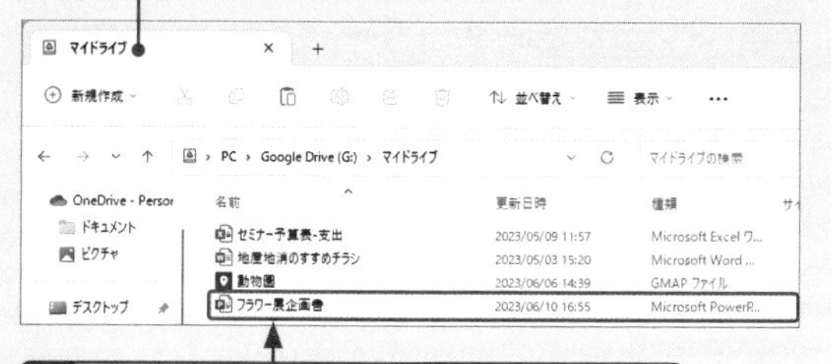

3 ファイルを[マイドライブ]にコピーすると、

4 Webブラウザー上のGoogleドライブにもファイルがアップロードされます。

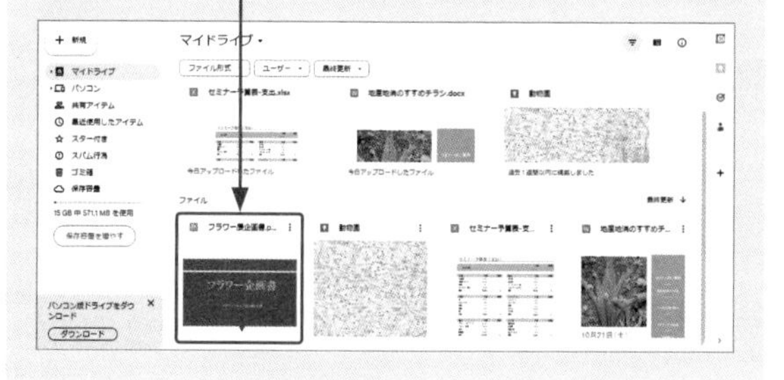

重要度 ★★★ ファイルの編集

Q 236 ファイルを新規作成したい!

A [新規]をクリックして、作成したいファイルの種類を指定します。

Googleドライブで文書を新規に作成するには、[新規]をクリックして、作成する文書の種類を指定し、空白の文書を作成するか、テンプレートから作成するかを選択します。Googleドキュメント、Googleスプレッドシート、Googleスライド、Googleフォームなどが作成できます。

● 空白の文書を作成する

1 [新規]をクリックして、

2 作成する文書の種類のここにマウスポインターを合わせて、

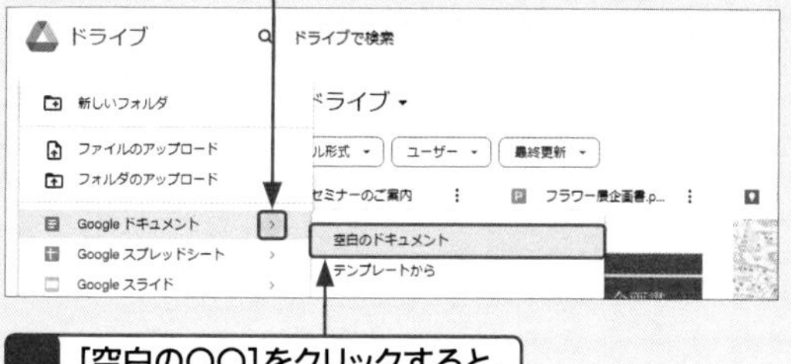

3 [空白の○○]をクリックすると、空白の文書が作成されます。

● テンプレートから文書を作成する

上の手順3で[テンプレートから]をクリックすると、テンプレートから文書を作成することができます。

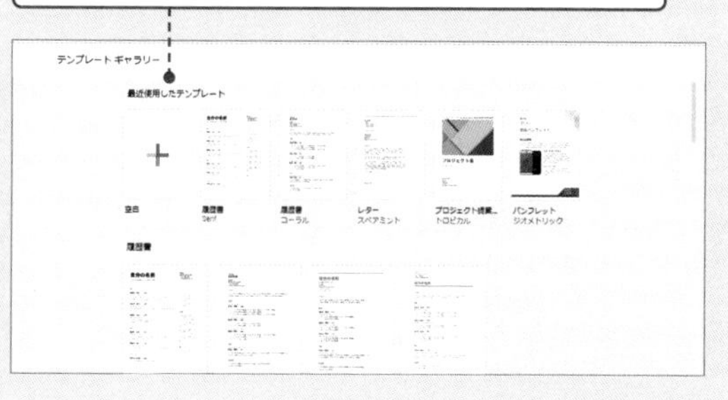

重要度 ★★★ ファイルの編集

Q 237 ファイル名を変更したい！

A ［その他の操作］から［名前を変更］をクリックして変更します。

Google ドライブでファイルを新規に作成すると、ファイル名は「無題のドキュメント」のように自動的に設定されます。これらのファイル名を変更するには、［マイドライブ］でファイルをクリックすると表示されるツールの［その他の操作］⋮ をクリックして、［名前を変更］をクリックします。

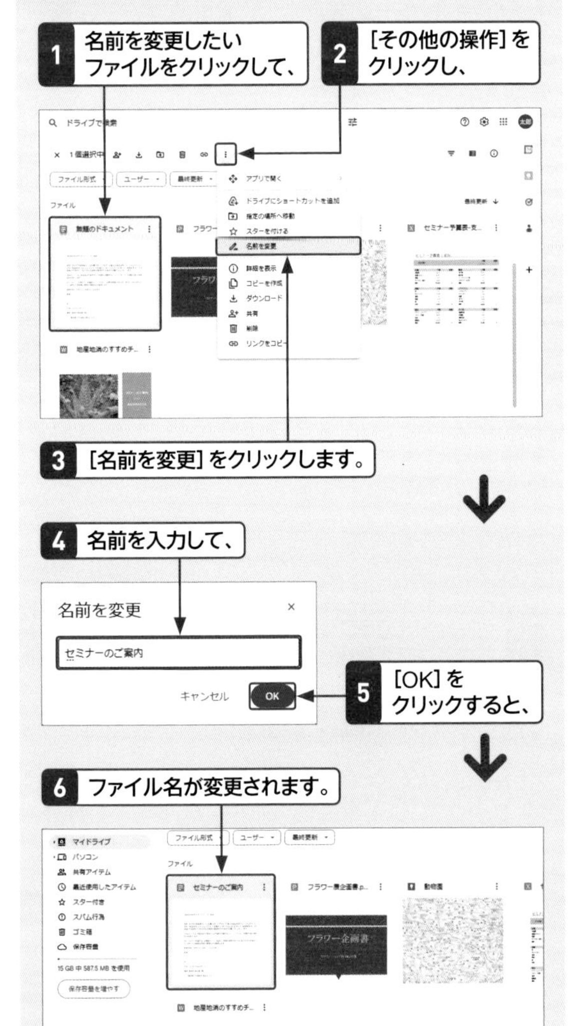
1 名前を変更したいファイルをクリックして、
2 ［その他の操作］をクリックし、
3 ［名前を変更］をクリックします。
4 名前を入力して、
名前を変更
セミナーのご案内
キャンセル
OK
5 ［OK］をクリックすると、
6 ファイル名が変更されます。
マイドライブ
パソコン
共有アイテム
最近使用したアイテム
スター付き
スパム行為
ゴミ箱
保存容量
セミナーのご案内
フラワー企画書

重要度 ★★★ ファイルの編集

Q 238 ファイルを編集したい！

A 編集したいファイルをダブルクリックして表示します。

ファイルを編集するには、ファイルをダブルクリックして表示し、画面上部に表示されているメニューやコマンドを利用して編集します。表示されるメニューやコマンドはファイルの種類によって異なります。ここでは、Google ドキュメントで作成したファイルを表示して、文字を太字に設定してみましょう。Google ドライブで作成したファイルだけでなく、Office ファイルやテキストファイルも編集できます。

1 編集したいファイルをダブルクリックすると、

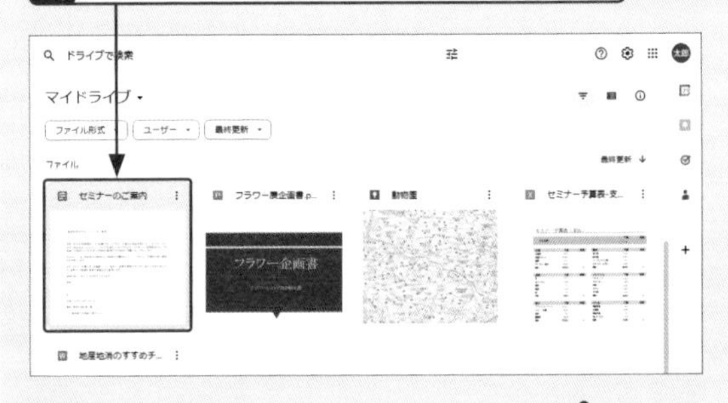
マイドライブ
セミナーのご案内
フラワー企画書

2 ファイルが表示されます。

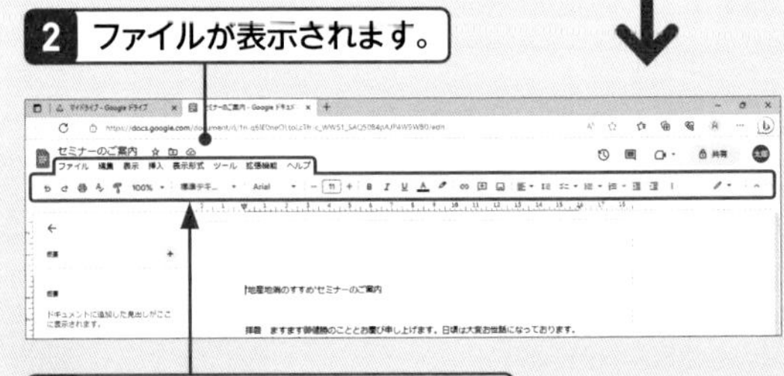

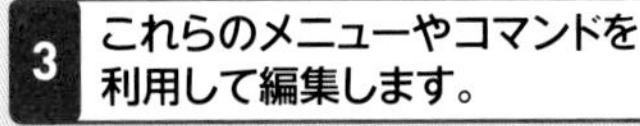
3 これらのメニューやコマンドを利用して編集します。

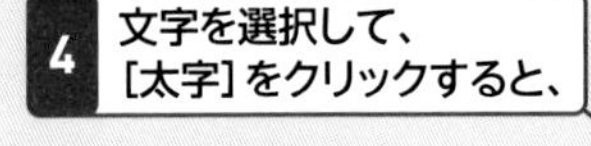
4 文字を選択して、［太字］をクリックすると、

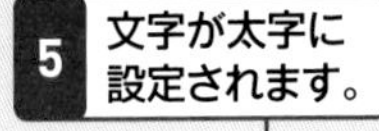
5 文字が太字に設定されます。

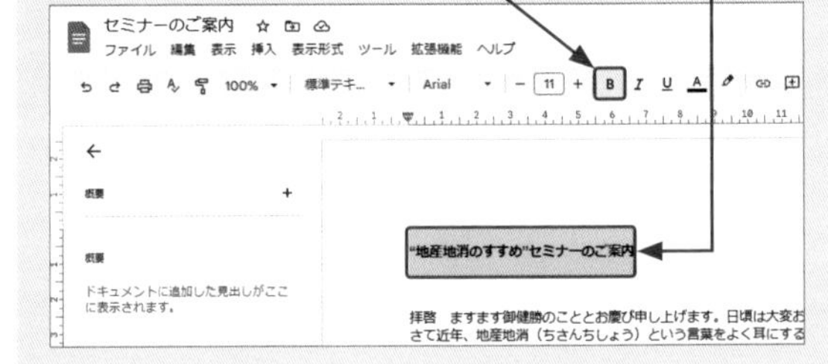
セミナーのご案内
ファイル 編集 表示 挿入 表示形式 ツール 拡張機能 ヘルプ
"地産地消のすすめ"セミナーのご案内
拝啓 ますます御健勝のこととお慶び申し上げます。

重要度 ★★★　ファイルの編集

Q 239 OfficeファイルをGoogle形式に変換したい！

A ［ファイル］から［Google○○として保存］をクリックします。

Google ドライブにアップロードしたWord 、Excel、PowerPoint などのOffice ファイルは、Google形式に変換すると、翻訳機能、アドオンなどの独自機能を使用できるようになります。Wordのファイルは Google ドキュメント（.gdoc）に、Excelのファイルは Googleスプレッドシート（.gsheet）に、PowerPoint のファイルは Googleスライド（.gslides）にそれぞれ変換します。

1 変換したいファイル（ここではExcelファイル）をダブルクリックして表示します。

2 ［ファイル］をクリックして、

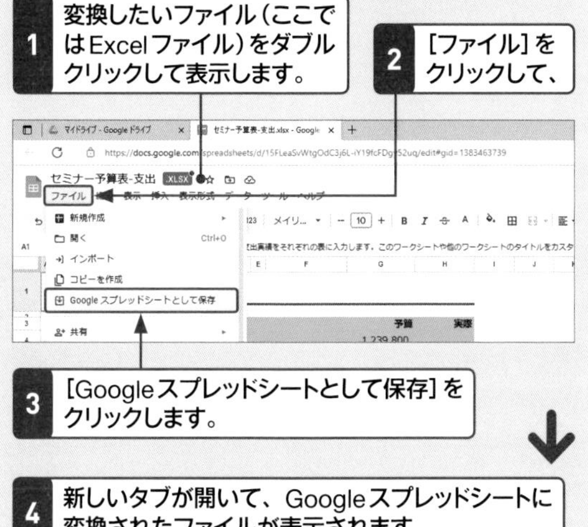

3 ［Googleスプレッドシートとして保存］をクリックします。

4 新しいタブが開いて、Googleスプレッドシートに変換されたファイルが表示されます。

5 変換後のファイルは、別途Google形式で保存されます。

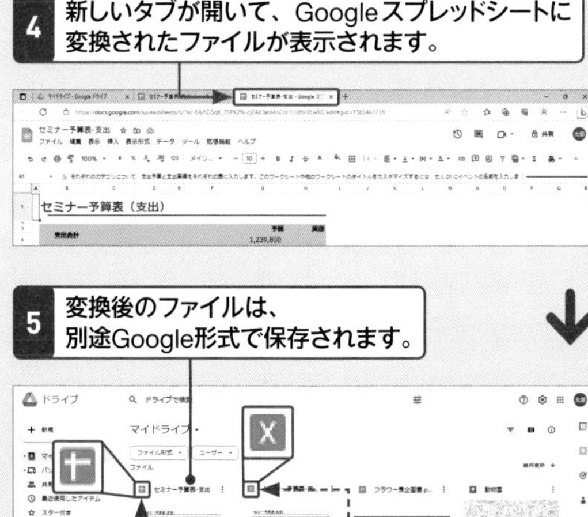

Google形式に変換したファイルのアイコン

アップロードしたOffice Excelファイルのアイコン

重要度 ★★★　ファイルの編集

Q 240 Google形式のファイルをOfficeファイルに変換したい！

A ［ファイル］の［ダウンロード］から変換します。

Google ドキュメントやGoogle スプレッドシートなどで作成したファイルを、Office のWord やExcel の形式に変換すると、Office で読み込んで編集することができます。［ファイル］をクリックして、［ダウンロード］から変換したいファイル形式を選択します。ダウンロードしたファイルは、［ダウンロード］フォルダーに保存されます。ここでは、Google ドキュメントファイルを Wordに変換してみましょう。

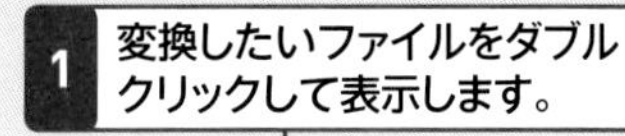

1 変換したいファイルをダブルクリックして表示します。

2 ［ファイル］をクリックして、

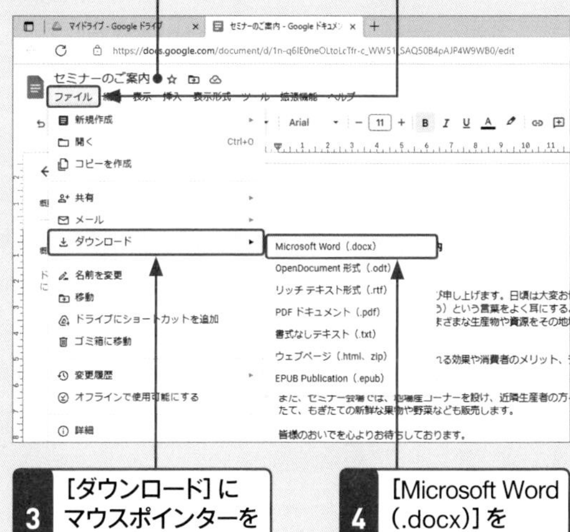

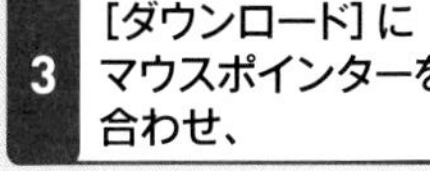

3 ［ダウンロード］にマウスポインターを合わせ、

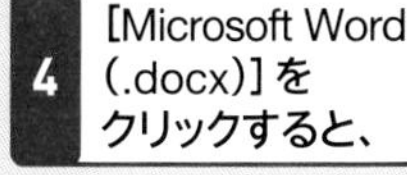

4 ［Microsoft Word (.docx)］をクリックすると、

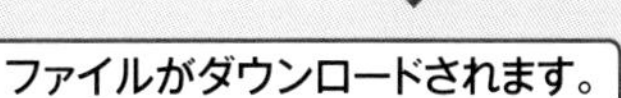

5 ファイルがダウンロードされます。

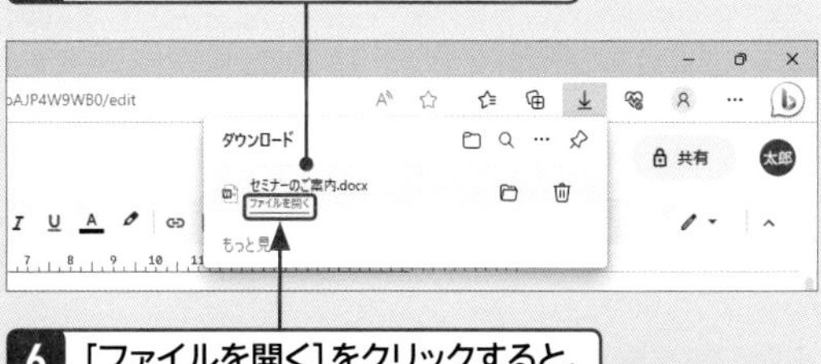

6 ［ファイルを開く］をクリックすると、

7 Wordが起動して、ファイルが表示されます。

Q 241 ファイルを削除したい！

A ファイルをクリックして［ゴミ箱に移動］をクリックします。

Googleドライブ内のファイルを削除するには、ファイルをクリックして、［ゴミ箱に移動］🗑をクリックします。削除したファイルは［ゴミ箱］に保存されるので、間違って削除してしまった場合は、もとに戻すことができます。［ゴミ箱］を表示して戻したいファイルをクリックし、［ゴミ箱から復元］をクリックします。なお、［完全に削除］をクリックすると、ゴミ箱から削除されます。

1 削除するファイルをクリックして、

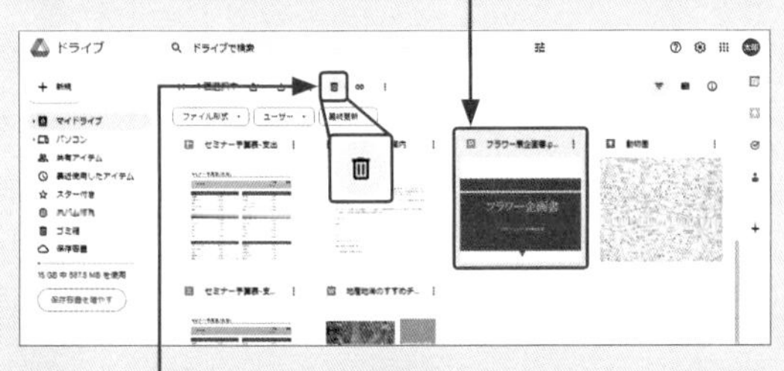

2 ［ゴミ箱に移動］をクリックすると、

3 ファイルが削除されます。

● ゴミ箱から復元する

1 ［ゴミ箱］をクリックして、

［完全に削除］をクリックすると、ゴミ箱から削除されます。

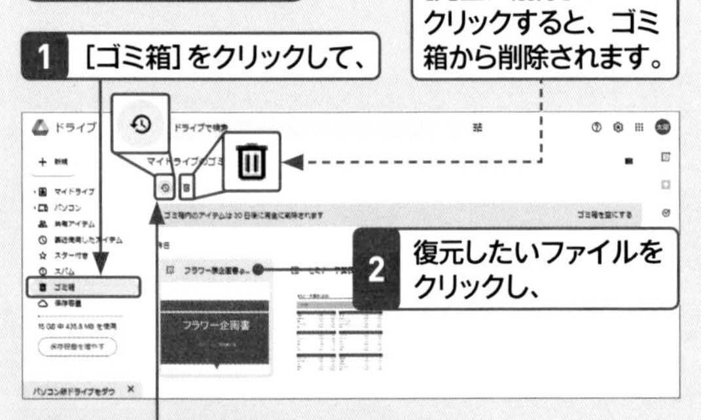

2 復元したいファイルをクリックし、

3 ［ゴミ箱から復元］をクリックすると、

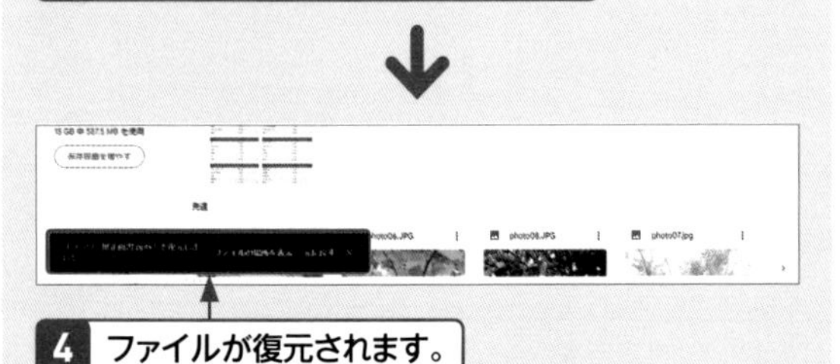

4 ファイルが復元されます。

Q 242 Googleドキュメントとは？

A Webブラウザー上で文書作成ができるサービスです。

Googleドキュメントは、Webブラウザー上で文書作成ができるサービスです。単に文章を入力するだけでなく、フォントや文字サイズ、文字色を変更したり、段落の行間隔や配置を変更したりして、文書の見栄えを整えることができます。また、表や画像を挿入したり、図形を描画したりすることもできます。Googleドキュメントは、Microsoft OfficeのWordに相当します。

Googleドキュメントは、Webブラウザー上で文書作成ができるサービスです。

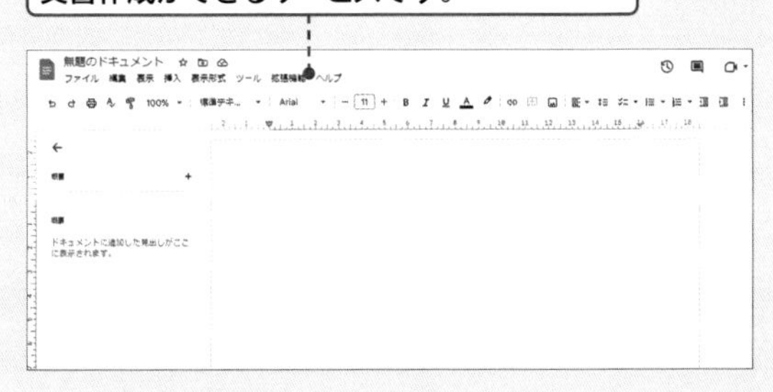

文字書式や段落スタイルを設定して、文書の見栄えを整えることができます。

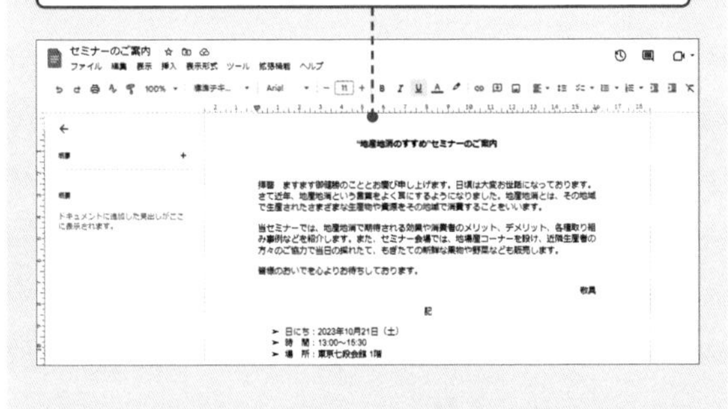

画像や表、グラフなどを挿入することもできます。

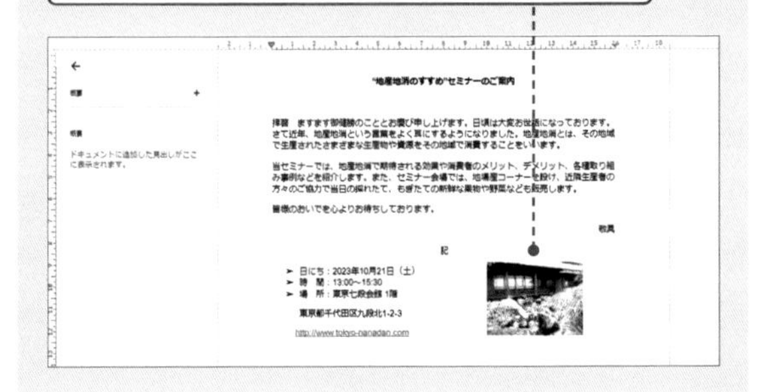

重要度 ★★★ Googleドキュメント

Q 243 Googleドキュメントで文書を作成したい！

A [新規]の[Googleドキュメント]から作成します。

Googleドキュメントで文書を作成するには、Googleドライブを表示して、[新規]をクリックし、[Googleドキュメント]から[空白のドキュメント]をクリックします。新しいタブで[無題のドキュメント]画面が表示されるので、文章を入力します。入力した内容はGoogleドライブに自動的に保存されます。タブを閉じると、ファイルが閉じます。

1 Googleドライブを表示して、[新規]をクリックし、

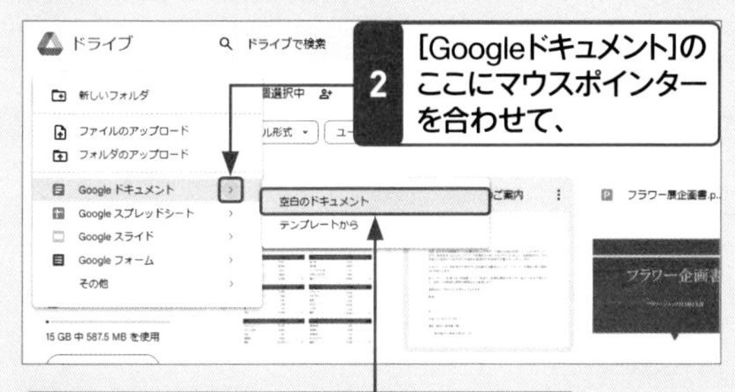

ドライブ
ドライブで検索
新しいフォルダ
ファイルのアップロード
フォルダのアップロード
Google ドキュメント
Google スプレッドシート
Google スライド
Google フォーム
その他
空白のドキュメント
テンプレートから
15 GB 中 587.5 MB を使用
フラワー展企画書

2 [Googleドキュメント]のここにマウスポインターを合わせて、

3 [空白のドキュメント]をクリックします。

4 新しいタブに[無題のドキュメント]画面が表示されるので、

マイドライブ - Google ドライブ
無題のドキュメント - Google ドキュメント
無題のドキュメント
ファイル 編集 表示 挿入 表示形式 ツール 拡張機能 ヘルプ

5 文章を入力します。

[タブを閉じる]をクリックすると、ファイルが閉じます。

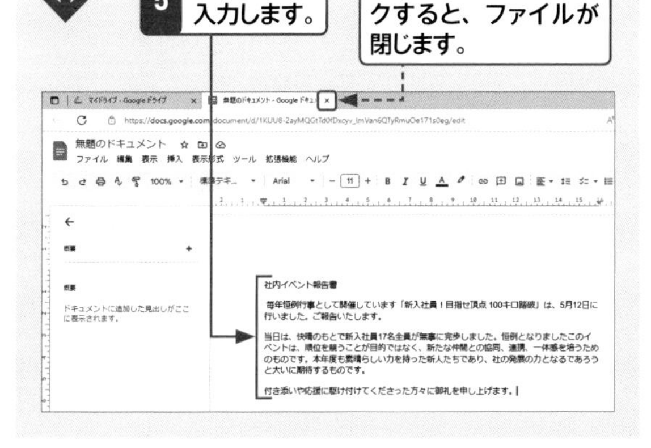

無題のドキュメント
ファイル 編集 表示 挿入 表示形式 ツール 拡張機能 ヘルプ
社内イベント報告書

重要度 ★★★ Googleドキュメント

Q 244 文書のファイル名を変更したい！

A [無題のドキュメント]をクリックして変更します。

Googleドキュメントを表示すると、[無題のドキュメント]画面が表示されます。文章を入力すると自動的に保存され、ファイル名は「無題のドキュメント」となります。ファイル名を変更するには、画面左上の[無題のドキュメント]をクリックして、ファイル名を入力し、Enter を押します。すでに文章が入力されている場合は、クリックすると、タイトルが自動的に表示されます。そのタイトルでよければ、Enter を押して確定します。

1 画面左上の[無題のドキュメント]をクリックすると、

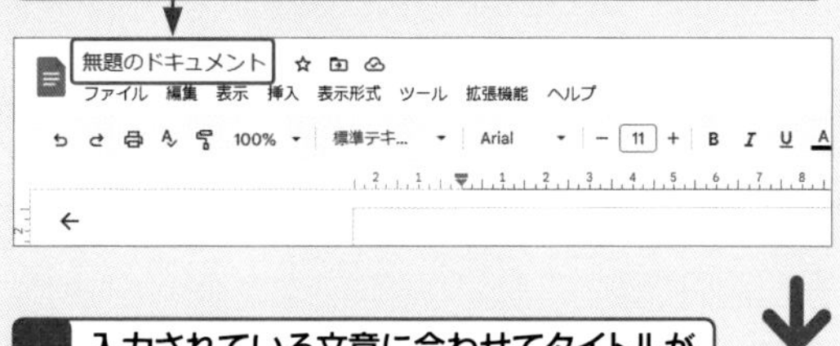

無題のドキュメント
ファイル 編集 表示 挿入 表示形式 ツール 拡張機能 ヘルプ

2 入力されている文章に合わせてタイトルが自動的に表示されます。このタイトルでよければ、Enter を押して確定します。

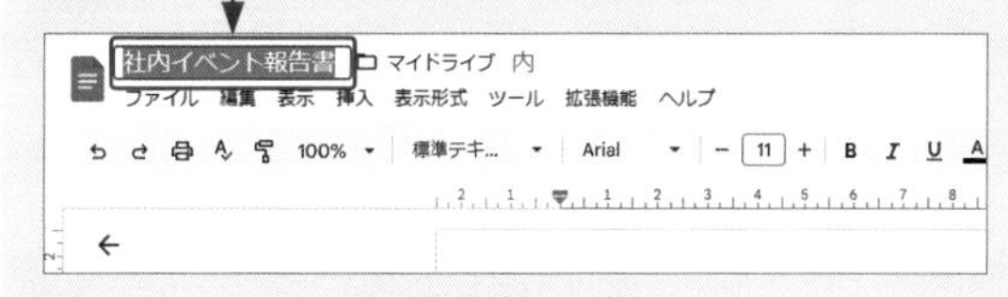

社内イベント報告書
マイドライブ 内
ファイル 編集 表示 挿入 表示形式 ツール 拡張機能 ヘルプ

3 ここではタイトルを修正して、

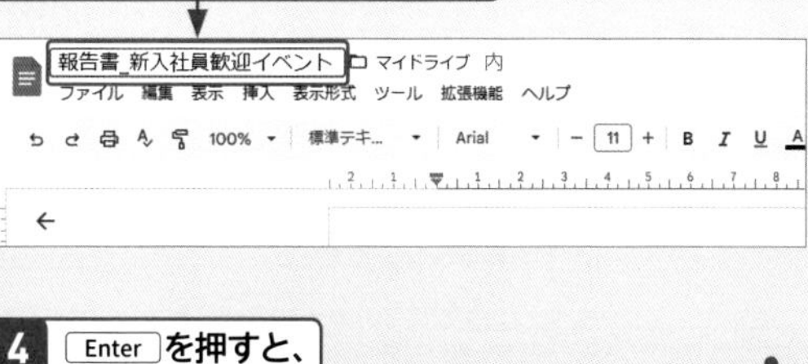

報告書_新入社員歓迎イベント
マイドライブ 内
ファイル 編集 表示 挿入 表示形式 ツール 拡張機能 ヘルプ

4 Enter を押すと、

5 ファイル名が変更されます。

報告書_新入社員歓迎イベント
ファイル 編集 表示 挿入 表示形式 ツール 拡張機能 ヘルプ

重要度 ★★★　Googleドキュメント

Q 245 フォントや文字サイズを変更したい！

A [フォント]や[フォントサイズ]で設定します。

Googleドキュメントでは、フォントの種類や文字サイズ、文字色を変更したり、太字、斜体、下線などを設定したりして、文字を装飾することができます。また、タイトルやサブタイトル、見出しなどのスタイルも用意されています。適宜設定して見やすい文書にしましょう。

1 文字列を選択して、
2 [フォント]をクリックし、

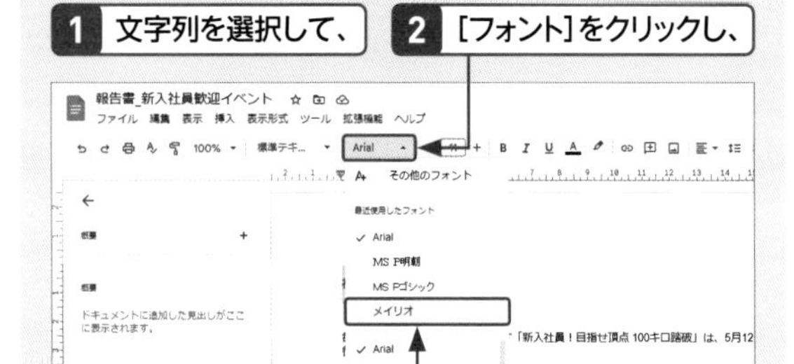

3 変更したいフォントをクリックすると、

4 フォントが変更されます。
5 [フォントサイズ]をクリックして、

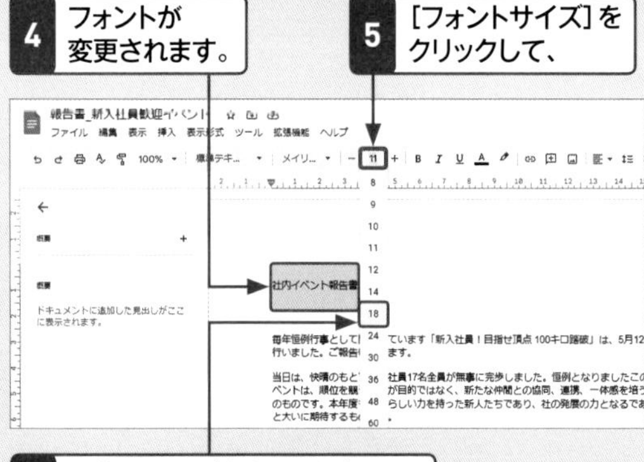

6 目的のサイズをクリックすると、

7 文字サイズが変更されます。

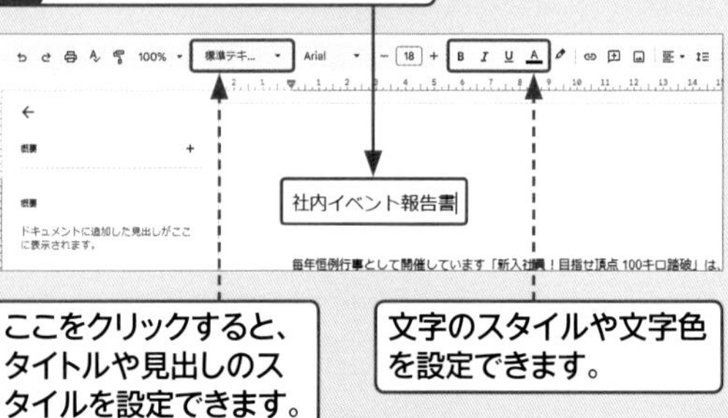

ここをクリックすると、タイトルや見出しのスタイルを設定できます。

文字のスタイルや文字色を設定できます。

重要度 ★★★　Googleドキュメント

Q 246 文字の配置を変更したい！

A ツールバーのコマンドを利用します。

文章を入力すると、初期状態では左揃えになりますが、中央揃えや右揃えにすることができます。インデントを設定して、文字の開始位置を変更することもできます。また、行間隔を変更したり、番号付きリストや箇条書きスタイルを設定したりすることもできます。ここでは、文字を中央揃えにしてみましょう。なお、画面サイズが大きい場合は、手順2は不要です。

1 配置を変更したい段落をクリックします。
2 [配置]をクリックして、

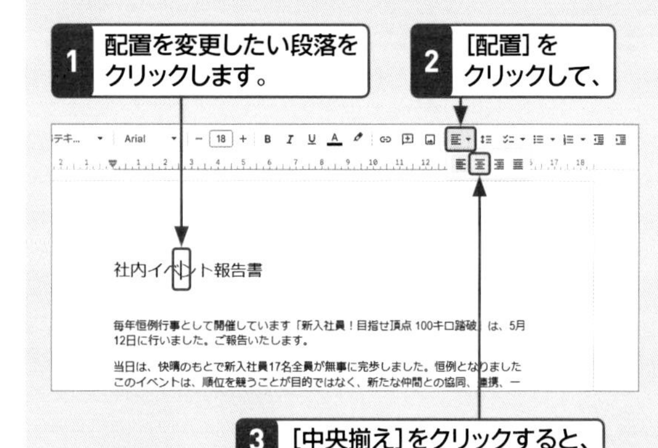

3 [中央揃え]をクリックすると、

4 文字が中央揃えに設定されます。

●そのほかの文字書式のコマンド

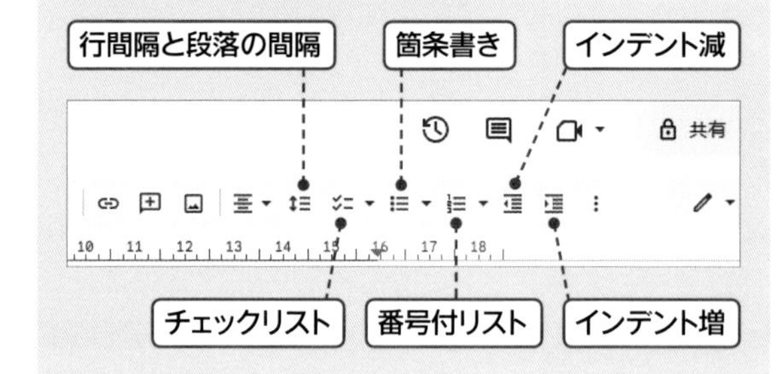
行間隔と段落の間隔
箇条書き
インデント減
共有
チェックリスト
番号付リスト
インデント増

Q 247 文書に画像を挿入したい！

A ［挿入］の［画像］から挿入します。

文書に画像を挿入するには、［挿入］をクリックして、画像の保存場所を指定します。ここでは、パソコンに保存してある画像を挿入します。画像を挿入したら、画像の周囲に表示されているハンドルをドラッグしてサイズを調整したり、画像の配置を初期設定の［行内］以外に設定したりすることができます。

1 画像を挿入したい位置をクリックして、［挿入］をクリックし、

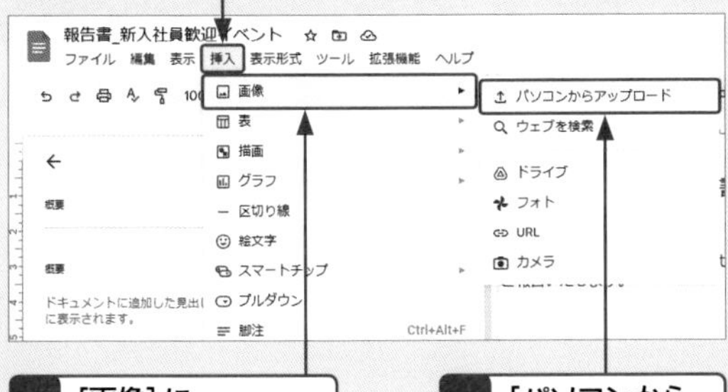

2 ［画像］にマウスポインターを合わせて、

3 ［パソコンからアップロード］をクリックします。

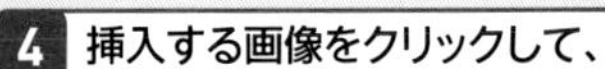

4 挿入する画像をクリックして、

5 ［開く］をクリックすると、

6 画像が挿入されます。

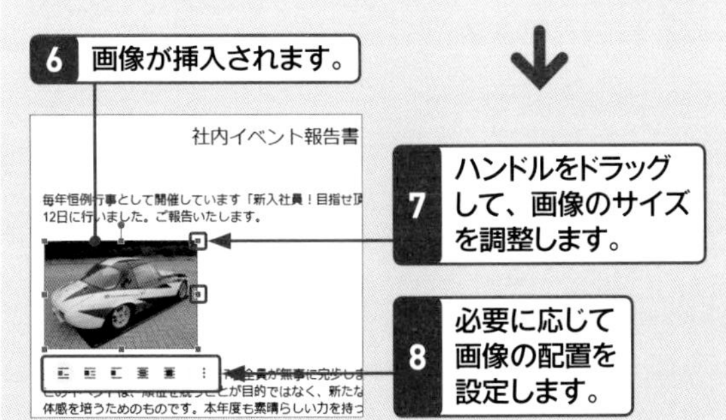

7 ハンドルをドラッグして、画像のサイズを調整します。

8 必要に応じて画像の配置を設定します。

Q 248 OCR機能を使いたい！

A PDFや画像を［Googleドキュメント］で開きます。

OCR（光学文字認識）は、文字の含まれた画像を自動的に認識して、テキストデータに変換する機能です。Googleドキュメントでは、OCR機能を利用できます。変換できるファイル形式は、JPEG、PNG、GIF、PDFです。フォントやフォントサイズ、太字、斜体、改行は保持されますが、一部に文字化けが発生することがあります。ここでは、スキャンしたPDFファイル内の文字をテキストに変換してみましょう。

1 テキストデータに変換したいPDFファイルをクリックします。

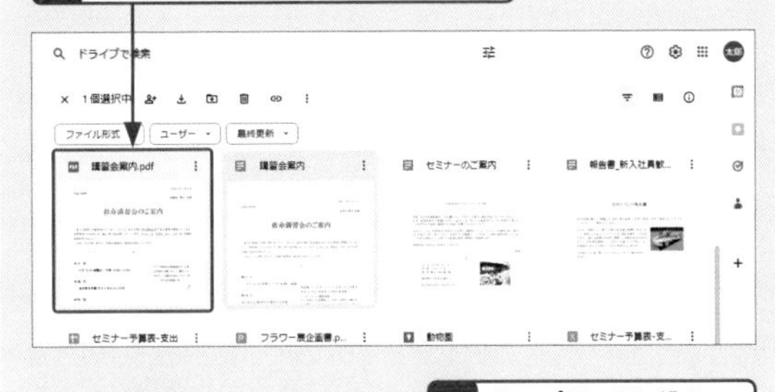

2 ［その他の操作］をクリックして、

3 ［アプリで開く］にマウスポインターを合わせ、

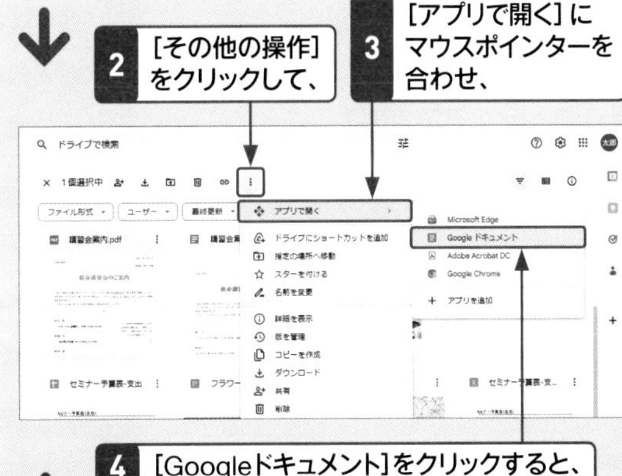

4 ［Googleドキュメント］をクリックすると、

5 PDFファイル内の文字がテキストデータに変換されて表示されます。

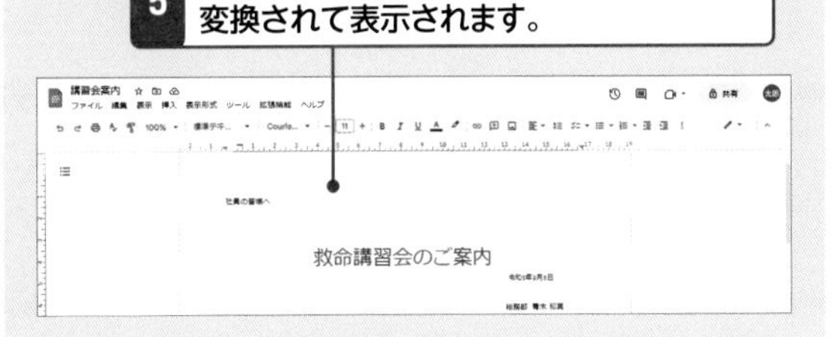

重要度 ★★★ Googleスプレッドシート

Q 249 Googleスプレッドシートとは？

A Webブラウザー上で表計算ができるサービスです。

Googleスプレッドシートは、Webブラウザー上で表計算ができるサービスです。通常の表計算ソフトと同様に、表の作成や数式や関数式を利用した計算、セルの表示形式の設定、データの並べ替え、グラフの作成などが行えます。また、文字書式や文字の配置、セルの背景色を変更して、見やすくわかりやすい表を作成することもできます。Googleスプレッドシートは、Microsoft OfficeのExcelに相当します。

Googleスプレッドシートは、Webブラウザー上で表計算ができるサービスです。

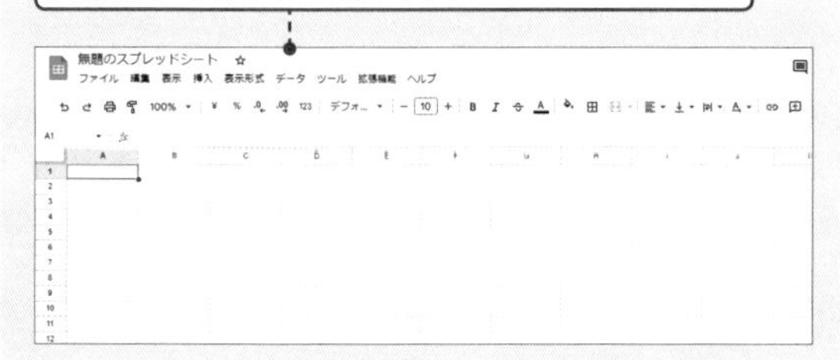
無題のスプレッドシート
ファイル 編集 表示 挿入 表示形式 データ ツール 拡張機能 ヘルプ

文字の書式や文字色、配置、セルの背景色を変更して、見やすい表を作成できます。

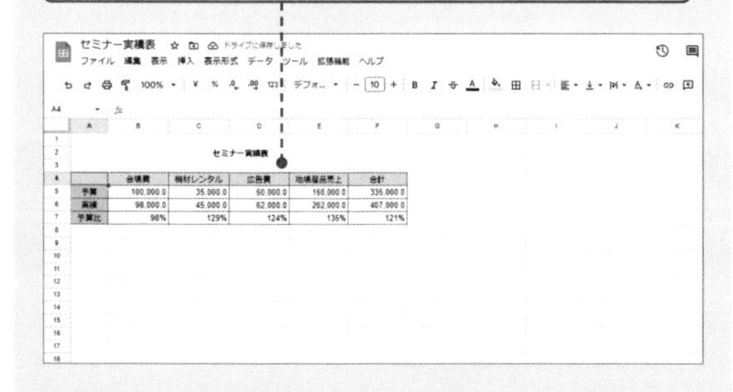
セミナー実績表
ファイル 編集 表示 挿入 表示形式 データ ツール 拡張機能 ヘルプ

表からグラフを作成することができます。

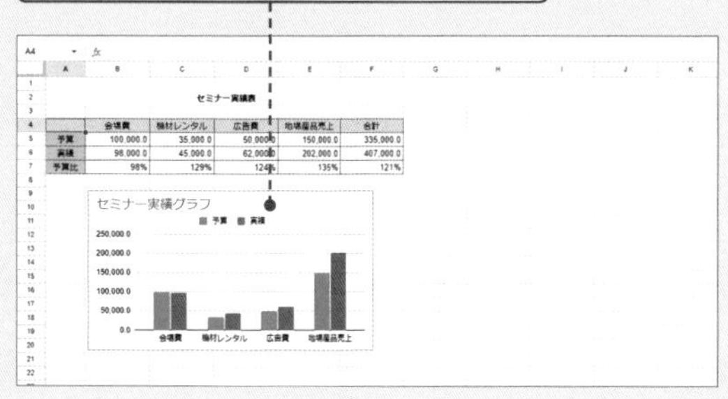
セミナー実績グラフ

重要度 ★★★ Googleスプレッドシート

Q 250 Googleスプレッドシートで表を作成したい！

A [新規]の[Googleスプレッドシート]から作成します。

Googleスプレッドシートで表を作成するには、Googleドライブを表示して、[新規]をクリックし、[Googleスプレッドシート]から[空白のスプレッドシート]をクリックします。新しいタブで[無題のスプレッドシート]画面が表示されるので、文字や数値を入力して、表を作成します。入力した内容はGoogleドライブに自動的に保存されます。タブを閉じるとファイルが閉じます。

1 Googleドライブを表示して、[新規]をクリックし、

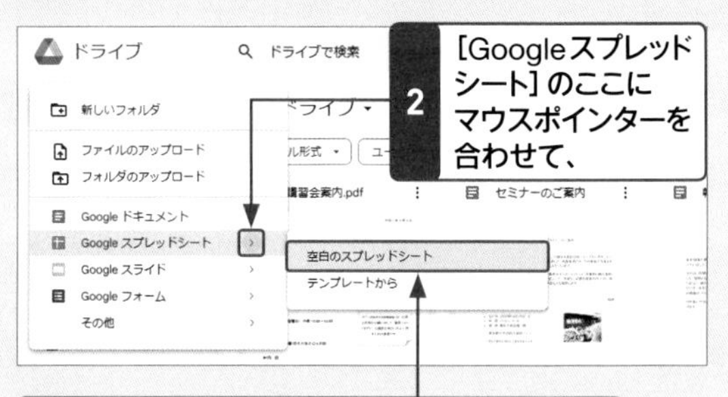
ドライブ
新しいフォルダ
ファイルのアップロード
フォルダのアップロード
Google ドキュメント
Google スプレッドシート
Google スライド
Google フォーム
その他
空白のスプレッドシート
テンプレートから

2 [Googleスプレッドシート]のここにマウスポインターを合わせて、

3 [空白のスプレッドシート]をクリックします。

4 新しいタブに[無題のスプレッドシート]画面が表示されるので、

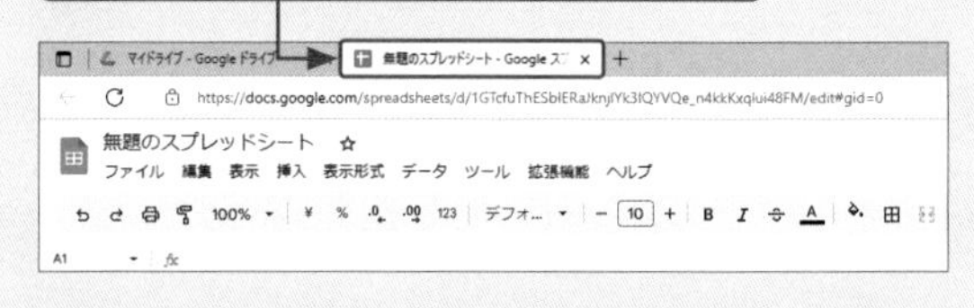
無題のスプレッドシート
ファイル 編集 表示 挿入 表示形式 データ ツール 拡張機能 ヘルプ

5 文字や数値を入力して表を作成します。

[タブを閉じる]をクリックすると、ファイルが閉じます。

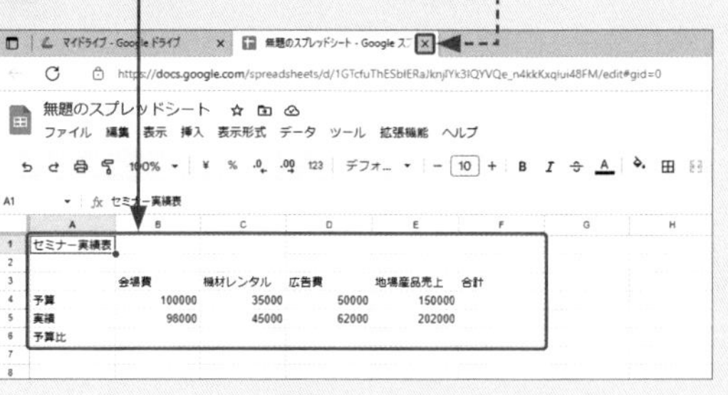
無題のスプレッドシート
ファイル 編集 表示 挿入 表示形式 データ ツール 拡張機能 ヘルプ
セミナー実績表

重要度 ★★★ Googleスプレッドシート

Q 251 表のファイル名を変更したい！

A [無題のスプレッドシート]をクリックして変更します。

Googleスプレッドシートを表示すると、[無題のスプレッドシート]画面が表示されます。表を作成すると自動的に保存され、ファイル名は「無題のスプレッドシート」となります。表のファイル名を変更するには、画面左上の［無題のスプレッドシート］をクリックして、ファイル名を入力し、Enter を押します。

1 ファイル名は「無題のスプレッドシート」となっています。

無題のスプレッドシート
ファイル 編集 表示 挿入 表示形式 データ ツール 拡張機能 ヘルプ
A1 セミナー実績表

2 [無題のスプレッドシート]をクリックして、

無題のスプレッドシート マイドライブ 内

3 ファイル名を入力し、

セミナー実績表 マイドライブ 内

4 Enter を押すと、

5 ファイル名が変更されます。

セミナー実績表
ファイル 編集 表示 挿入 表示形式 データ ツール 拡張機能 ヘルプ

重要度 ★★★ Googleスプレッドシート

Q 252 表に罫線を引きたい！

A 範囲を選択して［枠線］からスタイルや位置を指定します。

データを入力したら、表が見やすいように罫線を引きましょう。セル範囲をドラッグして選択し、ツールバーの［枠線］田をクリックします。罫線の種類や色は変更することができます。また、罫線を引く位置も任意に指定できます。

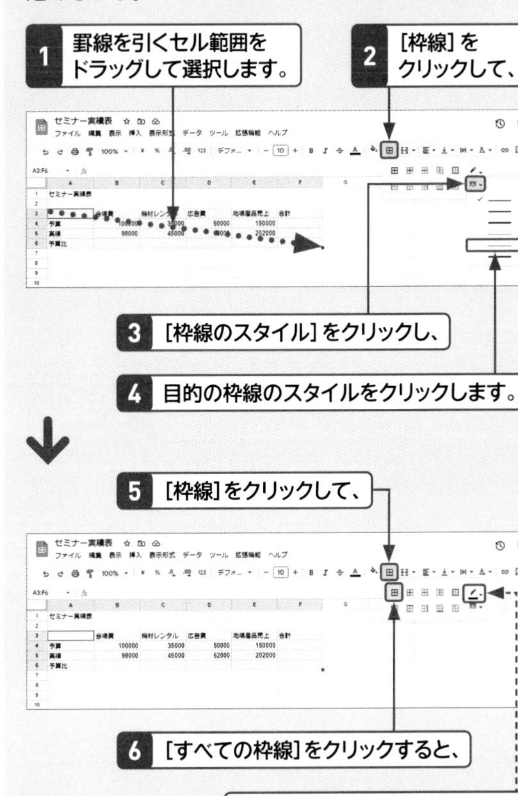
1 罫線を引くセル範囲をドラッグして選択します。
2 [枠線]をクリックして、
3 [枠線のスタイル]をクリックし、
4 目的の枠線のスタイルをクリックします。
5 [枠線]をクリックして、
6 [すべての枠線]をクリックすると、
ここで枠線の色を指定できます。

7 表全体に選択したスタイルの枠線が引かれます。

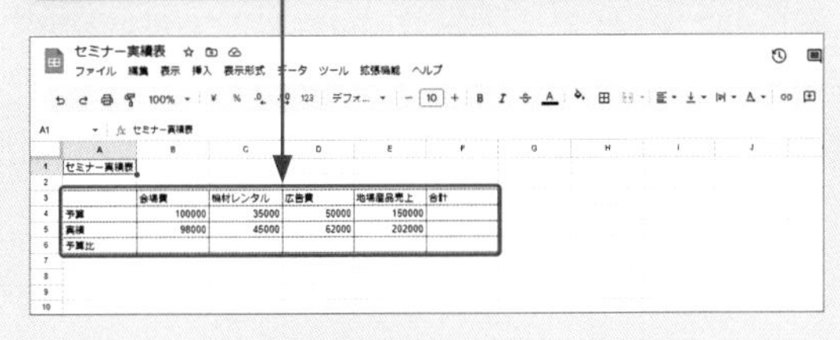

重要度 ★★★ Googleスプレッドシート

Q 253 合計値や平均値を計算したい!

A 合計値はSUM関数を、平均値はAVERAGE関数を利用します。

Googleスプレッドシートでは、Excelなどの表計算ソフトと同様に、通常の四則演算のほか、さまざまな関数を利用した計算を行うことができます。合計値や平均値を計算するには、最初に「=」を入力して、数値を入力したり、セル参照を指定したりしても計算できますが、関数を利用すると、かんたんに答えを求めることができます。合計値はSUM関数を、平均値はAVERAGE関数を利用します。ここでは、合計値を求めてみましょう。

1 結果を表示したいセルをクリックして、

2 [関数]をクリックし、

3 [SUM]をクリックします。

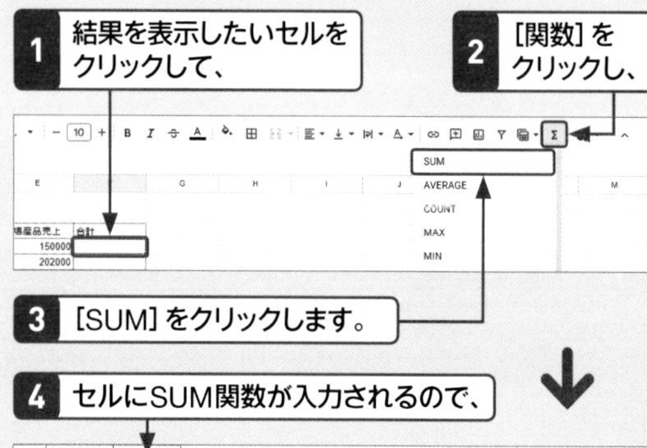
SUM
AVERAGE
COUNT
MAX
MIN

4 セルにSUM関数が入力されるので、

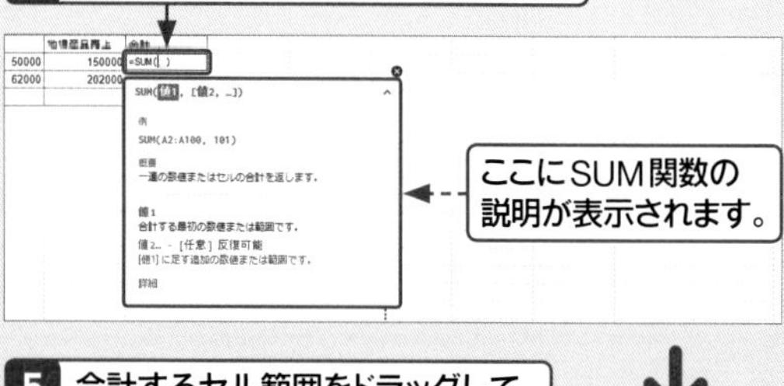
ここにSUM関数の説明が表示されます。

5 合計するセル範囲をドラッグして、

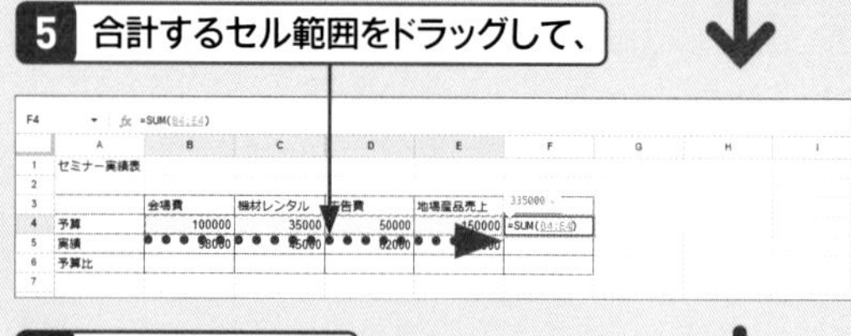

6 Enter を押すと、

7 計算結果が表示されます。

8 フィルハンドル(セル右下の丸)をドラッグして、ほかのセルに数式をコピーします。

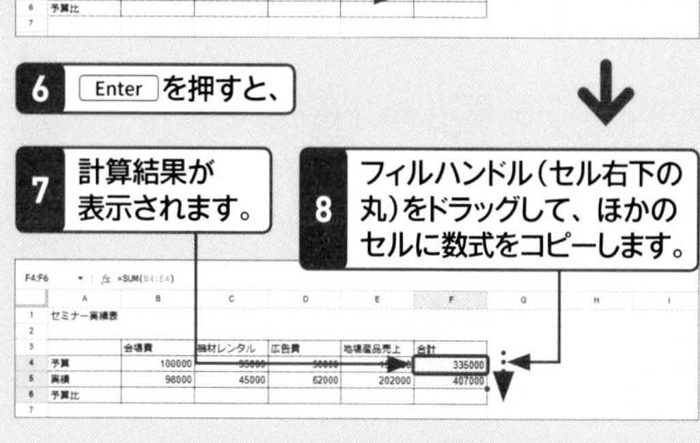

重要度 ★★★ Googleスプレッドシート

Q 254 セル幅を変更したい!

A セルの境界線にマウスポインターを合わせてドラッグします。

セル幅を変更するには、変更したいセルの境界線にマウスポインターを合わせ、ポインターの形が ↔ に変わった状態で、ドラッグします。また、複数のセルを選択した状態で、いずれかの境界線をドラッグすると、複数のセル幅を同時に変更することができます。セルの高さも同じ方法で変更できます。
なお、セルの境界線をダブルクリックすると、文字列の長さに合ったセル幅に自動的に調整されます。

1 セルの境界線にマウスポインターを合わせて、

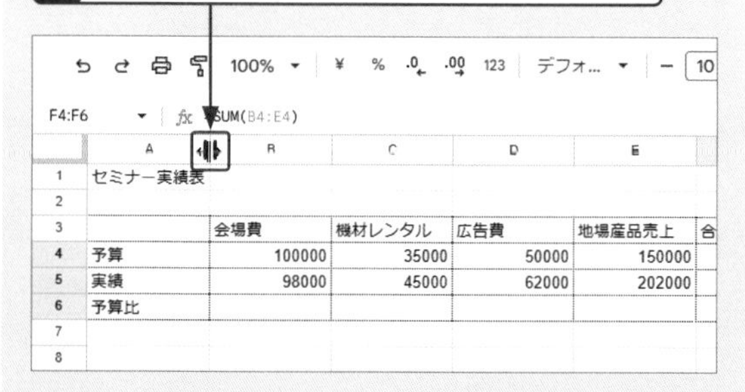
F4:F6
=SUM(B4:E4)
セミナー実績表
会場費
機材レンタル
広告費
地場産品売上
予算
実績
予算比

2 ドラッグすると、

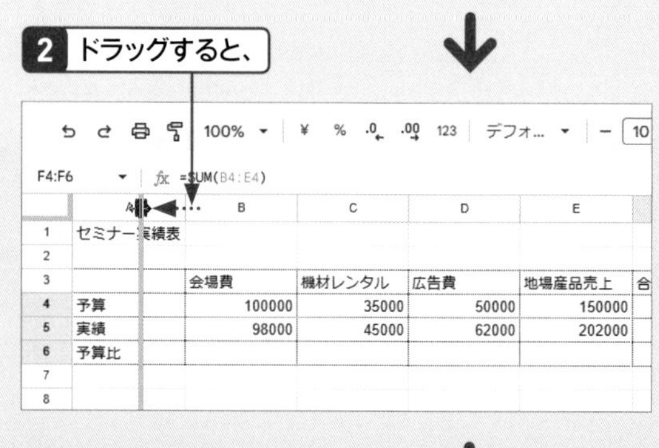

3 セル幅が変わります。

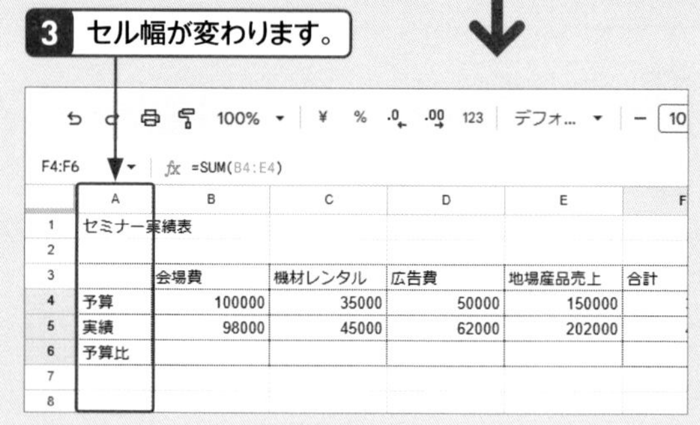
セミナー実績表
会場費
機材レンタル
広告費
地場産品売上
合計
予算
実績
予算比

重要度 ★★★ Googleスプレッドシート

Q 255 セル内の文字位置を変更したい！

A [水平方向の配置]や[垂直方向の配置]で設定します。

セル内の文字は、初期設定では左揃えに配置されます。また、垂直方向の配置は、下揃えに設定されています。この配置を変更するには、変更したいセルを選択して、[水平方向の配置] や [垂直方向の配置] をクリックして、目的の配置を指定します。

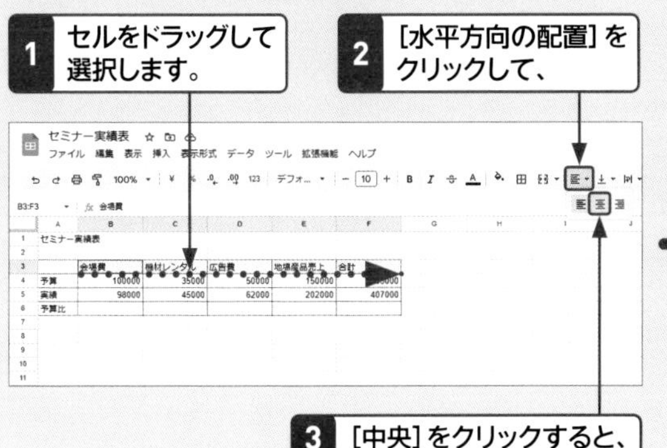

1 セルをドラッグして選択します。
2 [水平方向の配置]をクリックして、
3 [中央]をクリックすると、

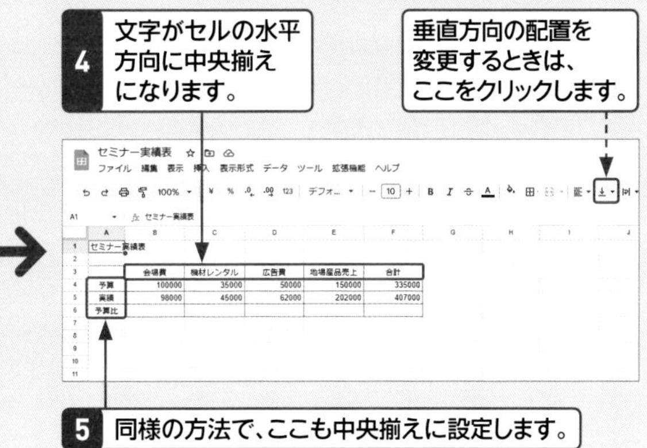

4 文字がセルの水平方向に中央揃えになります。
垂直方向の配置を変更するときは、ここをクリックします。
5 同様の方法で、ここも中央揃えに設定します。

重要度 ★★★ Googleスプレッドシート

Q 256 数字や日付の表示形式を変更したい！

A ツールバーのコマンドを利用して表示形式を変更します。

セルに入力した数字を3桁区切りの数値にしたり、パーセントや通貨表示にしたり、日付の表示形式を変更したりして、表を見やすくすることができます。

ここでは、数値を3桁区切りの形式に変更したあと、小数点以下の桁数を調整し、「予算比」をパーセント形式に設定しましょう。

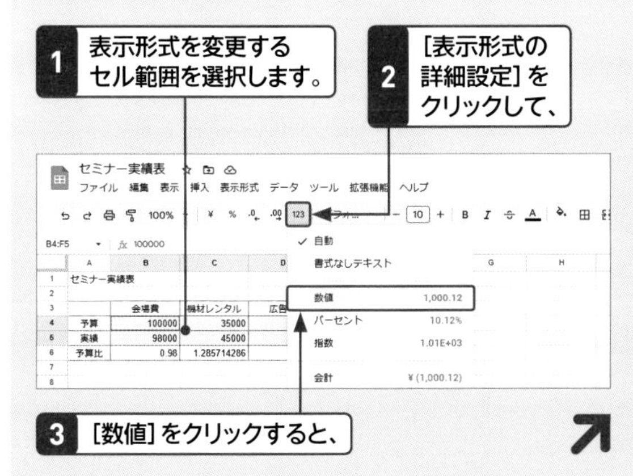

1 表示形式を変更するセル範囲を選択します。
2 [表示形式の詳細設定]をクリックして、
3 [数値]をクリックすると、

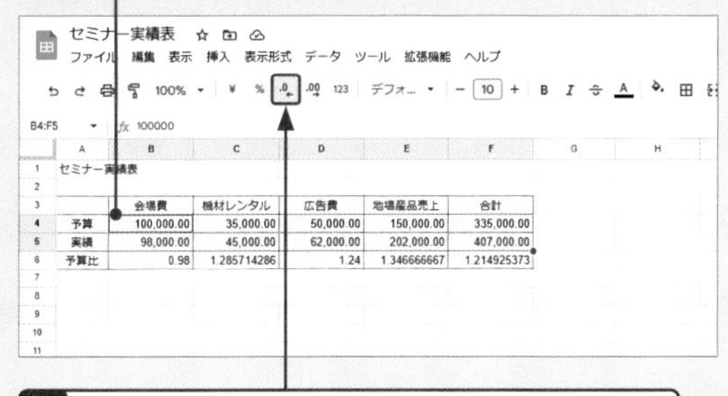

4 数値に3桁区切りの「,」が付いて、小数点以下2位まで表示されます。
5 [小数点以下の桁数を減らす]をクリックすると、

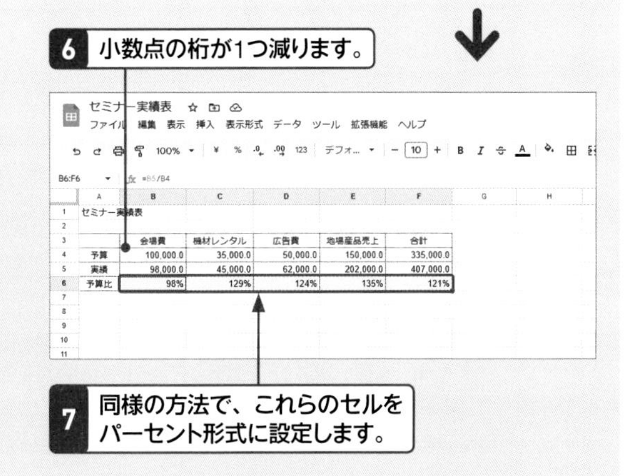

6 小数点の桁が1つ減ります。
7 同様の方法で、これらのセルをパーセント形式に設定します。

重要度 ★★★ Googleスプレッドシート

Q 257 表からグラフを作成したい！

A ［グラフを挿入］をクリックして、目的のグラフを選択します。

作成した表からグラフを作成するには、グラフのもとになるセル範囲を選択して、［グラフを挿入］をクリックし、表示される［グラフエディタ］画面で作成するグラフを選択します。［グラフエディタ］画面の［カスタマイズ］をクリックすると、グラフのタイトルや凡例の位置、メモリの間隔などを詳細に設定できます。

1 グラフにする表のデータ範囲を選択して、

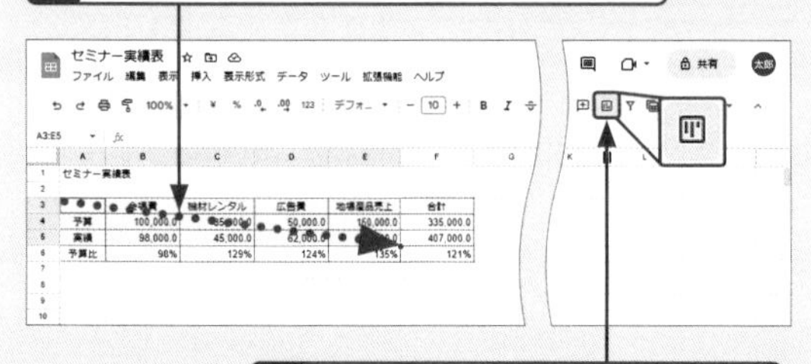

2 ［グラフを挿入］をクリックします。

3 グラフの種類を選択して、

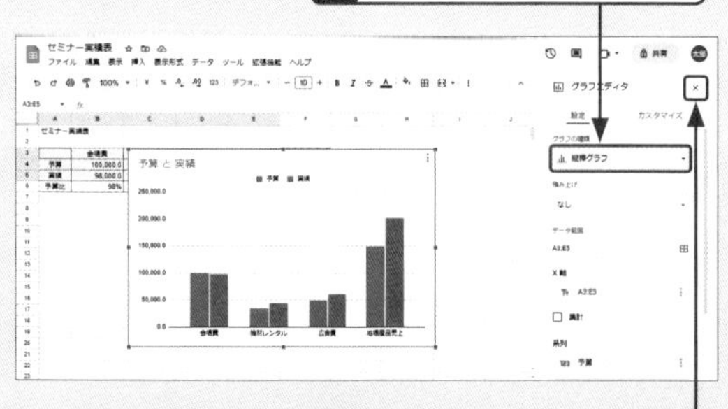

4 ［閉じる］をクリックします。

5 グラフが挿入されます。

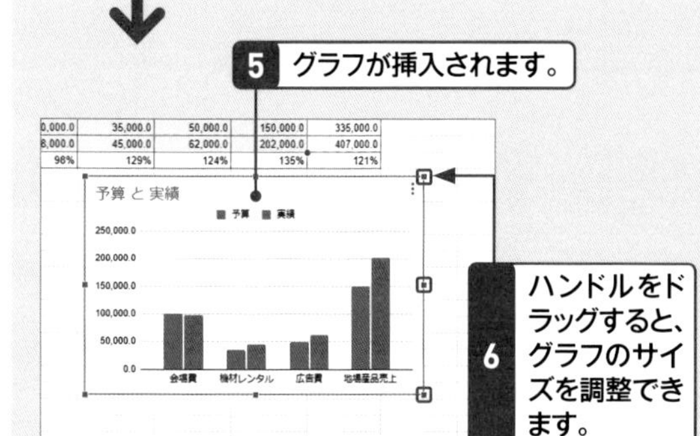

6 ハンドルをドラッグすると、グラフのサイズを調整できます。

重要度 ★★★ Googleスプレッドシート

Q 258 グラフを編集したい！

A ［グラフエディタ］画面を表示して編集します。

挿入したグラフをダブルクリックすると、画面右に［グラフエディタ］画面が表示されます。グラフの要素をクリックすると、文字サイズやスタイル、系列の色、軸や凡例の位置などを変更することができます。ここでは、データ系列の色を変更してみましょう。

1 グラフをダブルクリックして、

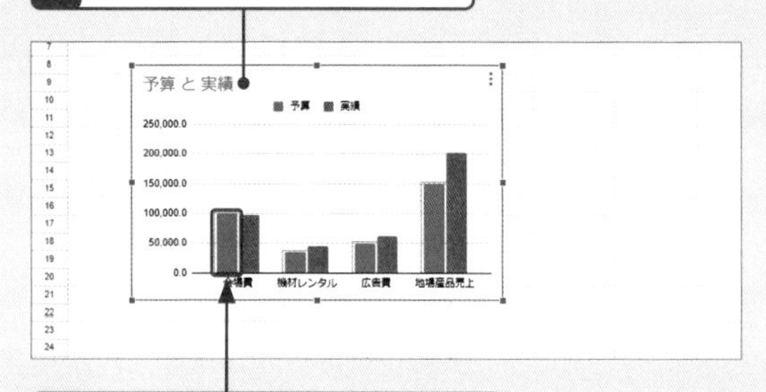

2 データラベルをクリックします。

3 ［塗りつぶしの色］をクリックして、

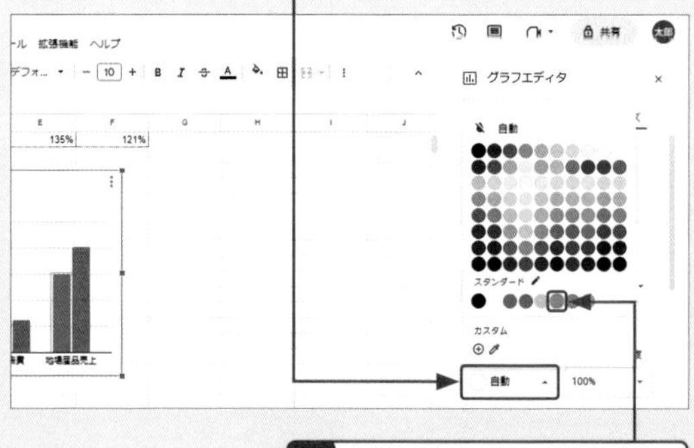

4 目的の色をクリックすると、

5 データ系列の色が変更されます。

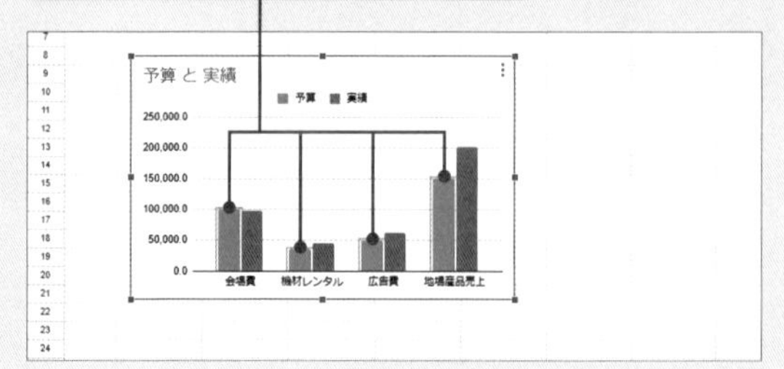

重要度★★★ Googleスライド

Q 259 Googleスライドとは？

A Webブラウザー上でプレゼンテーションを作成できるサービスです。

Googleスライドは、Webブラウザー上でプレゼンテーションが作成できるサービスです。新しいスライドを作成してテキストを入力し、必要に応じてスライドを追加し、画像や表、グラフ、動画などを挿入して、プレゼンテーションを作成します。スライドの配色やフォント、効果、背景色などの組み合わせがあらかじめ設定されているテーマを利用することもできます。Googleスライドは、Microsoft OfficeのPowerPointに相当します。

Googleスライドは、Webブラウザー上でプレゼンテーションを作成できるサービスです。

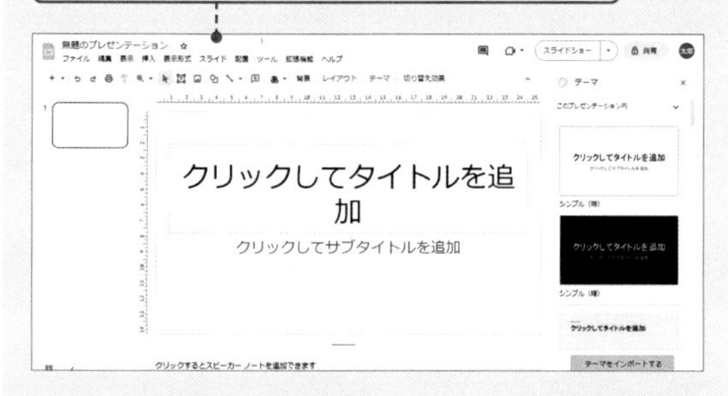

クリックしてタイトルを追加
クリックしてサブタイトルを追加

テーマを利用して見栄えのするスライドを作成できます。

地産地消のすすめ

スライドショーを実行することもできます。

地産地消のすすめ
地域産業の活性化を図る

重要度★★★ Googleスライド

Q 260 かんたんなプレゼンテーションを作成したい！

A ［新規］の［Googleスライド］から作成します。

Googleスライドでプレゼンテーションを作成するには、Googleドライブを表示して、［新規］をクリックし、［Googleスライド］から［空白のプレゼンテーション］をクリックします。新しいタブで［無題のプレゼンテーション］画面が表示されるのでタイトルとサブタイトルを入力して、スライドを作成します。あらかじめプレゼンテーションの目的と全体の構成を決めておくとスムーズに作成できます。

1 Googleドライブを表示して、［新規］をクリックし、

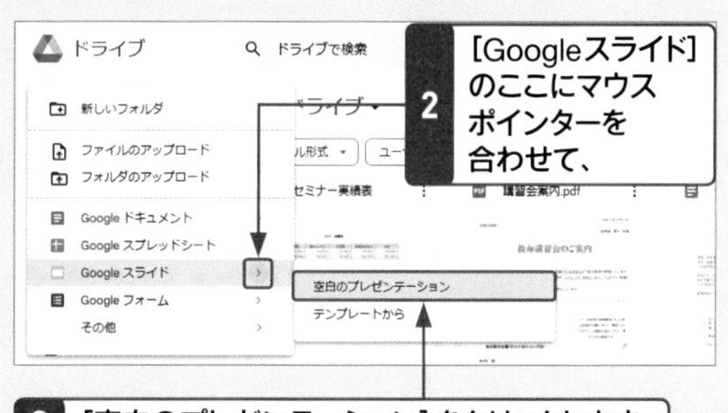

ドライブ
ドライブで検索
新しいフォルダ
ファイルのアップロード
フォルダのアップロード
Google ドキュメント
Google スプレッドシート
Google スライド
Google フォーム
その他
空白のプレゼンテーション
テンプレートから

2 ［Googleスライド］のここにマウスポインターを合わせて、

3 ［空白のプレゼンテーション］をクリックします。

4 新しいタブに［無題のプレゼンテーション］画面が表示されるので、

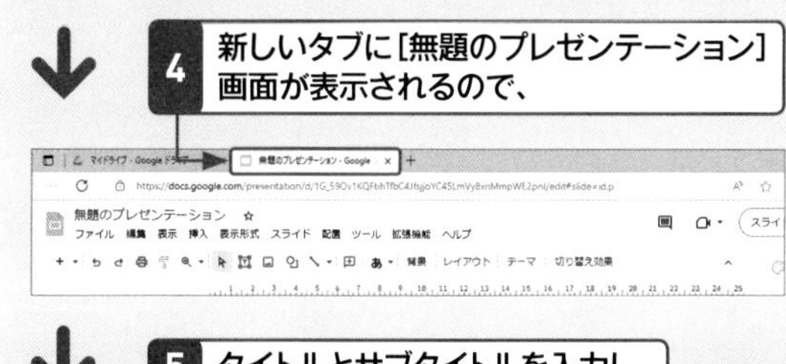

無題のプレゼンテーション

5 タイトルとサブタイトルを入力し、

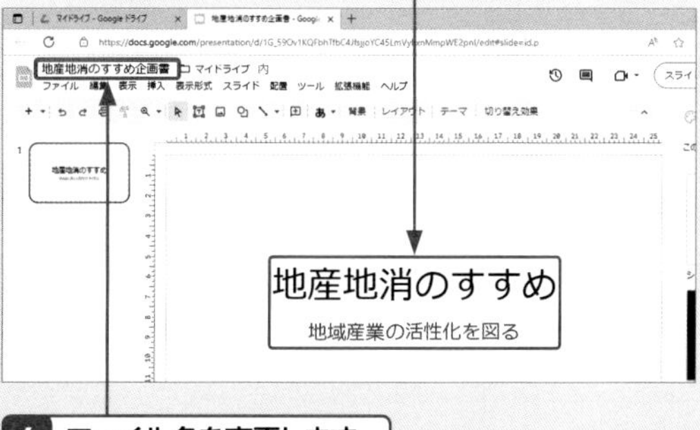

地産地消のすすめ企画書
地産地消のすすめ
地域産業の活性化を図る

6 ファイル名を変更します。

重要度 ★★★ Googleスライド

Q 261 スライドのテーマを利用したい!

A [テーマ]をクリックして、目的のテーマを選択します。

テーマとは、スライドの配色やフォント(書体)、効果、背景色などの組み合わせがあらかじめ用意されているデザインのひな形のことです。Googleスライドを表示すると、画面の右に[テーマ]の一覧が表示されます。閉じてしまった場合は、ツールバーの[テーマ]をクリックすると、表示されます。

1 テーマを設定したいスライドを表示して、

2 [テーマ]をクリックします。

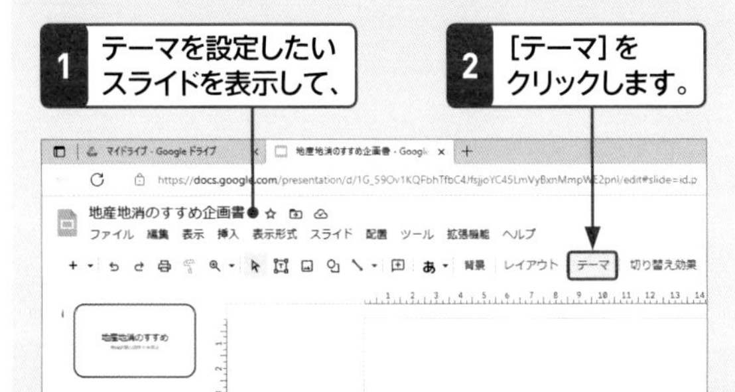

3 利用したいテーマをクリックすると、

テーマ
シフト
モメンタム
産地消のすすめ
域産業の活性化を図る

4 スライドにテーマが設定されます。

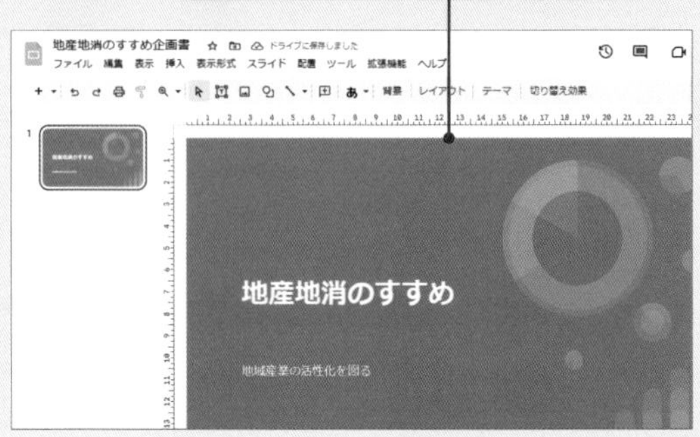
地産地消のすすめ
地域産業の活性化を図る

重要度 ★★★ Googleスライド

Q 262 新しいスライドを挿入したい!

A 挿入したい位置を指定して、[挿入]または[スライド]から挿入します。

新しいスライドを挿入するには、挿入したい位置を指定して、[挿入]または[スライド]をクリックし、[新しいスライド]をクリックします。タイトルスライドの次は、[タイトルと本文]スライドが追加されます。以降は、直前のスライドと同じレイアウトのスライドが追加されます。なお、スライドを削除するには、削除したいスライドをクリックして、手順3で[スライドを削除]をクリックします。

1 スライドを挿入する前のスライドをクリックします。

2 [スライド]をクリックして、

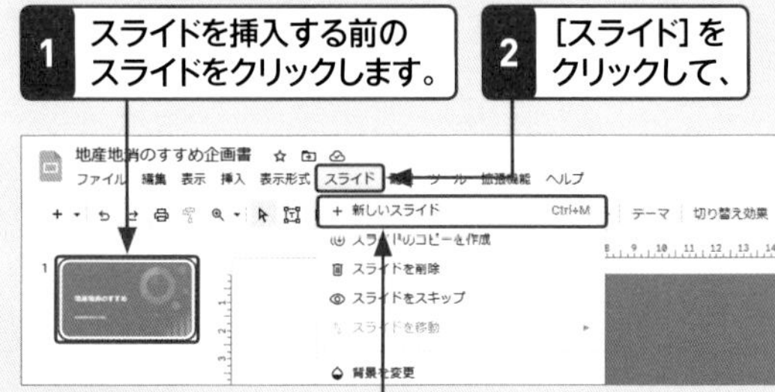
新しいスライド
Ctrl+M
スライドを削除
スライドをスキップ
背景を変更

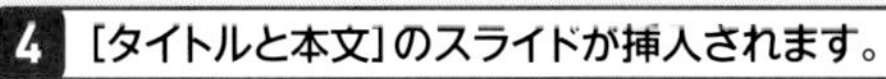
3 [新しいスライド]をクリックすると、

4 [タイトルと本文]のスライドが挿入されます。

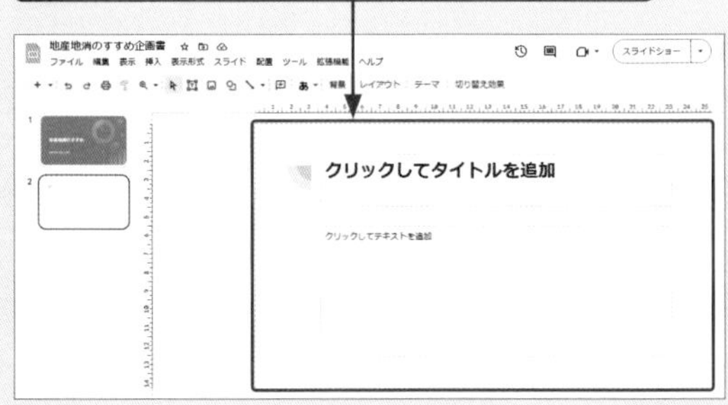
クリックしてタイトルを追加

5 タイトルと本文を入力します。

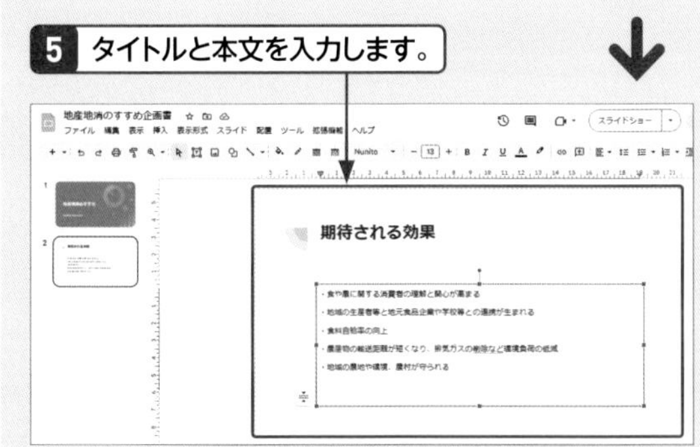
期待される効果

重要度 ★★★ Googleスライド

Q 263 スライドのレイアウトを変更したい！

A ［レイアウト］をクリックして、レイアウトを選択します。

スライドのレイアウトを変更するには、スライドをクリックして、［レイアウト］をクリックし、表示される一覧から目的のレイアウトを選択します。レイアウトの変更は、テキストを入力したあとでも行えますが、表示が乱れることがあるので注意しましょう。

［タイトルと本文］のスライドが挿入されています。

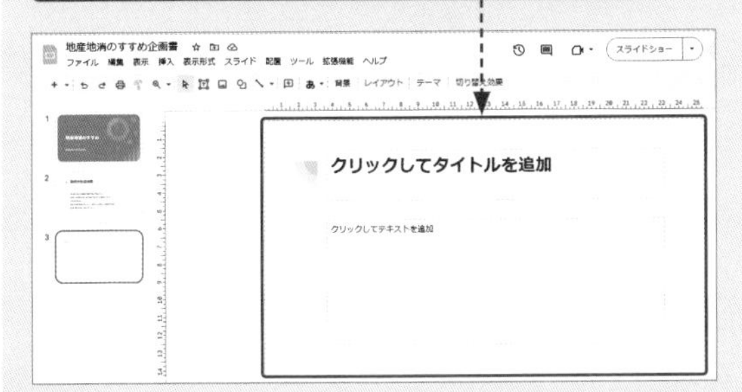
地産地消のすすめ企画書
クリックしてタイトルを追加
クリックしてテキストを追加

1 ［レイアウト］をクリックして、

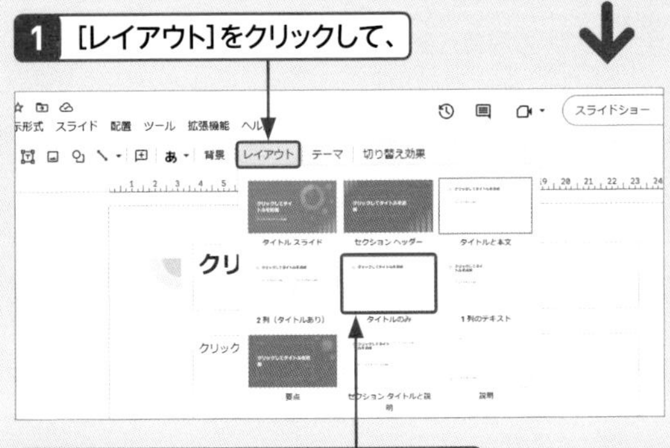
スライドショー
背景
レイアウト
テーマ
切り替え効果
タイトル スライド
セクション ヘッダー
タイトルと本文
2 列（タイトルあり）
タイトルのみ
1 列のテキスト
要点
セクション タイトルと説明
説明

2 変更したいレイアウト（ここでは［タイトルのみ］）をクリックすると、

3 ［タイトルのみ］のレイアウトに変更されます。

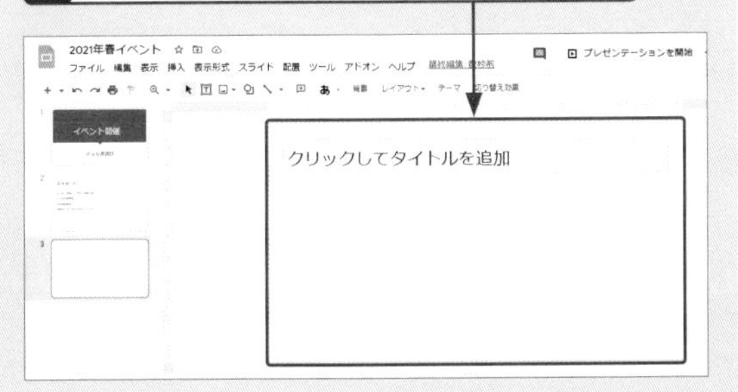
2021年春イベント
イベント開催
クリックしてタイトルを追加

重要度 ★★★ Googleスライド

Q 264 スライドショーを開始したい！

A ［スライドショー］をクリックします。

スライドが完成したら、スライドショーを実行してみましょう。最初のスライドを選択して、［スライドショー］をクリックすると、プレゼンテーションが全画面で表示されます。スライドを切り替えるには、スライドの左下の［次へ］> や［前へ］< をクリックするか、キーボードの矢印キーを押します。スライドショーを終了するには、Esc を押します。

1 最初のスライドをクリックして、

2 ［スライドショー］をクリックすると、

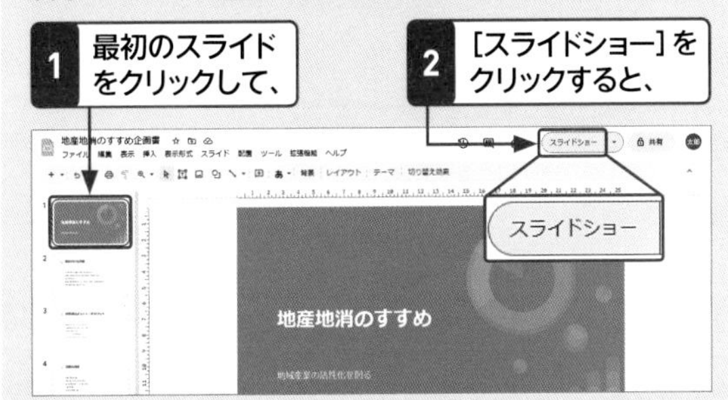
地産地消のすすめ企画書
スライドショー
地産地消のすすめ

3 スライドショーが開始されます。

4 ［次へ］をクリックすると、

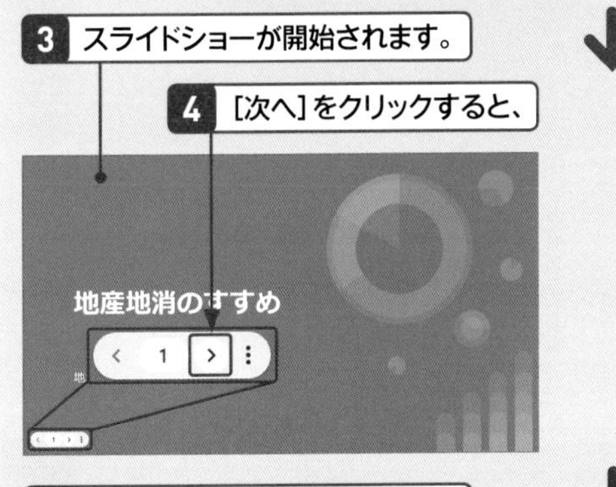
地産地消のすすめ
1

5 次のスライドに切り替わります。

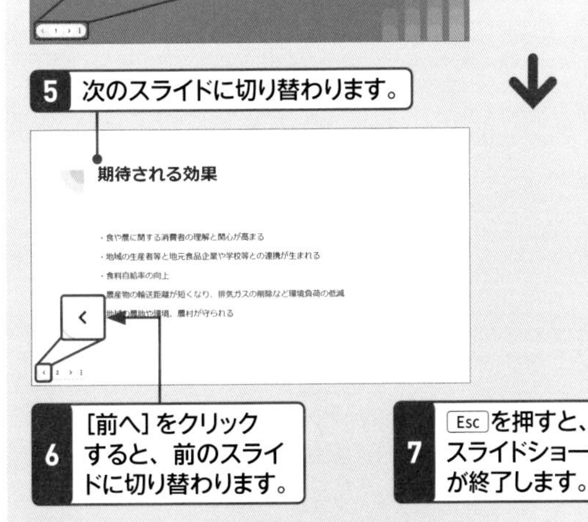
期待される効果
・食や農に関する消費者の理解と関心が高まる
・地域の生産者等と地元食品企業や学校等との連携が生まれる
・食料自給率の向上

6 ［前へ］をクリックすると、前のスライドに切り替わります。

7 Esc を押すと、スライドショーが終了します。

Q 265 ファイルをフォルダーで管理したい！

A 新しいフォルダーを作成して、ファイルを移動します。

Googleドライブでは、フォルダーを作成して、ファイルを整理することができます。[新規]をクリックして、[新しいフォルダ]をクリックし、フォルダー名を入力します。フォルダーを作成したら、整理したいファイルを移動します。ファイルが増えてきた場合は、用途別にフォルダーを作成してファイルを整理するとよいでしょう。なお、ファイルの移動は、ドラッグ＆ドロップでも可能です。

● フォルダーを作成する

1 [新規]をクリックして、

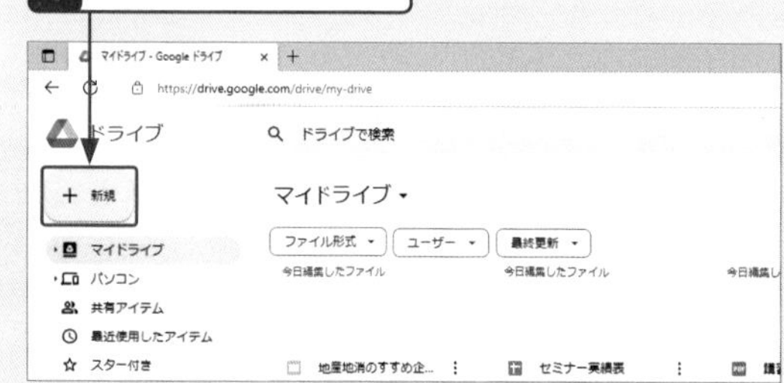

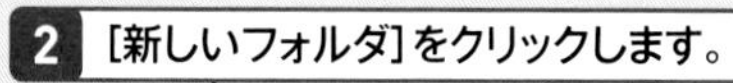

2 [新しいフォルダ]をクリックします。

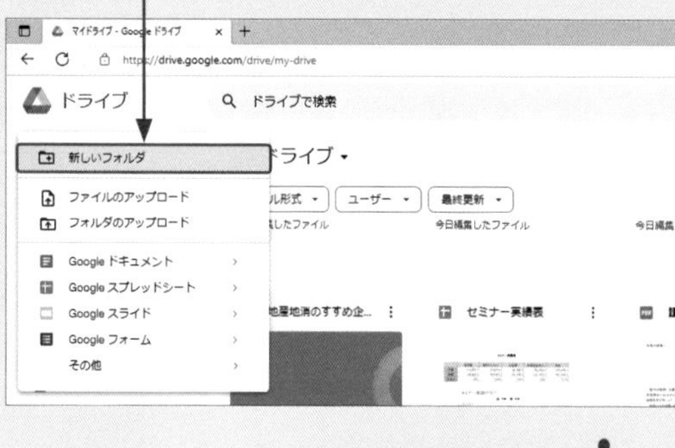

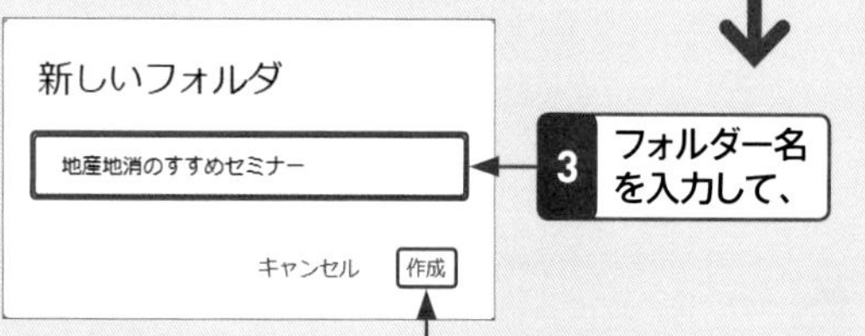
新しいフォルダ
地産地消のすすめセミナー
キャンセル
作成

3 フォルダー名を入力して、

4 [作成]をクリックすると、

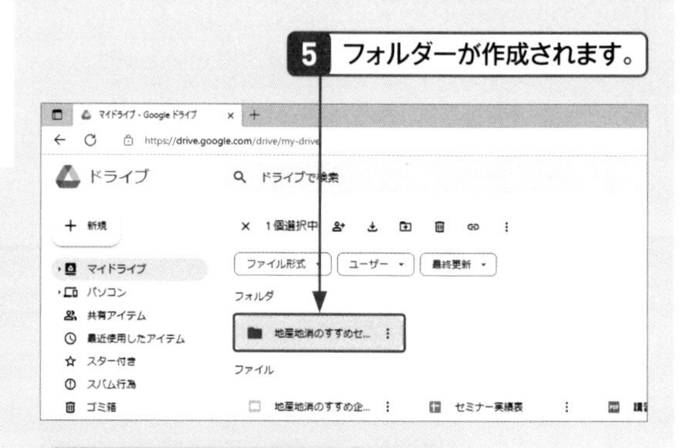

5 フォルダーが作成されます。

● ファイルをフォルダーに移動する

1 フォルダーに移動するファイルをクリックして、

2 [その他の操作]をクリックし、

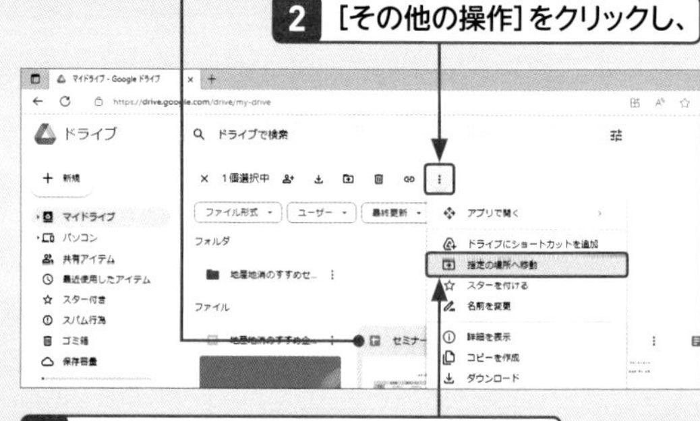

3 [指定の場所へ移動]をクリックします。

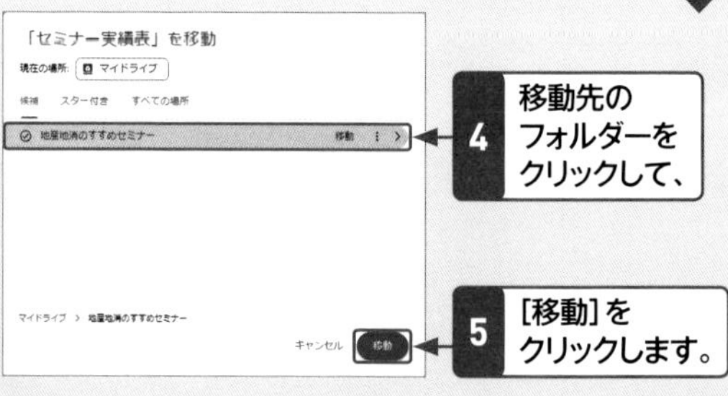
「セミナー実績表」を移動
地産地消のすすめセミナー
キャンセル
移動

4 移動先のフォルダーをクリックして、

5 [移動]をクリックします。

6 [マイドライブ]のここをクリックして、

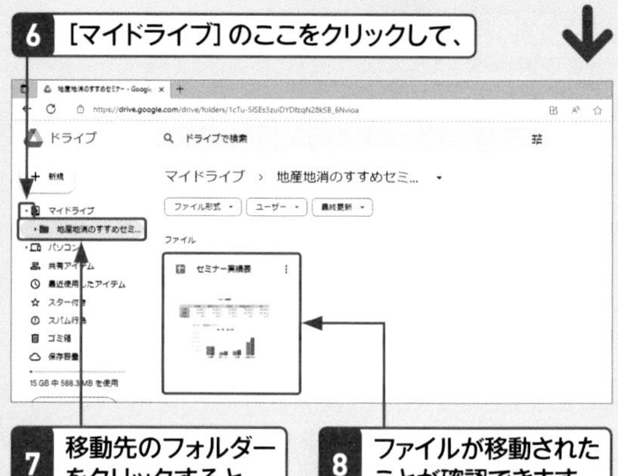

7 移動先のフォルダーをクリックすると、

8 ファイルが移動されたことが確認できます。

1 Googleの基本
2 Google検索
3 Gmail & Meet
4 Googleマップ
5 Googleカレンダー
6 Googleドライブ
7 Googleフォト
8 YouTube
9 Google Chrome
10 スマートフォン

重要度 ★★★ ファイルの管理

Q 266 ファイルをオフラインで使えるようにしたい！

A 「パソコン版ドライブ」をミラーリングに切り替えます。

「パソコン版ドライブ」をインストールすると、デスクトップから直接Googleドライブのファイルにアクセスすることができます。初期設定では、ファイルの実体がクラウドにのみ保存される「ストリーミング」に設定されています。ファイルをオフラインでも使えるようにするには、パソコン側にもファイルを保存する「ミラーリング」に切り替えます。なお、Google形式のファイルはオフラインでは開けません。 参照▶Q 234

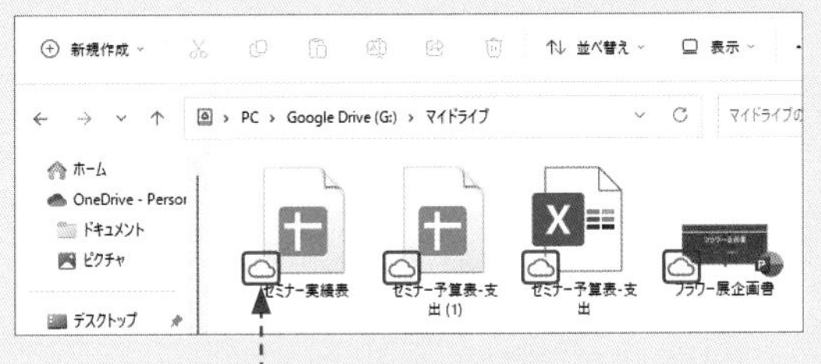

ストリーミングでは、フォルダーやファイルのアイコンに雲形のマークが表示されます。

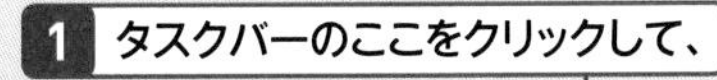

1 タスクバーのここをクリックして、

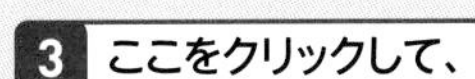

2 Googleドライブのアイコンをクリックし、

3 ここをクリックして、

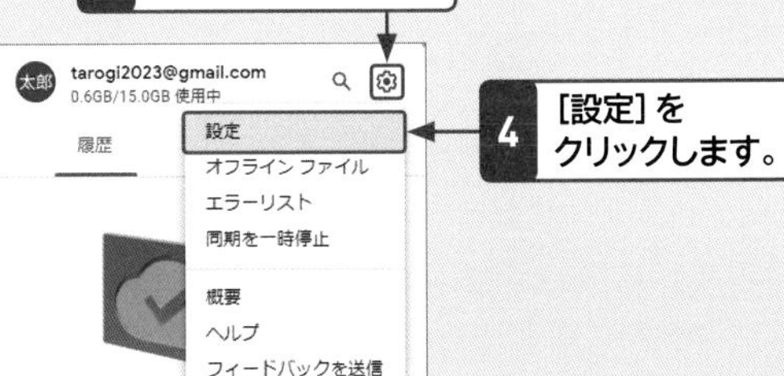

4 ［設定］をクリックします。

5 ［マイドライブの同期オプション］画面が表示された場合は、確認して［OK］をクリックします。

6 ［Googleドライブ］をクリックして、

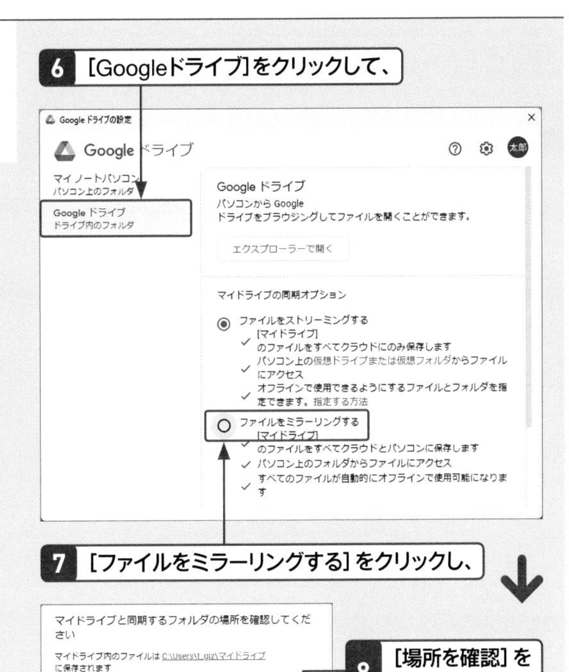

7 ［ファイルをミラーリングする］をクリックし、

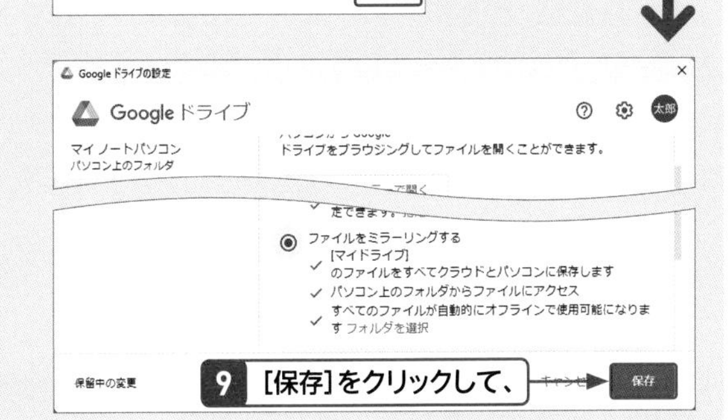

8 ［場所を確認］をクリックします。

9 ［保存］をクリックして、

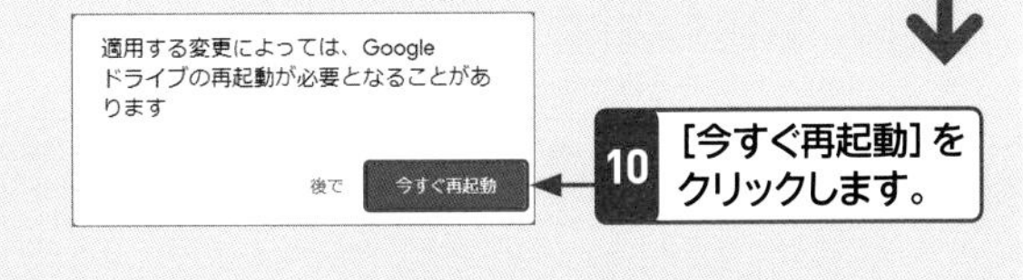

10 ［今すぐ再起動］をクリックします。

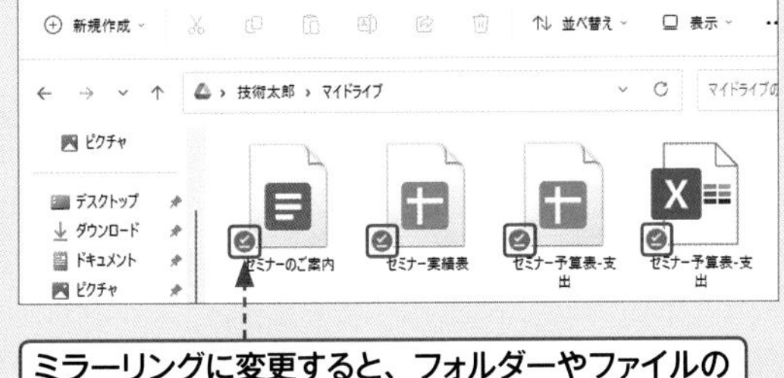

ミラーリングに変更すると、フォルダーやファイルのアイコンに表示されるマークが変わります。

重要度★★★ ファイルの管理

Q 267 ファイルをPDFに変換したい！

A ［ファイル］の［ダウンロード］から変換します。

PDFファイルは、文書のレイアウトや書式、画像などをそのまま保持して保存できる形式です。Googleドキュメントなどで作成したファイルをPDF形式に変換するには、ファイルを表示して［ファイル］をクリックし、［ダウンロード］から［PDFドキュメント（.pdf）］をクリックしてダウンロードします。

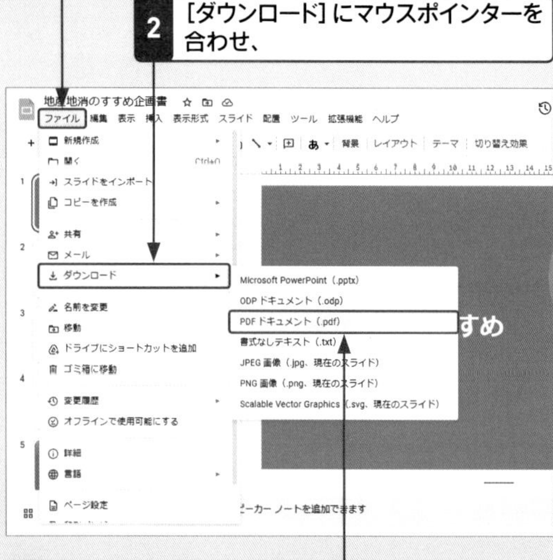

1 ［ファイル］をクリックして、
2 ［ダウンロード］にマウスポインターを合わせ、
3 ［PDFドキュメント(.pdf)］をクリックすると、

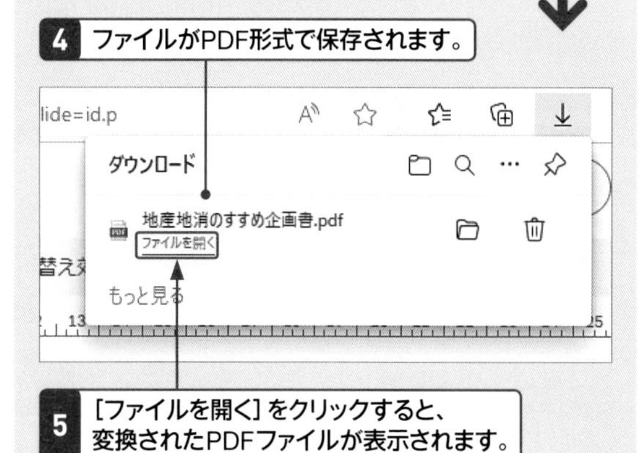

4 ファイルがPDF形式で保存されます。
ダウンロード
地産地消のすすめ企画書.pdf
ファイルを開く
もっと見る
5 ［ファイルを開く］をクリックすると、変換されたPDFファイルが表示されます。

重要度★★★ ファイルの管理

Q 268 ファイルを印刷したい！

A ［ファイル］から［印刷］をクリックして印刷します。

Googleドライブで作成したファイルを印刷するには、印刷したいファイルを表示して、［ファイル］をクリックし、［印刷］をクリックします。なお、Googleスプレッドシートの場合は、［ファイル］から［印刷］をクリックすると、［ページ設定］画面が表示されます。印刷範囲や余白、ページの向きなどを設定して、［次へ］をクリックすると、［印刷］画面が表示されます。

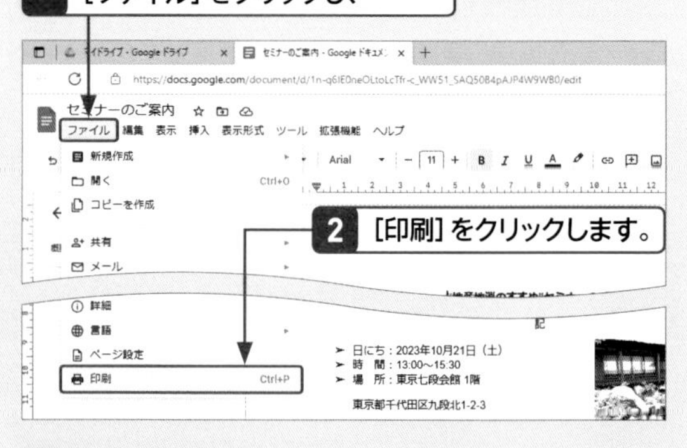

1 印刷したいファイルを表示して、［ファイル］をクリックし、
2 ［印刷］をクリックします。

3 部数や印刷範囲、用紙サイズなどを設定して、

4 ［印刷］をクリックすると、印刷が実行されます。

Googleスプレッドシートの場合は、［印刷］画面の前に［印刷設定］画面が表示されます。

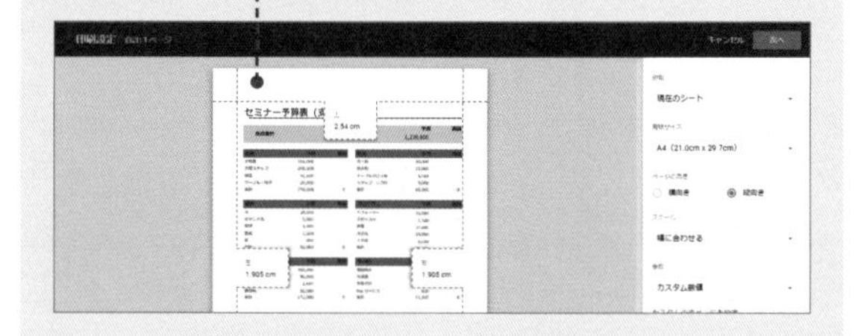

重要度 ★★★　ファイルの管理

Q 269 お気に入りのファイルにスターを付けたい！

A ［その他の操作］から［スターを付ける］をクリックします。

Googleドライブでは、大切なファイルやよく使用するファイルにスターを付けることができます。ファイルをクリックして、［その他の操作］⋮をクリックし、［スターを付ける］をクリックします。スターは、表示形式を［リストレイアウト］にすると確認できます。
画面左側の［スター付き］をクリックすると、スターを付けたファイルだけが表示されます。スターを解除するには、ファイルをクリックして［その他の操作］をクリックし、［整理］から［スターを外す］をクリックします。

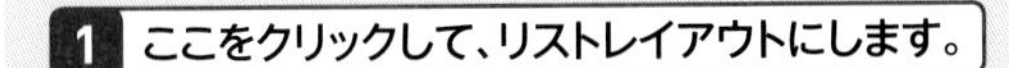

1 ここをクリックして、リストレイアウトにします。

2 スターを付けたいファイルをクリックして、

3 ［その他の操作］をクリックし、

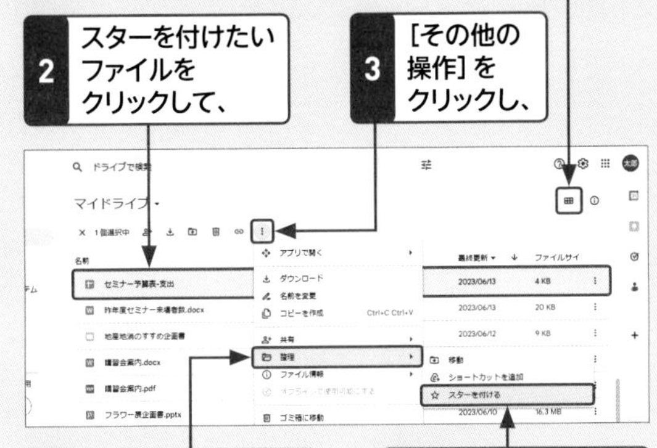

4 ［整理］にマウスポインターを合わせて、

5 ［スターを付ける］をクリックすると、

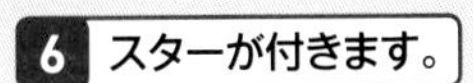

6 スターが付きます。

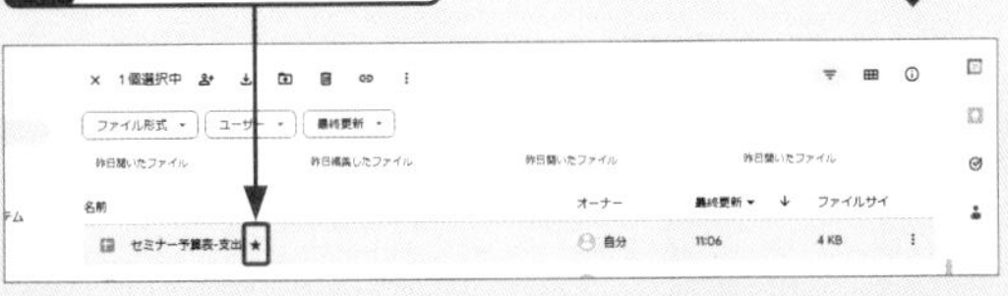

7 ［スター付き］をクリックすると、

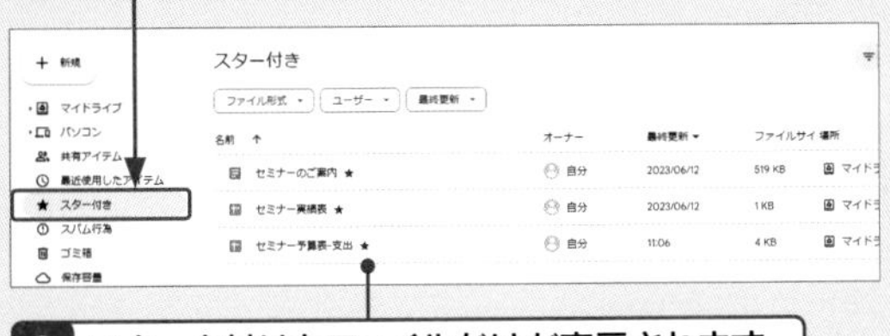

8 スターを付けたファイルだけが表示されます。

重要度 ★★★　ファイルの管理

Q 270 ファイルの変更履歴を管理したい！

A ［ファイル］の［変更履歴］から確認できます。

Googleドライブでは、ファイルを作成したり編集したりすると、その履歴が保存されます。ファイルを表示して、［ファイル］をクリックし、［変更履歴］から［変更履歴を表示］をクリックすると、ファイルの変更履歴が表示されます。変更履歴からファイルを復元することもできます。

1 ［ファイル］をクリックして、

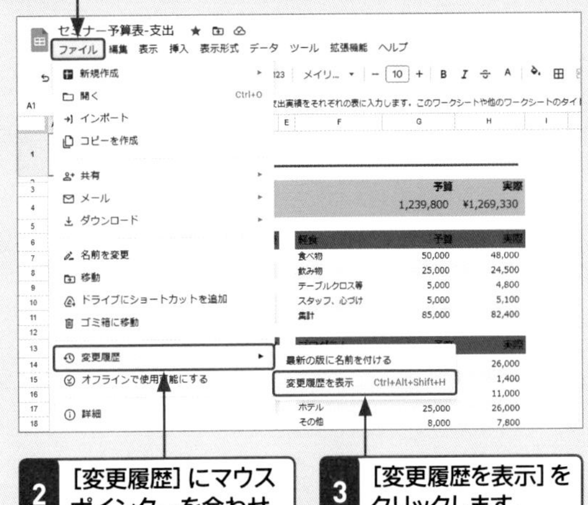

2 ［変更履歴］にマウスポインターを合わせ、

3 ［変更履歴を表示］をクリックします。

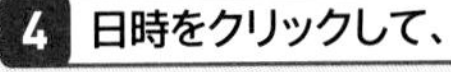

4 日時をクリックして、

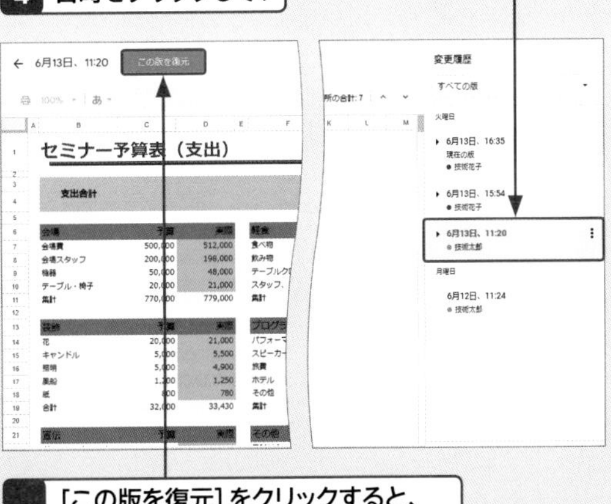

5 ［この版を復元］をクリックすると、その日時のファイルに復元されます。

重要度 ★★★ ファイルの管理

Q 271 ファイルを検索したい！

A 検索ボックスにキーワードを入力して検索します。

Google ドライブ内のファイルを検索するには、検索ボックスをクリックして、キーワードを入力し、Enter を押します。検索ボックスをクリックし、下に表示されるファイルの種類をクリックして、そのファイルだけを表示することもできます。

また、[検索オプション] を利用して検索結果を絞り込むこともできます。キーワードを入力して、[検索オプション] をクリックし、ファイルの種類や場所、更新日時などを指定して絞り込みます。

1 ここをクリックして、キーワードを入力し、

2 Enter を押すと、

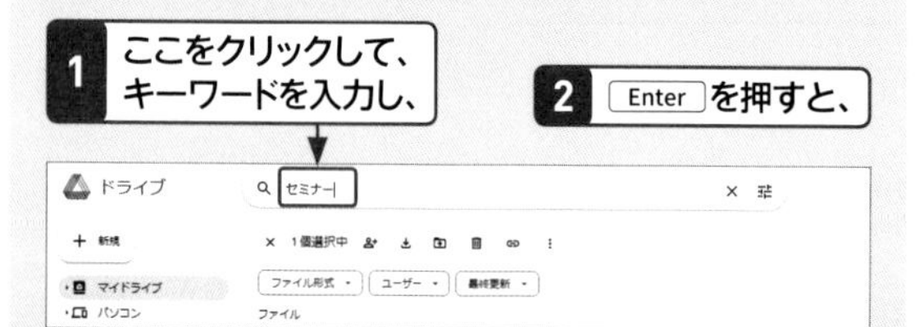

3 該当するファイルが検索されます。

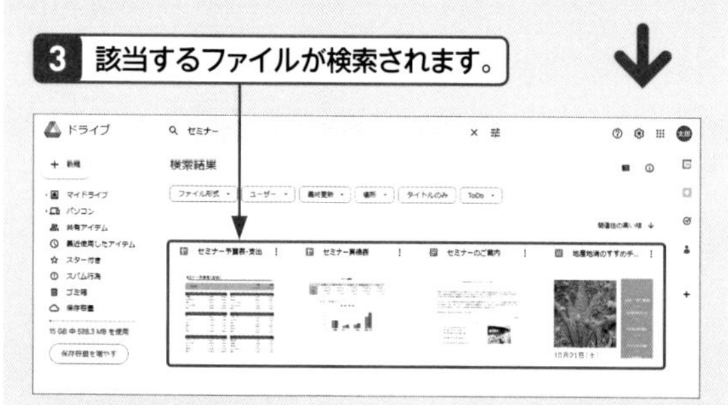

● 検索結果を絞り込む

1 キーワードを入力して、

2 [検索オプション] をクリックすると、

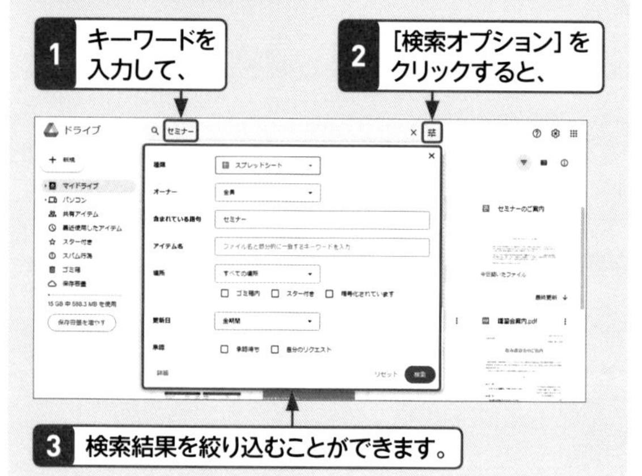

3 検索結果を絞り込むことができます。

重要度 ★★★ ファイルの管理

Q 272 Gmailの添付ファイルをGoogleドライブに保存したい！

A 添付ファイルの [ドライブに追加] をクリックします。

Gmailで受信した添付ファイルを直接Googleドライブに保存することができます。Gmailでファイルが添付されたメールを表示して、添付ファイルにマウスポインターを合わせると表示される [ドライブに追加] をクリックします。

なお、手順2で をクリックすると、添付ファイルがGoogle ドキュメントやGoogle スプレッドシートに変換されて編集ができるようになります。

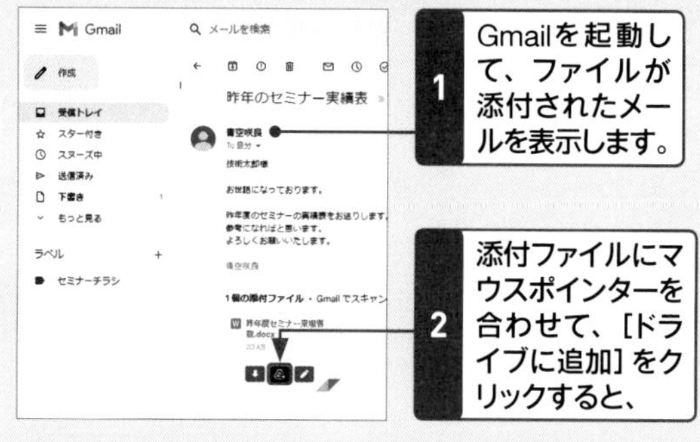

1 Gmailを起動して、ファイルが添付されたメールを表示します。

2 添付ファイルにマウスポインターを合わせて、[ドライブに追加] をクリックすると、

3 添付ファイルがGoogleドライブに保存されます。

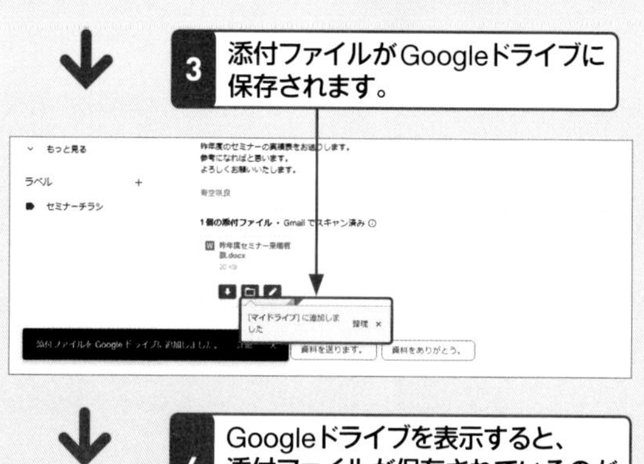

4 Googleドライブを表示すると、添付ファイルが保存されているのが確認できます。

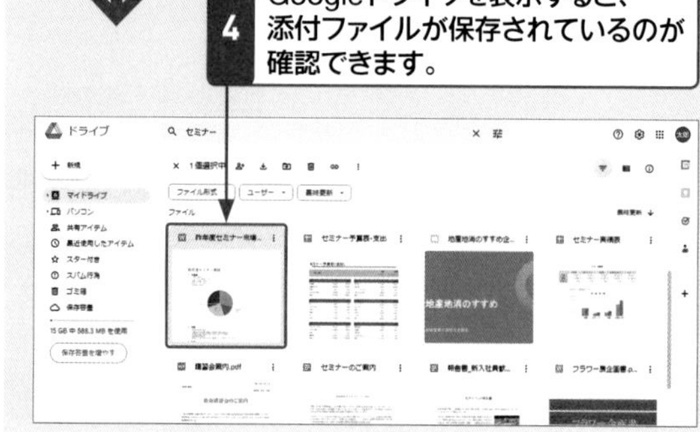

重要度 ★★★　ファイルの管理

Q 273 Googleドライブの容量を整理したい！

A Google Oneを利用して不要なファイルを削除します。

Google Oneのストレージ管理ツールを利用すると、Googleドライブの空き容量を増やすことができます。「https://one.google.com」にアクセスして、[空き容量を増やす]の[表示]をクリックします。Gmail、Googleドライブ、Googleフォトから削除できる容量が表示されるので、削除するファイルを選択して削除します。

1 「https://one.google.com」にアクセスして、

ストレージなどを利用できる Google One
119 MB 以上

2 [空き容量を増やす]の[表示]をクリックします。

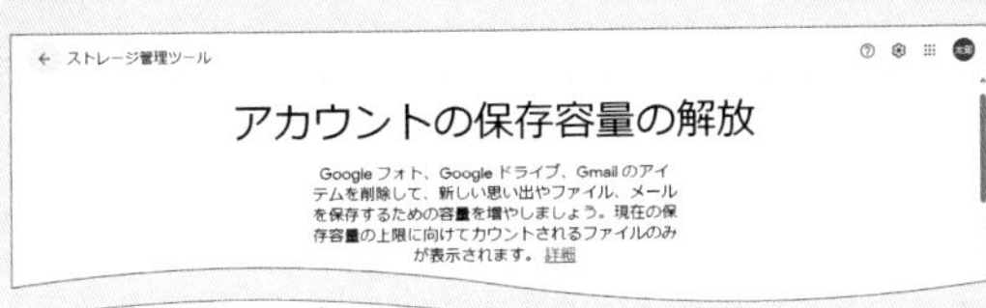

ストレージ管理ツール
アカウントの保存容量の解放

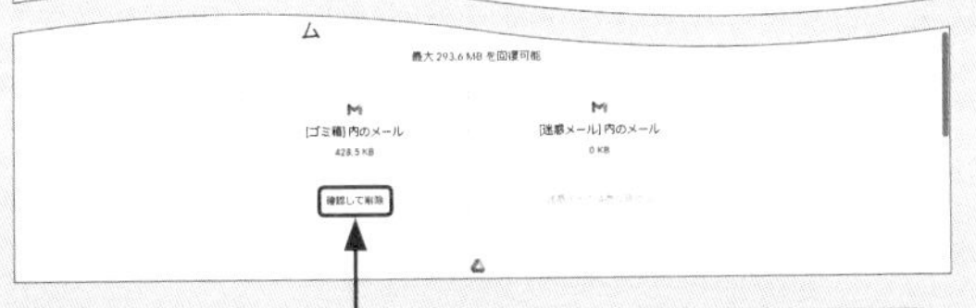

3 削除するファイルの[確認して削除]をクリックし、

4 削除するファイルを選択して、

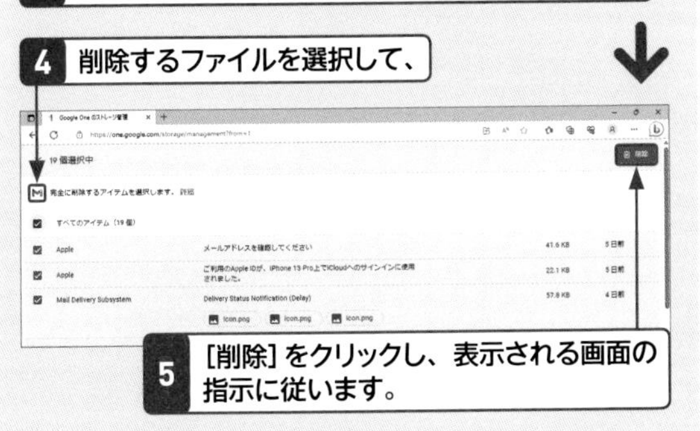

5 [削除]をクリックし、表示される画面の指示に従います。

重要度 ★★★　ファイルの管理

Q 274 Googleドライブの容量を追加するには？

A [保存容量を増やす]をクリックして、容量を追加購入します。

Googleドライブは、無料で15GBまでの容量を利用することができます。保存容量は、Googleドライブ、Gmail、Googleフォトを含めた合計の容量です。容量が不足する場合は、有料で追加購入することができます。Googleドライブの画面左下にある[保存容量を増やす]をクリックして、希望するプランの[使ってみる]をクリックし、購入手続きを進めます。

1 [保存容量を増やす]をクリックして、

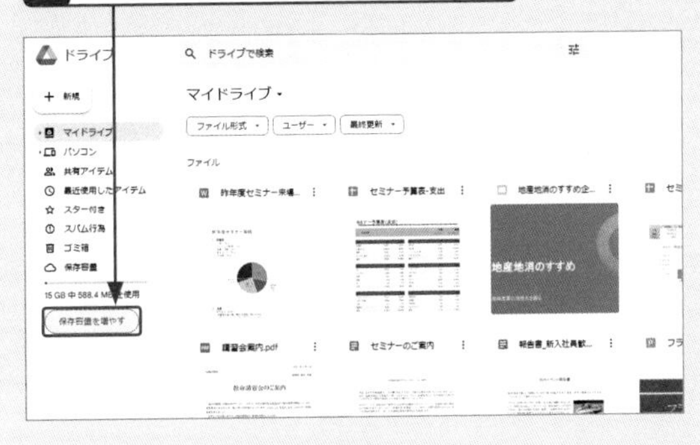

ドライブ
マイドライブ

2 購入したい容量の[使ってみる]をクリックし、画面の指示に従い、手続きを進めます。

ご自分に適した Google One プランをお選びいただけます
メンバーシッププランは月額 ¥250 から
15 GB
ベーシック
100 GB
月額 ¥250
スタンダード
200 GB
月額 ¥380
プレミアム
2 TB
月額 ¥1,300

重要度 ★★★ ファイルの共有

Q 275 ファイルを共有したい！

A ファイルをクリックして、[共有]をクリックします。

Googleドライブに保存したファイルは、ほかの人と共有して同時に編集することができます。共有したいファイルをクリックして、ツールバーの[共有]をクリックします。共有画面が表示されるので、相手のメールアドレスを入力して、相手に与える権限を設定し、[送信]をクリックします。

なお、手順7で[リンクをコピー]をクリックし、コピーしたURLをメールなどに貼り付けて送信することもできます。

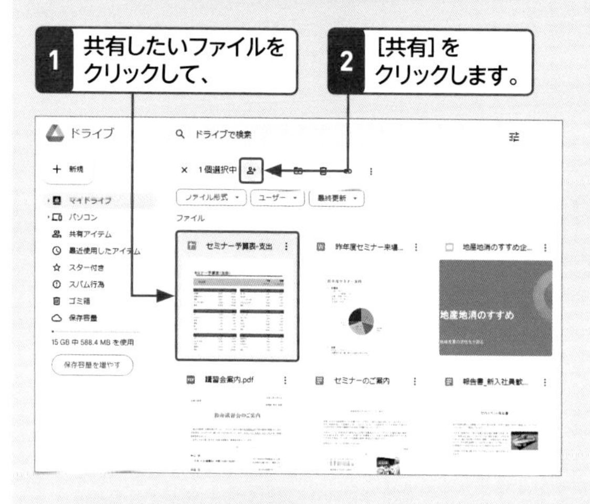

1 共有したいファイルをクリックして、
2 [共有]をクリックします。
ドライブ
ドライブで検索
新規
1個選択中
マイドライブ
パソコン
共有アイテム
最近使用したアイテム
スター付き
スパム行為
ゴミ箱
保存容量
15 GB 中 588.4 MB を使用
保存容量を増やす
セミナー予算表-支出
昨年度セミナー来場...
地産地消のすすめ企...
地産地消のすすめ
講習会案内.pdf
セミナーのご案内
報告書_新入社員歓...

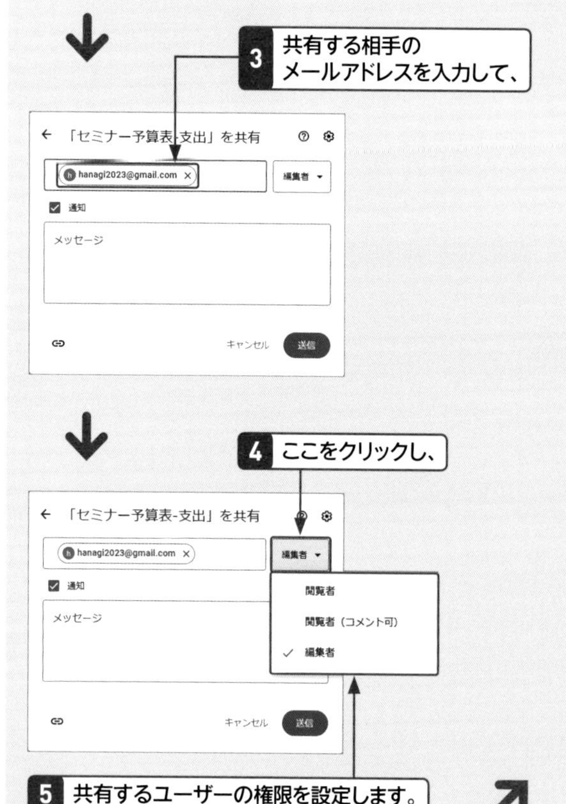

3 共有する相手のメールアドレスを入力して、
「セミナー予算表-支出」を共有
hanagi2023@gmail.com
編集者
通知
メッセージ
キャンセル
送信
4 ここをクリックし、
閲覧者
閲覧者（コメント可）
編集者
5 共有するユーザーの権限を設定します。

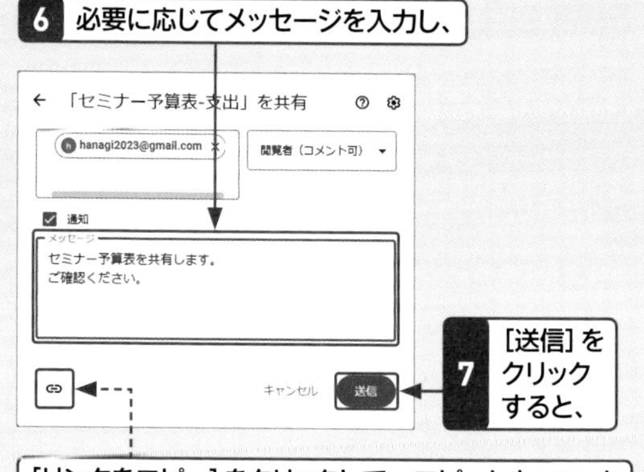

6 必要に応じてメッセージを入力し、
「セミナー予算表-支出」を共有
hanagi2023@gmail.com
閲覧者（コメント可）
通知
メッセージ
セミナー予算表を共有します。
ご確認ください。
キャンセル
送信
7 [送信]をクリックすると、

[リンクをコピー]をクリックして、コピーしたURLをメールなどに貼り付けて送信することもできます。

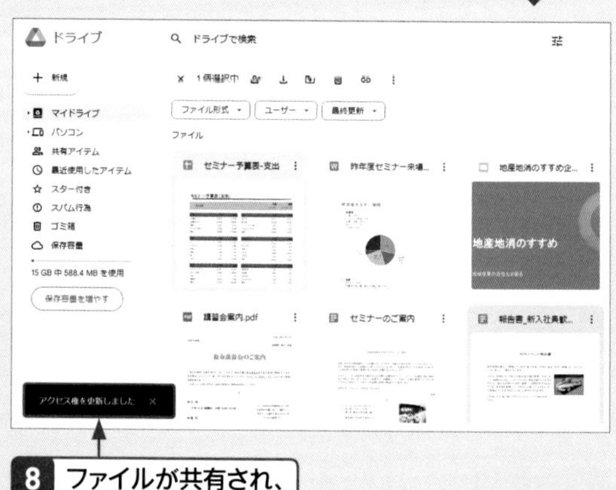

ドライブ
ドライブで検索
1個選択中
セミナー予算表-支出
昨年度セミナー来場...
地産地消のすすめ
講習会案内.pdf
セミナーのご案内
報告書_新入社員歓...
8 ファイルが共有され、

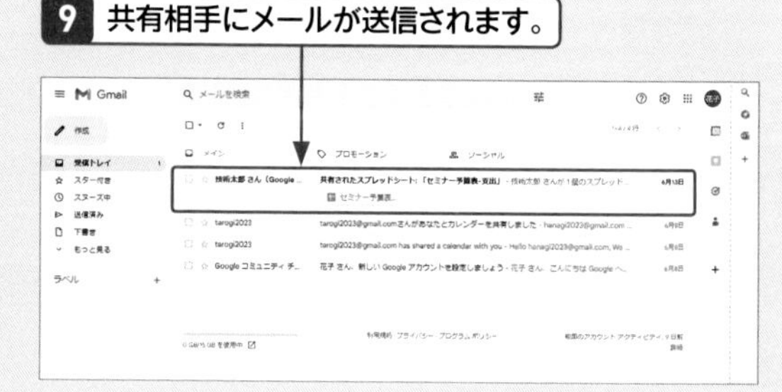

9 共有相手にメールが送信されます。
Gmail
メールを検索

重要度 ★★★ ファイルの共有

Q 276 共有するユーザーの権限を変更したい!

A ファイルの共有画面を表示して変更します。

ファイルを共有したあとでもユーザーの権限を変更することができます。共有ファイルをクリックして［共有］をクリックし、権限を変更します。
また、手順4で［アクセス権を削除］をクリックすると、ファイルの共有を解除することができます。

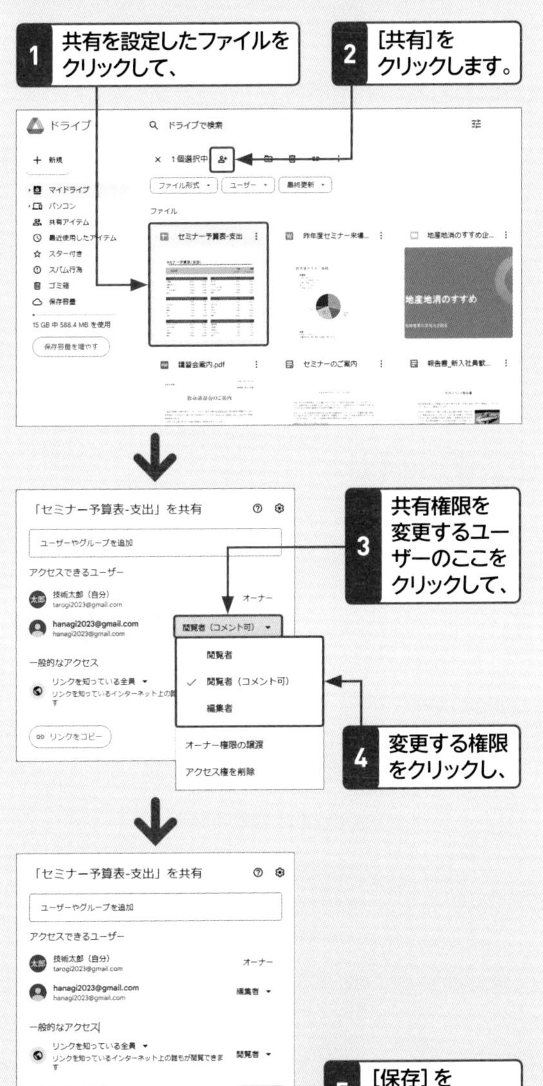
1 共有を設定したファイルをクリックして、
2 ［共有］をクリックします。
ドライブ
ドライブで検索
新規
1個選択中
マイドライブ
パソコン
共有アイテム
最近使用したアイテム
スター付き
スパム行為
ゴミ箱
保存容量
ファイル形式
ユーザー
最終更新
ファイル
セミナー予算表-支出
地産地消のすすめ
「セミナー予算表-支出」を共有
ユーザーやグループを追加
アクセスできるユーザー
技術太郎（自分）
オーナー
hanagi2023@gmail.com
閲覧者（コメント可）
閲覧者
編集者
一般的なアクセス
リンクを知っている全員
オーナー権限の譲渡
アクセス権を削除
リンクをコピー
3 共有権限を変更するユーザーのここをクリックして、
4 変更する権限をクリックし、
保留中の変更
保存
5 ［保存］をクリックします。

重要度 ★★★ ファイルの共有

Q 277 共有ファイルの閲覧者に動物のアイコンが表示されている!

A 公開したURLからアクセスしてきたユーザーのアイコンです。

共有したファイルを表示すると、右上に表示される閲覧者に匿名の動物アイコンが表示される場合があります。このアイコンは、共有ファイルのURLでアクセスしてきたユーザーのアイコンです。意図的にURLを公開している場合は問題ありませんが、意図していない場合は、アクセス方法を［リンクを知っている全員］から［制限付き］に変更します。

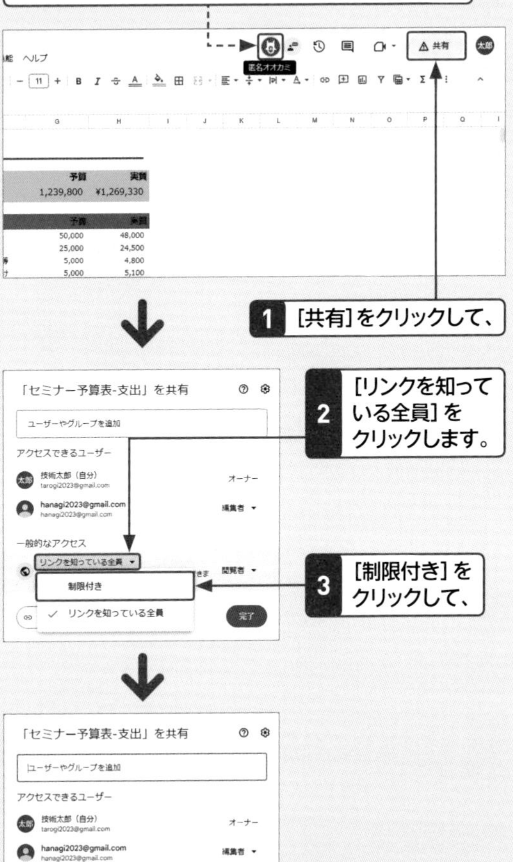
共有ファイルを表示すると、匿名の動物アイコンが表示されています。
匿名オオカミ
共有
ヘルプ
予算
実績
1 ［共有］をクリックして、
「セミナー予算表-支出」を共有
ユーザーやグループを追加
アクセスできるユーザー
技術太郎（自分）
オーナー
hanagi2023@gmail.com
編集者
一般的なアクセス
リンクを知っている全員
制限付き
完了
2 ［リンクを知っている全員］をクリックします。
3 ［制限付き］をクリックして、
アクセス権のあるユーザーのみが、リンクから開くことができます
リンクをコピー
4 ［保存］をクリックします。

重要度 ★★★　ファイルの共有

Q 278 共有されたファイルを編集したい！

A [共有アイテム]から共有ファイルを表示します。

ほかのユーザーから共有されたファイルは、画面左の[共有アイテム]をクリックすると表示されます。ファイルを開いて変更を加えると、変更が自動的に保存され、共有した側のファイルにも変更が反映されます。また、[ファイル]をクリックして、[変更履歴]から[変更履歴を表示]をクリックすると、画面の右に変更履歴が表示され、変更箇所を確認できます。

参照▶Q 270, Q 275

1 [共有アイテム]をクリックして、

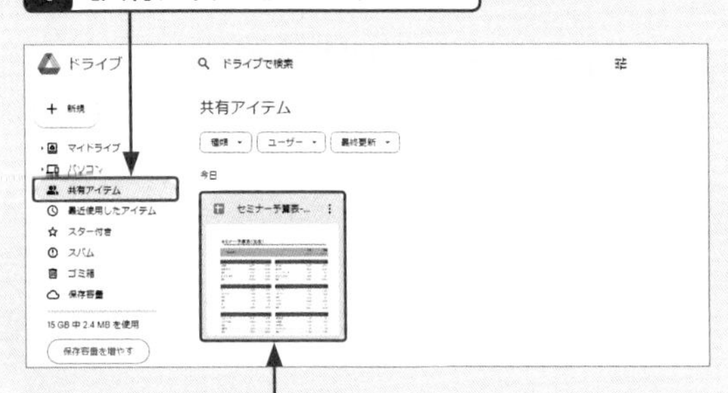
ドライブ
ドライブで検索
新規
共有アイテム
マイドライブ
パソコン
共有アイテム
最近使用したアイテム
スター付き
スパム
ゴミ箱
保存容量
15 GB 中 2.4 MB を使用
保存容量を増やす
今日
セミナー予算表-...

2 共有ファイルをダブルクリックします。

3 文書に編集を加えると（ここでは文字を変更）、

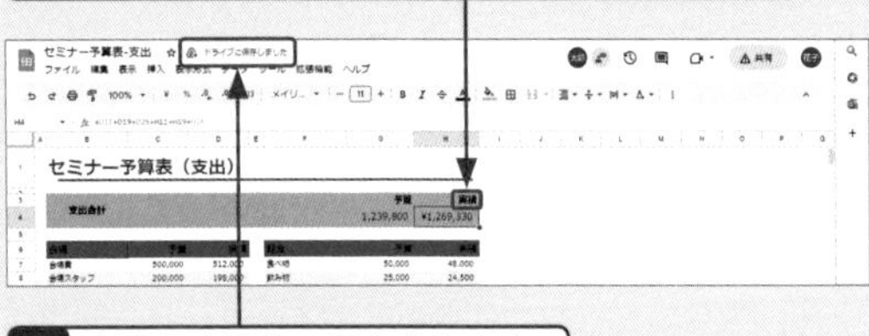
セミナー予算表・支出
ドライブに保存しました
セミナー予算表（支出）

4 変更が自動的に保存されます。

● 編集箇所を確認する

1 変更履歴を表示してクリックすると、

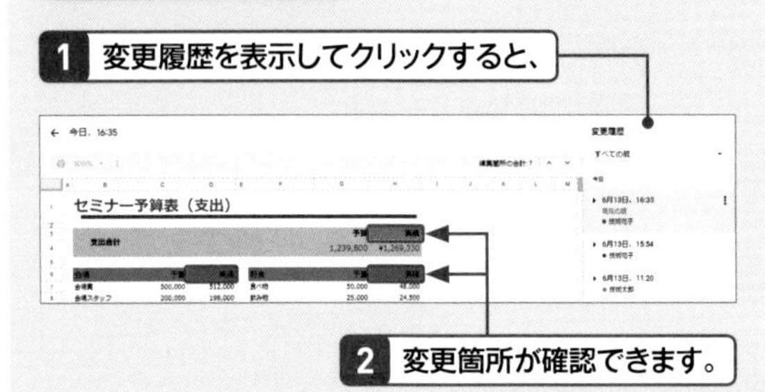
今日、16:35
変更履歴
すべての版
セミナー予算表（支出）

2 変更箇所が確認できます。

重要度 ★★★　ファイルの共有

Q 279 ファイルを公開したい！

A [ファイル]の[共有]から、[ウェブに公開]をクリックします。

Googleドライブのファイルを Web上に公開すると、誰でも閲覧できるようになります。ファイルを公開するには、ファイルを表示して[ファイル]をクリックし、[共有]から[ウェブに公開]をクリックして、公開方法を指定します。

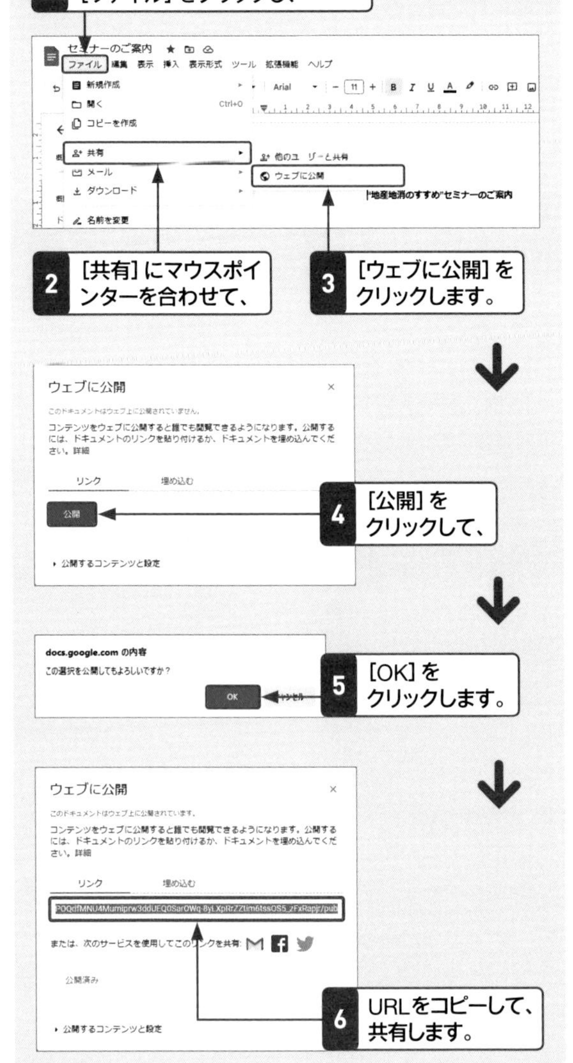
1 公開したいファイルを表示して、[ファイル]をクリックし、
セミナーのご案内
ファイル
新規作成
開く
コピーを作成
共有
メール
ダウンロード
名前を変更
他のユーザーと共有
ウェブに公開
2 [共有]にマウスポインターを合わせて、
3 [ウェブに公開]をクリックします。
ウェブに公開
このドキュメントはウェブ上に公開されていません。
コンテンツをウェブに公開すると誰でも閲覧できるようになります。公開するには、ドキュメントのリンクを貼り付けるか、ドキュメントを埋め込んでください。詳細
リンク
埋め込む
公開
公開するコンテンツと設定
4 [公開]をクリックして、
docs.google.com の内容
この選択を公開してもよろしいですか？
OK
5 [OK]をクリックします。
ウェブに公開
このドキュメントはウェブ上に公開されています。
コンテンツをウェブに公開すると誰でも閲覧できるようになります。公開するには、ドキュメントのリンクを貼り付けるか、ドキュメントを埋め込んでください。詳細
リンク
埋め込む
公開済み
公開するコンテンツと設定
6 URLをコピーして、共有します。

第7章

Google フォト

重要度 ★★★ Googleフォトの基本

Q 280 Googleフォトとは？

A 写真や動画専用のオンラインストレージサービスです。

Googleフォトは、Googleが提供する写真や動画専用のオンラインストレージサービスです。写真は1600万画素以下、動画はフルHD（1920×1080ピクセル）までであれば、15GBまで無料で保存できます。保存した写真は自動的に分類され、写真のキーワードも設定されるので、検索もかんたんにできます。また、写真の編集、アルバムの作成、共有も可能です。

Googleフォトは、Googleが提供する写真や動画専用のオンラインストレージサービスです。

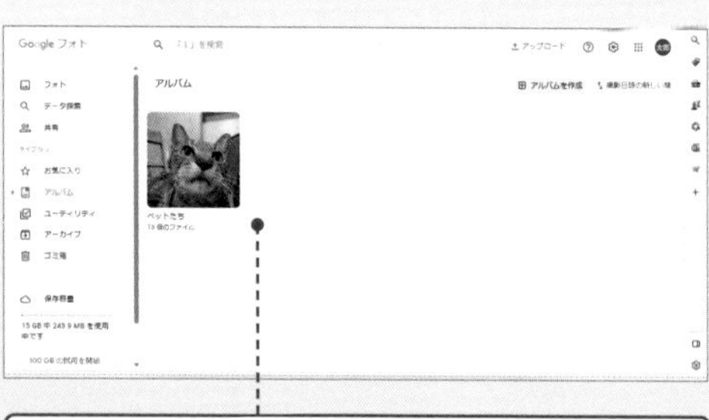

写真をアルバムにまとめて整理したり、写真を共有したりすることができます。

フィルタや補正、切り抜き、回転など、編集機能も充実しています。

重要度 ★★★ Googleフォトの基本

Q 281 Googleフォトを使うには？

A ［Googleアプリ］から［フォト］をクリックします。

Googleフォトを表示するには、Googleのトップページで［Googleアプリ］をクリックして、［フォト］をクリックします。Googleフォトを使用するには、Googleアカウントでログインする必要があります。ログインせずに［フォト］をクリックすると、ログイン画面が表示されるので、パスワードを入力して、［次へ］をクリックします。

1 Googleのトップページを表示します。

2 ［Googleアプリ］をクリックして、

3 ［フォト］をクリックすると、

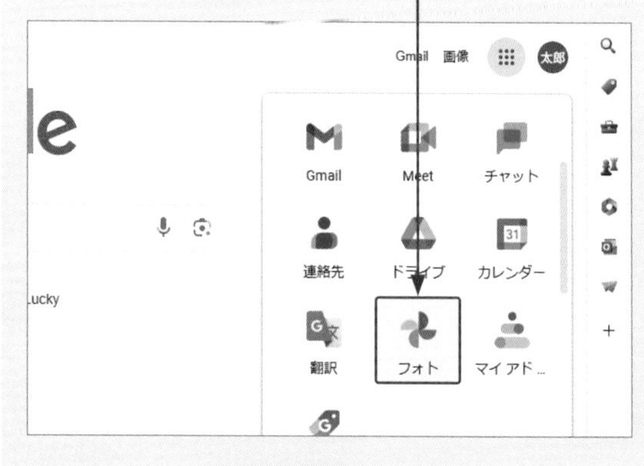
Gmail
画像
太郎
Gmail
Meet
チャット
連絡先
ドライブ
カレンダー
翻訳
フォト
マイアド…

4 Googleフォトが表示されます。

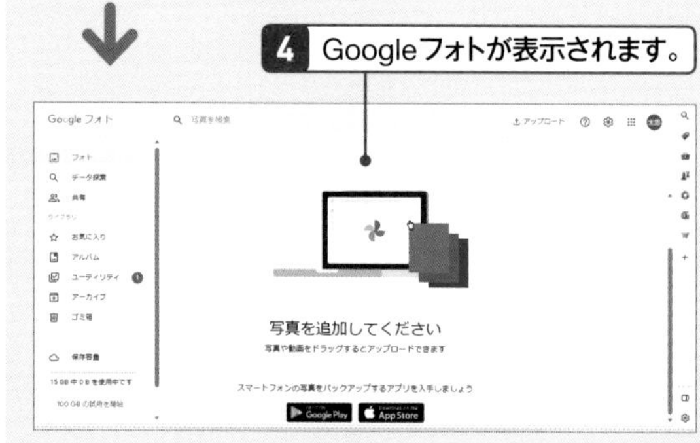
写真を追加してください

Q 282 Googleフォトの画面構成を知りたい!

A 下図で各部の名称と機能を確認しましょう。

Googleフォトの基本画面は、下図のような構成になっています。画面の左側には「フォト」「データ探索」「共有」「アルバム」などの8つの項目が表示されています。初期状態では「フォト」が表示され、アップロードした写真が日付順に表示されます。「データ探索」には自動的に分類された人物や被写体などが、「共有」には共有した写真やアルバムが、「アルバム」には作成したアルバムが表示されます。

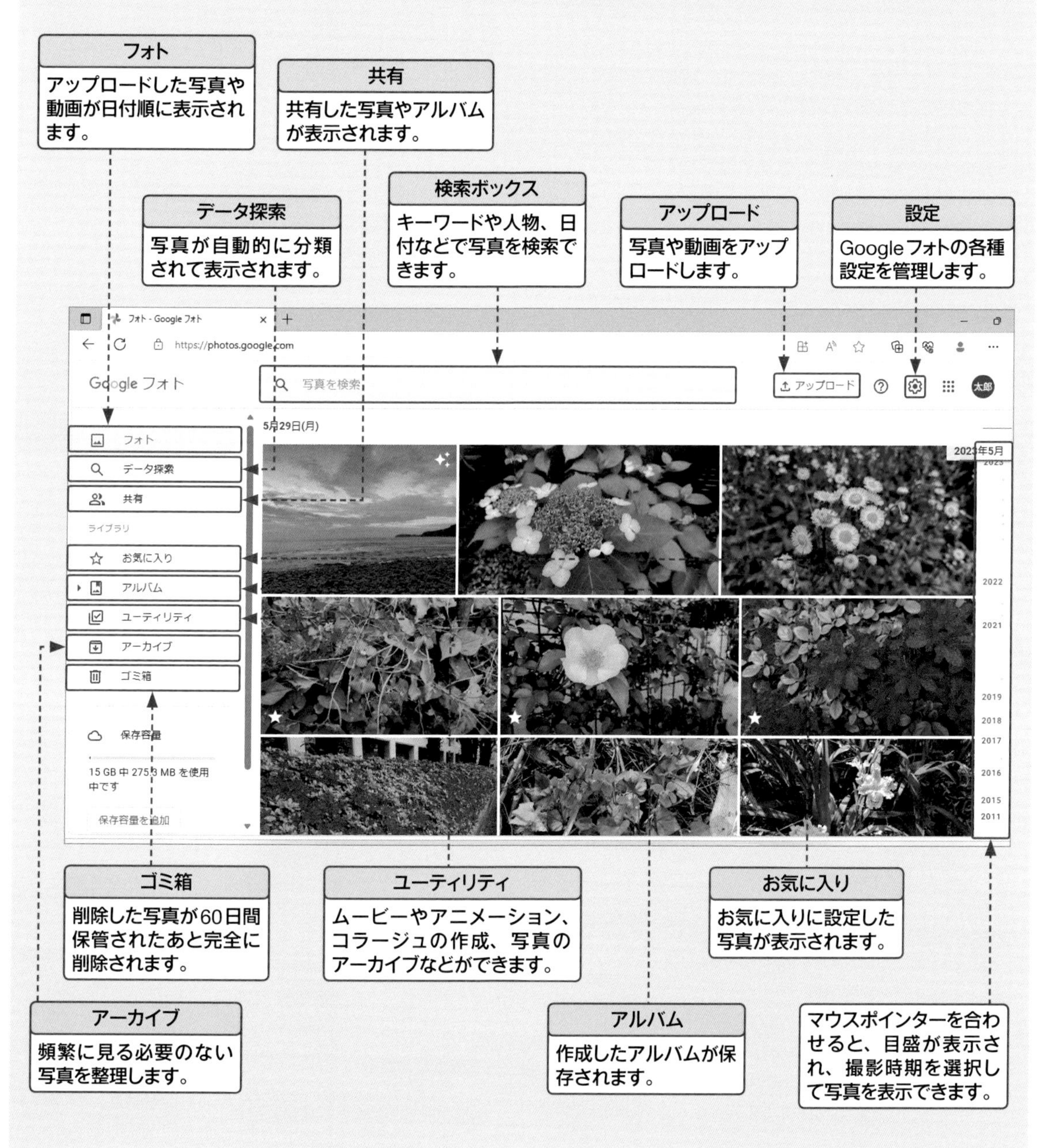
フォト
アップロードした写真や動画が日付順に表示されます。
共有
共有した写真やアルバムが表示されます。
データ探索
写真が自動的に分類されて表示されます。
検索ボックス
キーワードや人物、日付などで写真を検索できます。
アップロード
写真や動画をアップロードします。
設定
Googleフォトの各種設定を管理します。
フォト - Google フォト
https://photos.google.com
Google フォト
写真を検索
アップロード
太郎
5月29日(月)
2023年5月
フォト
データ探索
共有
ライブラリ
お気に入り
アルバム
ユーティリティ
アーカイブ
ゴミ箱
保存容量
15 GB 中 275.3 MB を使用中です
保存容量を追加
2022
2021
2019
2018
2017
2016
2015
2011
ゴミ箱
削除した写真が60日間保管されたあと完全に削除されます。
ユーティリティ
ムービーやアニメーション、コラージュの作成、写真のアーカイブなどができます。
お気に入り
お気に入りに設定した写真が表示されます。
アーカイブ
頻繁に見る必要のない写真を整理します。
アルバム
作成したアルバムが保存されます。
マウスポインターを合わせると、目盛が表示され、撮影時期を選択して写真を表示できます。

重要度 ★★★ Googleフォトの基本

Q 283

写真をアップロードしたい！

A Googleフォトの［アップロード］をクリックします。

Googleフォトに写真をアップロードするには、［アップロード］をクリックして、［パソコン］をクリックします。［開く］ダイアログボックスが表示されるので、アップロードする写真を選択し、［開く］をクリックします。複数の写真を選択する場合は、Ctrl を押しながらクリックします。また、エクスプローラーなどを開いて、写真を［フォト］にドラッグ＆ドロップしてもアップロードできます。

初めてアップロードするときは、手順7の画面が表示されるので、保存する画質を選択します。

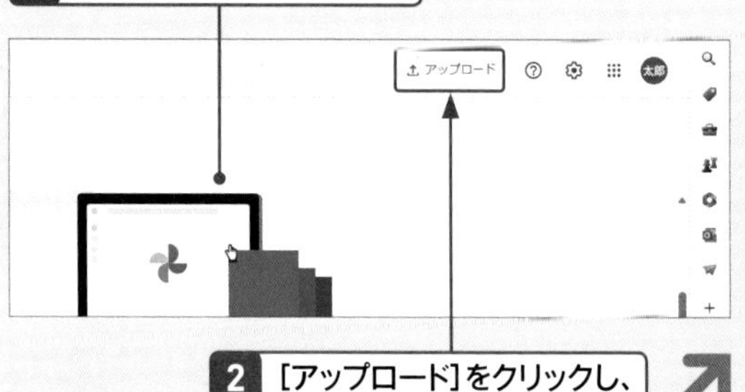
1 Googleフォトを表示して、
アップロード
太郎
2 ［アップロード］をクリックし、

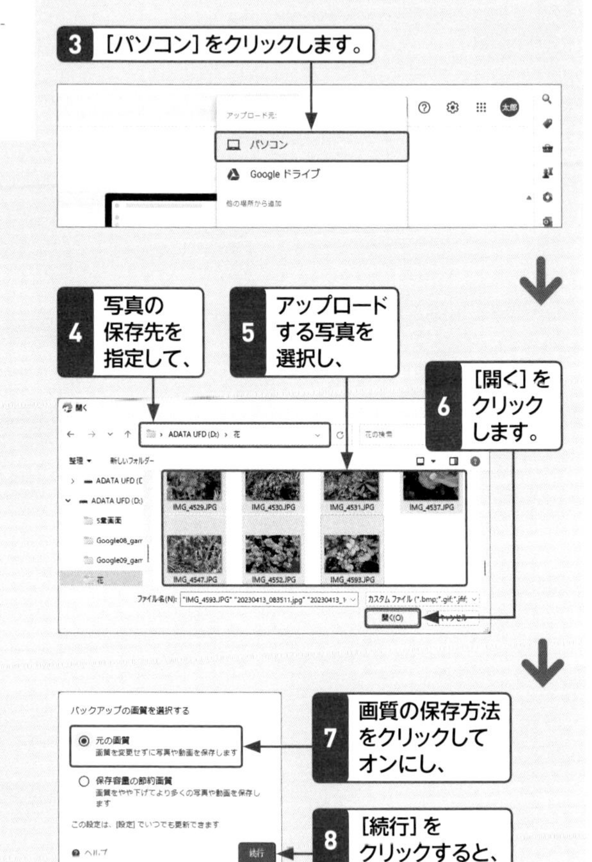
3 ［パソコン］をクリックします。
アップロード元:
パソコン
Google ドライブ
4 写真の保存先を指定して、
5 アップロードする写真を選択し、
6 ［開く］をクリックします。
ADATA UFD (D:) > 花
IMG_4529.JPG
IMG_4530.JPG
IMG_4531.JPG
IMG_4537.JPG
IMG_4547.JPG
IMG_4552.JPG
IMG_4593.JPG
開く(O)
7 画質の保存方法をクリックしてオンにし、
バックアップの画質を選択する
元の画質
保存容量の節約画質
8 ［続行］をクリックすると、
続行
9 写真がアップロードされます。

重要度 ★★★ Googleフォトの基本

Q 284

アップロードする写真の画質はどちらを選択すればよい？

A ［保存容量の節約画質］を選択すれば、より多くの写真を保存できます。

Googleフォトは、GmailとGoogleドライブとを合わせて無料で15GBまでの容量を利用できます。見た目の画質はあまり変わらないので、より多くの写真や動画を保存したい場合は［保存容量の節約画質］を選択するとよいでしょう。画質は、最初に写真をアップロードするときに選択しますが、［設定］画面でいつでも変更することができます。

参照▶Q 283

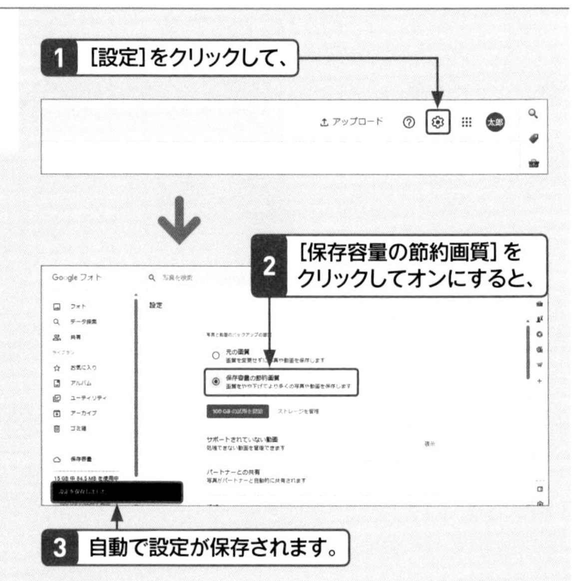
1 ［設定］をクリックして、
アップロード
太郎
2 ［保存容量の節約画質］をクリックしてオンにすると、
Google フォト
設定
元の画質
保存容量の節約画質
3 自動で設定が保存されます。

Q 285 写真を自動でアップロードしたい！

A 「パソコン版Googleドライブ」を利用します。

パソコン内にある写真をGoogleフォトにアップロードするのは手間がかかりますが、「パソコン版Googleドライブ」を利用すると、指定したフォルダーにある写真や動画を自動的にアップロードすることができます。「パソコン版Googleドライブ」をインストールするには、[アップロード]をクリックして[パソコンからバックアップ]をクリックし、[ダウンロード]をクリックします。なお、Q 234の「パソコン版ドライブ」と同じものなので、すでにインストールしている場合はこの操作は不要です。

参照▶Q 234

●「パソコン版Googleドライブ」をインストールする

1 [アップロード]をクリックして、

2 [パソコンからバックアップ]をクリックし、

パソコン版 Google ドライブをダウンロード
Google ドライブを使用して、パソコンから Google フォトに写真を自動でバックアップできます
ダウンロード

3 [ダウンロード]をクリックします。

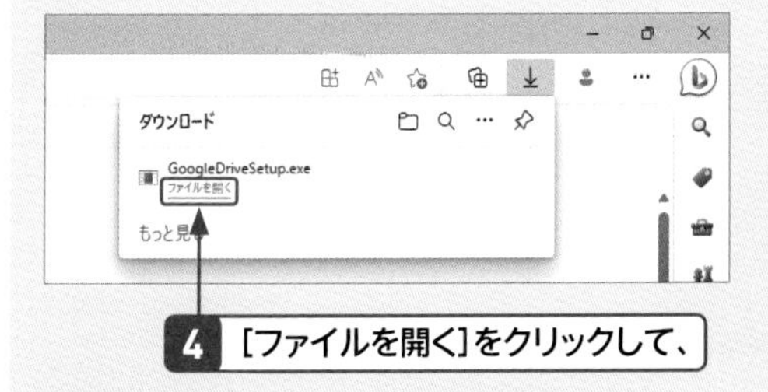
ダウンロード
GoogleDriveSetup.exe
ファイルを開く

4 [ファイルを開く]をクリックして、

5 画面の指示に従ってインストールします。

●自動でバックアップするフォルダーを指定する

1 Q 266を参照して[Googleドライブの設定]画面を表示します。

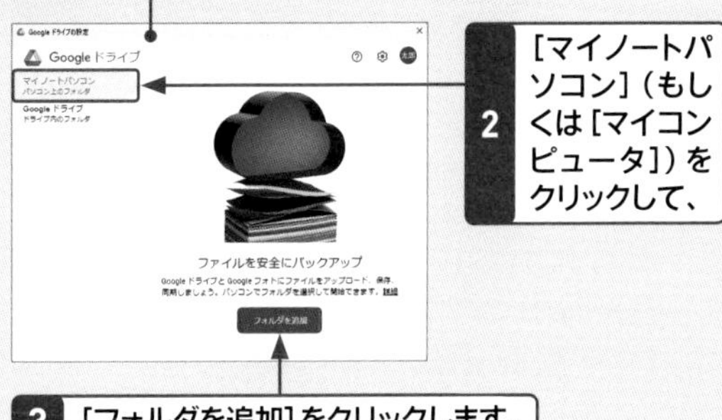
Google ドライブ
ファイルを安全にバックアップ

2 [マイノートパソコン](もしくは[マイコンピュータ])をクリックして、

3 [フォルダを追加]をクリックします。

4 写真の保存先を指定して、

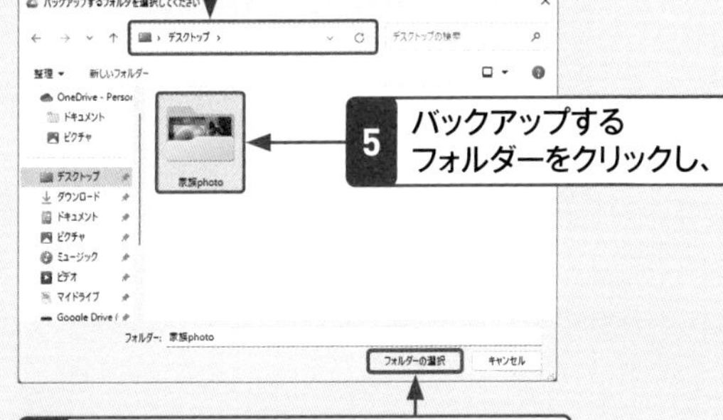

5 バックアップするフォルダーをクリックし、

6 [フォルダーの選択]をクリックします。

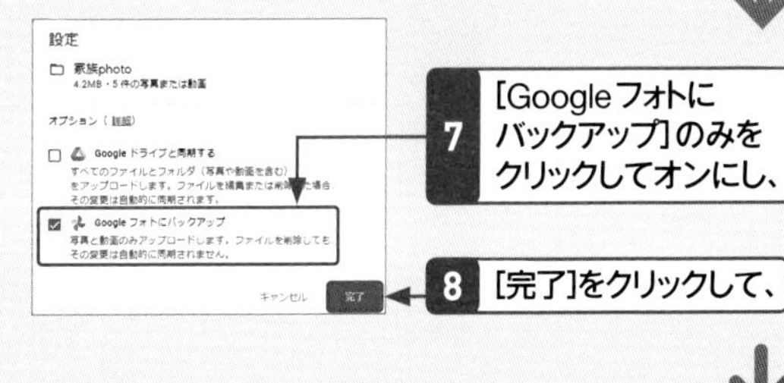
設定
家族photo

7 [Googleフォトにバックアップ]のみをクリックしてオンにし、

8 [完了]をクリックして、

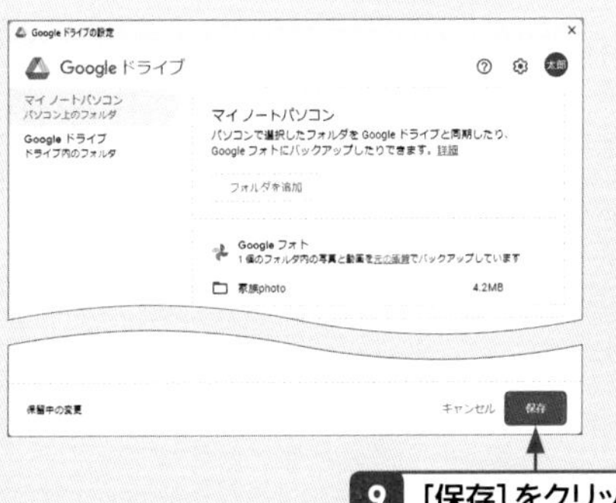
Google ドライブ
マイ ノートパソコン

9 [保存]をクリックします。

Q 286 写真を閲覧したい！

A 一覧で見たり、拡大して見たりすることができます。

Googleフォトにアップロードされている写真はサムネイルで一覧表示されます。画面をスクロールすると、日付の古い写真が表示され、写真をクリックすると拡大して表示されます。表示された写真にマウスポインターを合わせ、 をクリックすると次の写真が、 をクリックすると前の写真が表示されます。

1 拡大したい写真をクリックすると、

2 写真が拡大して表示されます。

3 写真にマウスポインターを合わせ、ここをクリックすると、

4 次の写真が表示されます。

5 ここをクリックすると、一覧表示に戻ります。

ここをクリックすると、前の写真が表示されます。

Q 287 写真を拡大／縮小したい！

A 写真を表示して拡大／縮小します。

写真を拡大／縮小するには、写真を表示して、写真にマウスポインターを合わせると表示される［拡大］ をクリックします。写真を拡大すると、右上に拡大位置が表示され、ドラッグして表示範囲を移動したり、スライダーをドラッグして、拡大率を変更したりすることができます。［縮小］ をクリックすると、もとの表示サイズに戻ります。

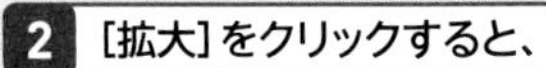

1 写真を表示して、 2 ［拡大］をクリックすると、

3 拡大表示されます。

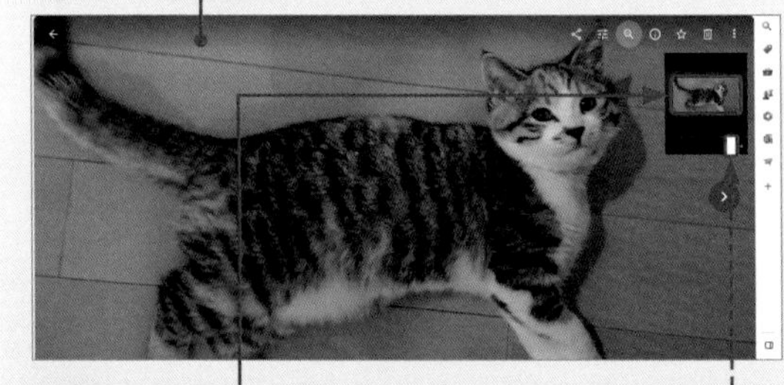

4 ここをドラッグすると、

ここをドラッグすると、拡大率が変更されます。

5 表示範囲が変更できます。

6 ここをクリックすると、もとのサイズに戻ります。

重要度 ★★★　写真の管理

Q 288 写真の詳細情報を見たい！

A 写真を表示して［情報］をクリックします。

写真の詳細な情報を見るには、写真を表示し、写真にマウスポインターを合わせると表示される［情報］ⓘ をクリックします。画面の右側に撮影日時や撮影場所、ファイル名、サイズなどの情報が表示されます。必要であれば、写真の説明を追加することもできます。

1 写真を表示します。

2 ［情報］をクリックすると、

3 写真の詳細情報が表示されます。

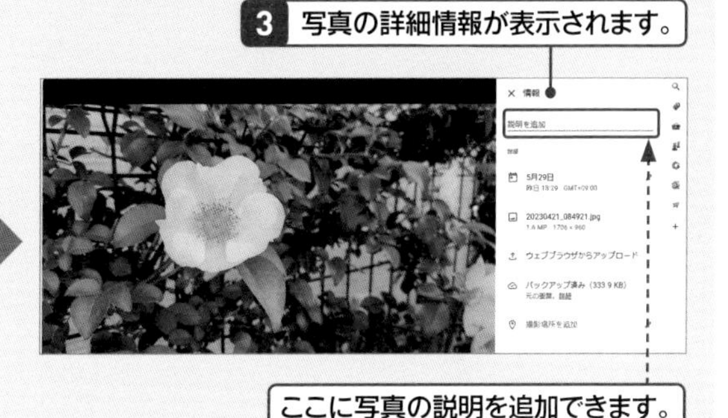
情報
説明を追加
5月29日
20230421_084921.jpg
ウェブブラウザからアップロード
バックアップ済み
撮影場所を追加

ここに写真の説明を追加できます。

重要度 ★★★　写真の管理

Q 289 お気に入りの写真をまとめたい！

A ［その他のオプション］から［お気に入り］をクリックします。

Google フォトでは、写真にお気に入りを設定して、［お気に入り］にまとめることができます。写真をお気に入りに設定するには、写真を一覧から選択して（複数可）、［その他のオプション］⋮ をクリックし、［お気に入り］をクリックします。お気に入りに設定した写真は、左下に☆マークが表示されます。

1 写真にマウスポインターを合わせ、左上に表示されるアイコンをクリックして、写真を選択します。

2 ［その他のオプション］⋮ をクリックして、

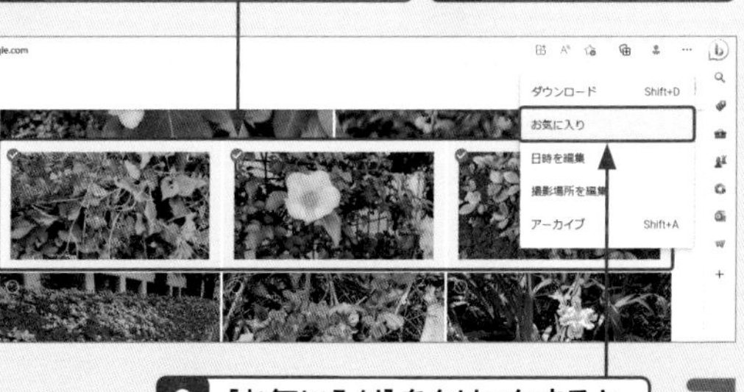
ダウンロード Shift+D
お気に入り
日時を編集
撮影場所を編集
アーカイブ Shift+A

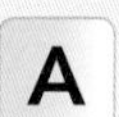

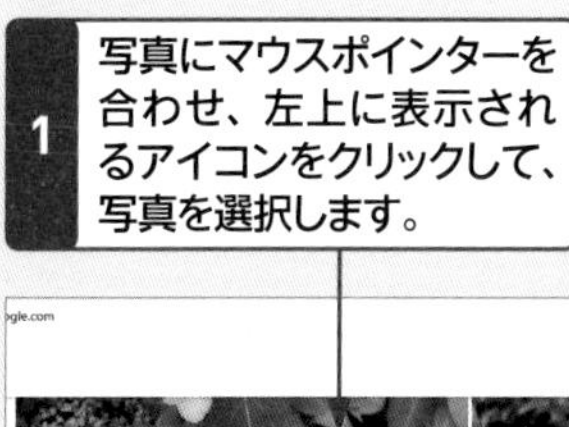

3 ［お気に入り］をクリックすると、

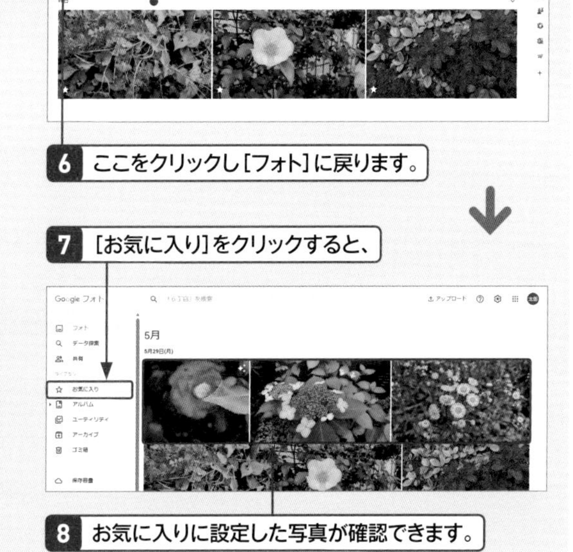
お気に入りに追加しました
アルバムからお気に入りの写真や動画が簡単に見つかります
お気に入りを表示
完了
お気に入り
Google フォト
アップロード
5月

4 初回はこの画面が表示されます。［お気に入りを表示］をクリックすると、

5 お気に入りに設定した写真が一覧で表示されます。

6 ここをクリックし［フォト］に戻ります。

7 ［お気に入り］をクリックすると、

8 お気に入りに設定した写真が確認できます。

Q 290 写真を検索したい！

A 写真に関するキーワードで探します。

Googleフォトで写真を探す場合は、データ探索、キーワード検索、日付検索などが利用できます。データ探索は、人物や被写体などの情報から写真を自動的に分類するGoogleフォトの機能です。この機能を利用して写真を検索できます。ただし、分類されるまでには多少時間がかかります。
また、自動的な分類には表示されない項目もあるので、「花」「山」「犬」「猫」などのキーワードで検索したほうが目的の写真を探しやすい場合もあります。写真の撮影日がわかる場合は、「2023年1月」あるいは「2023年1月1日」のように日付で検索することができます。

参照 ▶ Q 292

データ探索で検索する

1 [データ探索]をクリックして、

2 分類された写真をクリックすると、

3 自動的に検索された写真が表示されます。

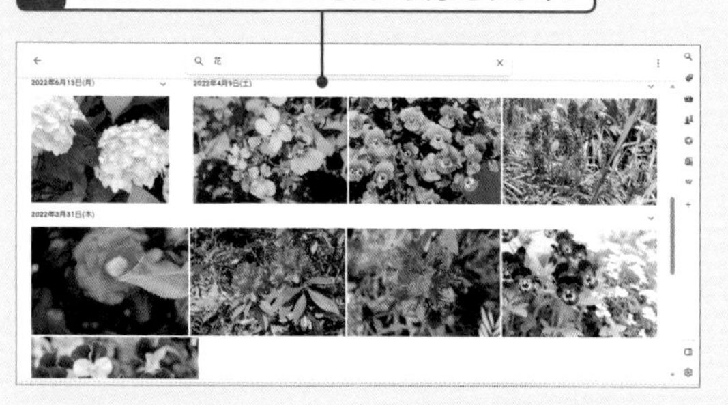

キーワードで検索する

1 キーワードを入力して、Enter を押すと、

2 キーワードに関連する写真が検索されます。

日付で検索する

1 検索ボックスに日付を入力して、Enter を押すと、

2 指定した日付の写真が検索されます。

重要度 ★★★ 写真の管理

Q 291 [アーカイブ]を使って写真を整理したい!

A [その他のオプション]から[アーカイブ]をクリックします。

アーカイブとは、[フォト]から写真を削除してしまうのではなく、一覧からは非表示にして、見たいときにいつでも見ることができるように保管する機能のことです。写真をアーカイブするには、写真を選択して、[その他のオプション]⋮から[アーカイブ]をクリックします。

1 写真の左上のアイコンをクリックして選択します(複数可)。

2 [その他のオプション]⋮をクリックして、

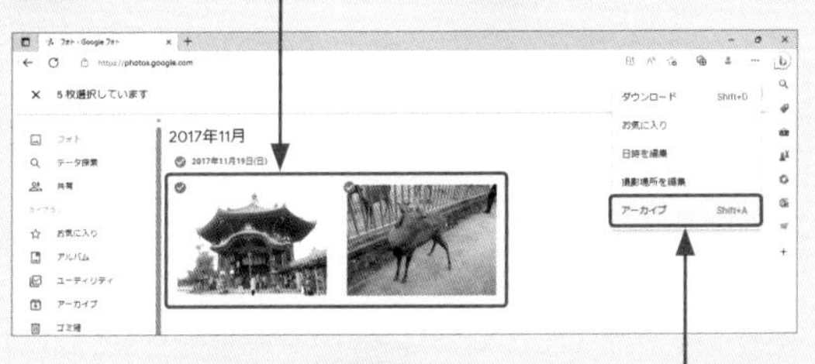

3 [アーカイブ]をクリックし、

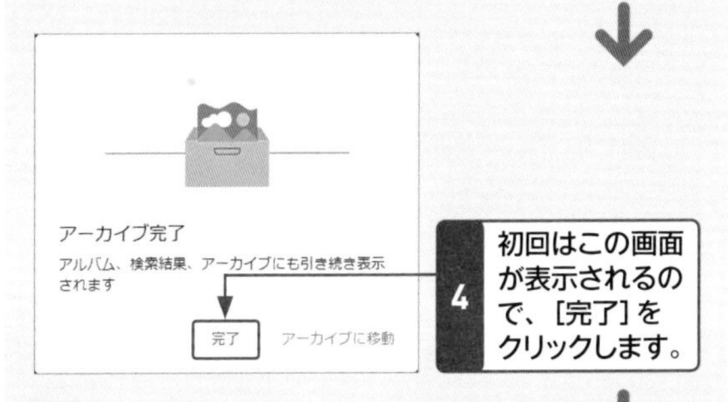

アーカイブ完了
アルバム、検索結果、アーカイブにも引き続き表示されます
完了
アーカイブに移動

4 初回はこの画面が表示されるので、[完了]をクリックします。

5 [アーカイブ]をクリックすると、

6 アーカイブした写真が確認できます。

重要度 ★★★ 写真の管理

Q 292 検索結果のタグを修正したい!

A [データ探索]で間違って分類された写真を削除します。

Googleフォトには、写真の被写体などの情報から自動的に分類するデータ探索機能がありますが、分類が間違っている場合もあります。間違って分類された写真は[データ探索]の項目から削除します。 参照▶Q 290

1 分類が間違っている写真を選択して、

2 [その他のオプション]⋮から[結果を削除]をクリックします。

重要度 ★★★ 写真の管理

Q 293 人物ラベルを付けたい!

A 人物の写真を表示してラベルを付けます。

Googleフォトには、顔を自動的に分類するフェイスグルーピング機能があります。分類された人物の写真にラベルを付けておくと、キーワード検索の際に探しやすくなります。人物の分類は、[データ探索]の[人物とペット]に表示されるので、ラベルを付けたい人物をクリックして、名前やニックネームなどを指定します。

1 [データ探索]の[人物とペット]から人物をクリックし、

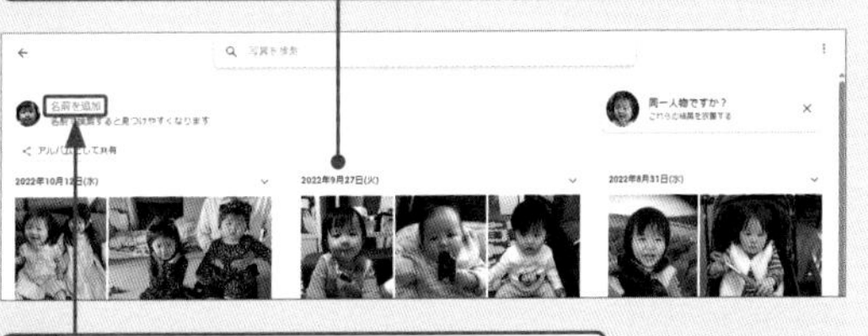

2 [名前を追加]をクリックして、名前やニックネームを入力します。

Q 294 写真を削除したい！

A 写真を選択して［削除］をクリックします。

不要になった写真を削除するには、写真を選択して、[削除] 🗑 をクリックします。削除された写真は［ゴミ箱］に移動して、60日後に削除されますが、期限内であれば、復元できます。期限内でも削除したい場合は、[ゴミ箱]の［ゴミ箱を空にする］をクリックします。また、[設定] 画面からサイズの大きい写真や動画を探して削除することもできます。なお、削除した写真は、アルバムや同期しているスマートフォンなどからも削除されてしまうので、注意してください。

● 写真を削除する

1 写真の左上のアイコンをクリックして選択し、

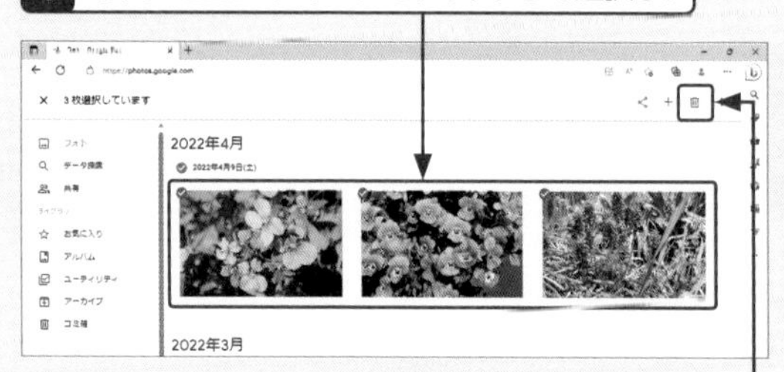
2022年4月
2022年3月

2 [削除] をクリックして、

あなたの Google アカウント、バックアップがオンになっているデバイス、Google フォト内の共有場所から削除されます。よろしいですか？
キャンセル ゴミ箱に移動

3 [ゴミ箱に移動]をクリックします。

● 削除した写真を復元する

1 [ゴミ箱] をクリックして、

2 戻したい写真を選択し、

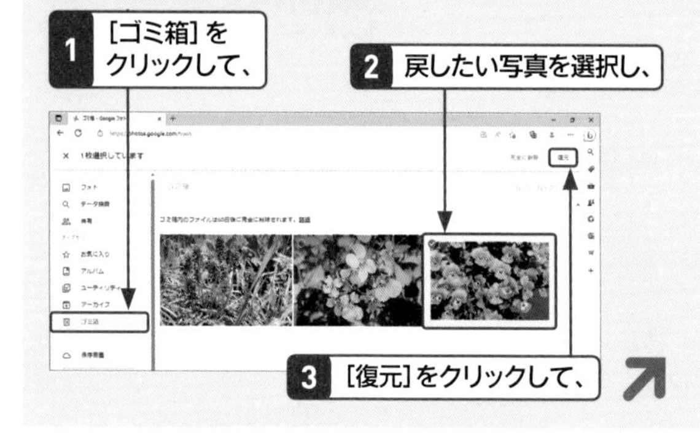

3 [復元] をクリックして、

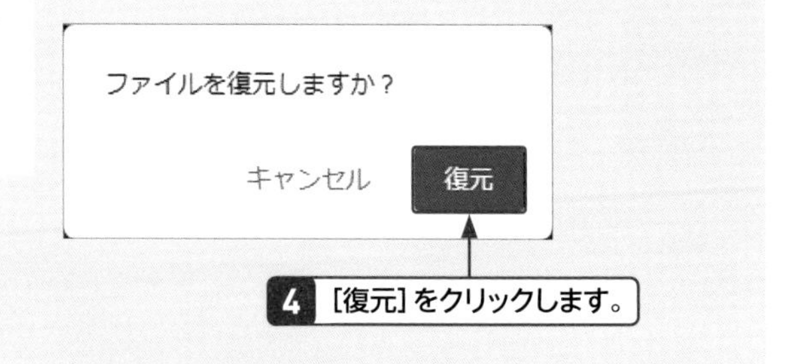
ファイルを復元しますか？
キャンセル
復元

4 [復元] をクリックします。

● [ゴミ箱] 内の写真をすべて削除する

1 [ゴミ箱] をクリックして、

2 [ゴミ箱を空にする] をクリックし、

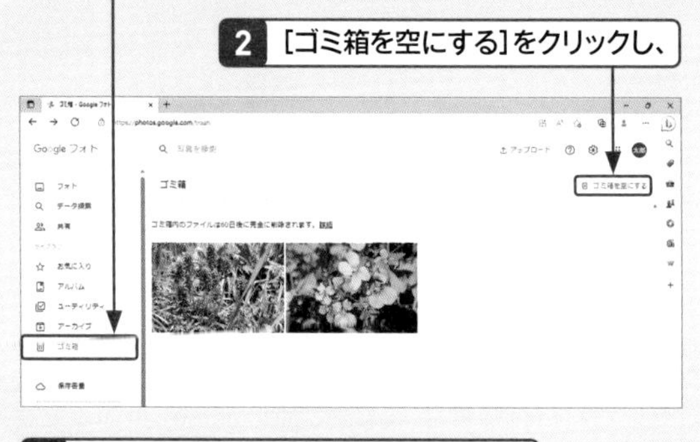
Google フォト
ゴミ箱

3 [ゴミ箱を空にする] をクリックします。

● サイズの大きい写真や動画を削除する

1 [設定] をクリックして、

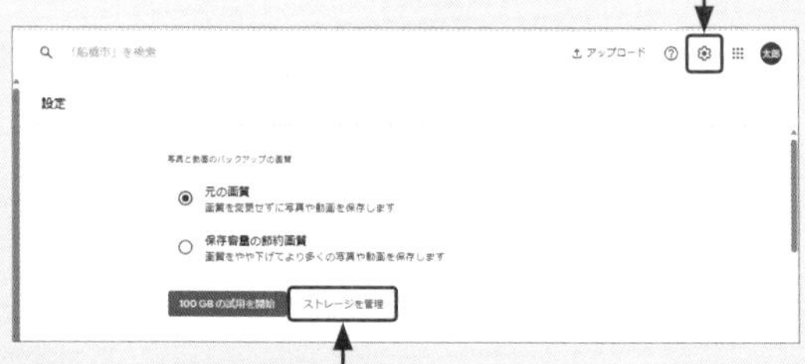
設定
元の画質
保存容量の節約画質
ストレージを管理

2 [ストレージを管理] をクリックします。

3 [サイズの大きい写真と動画] をクリックすると、

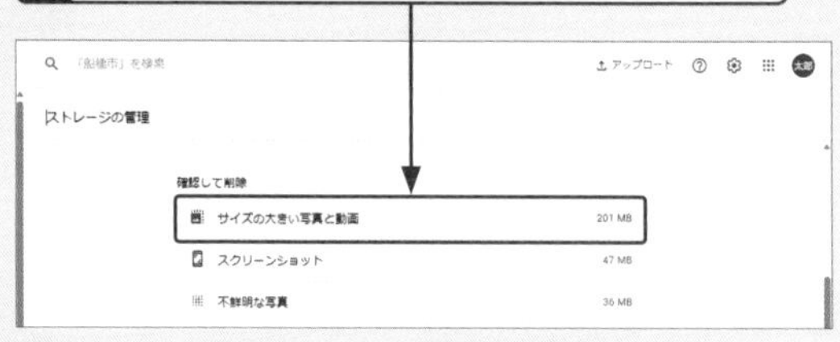
ストレージの管理
確認して削除
サイズの大きい写真と動画 201 MB
スクリーンショット 47 MB
不鮮明な写真 36 MB

4 サイズの大きい写真や動画を選択して削除することができます。

重要度 ★★★　アルバム

Q 295 アルバムを作成したい！

A ［既存のアルバムに追加または新規作成］から作成します。

Googleフォトでは、アルバムを作成して、旅行やイベント、家族の写真などをまとめて整理することができます。アルバムを作成したあとでも、写真を追加したり、削除したりすることが可能です。また、アルバムのタイトルやカバー写真を変更することもできます。
アルバムを作成するには、アルバムに入れたい写真を選択して、［既存のアルバムに追加または新規作成］+ をクリックし、［アルバム］をクリックします。

参照 ▶ Q 296, Q 297, Q 298

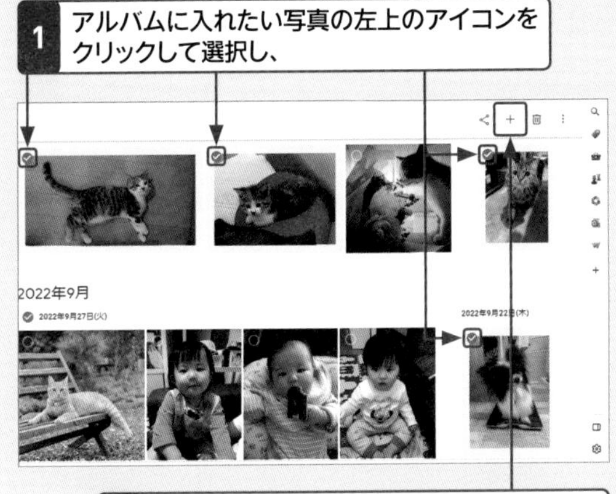
1 アルバムに入れたい写真の左上のアイコンをクリックして選択し、
2022年9月
2 ［既存のアルバムに追加または新規作成］をクリックします。

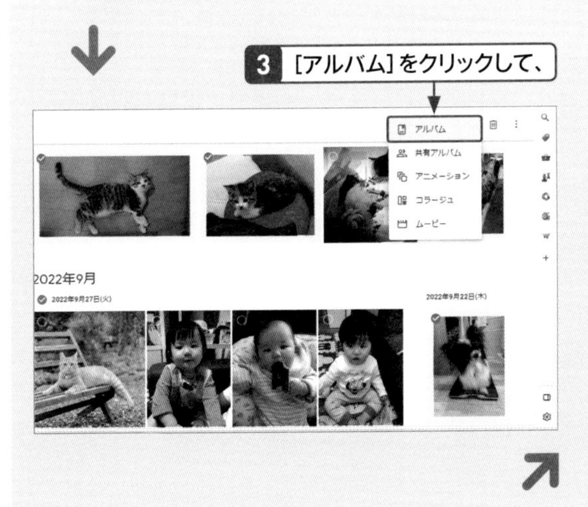
3 ［アルバム］をクリックして、
アルバム
共有アルバム
アニメーション
コラージュ
ムービー
2022年9月

4 ［新しいアルバム］をクリックすると、
追加先
新しいアルバム
5 アルバムが作成されます。
タイトルを追加
6 アルバムのタイトルを入力して、
ペットたち
7 ［完了］をクリックします。
8 ← をクリックして、もとの画面に戻ります。
9 ［アルバム］をクリックすると、
10 ［アルバム］が作成されているのを確認できます。
フォト
データ探索
共有
お気に入り
アルバム
ユーティリティ
アーカイブ
ゴミ箱
保存容量
アルバム
ペットたち

Q 296 アルバムのタイトルやカバー写真を変更したい！

A [その他のオプション]をクリックして変更します。

作成したアルバムのタイトルは、あとからでも変更することができます。[アルバム]画面で、アルバムにマウスポインターを合わせると表示される[その他のオプション] をクリックし、[アルバム名を変更]をクリックします。アルバムを開いて、タイトル部分をクリックしても、変更することができます。
また、アルバムの一覧で表示されるカバー写真は自動的に設定されますが、ほかの写真に変更することも可能です。

● アルバムのタイトルを変更する

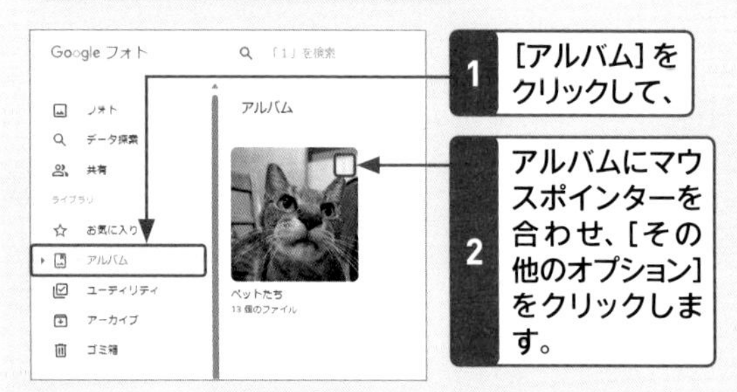
Google フォト
アルバム
フォト
データ探索
共有
お気に入り
アルバム
ユーティリティ
アーカイブ
ゴミ箱
ペットたち
13 個のファイル

1 [アルバム]をクリックして、

2 アルバムにマウスポインターを合わせ、[その他のオプション]をクリックします。

3 [アルバム名を変更]をクリックして、

Google フォト
アルバム
フォト
データ探索
共有
お気に入り
アルバム
ユーティリティ
アーカイブ
ゴミ箱
アルバム名を変更
アルバムを共有
アルバムを削除
ペットたち
13 個のファイル

4 変更するアルバム名を入力し、

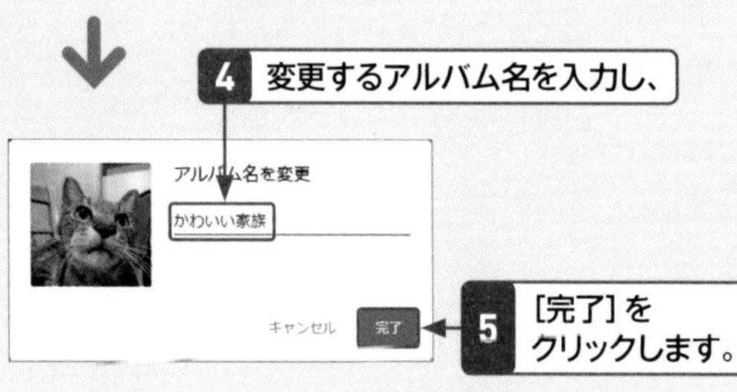
アルバム名を変更
かわいい家族
キャンセル
完了

5 [完了]をクリックします。

● アルバムのカバー写真を変更する

1 アルバムのカバー写真をクリックしてアルバムを開きます。

かわいい家族

2 [その他のオプション]をクリックして、

3 [アルバムカバーを設定]をクリックします。

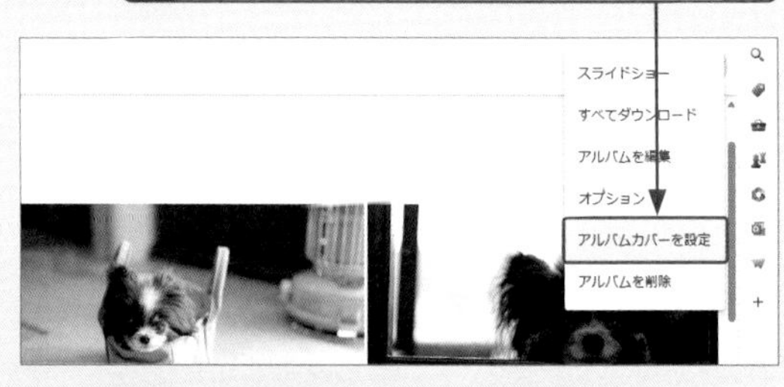
スライドショー
すべてダウンロード
アルバムを編集
オプション
アルバムカバーを設定
アルバムを削除

4 カバー写真にしたい写真をクリックして、

アルバムカバーの選択
完了

5 [完了]をクリックします。

6 をクリックして、もとの画面に戻ります。

7 アルバムのカバー写真が変更されます。

アルバム
フォト
データ探索
共有
お気に入り
アルバム
ユーティリティ
アーカイブ
ゴミ箱
かわいい家族
13 個のファイル

重要度★★★　アルバム

Q 297 アルバムの写真を移動／削除したい！

A [その他のオプション]から[アルバムを編集]をクリックします。

アルバム内の写真の並び順を入れ替えたい場合や、写真を削除したい場合は、[その他のオプション]  をクリックして[アルバムを編集]から操作します。
[アルバムを編集]画面では、写真をドラッグして移動したり、古い順や新しい順に並べ替えたりすることができます。写真を削除するには、写真にマウスポインターを合わせて表示される[削除]⊗をクリックします。
[アルバムを編集]画面では、このほかテキストの追加や位置情報の追加、写真の追加ができます。編集を終えたら、[完了]☑をクリックして保存します。

● 写真を移動する

1 編集したいアルバムを開いて、

かわいい家族

2 [その他のオプション]をクリックします。

3 [アルバムを編集]をクリックすると、

スライドショー
すべてダウンロード
アルバムを編集
オプション
アルバムカバーを設定
アルバムを削除

4 [アルバムを編集]画面が表示されます。

アルバムを編集

5 写真をドラッグすると、

6 写真が移動されます。

● 写真の並び順を変更する

1 [アルバムを編集]画面で[写真を並べ替え]をクリックして、

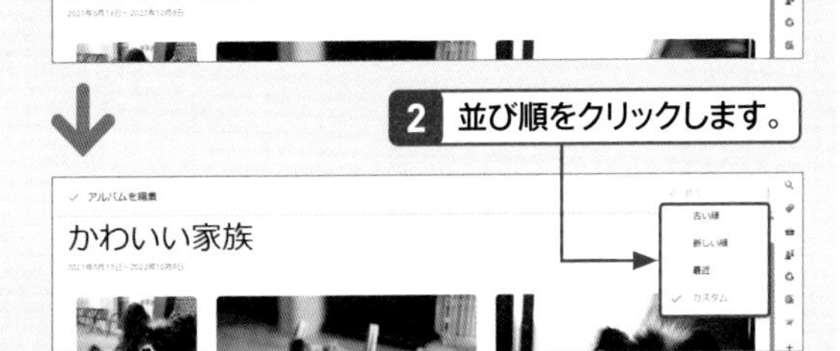
アルバムを編集
かわいい家族
古い順
新しい順
最近
カスタム

2 並び順をクリックします。

● 写真を削除する

1 [アルバムの編集]画面で写真にマウスポインターを合わせ、

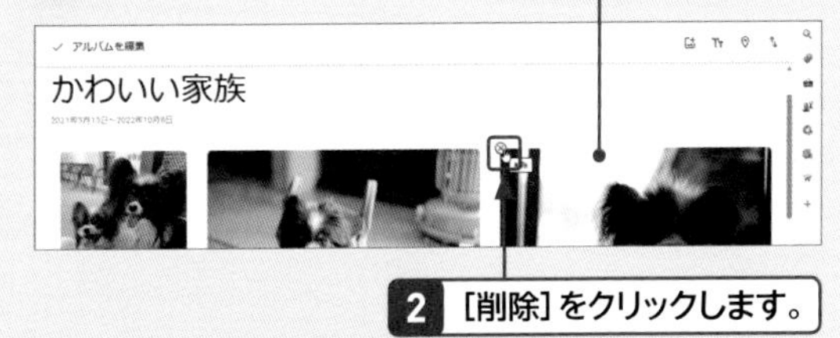
アルバムを編集
かわいい家族

2 [削除]をクリックします。

重要度 ★★★ アルバム

Q 298 アルバムに写真を追加したい!

A アルバムを開いて、[写真を追加] をクリックします。

アルバムを作成したあとでも、写真を追加することができます。アルバムに写真を追加するには、アルバムのカバー写真をクリックしてアルバムを開き、[写真を追加] をクリックして、追加する写真をクリックして選択します。複数の写真をまとめて追加することもできます。

1 アルバムのカバー写真をクリックしてアルバムを開きます。
2 [写真を追加]をクリックして、
かわいい家族
3 追加する写真の左上のアイコンをクリックして選択し、
4 [完了]をクリックすると、
4 枚選択しています

5 選択した写真がアルバムに追加されます。
かわいい家族

重要度 ★★★ アルバム

Q 299 アルバムを削除したい!

A [その他のオプション] から [アルバムを削除] をクリックします。

作成したアルバムが不要になった場合は、削除することができます。[アルバム] 画面で、削除したいアルバムにマウスポインターを合わせ、表示される [その他のオプション] をクリックして、[アルバムを削除] をクリックします。アルバムを削除した場合は、写真の削除とは違い、もとに戻すことはできません。

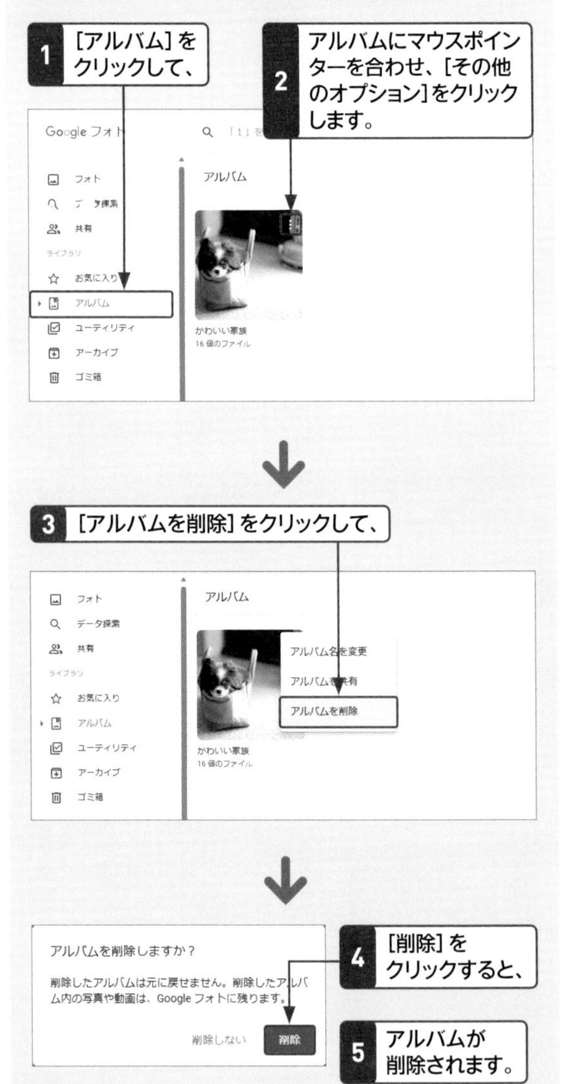
1 [アルバム]をクリックして、
2 アルバムにマウスポインターを合わせ、[その他のオプション]をクリックします。
Google フォト
フォト
データ探索
共有
ライブラリ
お気に入り
アルバム
ユーティリティ
アーカイブ
ゴミ箱
かわいい家族
16 個のファイル
3 [アルバムを削除] をクリックして、
アルバム名を変更
アルバムを共有
アルバムを削除
アルバムを削除しますか？
削除したアルバムは元に戻せません。削除したアルバム内の写真や動画は、Google フォトに残ります。
削除しない
削除
4 [削除]をクリックすると、
5 アルバムが削除されます。

重要度 ★★★　写真の共有

Q 300 写真を共有したい!

A 写真を選択して[共有]をクリックします。

写真をほかの人と共有したい場合は、共有する写真を選択して、[共有]をクリックし、表示される画面で共有する相手を指定して、メールを送信します。また、手順3の画面で[リンクを作成]をクリックしてリンクをコピーし、メールなどでリンクを送信しても共有が可能です。

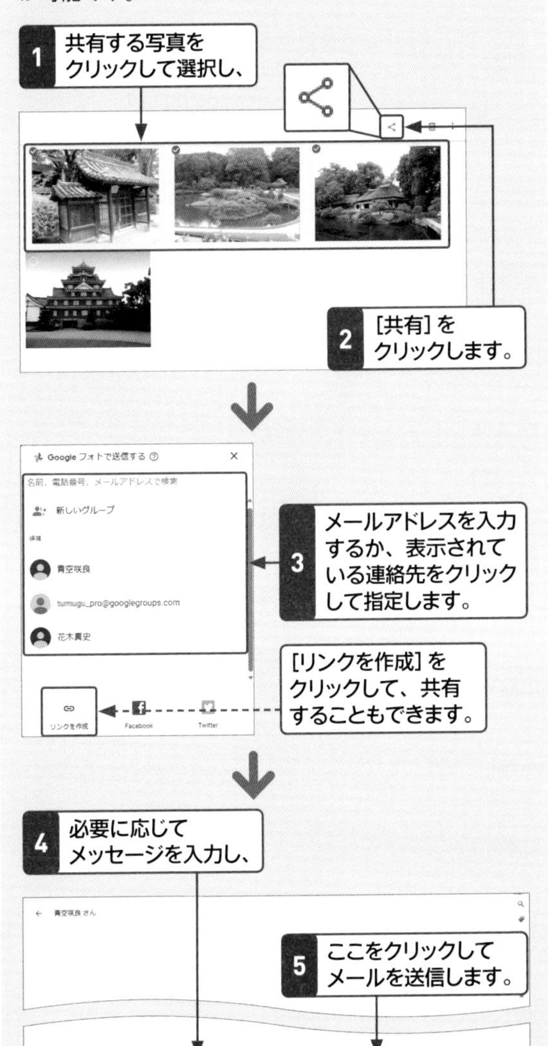

1 共有する写真をクリックして選択し、
2 [共有]をクリックします。
Google フォトで送信する
新しいグループ
青空咲良
tumugu_pro@googlegroups.com
花木真史
3 メールアドレスを入力するか、表示されている連絡先をクリックして指定します。
[リンクを作成]をクリックして、共有することもできます。
リンクを作成
Facebook
Twitter
4 必要に応じてメッセージを入力し、
青空咲良 さん
5 ここをクリックしてメールを送信します。

重要度 ★★★　写真の共有

Q 301 写真をほかの人と自動で共有したい!

A [設定]から[パートナーとの共有]をクリックします。

Googleアカウントを持っている人1名と、Googleフォト内の写真を自動的に共有することができます。[設定]をクリックして[パートナーとの共有]をクリックし、共有する写真を選択します。招待状を送信して、相手が承諾すると、相手のGoogleフォトの[共有]に共有した写真が表示されます。これ以降、アップロードした条件に合った写真は自動的に共有されます。

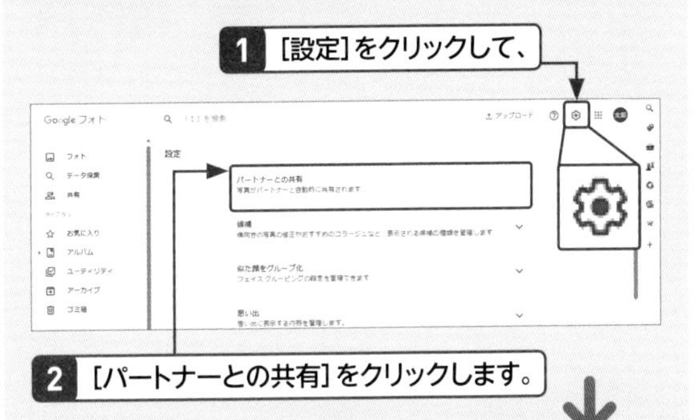

1 [設定]をクリックして、
Google フォト
フォト
共有
お気に入り
アルバム
ユーティリティ
アーカイブ
ゴミ箱
設定
パートナーとの共有
2 [パートナーとの共有]をクリックします。

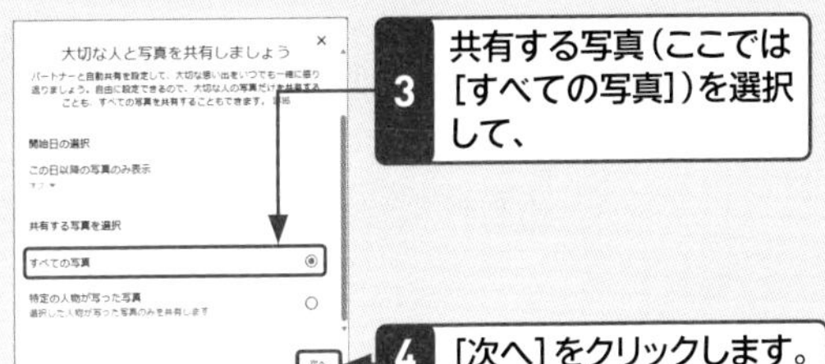

大切な人と写真を共有しましょう
開始日の選択
共有する写真を選択
すべての写真
3 共有する写真(ここでは[すべての写真])を選択して、
4 [次へ]をクリックします。

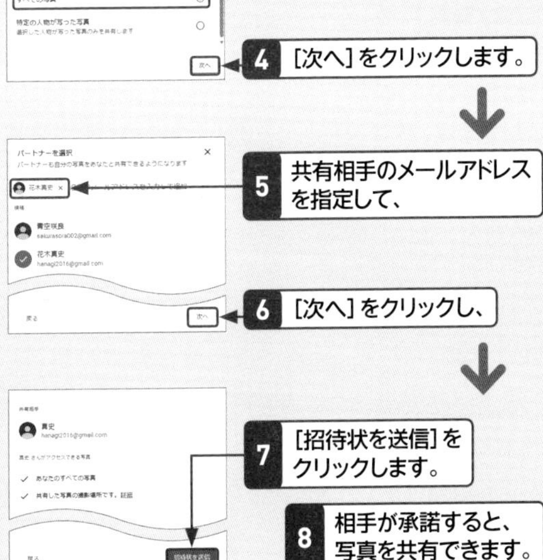

パートナーを選択
青空咲良
花木真史
5 共有相手のメールアドレスを指定して、
6 [次へ]をクリックし、
7 [招待状を送信]をクリックします。
招待状を送信
8 相手が承諾すると、写真を共有できます。

Q 302 アルバムを共有したい！

A [既存のアルバムに追加または新規作成]から作成します。

たくさんの写真を共有したい場合は、共有アルバムを作成して写真を共有することができます。アルバムに追加したい写真を選択して、[既存のアルバムに追加または新規作成]＋から[共有アルバム]をクリックし、[新規共有アルバム]をクリックします。共有アルバムを作成したら、共有相手を指定してメールを送信します。
また、すでに作成されたアルバムを共有したい場合は、アルバムにマウスポインターを合わせると表示される[その他のオプション]⋮をクリックし、[アルバムを共有]をクリックして、手順7以降の操作を行います。

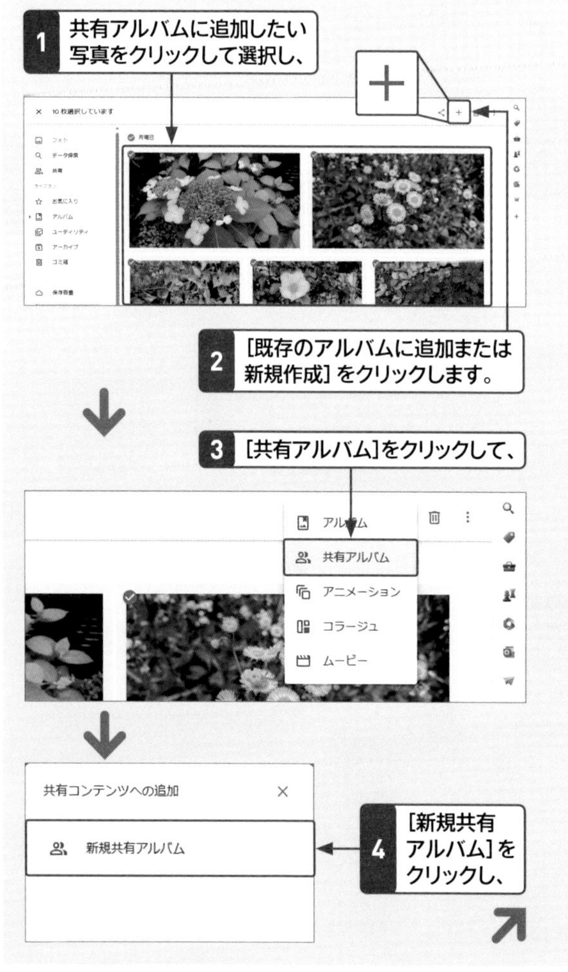

1 共有アルバムに追加したい写真をクリックして選択し、
2 [既存のアルバムに追加または新規作成]をクリックします。
3 [共有アルバム]をクリックして、
アルバム
共有アルバム
アニメーション
コラージュ
ムービー
共有コンテンツへの追加
新規共有アルバム
4 [新規共有アルバム]をクリックし、

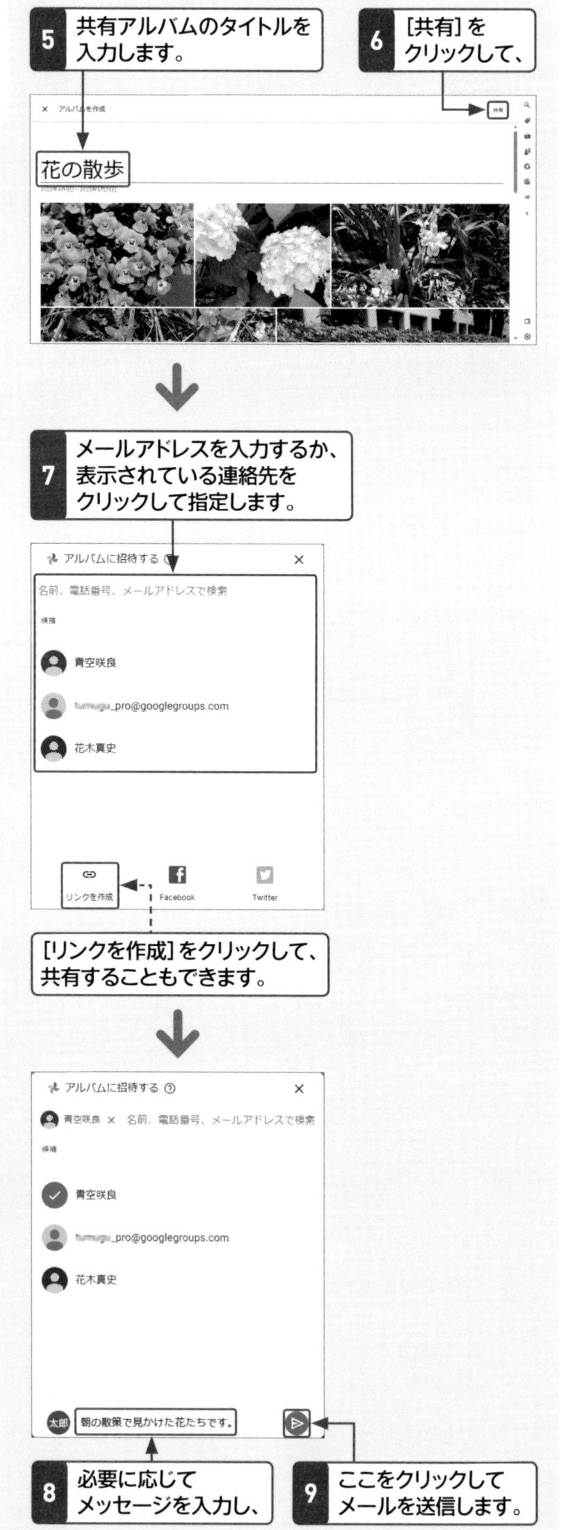

5 共有アルバムのタイトルを入力します。
6 [共有]をクリックして、
花の散歩
7 メールアドレスを入力するか、表示されている連絡先をクリックして指定します。
アルバムに招待する
名前、電話番号、メールアドレスで検索
青空咲良
_pro@googlegroups.com
花木真史
リンクを作成
Facebook
Twitter
[リンクを作成]をクリックして、共有することもできます。
朝の散策で見かけた花たちです。
8 必要に応じてメッセージを入力し、
9 ここをクリックしてメールを送信します。

重要度 ★★★ 写真の編集

Q 303 写真のタイムスタンプを変更したい！

A [その他のオプション]の[日時を編集]から変更します。

Googleフォトでは、写真の撮影日時を変更することができます。写真を選択して、[その他のオプション] ⋮ から[日時を編集]をクリックして変更します。複数の写真を選択した場合は、[日時をシフト]か[同じ日時を設定]のどちらかを選択できます。[日時をシフト]は、指定した日時に基づいてほかの写真の日時が自動的に調整されます。[同じ日時を設定]は、選択した写真がすべて同じ日時に設定されます。タイムスタンプは、写真の詳細情報画面でも変更できます。 参照▶Q 288

1 写真の左上のアイコンをクリックして選択し、

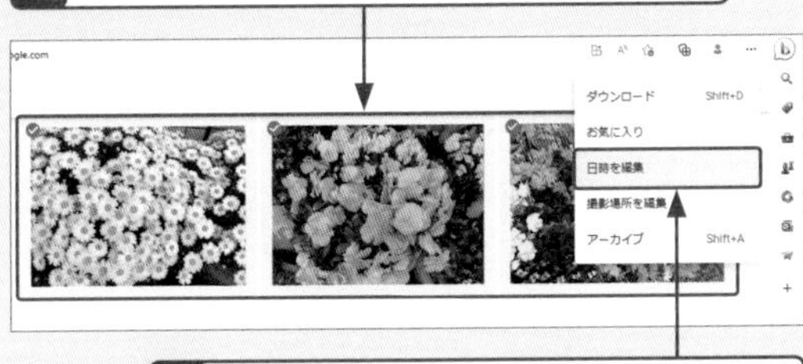
ダウンロード
お気に入り
日時を編集
撮影場所を編集
アーカイブ

2 [その他のオプション] ⋮ をクリックして、[日時を編集]をクリックします。

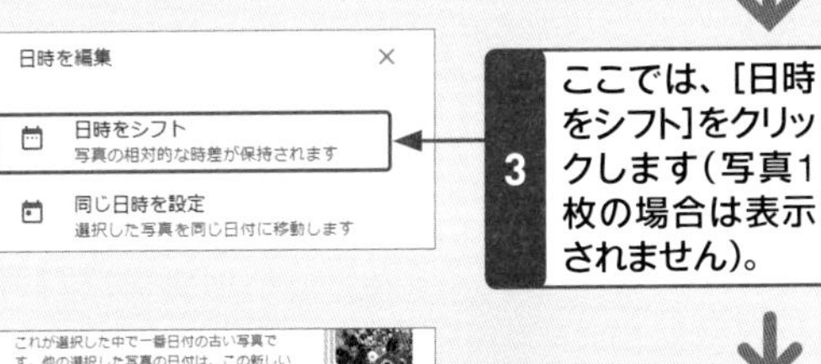
日時を編集
日時をシフト
写真の相対的な時差が保持されます
同じ日時を設定
選択した写真を同じ日付に移動します

3 ここでは、[日時をシフト]をクリックします（写真1枚の場合は表示されません）。

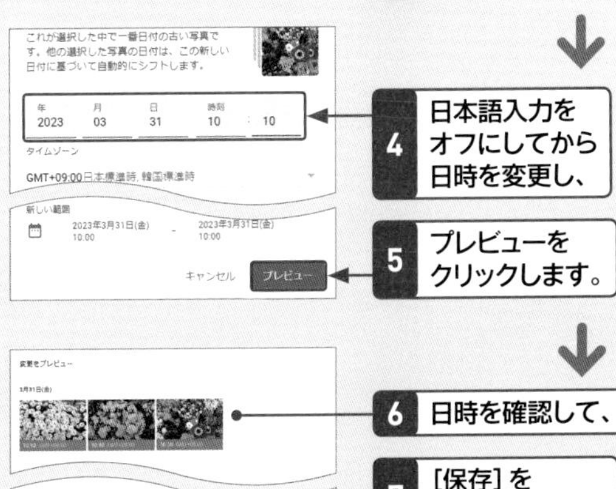
2023
03
31
10
10
タイムゾーン
GMT+09:00 日本標準時、韓国標準時
新しい範囲
キャンセル
プレビュー

4 日本語入力をオフにしてから日時を変更し、

5 プレビューをクリックします。

6 日時を確認して、

7 [保存]をクリックします。

重要度 ★★★ 写真の編集

Q 304 写真を自動で補正したい！

A 編集画面で補正候補を選びます。

Googleフォトでは、写真を補正する編集機能があります。写真を表示して、[編集] をクリックし、表示される編集画面の[候補]から最適なものをクリックします。そのほか、自分で明るさや色合いなどを調整したり、トリミングしたり、フィルタを適用したりすることができます。 参照▶Q 305, Q 306

1 補正したい写真をクリックして表示します。

2 [編集]をクリックして、

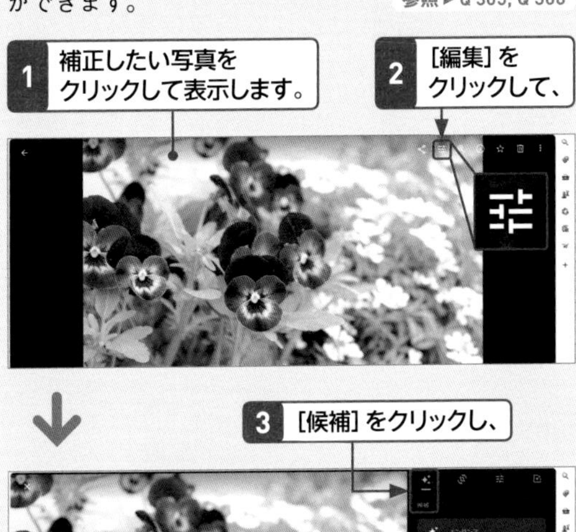

3 [候補]をクリックし、

4 補正候補をクリックすると（再度クリックすると解除されます）、

5 写真が自動的に補正されます。

6 ここをクリックして、

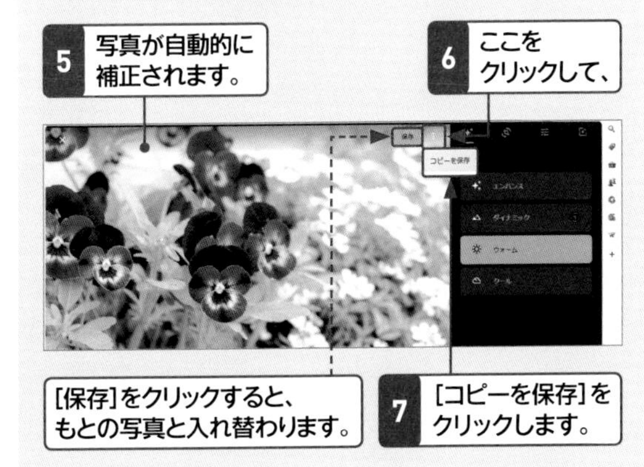
保存
コピーを保存

[保存]をクリックすると、もとの写真と入れ替わります。

7 [コピーを保存]をクリックします。

Q 305 写真にフィルタをかけたい！

A 編集画面の［フィルタ］から種類を選択します。

Googleフォトのフィルタ機能を利用すると、写真をモノクロ風やアート風に加工できます。

写真の編集画面を表示して、［フィルタ］をクリックします。利用したいフィルタをクリックして、コントラストを調整し、［保存］をクリックするか、をクリックして［コピーを保存］をクリックします。［保存］の場合は、もとの写真と入れ替わって［フォト］一覧に表示されますが、フィルタ画面で［なし］にすると、もとの写真に戻すことができます。 参照▶Q 304, Q 310

1 写真の編集画面を表示して、

2 ［フィルタ］をクリックします。

3 適用したいフィルタ（ここでは［VOGUE］）をクリックすると、

4 フィルタが適用されます。

［保存］をクリックすると、もとの写真と入れ替わります。

保存
コピーを保存
VOGUE

スライダーをドラッグしてコントラストを調整できます。

5 →［コピーを保存］をクリックします。

Q 306 写真の明るさや色合いを調整したい！

A 編集画面の［調整］で［明るさ］や［色合い］を調整します。

写真が暗い場合は、明るさや色合いを調整できます。写真の編集画面で［調整］をクリックして、［明るさ］や［色合い］［コントラスト］などの項目をドラッグし、明るくなるように調整します。 参照▶Q 304, Q 310

1 編集画面を表示して、［調整］をクリックします。

保存
HDR
明るさ
コントラスト
ハイライト
シャドウ

2 ［明るさ］のスライダーをドラッグして調整し、

3 ほかの項目も調整します。

4 ここをクリックして、

5 ［コピーを保存］をクリックします。

保存
コピーを保存
色温度
色合い
肌の色
ブルートーン
ポップ
周辺減光

［保存］をクリックすると、もとの写真と入れ替わります。

［色合い］も調整しています。

Q 307 写真をトリミングしたい！

A [切り抜き]画面でドラッグするか、アスペクト比を指定します。

トリミングとは、写真に写り込んでしまった背景など不要な部分を非表示にすることです。トリミングをするには、写真の編集画面で、[切り抜き]をクリックして、[フリー]をオンにし、写真の四隅に表示されるハンドルをドラッグして範囲を指定します。あるいは、用意されている[アスペクト比](縦横比)から選択します。

参照▶Q 304, Q 310

1 編集画面を表示して、[切り抜き]をクリックします。

3 ハンドルをドラッグして、トリミングする範囲を指定します。

2 [フリー]がオンの状態で、

[アスペクト比]の種類をクリックすると、そのサイズに自動的に切り取られます。

[保存]をクリックすると、もとの写真と入れ替わります。

4 ここをクリックして、

5 [コピーを保存]をクリックします。

Q 308 写真の傾きを調整したい！

A [切り抜き]画面で角度や回転を指定します。

傾いてしまった写真を調整するには、角度を指定して傾きを微調整します。写真の編集画面で、[切り抜き]をクリックして、写真の下に表示されている角度目盛をドラッグすると、1度ずつ傾きます。また、横を向いてしまった写真の場合は、[回転]をクリックすると、90度単位で回転させることができます。

参照▶Q 304, Q 310

1 編集画面を表示して、[切り抜き]をクリックします。

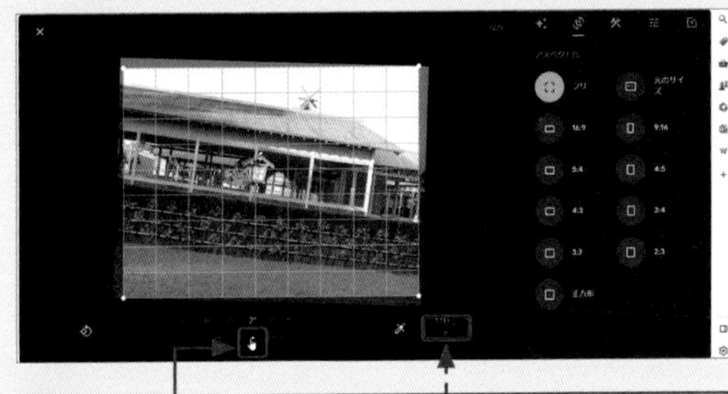

2 ▲をドラッグして、

ここをクリックすると、もとの「0」に戻ります(トリミング範囲も戻ります)。

3 傾きを調整します。

4 ここをクリックして、

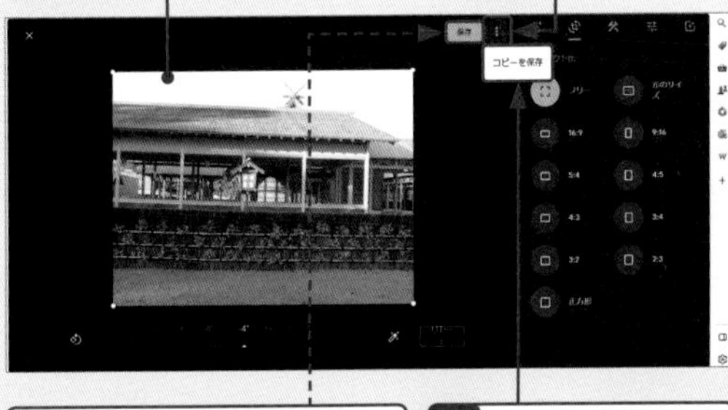

[保存]をクリックすると、もとの写真と入れ替わります。

5 [コピーを保存]をクリックします。

重要度★★★ 写真の編集

Q 309 顔写真を調整したい!

A 編集画面の[調整]を利用します。

通常のGoogleフォトには、顔専用の編集機能はありません。写真の編集画面で、[調整]をクリックして、[肌の色]や[ポップ][周辺減光]などを使うとよいでしょう。なお、人物写真を表示して編集画面を開くと、[ツール]にポートレートライトやカラーフォーカスなど、また[候補]にもポートレートなどの機能が①付きで表示されます。これは有料サービスの「Google One」(月額250円)を示しており、メンバーシップに登録すると、これら高度な編集機能を利用することができます。 参照▶Q 304, Q 310

1 写真の編集画面を表示して、[調整]をクリックします。
「Google One」の機能も表示されます。

2 [肌の色]のスライダーをドラッグします。

● [ツール]内の機能

ここをクリックすると、登録が可能です。
[ツール]には「Google One」の機能が表示されます。

重要度★★★ 写真の編集

Q 310 写真に加えた編集をもとに戻したい!

A 編集をリセットまたは編集を破棄します。

写真に加えた編集をもとに戻したい場合、編集操作によって方法が異なります。[候補]の場合は選択した機能を再度クリックしてオフにします。[切り抜き]のトリミングと傾きは[リセット]、[フィルタ]は「なし」をクリックします。[調整]では各スライダーを中央の位置に戻します。写真左上の☒をクリックして、確認メッセージで[破棄]をクリックすることでも、もとの写真表示画面に戻ります。

なお、編集したあとで[保存]をクリックした場合は、もとの写真と入れ替わっていますが、再度編集画面を開き、設定した機能を無効にして保存するともとに戻せます。

トリミングを適用した場合は、[リセット]をクリックします。

フィルタを適用した場合は、[なし]をクリックします。

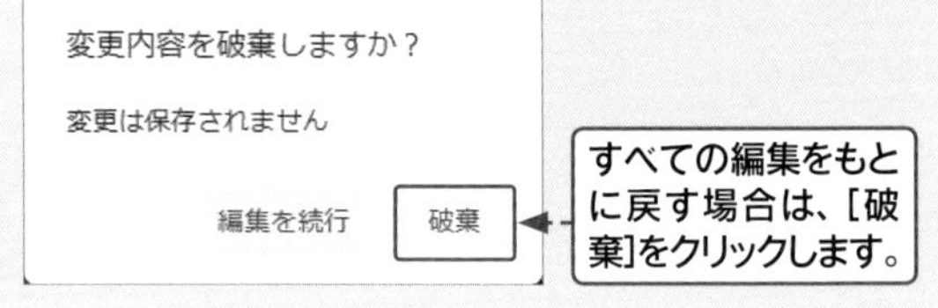
変更内容を破棄しますか?
変更は保存されません
編集を続行
破棄
すべての編集をもとに戻す場合は、[破棄]をクリックします。

重要度 ★★★ アニメーション

Q311 写真からアニメーションを作成したい!

A [既存のアルバムに追加または新規作成]から作成します。

Googleフォトでは、写真からアニメーションを作成することができます。アニメーションとは複数の写真をコマ送りで表示する表現方法です。2枚～50枚までの写真を選択して、[既存のアルバムに追加または新規作成] ＋ をクリックし、[アニメーション]をクリックするだけで、かんたんに作成できます。また、アニメーションは自動で作成される場合もあります。

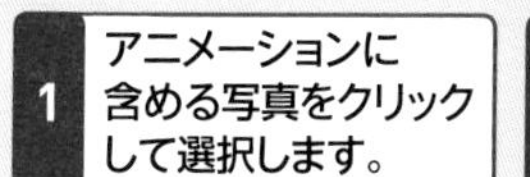

1 アニメーションに含める写真をクリックして選択します。

2 [既存のアルバムに追加または新規作成]をクリックして、

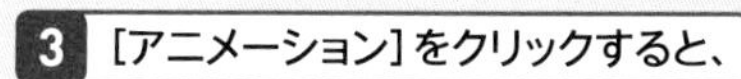

3 [アニメーション]をクリックすると、

4 アニメーションが作成されます。

重要度 ★★★ アニメーション

Q312 アニメーションを表示したい!

A [データ探索]から[アニメーション]をクリックします。

作成したアニメーションを表示するには、[データ探索]をクリックして、[アニメーション]をクリックします。作成したアニメーションが一覧表示されるので、表示したいアニメーションをクリックします。
なお、アニメーションが不要になった場合は、アニメーションを選択して [削除] 🗑 をクリックし、[ごみ箱に移動]をクリックします。

1 [データ探索]をクリックして、

2 [アニメーション]をクリックし、

3 表示したいアニメーションをクリックします。

アニメーション
5月29日(月)
2022年10月8日(土)

● アニメーションを削除する

1 アニメーションをクリックして選択し、

2 [削除]をクリックします。

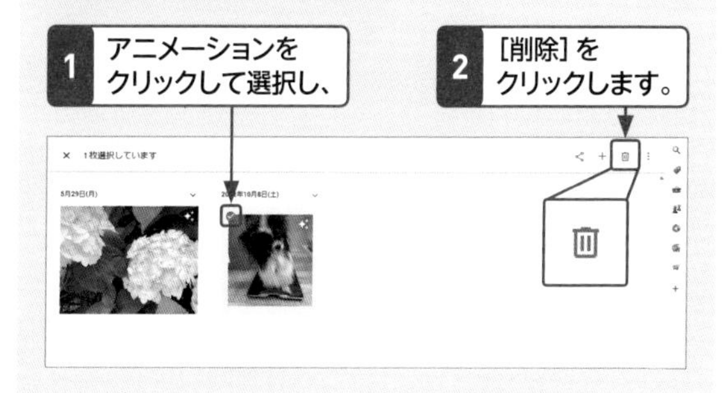

重要度 ★★★ コラージュ

Q 313 コラージュを作成したい！

A ［既存のアルバムに追加または新規作成］から作成します。

Googleフォトでは、写真からコラージュを作成できます。コラージュは、複数の写真を見栄えよく1枚の写真にレイアウトする機能です。2枚～9枚までの写真を選択して、［既存のアルバムに追加または新規作成］＋をクリックし、［コラージュ］をクリックします。作成したコラージュには、フィルタを適用したり、回転させたりすることができます。

参照 ▶ Q 305, Q 308

1 コラージュに含める写真をクリックして選択します。

2 ［既存のアルバムに追加または新規作成］をクリックして、

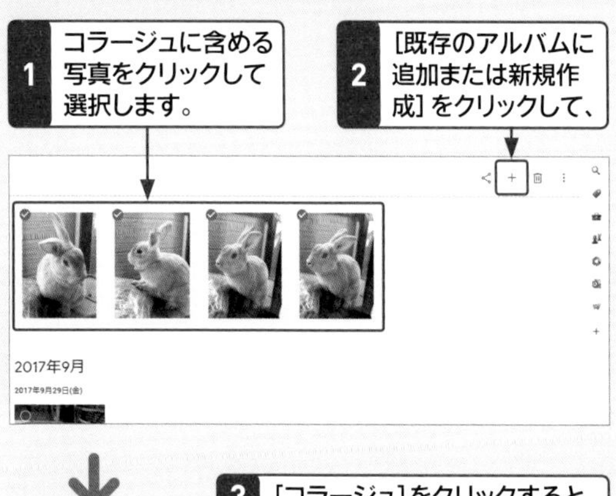
2017年9月

3 ［コラージュ］をクリックすると、

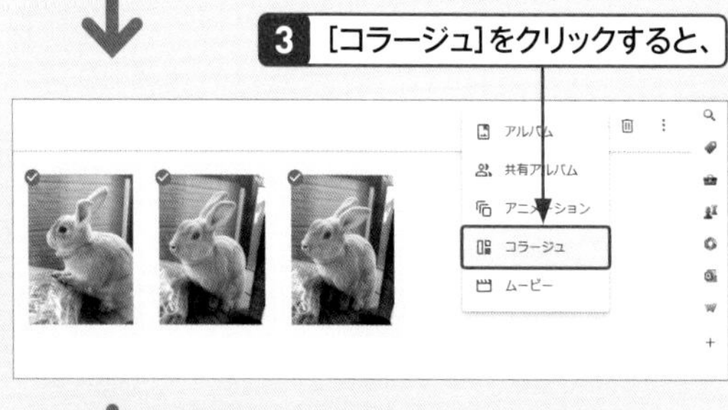
アルバム
共有アルバム
アニメーション
コラージュ
ムービー

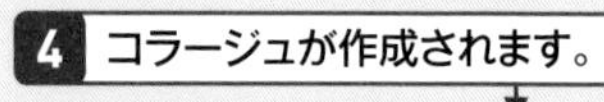

4 コラージュが作成されます。

ここでさまざまな編集や操作を行えます。

重要度 ★★★ コラージュ

Q 314 コラージュを表示したい！

A ［データ探索］から［コラージュ］をクリックします。

作成したコラージュを表示するには、［データ探索］をクリックして、［コラージュ］をクリックします。作成したコラージュが表示されるので、表示したいコラージュをクリックします。コラージュを表示すると、共有や編集、拡大（縮小）、情報、お気に入り、削除アイコンが表示されるので、目的に合わせて操作します。

1 ［データ探索］をクリックして、

データ探索
被写体
お気に入り
アルバム
アーカイブ
ゴミ箱
保存容量
コラージュ
アニメーション
スクリーンショット
ムービー

2 ［コラージュ］をクリックします。

3 表示したいコラージュをクリックすると、

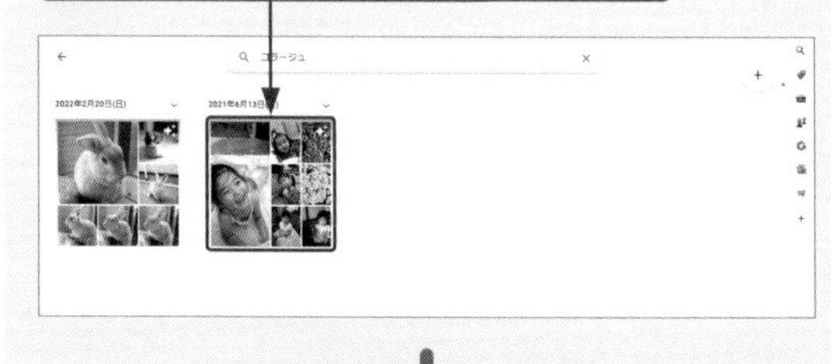

4 コラージュが表示されます。

ここでさまざまな編集や操作を行えます。

第8章

YouTube

Q 315 YouTubeとは？

A Googleが運営する世界最大の動画共有サービスです。

YouTubeは、Googleが運営する世界最大の動画共有サービスです。世界中のユーザーが投稿した動画を誰でも無料で視聴することができます。キーワード検索で見たい動画を探せることはもちろん、お気に入りの動画を再生リストにまとめたり、チャンネルを登録したりと、視聴するための便利な機能が用意されています。また、自分が撮影した動画を投稿してほかのユーザーに見てもらうこともできます。

YouTubeは、Googleが運営する世界最大の動画共有サービスです。

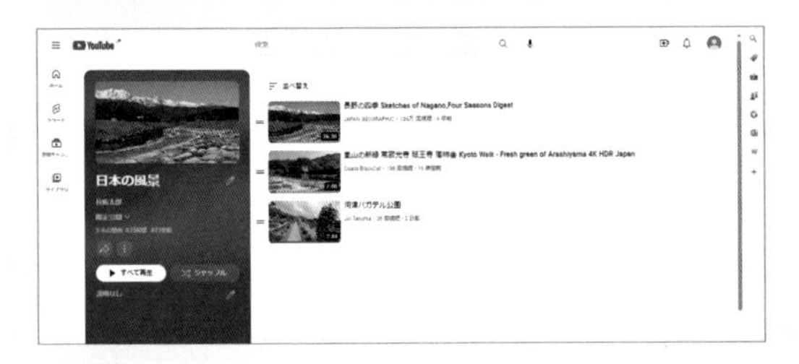

お気に入りの動画を再生リストにまとめることができます。

Studio
チャンネルのコンテンツ
動画
ライブ配信
再生リスト
ポッドキャスト
ダッシュボード
コンテンツ
アナリティクス
コメント
字幕

自分が撮影した動画を投稿してほかのユーザーに見てもらうこともできます。

Q 316 YouTubeを使うには？

A [Googleアプリ]から[YouTube]をクリックします。

YouTubeを使うには、Googleのトップページで[Googleアプリ]▦をクリックして、[YouTube]をクリックします。YouTubeを視聴するには、Googleアカウントにログインしていなくてもかまいませんが、再生履歴の記録やチャンネルの登録、動画の投稿などを利用するにはログインが必要です。
本章では、Googleアカウントにログインしていることを前提に解説します。

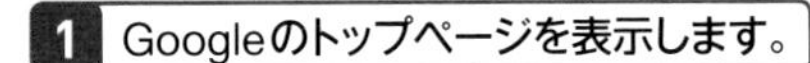
1 Googleのトップページを表示します。

Gmail
画像
太郎

2 [Googleアプリ]をクリックして、

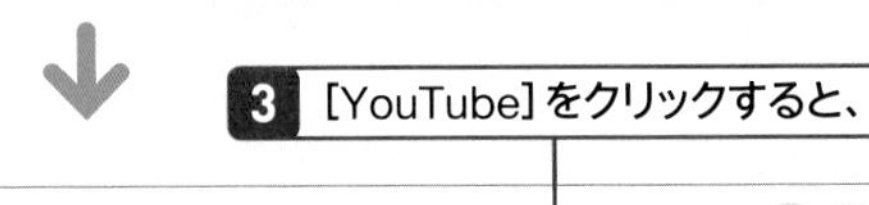
3 [YouTube]をクリックすると、

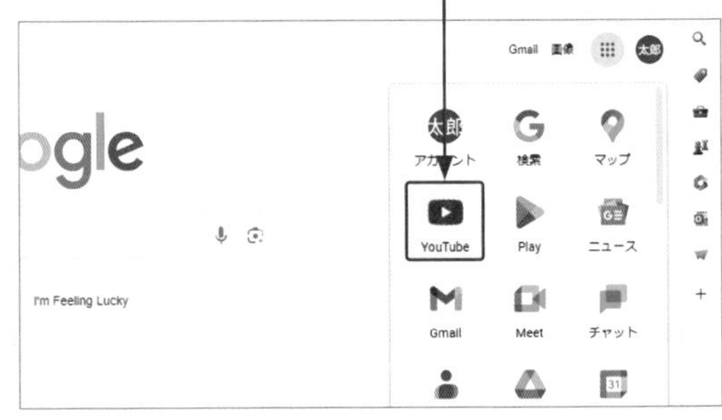
Gmail
画像
アカウント
検索
マップ
YouTube
Play
ニュース
Gmail
Meet
チャット
I'm Feeling Lucky

4 YouTubeが表示されます。

Q 317 YouTubeの画面構成を知りたい!

A 下図で各部の名称と機能を確認しましょう。

YouTubeのトップページ(ホーム)には、人気のある動画や履歴に基づくおすすめ動画などが一覧で表示されます。画面の左側にはガイドが表示され、「ショート」「登録チャンネル」「ライブラリ」など、視聴したり登録したりした動画が管理されています。それぞれの内容は、Googleアカウントにログインしているかどうかによっても異なります。

また、ガイドは表示/非表示でき、下図のようにガイドを表示すると項目がわかりやすくなります。また、画面の解像度によってはポップアップ表示になる場合もあります。ガイドを非表示にすると、「ホーム」「ショート」「登録チャンネル」「ライブラリ」のみが表示されます。本書では、ログインして、ガイドを非表示にした画面で解説します。

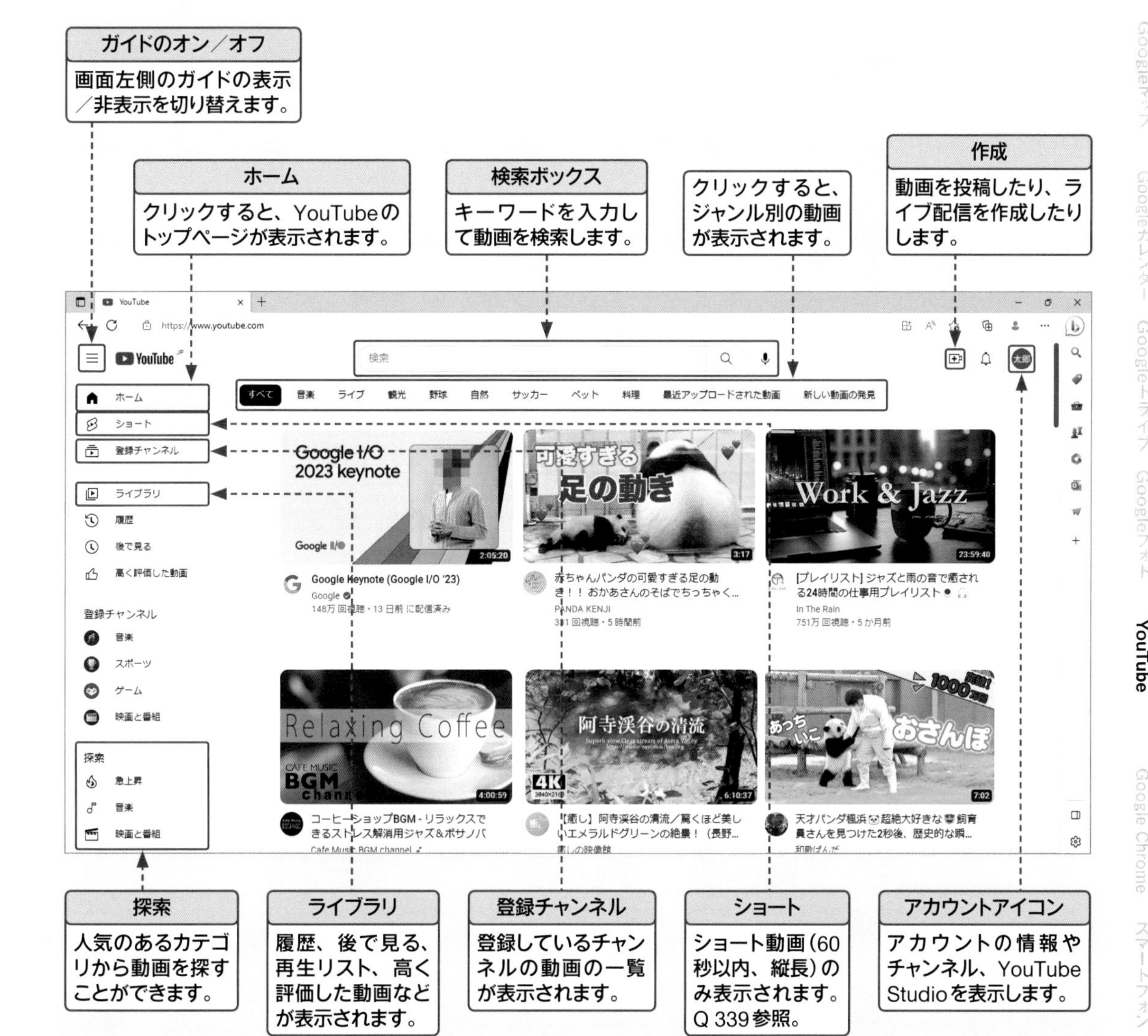

ガイドのオン/オフ
画面左側のガイドの表示/非表示を切り替えます。
ホーム
クリックすると、YouTubeのトップページが表示されます。
検索ボックス
キーワードを入力して動画を検索します。
クリックすると、ジャンル別の動画が表示されます。
作成
動画を投稿したり、ライブ配信を作成したりします。
探索
人気のあるカテゴリから動画を探すことができます。
ライブラリ
履歴、後で見る、再生リスト、高く評価した動画などが表示されます。
登録チャンネル
登録しているチャンネルの動画の一覧が表示されます。
ショート
ショート動画(60秒以内、縦長)のみ表示されます。Q 339参照。
アカウントアイコン
アカウントの情報やチャンネル、YouTube Studioを表示します。

重要度 ★★★ 動画の再生

Q 318 YouTubeの動画を見たい!

A 見たい動画をクリックすると、再生画面に切り替わります。

YouTubeを表示すると、人気のある動画やおすすめの動画がサムネイル（縮小画面）で一覧表示されます。視聴したい動画のサムネイルまたはタイトルをクリックすると、動画が自動的に再生されます。

再生中の動画にマウスポインターを合わせると、画面の下に操作パネルが表示され、再生に関する操作を行うことができます。操作パネルの表示は動画によって異なる場合があります。再生画面の下には、動画のタイトルや説明、再生回数、評価アイコンなどが表示されます。

1 YouTubeのトップページを表示します。
2 見たい動画のサムネイル、またはタイトルをクリックすると、

3 動画が再生されます。
4 動画にマウスポインターを合わせると、操作パネルが表示されます。
トッページに戻るには、ここをクリックして[ホーム]をクリックします。

● 再生画面の操作パネルと画面構成

字幕
ミニプレーヤー
現在の再生位置／全体再生時間
音量
自動再生
設定
シアターモード
全画面表示
次へ
停止／再生
再生位置
動画のタイトル
評価アイコン
説明
コメント記入欄
コメント表示欄
関連動画

重要度 ★★★　動画の再生

Q 319 広告を非表示にしたい！

A [広告をスキップ]をクリックします。

動画が始まる前に、広告動画が再生される場合があります。[広告終了まであと○秒]や[動画は広告の後に再生されます]と表示される場合は、終了まで待ちます。[広告をスキップ]が表示される場合は、クリックすると広告の再生が終了(スキップ)します。
頻繁には表示されませんが、トップページ上部に広告が表示される場合は、[閉じる]⊗をクリックするか、[この広告の表示を停止]から理由を選択して送信します。

事業のポイント
広告をスキップ
Big Cats Of The World 4K - Scenic Wildlife Film With Inspiring Music
[広告をスキップ]をクリックすると、広告の再生が終了します。

トップページの広告は[閉じる]をクリックして閉じます。
ログイン
ペット
工芸品
アクション&アドベンチャー
最近アップロード

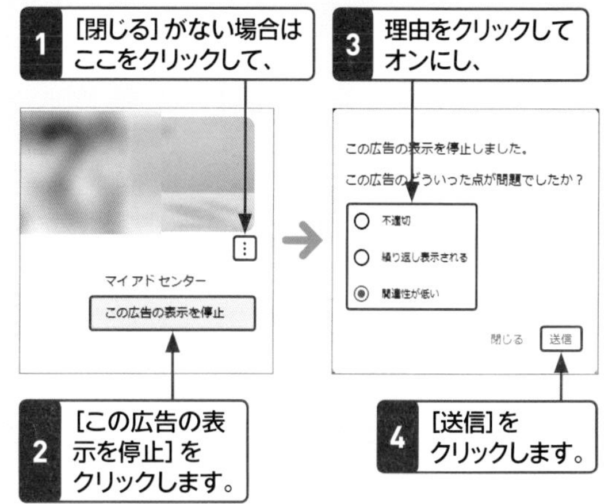
1 [閉じる]がない場合はここをクリックして、
3 理由をクリックしてオンにし、
マイ アド センター
この広告の表示を停止
この広告の表示を停止しました。
この広告のどういった点が問題でしたか？
不適切
繰り返し表示される
関連性が低い
閉じる
送信
2 [この広告の表示を停止]をクリックします。
4 [送信]をクリックします。

重要度 ★★★　動画の再生

Q 320 YouTube Premiumの案内が表示される！

A 定額制の有料サービスの案内です。

動画の再生中にYouTube Premiumの広告が表示されることがあります。YouTube Premiumは、YouTubeで動画や音楽を楽しめる定額制(個人：月額1,180円)の有料サービスです。試してみたい場合は[1か月間無料]をクリックして契約手続きをします。不要な場合は[スキップ]をクリックすると表示が消えます。
YouTube Premium(https://www.youtube.com/premium)の特徴は以下のとおりです。

- 広告の表示なし
- バックグランドで再生可能
- 動画を一時保存して、オフラインで再生可能
- 音楽配信サービスYouTube Music Premium(月額980円)が無料で利用可能
- 「年間プラン」「ファミリープラン」「学割プラン」がある

1 YouTube Premiumの広告が表示されます。

YouTube Premium
広告なしで YouTube をご利用いただけます。
スキップ
FOR READING
読書のためのクラシック音楽 | シン、モーツァルト、ドビュッシー
HALIDONMUSIC
33万 回視聴・5 か月前

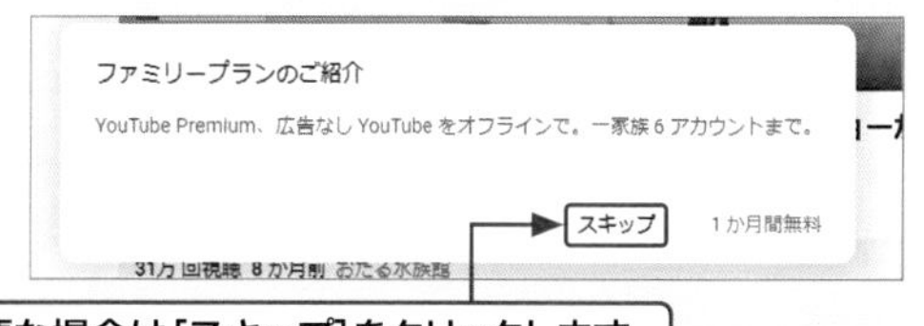
ファミリープランのご紹介
YouTube Premium、広告なし YouTube をオフラインで。一家族 6 アカウントまで。
スキップ
1 か月間無料

2 不要な場合は[スキップ]をクリックします。

重要度 ★★★　動画の再生

Q 321 人気の動画を見たい!

A [探索]の[急上昇]をクリックします。

人気上昇中の動画は、ガイドを表示して[探索]の[急上昇]をクリックすると表示されます。急上昇の動画には、視聴回数が増加した動画のほかに、新作映画の予告編や人気アーティストの新曲などが表示されます。上部のタブをクリックして[音楽]や[映画]などのカテゴリ別に急上昇動画を表示することもできます。急上昇の動画リストは、約15分間隔で更新されます。

1 [探索]の[急上昇]をクリックすると、

YouTube
検索
最新
音楽
ゲーム
映画
探索
急上昇
音楽
映画と番組
ライブ
ゲーム
ニュース
スポーツ
学び
YouTube の他のサービス
YouTube Premium

2 現在急上昇中の動画が一覧で表示されます。

重要度 ★★★　動画の再生

Q 322 動画を検索したい!

A 検索ボックスにキーワードを入力して検索します。

YouTubeには、膨大な数の動画が投稿されています。視聴したい動画を探すには、検索ボックスにキーワードを入力して検索します。検索結果が多くなる場合は、複数のキーワードをスペースをはさんで入力すると、検索結果を絞り込むことができます。
また、[フィルタ]を使用すると、投稿日や動画のタイプ、再生時間、特徴などの条件で検索結果を絞り込むことができます。

1 検索ボックスにキーワードを入力して、

2 ここをクリックするか、Enter を押すと、

植物園　北海道

3 キーワードに関連した動画が検索されます。

植物園　北海道
フィルタ

4 [フィルタ]をクリックすると、

5 検索結果からさらに条件を指定して、絞り込むことができます。

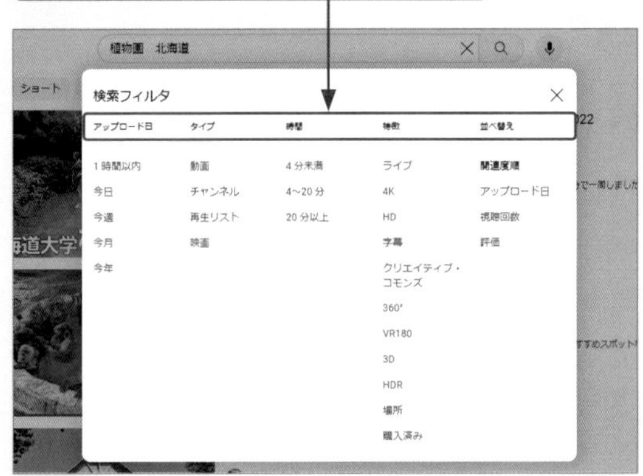
植物園　北海道
検索フィルタ
アップロード日
タイプ
時間
特徴
並べ替え
1 時間以内
今日
今週
今月
今年
動画
チャンネル
再生リスト
映画
4 分未満
4～20 分
20 分以上
ライブ
4K
HD
字幕
クリエイティブ・コモンズ
360°
VR180
3D
HDR
場所
購入済み
関連度順
アップロード日
視聴回数
評価

重要度 ★★★ 動画の再生

Q 323 動画を全画面で見たい！

A 動画の右下に表示される［全画面］をクリックします。

パソコンでの動画再生時のサイズは、Webブラウザーの画面サイズに合わせて自動的に調整されます。動画を全画面で表示したい場合は、動画にマウスポインターを合わせ、画面の右下に表示される［全画面］をクリックします。もとの表示に戻すには、［全画面表示を終了］をクリックするか、Escを押します。

1 動画の再生画面を表示して、

2 ［全画面］をクリックすると、

3 動画が全画面で表示されます。

4 ［全画面表示を終了］をクリックするか、Escを押すと、

5 もとの表示に戻ります。

重要度 ★★★ 動画の再生

Q 324 動画を映画のようにして見たい！

A 動画の右下に表示される［シアターモード］をクリックします。

パソコンでの動画再生時のサイズは、Webブラウザーの画面サイズに合わせて自動的に調整されます。映画館のスクリーンのようにして見たい場合は、動画にマウスポインターを合わせ、画面の右下に表示される［シアターモード］をクリックします。もとの表示に戻すには、［デフォルト表示］をクリックします。

1 動画の再生画面を表示します。

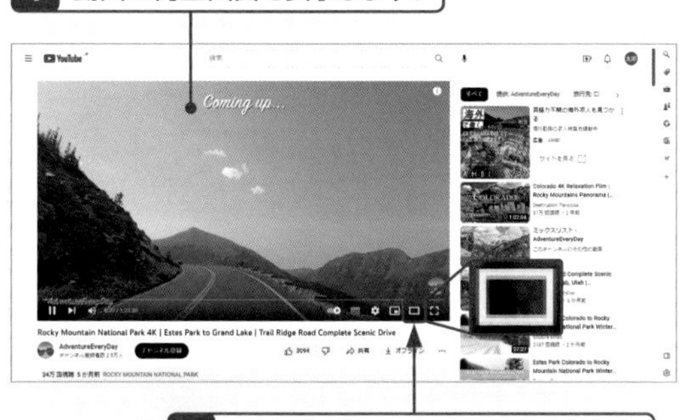

2 ［シアターモード］をクリックすると、

3 シアターモードで表示されます。

4 ［デフォルト表示］をクリックすると、

5 もとの表示に戻ります。

Q 325 字幕を付けて動画を見たい!

A 動画の再生画面で [字幕] をクリックします。

YouTubeには字幕のない動画に自動で字幕を生成する機能があります。字幕を表示するには、動画の再生画面で [字幕] をクリックします。字幕の言語を変更する場合は、[設定] をクリックして [字幕] をクリックし、言語を選択します（動画によっては [自動翻訳] をクリックして言語を選択します）。
なお、右側の手順3の画面の [オプション] をクリックすると、字幕のフォントサイズや色、背景色などを設定することができます。

● 字幕を表示する

1 動画の再生画面を表示して、

YouTube
グリンデルヴァルト - スイスで最も美しい村 - 最上級の村

2 [字幕] をクリックすると、

YouTube
And don't forget, if you like this video, click the like button and subscribe to my YOUTUBE channel, it helps me a lot
Thank you and I wish you a pleasant viewing. Tourist Channel .
グリンデルヴァルト - スイスで最も美しい村 - 最上級の村

3 字幕が表示されます。

● 字幕の言語を選択する

アノテーション
再生速度 標準
字幕 (24) オフ
画質 自動 (480p)

1 [設定] をクリックして、

2 [字幕] をクリックします。

3 画面をスクロールして、

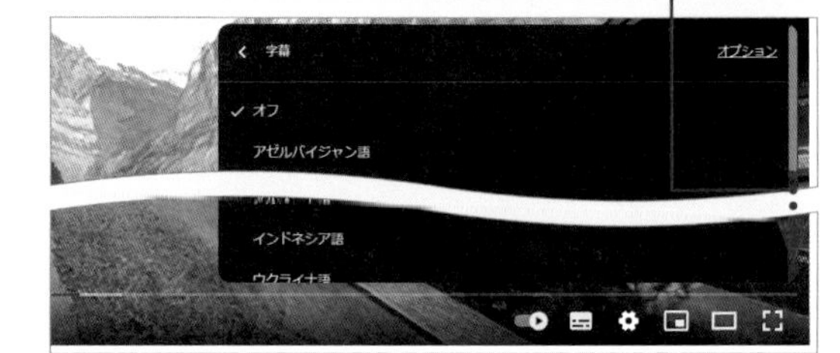
字幕
オプション
オフ
アゼルバイジャン語
インドネシア語

4 [日本語]（または [自動翻訳] → [日本語]）をクリックすると、

ルーマニア語
ロシア語
英語
中国語
中国語 (繁体字)
日本語
この設定は現在の動画にのみ適用されます。すべての動画の字幕の表示設定は 設定 で調整できます。

5 日本語の字幕が表示されます。

グリンデルヴァルトの建築遺産は、1892年の村の総火事で大きな被害を受け、その後、その場所での観光活動の発展の影響を受けました。

重要度 ★★★　動画の再生

Q 326 動画を別のウィンドウで表示したい!

A ピクチャインピクチャ機能を利用します。

ピクチャインピクチャは、小さなウィンドウ（PIPプレーヤー）に動画を再生する機能です。ほかのアプリ上に配置したり、ドラッグして移動したりすることもできます。再生画面にマウスポインターを合わせて［ピクチャインピクチャ］が表示される場合はクリックします。表示されない場合は、画面上を2回右クリックして［ピクチャインピクチャ］をクリックします。もとに戻すには［タブに戻る］をクリックします。

アイコンが表示される場合は、クリックします。

YouTube
ピクチャ イン ピクチャ
05/22/2023 13:24:33

1 動画の再生画面を表示します。
2 画面上を2回右クリックして、
ループ
すべてのコントロールを表示
ピクチャ イン ピクチャ
Web キャプチャ
05/22/2023 13:22:03

3 ［ピクチャインピクチャ］をクリックすると、

4 動画が「ピクチャインピクチャ」ウィンドウで再生されます。

ian, Playing and Sleeping

5 ほかのアプリの上で再生したり、ドラッグして移動したりすることもできます。

6 マウスポインターを合わせて、［タブに戻る］をクリックすると、YouTubeに戻ります。

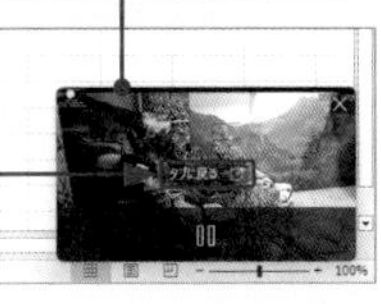

重要度 ★★★　動画の再生

Q 327 動画の再生速度を変更したい!

A ［設定］をクリックして、［再生速度］を選択します。

動画の再生速度は、通常は［標準］に設定されていますが、速度を遅くしたり、速めたりすることもできます。動画の速度を変更するには、［設定］をクリックして［再生速度］をクリックし、速度を選択します。［標準］から速める場合は「1」以上を、遅くする場合は「0.75」以下を選択します。

1 動画の再生画面を表示します。

2 ［設定］をクリックして、

アノテーション
再生速度
画質

3 ［再生速度］をクリックし、

再生速度
カスタム
0.25
0.5
0.75
標準
1.25
1.5
1.75
2

4 目的の速度を選択します。

重要度 ★★★ 動画の再生

Q 328 関連動画とは?

A 再生中の動画に関連する動画がおすすめとして提供されます。

YouTubeでは、再生画面の右側に再生中の動画に関連する動画がジャンル別に表示されます。これはGoogleが自動的に探し出した動画の一覧で、ジャンルには「再生中の動画の提供元」「関連動画」「最近アップロードされた動画」「視聴済み」などがあり、ジャンルに該当する動画が表示されます。

参照▶Q 329, Q 330

ジャンルを選択できます(表示されない場合もあります)。
ここに関連動画が表示されます。

重要度 ★★★ 動画の再生

Q 329 関連動画を見たい!

A 自動的に再生されるほか、関連動画をクリックすることでも再生できます。

再生中の動画が終了すると、関連動画一覧から順に動画が自動再生されます。次の動画の再生が開始すると、関連動画の一覧も更新されてしまいます。一覧内に見たい動画がある場合は、次の動画の再生をキャンセルして、関連動画内の動画をクリックします。

動画の再生後、次の動画が自動的に再生されます。
関連動画の一覧から見ることもできます。

重要度 ★★★ 動画の再生

Q 330 関連動画を自動再生しないようにしたい!

A [自動再生]をオフにします。

初期設定では、動画の自動再生機能がオンになっており、動画の再生が終わると、次の動画が自動的に再生されるようになります。自動的に再生されないようにするには、操作パネルの[自動再生]をクリックしてオフにします。操作パネルに[自動再生]が表示されていない場合は、再生画面の[設定]をクリックし、[自動再生]をクリックしてオフにします。

なお、再生終了後の次の動画再生でのカウントダウン画面で、[キャンセル]をクリックすると、再生が中止されて、画面には関連動画の一覧が表示されます。

1 [自動再生]をクリックして、
自動再生がオンになっています
тот Гигант охотится даже на КИТОВ! Белый медведь – свирепый хозяин Арктики!

自動再生がオフになっています
2 オフにします。
тот Гигант охотится даже на КИТОВ! Белый медведь – свирепый хозяин Арктики!

● [自動再生]が表示されていない場合

1 [設定]をクリックして、
自動再生
アノテーション
再生速度
標準
字幕(1)
オフ
画質
自動 480p
1:21 / 2:32
2 [自動再生]をクリックします。

Q 331 動画を評価したい！

A [高く評価][低く評価]のいずれかをクリックします。

動画に対して高く評価したり、低く評価したりして、自分の意見を表明することができます。動画の右下に表示されている[高く評価]、[低く評価]のいずれかをクリックします。誤って評価した場合は、再度クリックすると評価を取り消すことができます。
YouTubeにログインした状態で動画を高く評価すると、[ライブラリ]の[高く評価した動画]に自動的に追加されます。

1 動画の再生画面を表示して、

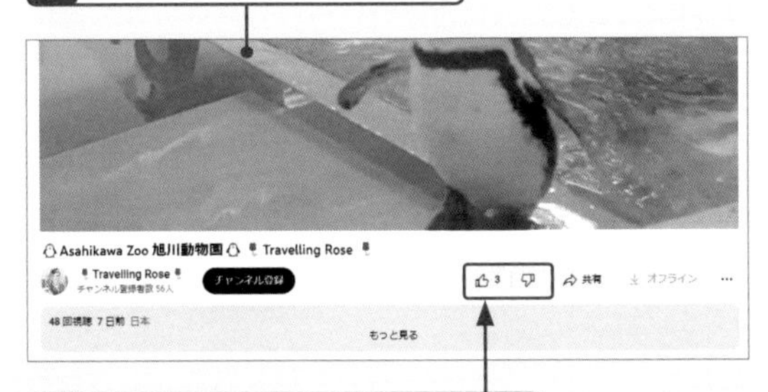
Asahikawa Zoo 旭川動物園
Travelling Rose
チャンネル登録
共有
オフライン
48 回視聴 7 日前 日本
もっと見る

2 [高く評価]（または[低く評価]）をクリックします。

Asahikawa Zoo 旭川動物園
Travelling Rose
チャンネル登録
共有
オフライン
48 回視聴 7 日前 日本
もっと見る

3 取り消したい場合は、[高評価を取り消し]（または[低評価を取り消し]）をクリックします。

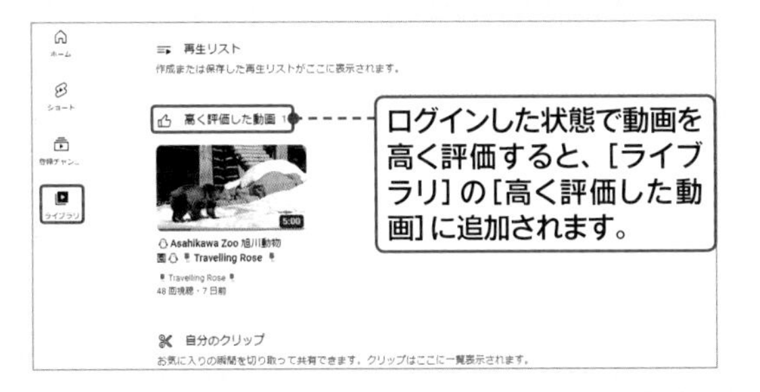
再生リスト
作成または保存した再生リストがここに表示されます。
高く評価した動画
ライブラリ
自分のクリップ

ログインした状態で動画を高く評価すると、[ライブラリ]の[高く評価した動画]に追加されます。

Q 332 動画にコメントしたい！

A 再生画面の下のコメント欄に入力します。

動画のコメントが有効の場合は、コメントを入力して投稿できます。投稿したあとでも、コメントを編集したり、削除したりすることができます。また、ほかの人のコメントに対して評価や返信も可能です。なお、コメントを投稿すると、自動的に自分のチャンネルが作成されます。

参照▶Q 344

1 動画の再生画面を表示します。

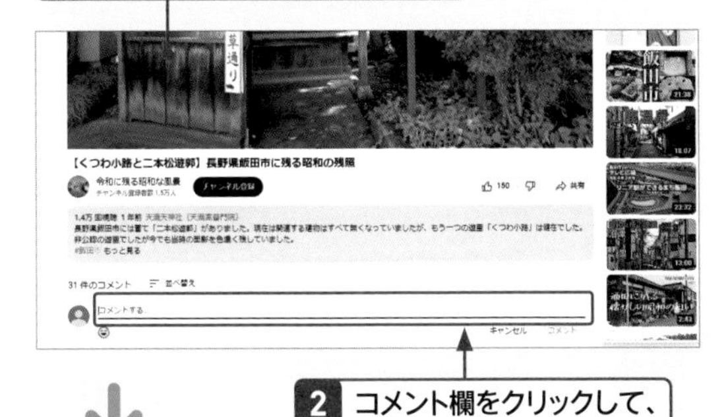
【くつわ小路と二本松遊郭】長野県飯田市に残る昭和の残照
31 件のコメント
並べ替え
キャンセル
コメント

2 コメント欄をクリックして、

3 コメントを入力し、

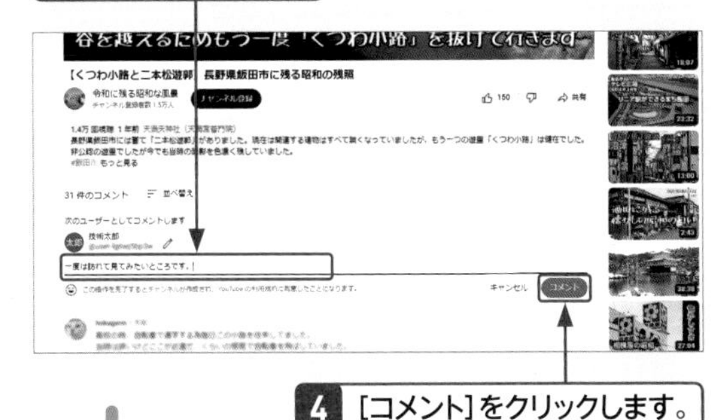
【くつわ小路と二本松遊郭】長野県飯田市に残る昭和の残照
31 件のコメント
並べ替え
キャンセル
コメント

4 [コメント]をクリックします。

5 コメントが投稿されます。

投稿したコメントのここをクリックすると、編集や、削除ができます。

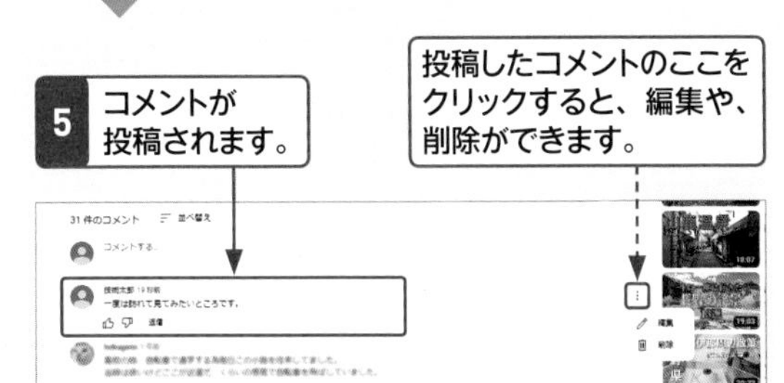
31 件のコメント
並べ替え
飯田市

重要度★★★ 動画の再生

Q 333 [後で見る]に動画を保存したい!

A [後で見る]をクリックして、[後で見る]に保存します。

気になる動画を見つけたが、今は見る時間がないという場合や、一度見た動画をもう一度見たいという場合は、[後で見る]に保存しておくと、いつでも好きなときに再生することができます。
[後で見る]はYouTubeのトップページや検索画面、再生中の動画から保存できます。

● 検索画面で保存する

1 ここをクリックして、

2 [[後で見る]に保存]をクリックします。

● 再生画面で保存する

1 再生画面のここをクリックして、

2 [保存]をクリックします。

3 [後で見る]をクリックして、

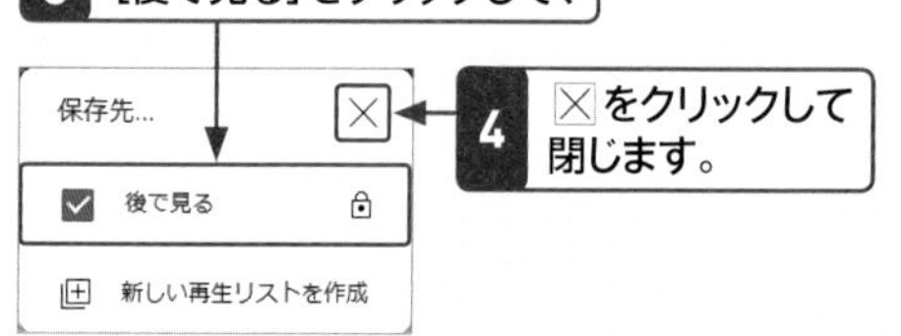

4 ☒をクリックして閉じます。

重要度★★★ 動画の再生

Q 334 [後で見る]に保存した動画を再生したい!

A [後で見る]を表示して動画を再生します。

[後で見る]に保存した動画を見るには、ガイドの[ライブラリ]をクリックして、[後で見る]を表示します。保存した動画が表示されるので、再生したい動画をクリックします。
また、[後で見る](あるいは[すべて表示])をクリックすると、[後で見る]ページが表示され、登録されている動画をまとめて再生したり、動画の保存先や位置を編集したりすることができます。

1 [ライブラリ]をクリックして、[後で見る]を表示すると、

2 保存した動画が表示されます。クリックすると再生されます。

3 [後で見る](あるいは[すべて表示])をクリックすると、

4 [後で見る]ページが表示されます。

ここをクリックすると、シャッフルして再生できます。

5 [すべて再生]をクリックすると、順番に再生されます。

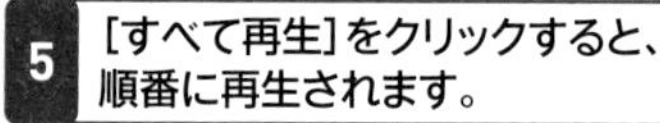

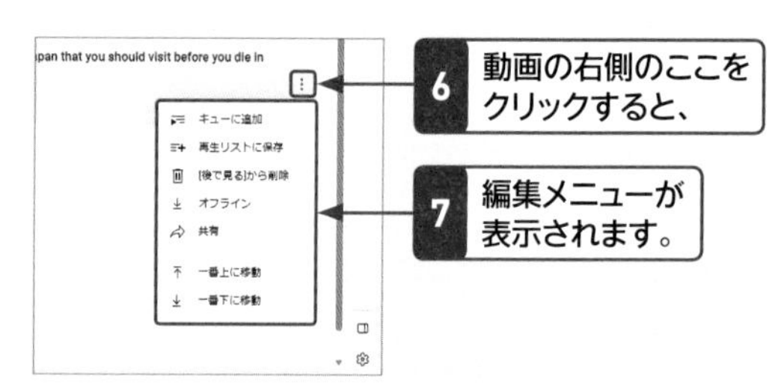

6 動画の右側のここをクリックすると、

7 編集メニューが表示されます。

重要度 ★★★ 動画の再生

Q335 [後で見る]に保存した動画を削除したい!

A ⋮ をクリックして[[後で見る]から削除]をクリックします。

[後で見る]に保存した動画を削除するには、ガイドの[ライブラリ]をクリックして、[後で見る]を表示します。削除したい動画の ⋮ をクリックして、[[後で見る]から削除]をクリックすると削除されます。

1 [ライブラリ]をクリックして、

2 [後で見る]を表示します。

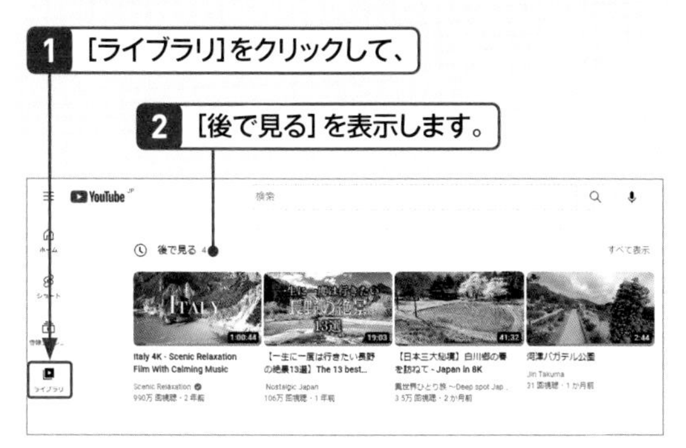

3 削除したい動画のここをクリックして、

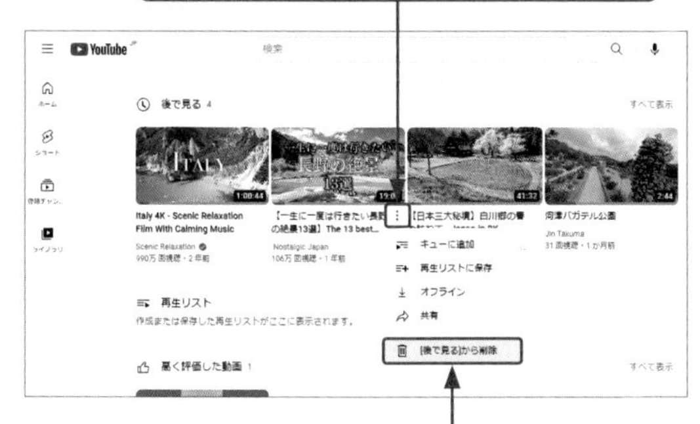

4 [[後で見る]から削除]をクリックすると、

5 リストから動画が削除されます。

重要度 ★★★ 動画の再生

Q336 履歴から動画を見たい!

A [ライブラリ]の[履歴]を表示します。

Googleアカウントでログインした状態で視聴した動画は、履歴として記録されます。以前視聴した動画をもう一度見たい場合は、ガイドの[ライブラリ]をクリックして、[履歴]を表示します。履歴の数が増えると、動画を見つけにくくなります。[再生履歴]ページでは、履歴を検索することもできます。

1 [ライブラリ]をクリックして、[履歴]を表示します。

2 [履歴](あるいは[すべて表示])をクリックして、

動画をクリックすると再生されます。

3 [再生履歴]ページを表示します。

4 動画を検索したい場合は検索ボックスをクリックして、キーワードを入力すると、

5 検索結果が表示されます。

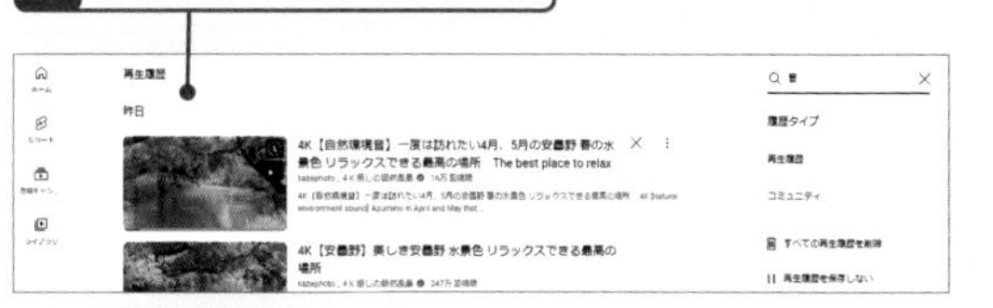

Q 337 履歴を削除したい！

A [ライブラリ]の[履歴]を表示して削除します。

履歴を削除するには、ガイドの［ライブラリ］をクリックして［履歴］を表示し、［履歴］（あるいは［すべて表示］）をクリックして、［再生履歴］ページを表示します。履歴は個別に削除したり、まとめて削除したりすることができます。なお、手順1の［履歴］画面から削除することもできます。
また、履歴の記録を一時的に停止することもできます。停止中に再生した動画は履歴には記録されません。履歴の記録を再開する場合は、［再生履歴を有効にする］をクリックします。

● 履歴を個別に削除する

1 ［ライブラリ］をクリックして、
2 履歴（あるいは［すべて表示］）をクリックします。
ここから削除することもできます。

3 ［［再生履歴］から削除］をクリックすると、

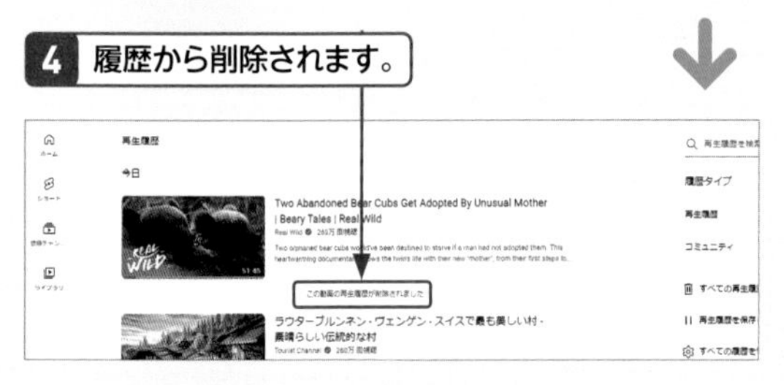
4 履歴から削除されます。

● すべての履歴をまとめて削除する

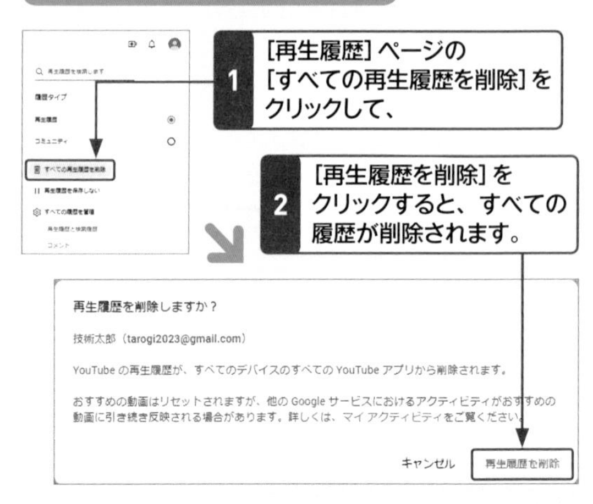
1 ［再生履歴］ページの［すべての再生履歴を削除］をクリックして、
2 ［再生履歴を削除］をクリックすると、すべての履歴が削除されます。
再生履歴を削除しますか？
技術太郎（tarogi2023@gmail.com）
YouTube の再生履歴が、すべてのデバイスのすべての YouTube アプリから削除されます。
おすすめの動画はリセットされますが、他の Google サービスにおけるアクティビティがおすすめの動画に引き続き反映される場合があります。詳しくは、マイ アクティビティをご覧ください。
キャンセル
再生履歴を削除

● 履歴の記録を一時的に停止する

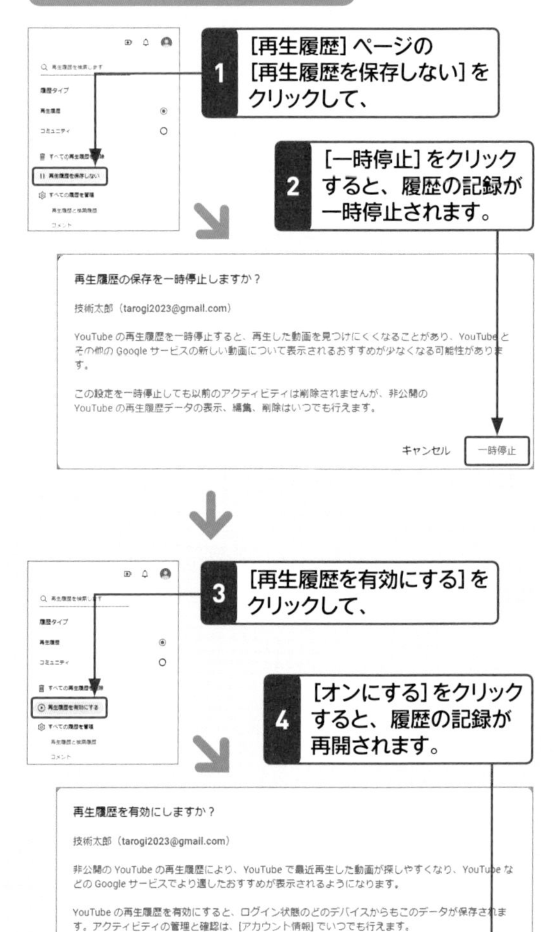
1 ［再生履歴］ページの［再生履歴を保存しない］をクリックして、
2 ［一時停止］をクリックすると、履歴の記録が一時停止されます。
再生履歴の保存を一時停止しますか？
技術太郎（tarogi2023@gmail.com）
YouTube の再生履歴を一時停止すると、再生した動画を見つけにくくなることがあり、YouTube とその他の Google サービスの新しい動画について表示されるおすすめが少なくなる可能性があります。
この設定を一時停止しても以前のアクティビティは削除されませんが、非公開の YouTube の再生履歴データの表示、編集、削除はいつでも行えます。
キャンセル
一時停止
3 ［再生履歴を有効にする］をクリックして、
4 ［オンにする］をクリックすると、履歴の記録が再開されます。
再生履歴を有効にしますか？
技術太郎（tarogi2023@gmail.com）
非公開の YouTube の再生履歴により、YouTube で最近再生した動画が探しやすくなり、YouTube などの Google サービスでより適したおすすめが表示されるようになります。
YouTube の再生履歴を有効にすると、ログイン状態のどのデバイスからもこのデータが保存されます。アクティビティの管理と確認は、［アカウント情報］でいつでも行えます。
キャンセル
オンにする

重要度 ★★★　動画の再生

Q 338 動画を共有したい！

A ［共有］をクリックして、共有方法を選択します。

お気に入りの動画を友人や家族と共有することができます。YouTubeで動画を共有するには、TwitterやFacebookなどのSNSを利用する、埋め込みコードを使って自分のブログなどに動画を埋め込む、YouTubeからメールを送信する、の3つの方法があります。
また、動画の特定の部分を共有することもできます。［開始位置］をクリックしてオンにし、開始時間を入力します。
なお、メールを指定した場合、相手が動画の受け取りを確認できないことがあります。この場合は、迷惑メールフォルダーなどを確認してもらいましょう。

SNSで共有する

1 共有する動画を再生して、

2 ［共有］をクリックします。

YouTube
Cute Animals - Cute Baby Panda Videos Compilation - Soo Cute #2
Cute Animal Planet
チャンネル登録
共有
オフライン
799 件のコメント
並べ替え

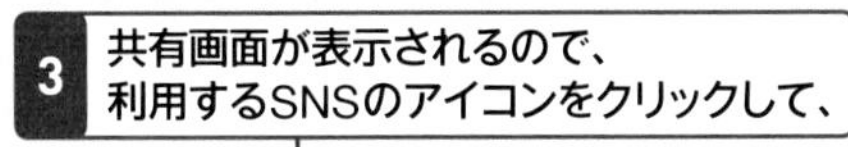
3 共有画面が表示されるので、利用するSNSのアイコンをクリックして、

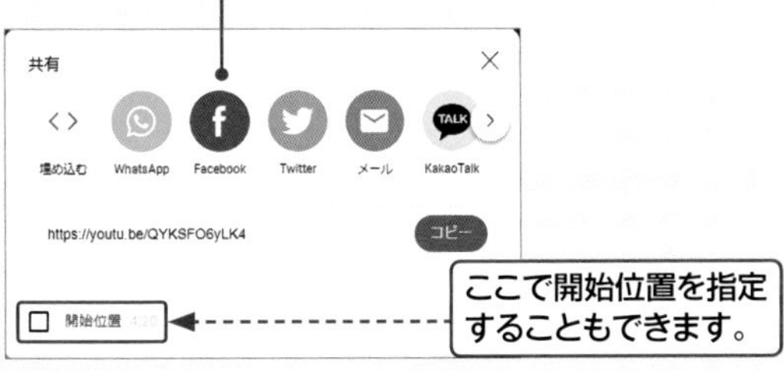
共有
埋め込む
WhatsApp
Facebook
Twitter
メール
KakaoTalk
https://youtu.be/QYKSFO6yLK4
コピー
開始位置

ここで開始位置を指定することもできます。

4 共有設定を行います。選択したSNSによって共有方法は異なります。

埋め込みコードを利用する

1 共有画面を表示して、

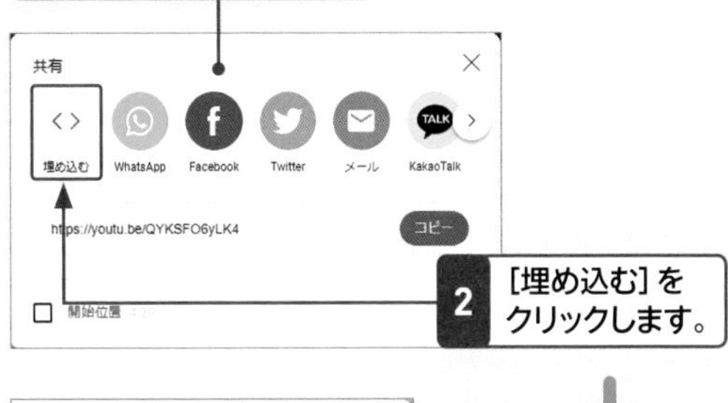
共有
埋め込む
WhatsApp
Facebook
Twitter
メール
KakaoTalk
https://youtu.be/QYKSFO6yLK4
コピー
開始位置

2 ［埋め込む］をクリックします。

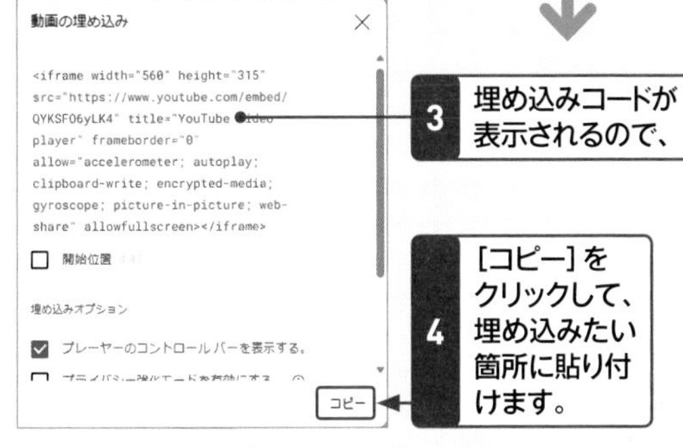
動画の埋め込み
<iframe width="560" height="315" src="https://www.youtube.com/embed/QYKSFO6yLK4" title="YouTube video player" frameborder="0" allow="accelerometer; autoplay; clipboard-write; encrypted-media; gyroscope; picture-in-picture; web-share" allowfullscreen></iframe>
開始位置
埋め込みオプション
プレーヤーのコントロールバーを表示する。
コピー

3 埋め込みコードが表示されるので、

4 ［コピー］をクリックして、埋め込みたい箇所に貼り付けます。

メールで送信する

1 共有画面を表示して、

2 ［メール］をクリックします。

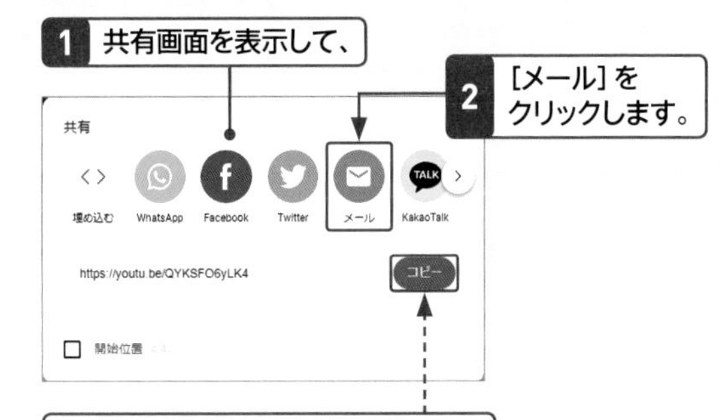
共有
埋め込む
WhatsApp
Facebook
Twitter
メール
KakaoTalk
https://youtu.be/QYKSFO6yLK4
コピー
開始位置

［コピー］をクリックして、メールに貼り付けることもできます。

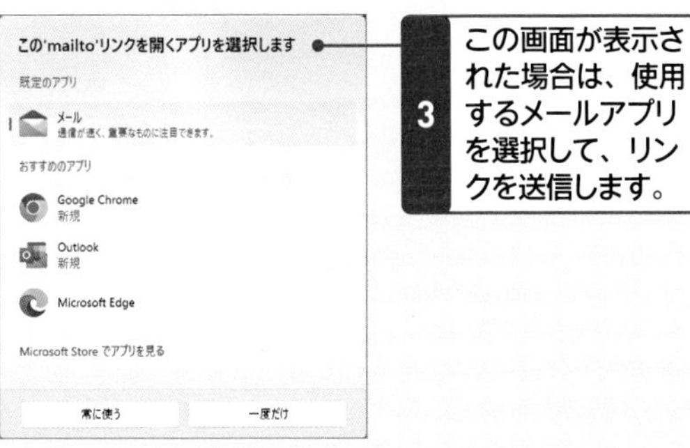
この'mailto'リンクを開くアプリを選択します
既定のアプリ
メール
おすすめのアプリ
Google Chrome
新規
Outlook
新規
Microsoft Edge
Microsoft Store でアプリを見る
常に使う
一度だけ

3 この画面が表示された場合は、使用するメールアプリを選択して、リンクを送信します。

重要度 ★★★ 動画の再生

Q 339 ショート動画を見たい!

A ガイドの[ショート]をクリックします。

ショート動画とは、おもにスマートフォンで撮影された60秒以内で縦型の動画のことです。ガイドの[ショート]をクリックすると、投稿されたショート動画が表示されます。スクロールするか、画面右の上下にある ↑ / ↓ をクリックしながら、動画を探します。見たい動画を表示すると再生され、画面上をクリックすると再生が停止します。
[高く評価] あるいは [低く評価] をクリックして評価したり、[コメント] をクリックしてコメントを送信したり、ほかの人と共有したりすることができます。… をクリックすると、字幕などショート動画に対する設定ができます。

1 ガイドの[ショート]をクリックすると、
2 ショート動画が表示されます。

3 見たい動画を表示して再生します。
4 画面上をクリックすると、再生が停止します。
ここをクリックすると、字幕などの設定ができます。

重要度 ★★★ 再生リスト

Q 340 再生リストに動画を登録したい!

A 動画の[保存]から[新しい再生リストを作成]をクリックします。

再生リストとは、自分で作成できる動画リストのことです。お気に入りの動画を1つのフォルダーにまとめておけるので、いつでも好きなときに再生できます。再生画面の下にある[保存](画面によっては … をクリックして、[保存])をクリックして、[新しい再生リストを作成]をクリックし、名前を入力します。再生リストはいくつでも作成できます。作成した再生リストに動画を追加する場合は、[保存]をクリックし、保存したい再生リストをクリックしてオンにします。

1 動画の再生画面を表示して、
長野の四季 Sketches of Nagano,Four Seasons Digest
JAPAN GEOGRAPHIC
チャンネル登録
共有
オフライン
保存
2 [保存]をクリックします。

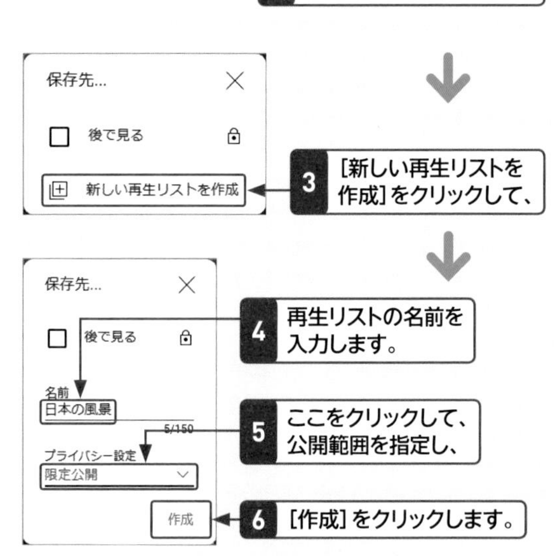
保存先...
後で見る
新しい再生リストを作成
3 [新しい再生リストを作成]をクリックして、
4 再生リストの名前を入力します。
名前
日本の風景
5/150
プライバシー設定
限定公開
5 ここをクリックして、公開範囲を指定し、
作成
6 [作成]をクリックします。

重要度 ★★★　再生リスト

Q 341 再生リストを確認したい！

A [ライブラリ]の[再生リスト]を表示します。

作成した再生リストを確認するには、ガイドの[ライブラリ]をクリックして、[再生リスト]を表示すると、確認できます。表示順を名前順に変更したい場合は、[新しい順]をクリックして、[名前順(昇順)]をクリックします。[再生リストの全体を見る]をクリックすると、[再生リスト]ページが表示されます。 参照▶Q 340

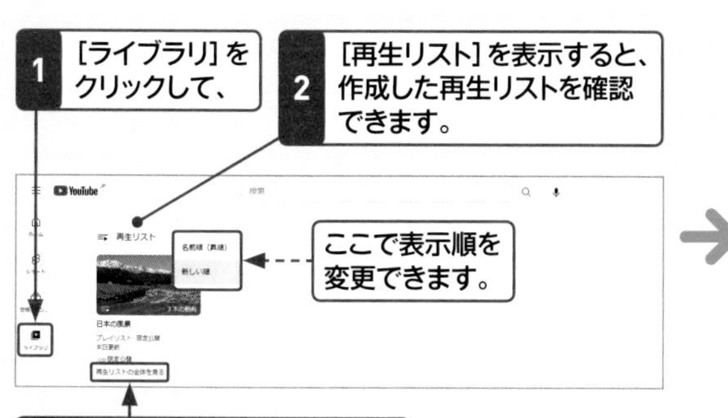
1 [ライブラリ]をクリックして、
2 [再生リスト]を表示すると、作成した再生リストを確認できます。
ここで表示順を変更できます。
3 [再生リストの全体を見る]をクリックすると、

4 [再生リスト]ページが表示されます。
日本の風景
5 [すべて再生]をクリックすると、順番に動画が再生されます。

重要度 ★★★　再生リスト

Q 342 再生リストを編集したい！

A [再生リスト]ページで編集します。

再生リストを編集するには、[再生リスト]ページを表示します。再生リストのタイトルは、[タイトルを編集] をクリックすると変更できます。[並べ替え]をクリックすると、再生順を変更できます。また、再生リスト自体を削除したい場合は、 をクリックして、[再生リストを削除]をクリックします。 参照▶Q 341

● タイトルを変更する

1 をクリックして、タイトルを変更し、
並べ替え
日本の美しい風景
キャンセル
保存
技術太郎
限定公開
2 [保存]をクリックします。

● 再生順を変更する

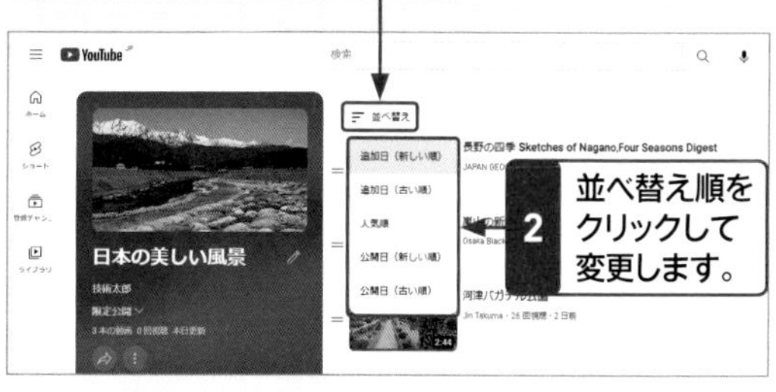
1 [並べ替え]をクリックして、
2 並べ替え順をクリックして変更します。
日本の美しい風景

● 再生リストを削除する

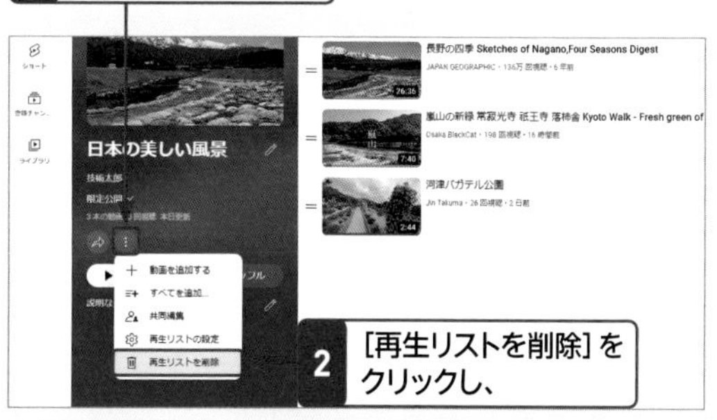
1 ここをクリックして、
2 [再生リストを削除]をクリックし、
日本の美しい風景

3 [削除]をクリックします。

重要度 ★★★　チャンネルの登録

Q 343 チャンネルを登録したい！

A 動画の［チャンネル登録］をクリックします。

関心のあるチャンネルを登録すると、チャンネル内の動画をまとめて見ることができます。また新着動画の通知を受け取ることもできます。チャンネルを登録するには、動画の再生画面の下（あるいは画面内）にある［チャンネル登録］をクリックします。チャンネル登録を解除したい場合は、［登録済み］をクリックします。

画面内に表示される場合もあります。

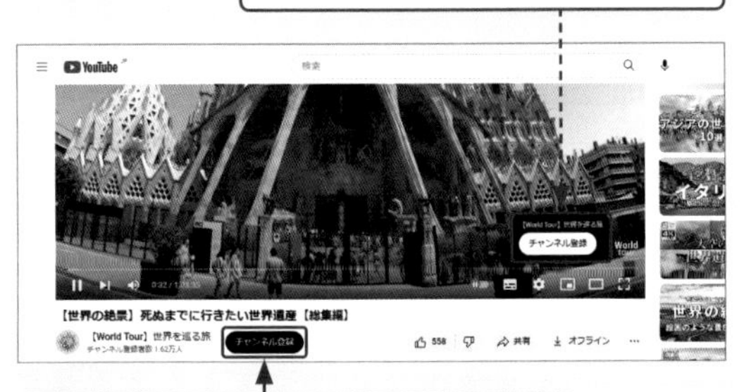

1 登録したい動画の［チャンネル登録］をクリックすると、

2 チャンネルが登録され［登録済み］に変わります。クリックすると、

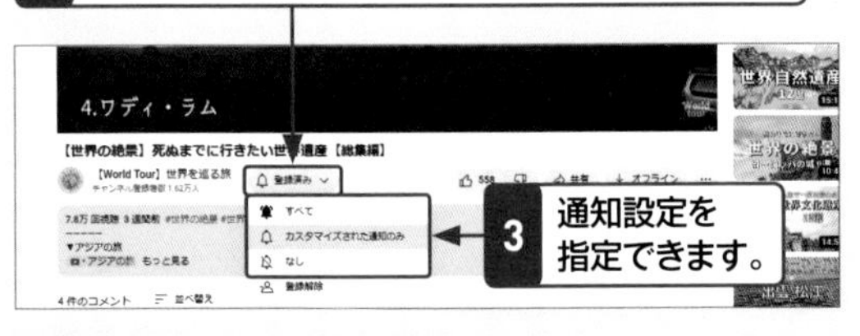

3 通知設定を指定できます。

● 登録チャンネルを解除する

1 ガイドの［登録チャンネル］をクリックして、右上の［管理］をクリックします。

2 ［登録済み］をクリックして、

3 ［登録解除］→［登録解除］をクリックします。

重要度 ★★★　チャンネルの登録

Q 344 自分用のチャンネルを作成したい！

A アカウントアイコンから、［チャンネルを作成］をクリックします。

チャンネルとは自分用のスペースのことで、投稿したコメントや投稿した動画、作成した再生リストなどの情報を管理するページです。チャンネルを作成するには、アカウントアイコンをクリックして、［チャンネルを作成］をクリックします。

なお、ほかの人の動画にコメントを投稿した場合は自動的にチャンネルが作成されるので、ここでの操作は不要です。

参照▶Q 332

1 アカウントアイコンをクリックして、

2 ［チャンネルを作成］をクリックします。

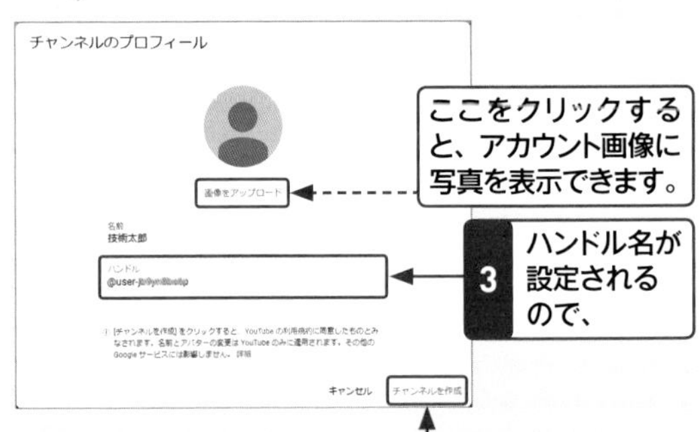

ここをクリックすると、アカウント画像に写真を表示できます。

3 ハンドル名が設定されるので、

4 ［チャンネルを作成］をクリックすると、

5 自分用のチャンネルが作成されます。

重要度 ★★★ チャンネルの登録

Q 345 自分用のチャンネルを編集したい!

A アカウントアイコンから[チャンネル]をクリックして編集します。

自分用のチャンネルを編集するには、アカウントアイコンをクリックして、[チャンネル]をクリックし、[チャンネルをカスタマイズ]をクリックします。チャンネルのレイアウト、ブランディング、基本情報をそれぞれ編集できますが、ここでは、[ブランディング]でバナー画像を設定しましょう。

1 アカウントアイコンをクリックして、

技術太郎
Google アカウントを管理
チャンネル
YouTube Studio
アカウントを切り替える
ログアウト
ペット
最近アップロードされた動画
新しい動画の発見

2 [チャンネル]をクリックし、

3 [チャンネルをカスタマイズ]をクリックします。

技術太郎
チャンネルをカスタマイズ
動画を管理

4 ようこそ画面が表示された場合は[続行]をクリックします。

5 [ブランディング]をクリックして、

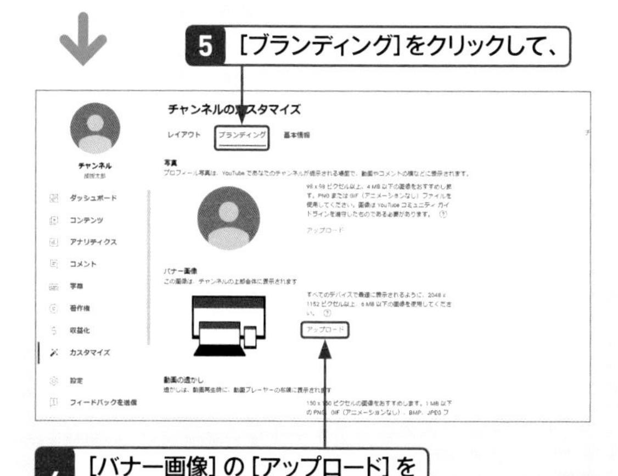

チャンネルのカスタマイズ
レイアウト
ブランディング
基本情報
写真
バナー画像
アップロード
動画の透かし
ダッシュボード
コンテンツ
アナリティクス
コメント
字幕
著作権
収益化
カスタマイズ
設定
フィードバックを送信

6 [バナー画像]の[アップロード]をクリックします。

7 画像の保存先を指定して、

8 使用したい写真をクリックし、

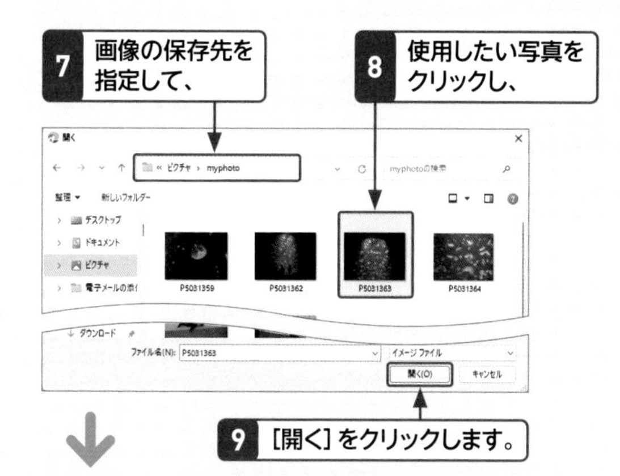

開く
ピクチャ › myphoto
整理
新しいフォルダー
デスクトップ
ドキュメント
ピクチャ
P5031359
P5031362
P5031363
P5031364
ダウンロード
ファイル名(N): P5031363
イメージ ファイル
開く(O)
キャンセル

9 [開く]をクリックします。

10 デバイスでの表示範囲が表示されるので、

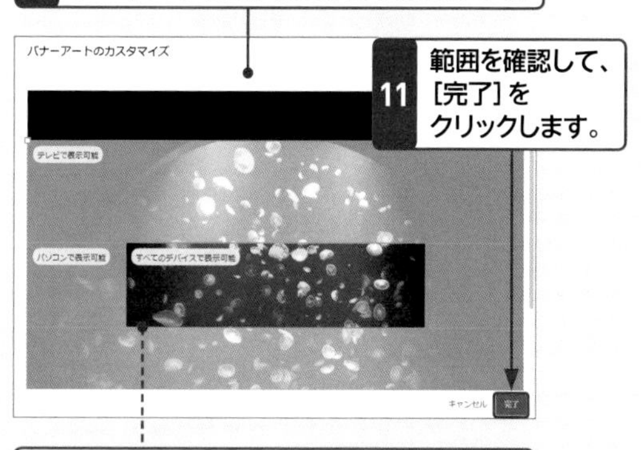

バナーアートのカスタマイズ
テレビで表示可能
パソコンで表示可能
すべてのデバイスで表示可能
キャンセル
完了

11 範囲を確認して、[完了]をクリックします。

画像の表示範囲はドラッグして変更できます。

12 [公開]をクリックして、

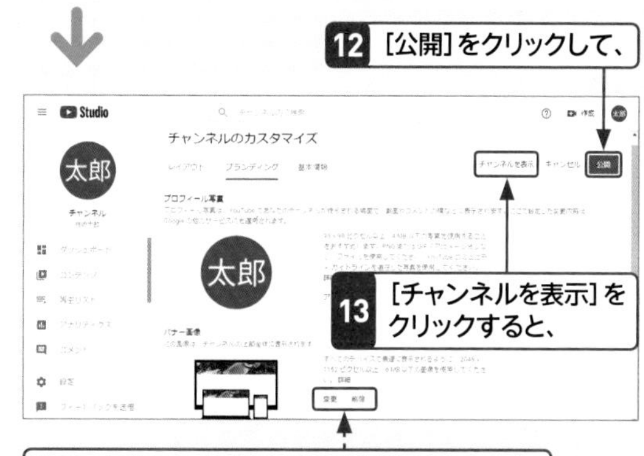

Studio
チャンネルのカスタマイズ
太郎
プロフィール写真
バナー画像
チャンネルを表示
キャンセル
公開
変更
削除

13 [チャンネルを表示]をクリックすると、

クリックすると、画像の変更や削除ができます。

14 チャンネルにバナー画像が設定されます。

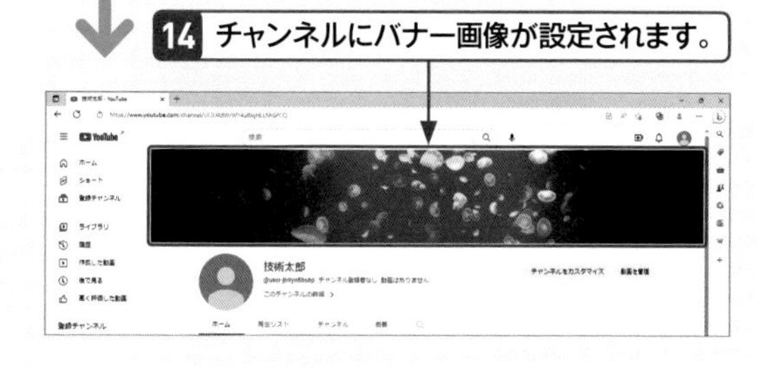

技術太郎
チャンネルをカスタマイズ
動画を管理

重要度 ★★★ 動画の投稿

Q 346 動画を投稿して公開したい！

A [作成] から [動画をアップロード] をクリックします。

YouTubeでは、投稿された動画を視聴するだけでなく、自分の動画を投稿して、ほかの人に見てもらうこともできます。動画はかんたんに投稿できますが、プライバシー（肖像権）や著作権にかかわることもあり得ます。公開する際は十分に注意しましょう。投稿した動画は自分の [チャンネル] にまとめられます。なお、投稿できる動画の長さは、初期設定では15分までです。

1 YouTubeのトップページやチャンネル画面などで、[作成] をクリックして、

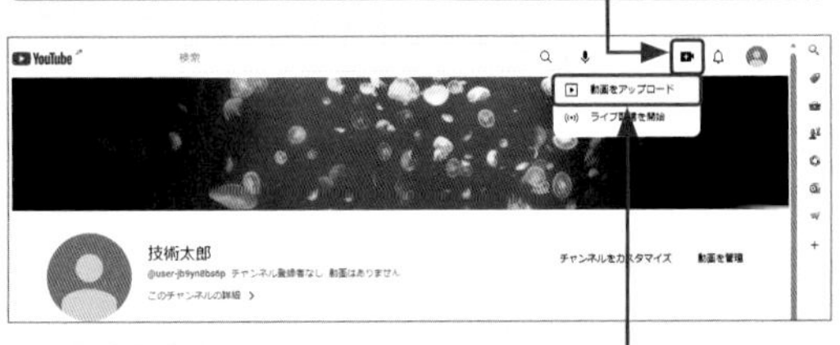
YouTube
動画をアップロード
技術太郎
チャンネルをカスタマイズ
動画を管理

2 [動画をアップロード]をクリックします。

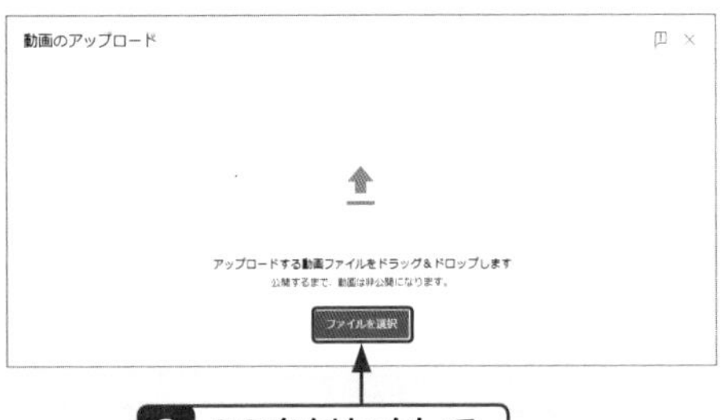
動画のアップロード
アップロードする動画ファイルをドラッグ＆ドロップします
公開するまで、動画は非公開になります。
ファイルを選択

3 ここをクリックして、

4 アップロードする動画をクリックし、

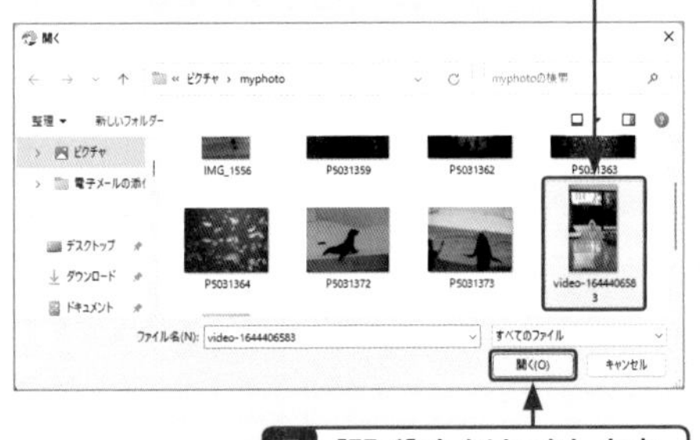
開く
ピクチャ > myphoto
P5031364
P5031372
P5031373
video-1644406583
ファイル名(N): video-1644406583
すべてのファイル
開く(O)
キャンセル

5 [開く] をクリックします。

6 アップロードが完了すると、コメントが表示されます。

元気なアイたち
詳細
動画の要素
チェック
公開設定
元気なアイたち
所狭しと駆け回る姿がたのしいです。
サムネイル
チェックが完了しました。問題は検出されませんでした。
ファイル名
video-1644406583.mp4
次へ

7 タイトルと説明を入力して、

8 [次へ]をクリックします。

9 動画が子ども向けかどうかを指定して、

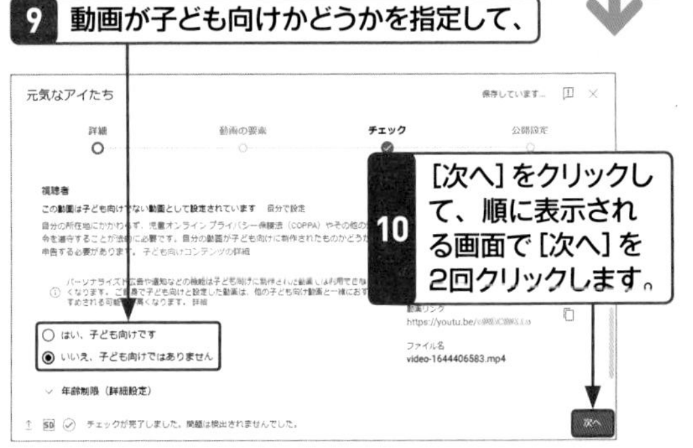
元気なアイたち
詳細
動画の要素
チェック
公開設定
視聴者
はい、子ども向けです
いいえ、子ども向けではありません
年齢制限（詳細設定）
video-1644406583.mp4
次へ

10 [次へ] をクリックして、順に表示される画面で [次へ] を2回クリックします。

11 公開範囲を指定して(ここでは[非公開])、

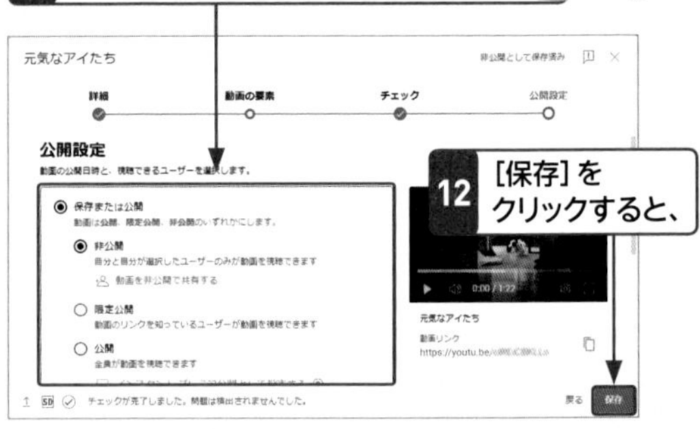
元気なアイたち
詳細
動画の要素
チェック
公開設定
公開設定
保存または公開
非公開
限定公開
公開
元気なアイたち
保存

12 [保存] をクリックすると、

13 動画がアップロードされます。

Studio
チャンネルのコンテンツ
動画
ライブ配信
再生リスト
ポッドキャスト
チャンネル
技術太郎
ダッシュボード
コンテンツ
アナリティクス
元気なアイたち
所狭しと駆け回る姿がたのしいです。
非公開
なし

Q 347 投稿した動画を編集したい！

A チャンネルの［コンテンツ］で編集します。

投稿した動画は、あとから編集することができます。動画のタイトルや説明、サムネイルの変更、再生リストの追加、タグ、字幕の挿入、公開範囲の変更など、さまざまな編集ができます。アカウントアイコンをクリックして、［YouTube Studio］をクリックし、［コンテンツ］をクリックして編集します。
ここでは、説明とサムネイルを変更してみましょう。

1 アカウントアイコンをクリックして、

技術太郎
Google アカウントを管理
自然
料理
最近アップロードされた動画
チャンネル
YouTube Studio
アカウントを切り替える
ログアウト
購入とメンバーシップ
GERMANY
4K
ULTRAHD

2 ［YouTube Studio］をクリックします。

3 ［コンテンツ］をクリックして、

Studio
チャンネル内で検索
チャンネルのダッシュボード
チャンネル
技術太郎
ダッシュボード
コンテンツ
アナリティクス
コメント
字幕
チャンネル アナリティク
現在のチャンネル登録者数
0
概要
過去 28 日間
視聴回数
総再生時間（時間）
人気の動画
過去 48 時間 視聴回数
最近の動画の指標を表示しますか？
動画をアップロードして公開してください。
動画をアップロード

4 編集する動画をクリックします。

Studio
チャンネル内で検索
チャンネルのコンテンツ
動画
ライブ配信
再生リスト
ポッドキャスト
フィルタ
チャンネル
技術太郎
ダッシュボード
コンテンツ
アナリティクス
コメント
元気なアイたち
2023/05/26

ここをクリックすると再生されます。

5 タイトルや説明を必要に応じて変更します。

保存する前に変更を取り消せます。

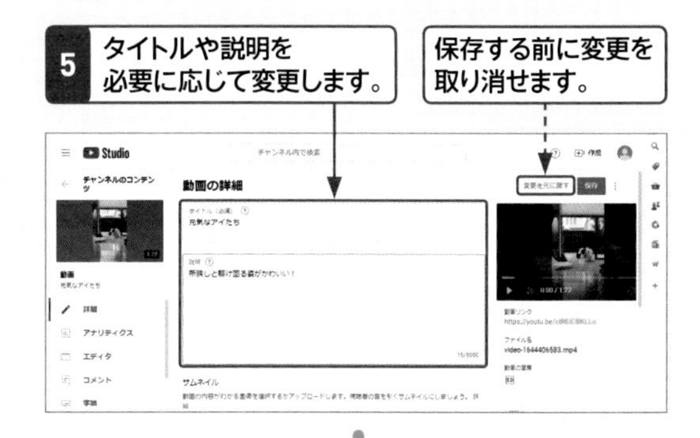

Studio
チャンネルのコンテンツ
動画の詳細
元気なアイたち
サムネイル
詳細
アナリティクス
エディタ
コメント
字幕

6 動画のサムネイルをクリックして変更し、

7 ［保存］をクリックします。

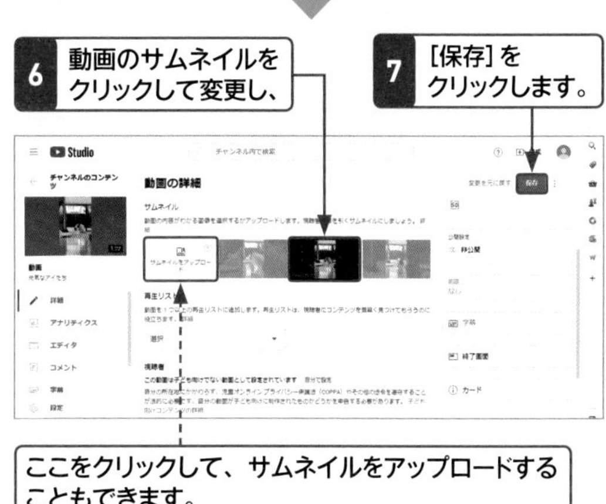

Studio
動画の詳細
サムネイル
再生リスト
視聴者
保存

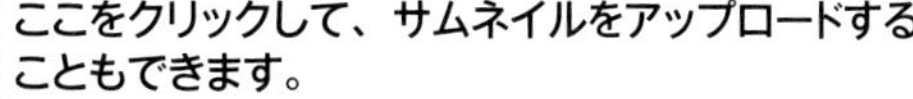

ここをクリックして、サムネイルをアップロードすることもできます。

8 アカウントアイコンをクリックして、

Studio
動画の詳細
技術太郎
チャンネル
YouTube
ログアウト

9 ［YouTube］をクリックすると、YouTubeのトップページに戻ります。

重要度 ★★★　動画の投稿

Q 348 無効なファイル形式と表示された！

A YouTubeで動作するファイル形式に変換します。

YouTubeでは、音声ファイル（.MP3、.WAVなど）や画像ファイル（.JPG、.PNGなど）は、投稿できません。投稿する前にファイル形式を確認しましょう。動画を投稿する際にエラーメッセージが表示された場合は、投稿可能なファイル形式に変換してから、投稿し直しましょう。

YouTubeでサポートされている動画のファイル形式は、以下のとおりです。

- .MPEG4
- .MP4
- .MOV
- .MPEG-1
- .MPEG-2
- .MPG
- .AVI
- .WMV
- .MPEGPS
- 3GPP
- .FLV
- .WebM
- DNxHR
- ProRes
- CineForm
- HEVC（h265）

なお、ファイルの形式を確認するには、ファイルの拡張子を表示させます。拡張子は、エクスプローラーを開いて、［表示］をクリックし、［表示］→［ファイル名拡張子］をクリックしてオンにすると表示できます。

重要度 ★★★　動画の投稿

Q 349 知り合いのみに動画を公開したい！

A 動画を［限定公開］に設定して、URLを連絡します。

動画を知り合いのみに公開したい場合は、公開範囲を［限定公開］にします。アカウントアイコンをクリックして、［YouTube Studio］から［コンテンツ］をクリックし、［チャンネルのコンテンツ］画面を表示します。［公開設定］を［限定公開］に設定して、共有リンク（URL）を取得し、公開する相手に連絡します。　参照▶Q 346

1 ［チャンネルのコンテンツ］画面を表示します。

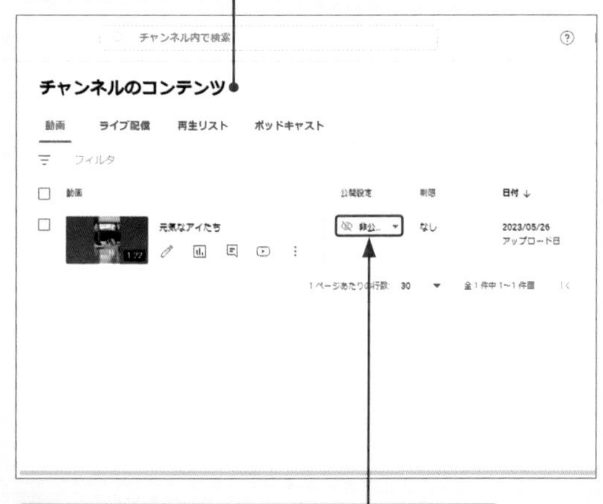
チャンネル内で検索
チャンネルのコンテンツ
動画
ライブ配信
再生リスト
ポッドキャスト
フィルタ
公開設定
制限
日付
元気なアイたち
なし
2023/05/26
アップロード日

2 公開範囲を変更する動画の［公開設定］のここをクリックして、

3 ［限定公開］をクリックしてオンにし、

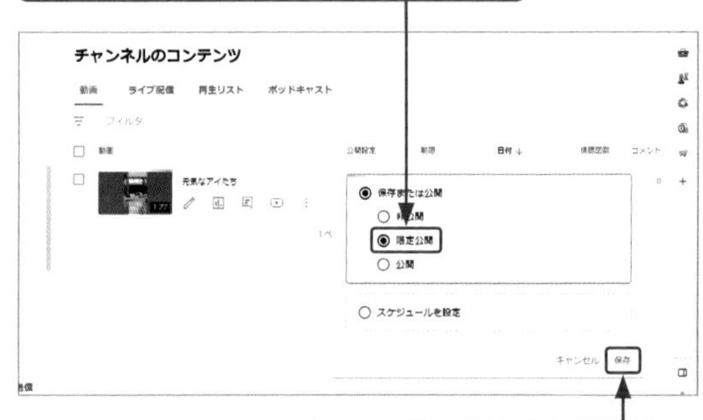
チャンネルのコンテンツ
限定公開
公開
スケジュールを設定
キャンセル
保存

4 ［保存］をクリックします。

5 ［オプション］をクリックして、

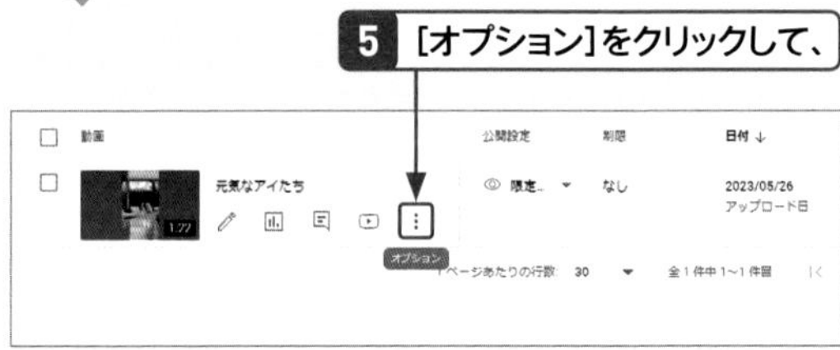
動画
公開設定
制限
日付
元気なアイたち
なし
2023/05/26
アップロード日
オプション

6 ［共有可能なリンクを取得］をクリックし、

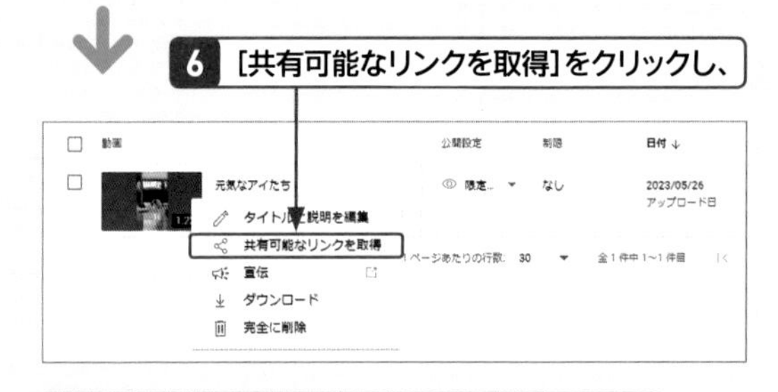
元気なアイたち
共有可能なリンクを取得
宣伝
ダウンロード
完全に削除
2023/05/26
アップロード日

7 公開する相手にリンク（URL）を連絡します。

重要度 ★★★　動画の投稿

Q 350 動画の公開日時を設定したい！

A 動画の［公開設定］で公開日時を予約します。

投稿する際に［非公開］に設定した動画は、公開する日時を予約することができます。アカウントアイコンをクリックして、［YouTube Studio］から［コンテンツ］をクリックし、［チャンネルのコンテンツ］画面を表示して、［公開設定］で設定します。

参照▶Q 346

1 ［チャンネルのコンテンツ］画面を表示します。

2 公開日時を予約する動画の公開設定をクリックして、

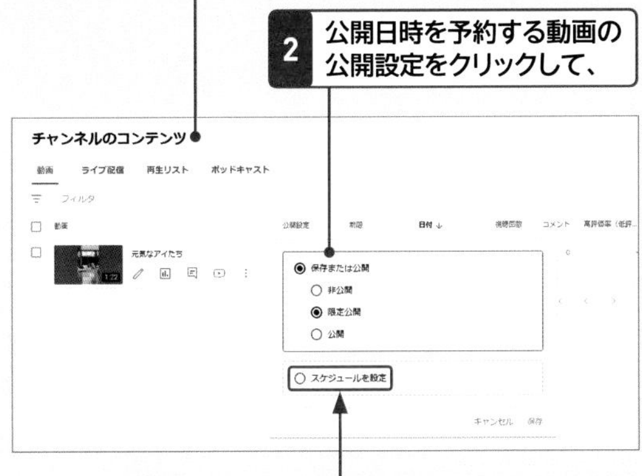

3 ［スケジュールを設定］をクリックします。

4 公開日と時間を指定して、

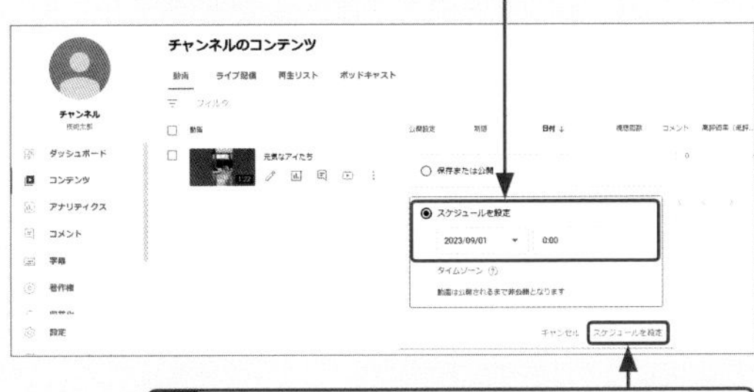

5 ［スケジュールを設定］をクリックすると、

6 公開予約が設定されます。

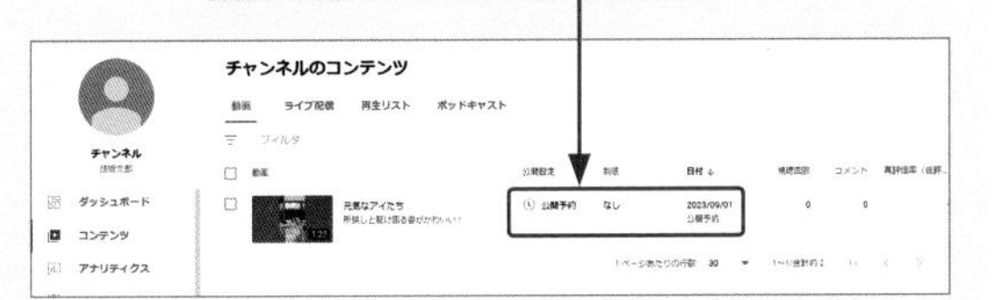

重要度 ★★★　動画の投稿

Q 351 動画を非公開にしたい！

A 動画の［公開設定］で公開範囲を［非公開］に設定します。

［限定公開］や［公開］に設定した動画を［非公開］に変更するには、アカウントアイコンをクリックして、［YouTube Studio］から［コンテンツ］をクリックし、［チャンネルのコンテンツ］画面の［公開設定］で変更します。

参照▶Q 346

1 ［チャンネルのコンテンツ］画面を表示します。

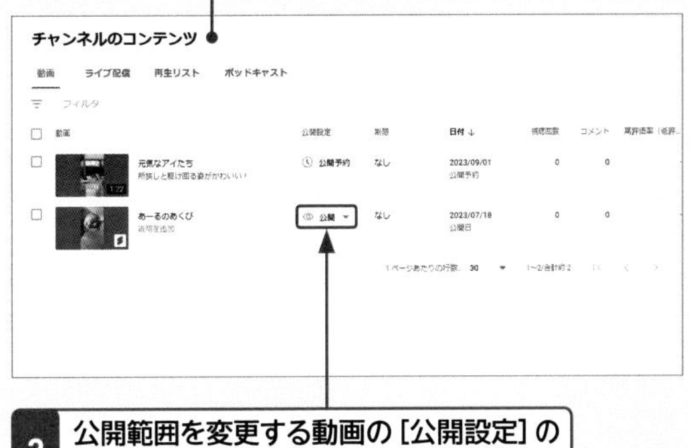

2 公開範囲を変更する動画の［公開設定］のここをクリックして、

3 ［非公開］をクリックしてオンにします。

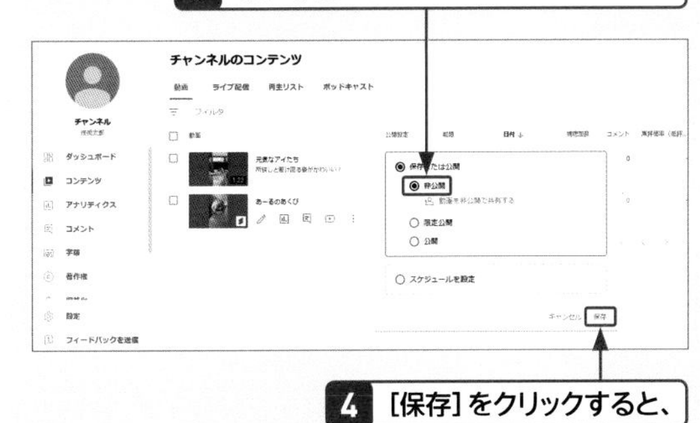

4 ［保存］をクリックすると、

5 公開範囲が［非公開］に設定されます。

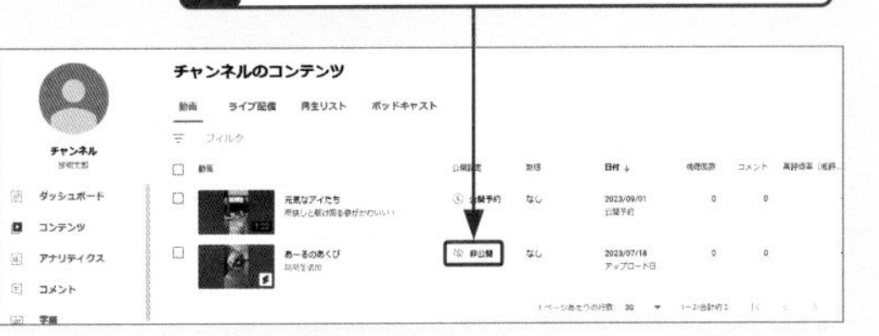

重要度 ★★★ 動画の投稿

Q 352 公開した動画の閲覧状況を分析したい!

A チャンネルの[アナリティクス]で確認します。

アナリティクスは、Googleが提供する無料のアクセス解析ツールです。アナリティクスを利用すると、自分が公開した動画の視聴回数や総再生時間、チャンネル登録者、ユーザー層、再生場所など、さまざまな情報を確認することができます。

1 アカウントアイコンをクリックして、

2 [YouTube Studio]をクリックします。

3 [アナリティクス]をクリックすると、

4 公開した動画の情報が表示されます。

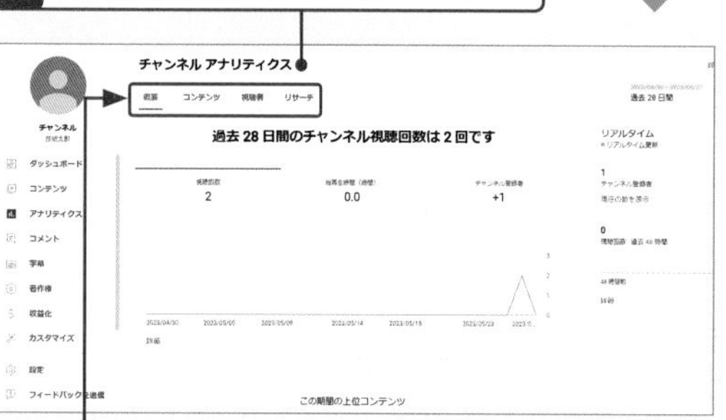

5 それぞれのタブをクリックすると、データを確認できます。

重要度 ★★★ 動画の投稿

Q 353 投稿した動画を削除したい!

A チャンネルの[コンテンツ]で削除します。

投稿した動画は削除することができます。アカウントアイコンをクリックして、[YouTube Studio]から[コンテンツ]をクリックし、表示される[チャンネルのコンテンツ]画面で削除します。動画を削除すると完全に削除され、もとに戻すことはできません。

1 [チャンネルのコンテンツ]画面を表示します。

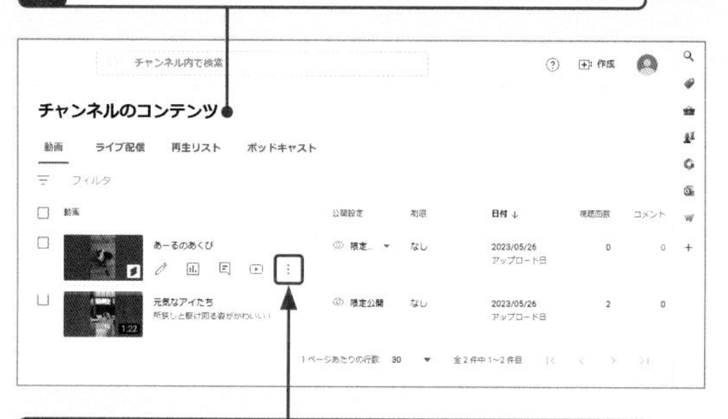

2 削除する動画にマウスポインターを合わせて、[オプション]をクリックし、

3 [完全に削除]をクリックします。

4 ここをクリックしてオンにし、

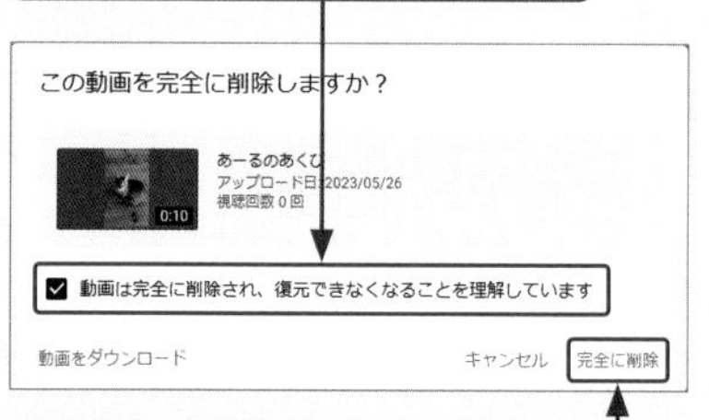
この動画を完全に削除しますか？
動画は完全に削除され、復元できなくなることを理解しています
動画をダウンロード
キャンセル
完全に削除

5 [完全に削除]をクリックします。

第9章

Google Chrome

重要度★★★ Google Chromeの基本

Q 354 Google Chromeとは？

A Googleが開発したWebブラウザーです。

Google Chromeは、Googleが開発したWebブラウザーです。頻繁に利用するWebページのタブを固定したり、ページをすばやく翻訳したり、拡張機能を追加して使いやすいようにカスタマイズしたりするなど、Webページを快適に閲覧するための機能が豊富に用意されています。また、パソコンやスマートフォン、タブレット間で、閲覧履歴、各種設定、ブックマーク、開いているタブなどを同期できるので、すべての端末で同じようにWebページを閲覧できます。

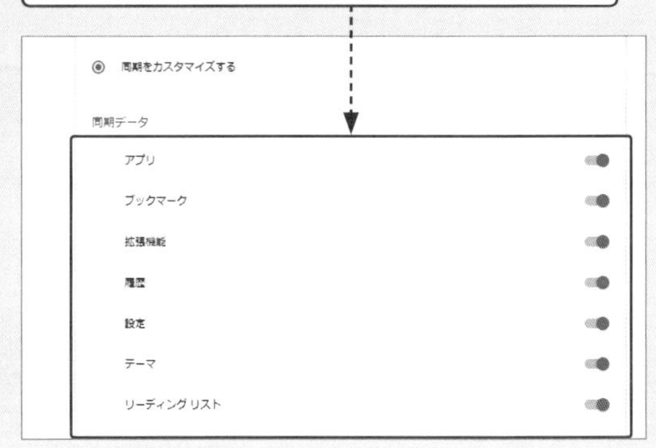
各端末間でGoogle Chromeの設定や履歴、ブックマーク、テーマ、拡張機能などを同期できます。
同期をカスタマイズする
同期データ
アプリ
ブックマーク
拡張機能
履歴
設定
テーマ
リーディング リスト

重要度★★★ Google Chromeの基本

Q 355 Google Chromeの画面構成を知りたい！

A 下図で各部の名称と機能を確認しましょう。

Google Chromeの画面は、設定や利用状況で表示が異なりますが、基本的にはGoogleと同様にシンプルな画面構成が特徴です。トップページには、検索にも利用できるアドレスバー、前や次のページに移動するコマンド、ページの再読み込み、新しいタブ、ブックマーク、Google Chromeの設定コマンドなどが表示されます。

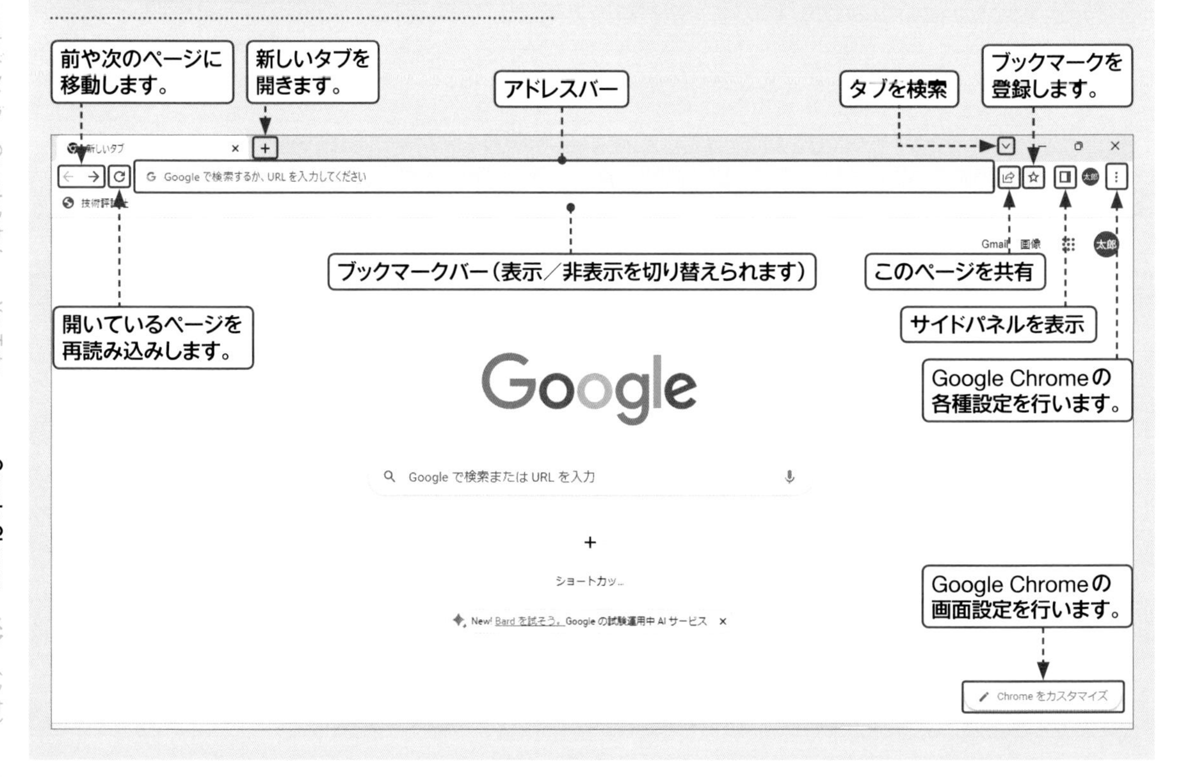
前や次のページに移動します。
新しいタブを開きます。
アドレスバー
タブを検索
ブックマークを登録します。
新しいタブ
Google で検索するか、URL を入力してください
ブックマークバー（表示／非表示を切り替えられます）
このページを共有
サイドパネルを表示
開いているページを再読み込みします。
Google Chromeの各種設定を行います。
Gmail 画像
Google
Google で検索または URL を入力
ショートカッ...
New! Bard を試そう。Google の試験運用中 AI サービス
Google Chromeの画面設定を行います。
Chrome をカスタマイズ

Q 356 Google Chromeをインストールしたい！

A [Googleアプリ]からChromeのダウンロード画面を表示します。

Google Chromeをインストールするには、Googleのトップページで[Googleアプリ]をクリックして、[Chrome]をクリックし、[Chromeをダウンロード]をクリックします。

1 Googleのトップページで[Googleアプリ]をクリックして、

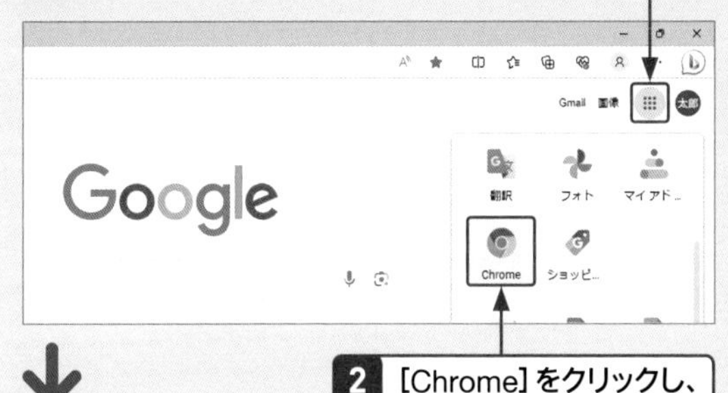
Google
Gmail
画像
翻訳
フォト
Chrome
2 [Chrome]をクリックし、

だんぜん、
Chrome

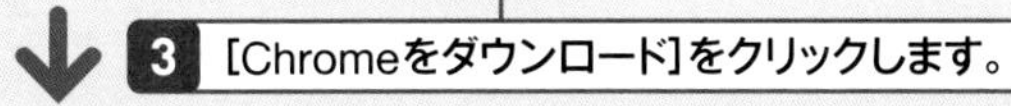
3 [Chromeをダウンロード]をクリックします。

ダウンロード
ChromeSetup.exe
ファイルを開く
もっと見る
4 [ファイルを開く]をクリックすると、ダウンロードとインストールが開始されます。

Chrome を独自にカスタマイズ
ログインすると追加の機能を使用できます
ログイン
ログインしない
5 [ログイン]をクリックして、

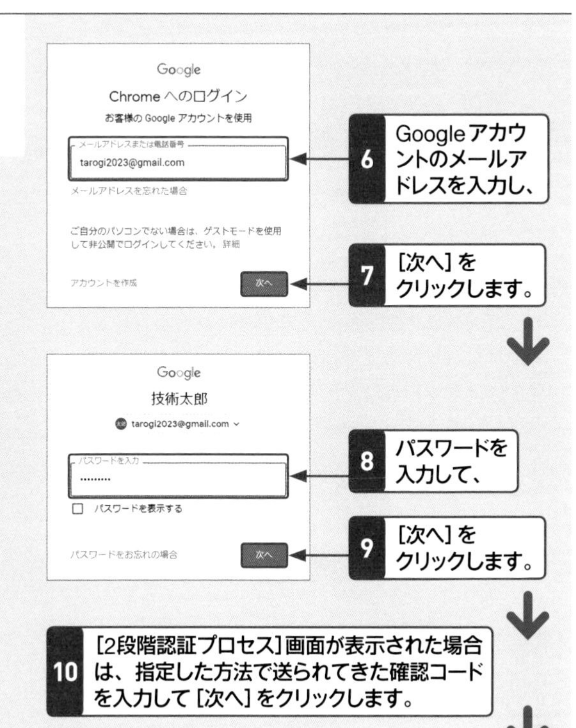
Google
Chrome へのログイン
お客様の Google アカウントを使用
tarogi2023@gmail.com
次へ
6 Googleアカウントのメールアドレスを入力し、
7 [次へ]をクリックします。
Google
技術太郎
tarogi2023@gmail.com
パスワードを表示する
次へ
8 パスワードを入力して、
9 [次へ]をクリックします。

10 [2段階認証プロセス]画面が表示された場合は、指定した方法で送られてきた確認コードを入力して[次へ]をクリックします。

太郎
同期を ON にする
データをバックアップして、他のデバイスで使用
ブックマーク
自動入力
拡張機能
履歴、その他
ONにする
11 同期する場合は[ONにする]をクリックします。

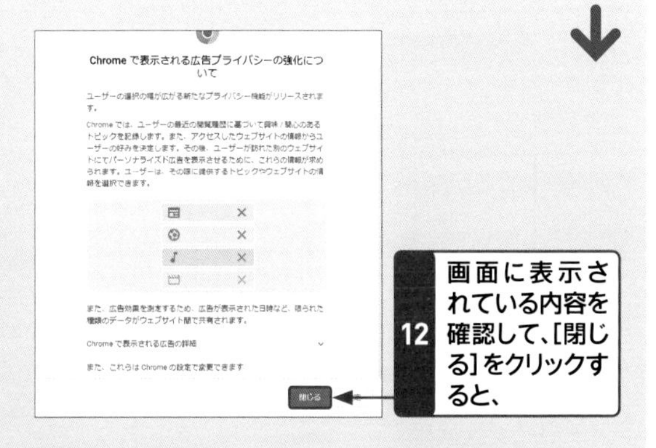
Chrome で表示される広告プライバシーの強化について
閉じる
12 画面に表示されている内容を確認して、[閉じる]をクリックすると、

13 Google Cromeのトップページが表示されます。

重要度 ★★★ Google Chromeの基本

Q 357 起動時に開くWebページを設定したい!

A [Google Chromeの設定]から[設定]をクリックして変更します。

Google Chromeを起動すると、初期設定ではGoogleのトップページが表示されますが、このページは、自由に変更することができます。[Google Chromeの設定] ⋮ をクリックして、[設定]をクリックします。[設定]画面の[起動時]をクリックして、WebページのURLを指定します。また、あらかじめ起動時に表示させたいWebページを表示しておき、[現在のページを使用]をクリックしても設定できます。

もとのGoogleのトップページに戻したい場合は、設定したWebページを削除します。

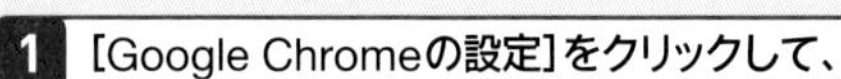

1 [Google Chromeの設定]をクリックして、

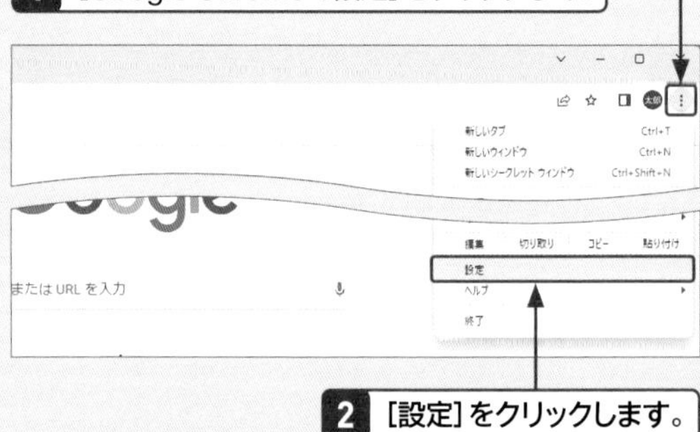
新しいタブ Ctrl+T
新しいウィンドウ Ctrl+N
新しいシークレット ウィンドウ Ctrl+Shift+N
編集 切り取り コピー 貼り付け
設定
ヘルプ
終了
または URL を入力

2 [設定]をクリックします。

3 [起動時]をクリックして、

4 [特定のページまたはページセットを開く]をクリックしてオンにし、

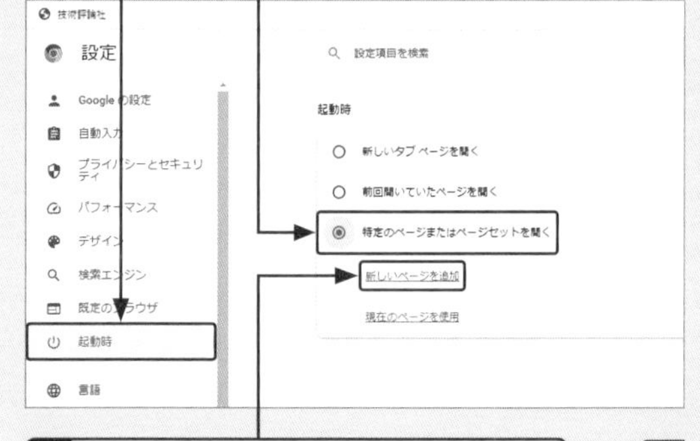
設定
設定項目を検索
Google の設定
自動入力
プライバシーとセキュリティ
パフォーマンス
デザイン
検索エンジン
既定のブラウザ
起動時
言語
新しいタブ ページを開く
前回開いていたページを開く
特定のページまたはページセットを開く
新しいページを追加
現在のページを使用

5 [新しいページを追加]をクリックします。

6 起動時に開きたいWebページのURLを入力し、

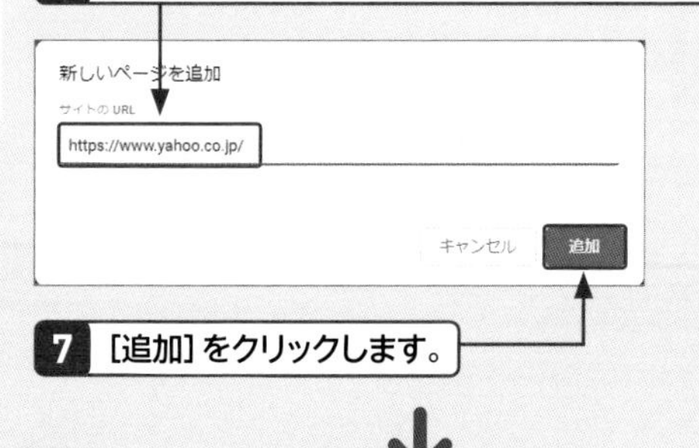
新しいページを追加
サイトの URL
https://www.yahoo.co.jp/
キャンセル
追加

7 [追加]をクリックします。

8 Google Chromeを再起動すると、指定したWebページが表示されます。

● もとのGoogleのトップページに戻す

1 手順3の[起動時]画面を表示して、

起動時
新しいタブ ページを開く
前回開いていたページを開く
特定のページまたはページセットを開く
Yahoo! JAPAN
https://www.yahoo.co.jp/
新しいページを追加
現在のページを使用

2 設定したWebページのここをクリックし、

起動時
新しいタブ ページを開く
前回開いていたページを開く
特定のページまたはページセットを開く
Yahoo! JAPAN
https://www.yahoo.co.jp/
編集
削除
新しいページを追加
現在のページを使用

3 [削除]をクリックします。

重要度 ★★★ キーワード検索

Q 358 Webページを検索したい!

A アドレスバーにキーワードを入力して検索します。

Webページを検索するには、アドレスバーにキーワードを入力して検索します。なお、キーワードを入力しはじめると表示される検索候補に該当するキーワードがある場合は、クリックするとキーワードとして指定できます。Google Chromeでは、インターネット、ブックマーク、閲覧履歴から必要な情報を検索することができます。

1 アドレスバーをクリックして、キーワードを入力し、

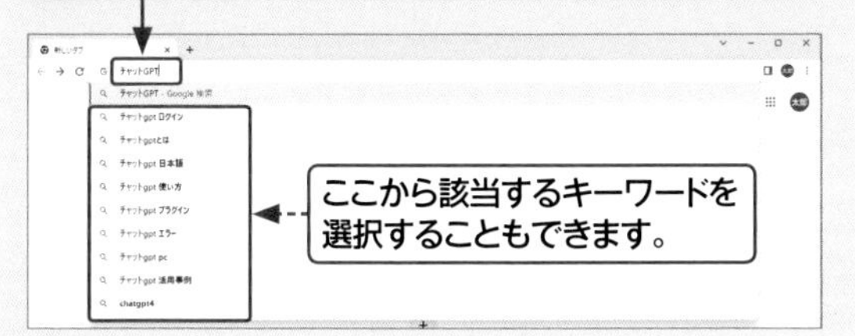

ここから該当するキーワードを選択することもできます。

2 Enter を押すと、

3 Googleの検索結果が表示されます。

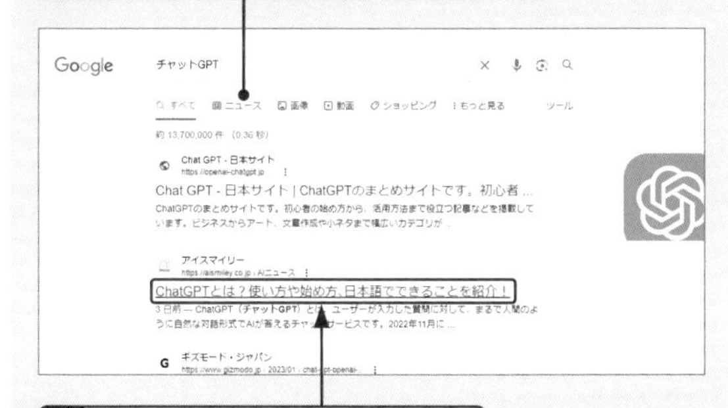

4 見たいページをクリックすると、

5 知りたい情報に関するWebページが表示されます。

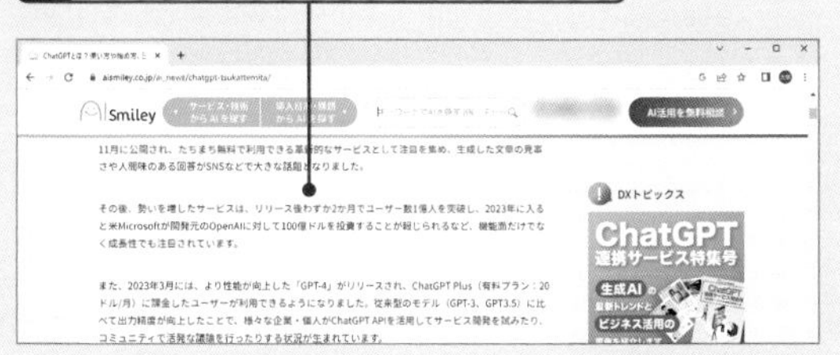

重要度 ★★★ キーワード検索

Q 359 Webページ上のテキストから検索したい!

A 語句を右クリックし、[Googleで「○○」を検索]をクリックします。

Google ChromeでWebページを閲覧中に、詳しく知りたい語句や画像などが出てきた場合、かんたんに検索することができます。調べたい語句(テキスト)を選択して右クリックし、[Googleで「○○」を検索]をクリックします。新しいタブを開いて検索キーワードを入力する手間が省けるので便利です。画像の場合も同様の方法で、[Googleで画像を検索]をクリックすると検索できます。

1 Webページ上で調べたい語句をドラッグして選択します。

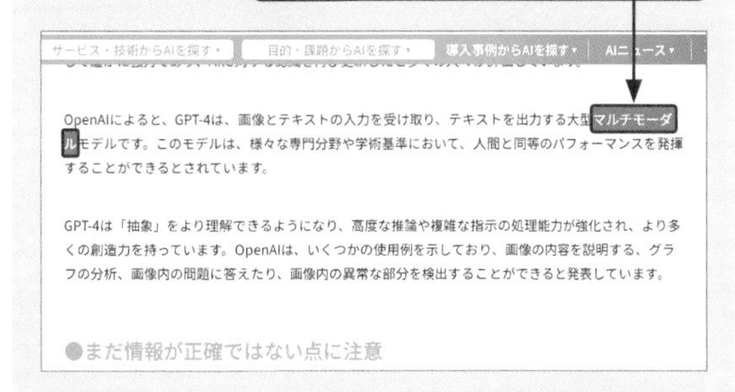

2 選択した語句を右クリックして、

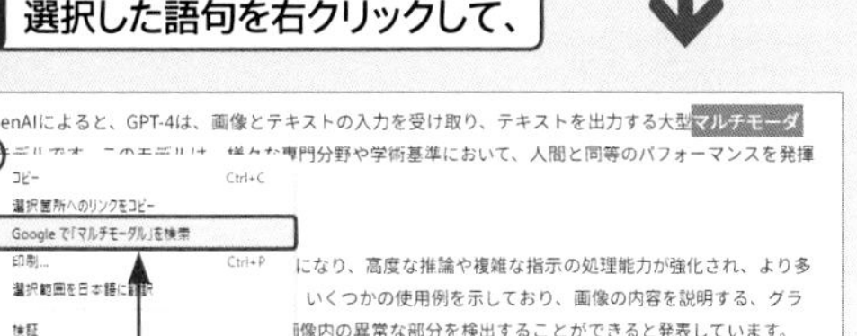

3 [Googleで「○○」を検索]をクリックすると、

4 検索結果が新しいタブで開きます。

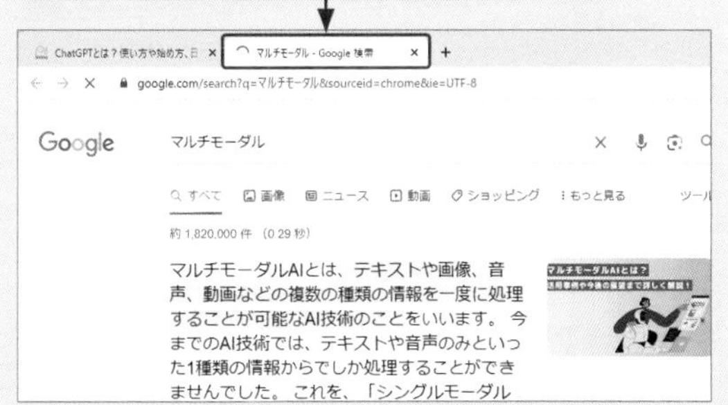

重要度 ★★★　キーワード検索

Q 360 Webページ内のキーワードを検索したい！

A [Google Chromeの設定]から[検索]をクリックします。

Google ChromeではWebページ内の特定の語句を検索することができます。[Google Chromeの設定] ⋮ をクリックして[検索]をクリックし、上部に表示される検索ボックスを利用します。キーワードを入力すると、該当する語句がハイライト表示されます。右側のスクロールバーには、該当するキーワードのある位置が黄色のマーカーで表示されます。

1 [Google Chromeの設定]をクリックして、

2 [検索]をクリックすると、

3 検索ボックスが表示されるので、キーワードを入力して、

4 Enter を押すと、

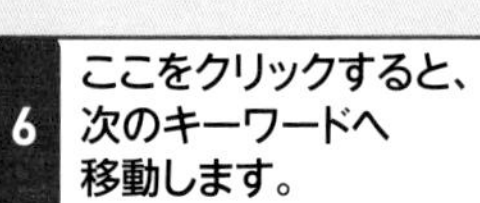

5 ページ上のキーワードが検索されます。

6 ここをクリックすると、次のキーワードへ移動します。

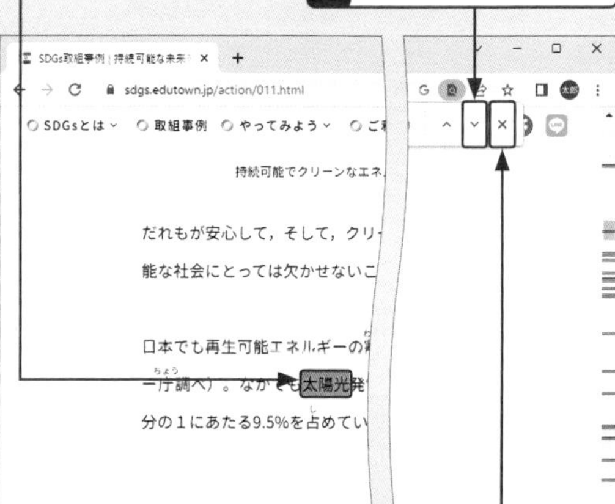

7 [検索バーを閉じる]をクリックすると、検索が終了します。

重要度 ★★★　タブの利用

Q 361 新しいタブを開きたい！

A 最後のタブの右横にある[新しいタブ]をクリックします。

検索結果などからリンクをクリックすると、通常は現在開いているタブにリンク先のWebページが表示されます。現在のタブを表示したまま、新しいタブを開きたい場合は、タブの右側にある[新しいタブ] + をクリックするか、[Google Chromeの設定] ⋮ をクリックして[新しいタブ]をクリックします。また、リンクを右クリックして[新しいタブで開く]をクリックすると、新しいタブでリンク先を開くことができます。

1 [新しいタブ]をクリックすると、

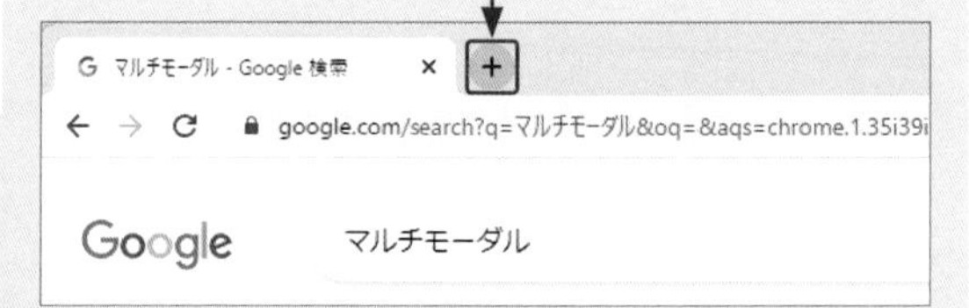
マルチモーダル - Google 検索
google.com/search?q=マルチモーダル&oq=&aqs=chrome.1.35i39i
Google
マルチモーダル

2 現在のタブの右側に新しいタブが開きます。

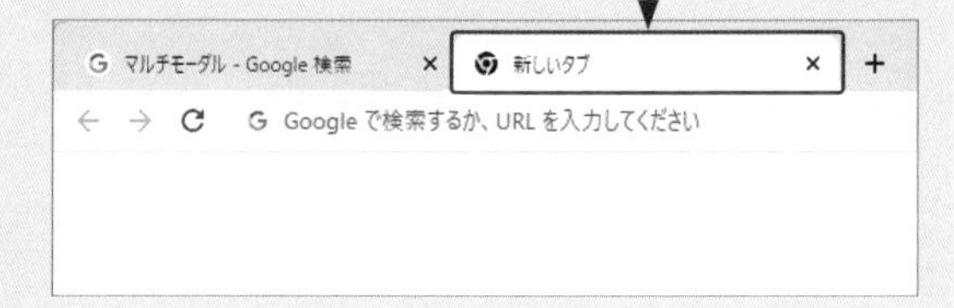
マルチモーダル - Google 検索
新しいタブ
Google で検索するか、URL を入力してください

重要度 ★★★　タブの利用

Q 362 タブを並べ替えたい！

A タブをドラッグします。

タブは、Webページを開いた順に左から並んでいます。タブを並べ替えたい場合は、タブを移動したい位置にドラッグします。

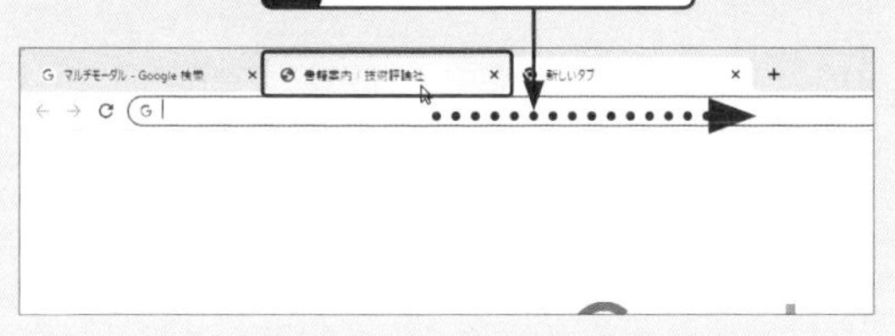

1 タブをドラッグすると、
2 タブを並べ替えることができます。

重要度 ★★★　タブの利用

Q 363 タブを閉じたい！

A タブの右横の×をクリックします。

タブを閉じるには、タブの右横に表示されている×をクリックします。開いているタブが1つだけの場合は、Google Chromeが終了します。

ここをクリックすると、タブが閉じます。

重要度 ★★★　タブの利用

Q 364 一度閉じたタブを開きたい！

A1 ［Google Chromeの設定］の［履歴］から開きます。

Google Chromeで閲覧したWebページは、履歴として保存されています。［Google Chromeの設定］⋮をクリックして、［履歴］にマウスポインターを合わせると、［最近閉じたタブ］に一覧が表示されるので、開きたいWebページをクリックします。また、タイトルバーを右クリックして、［閉じたタブを開く］をクリックすると、最後に閉じたタブを開くことができます。

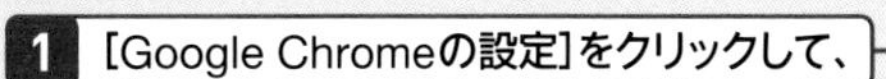

1 ［Google Chromeの設定］をクリックして、

2 ［履歴］にマウスポインターを合わせ、
3 ［最近閉じたタブ］に表示されている目的のWebページをクリックします。

A2 ［タブを検索］から開きます。

Google Chromeでは、その日に開いたタブが履歴として保存されます。画面上部にある［タブを検索］⌄をクリックすると、現在開いているタブと最近閉じたタブが表示されます。

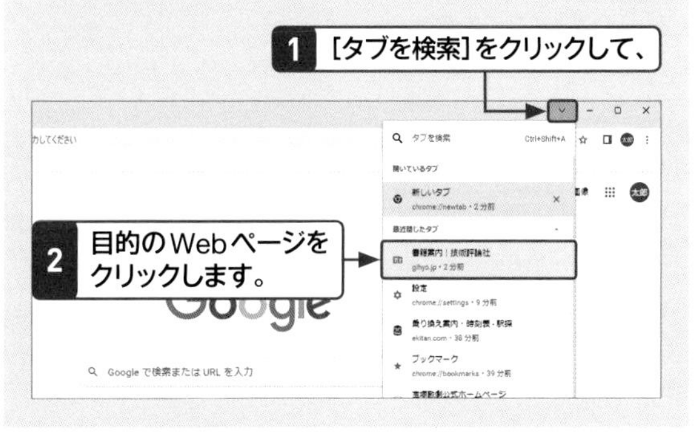

1 ［タブを検索］をクリックして、
2 目的のWebページをクリックします。

重要度 ★★★ タブの利用

Q 365 Webページを新しいウィンドウで開きたい！

A リンクを右クリックして、[新しいウィンドウで開く]をクリックします。

検索結果などからリンクをクリックすると、通常は現在開いているタブにリンク先のWebページが表示されますが、リンク先のWebページを新しいウィンドウで開くことができます。新しいウィンドウで開きたい場合は、リンクを右クリックして［新しいウィンドウで開く］をクリックします。

また、タブをGoogle Chromeのウィンドウの外にドラッグしても、新しいウィンドウで開くことができます。

1 リンクを右クリックして、

新しいタブで開く場合はここをクリックします。

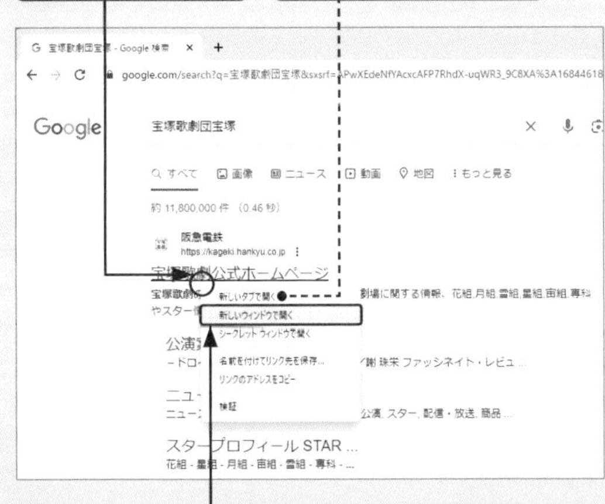

2 ［新しいウィンドウで開く］をクリックすると、

3 新しいウィンドウでリンク先のページが開きます。

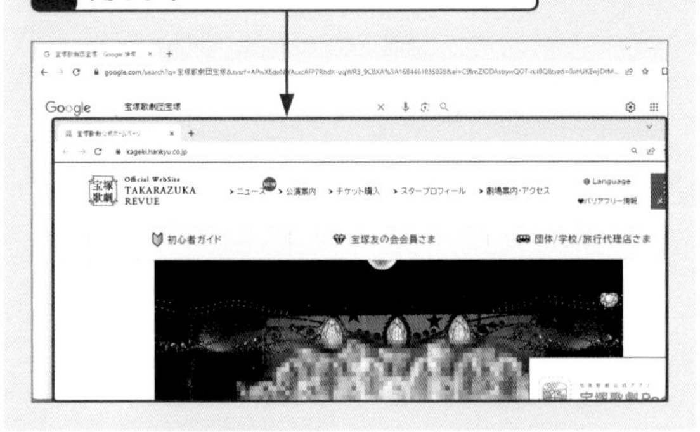

重要度 ★★★ タブの利用

Q 366 Webページを閉じないようにしておきたい！

A タブを右クリックして［固定］をクリックします。

頻繁に表示するWebページを閉じないように、タブを固定しておくことができます。固定したタブは、Google Chromeを再起動しても、固定された状態が保持されます。固定したタブを閉じる場合は、タブを右クリックして［閉じる］をクリックします。［固定を解除］をクリックすると、タブを閉じずに固定だけが解除されます。

1 タブを右クリックして、

2 ［固定］をクリックすると、

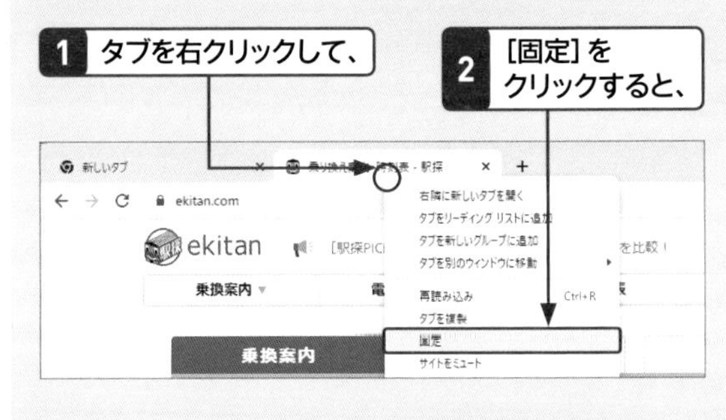

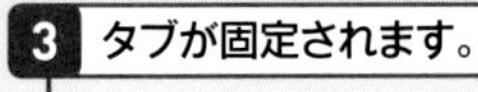

3 タブが固定されます。

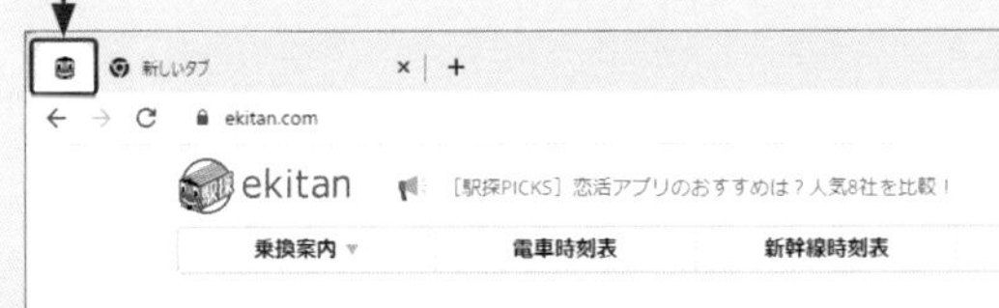

● 固定したタブを閉じる

1 固定したタブを右クリックして、

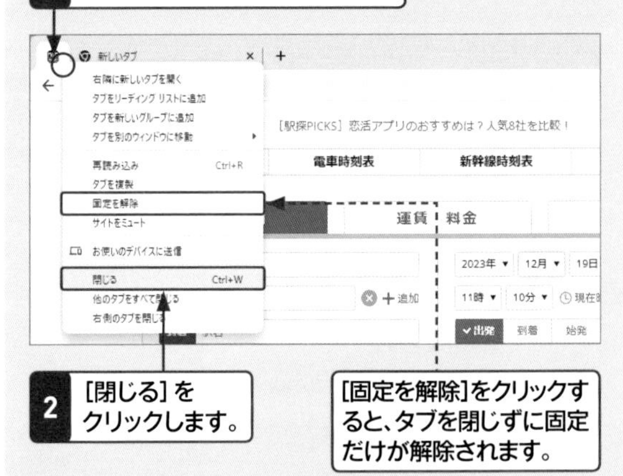

2 ［閉じる］をクリックします。

［固定を解除］をクリックすると、タブを閉じずに固定だけが解除されます。

重要度 ★★★ ブックマーク

Q 367 Webページをブックマークに登録したい!

A [このタブをブックマークに追加します]をクリックします。

ブックマークは、Webページ(URL)を登録しておき、クリックするだけでそのページをすばやく表示することができる機能です。ブックマークに登録するには、登録したいWebページを開き、アドレスバーの右端にある[このタブをブックマークに追加します]☆をクリックします(メニューが表示された場合は[ブックマークを追加]をクリックします)。
登録画面が表示されるので、わかりやすい名前を入力します。初期状態では、[ブックマークバー]が設定されていますが、[その他のブックマーク]や新しいフォルダーを作成して登録することもできます。

1 ブックマークに登録したいWebページを表示します。
2 ここをクリックして、
gihyo.jp/book
技術評論社

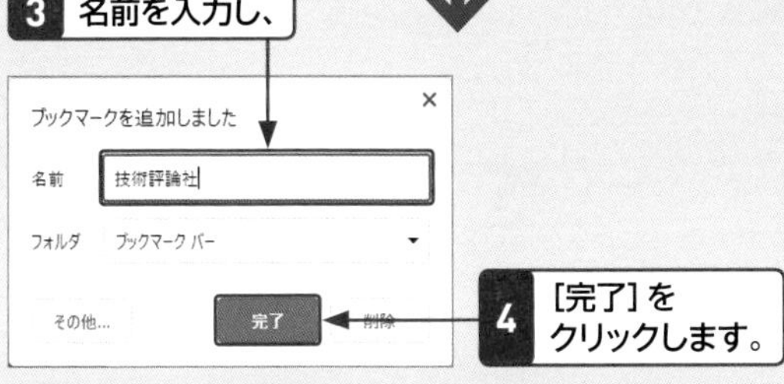

3 名前を入力し、
ブックマークを追加しました
名前 技術評論社
フォルダ ブックマーク バー
その他...
完了
削除
4 [完了]をクリックします。

● ほかのフォルダーに登録する

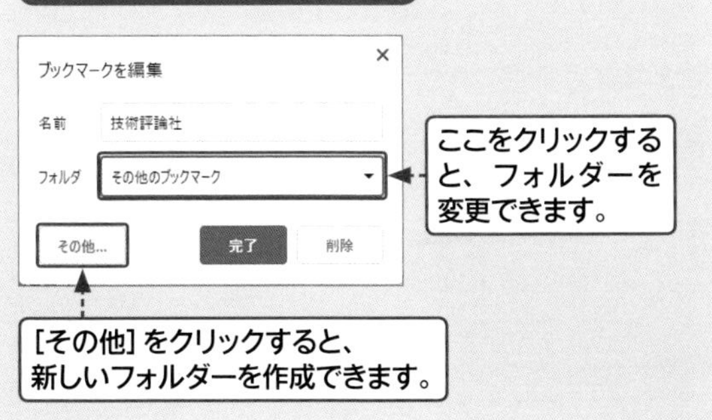

ブックマークを編集
名前 技術評論社
フォルダ その他のブックマーク
その他...
完了
削除
ここをクリックすると、フォルダーを変更できます。
[その他]をクリックすると、新しいフォルダーを作成できます。

重要度 ★★★ ブックマーク

Q 368 ブックマークに登録したWebページを表示したい!

A [Google Chromeの設定]の[ブックマーク]から選択します。

ブックマークに登録したWebページは、[Google Chromeの設定]⋮をクリックして、[ブックマーク]にマウスポインターを合わせると表示されます。目的のWebページ名をクリックすると、現在開いているタブに表示されます。また、ブックマークバーに登録されているWebページは、ブックマークバーを表示していれば、よりすばやく表示できます。

参照▶Q 369

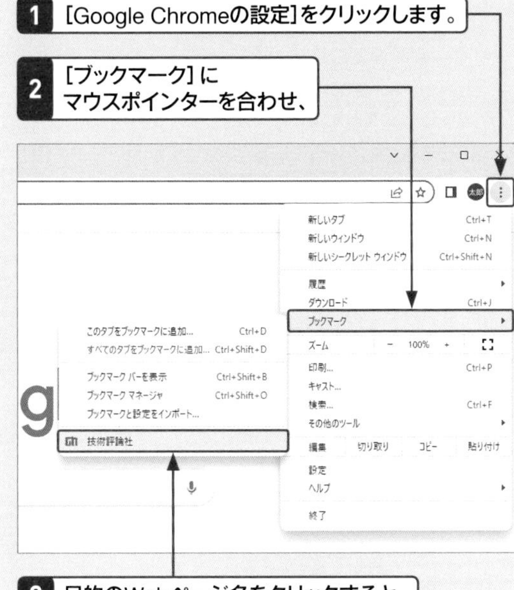

1 [Google Chromeの設定]をクリックします。
2 [ブックマーク]にマウスポインターを合わせ、
新しいタブ Ctrl+T
新しいウィンドウ Ctrl+N
新しいシークレット ウィンドウ Ctrl+Shift+N
履歴
ダウンロード Ctrl+J
ブックマーク
ズーム 100%
印刷... Ctrl+P
キャスト...
検索... Ctrl+F
その他のツール
編集 切り取り コピー 貼り付け
設定
ヘルプ
終了
このタブをブックマークに追加... Ctrl+D
すべてのタブをブックマークに追加... Ctrl+Shift+D
ブックマーク バーを表示 Ctrl+Shift+B
ブックマーク マネージャ Ctrl+Shift+O
ブックマークと設定をインポート...
技術評論社

3 目的のWebページ名をクリックすると、

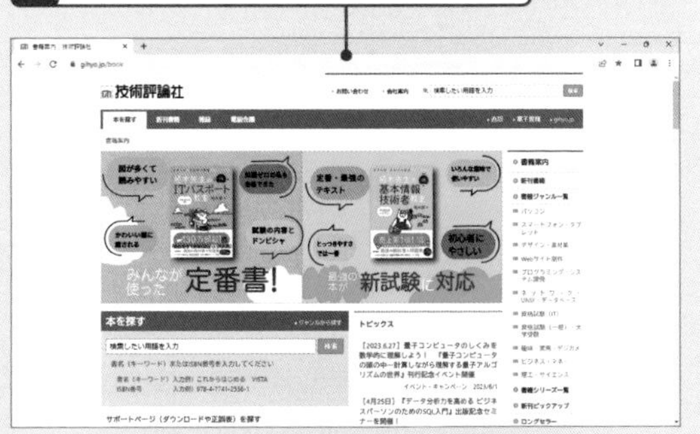

4 登録したWebページが表示されます。
技術評論社
定番書!
新試験に対応

重要度 ★★★ ブックマーク

Q 369 ブックマークバーをつねに表示しておきたい！

A [Google Chromeの設定]で設定します。

ブックマークバーに登録したWebページは、Google Chromeの[新しいタブ]にはつねに表示されますが、ほかのWebページを開いているときにも表示させておくと便利です。ブックマークバーを表示するには、[Google Chromeの設定] ⋮ をクリックして、[ブックマーク]にマウスポインターを合わせ、[ブックマークバーを表示]をクリックします。ブックマークバーを非表示にするには、手順3でオフにするか、ブックマークバーを右クリックし、[ブックマークバーを表示]をクリックしてオフにします。

参照 ▶ Q 367

1 [Google Chromeの設定]をクリックして、

2 [ブックマーク]にマウスポインターを合わせ、

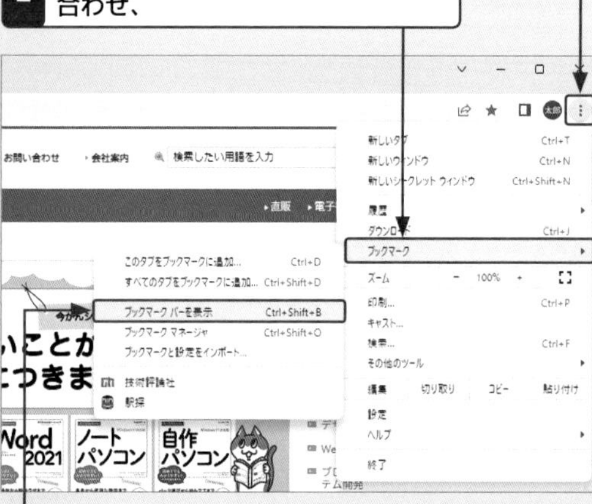

3 [ブックマークバーを表示]をクリックしてオンにします。

4 アドレスバーの下にブックマークバーが表示され、[ブックマークバー]に登録してあるブックマークが表示されます。

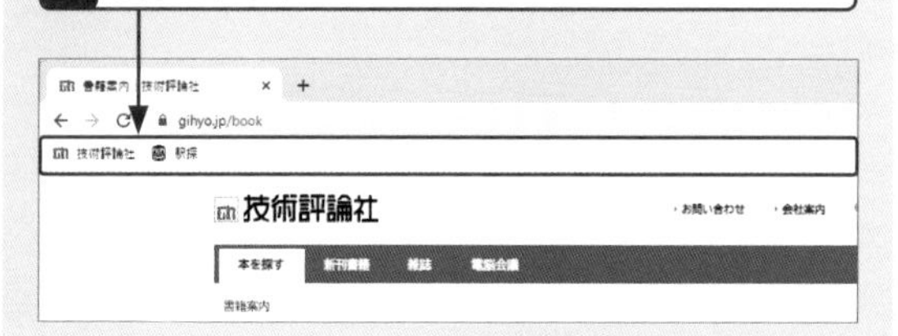

重要度 ★★★ ブックマーク

Q 370 ブックマークを削除したい！

A [ブックマークマネージャ]を表示して削除します。

登録したブックマークが不要になった場合は、個別に削除したり、まとめて削除したりすることができます。[Google Chromeの設定] ⋮ をクリックして、[ブックマーク]から[ブックマークマネージャ]をクリックし、目的のWebページを削除します。複数をまとめて削除する場合は、Ctrl を押しながらブックマークをクリックして、[削除]をクリックします。

1 [Google Chromeの設定]をクリックして、

2 [ブックマーク]にマウスポインターを合わせ、

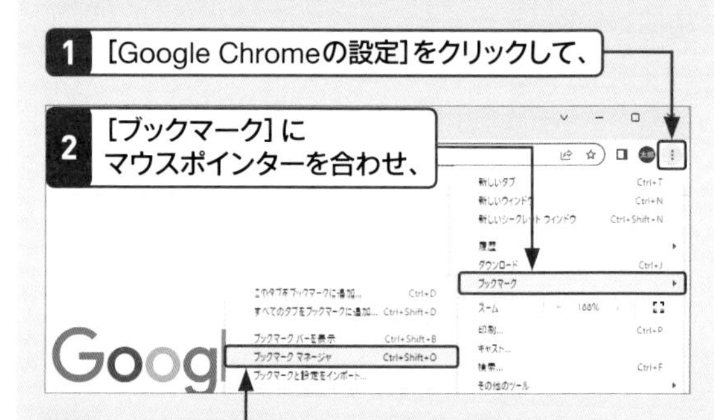

3 [ブックマークマネージャ]をクリックします。

4 削除したいブックマークのここをクリックして、

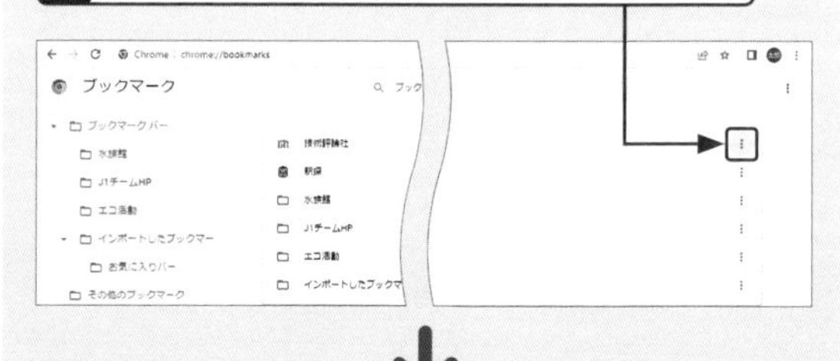

5 [削除]をクリックすると、

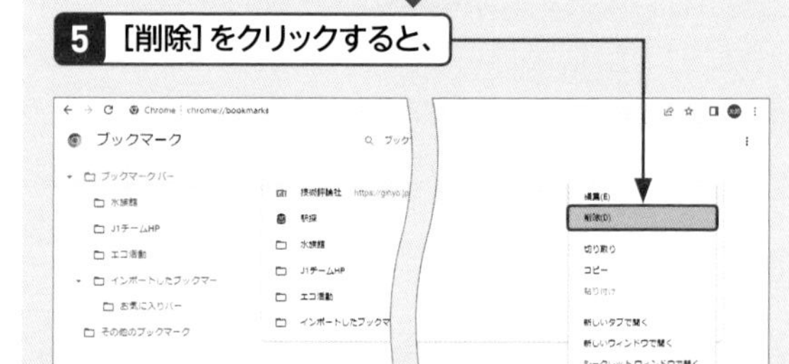

6 登録したブックマークが削除されます。

Q 371 複数のページを一括でブックマークに登録したい！

A 開いている複数のタブをフォルダーにまとめて登録します。

複数のタブで開いているWebページを一括でブックマークに登録することができます。初めに、登録したい複数のWebページをタブで表示しておきます。[Google Chromeの設定]  をクリックして、[ブックマーク] から [すべてのタブをブックマークに追加] をクリックし、新しいフォルダーを作成して、その中にまとめて登録します。

1 複数のWebページをタブで表示します。

2 [Google Chromeの設定] をクリックして、

3 [ブックマーク] にマウスポインターを合わせ、

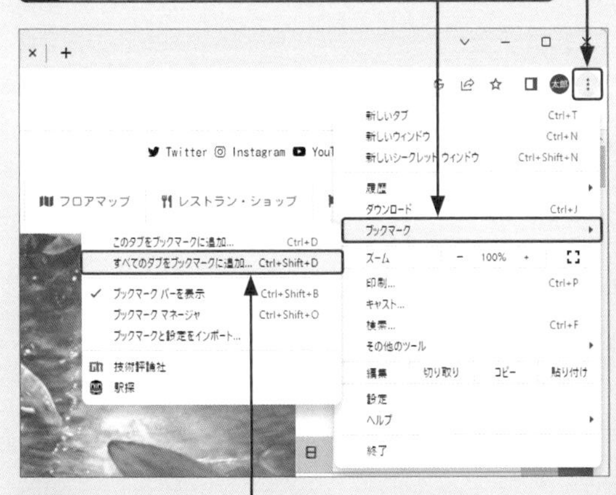

4 [すべてのタブをブックマークに追加] をクリックします。

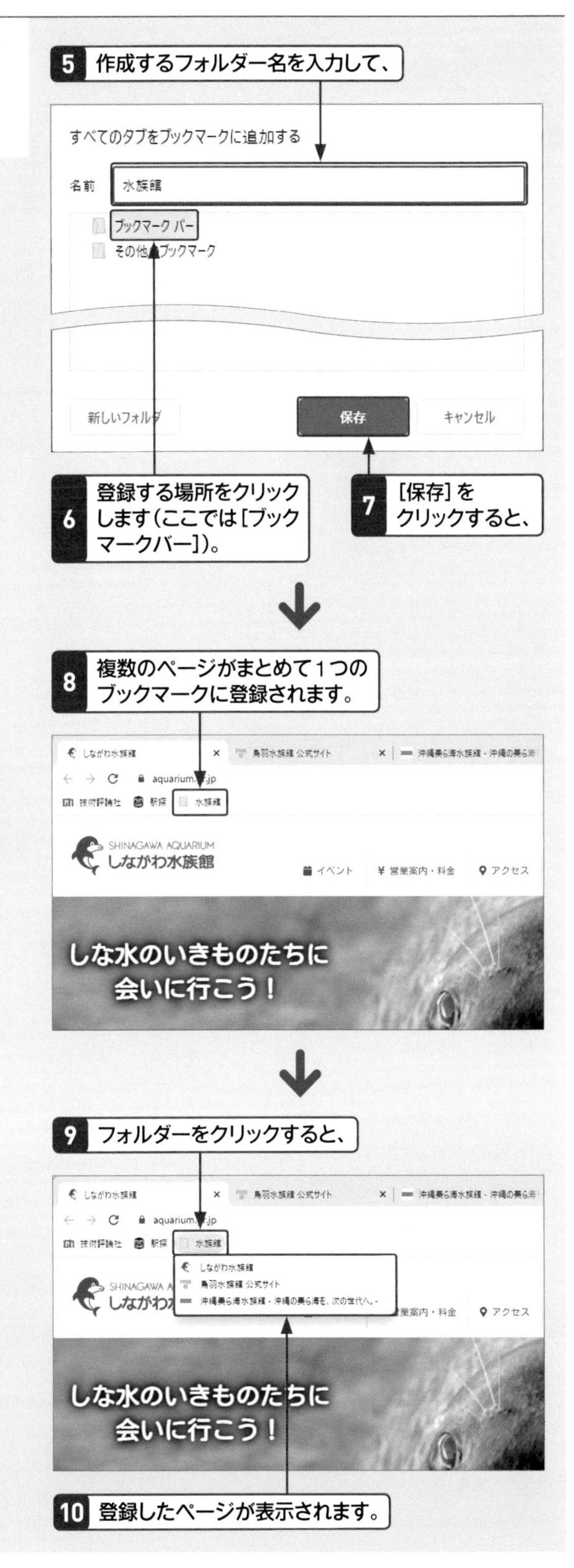
5 作成するフォルダー名を入力して、
すべてのタブをブックマークに追加する
名前
水族館
ブックマーク バー
その他のブックマーク
新しいフォルダ
保存
キャンセル
6 登録する場所をクリックします（ここでは [ブックマークバー]）。
7 [保存] をクリックすると、
8 複数のページがまとめて1つのブックマークに登録されます。
9 フォルダーをクリックすると、
10 登録したページが表示されます。

重要度 ★★★ ブックマーク

Q 372 登録したブックマークを整理したい!

A [ブックマークマネージャ]を利用します。

ブックマークに登録したWebページが大量になると探しにくくなります。名前をわかりやすく変更したり、同じ系列のWebページをフォルダーに移動してまとめたりなど、定期的に整理するとよいでしょう。

ブックマークを整理するには、登録したWebページ全体が表示される[ブックマークマネージャ]を利用します。[Google Chromeの設定] ⋮ をクリックして、[ブックマーク]にマウスポインターを合わせ、[ブックマークマネージャ]をクリックして[ブックマーク]画面を表示します。

参照▶Q 370

● 名前を変更する

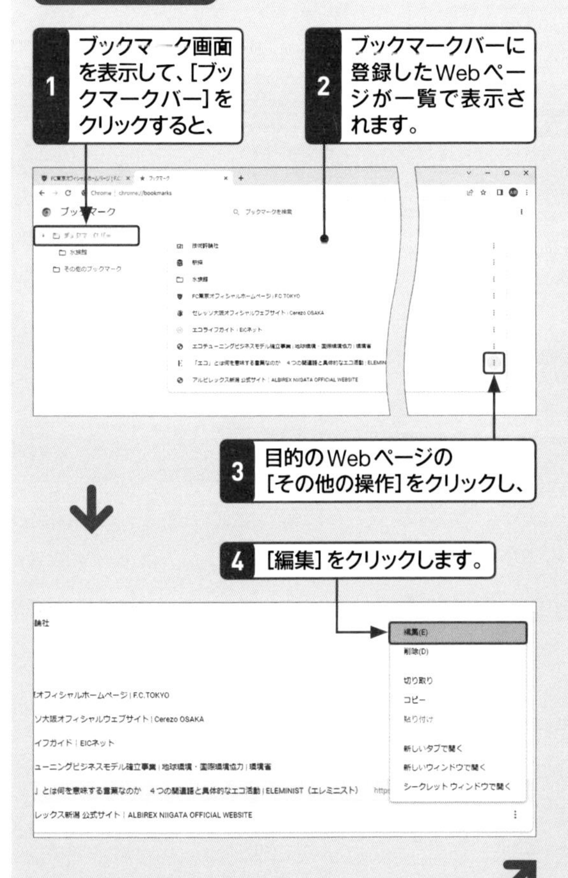
1 ブックマーク画面を表示して、[ブックマークバー]をクリックすると、
2 ブックマークバーに登録したWebページが一覧で表示されます。
3 目的のWebページの[その他の操作]をクリックし、
4 [編集]をクリックします。
編集(E)
削除(D)
切り取り
コピー
貼り付け
新しいタブで開く
新しいウィンドウで開く
シークレット ウィンドウで開く

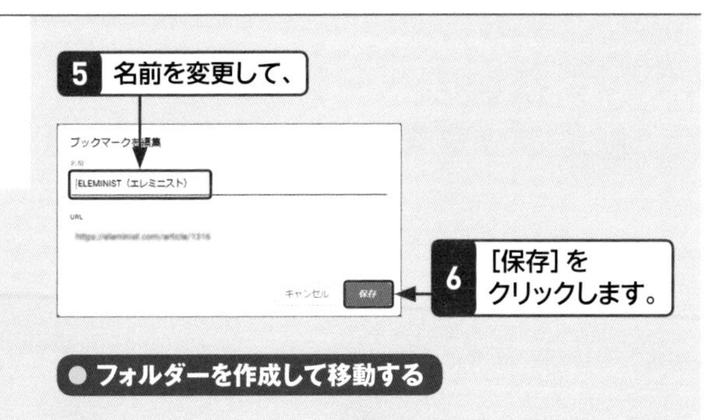
5 名前を変更して、
ELEMINIST (エレミニスト)
キャンセル
保存
6 [保存]をクリックします。

● フォルダーを作成して移動する

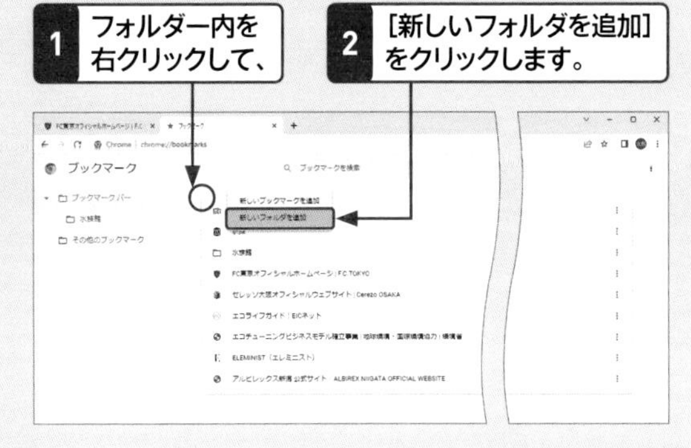
1 フォルダー内を右クリックして、
2 [新しいフォルダを追加]をクリックします。
ブックマーク
新しいフォルダを追加

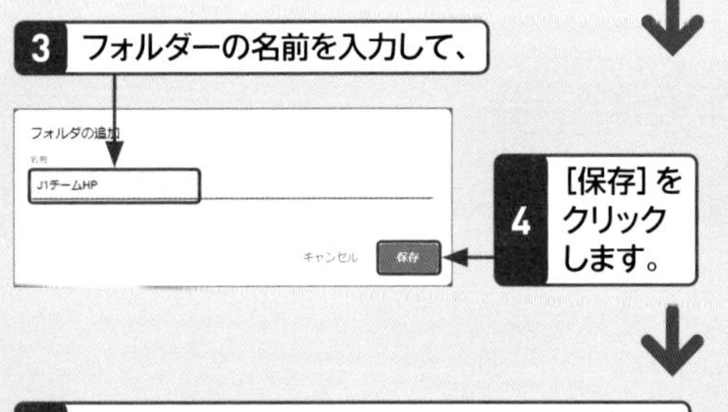
3 フォルダーの名前を入力して、
フォルダの追加
J1チームHP
キャンセル
保存
4 [保存]をクリックします。

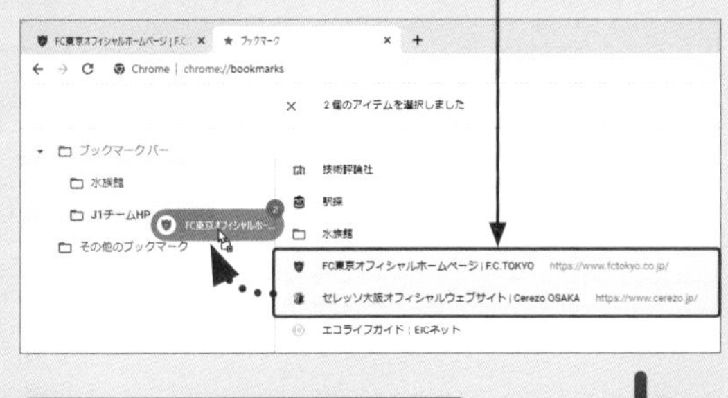
5 Webページを選択して、目的のフォルダーにドラッグすると、
2 個のアイテムを選択しました
ブックマークバー
J1チームHP
その他のブックマーク

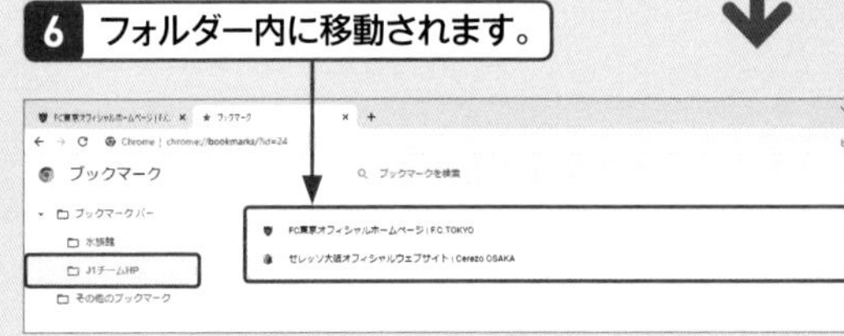
6 フォルダー内に移動されます。
ブックマーク

重要度 ★★★ ブックマーク

Q 373 Microsoft Edgeで登録したブックマークを使いたい！

A [ブックマークと設定をインポート]からインポートします。

Google Chromeでは、Microsoft EdgeやInternet Explorer、Firefox、Safariで使用していたお気に入りやブックマークをインポートして利用することができます。利用するには、あらかじめ各Webブラウザーでこれらを HTMLファイルとしてエクスポートしておく必要があります。ここでは、Microsoft Edgeのお気に入りをエクスポートして、Google Chromeにインポートしてみましょう。インポートしたブックマークは、[インポートしたブックマーク]フォルダー内に登録されます。

● Microsoft Edgeのお気に入りをエクスポートする

1 Microsoft Edgeを開いて、[お気に入り]をクリックします。

2 [その他のオプション]をクリックして、

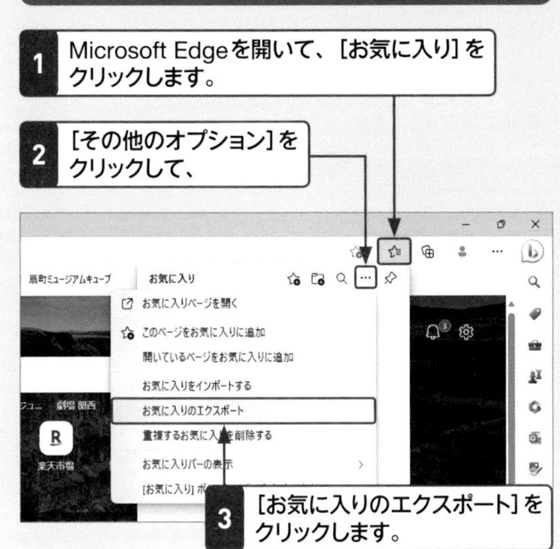

お気に入り
お気に入りページを開く
このページをお気に入りに追加
開いているページをお気に入りに追加
お気に入りをインポートする
お気に入りのエクスポート
重複するお気に入りを削除する
お気に入りバーの表示
楽天市場

3 [お気に入りのエクスポート]をクリックします。

4 HTMLファイルの保存先を指定して、

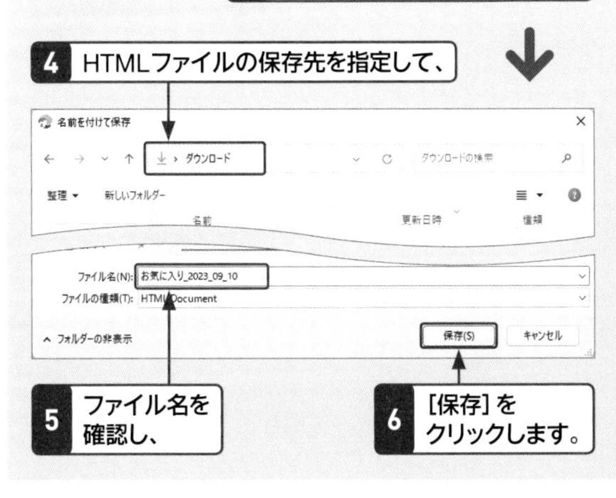

名前を付けて保存
ダウンロード
整理
新しいフォルダー
名前
更新日時
種類
ファイル名(N): お気に入り_2023_09_10
ファイルの種類(T): HTML Document
フォルダーの非表示
保存(S)
キャンセル

5 ファイル名を確認し、

6 [保存]をクリックします。

● Google Chromeにブックマークをインポートする

1 Google Chromeを開いて、[Google Chromeの設定]をクリックします。

2 [ブックマーク]にマウスポインターを合わせ、

3 [ブックマークと設定をインポート]をクリックします。

4 ここをクリックして、[HTMLファイルをブックマークに登録]を選択し、

5 [ファイルを選択]をクリックします。

6 HTMLファイルの保存先を指定して、

7 インポートするファイルをクリックし、

8 [開く]をクリックします。

9 [完了]をクリックすると、ブックマークがインポートされます。

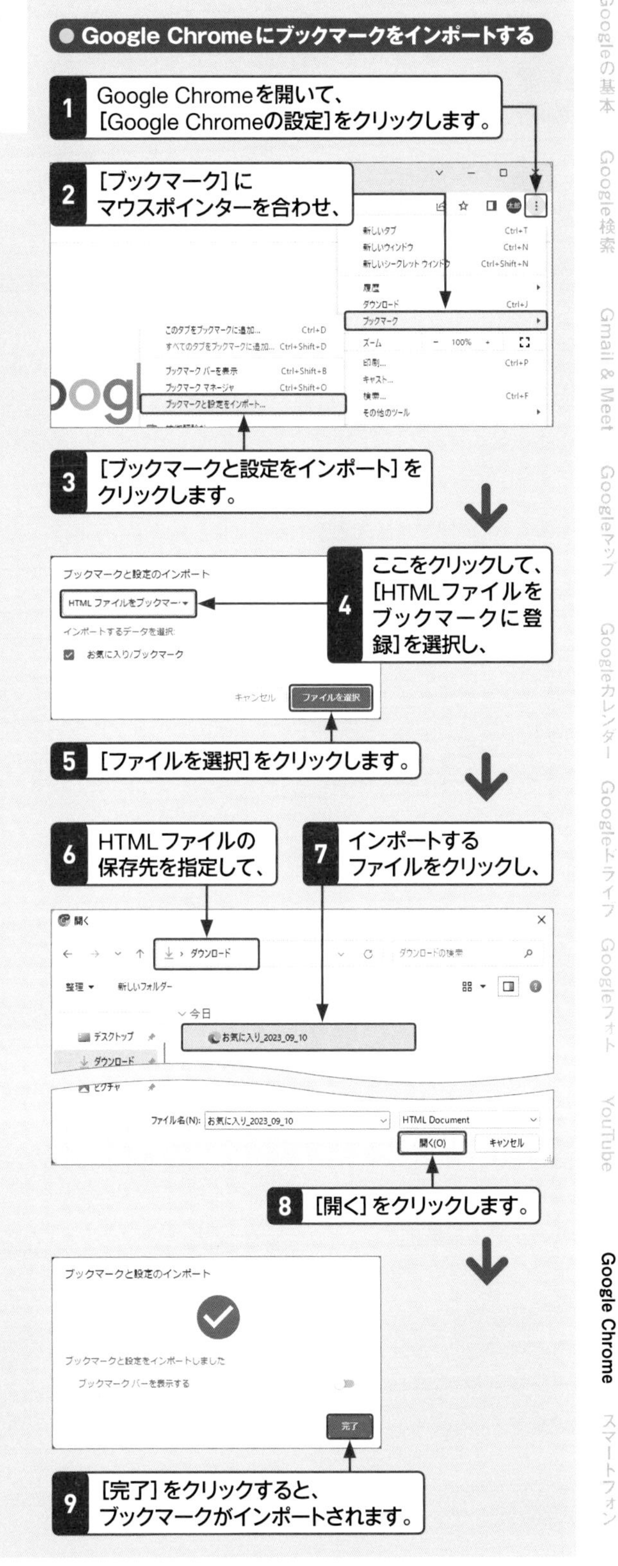

新しいタブ
新しいウィンドウ
新しいシークレット ウィンドウ
履歴
ダウンロード
ブックマーク
ズーム
印刷...
キャスト...
検索...
その他のツール
このタブをブックマークに追加...
すべてのタブをブックマークに追加...
ブックマーク バーを表示
ブックマーク マネージャ
ブックマークと設定をインポート...
ブックマークと設定のインポート
HTML ファイルをブックマーク
インポートするデータを選択
お気に入り/ブックマーク
キャンセル
ファイルを選択
開く
ダウンロード
整理
新しいフォルダー
今日
デスクトップ
お気に入り_2023_09_10
ピクチャ
ファイル名(N): お気に入り_2023_09_10
HTML Document
開く(O)
キャンセル
ブックマークと設定をインポートしました
ブックマーク バーを表示する
完了

重要度 ★★★ サイドパネル

Q 374 サイドパネルで検索結果を表示したい！

A アドレスバーの［サイドパネルで検索を開く］をクリックします。

サイドパネルとは、画面の右横に表示されるパネルのことで、検索結果やリーディングリスト、ブックマークを表示できます。また、Googleで画像を検索した結果もサイドパネルで確認することができます。
Google Chromeで検索したリンク先を表示して、アドレスバーの［サイドパネルで検索を開く］G をクリックすると、サイドパネルに検索結果が表示されます。

1 Google検索して、結果を表示します。

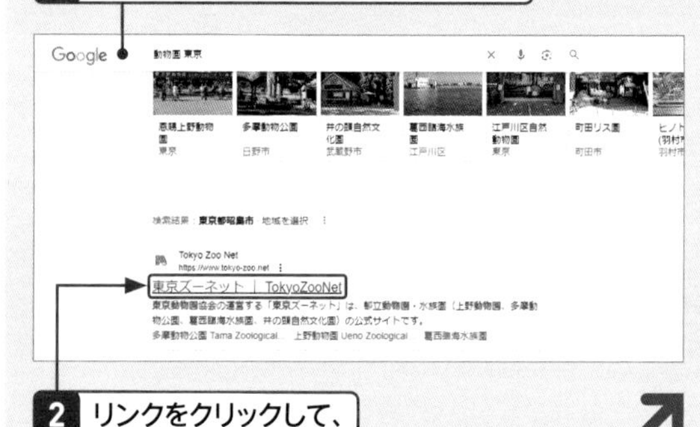
Google
動物園 東京
恩賜上野動物園
多摩動物公園
井の頭自然文化園
葛西臨海水族園
江戸川区自然動物園
町田リス園
検索結果 東京都稲城市 地域を選択
Tokyo Zoo Net
https://www.tokyo-zoo.net
東京ズーネット | TokyoZooNet
東京動物園協会の運営する「東京ズーネット」は、都立動物園・水族園（上野動物園、多摩動物公園、葛西臨海水族園、井の頭自然文化園）の公式サイトです。
多摩動物公園 Tama Zoological... 上野動物園 Ueno Zoological... 葛西臨海水族園

2 リンクをクリックして、

3 Webページを表示します。

4 アドレスバーの［サイドパネルで検索を開く］をクリックすると、

東京ズーネット
TOKYO ZOO NET
上野動物園
多摩動物公園
葛西臨海水族園
井の頭自然文化園
G

5 サイドパネルに検索結果のページが表示されます。

Google
動物園 東京
ウェブで人気
多摩動物公園
井の頭自然文化園
会員・寄付金制度のご案内
動物園や水族園を応援しながら楽しもう！

ここをクリックすると、新しいタブに表示できます。

重要度 ★★★ サイドパネル

Q 375 サイドパネルの表示／非表示を切り替えたい！

A アドレスバーの［サイドパネルを表示／非表示］をクリックします。

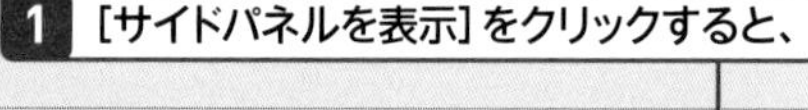
1 ［サイドパネルを表示］をクリックすると、

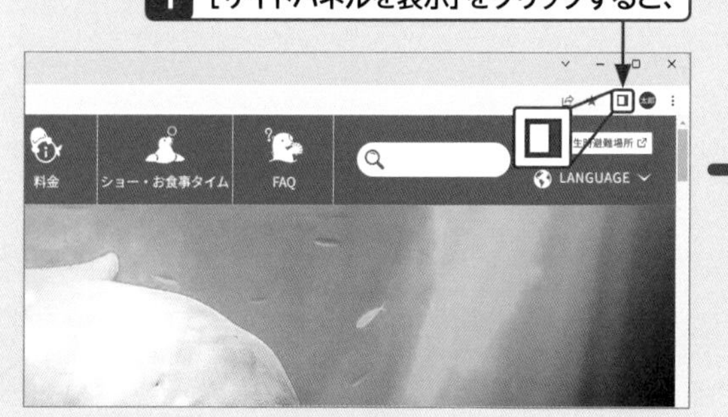
料金
ショー・お食事タイム
FAQ
LANGUAGE

サイドパネルはアドレスバー横の［サイドパネルを表示］をクリックすると表示されます。閉じるには、［サイドパネルを非表示］をクリックするか、サイドパネル右上の［閉じる］× をクリックします。

2 サイドパネルが表示されます。

3 ［サイドパネルを非表示］をクリックすると、非表示になります。

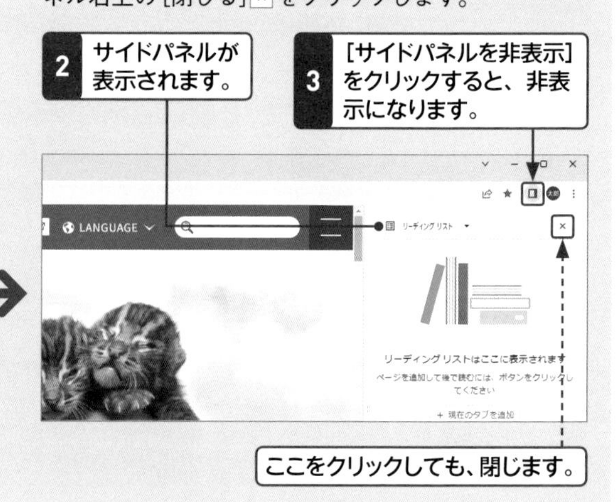
LANGUAGE
リーディング リスト
リーディングリストはここに表示されます
ページを追加して後で読むには、ボタンをクリックしてください
+ 現在のタブを追加

ここをクリックしても、閉じます。

Q 376 履歴からWebページを開きたい！

A [Google Chromeの設定]の[履歴]から開きます。

Google Chromeでは、過去90日間に閲覧したWebページが履歴として保存されています。以前に閲覧したWebページを再度見たいときは、[履歴]を利用すると便利です。[Google Chromeの設定] ⋮ をクリックして、[履歴]から[履歴]をクリックすると、Webページの履歴が一覧で表示されます。

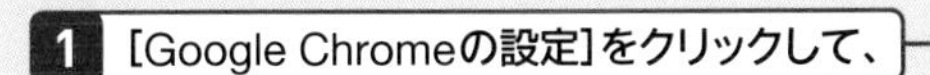

1 [Google Chromeの設定]をクリックして、

2 [履歴]にマウスポインターを合わせ、

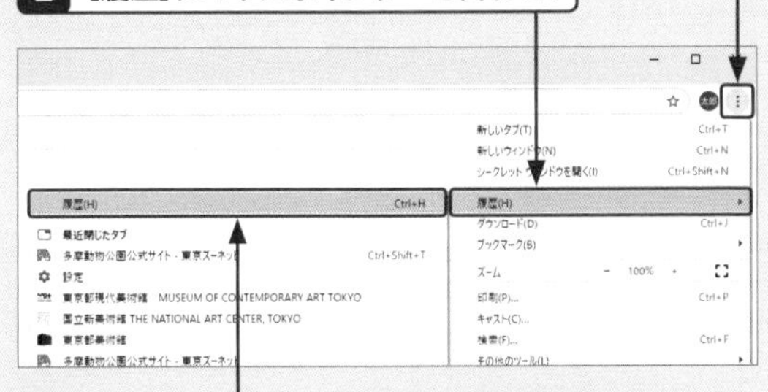

3 [履歴]をクリックすると、

4 Webページの履歴が一覧で表示されます。

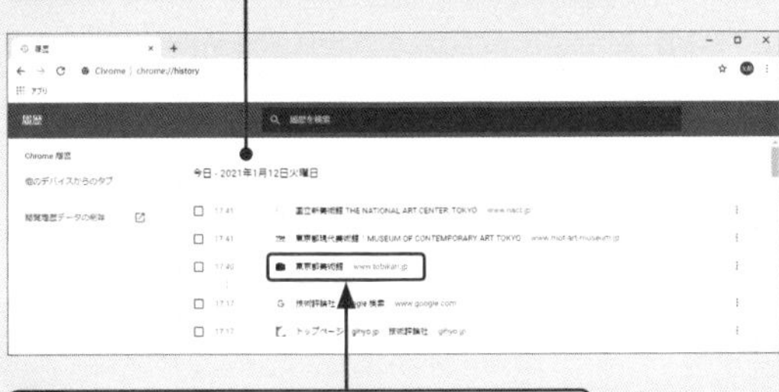

5 見たいWebページをクリックすると、

6 Webページが表示されます。

東京都美術館
YOSHIDA HIROSHI
没後70年

Q 377 履歴を削除したい！

A 履歴の一覧を表示して削除します。

閲覧履歴を削除するには、[Google Chromeの設定] ⋮ をクリックして、[履歴]から[履歴]をクリックし、履歴の一覧を表示します。履歴は個別に削除したり、すべての履歴をまとめて削除したりすることができます。

参照 ▶ Q 376

● 履歴を個別に削除する

1 [Google Chromeの設定]→[履歴]→[履歴]の順にクリックします。

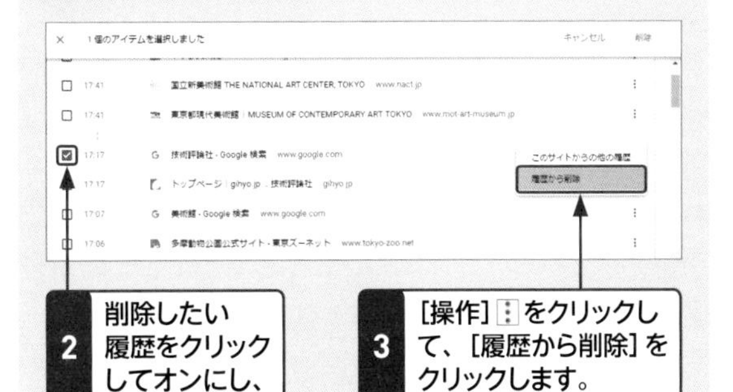

2 削除したい履歴をクリックしてオンにし、

3 [操作] ⋮ をクリックして、[履歴から削除]をクリックします。

● 履歴をまとめて削除する

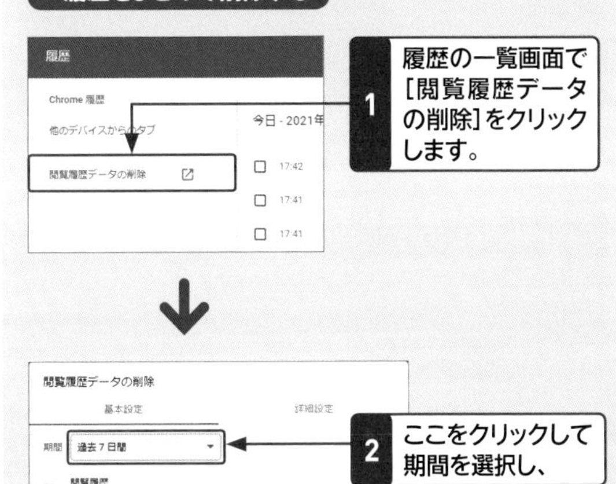

1 履歴の一覧画面で[閲覧履歴データの削除]をクリックします。

2 ここをクリックして期間を選択し、

3 [データを削除]をクリックします。

重要度 ★★★ 履歴の利用

Q 378 履歴を残したくない!

A シークレットモードで閲覧します。

Google Chromeには、Webページの閲覧履歴やフォームに入力した情報が記録されないシークレットモードが用意されています。シークレットモードを利用するには、[Google Chromeの設定] ⋮ をクリックして、[新しいシークレットウィンドウ]をクリックします。シークレットウィンドウで閲覧したWebページの情報は、ウィンドウを閉じたあとにすべて削除されます。

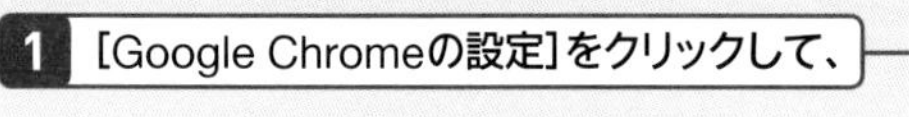
1 [Google Chromeの設定]をクリックして、

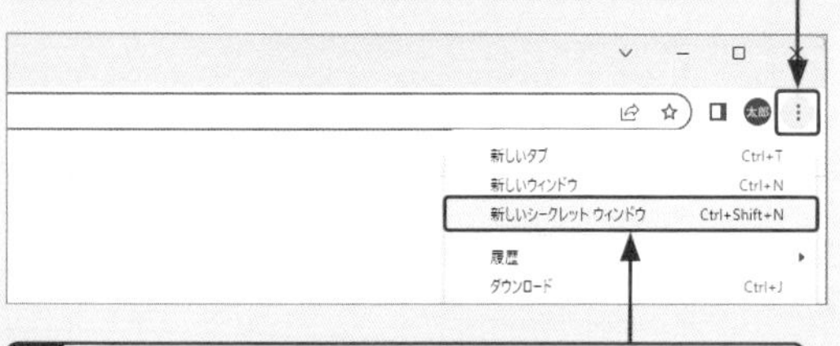
新しいタブ Ctrl+T
新しいウィンドウ Ctrl+N
新しいシークレット ウィンドウ Ctrl+Shift+N
履歴
ダウンロード Ctrl+J
2 [新しいシークレットウィンドウ]をクリックすると、

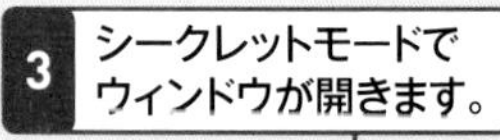
3 シークレットモードでウィンドウが開きます。

シークレット モードです

4 シークレットモードでWebページを閲覧します。
技術評論社
パソコンの知りたいことが今かんシリーズで身につきます。
5 タブを閉じると、履歴を残さずにシークレットモードのウィンドウが閉じます。

重要度 ★★★ Google Chromeの活用

Q 379 Webページを印刷したい!

A [Google Chromeの設定]から[印刷]をクリックします。

表示しているWebページを印刷するには、[Google Chromeの設定] ⋮ をクリックして、[印刷]をクリックします。[印刷]画面が表示されるので、プレビューを確認して、プリンターの設定や部数、レイアウト、カラーなどを指定し、[印刷]をクリックします。
プレビューの左下にマウスポインターを合わせると表示されるコマンドで、プレビューを拡大／縮小することもできます。

1 印刷したいWebページを表示して、
2 [Google Chromeの設定]をクリックし、
FAQ
新しいタブ Ctrl+T
新しいウィンドウ Ctrl+N
新しいシークレット ウィンドウ Ctrl+Shift+N
履歴
ダウンロード Ctrl+J
ブックマーク
ズーム 100%
印刷... Ctrl+P
キャスト...
検索... Ctrl+F
その他のツール
編集 切り取り コピー 貼り付け
設定
ヘルプ
3 [印刷]をクリックします。

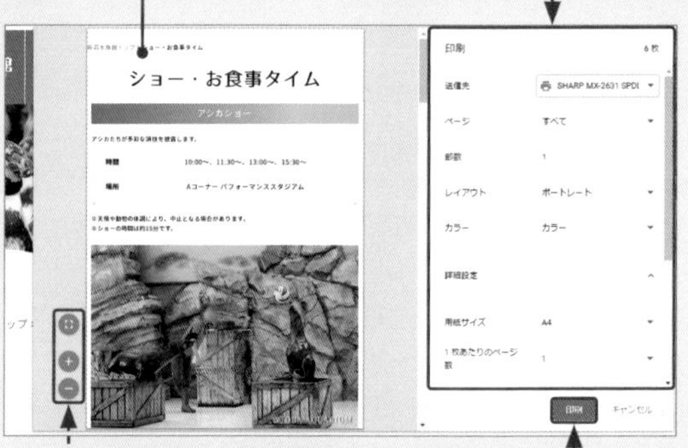
4 プレビューを確認して、
5 必要な設定を行い、
ショー・お食事タイム
印刷
送信先
ページ すべて
部数
レイアウト 縦
カラー カラー
詳細設定
用紙サイズ A4
キャンセル
クリックすると、プレビューを拡大／縮小することができます。
6 [印刷]をクリックします。

重要度 ★★★　Google Chromeの活用

Q 380 Webページを PDFで保存したい!

A ［印刷］画面で送信先を［PDFに保存］に設定します。

Webページを PDF で保存したい場合は、［Google Chrome の設定］⋮ をクリックして、［印刷］をクリックします。［印刷］画面が表示されるので、［送信先］で［PDFに保存］を選択します。 参照▶Q 379

1 ［Google Chromeの設定］→［印刷］をクリックして［印刷］画面を表示します。

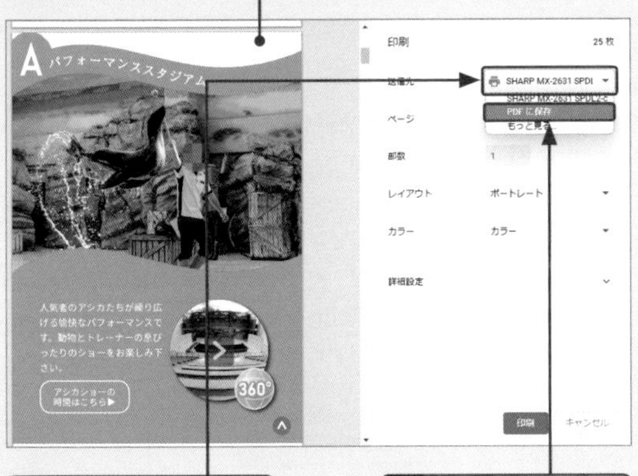
印刷
25 枚
送信先
SHARP MX-2631 SPDI
PDF に保存
もっと見る
ページ
部数
レイアウト
ポートレート
カラー
詳細設定
印刷
キャンセル

2 ［送信先］のここをクリックして、

3 ［PDFに保存］をクリックします。

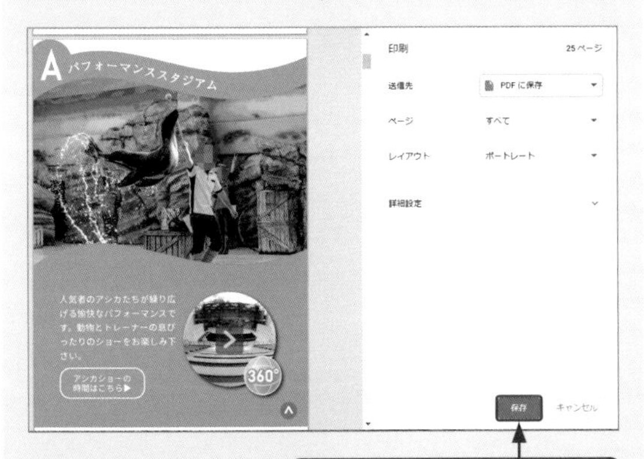
印刷
25 ページ
送信先
PDF に保存
ページ
すべて
レイアウト
ポートレート
詳細設定
保存
キャンセル

4 ［保存］をクリックすると、

5 ［名前を付けて保存］ダイアログボックスが表示されるので、保存先とファイル名を指定し、［保存］をクリックします。

重要度 ★★★　Google Chromeの活用

Q 381 ファイルを ダウンロードしたい!

A Webブラウザーでダウンロード用のリンクをクリックします。

Google Chrome でファイルをダウンロードするには、ファイルがあるWebページを表示して、ダウンロード用のリンクをクリックします。ダウンロードしたファイルは、初期設定ではパソコンの［ダウンロード］フォルダーに保存されます。なお、ダウンロードの操作手順は、ファイルによって異なります。表示される画面の指示に従ってください。

1 ダウンロードするファイルのあるWebページを表示して、

2 ダウンロード用のリンクをクリックすると、

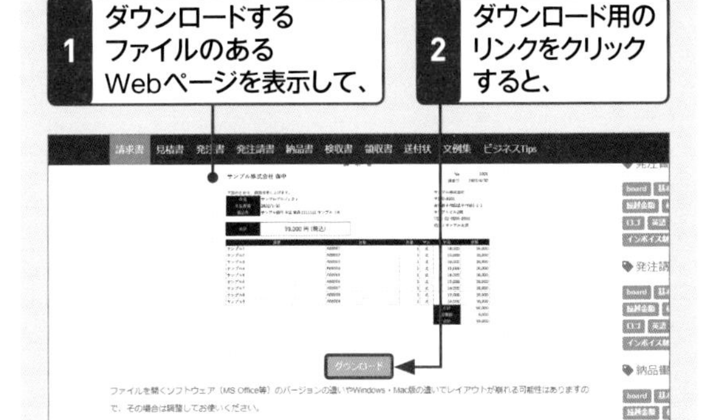
請求書
見積書
発注書
発注請書
納品書
検収書
領収書
送付状
文例集
ビジネスTips
ダウンロード

3 ファイルがダウンロードされます。

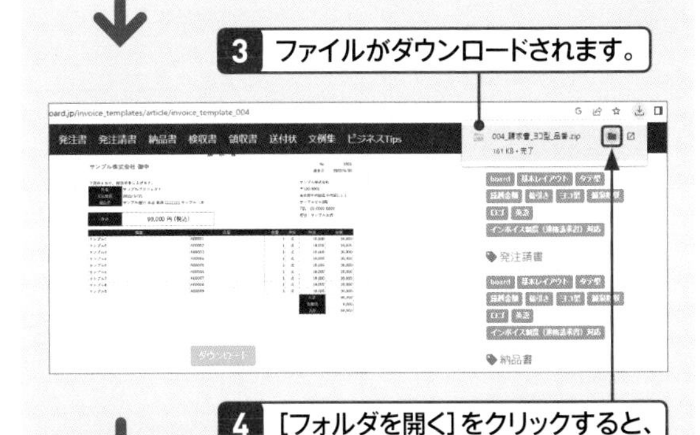
発注書
発注請書
納品書
検収書
領収書
送付状
文例集
ビジネスTips
ダウンロード

4 ［フォルダを開く］をクリックすると、

5 ダウンロードされたファイルが確認できます。

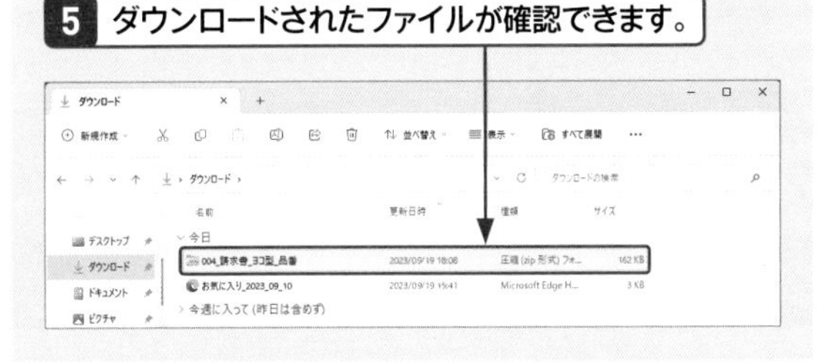
ダウンロード
新規作成
並べ替え
表示
すべて展開
今日
デスクトップ
ドキュメント
ピクチャ

重要度 ★★★　Google Chromeの活用

Q 382 ダウンロードするファイルの保存先を確認したい!

A [設定]画面の[ダウンロード]で設定します。

ファイルをダウンロードすると、初期設定では［ダウンロード］フォルダーに保存されますが、ダウンロード前に保存場所を毎回確認できるようにすることができます。［Google Chromeの設定］⋮をクリックして［設定］をクリックし、［設定］画面の［ダウンロード］をクリックして設定します。

1 ［Google Chromeの設定］をクリックして、

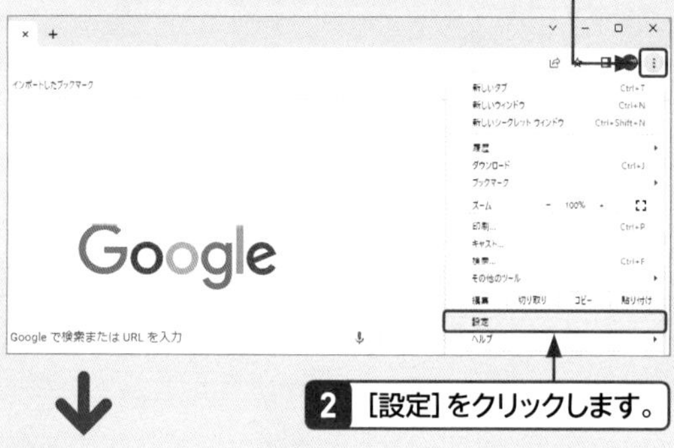
Google
設定
2 ［設定］をクリックします。

3 ［ダウンロード］をクリックして、

4 ［ダウンロード前に各ファイルの保存場所を確認する］をクリックしてオンにします。

ファイルなどをダウンロードする際に、保存先を確認できるダイアログボックスが表示されるので保存先を変更することができます。

名前を付けて保存
ドキュメント
Adobe
Officeのカスタム テンプレート
ファイル名(N): 004_請求書_ヨコ型_品番
ファイルの種類(T): Compressed (zipped) Folder
保存(S)
キャンセル

重要度 ★★★　Google Chromeの活用

Q 383 Webページを共有したい!

A アドレスバーの[このページを共有]で設定します。

Webページをほかの人と共有したい場合は、Webページを開いてアドレスバーの［このページを共有］を クリックします。［リンクのコピー］［QRコードを作成］［ページを別名で保存］など、利用できる共有ツールを選択します。

［リンクのコピー］は、URLがコピーされるので、メールなどに貼り付けて送信します。［QRコードを作成］は、QRコードが作成されるので、ダウンロードして送信します。［ページを別名で保存］は、［名前を付けて保存］ダイアログボックスでファイルを保存して、ファイルを送信します。

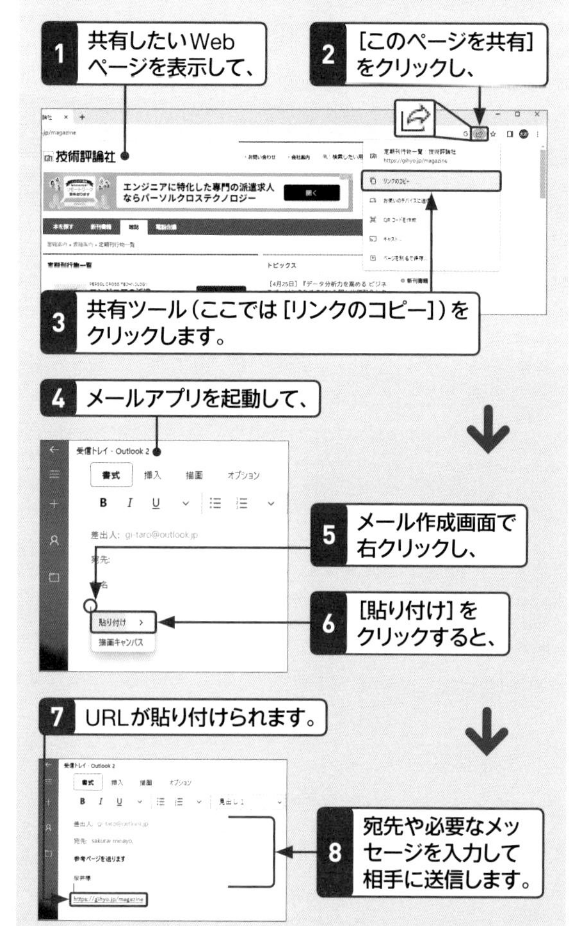
1 共有したいWebページを表示して、
2 ［このページを共有］をクリックし、
技術評論社
3 共有ツール（ここでは［リンクのコピー］）をクリックします。
4 メールアプリを起動して、
5 メール作成画面で右クリックし、
貼り付け
6 ［貼り付け］をクリックすると、
7 URLが貼り付けられます。
8 宛先や必要なメッセージを入力して相手に送信します。

Q 384 Webページを翻訳したい！

A Google Chromeの翻訳機能を利用します。

Google Chromeでは、外国語のWebページを表示すると、画面の右上に翻訳ツールが自動的に表示されます。[日本語]をクリックすると、Webページが日本語に翻訳されて表示されます。翻訳ツールが表示されない場合は、[このページを翻訳]をクリックすると表示できます。また、翻訳オプションでは、ほかの言語の選択や翻訳しないなどのオプションを指定できます。

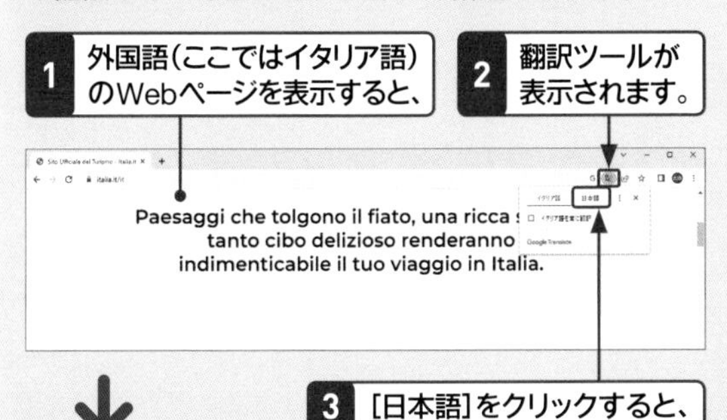
1 外国語(ここではイタリア語)のWebページを表示すると、
2 翻訳ツールが表示されます。
Paesaggi che tolgono il fiato, una ricca s
tanto cibo delizioso renderanno
indimenticabile il tuo viaggio in Italia.
3 [日本語]をクリックすると、

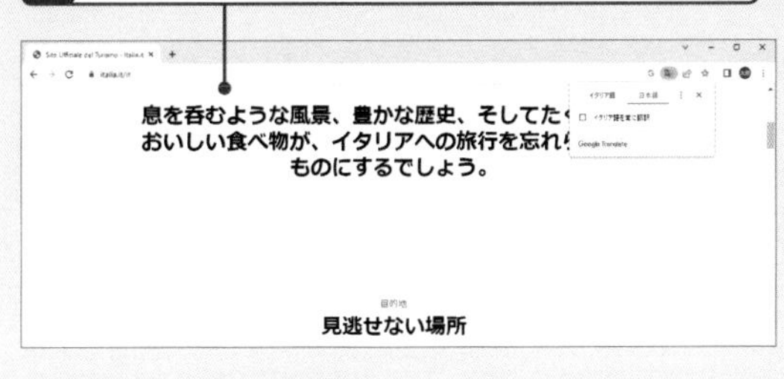
4 Webページが日本語に翻訳されて表示されます。
息を呑むような風景、豊かな歴史、そしてた
おいしい食べ物が、イタリアへの旅行を忘れ
ものにするでしょう。
見逃せない場所

5 [イタリア語]をクリックすると、
Polignano a Mare: cosa vedere in un giorno nella...
Passeggiate a cavallo a Roma e dintorni: 5 esperienze da...
6 原文の表示に戻ります。
ここをクリックしてオンにすると、つねにこの言語で翻訳されます。

● 翻訳オプションを設定する

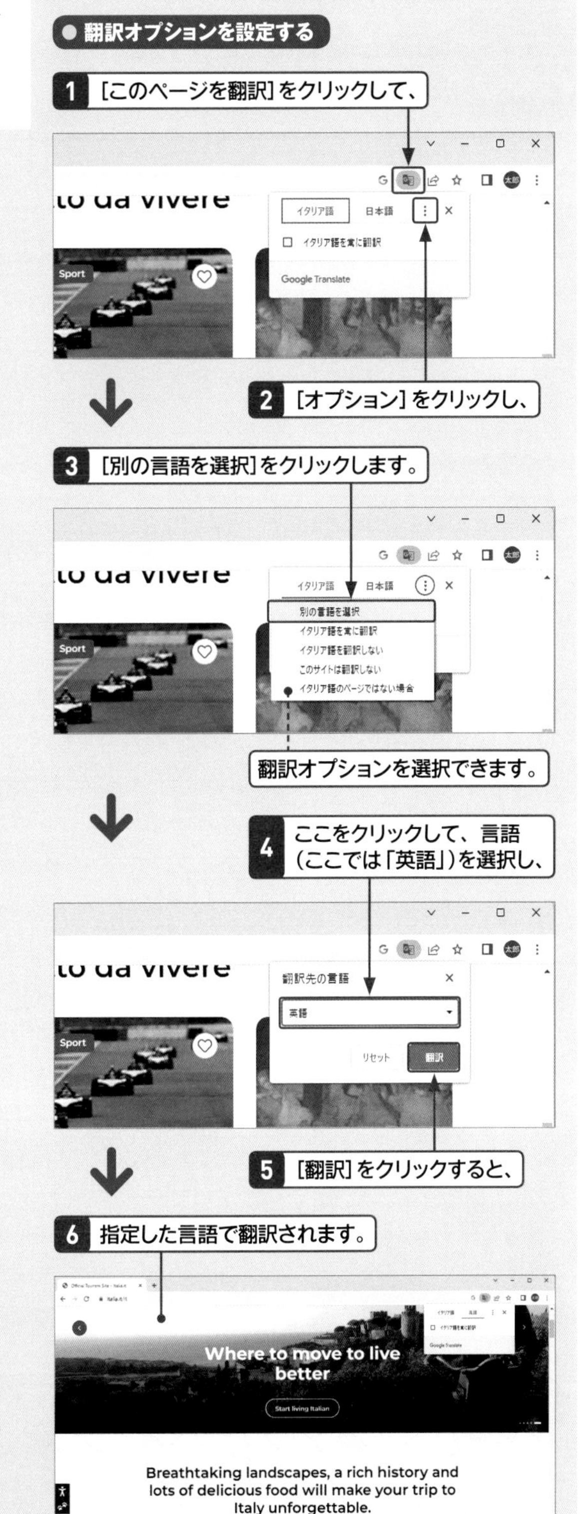
1 [このページを翻訳]をクリックして、
イタリア語
日本語
イタリア語を常に翻訳
Google Translate
2 [オプション]をクリックし、
3 [別の言語を選択]をクリックします。
別の言語を選択
イタリア語を常に翻訳
イタリア語を翻訳しない
このサイトは翻訳しない
イタリア語のページではない場合
翻訳オプションを選択できます。
4 ここをクリックして、言語(ここでは「英語」)を選択し、
翻訳先の言語
英語
リセット
翻訳
5 [翻訳]をクリックすると、
6 指定した言語で翻訳されます。
Where to move to live better
Breathtaking landscapes, a rich history and
lots of delicious food will make your trip to
Italy unforgettable.

重要度 ★★★ Google Chromeの活用

Q 385 保存したパスワードを確認したい!

A [設定]画面の[自動入力とパスワード]から確認します。

パスワードの入力が必要なWebサイトにログインする際に、自動入力などの同期を有効にしておくと、パスワードが保存され、次回ログイン時に、自動的にパスワードが入力されるようになります。
保存されたパスワードを確認するには、[Google Chromeの設定] ⋮ をクリックして[設定]をクリックし、[設定]画面の[自動入力とパスワード]から[Googleパスワードマネージャー]をクリックして、パスワードを確認したいサイトをクリックします。パスワードは盗み見されないように伏せ字で表示されています。Windowsのパスワード(PIN)を入力して、[パスワード]の[パスワードを表示]  をクリックすると表示されます。

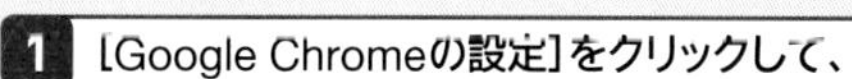
1 [Google Chromeの設定]をクリックして、

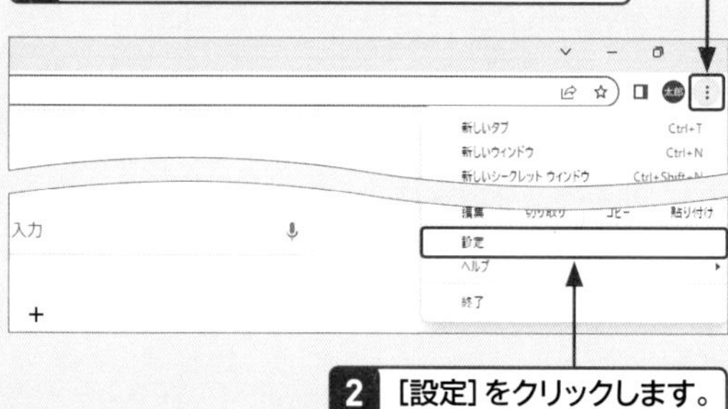
新しいタブ Ctrl+T
新しいウィンドウ Ctrl+N
新しいシークレット ウィンドウ
入力
編集 切り取り コピー 貼り付け
設定
ヘルプ
終了
2 [設定]をクリックします。

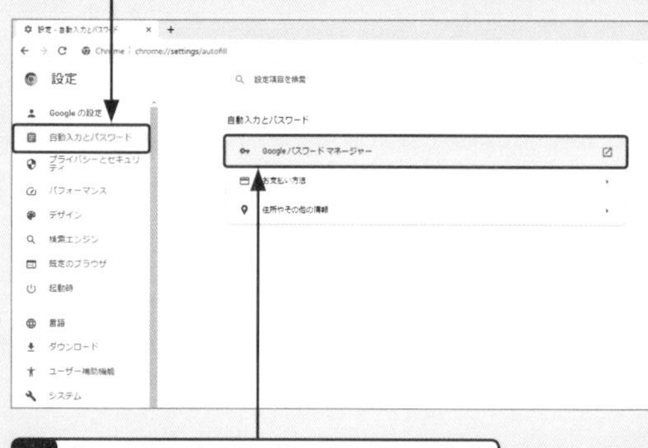
3 [自動入力とパスワード]をクリックして、
設定
Google の設定
自動入力とパスワード
プライバシーとセキュリティ
パフォーマンス
デザイン
検索エンジン
既定のブラウザ
起動時
言語
ダウンロード
ユーザー補助機能
システム
自動入力とパスワード
Googleパスワード マネージャー
お支払い方法
住所やその他の情報
4 [Googleパスワードマネージャー]をクリックすると、

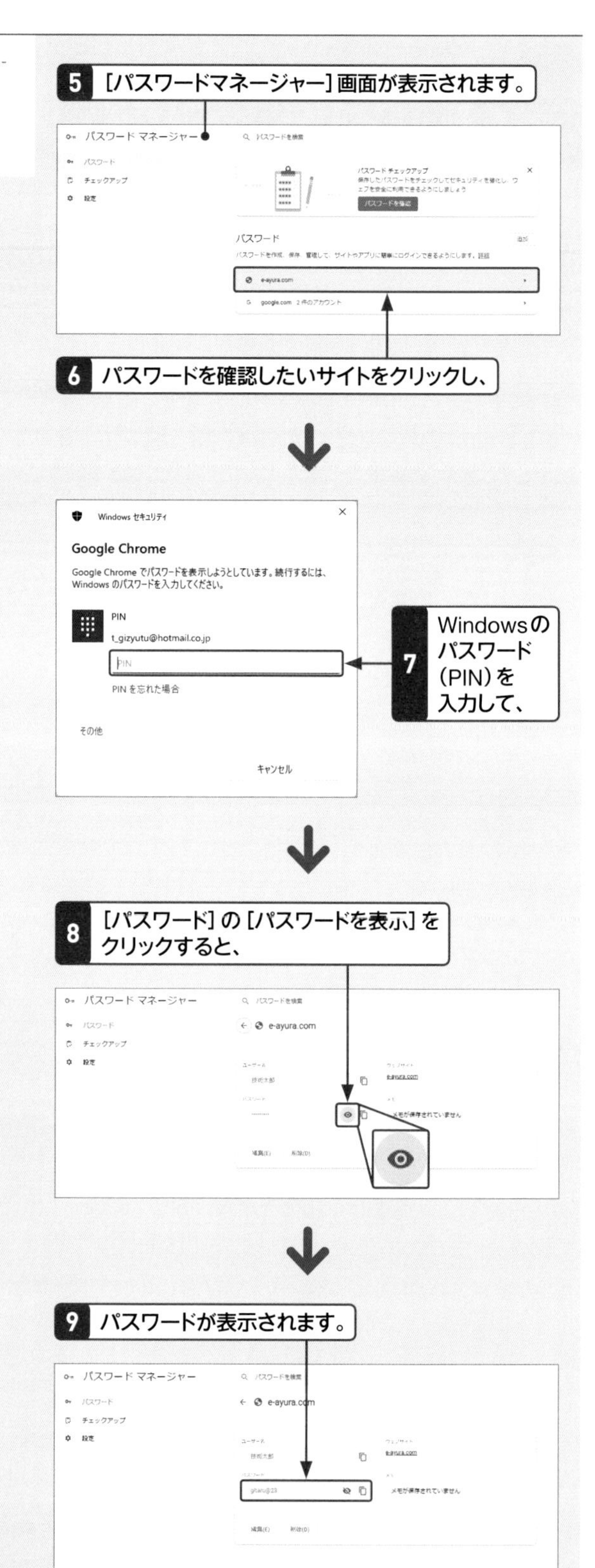
5 [パスワードマネージャー]画面が表示されます。
パスワード マネージャー
パスワード
チェックアップ
設定
パスワード
e-ayura.com
google.com 2 件のアカウント
6 パスワードを確認したいサイトをクリックし、
Windows セキュリティ
Google Chrome
Google Chrome でパスワードを表示しようとしています。続行するには、Windows のパスワードを入力してください。
PIN
t_gizyutu@hotmail.co.jp
PIN
PIN を忘れた場合
その他
キャンセル
7 Windowsのパスワード(PIN)を入力して、
8 [パスワード]の[パスワードを表示]をクリックすると、
パスワード マネージャー
e-ayura.com
メモが保存されていません
9 パスワードが表示されます。
パスワード マネージャー
e-ayura.com
メモが保存されていません

重要度 ★★★ Google Chromeの活用

Q 386 保存したパスワードを削除したい！

A [設定]画面の[自動入力とパスワード]から削除します。

Webサイトにログインしたときに保存されたパスワードは、削除することができます。[Google Chromeの設定] ⋮ をクリックして[設定]をクリックし、[設定]画面の[自動入力とパスワード]から[Googleパスワードマネージャー]をクリックします。パスワードを保存したサイトが一覧で表示されるので、削除したいパスワードのあるサイトをクリックして、[削除]をクリックします。

参照 ▶ Q 385

1 [Google Chromeの設定]→[設定]→[自動入力とパスワード]の順にクリックします。

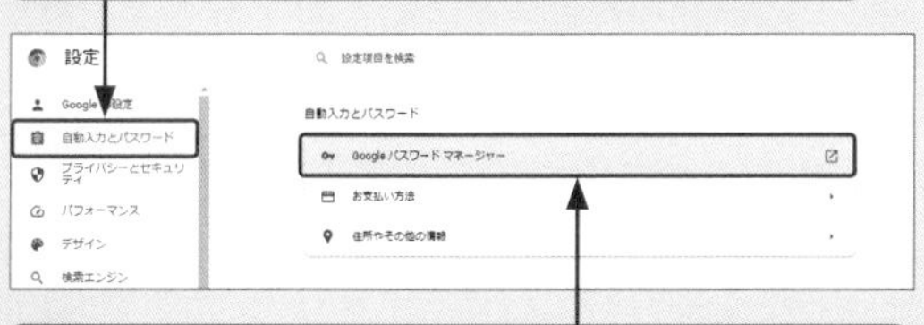

設定
自動入力とパスワード
Googleパスワードマネージャー

2 [Googleパスワードマネージャー]をクリックして、

3 削除したいパスワードのあるサイトをクリックし、

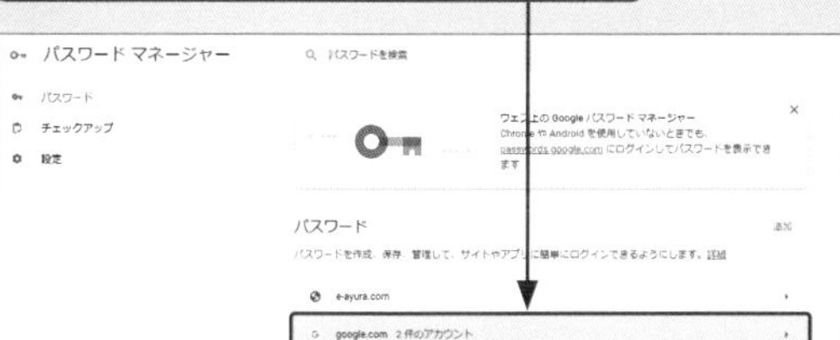

パスワード マネージャー
パスワード
チェックアップ
設定

4 [Windowsセキュリティ]画面でWindowsのパスワード（PIN）を入力します。

5 削除したいパスワードの[削除]をクリックすると、

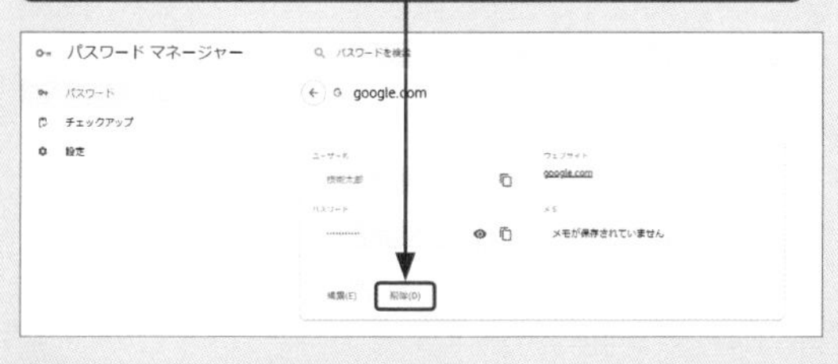

パスワード マネージャー
google.com

6 パスワードが削除されます。

重要度 ★★★ Google Chromeの活用

Q 387 Google Chromeを既定のWebブラウザーにしたい！

A [設定]画面の[既定のアプリ]から設定します。

Windows 11では、既定のWebブラウザーにMicrosoft Edgeが設定されています。Google Chromeを既定のWebブラウザーにするには、Google Chromeの[設定]画面の[既定のブラウザ]をクリックして、[デフォルトに設定]をクリックします。

また、Google Chromeのトップページに[デフォルトとして設定]が表示されている場合は、クリックすれば設定できます。

1 [Google Chromeの設定]→[設定]→[既定のブラウザ]の順にクリックします。

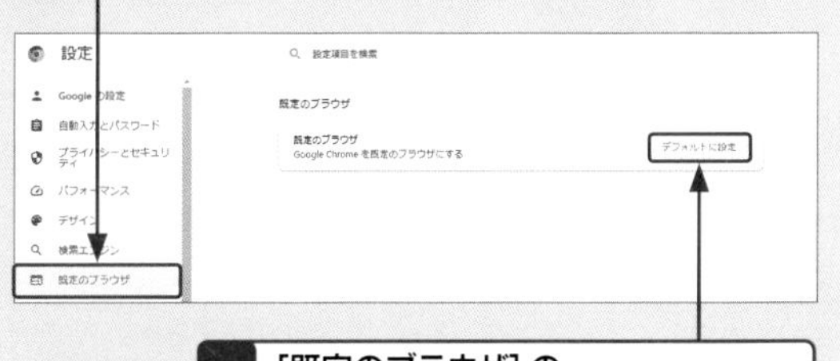

設定
既定のブラウザ

2 [既定のブラウザ]の[デフォルトに設定]をクリックします。

3 [Google Chrome]をクリックして、

アプリ › 既定のアプリ
Excel
Family
Google Chrome

4 [既定値に設定]をクリックします。

アプリ › 既定のアプリ › Google Chrome
既定値に設定
Microsoft Edge

重要度 ★★★　Google Chromeの活用

Q 388 Google Chromeの拡張機能を利用したい!

A Chromeウェブストアの[拡張機能]からインストールします。

拡張機能とは、Google Chromeに追加できる簡易プログラムのことです。Google Chromeには、Google翻訳、デバイス間の画面共有、邪魔な広告の削除、メモアプリとの連携など、拡張機能が豊富に用意されています。拡張機能を利用するには、[Googleアプリ]をクリックし、[Chromeウェブストア]をクリックしてChromeウェブストアからインストールします。

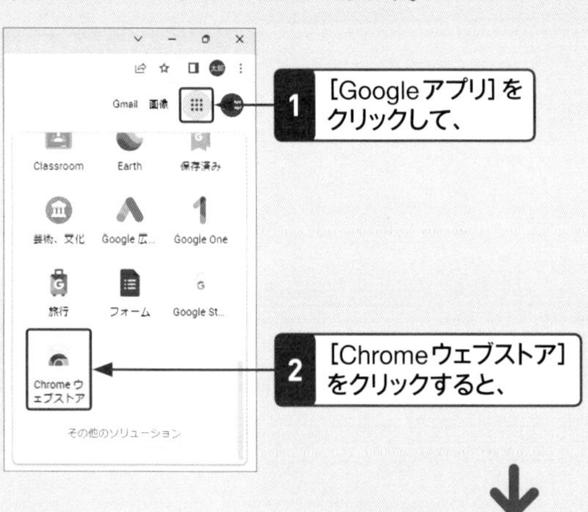
Gmail
画像
Classroom
Earth
保存済み
芸術、文化
Google 広...
Google One
旅行
フォーム
Google St...
Chrome ウェブストア
その他のソリューション

1 [Googleアプリ]をクリックして、

2 [Chromeウェブストア]をクリックすると、

3 Chromeウェブストアが表示されます。

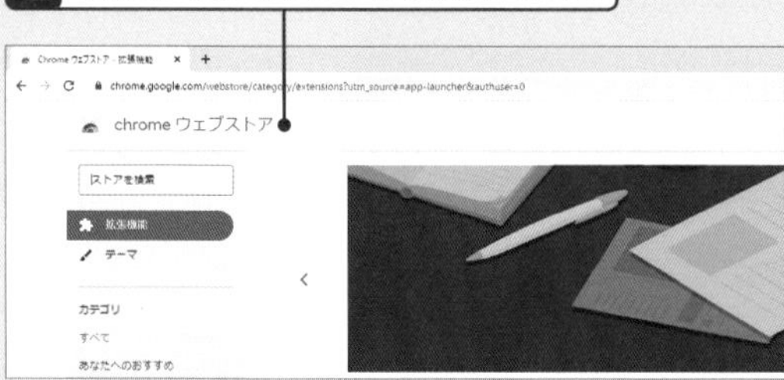
chrome ウェブストア
ストアを検索
拡張機能
テーマ
カテゴリ
すべて
あなたへのおすすめ

4 利用したい拡張機能をクリックして、

5 アプリの機能やレビューを確認します。

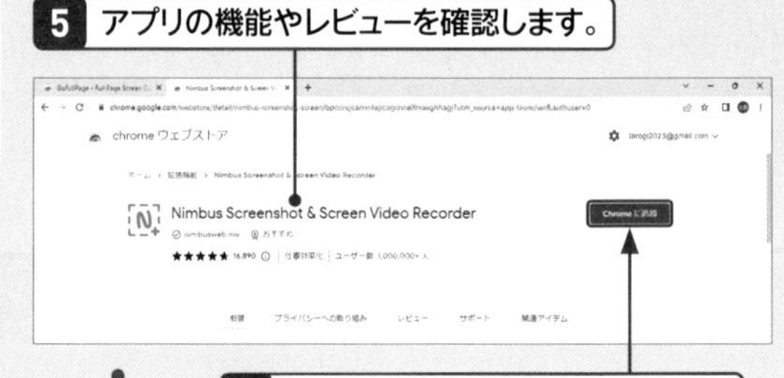
chrome ウェブストア
Nimbus Screenshot & Screen Video Recorder
Chrome に追加

6 [Chromeに追加]をクリックして、

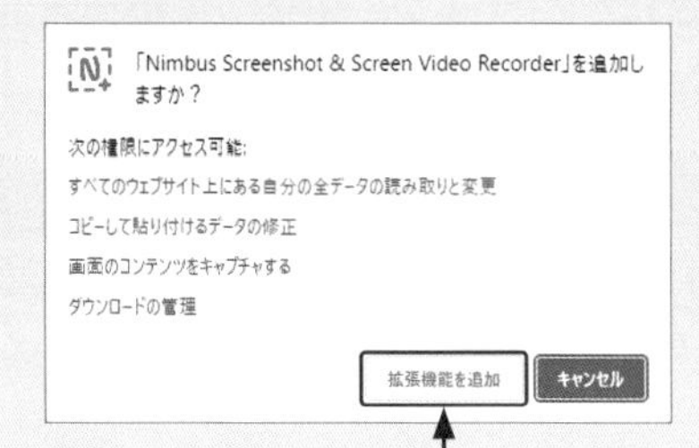
「Nimbus Screenshot & Screen Video Recorder」を追加しますか？
次の権限にアクセス可能:
すべてのウェブサイト上にある自分の全データの読み取りと変更
コピーして貼り付けるデータの修正
画面のコンテンツをキャプチャする
ダウンロードの管理
拡張機能を追加
キャンセル

7 [拡張機能を追加]をクリックすると、拡張機能がインストールされます。

8 翻訳ツールが表示された場合は、[日本語]をクリックします。

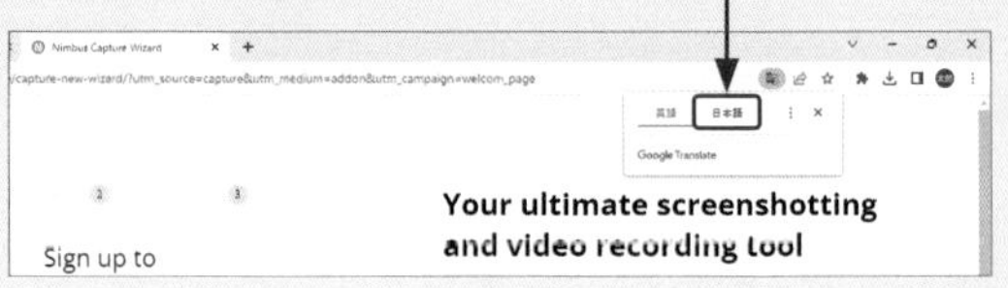
英語
日本語
Google Translate
Your ultimate screenshotting and video recording tool
Sign up to

9 拡張機能のアイコンをクリックして、

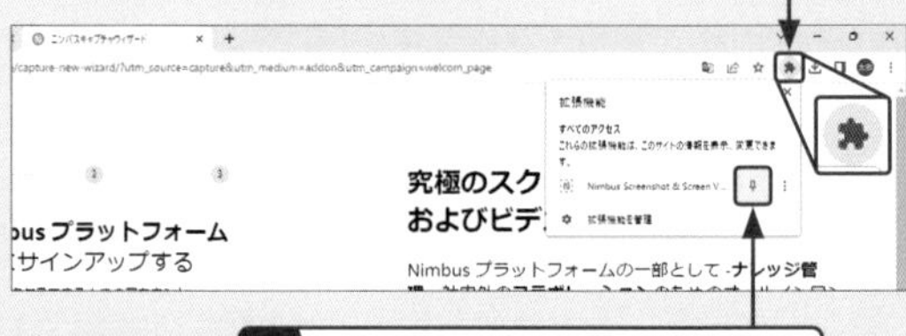
拡張機能
究極のスク
およびビデ
ous プラットフォーム
サインアップする

10 インストールされた拡張機能のここをクリックすると、

11 アドレスバーの右側にアイコンが表示されるので、クリックすることで拡張機能が利用できます(インストールするだけで自動的に利用できるものもあります)。

究極のスクリーンショット撮影
およびビデオ録画ツール
ous プラットフォーム
サインアップする
Nimbus プラットフォームの一部として・ナレッジ管理、社内外のコラボレーションのためのオールインワンプラットフォーム

第10章

スマートフォン向け Googleサービス

重要度 ★★★ 「Google」アプリ

Q 389 パソコンとスマートフォンのGoogleサービスの違いは？

A パソコンはWebブラウザーから、スマートフォンはアプリから利用します。

パソコン版のGoogleは、Webブラウザーでさまざまな機能やサービスを利用できます。これに対してスマートフォンでは各サービス専用のアプリを使用するのが一般的です。もちろん、スマートフォン版のGoogle Chromeを利用することで、パソコンのWebブラウザーと同じような機能を使えないことはありませんが、使い勝手がよいとはいえません。なお、スマートフォン版のGoogle Chromeを使用してGoogle検索を行う場合、スマートフォン向けの検索結果やコンテンツが優先的に表示されます。なお、本章ではスマートフォンの画面はiPhone版の画面で解説しています。

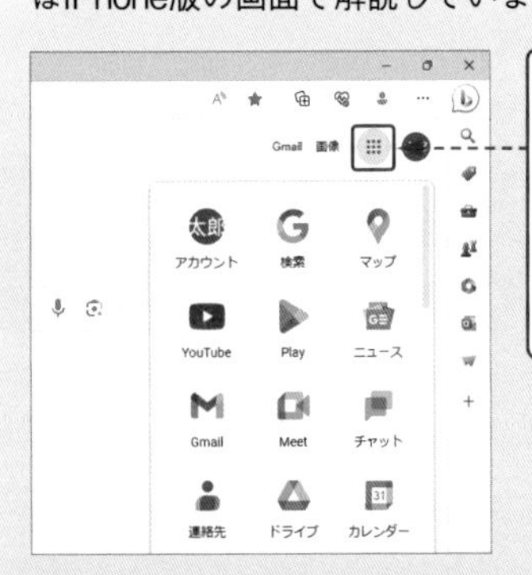
Gmail
画像
アカウント
検索
マップ
YouTube
Play
ニュース
Gmail
Meet
チャット
連絡先
ドライブ
カレンダー

パソコンのWebブラウザーでGoogleの機能を利用する場合は、[Googleアプリ]をクリックして選択します。

14:27
株価
探す
ホーム
ブック
iTunes Store
フィットネス
Watch
連絡先
旅行
ファイル
ショートカット
ユーティリティ
フリーボード
ヒント
フィードバック
Google
Gmail
Google Maps
Chrome
ドキュメント
Google フォト
ドライブ
YouTube
検索

スマートフォンでは、Googleの各サービスは専用アプリになっており、必要に応じてインストールします。アプリはスマートフォンで快適に使えるように作られています。

パソコンのWebブラウザー（Google Chrome）の検索結果画面

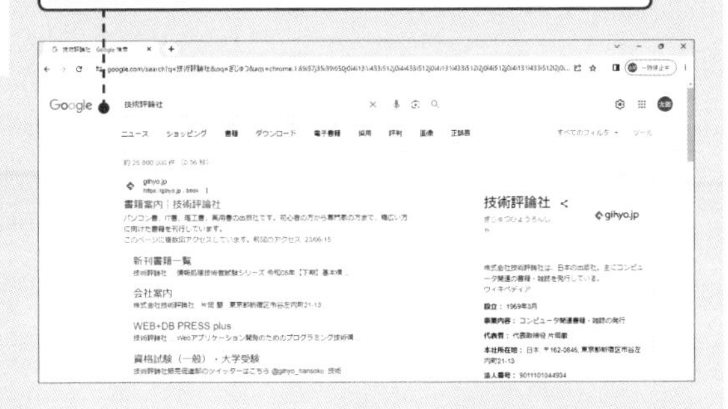
Google
技術評論社
書籍案内｜技術評論社
新刊書籍一覧
会社案内
WEB+DB PRESS plus
技術評論社
gihyo.jp

14:29
技術評論社
太郎
すべて
画像
動画
ニュース
地図
gihyo.jp
https://gihyo.jp › book
書籍案内｜技術評論社
パソコン書、IT書、理工書、実用書の出版社です。初心者の方から専門家の方まで、幅広い方に向けた書籍を刊行しています。
23/06/15 にこのページにアクセスしました。
新刊書籍一覧
WEB+DB PRESS plus

スマートフォン向けの「Google」アプリの検索結果。縦長で使うことが多いスマートフォン向けの表示になっています。

パソコンのWebブラウザーでYouTubeのWebページを表示した画面。画面に合わせてメニューは左側に表示されています。

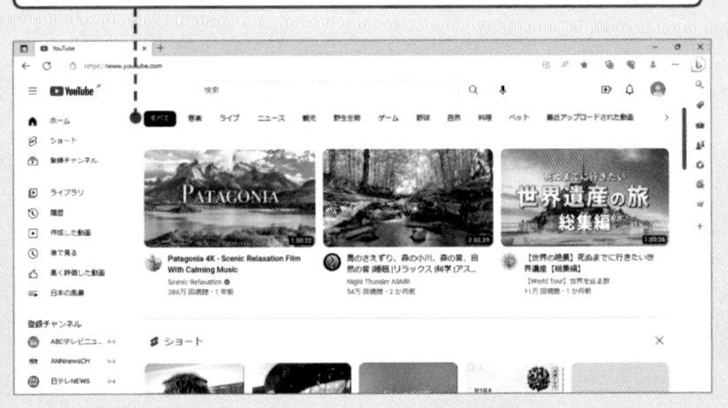
YouTube
ホーム
ショート
登録チャンネル
ライブラリ
PATAGONIA
世界遺産の旅
総集編
ショート

14:32
YouTube
すべて
音楽
ライブ
観光
ライブ
天橋立傘松公園２４時間ライブ映像
傘松チャンネル・4 人が視聴中

スマートフォン版の「YouTube」アプリの画面。常時表示されるのは必要最小限の機能アイコンで、必要に応じてメニューを表示させて操作します。

Q 390 スマートフォン用の「Google」アプリをインストールしたい!

A App StoreやPlayストアで検索してインストールします。

「Google」アプリをインストールするには、iPhoneはApp Storeで、AndroidスマートフォンはPlayストアで「Google」アプリを検索し、画面の指示に従ってインストールします。なお、Androidスマートフォンは通常「Google」アプリがインストールされていますが、インストールされていない場合はインストールします。ここでは、iPhoneで「Google」アプリをインストールする例を紹介します。

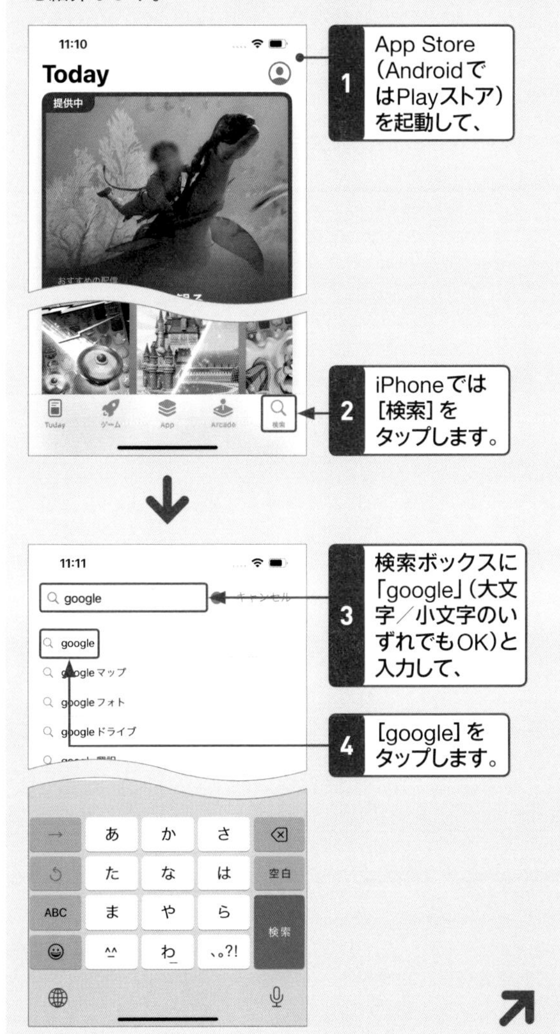

1 App Store(AndroidではPlayストア)を起動して、
2 iPhoneでは[検索]をタップします。
3 検索ボックスに「google」(大文字/小文字のいずれでもOK)と入力して、
4 [google]をタップします。

5 アプリ一覧から[Googleアプリ]を表示して、
6 iPhoneでは、[入手]をタップし、
Google アプリ
入手
App Store
Google アプリ
Google LLC
アカウント: tarogi2023@gmail.com
インストール
7 [インストール]をタップします。
8 iPhoneでは、Apple IDのパスワードを入力して、
Apple IDでサインイン
この決済を承認するには、tarogi2023@gmail.comのパスワードを入力してください。
サインイン
パスワードをお忘れですか?
9 [サインイン]をタップすると、Googleアプリがインストールされます。

重要度 ★★★ 「Google」アプリ

Q 391 スマートフォンにGoogleアカウントを設定したい！

A 「Google」アプリを起動してアカウントアイコンをタップして設定します。

スマートフォンにGoogleアカウントを設定するには、「Google」アプリを起動して、画面右上のアカウントアイコンをタップし、画面の指示に従って設定します。Googleアカウントを持っていない場合は、ログイン画面にある［アカウントを作成］をタップして、画面の指示に従って作成します。
なお、Androidスマートフォンの場合は、通常スマートフォンに設定されているGoogleアカウントで自動的に「Google」アプリにログインされています。別のアカウントを使用したい場合は、アカウントを追加します。

● iPhoneでGoogleアカウントを設定する

1 「Google」アプリを起動して、アカウントアイコンをタップし、
11:22
◀ App Store
Google
検索
Google
ログイン
シークレット モードをオンにする
履歴
読み上げ
設定
2 ［ログイン］をタップして、
"Google"がサインインのために"google.com"を使用しようとしています。
これを行うと、AppとWebサイトにあなたに関する情報を共有することを許可します。
キャンセル
続ける
3 ［続ける］をタップします。

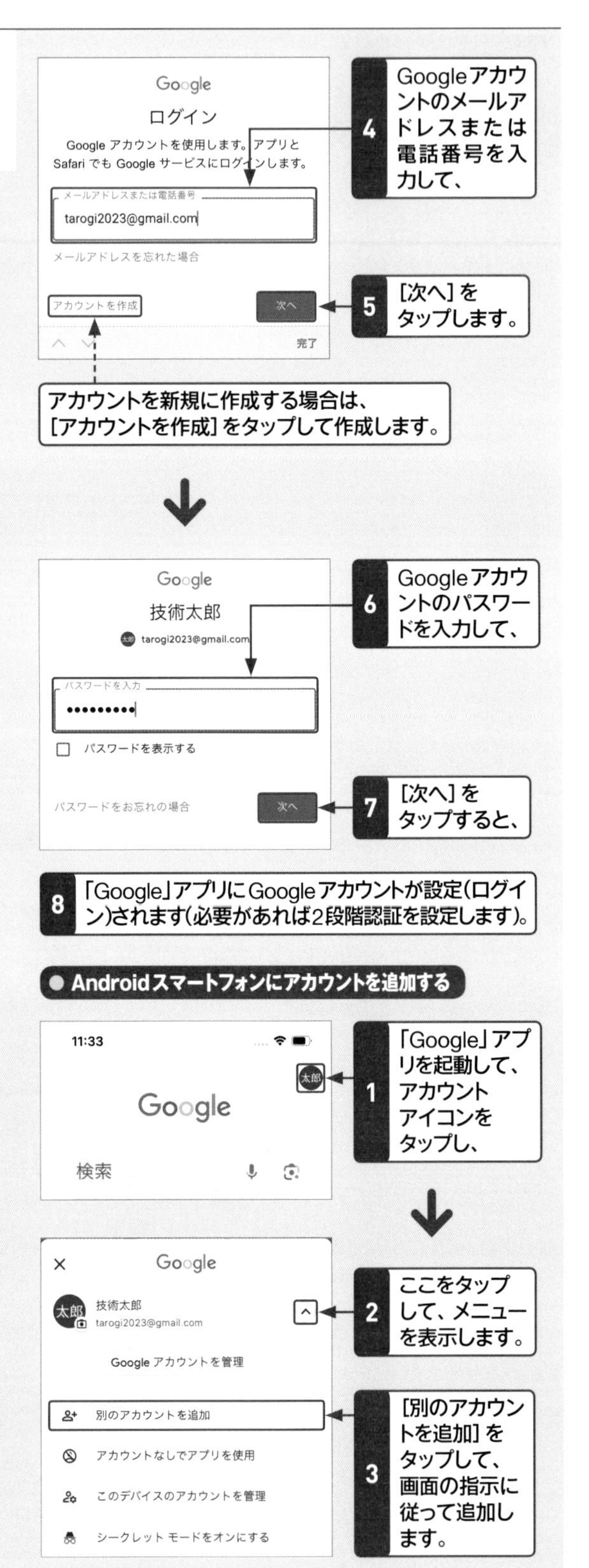
Google
ログイン
Google アカウントを使用します。アプリと Safari でも Google サービスにログインします。
メールアドレスまたは電話番号
tarogi2023@gmail.com
メールアドレスを忘れた場合
アカウントを作成
次へ
完了
4 Googleアカウントのメールアドレスまたは電話番号を入力して、
5 ［次へ］をタップします。
アカウントを新規に作成する場合は、［アカウントを作成］をタップして作成します。
Google
技術太郎
tarogi2023@gmail.com
パスワードを入力
パスワードを表示する
パスワードをお忘れの場合
次へ
6 Googleアカウントのパスワードを入力して、
7 ［次へ］をタップすると、
8 「Google」アプリにGoogleアカウントが設定(ログイン)されます(必要があれば2段階認証を設定します)。
● Androidスマートフォンにアカウントを追加する
11:33
Google
検索
1 「Google」アプリを起動して、アカウントアイコンをタップし、
Google
技術太郎
tarogi2023@gmail.com
Google アカウントを管理
別のアカウントを追加
アカウントなしでアプリを使用
このデバイスのアカウントを管理
シークレット モードをオンにする
2 ここをタップして、メニューを表示します。
3 ［別のアカウントを追加］をタップして、画面の指示に従って追加します。

重要度★★★ 「Google」アプリ

Q392 「Google」アプリの使い方を知りたい！

A 表示される情報を自分用にカスタマイズして利用できます。

「Google」アプリを起動すると、[ホーム]（Androidでは［発見］）タブにユーザーの閲覧内容に基づく最新の情報が表示されます。表示された情報に興味のあるものがあれば、画像右下の♡をタップしてオンにすると、以降はその情報の表示頻度が高くなります。また、⁝をタップして、表示される情報をカスタマイズすることもできます。

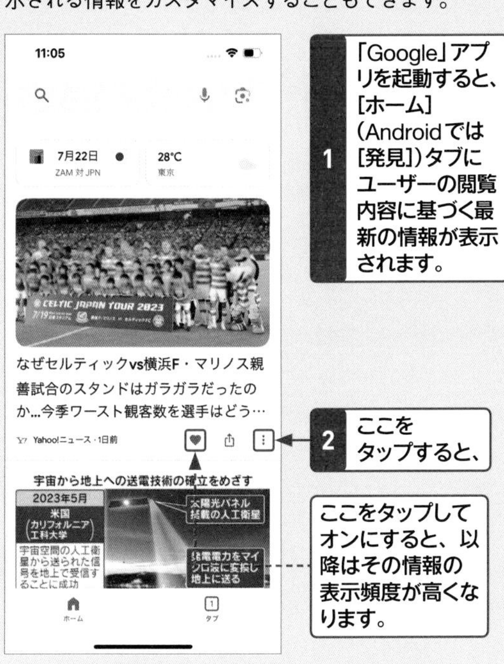

11:05
7月22日
ZAM 対 JPN
28°C
東京
CELTIC JAPAN TOUR 2023
なぜセルティックvs横浜F・マリノス親善試合のスタンドはガラガラだったのか…今季ワースト観客数を選手はどう…
Yahoo!ニュース・1日前
宇宙から地上への送電技術の確立をめざす
2023年5月
米国 カリフォルニア工科大学
太陽光パネル搭載の人工衛星
宇宙空間の人工衛星から送られた信号を地上で受信することに成功
発電電力をマイクロ波に変換し地上に送る
ホーム
タブ
1 「Google」アプリを起動すると、[ホーム]（Androidでは[発見]）タブにユーザーの閲覧内容に基づく最新の情報が表示されます。
2 ここをタップすると、
ここをタップしてオンにすると、以降はその情報の表示頻度が高くなります。

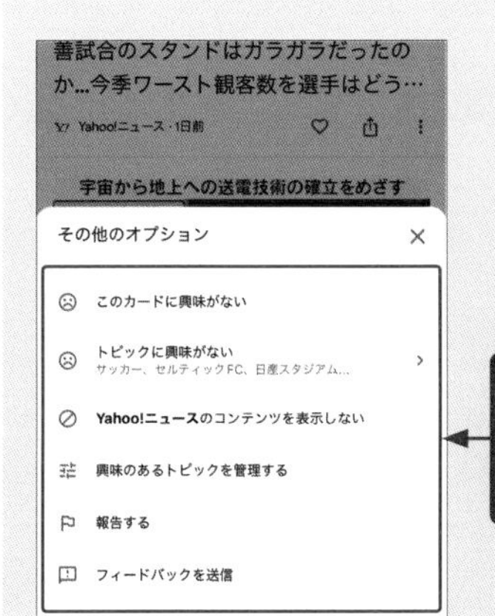

善試合のスタンドはガラガラだったのか…今季ワースト観客数を選手はどう…
Yahoo!ニュース・1日前
宇宙から地上への送電技術の確立をめざす
その他のオプション
このカードに興味がない
トピックに興味がない
サッカー、セルティックFC、日産スタジアム…
Yahoo!ニュースのコンテンツを表示しない
興味のあるトピックを管理する
報告する
フィードバックを送信

3 表示される情報をカスタマイズすることができます。

重要度★★★ 「Google」アプリ

Q393 「Google」アプリでWebページを検索したい！

A 検索ボックスにキーワードを入力して検索します。

「Google」アプリを起動すると、検索画面が表示されます。検索ボックスをタップしてキーワードを入力すると、キーワードに関する項目が表示されるので、目的の項目をタップします。検索キーワードが複数ある場合は、キーワードをスペース（空白）で区切って指定します。

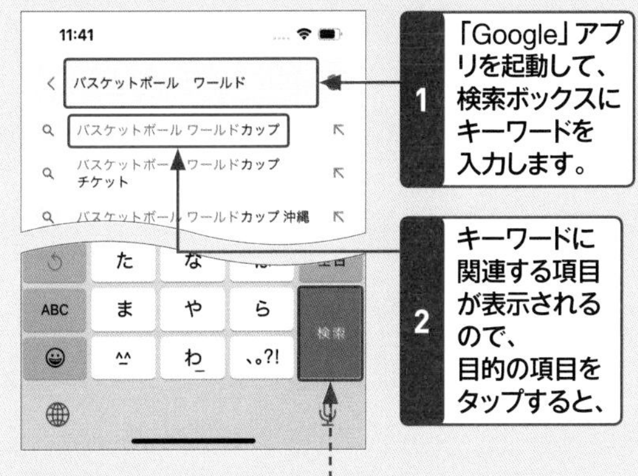

11:41
バスケットボール　ワールド
バスケットボール ワールドカップ
バスケットボール ワールドカップ チケット
バスケットボール ワールドカップ 沖縄
ABC
検索
1 「Google」アプリを起動して、検索ボックスにキーワードを入力します。
2 キーワードに関連する項目が表示されるので、目的の項目をタップすると、

［検索］をタップして、入力したキーワードで検索することもできます。

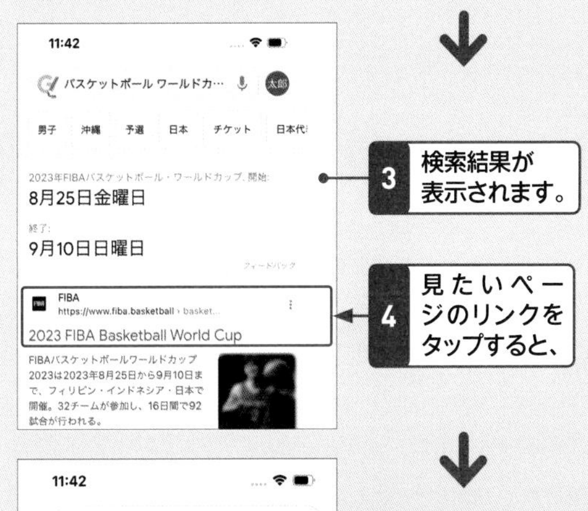

11:42
バスケットボール ワールドカ…
男子
沖縄
予選
日本
チケット
2023年FIBAバスケットボール・ワールドカップ, 開始:
8月25日金曜日
終了:
9月10日日曜日
FIBA
https://www.fiba.basketball › basket...
2023 FIBA Basketball World Cup
FIBAバスケットボールワールドカップ2023は2023年8月25日から9月10日まで、フィリピン・インドネシア・日本で開催。32チームが参加し、16日間で92試合が行われる。
3 検索結果が表示されます。
4 見たいページのリンクをタップすると、

11:42
www.fiba.basketball
FIBA.basketball
FIBA BASKETBALL WORLD CUP
PHILIPPINES JAPAN INDONESIA
2023年8月25日
9月10日
試合日程
グループ
その他
5 目的のページが表示されます。

重要度 ★★★　「Google」アプリ

Q 394 音声入力でGoogle検索をしたい！

A 「Google」アプリでマイクアイコンをタップしてキーワードを話します。

音声検索機能を使うには、「Google」アプリで検索ボックスの右端にあるマイクアイコンをタップして、検索したいキーワードを話します。初めて音声検索機能を利用する場合は、マイクへのアクセス許可を求める画面が表示されるので、[OK] をタップします。

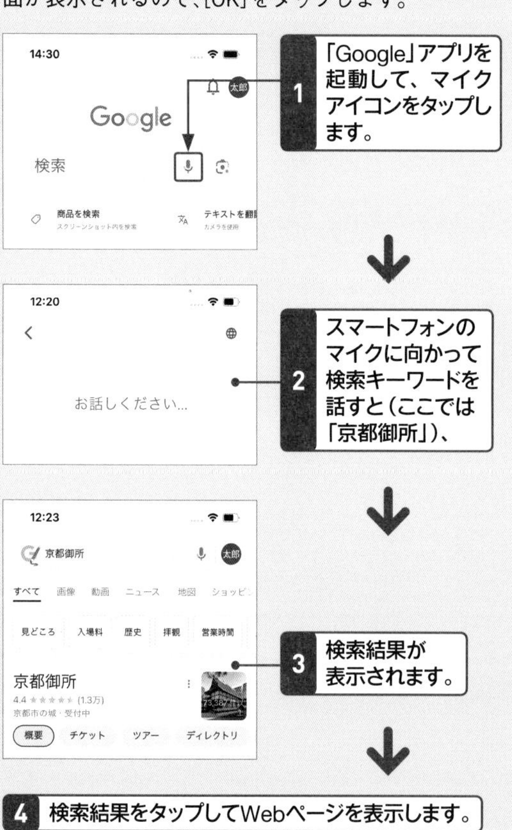
14:30
Google
検索
商品を検索
テキストを翻
1 「Google」アプリを起動して、マイクアイコンをタップします。
12:20
お話しください...
2 スマートフォンのマイクに向かって検索キーワードを話すと（ここでは「京都御所」）、
12:23
京都御所
すべて　画像　動画　ニュース　地図
見どころ　入場料　歴史　拝観　営業時間
京都御所
チケット　ツアー　ディレクトリ
3 検索結果が表示されます。

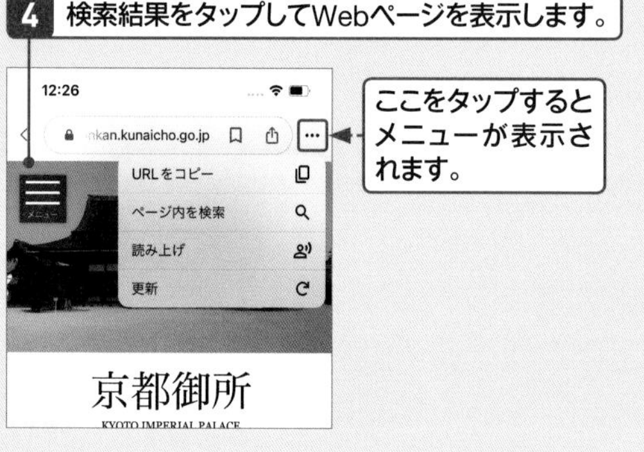
4 検索結果をタップしてWebページを表示します。
12:26
kan.kunaicho.go.jp
URLをコピー
ページ内を検索
読み上げ
更新
京都御所
KYOTO IMPERIAL PALACE
ここをタップするとメニューが表示されます。

重要度 ★★★　「Google」アプリ

Q 395 カメラで目の前にあるものを撮影して検索したい！

A Googleレンズを利用します。

「Google」アプリから利用できるGoogleレンズは、写真や画像の関連情報を検索する機能です。珍しい植物や看板など目の前のものを撮影すると、その名前やWeb情報を検索したり、文字を翻訳してテキストに変換したりすることができます。

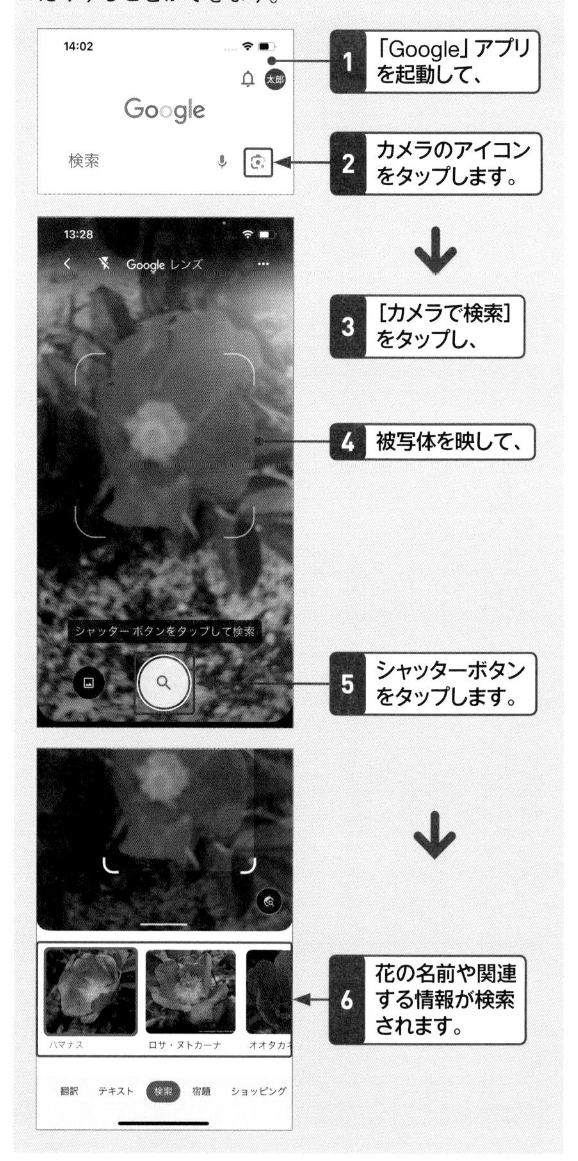
14:02
Google
検索
1 「Google」アプリを起動して、
2 カメラのアイコンをタップします。
13:28
Google レンズ
3 [カメラで検索] をタップし、
4 被写体を映して、
シャッター ボタンをタップして検索
5 シャッターボタンをタップします。
ハマナス
ロサ・ヌトカーナ
翻訳　テキスト　検索　宿題　ショッピング
6 花の名前や関連する情報が検索されます。

重要度 ★★★ 「Gmail」アプリ

Q 396 「Gmail」アプリを使いたい！

A iPhoneの場合はアプリをインストールする必要があります。

「Gmail」アプリは、Androidスマートフォンには通常、標準で搭載されていますが、iPhoneで使う場合は、App Storeで検索してインストールする必要があります。Googleアカウントが Gmailのメールアドレスとなり、すぐに利用することができます。
Gmailは、メールの送受信、返信／転送はもちろん、スターやラベルを設定してメールを分類する、読み終えた不要なメールをアーカイブするなど、さまざまな機能が利用できます。パソコンなどすべての端末の送受信データも反映されます。 参照▶Q 071, Q 390

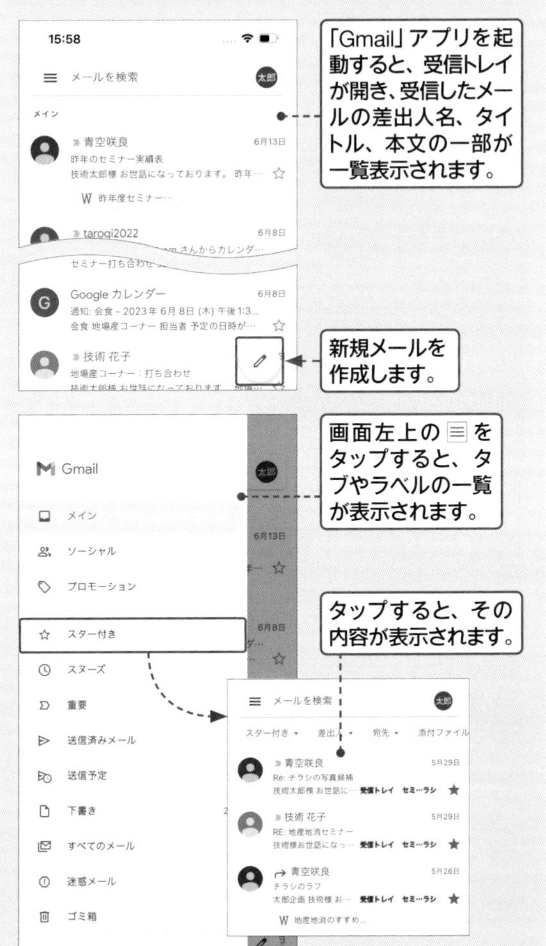
「Gmail」アプリを起動すると、受信トレイが開き、受信したメールの差出人名、タイトル、本文の一部が一覧表示されます。
新規メールを作成します。
画面左上の☰をタップすると、タブやラベルの一覧が表示されます。
タップすると、その内容が表示されます。

重要度 ★★★ 「Gmail」アプリ

Q 397 iPhoneの「メール」アプリでGmailを利用したい！

A 「メール」アプリにGmailのアカウントを追加します。

iPhoneの「メール」アプリでGmailを利用するには、[設定]画面の[メール]からGoogleアカウントを追加します。

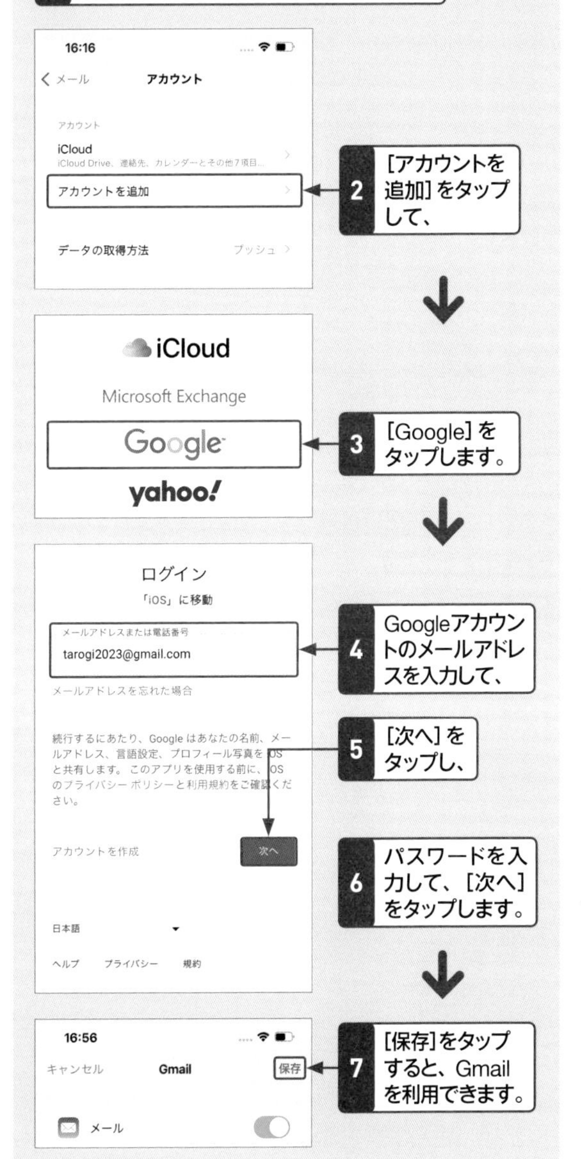
1 ホーム画面の[設定]をタップして、[メール]→[アカウント]をタップします。
2 [アカウントを追加]をタップして、
3 [Google]をタップします。
4 Googleアカウントのメールアドレスを入力して、
5 [次へ]をタップし、
6 パスワードを入力して、[次へ]をタップします。
7 [保存]をタップすると、Gmailを利用できます。

重要度 ★★★ 「Gmail」アプリ

Q 398 Gmailのメールを検索したい!

A 「Gmail」アプリの検索ボックスにキーワードを入力して検索します。

大量のメールの中から目的のメールを探したい場合は、検索機能を利用します。「Gmail」アプリを起動して、画面上部に表示される検索ボックスにキーワードを入力すると、件名や本文にキーワードが含まれているメールの一覧が表示されます。検索結果が多い場合は、キーワードをスペース（空白）で区切って複数指定することで検索結果を絞り込むことができます。

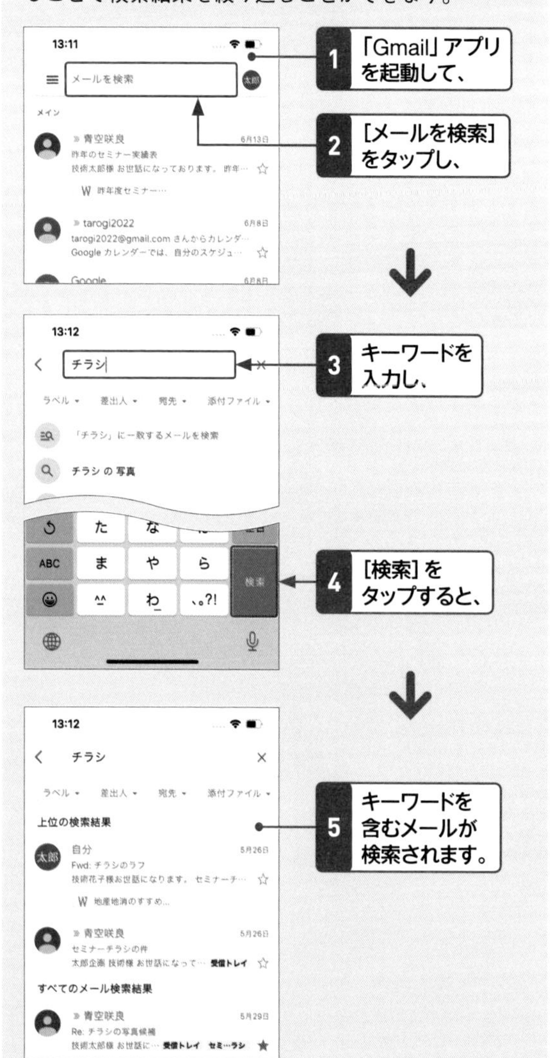
1 「Gmail」アプリを起動して、
2 [メールを検索]をタップし、
3 キーワードを入力し、
4 [検索]をタップすると、
5 キーワードを含むメールが検索されます。

重要度 ★★★ 「Gmail」アプリ

Q 399 Gmailのメールを整理したい!

A メールは削除や移動、アーカイブして整理します。

「Gmail」アプリで送受信したメールが大量になった場合は、不要なメールを削除したり、移動したり、アーカイブしたりして、フォルダー内を整理しましょう。なお、アーカイブは現在の場所から削除して保管されるので、必要になった場合は、メニューの［すべてのメール］で確認できます。

● メールを削除する

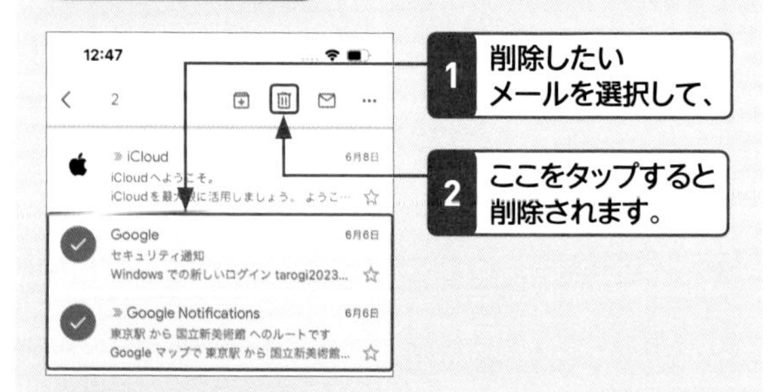
1 削除したいメールを選択して、
2 ここをタップすると削除されます。

● メールを移動する

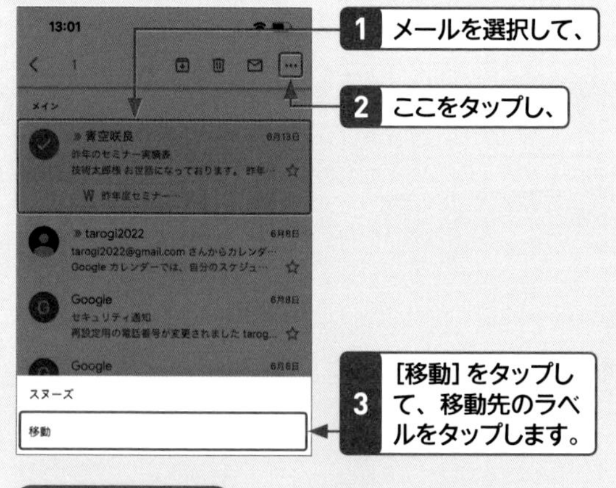
1 メールを選択して、
2 ここをタップし、
3 [移動]をタップして、移動先のラベルをタップします。

● アーカイブする

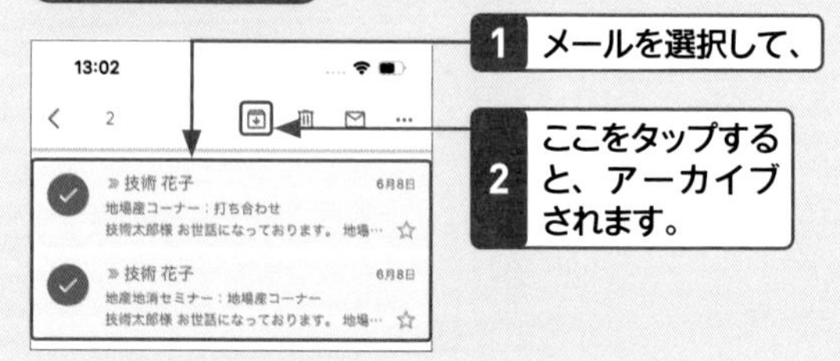
1 メールを選択して、
2 ここをタップすると、アーカイブされます。

重要度 ★★★ 「Gmail」アプリ

Q 400 Gmailの通知設定を変更したい！

A Gmailの［設定］からメールの通知を変更します。

「Gmail」アプリの受信メールの通知は、優先度の高いもののみを通知したり、なしにしたりすることができます。Gmailのメニューを表示して、［設定］から［メール通知］（あるいは［通知］）をタップすると、通知の種類を選択できます。

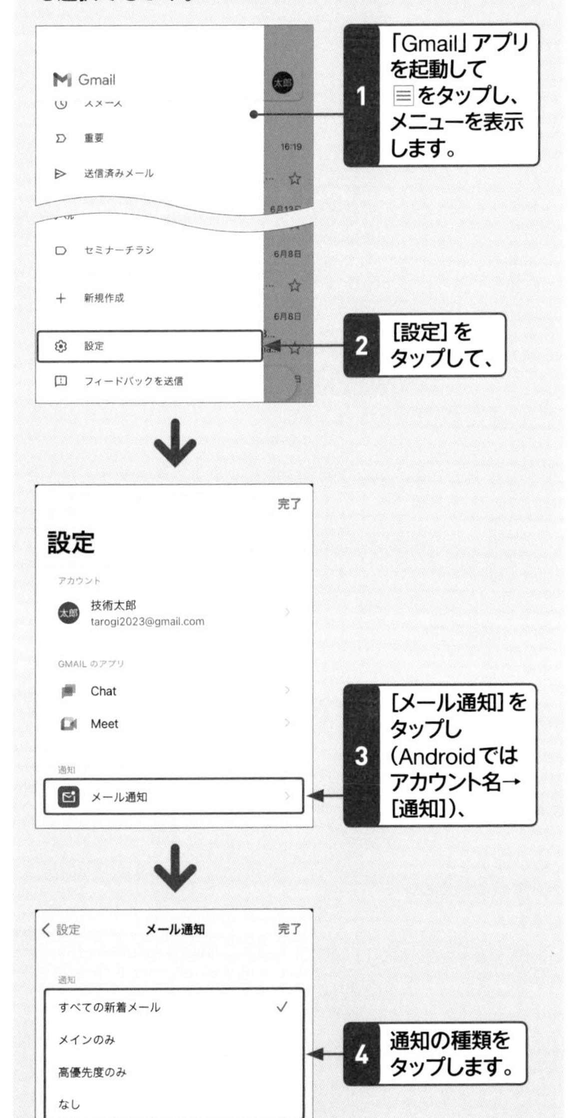

Gmail
重要
送信済みメール
セミナーチラシ
新規作成
設定
フィードバックを送信
1 「Gmail」アプリを起動して ☰ をタップし、メニューを表示します。
2 ［設定］をタップして、
完了
設定
アカウント
技術太郎
tarogi2023@gmail.com
GMAIL のアプリ
Chat
Meet
通知
メール通知
3 ［メール通知］をタップし（Androidではアカウント名→［通知］）、
設定
メール通知
完了
通知
すべての新着メール
メインのみ
高優先度のみ
なし
4 通知の種類をタップします。

重要度 ★★★ 「Gmail」アプリ

Q 401 スマートフォンの連絡先とGmailの連絡先を同期したい！

A アカウントの［連絡先］をオンにします。

スマートフォンの連絡先とGmailの連絡先を同期するには、同期するアカウントの連絡先をオンにします。

● iPhoneで連絡先を同期する

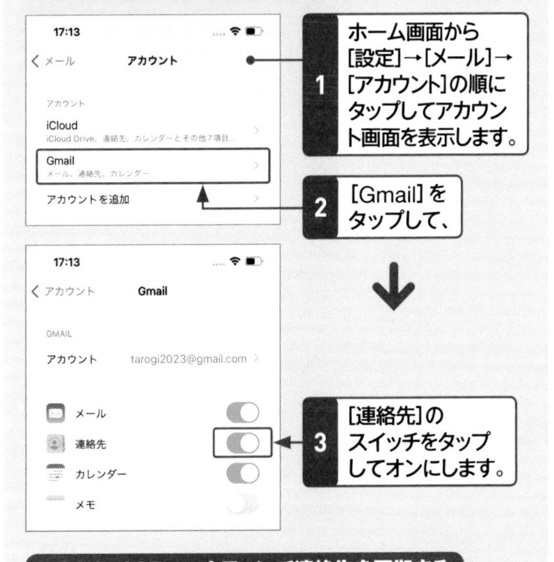

17:13
メール
アカウント
iCloud
Gmail
メール、連絡先、カレンダー
アカウントを追加
1 ホーム画面から［設定］→［メール］→［アカウント］の順にタップしてアカウント画面を表示します。
2 ［Gmail］をタップして、
Gmail
GMAIL
アカウント
tarogi2023@gmail.com
メール
連絡先
カレンダー
メモ
3 ［連絡先］のスイッチをタップしてオンにします。

● Androidスマートフォンで連絡先を同期する

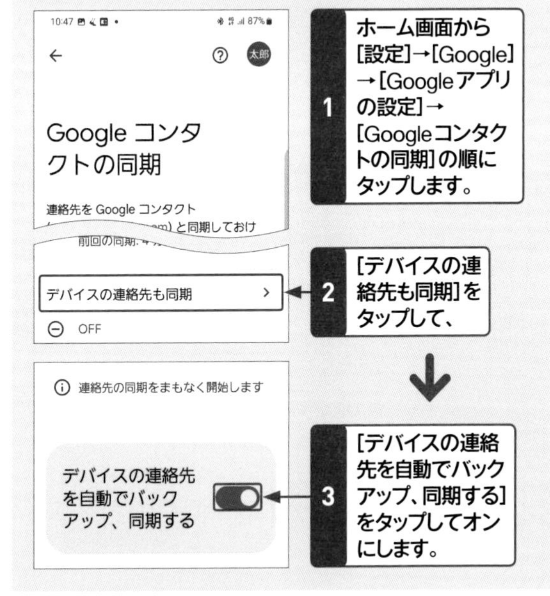

10:47
Google コンタクトの同期
連絡先を Google コンタクト
1 ホーム画面から［設定］→［Google］→［Googleアプリの設定］→［Googleコンタクトの同期］の順にタップします。
デバイスの連絡先も同期
OFF
2 ［デバイスの連絡先も同期］をタップして、
連絡先の同期をまもなく開始します
デバイスの連絡先を自動でバックアップ、同期する
3 ［デバイスの連絡先を自動でバックアップ、同期する］をタップしてオンにします。

Q 402 「Googleマップ」アプリを使いたい！

A iPhoneの場合はアプリをインストールする必要があります。

「Googleマップ」アプリは、パソコン用のGoogleマップと同様に、世界中の地図を表示したり、目的地までの経路を検索したり、周辺の情報を調べたりすることができます。また、ナビゲーション機能を利用したり、ほかのユーザーと現在地を共有したりすることもできます。Androidスマートフォンには通常、標準で搭載されていますが、iPhoneで使う場合はApp Storeで検索してインストールする必要があります。 参照▶Q 390

大阪城
大阪城
経路
ナビ開始
チケット
目的地を入力すると、地図や目的地の情報などが表示されます。

現在地
東京国立博物館
出発地から目的地までのルートを移動手段を指定して検索することができます。

重要度 ★★★ 「Googleマップ」アプリ

Q 403 駅の時刻表を確認したい！

A 地図上の駅をタップして駅情報から路線名をタップします。

駅の時刻表を確認するには、「Googleマップ」アプリで目的の駅を表示して駅名をタップします。地図の下に駅情報が表示されるので、目的の路線名をタップすると、現在の時刻以降に乗車できる電車の行先や時刻表が表示されます。なお、地図で探しにくい駅の場合は、検索ボックスに駅名を入力して検索します。

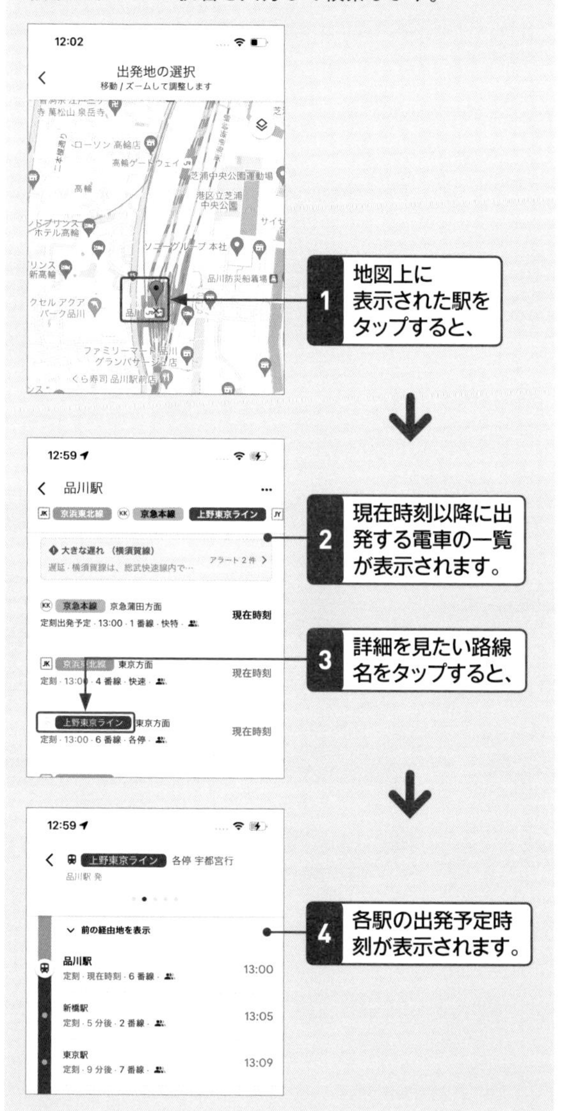
出発地の選択
移動 / ズームして調整します
1 地図上に表示された駅をタップすると、
品川駅
京浜東北線
京急本線
上野東京ライン
2 現在時刻以降に出発する電車の一覧が表示されます。
3 詳細を見たい路線名をタップすると、
上野東京ライン 各停 宇都宮行
品川駅 発
前の経由地を表示
品川駅 13:00
新橋駅 13:05
東京駅 13:09
4 各駅の出発予定時刻が表示されます。

重要度 ★★★ 「Googleマップ」アプリ

Q 404 周辺情報を調べたい！

A 地図上部に表示されている項目をタップします。

「Googleマップ」アプリで、表示しているエリアにある施設などをすばやく検索したい場合は、地図の上部にある［レストラン］、［コンビニ］などの項目をタップします。表示された以外の項目を検索する場合は、検索ボックスに施設名などを入力して検索し、［地図を表示］をタップします。

● 項目一覧から検索する

1 検索したいエリアの地図を表示して、
2 画面上部の項目（ここでは［観光スポット］）をタップすると、
3 検索結果が表示されます。
4 地図上のピンをタップすると、詳細情報が表示されます。
ここで検索
レストラン
観光スポット
ホテル
姫路城

● 施設名を入力して検索する

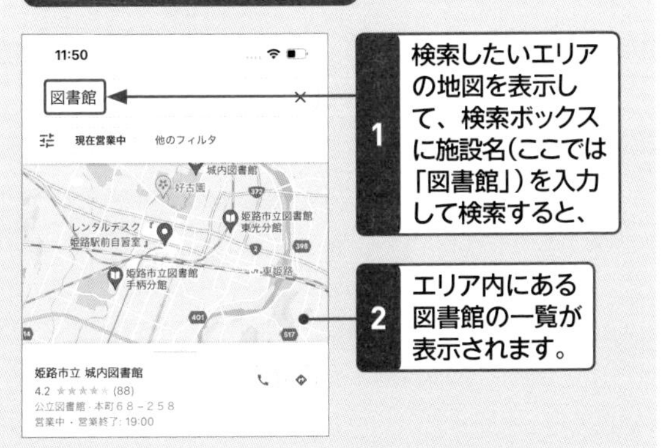

1 検索したいエリアの地図を表示して、検索ボックスに施設名（ここでは「図書館」）を入力して検索すると、
2 エリア内にある図書館の一覧が表示されます。
図書館
現在営業中
他のフィルタ
姫路市立 城内図書館

重要度 ★★★ 「Googleマップ」アプリ

Q 405 位置情報をオンにするには？

A ［位置情報サービス］や［位置情報］で設定します。

スマートフォンの位置情報サービスがオフの場合は、ナビゲーション機能など一部の機能が使えません。すべての機能を使うには、iPhoneでは［位置情報サービス］を、Androidスマートフォンでは［位置情報］をオンにします。アプリによっては、使用中のみ許可することもできるので、必要に応じて設定するとよいでしょう。

● iPhoneで位置情報をオンにする

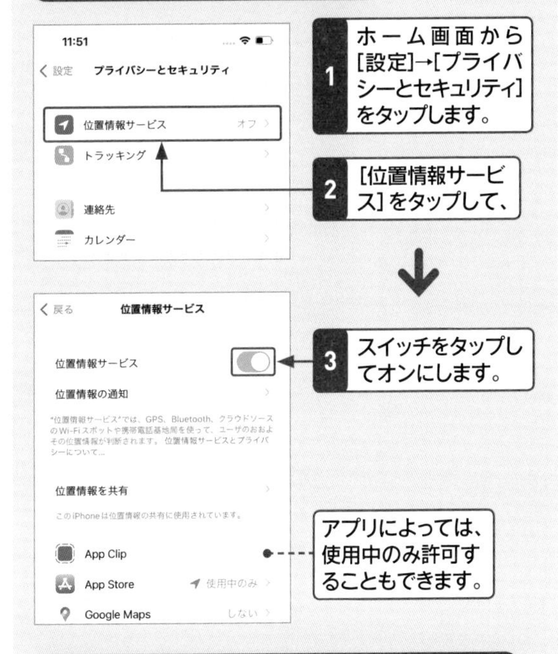

1 ホーム画面から［設定］→［プライバシーとセキュリティ］をタップします。
2 ［位置情報サービス］をタップして、
3 スイッチをタップしてオンにします。
アプリによっては、使用中のみ許可することもできます。
プライバシーとセキュリティ
位置情報サービス
トラッキング
連絡先
カレンダー
位置情報の通知
位置情報を共有
App Clip
App Store
Google Maps

● Android スマートフォンで位置情報をオンにする

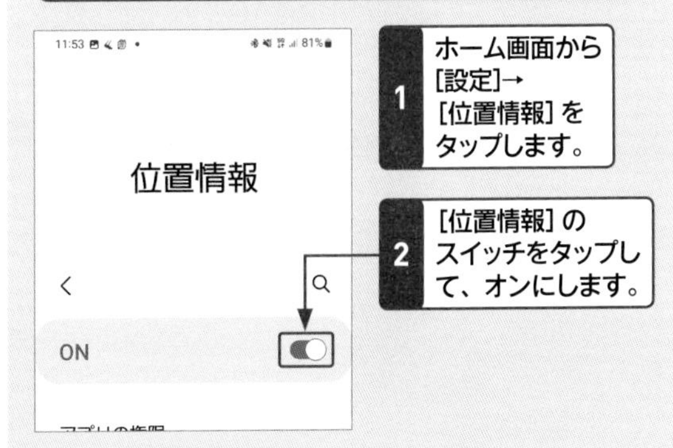

1 ホーム画面から［設定］→［位置情報］をタップします。
2 ［位置情報］のスイッチをタップして、オンにします。
位置情報
ON

Q 406 ルートを検索したい！

A 「Googleマップ」アプリの経路検索機能を利用します。

「Googleマップ」アプリの経路検索機能を利用すると、指定した出発地から目的地までのルートを検索することができます。画面右下の［経路］をタップして出発地と目的地を設定し、移動手段を選択すると、それに応じたルートと所要時間が表示されます。電車を利用したルートでは、乗車する駅や路線名、時刻表などを確認することができます。出発地と目的地は、現在地を指定したり、地図上をタップして指定したりすることもできます。

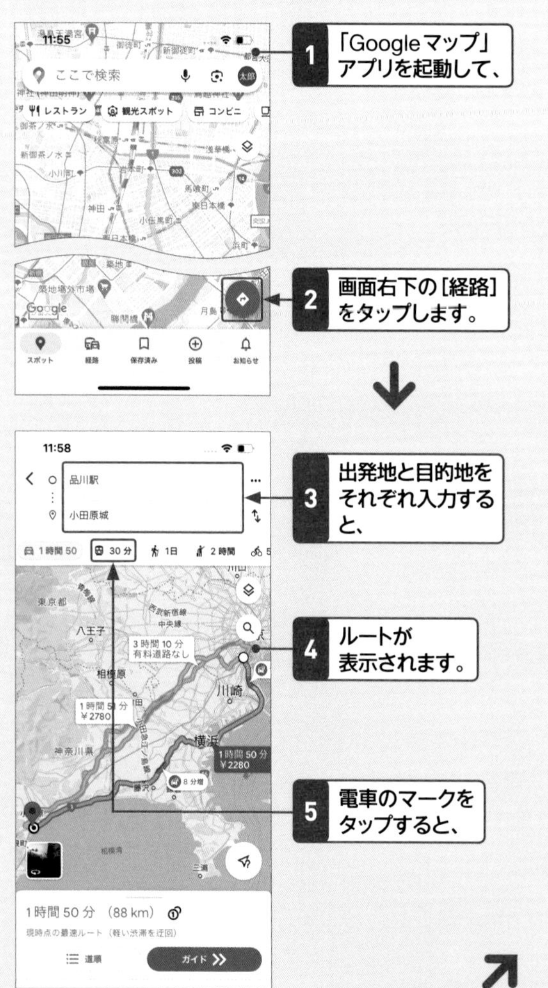

1 「Googleマップ」アプリを起動して、
2 画面右下の［経路］をタップします。
3 出発地と目的地をそれぞれ入力すると、
4 ルートが表示されます。
5 電車のマークをタップすると、
品川駅
小田原城
1時間50分 (88 km)

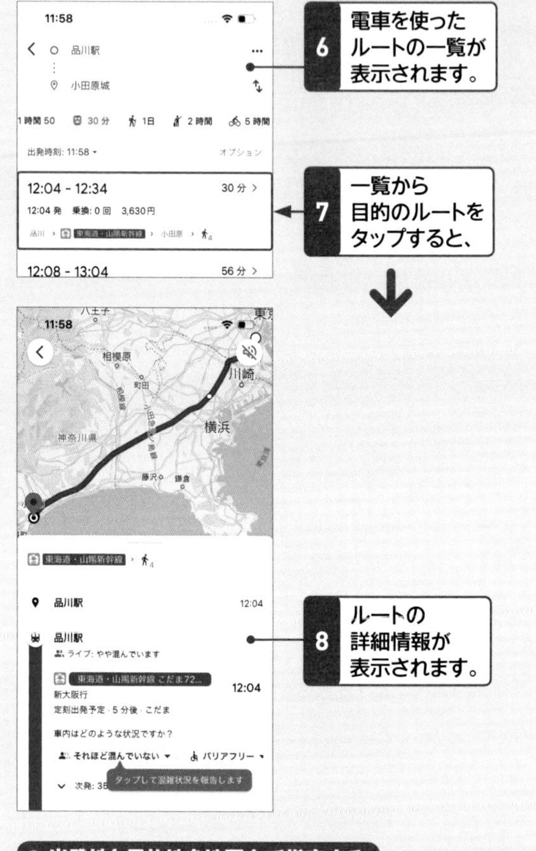

6 電車を使ったルートの一覧が表示されます。
7 一覧から目的のルートをタップすると、
8 ルートの詳細情報が表示されます。
12:04 - 12:34
12:08 - 13:04
品川駅

出発地と目的地を地図上で指定する

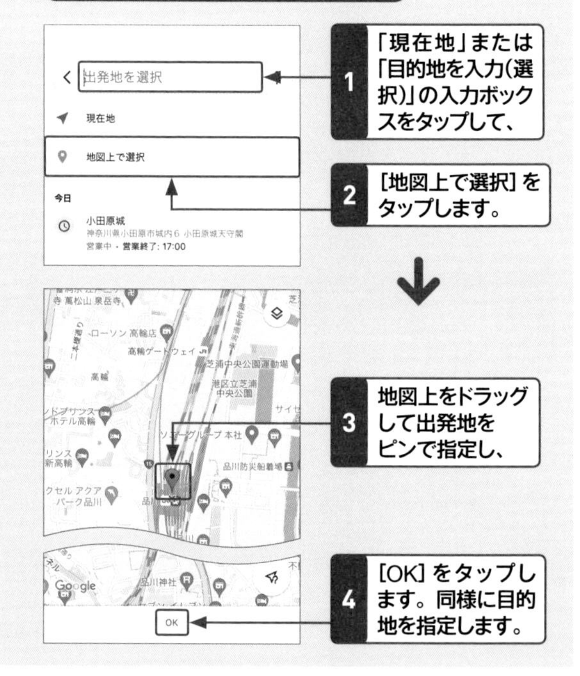

1 「現在地」または「目的地を入力(選択)」の入力ボックスをタップして、
2 ［地図上で選択］をタップします。
3 地図上をドラッグして出発地をピンで指定し、
4 ［OK］をタップします。同様に目的地を指定します。
出発地を選択
現在地
地図上で選択
小田原城
OK

重要度 ★★★ 「Googleマップ」アプリ

Q 407 Googleマップをカーナビとして使用したい！

A 「Googleマップ」アプリのナビゲーション機能を利用します。

「Googleマップ」アプリのナビゲーション機能を利用すると、スマートフォンをカーナビとして使うことができます。ナビゲーションは画面表示と音声で指示され、カーナビとして使えるだけでなく、徒歩で移動する場合にも有効です。なお、この機能を利用するには位置情報サービスをオンにしておく必要があります。 参照▶Q 405

1 「Googleマップ」アプリでルートを検索して、

2 自動車のマークをタップすると、
3 現在地から目的地までの自動車ルートが表示されます。
4 [開始]（Androidでは[ナビ開始]）をタップすると、
5 ナビゲーションが開始されます。
6 [終了]（Androidでは☒）をタップすると、ナビゲーションが終了します。
12:13
現在地
東京国立博物館
19分
31分
53分
19分
文京区
台東区
19分
22分
19分 (5.4 km)
開始
固定
宝田橋方面
その先
18分
5.4 km · 12:34
終了

重要度 ★★★ 「Googleマップ」アプリ

Q 408 タイムラインで自分の行動履歴を確認したい！

A 位置情報とロケーション履歴をオンにします。

「Googleマップ」アプリのタイムライン機能を使うと、スマートフォンの位置情報をもとに自分の行き先や経路、交通手段などの行動履歴を見ることができます。タイムラインを使うには、位置情報サービスをオンにし、「Googleマップ」アプリのアカウントアイコンをタップして、[設定]→[個人的なコンテンツ]→[ロケーション履歴がオフ]をタップし、[ロケーション履歴]の[オンにする]をタップします。 参照▶Q 405

ロケーション履歴

特定の Google サービスを使用していないときでも、デバイスを持って訪れた場所が保存されます。これにより、カスタマイズされた地図や、訪れた場所に応じたおすすめなどを利用できるようになります。 詳細

オフ

2021年4月3日 からオフになっています

オンにする

ロケーション履歴をオンにします。

自動削除（該当なし）

● タイムラインを確認する

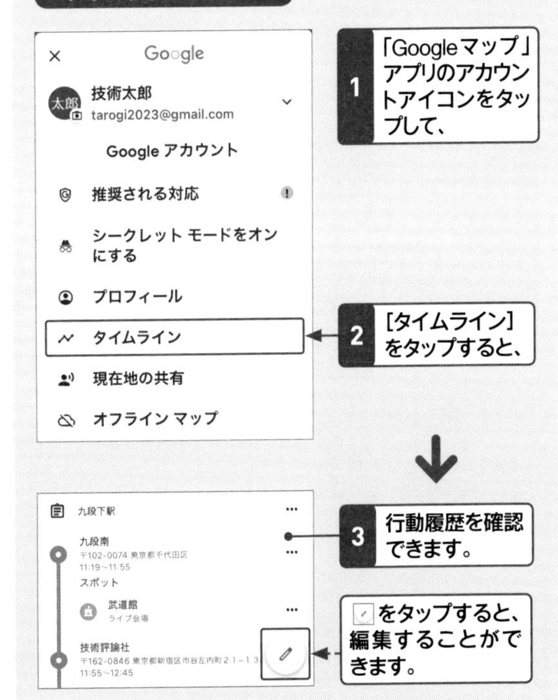

1 「Googleマップ」アプリのアカウントアイコンをタップして、
2 [タイムライン]をタップすると、
3 行動履歴を確認できます。
をタップすると、編集することができます。
Google
技術太郎
tarogi2023@gmail.com
Google アカウント
推奨される対応
シークレット モードをオンにする
プロフィール
タイムライン
現在地の共有
オフライン マップ
九段下駅
九段南
スポット
武道館
技術評論社

重要度 ★★★ 「Googleマップ」アプリ

Q 409 Googleマップをオフラインで使いたい！

A [オフラインマップ]機能を利用します。

地図データをダウンロードしておくと、電波の届かないところでもGoogleマップを利用することができます。ただし、オフラインマップでは機能が制限されます。また、地図データはサイズが大きいため注意が必要です。必要のなくなったオフラインマップのデータは削除するとよいでしょう。

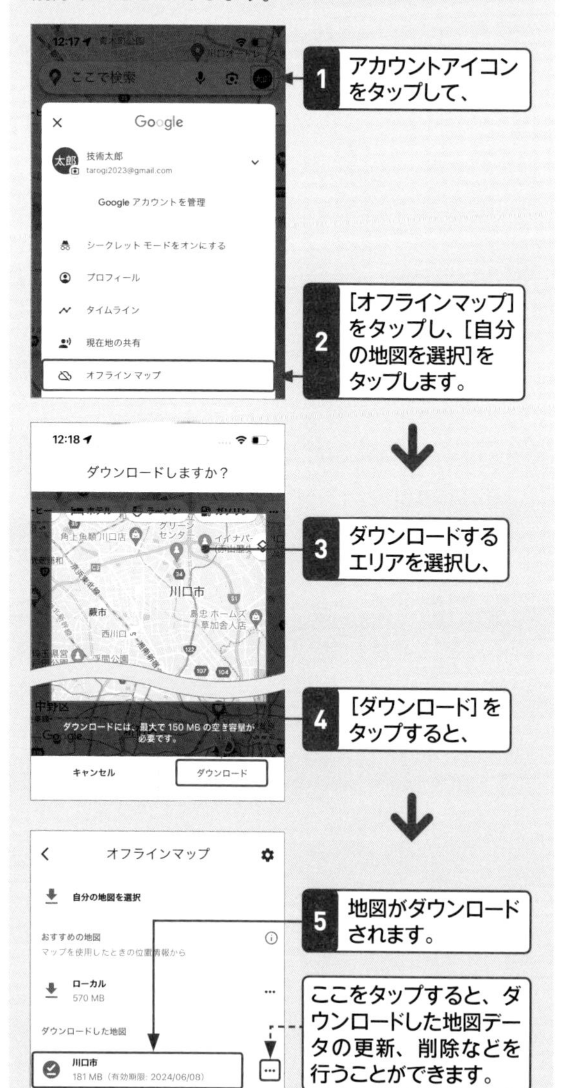
1 アカウントアイコンをタップして、
2 [オフラインマップ]をタップし、[自分の地図を選択]をタップします。
3 ダウンロードするエリアを選択し、
4 [ダウンロード]をタップすると、
5 地図がダウンロードされます。
ここをタップすると、ダウンロードした地図データの更新、削除などを行うことができます。
ダウンロードしますか？
オフラインマップ
自分の地図を選択
ローカル
川口市
キャンセル
ダウンロード

重要度 ★★★ 「Googleカレンダー」アプリ

Q 410 「Googleカレンダー」アプリを使いたい！

A iPhoneの場合はアプリをインストールする必要があります。

「Googleカレンダー」アプリは、パソコンやスマートフォンとの間で予定が同期されるため、オフィスではパソコンのGoogleカレンダーで、出先ではスマートフォンのアプリでと、いつでもどこでも利用できます。また、Gmailから予定を登録したり、予定の場所をGoogleマップで表示したりと、ほかのGoogleサービスやアプリと連携することもできます。

Androidスマートフォンには標準で搭載されていますが、iPhoneで使う場合はApp Storeで検索してインストールする必要があります。 参照▶Q 390

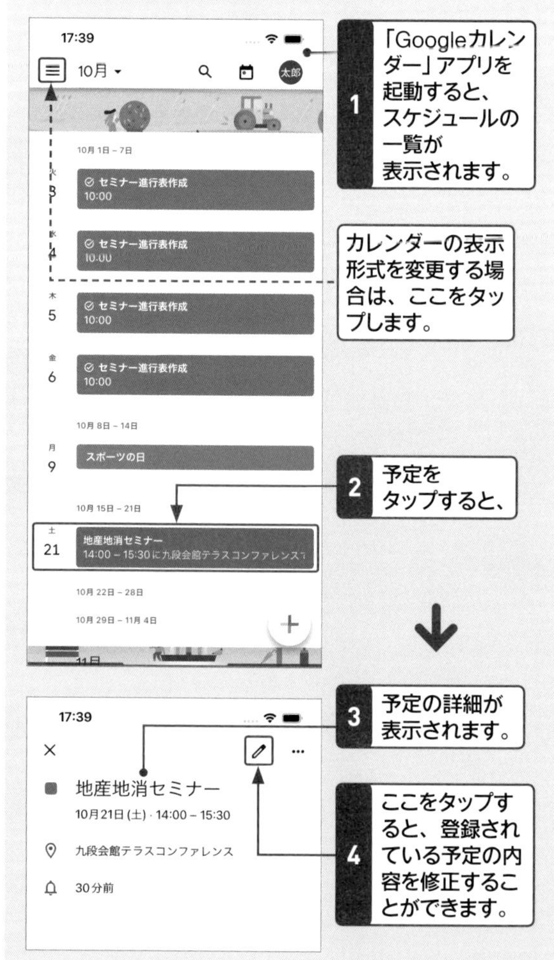
1 「Googleカレンダー」アプリを起動すると、スケジュールの一覧が表示されます。
カレンダーの表示形式を変更する場合は、ここをタップします。
2 予定をタップすると、
3 予定の詳細が表示されます。
4 ここをタップすると、登録されている予定の内容を修正することができます。
10月
セミナー進行表作成
スポーツの日
地産地消セミナー
10月21日(土)・14:00 – 15:30
九段会館テラスコンファレンス
30分前

重要度 ★★★ 「Googleカレンダー」アプリ

Q 411 Googleカレンダーに予定を追加したい!

A 画面右下の⊕をタップして予定を入力します。

「Googleカレンダー」アプリに新しい予定を追加するには、画面右下の⊕をタップして［予定］をタップし、予定のタイトルや日時、場所などの情報を入力して保存します。入力済みの予定を変更する場合は、カレンダーに表示される予定をタップして修正します。

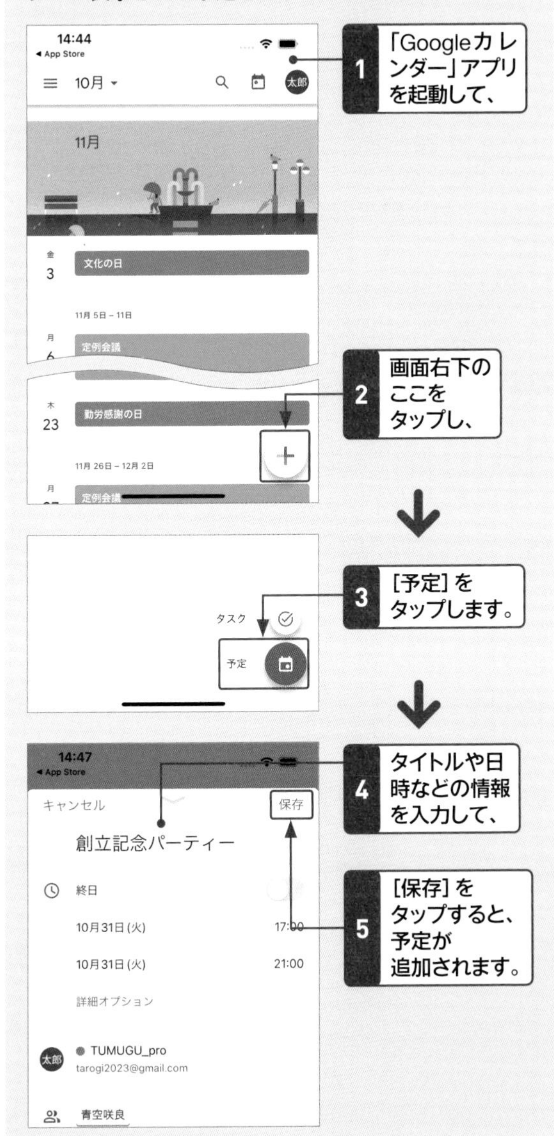

1 「Googleカレンダー」アプリを起動して、
2 画面右下のここをタップし、
3 ［予定］をタップします。
4 タイトルや日時などの情報を入力して、
5 ［保存］をタップすると、予定が追加されます。
14:44
10月
11月
文化の日
定例会議
勤労感謝の日
タスク
予定
14:47
キャンセル
保存
創立記念パーティー
終日
10月31日(火)
17:00
21:00
詳細オプション
TUMUGU_pro
tarogi2023@gmail.com
青空咲良

重要度 ★★★ 「Googleカレンダー」アプリ

Q 412 カレンダーの表示形式を変更したい!

A 画面左上の☰をタップして変更します。

「Googleカレンダー」アプリの表示形式は、［月］［1日］［3日］［週］のほかに、登録している直近の予定だけが表示される［スケジュール］が用意されています。必要に応じて使い分けるとよいでしょう。表示形式を切り替えるには、画面左上の☰をタップします。

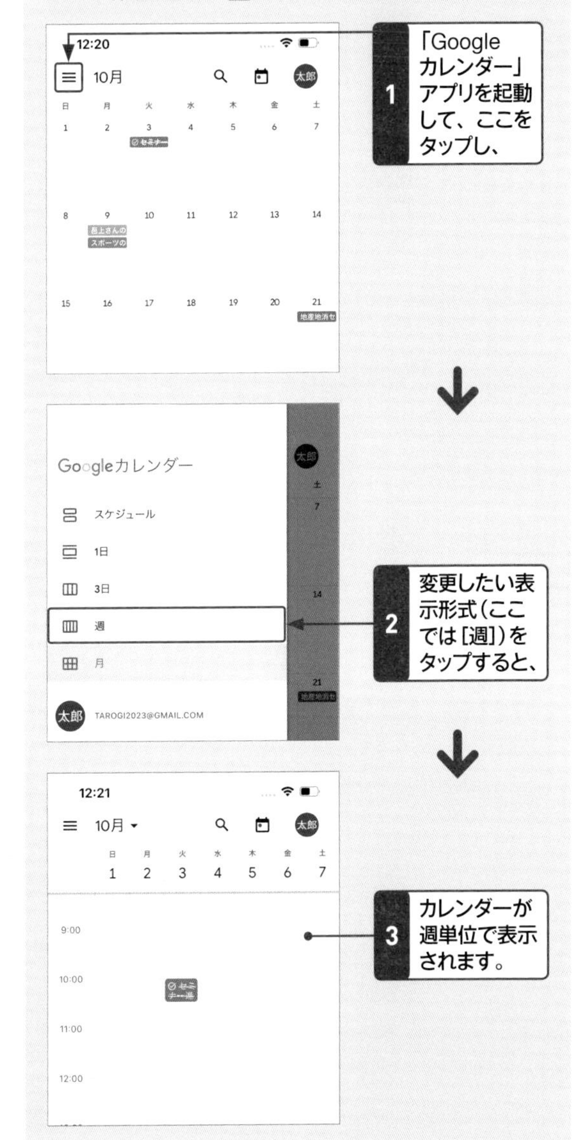

1 「Google カレンダー」アプリを起動して、ここをタップし、
2 変更したい表示形式（ここでは［週］）をタップすると、
3 カレンダーが週単位で表示されます。
12:20
10月
Googleカレンダー
スケジュール
1日
3日
週
月
TAROGI2023@GMAIL.COM
12:21
9:00
10:00
11:00
12:00

重要度 ★★★ 「Googleドライブ」アプリ

Q 413 「Googleドライブ」アプリを使いたい!

A iPhoneの場合はアプリをインストールする必要があります。

「Google ドライブ」アプリは、Google ドライブに保存されている文書や写真などを閲覧するアプリです。スマートフォンからファイルをアップロードしたり、共有したりすることもできます。

Android スマートフォンには標準で搭載されていますが、iPhone で使う場合はApp Store で検索してインストールする必要があります。

参照 ▶ Q 390

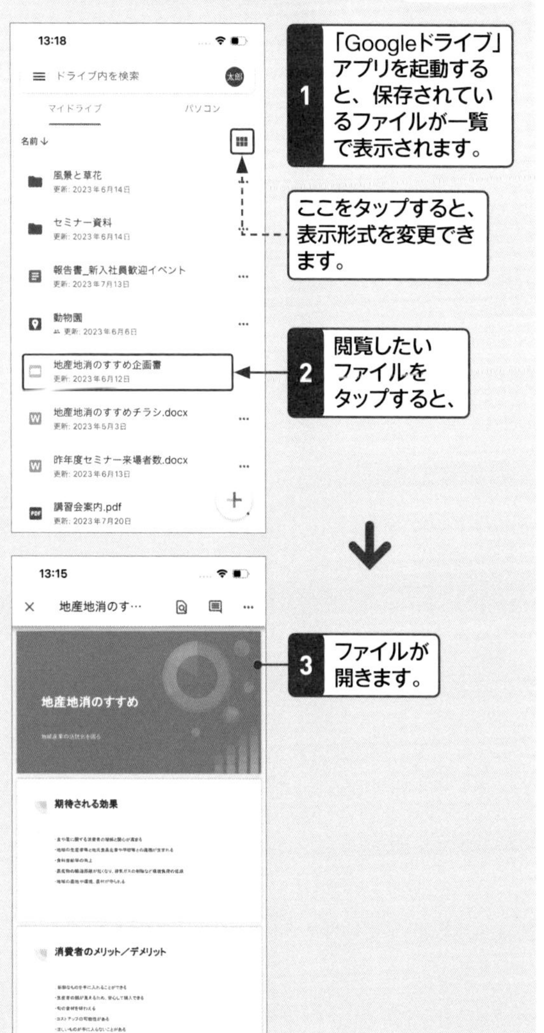
1 「Googleドライブ」アプリを起動すると、保存されているファイルが一覧で表示されます。
ここをタップすると、表示形式を変更できます。
2 閲覧したいファイルをタップすると、
3 ファイルが開きます。
13:18
ドライブ内を検索
マイドライブ
パソコン
名前
風景と草花
セミナー資料
報告書_新入社員歓迎イベント
動物園
地産地消のすすめ企画書
地産地消のすすめチラシ.docx
昨年度セミナー来場者数.docx
講習会案内.pdf
13:15
地産地消のす…
地産地消のすすめ
期待される効果
消費者のメリット/デメリット

重要度 ★★★ 「Googleドライブ」アプリ

Q 414 ファイルをGoogleドライブに保存したい!

A 「Googleドライブ」アプリからファイルを選びアップロードします。

スマートフォンからファイルをGoogle ドライブにアップロードするには、[ファイル] をタップして右下に表示される ⊕ をタップし、[アップロード] をタップします。iPhone で写真や動画以外のファイルをアップロードしたい場合は、手順3で [参照] をタップすると選択できます。

なお、初めてアップロードする際にアクセス許可が求められるので、アクセスを許可してください。

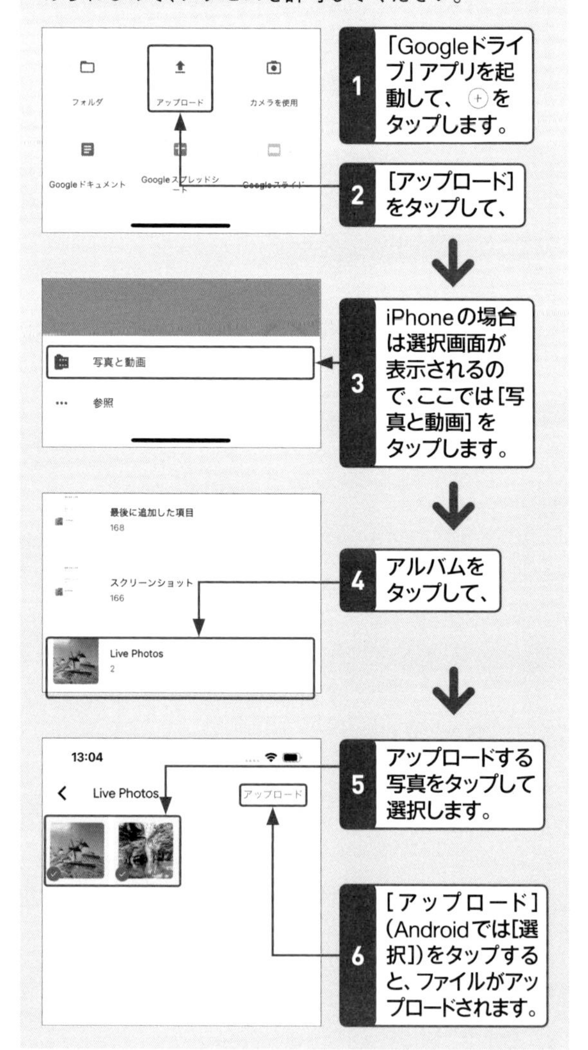
1 「Googleドライブ」アプリを起動して、⊕ をタップします。
2 [アップロード] をタップして、
3 iPhoneの場合は選択画面が表示されるので、ここでは [写真と動画] をタップします。
4 アルバムをタップして、
5 アップロードする写真をタップして選択します。
6 [アップロード] (Androidでは[選択]) をタップすると、ファイルがアップロードされます。
フォルダ
アップロード
カメラを使用
Google ドキュメント
Google スプレッドシート
Google スライド
写真と動画
参照
最後に追加した項目
168
スクリーンショット
166
Live Photos
2
13:04
Live Photos
アップロード

重要度 ★★★ 「Googleドライブ」アプリ

Q 415 「Googleドキュメント」アプリを使いたい！

A アプリをインストールしてGoogleドライブと同期させます。

「Google ドキュメント」アプリを使うには、iPhoneではApp Storeで、AndroidスマートフォンではPlayストアで検索してインストールする必要があります。「Googleドキュメント」アプリを起動すると、Googleドライブに保存されているドキュメントと同期され、閲覧や編集、新規文書の作成ができます。
このほかに、Excelと同等の「スプレッドシート」アプリ、PowerPointと同等の「スライド」アプリがあり、必要に応じてインストールする必要があります。 参照▶Q 390

● 新規文書を作成する

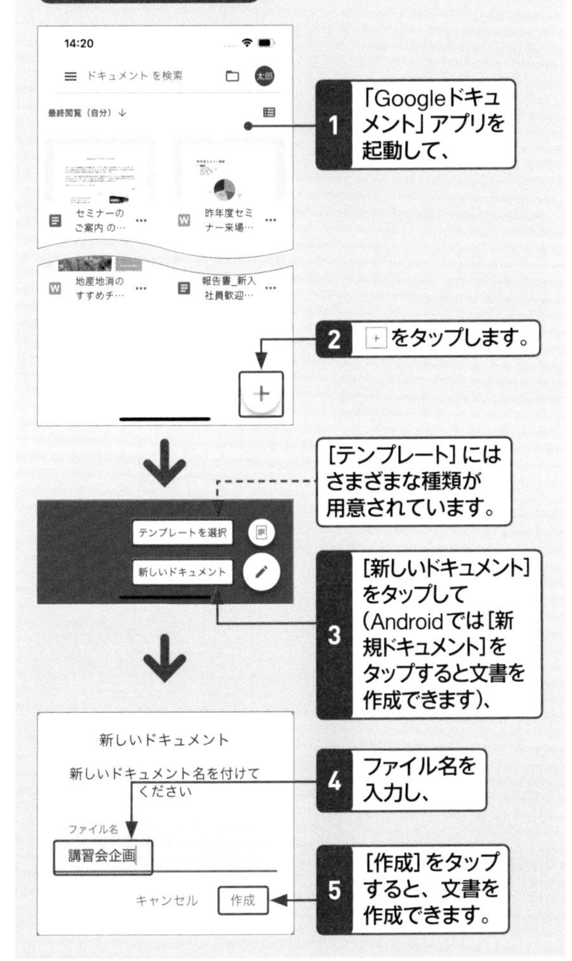
14:20
ドキュメント を検索
最終閲覧（自分）
セミナーの ご案内 の…
昨年度セミナー来場…
地産地消の すすめチ…
報告書_新入 社員歓迎…
1 「Googleドキュメント」アプリを起動して、
2 ＋ をタップします。
[テンプレート] にはさまざまな種類が用意されています。
テンプレートを選択
新しいドキュメント
3 [新しいドキュメント] をタップして（Androidでは[新規ドキュメント]をタップすると文書を作成できます）、
新しいドキュメント
新しいドキュメント名を付けてください
ファイル名
講習会企画
4 ファイル名を入力し、
キャンセル
作成
5 [作成] をタップすると、文書を作成できます。

重要度 ★★★ 「Googleドライブ」アプリ

Q 416 カメラで撮影した資料をGoogleドライブに保存したい！

A Googleドライブのスキャナー機能を使ってPDFとして保存します。

Androidスマートフォン用の「Googleドライブ」アプリでは、紙の資料を撮影すると、PDFファイルとして保存されます。iPhone用の「Googleドライブ」アプリでは、[カメラを使用] 機能で撮影した資料が画像ファイルとして保存されます。

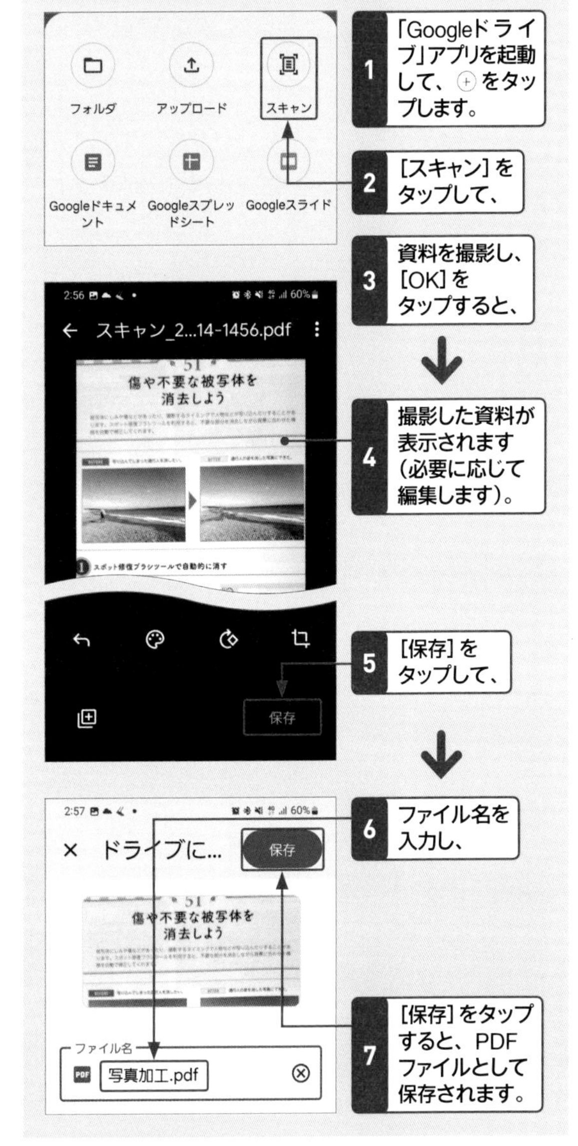
フォルダ
アップロード
スキャン
Googleドキュメント
Googleスプレッドシート
Googleスライド
1 「Googleドライブ」アプリを起動して、＋ をタップします。
2 [スキャン] をタップして、
3 資料を撮影し、[OK] をタップすると、
スキャン_2...14-1456.pdf
4 撮影した資料が表示されます（必要に応じて編集します）。
保存
5 [保存] をタップして、
ドライブに...
保存
6 ファイル名を入力し、
ファイル名
写真加工.pdf
7 [保存] をタップすると、PDFファイルとして保存されます。

重要度 ★★★ 「Googleフォト」アプリ

Q 417 「Googleフォト」アプリを使いたい!

A iPhoneの場合はアプリをインストールする必要があります。

「Googleフォト」アプリは、スマートフォン内にある写真やスクリーンショットなどの画像ファイルを閲覧するアプリです。Googleレンズ機能も搭載されており、撮影された写真から花の名前などを調べることができます。Androidスマートフォンには通常標準で搭載されていますが、iPhoneで使う場合はApp Storeで検索してインストールする必要があります。

参照▶Q 390, Q 395

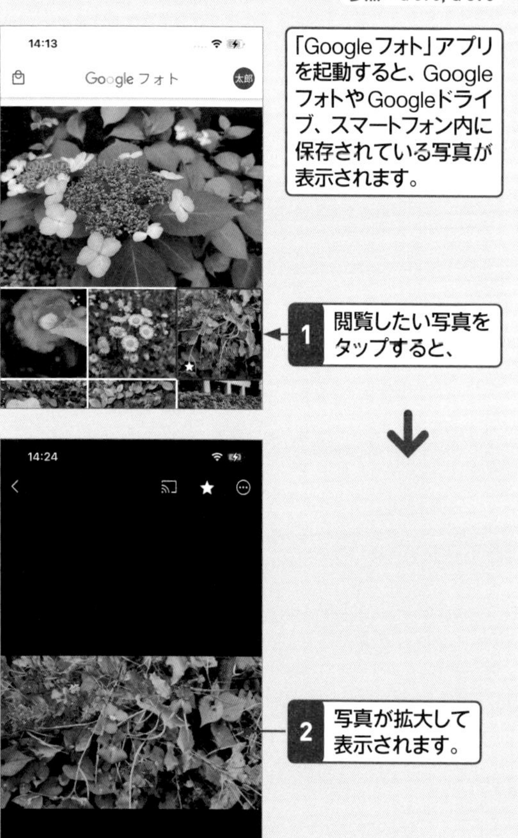
14:13
Google フォト
太郎
14:24
写真を注文

「Googleフォト」アプリを起動すると、Googleフォトや Googleドライブ、スマートフォン内に保存されている写真が表示されます。

1 閲覧したい写真をタップすると、

2 写真が拡大して表示されます。

ここをタップすると、[Googleレンズ]が起動します。

重要度 ★★★ 「Googleフォト」アプリ

Q 418 Googleフォトの写真を共有したい!

A 共有アルバムを作成して共有の設定をします。

Googleフォトに保存した写真を友人などと共有したい場合は、共有アルバムを作成して、共有相手を指定しメールを送信します。また、共有用のリンクを作成して、メールや「メッセージ」アプリなどでリンクを送信して共有することもできます。

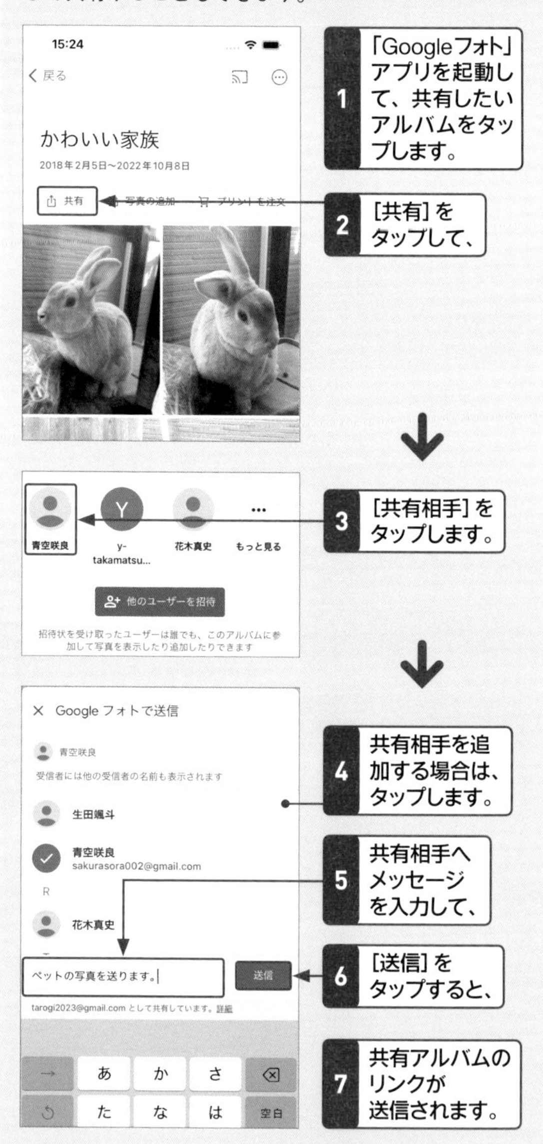
15:24
戻る
かわいい家族
2018年2月5日～2022年10月8日
共有
写真の追加
プリントを注文
青空咲良
y-takamatsu...
花木真史
もっと見る
他のユーザーを招待
招待状を受け取ったユーザーは誰でも、このアルバムに参加して写真を表示したり追加したりできます
Google フォトで送信
青空咲良
受信者には他の受信者の名前も表示されます
生田颯斗
青空咲良
sakurasora002@gmail.com
花木真史
ペットの写真を送ります。
送信
tarogi2023@gmail.com として共有しています。詳細
あ
か
さ
た
な
は
空白

1 「Googleフォト」アプリを起動して、共有したいアルバムをタップします。

2 [共有]をタップして、

3 [共有相手]をタップします。

4 共有相手を追加する場合は、タップします。

5 共有相手へメッセージを入力して、

6 [送信]をタップすると、

7 共有アルバムのリンクが送信されます。

重要度 ★★★　「Googleフォト」アプリ

Q 419 Googleフォトに写真を自動で保存したい！

A1 「Googleフォト」アプリの初期画面でバックアップを許可します。

スマートフォンで撮影した写真を「Googleフォト」アプリに自動保存するには、「Googleフォト」アプリを起動したときに表示される画面で、すべての写真へのアクセスを許可する必要があります。

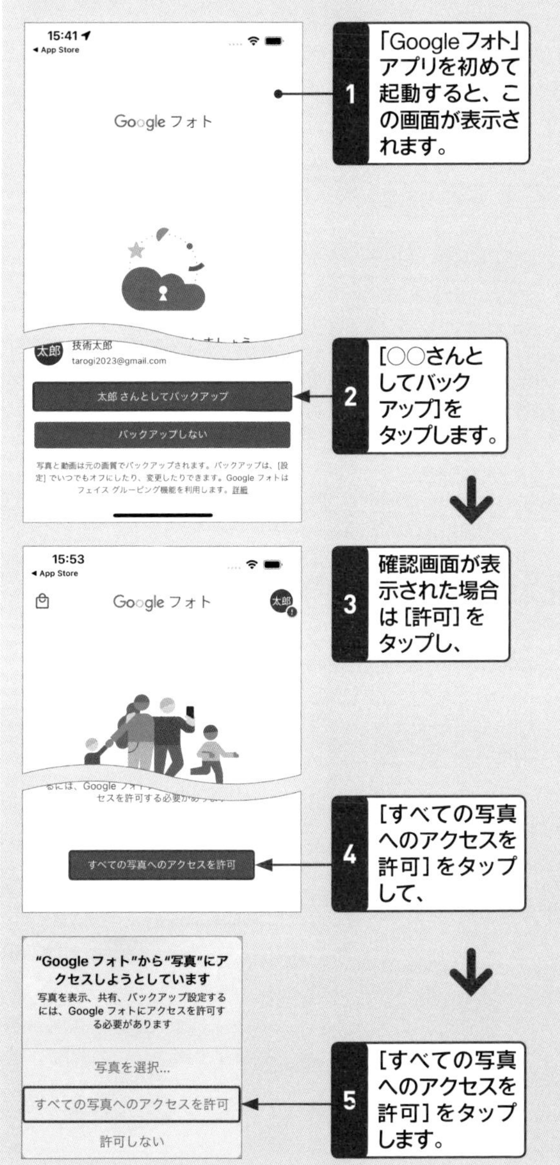

1 「Googleフォト」アプリを初めて起動すると、この画面が表示されます。
2 [○○さんとしてバックアップ]をタップします。
3 確認画面が表示された場合は[許可]をタップし、
4 [すべての写真へのアクセスを許可]をタップして、
5 [すべての写真へのアクセスを許可]をタップします。
Google フォト
太郎 さんとしてバックアップ
バックアップしない
すべての写真へのアクセスを許可
"Google フォト"から"写真"にアクセスしようとしています
写真を選択...
許可しない

A2 [フォトの設定]で[バックアップ]をオンにします。

「Googleフォト」アプリを使用後に自動保存を設定したい場合は、「Googleフォト」アプリを起動して、アカウントアイコンをタップし、以下の操作で[バックアップ]をオンにします。なお、バックアップの画質は[元の画質]と、画質を下げて保存する[保存容量の節約画質]を選択できます。

参照▶Q 284

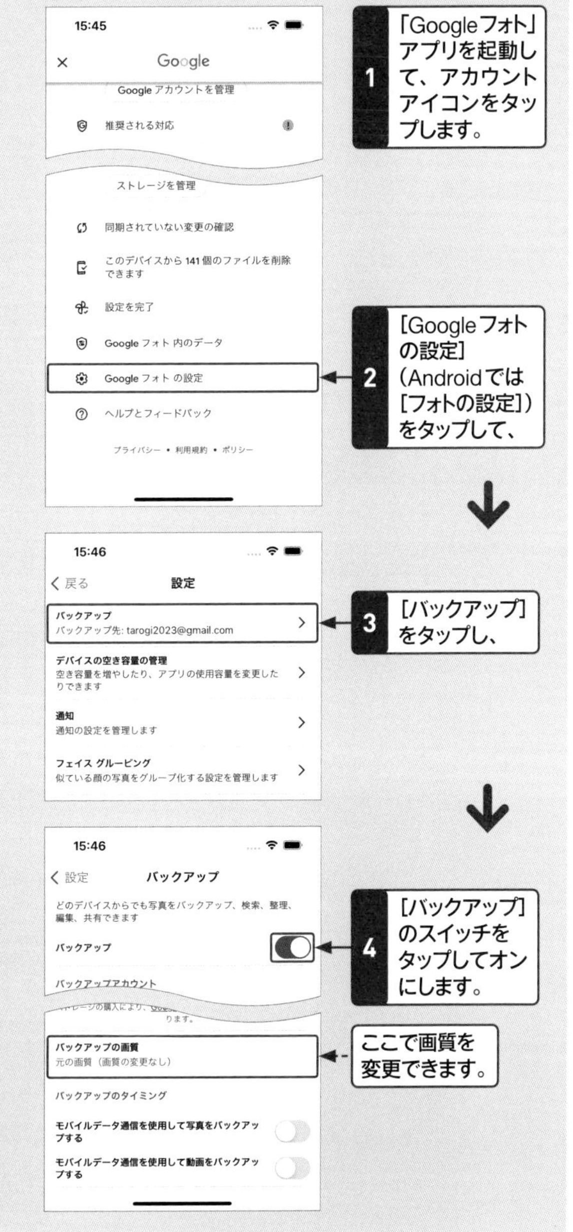

1 「Googleフォト」アプリを起動して、アカウントアイコンをタップします。
2 [Googleフォトの設定]（Androidでは[フォトの設定]）をタップして、
3 [バックアップ]をタップし、
4 [バックアップ]のスイッチをタップしてオンにします。
ここで画質を変更できます。
Google フォト の設定
設定
バックアップ
バックアップの画質
元の画質（画質の変更なし）

重要度 ★★★ 「YouTube」アプリ

Q 420 YouTubeの動画を見たい!

A 検索機能を使って見たい動画を検索します。

「YouTube」アプリは、Androidスマートフォンには通常、標準で搭載されていますが、iPhoneで使う場合はApp Storeで検索してインストールする必要があります。YouTubeには膨大な動画が投稿されており、見たい動画はジャンルを絞り込むか、キーワード検索機能を使って探します。

参照▶Q 390

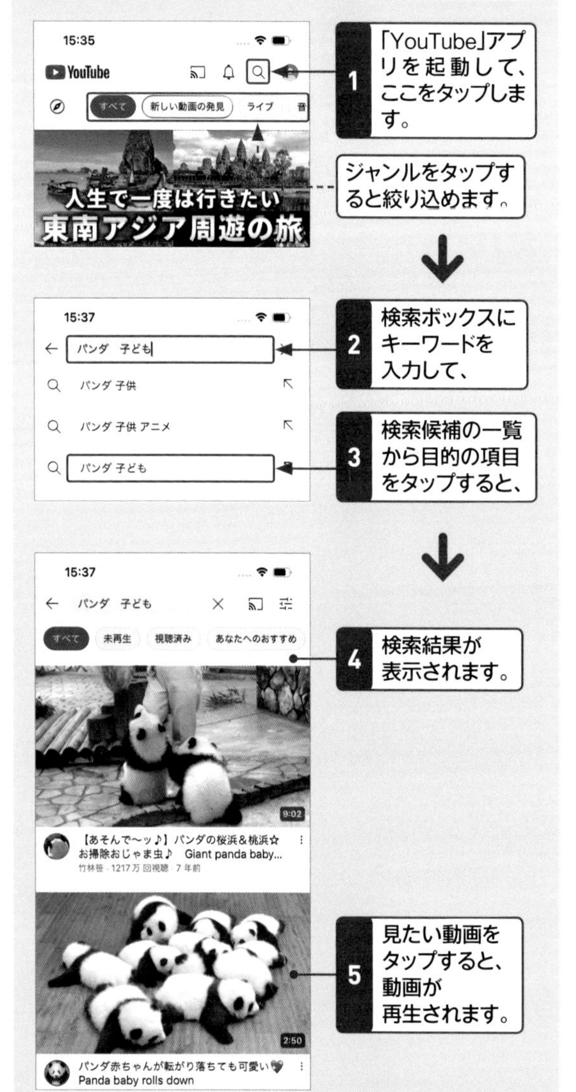
1 「YouTube」アプリを起動して、ここをタップします。
ジャンルをタップすると絞り込めます。
2 検索ボックスにキーワードを入力して、
3 検索候補の一覧から目的の項目をタップすると、
4 検索結果が表示されます。
5 見たい動画をタップすると、動画が再生されます。
15:35
YouTube
すべて
新しい動画の発見
ライブ
人生で一度は行きたい
東南アジア周遊の旅
15:37
パンダ 子ども
パンダ 子供
パンダ 子供 アニメ
未再生
視聴済み
あなたへのおすすめ
【あそんで〜ッ♪】パンダの桜浜&桃浜☆ お掃除おじゃま虫♪ Giant panda baby...
パンダ赤ちゃんが転がり落ちても可愛い
Panda baby rolls down

重要度 ★★★ 「YouTube」アプリ

Q 421 YouTubeのショート動画を見たい!

A [ショート]に表示されます。

ショート動画とは、60秒以内で縦型の動画のことです。ガイドの[ショート]をタップすると、ショート動画が全画面で表示されます。動画を表示すると再生され、タップすると一時停止します。画面を上下にスワイプすると、順にショート動画が表示されます。閲覧履歴などから、徐々に関連する動画が表示されるようになります。

参照▶Q 339

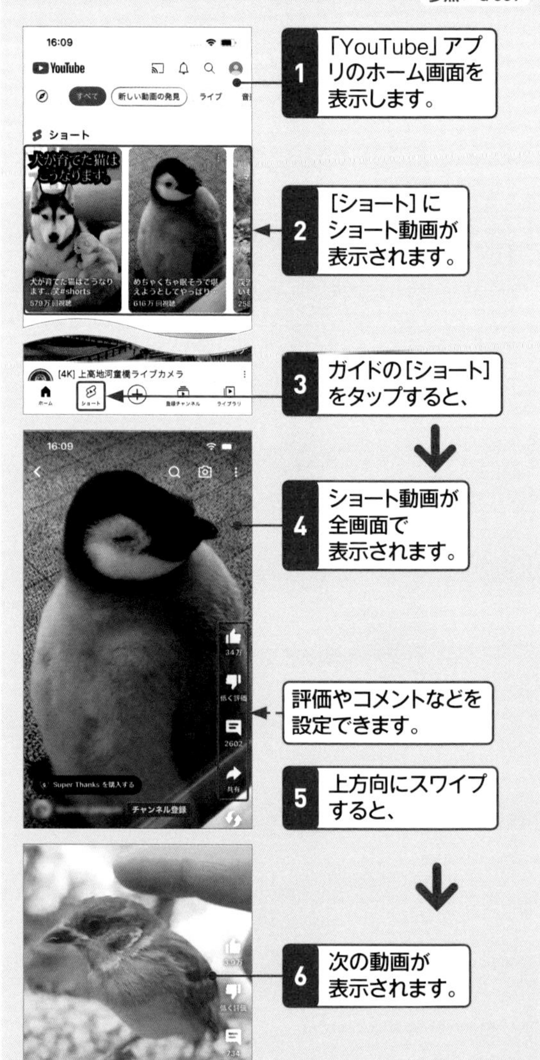
1 「YouTube」アプリのホーム画面を表示します。
2 [ショート]にショート動画が表示されます。
3 ガイドの[ショート]をタップすると、
4 ショート動画が全画面で表示されます。
評価やコメントなどを設定できます。
5 上方向にスワイプすると、
6 次の動画が表示されます。
16:09
YouTube
すべて
新しい動画の発見
ライブ
ショート
[4K] 上高地河童橋ライブカメラ
チャンネル登録

重要度★★★ 「YouTube」アプリ

Q 422 YouTubeに動画を投稿したい！

A 既存の動画を投稿するか、撮影して投稿します。

動画を投稿するには、「YouTube」アプリを起動して、⊕をタップします。スマートフォンに保存した動画を投稿する場合は［動画をアップロード］をタップし、撮影して動画を作成する場合は［ショート動画を作成］をタップします。再生時間が長い動画でも、時間を調整してショート動画として投稿することが可能です。投稿した動画は［ライブラリ］の［作成した動画］内に保存されます。

1 「YouTube」アプリを起動して、

2 ⊕をタップします。

［ショート動画を作成］では動画を撮影して投稿できます。

3 ［動画をアップロード］をタップして、

4 投稿したい動画をタップすると、

5 動画の編集画面が表示されます。ここでは、［ショート動画として編集］をタップします。

6 不要な部分や再生時間が長い場合は、両端のバーをスワイプして調整します。

7 ［次へ］をタップして、

8 必要があればオプションを設定し、

9 ［次へ］をタップします。

10 動画のタイトルを入力して、

11 公開範囲、視聴者層を選択し、

12 ［ショート動画をアップロード］をタップします。

13 ホーム画面の［ライブラリ］の［作成した動画］をタップすると、投稿した動画が確認できます。

重要度 ★★★　「YouTube」アプリ

Q 423 チャンネルを登録して確認したい！

A ［チャンネル登録］で登録して、［登録チャンネル］で確認できます。

「YouTube」アプリでは同じ投稿者の動画の集まりをチャンネルといい、特定のチャンネルを見たい場合は動画の［チャンネル登録］をタップして登録します。登録したチャンネルは［登録チャンネル］で確認でき、通知の設定ができます。登録を解除するには［登録済み］をタップして［登録解除］をタップします。参照▶Q 343

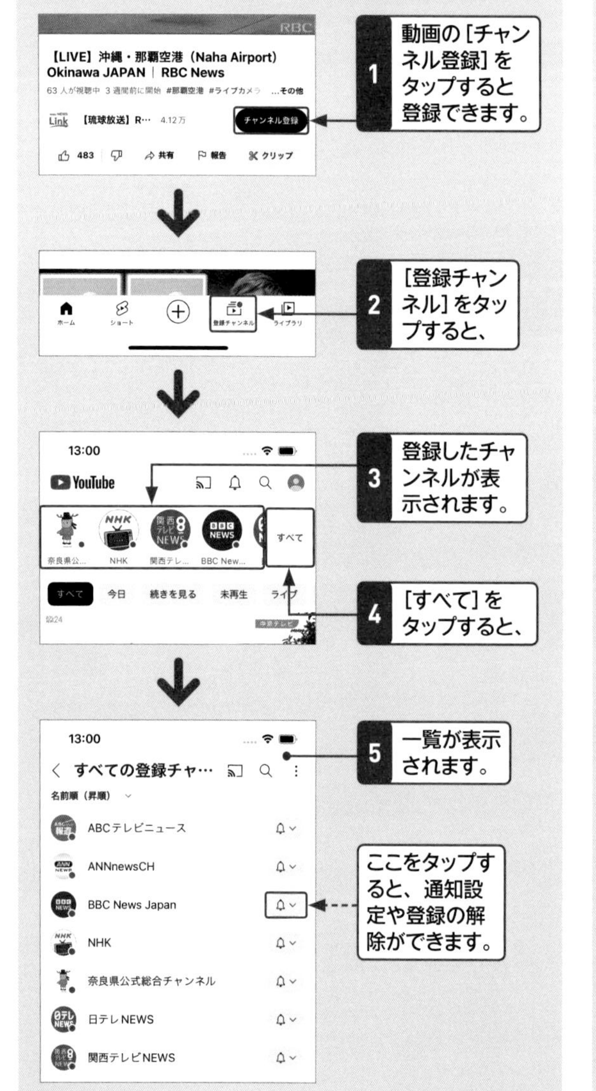
【LIVE】沖縄・那覇空港（Naha Airport）Okinawa JAPAN｜RBC News
チャンネル登録
1 動画の［チャンネル登録］をタップすると登録できます。
登録チャンネル
2 ［登録チャンネル］をタップすると、
13:00
YouTube
NHK
すべて
3 登録したチャンネルが表示されます。
4 ［すべて］をタップすると、
すべての登録チャ…
名前順（昇順）
ABCテレビニュース
ANNnewsCH
BBC News Japan
NHK
奈良県公式総合チャンネル
日テレNEWS
関西テレビNEWS
5 一覧が表示されます。
ここをタップすると、通知設定や登録の解除ができます。

重要度 ★★★　「Google Chrome」アプリ

Q 424 「Google Chrome」アプリを使いたい！

A iPhoneの場合はアプリをインストールする必要があります。

「Google Chrome」アプリは、Googleが提供するスマートフォン向けのWebブラウザーです。Androidスマートフォンには通常、標準で搭載されていますが、iPhoneで使う場合はApp Storeで検索してインストールする必要があります。参照▶Q 354, Q 390

14:18
Google
検索または URL を入力

「Google Chrome」アプリを起動すると、検索画面が表示されます。

技術評論社
本を探す
初心者必携！

検索したWebページを表示すると、そのWebサイトがスマートフォンに対応している場合は、スマートフォンに適した表示になります。

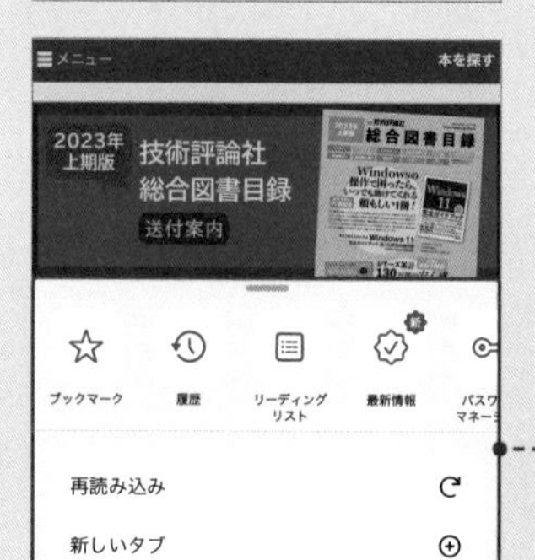
ブックマーク
履歴
リーディング リスト
最新情報
再読み込み
新しいタブ
新しいシークレット タブ
ブックマークに追加
リーディング リストに追加
閲覧履歴データの削除

Webページを表示してメニューを開くと、ブックマーク登録やページ内検索、翻訳などの機能を利用できます。

Q 425 「Google Chrome」アプリをパソコンと同期させたい！

A 「Google Chrome」アプリの設定画面で同期する項目を指定します。

スマートフォン版の「Google Chrome」アプリでは、パソコンと同じGoogleアカウントでログインすることで、ブックマークや履歴、パスワードなどをパソコンと同期させることができます。[同期]画面で同期させる項目を指定できます。

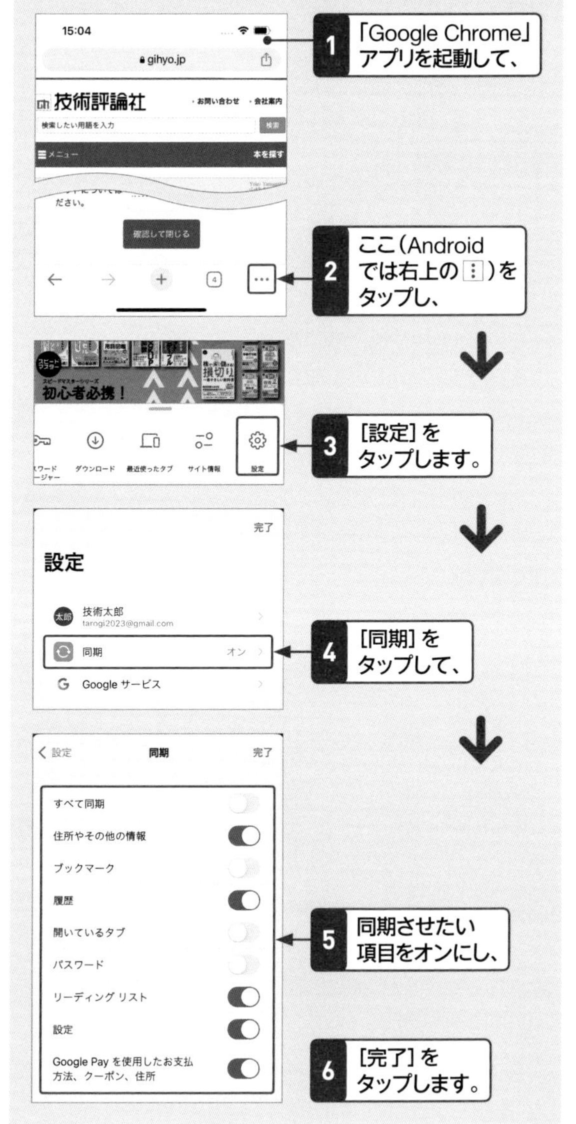
1 「Google Chrome」アプリを起動して、
2 ここ（Androidでは右上の⋮）をタップし、
3 [設定]をタップします。
4 [同期]をタップして、
5 同期させたい項目をオンにし、
6 [完了]をタップします。
設定
技術太郎
同期
Google サービス
すべて同期
住所やその他の情報
ブックマーク
履歴
開いているタブ
パスワード
リーディング リスト
設定
Google Pay を使用したお支払方法、クーポン、住所

Q 426 スマートフォンの検索結果をパソコンに通知したい！

A Google Chromeの[お使いのデバイスに送信]機能を利用します。

Google Chromeを利用すると、スマートフォンで閲覧しているWebページをパソコンに送信することができます。この機能を利用するには、スマートフォンとパソコンのGoogle Chromeに同じアカウントでログインし、同期されている必要があります。

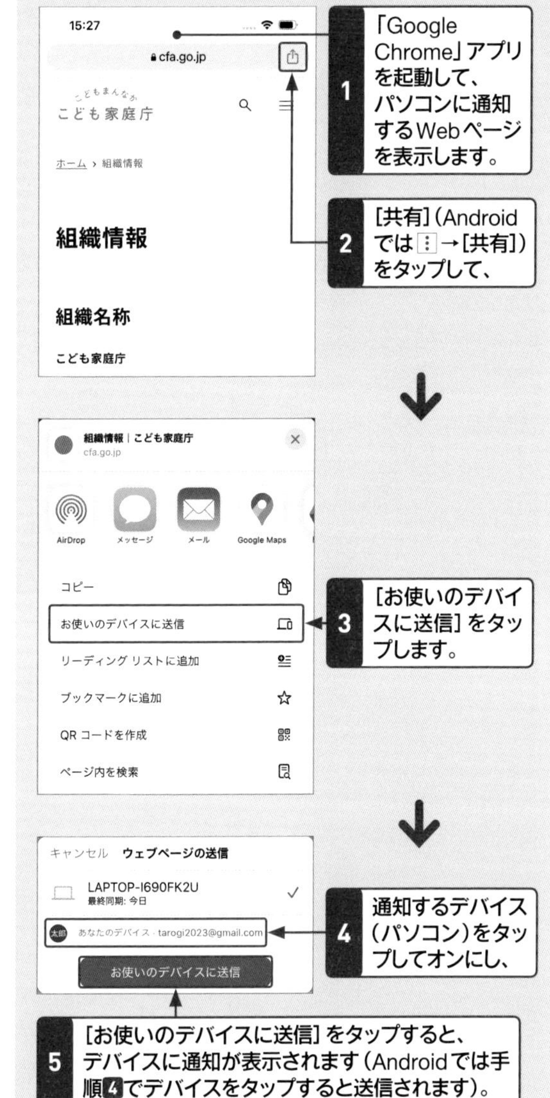
1 「Google Chrome」アプリを起動して、パソコンに通知するWebページを表示します。
2 [共有]（Androidでは⋮→[共有]）をタップして、
3 [お使いのデバイスに送信]をタップします。
4 通知するデバイス（パソコン）をタップしてオンにし、
5 [お使いのデバイスに送信]をタップすると、デバイスに通知が表示されます（Androidでは手順4でデバイスをタップすると送信されます）。
組織情報
組織名称
こども家庭庁
コピー
お使いのデバイスに送信
リーディング リストに追加
ブックマークに追加
QR コードを作成
ページ内を検索
キャンセル ウェブページの送信
LAPTOP-I690FK2U
お使いのデバイスに送信

重要度 ★★★ そのほかのGoogleアプリ

Q 427 YouTube Musicで音楽を聴きたい！

A 「YouTube Music」アプリをインストールします。

「YouTube Music」アプリは、音楽を配信するストリーミングサービスです。無料で利用できますが、有料会員になると広告が流れなくなり、オフラインで音楽を聴いたり、バックグラウンドで再生したりすることができます。iPhoneはApp Storeで、Androidスマートフォン（一部を除く）はPlayストアで検索してインストールする必要があります。

参照▶Q 390

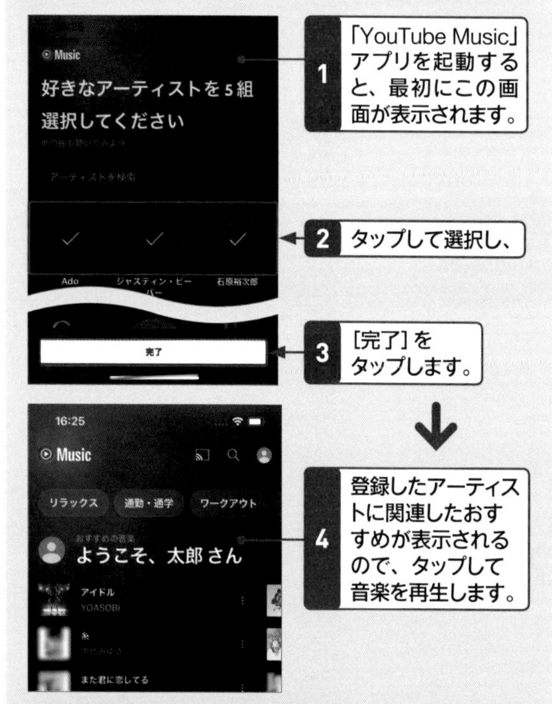
Music
好きなアーティストを5組選択してください
Ado
ジャスティン・ビーバー
石原裕次郎
完了
16:25
Music
リラックス
通勤・通学
ワークアウト
ようこそ、太郎 さん
アイドル
YOASOBI
また君に恋してる
1 「YouTube Music」アプリを起動すると、最初にこの画面が表示されます。
2 タップして選択し、
3 [完了]をタップします。
4 登録したアーティストに関連したおすすめが表示されるので、タップして音楽を再生します。

● アーティストや曲名を検索する

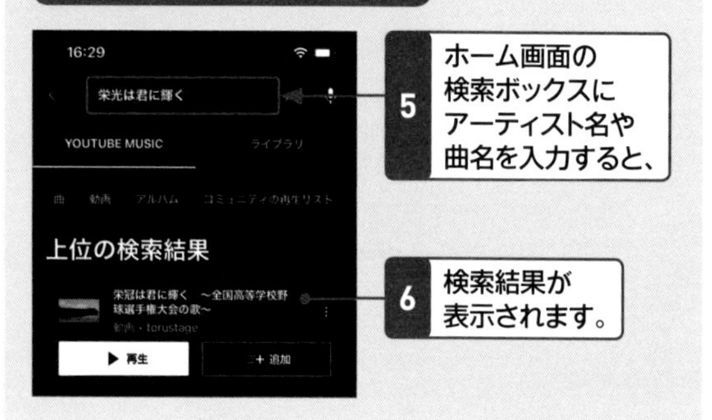
16:29
栄光は君に輝く
YOUTUBE MUSIC
ライブラリ
上位の検索結果
栄冠は君に輝く ～全国高等学校野球選手権大会の歌～
再生
+ 追加
5 ホーム画面の検索ボックスにアーティスト名や曲名を入力すると、
6 検索結果が表示されます。

重要度 ★★★ そのほかのGoogleアプリ

Q 428 Google Keepでメモを取りたい！

A 「Google Keep」アプリをインストールします。

「Google Keep」アプリは、パソコンとも同期可能なメモアプリです。「Google Keep」アプリの＋をタップすると、入力画面が表示されます。キーのほか手書き／音声での文字入力、写真の追加が可能で、リマインダー機能もあります。iPhoneはApp Storeで、Androidスマートフォン（一部を除く）はPlayストアで検索してインストールする必要があります。

参照▶Q 390

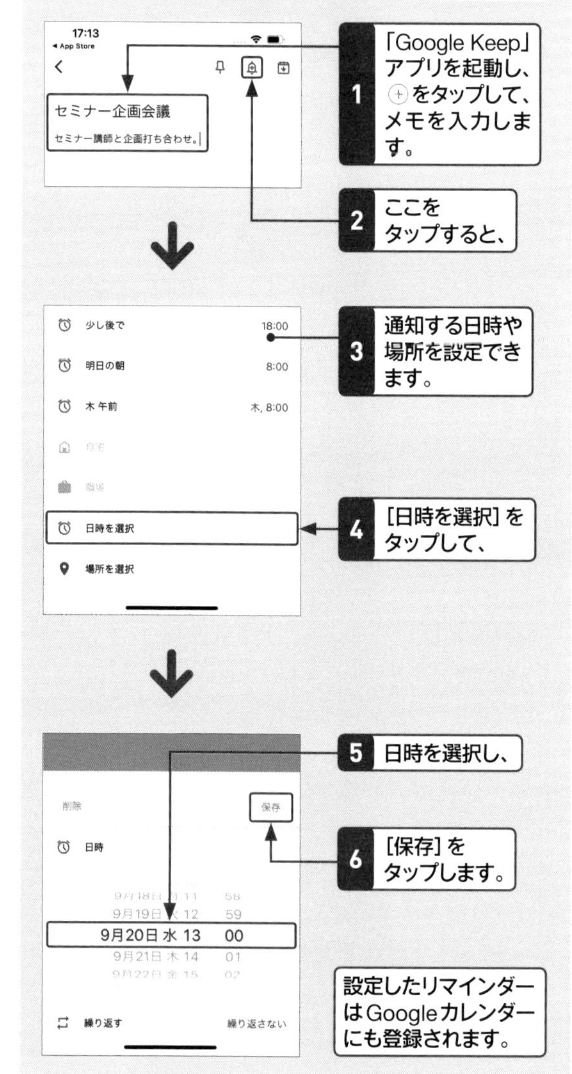
17:13
App Store
セミナー企画会議
セミナー講師と企画打ち合わせ。
1 「Google Keep」アプリを起動し、＋をタップして、メモを入力します。
2 ここをタップすると、
少し後で 18:00
明日の朝 8:00
木 午前 木, 8:00
日時を選択
場所を選択
3 通知する日時や場所を設定できます。
4 [日時を選択]をタップして、
削除
保存
日時
9月20日 水 13 00
繰り返す
繰り返さない
5 日時を選択し、
6 [保存]をタップします。
設定したリマインダーはGoogleカレンダーにも登録されます。

重要度 ★★★　そのほかのGoogleアプリ

Q 429 Google翻訳で外国語を翻訳したい！

A 「Google翻訳」アプリをインストールします。

「Google翻訳」アプリは、指定した2つの言語を相互に翻訳するアプリです。文字入力や音声入力、カメラで撮影したテキストを瞬時に翻訳し、テキストデータとしてコピーしたり、音声で再生したりできます。iPhoneはApp Storeで、Androidスマーフォン（一部を除く）はPlayストアで検索してインストールする必要があります。 参照▶Q 390

● 文章を入力して翻訳する

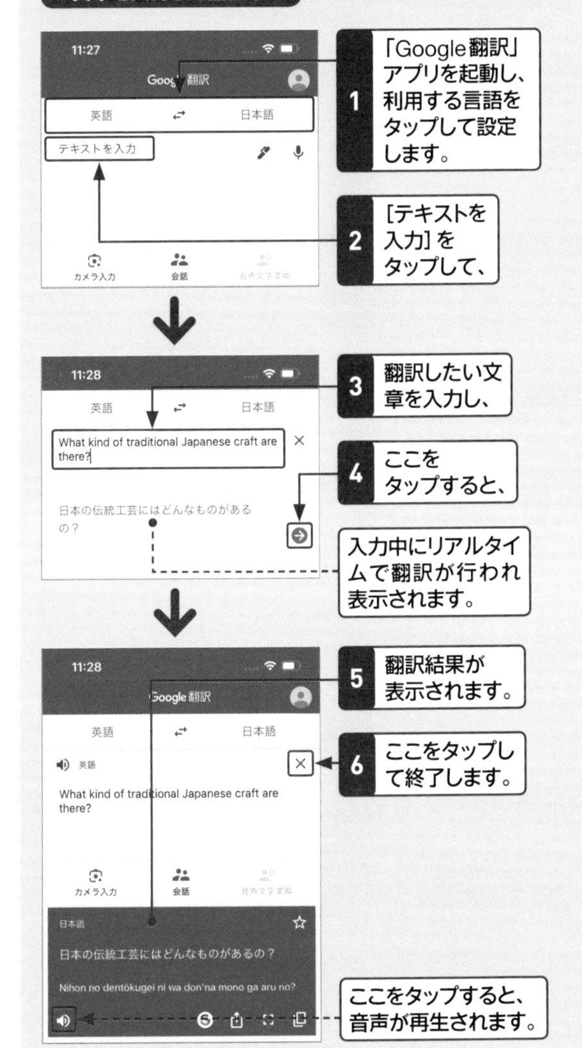

1 「Google翻訳」アプリを起動し、利用する言語をタップして設定します。
2 ［テキストを入力］をタップして、
3 翻訳したい文章を入力し、
4 ここをタップすると、
入力中にリアルタイムで翻訳が行われ表示されます。
5 翻訳結果が表示されます。
6 ここをタップして終了します。
ここをタップすると、音声が再生されます。

● カメラで撮影して翻訳する

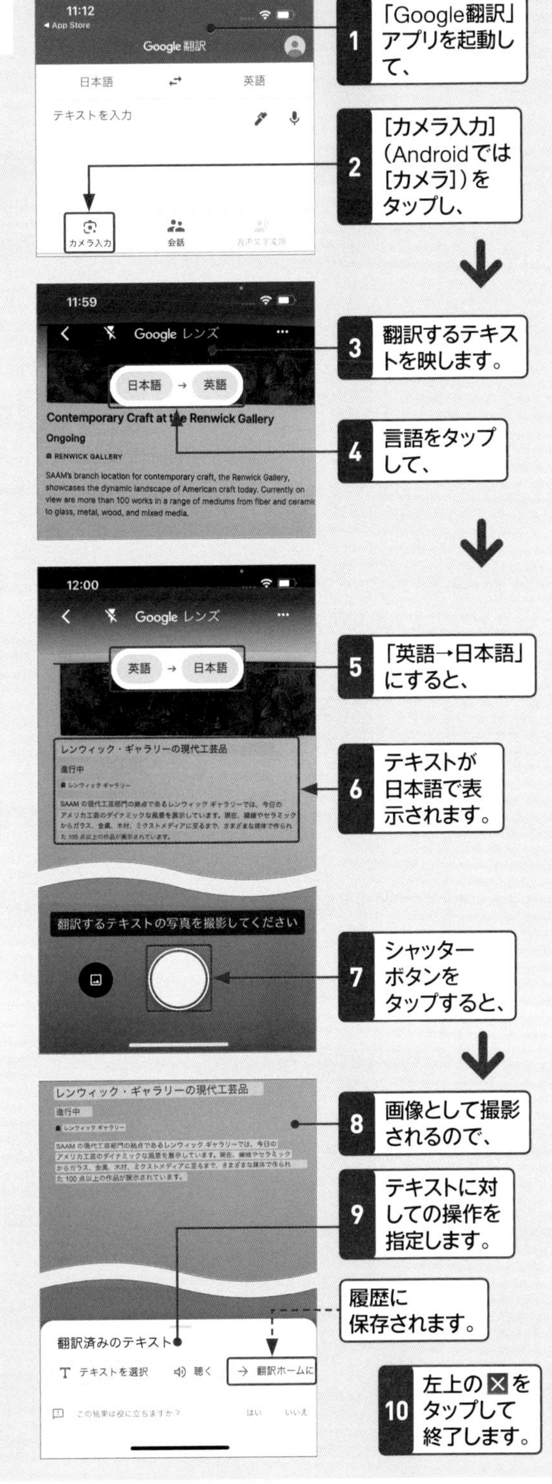

1 「Google翻訳」アプリを起動して、
2 ［カメラ入力］（Androidでは［カメラ］）をタップし、
3 翻訳するテキストを映します。
4 言語をタップして、
5 「英語→日本語」にすると、
6 テキストが日本語で表示されます。
7 シャッターボタンをタップすると、
8 画像として撮影されるので、
9 テキストに対しての操作を指定します。
履歴に保存されます。
10 左上の ☒ をタップして終了します。

目的別索引

数字

A～Z

あ・か行

さ行

た行

な・は行

ま・や・ら行

用語索引

記号・数字

A~Z

あ行

か行

さ行

た・な行

は・ま行

や・ら・わ行

お問い合わせについて

本書に関するご質問については、本書に記載されている内容に関するもののみとさせていただきます。本書の内容と関係のないご質問につきましては、一切お答えできませんので、あらかじめご了承ください。また、電話でのご質問は受け付けておりませんので、必ず FAX か書面にて下記までお送りください。
なお、ご質問の際には、必ず以下の項目を明記していただきますよう、お願いいたします。

1 お名前
2 返信先の住所または FAX 番号
3 書名（今すぐ使えるかんたん Google 完全ガイドブック 困った解決＆便利技［改訂第 3 版］）
4 本書の該当ページ
5 ご使用の OS とソフトウェア
6 ご質問内容

なお、お送りいただいたご質問には、できる限り迅速にお答えできるよう努力いたしておりますが、場合によってはお答えするまでに時間がかかることがあります。また、回答の期日をご指定なさっても、ご希望にお応えできるとは限りません。あらかじめご了承くださいますよう、お願いいたします。
また、ご質問内容を Q 028～Q 041 を参考に Google で検索していただくと、すばやく解決できる場合もあります。

■お問い合わせの例

FAX

1 お名前
技術　太郎
2 返信先の住所または FAX 番号
03-XXXX-XXXX
3 書名
今すぐ使えるかんたん
Google 完全ガイドブック
困った解決＆便利技［改訂第３版］
4 本書の該当ページ
80 ページ　Q 100
5 ご使用の OS とソフトウェア
Windows 11 Pro
Microsoft Edge
6 ご質問内容
添付ファイルが
保存できない

※ご質問の際に記載いただきました個人情報は、回答後速やかに破棄させていただきます。

問い合わせ先

〒162-0846
東京都新宿区市谷左内町 21-13
株式会社技術評論社　書籍編集部
「今すぐ使えるかんたん Google 完全ガイドブック 困った解決＆便利技［改訂第 3 版］」質問係
FAX 番号　03-3513-6167

URL：https://book.gihyo.jp/116

今すぐ使えるかんたん
Google 完全ガイドブック
困った解決＆便利技［改訂第 3 版］

2017 年 7 月 28 日　初　版　第 1 刷発行
2023 年 9 月 22 日　第 3 版　第 1 刷発行
2024 年 5 月 31 日　第 3 版　第 2 刷発行

著　者●AYURA
発行者●片岡 巌
発行所●株式会社 技術評論社
東京都新宿区市谷左内町 21-13
電話　03-3513-6150　販売促進部
03-3513-6160　書籍編集部
カバーデザイン●岡崎 善保（志岐デザイン事務所）
本文デザイン●リンクアップ
編集／DTP●AYURA
担当●田中 秀春
製本／印刷●大日本印刷株式会社

定価はカバーに表示してあります。

ISBN978-4-297-13679-6 C3055
Printed in Japan